高等职业教育公共基础课系列教材

高等数学简明教程

第 3 版

主编　吴洁

参编　张雅琴　任晓华　胡农

机 械 工 业 出 版 社

本书共8章，包括一元函数微积分、多元函数微积分、向量代数与空间解析几何、常微分方程等内容，并编入部分数学文化与背景知识，以增加学生对数学历史、思想和方法的了解，激发学习兴趣，培养综合素质。

本书教学内容起点较低，范围和深度有一定弹性，语言叙述通俗、简练，例题示范量较大；每章有方法、技巧提示和在线学习作业，推荐相关数学网站和网上课堂等内容；书后附有习题答案、常用数学公式等。

本书可作为高职高专及应用技术类本科院校工科类专业学生的高等数学教材。

为方便教学，本书配备电子课件等教学资源。凡选用本书作为教材的教师均可登录机械工业出版社教育服务网 www.cmpedu.com 免费下载。如有问题请致信 cmpgaozhi@sina.com，或致电 010-88379375 联系营销人员。

图书在版编目（CIP）数据

高等数学简明教程 / 吴洁主编 .—3 版. —北京：机械工业出版社，2016.6（2020.9 重印）

高等职业教育公共基础课系列教材

ISBN 978-7-111-53824-0

Ⅰ.①高… Ⅱ.①吴… Ⅲ.①高等数学—高等职业教育—教材 Ⅳ.①O13

中国版本图书馆 CIP 数据核字（2016）第 109019 号

机械工业出版社（北京市百万庄大街 22 号 邮政编码 100037）

策划编辑：刘子峰　　责任编辑：刘子峰

责任校对：张　薇　　封面设计：张　静

责任印制：常天培

北京虎彩文化传播有限公司印刷

2020 年 9 月第 3 版第 6 次印刷

169mm×239mm · 24 印张 · 452 千字

标准书号：ISBN 978-7-111-53824-0

定价：45.00 元

电话服务　　网络服务

客服电话：010-88361066　　机　工　官　网：www.cmpbook.com

010-88379833　　机　工　官　博：weibo.com/cmp1952

010-68326294　　金　书　网：www.golden-book.com

封底无防伪标均为盗版　　机工教育服务网：www.cmpedu.com

前 言

《高等数学简明教程（第2版）》出版已经多年，随着课程改革的不断推进，对教材的要求也有新的变化，本次改版删减了部分章、节的内容，以达到适度降低难度、更好适应教学的需求，并重编了课外学习内容，以适应我国高职高专及应用技术类本科院校数学教学改革与发展的要求。

这些年的教学实践说明，本书体现了高等职业教育的特点，满足了专业学习的基本要求，并通过数学文化、数学应用等激发了学生的学习兴趣，提高了学生的数学素养和文化底蕴。本书再版后，将保持并强化原教材特色，更加贴近我国高等职业教育现状，更加适合学生学习实际，更加有利于教师教学和学生自主学习。

另外，我们还想在此多说几句。近十几年来互联网与教育、教学不断融合，从美国麻省理工学院的公开课到现在的慕课，从单纯的网上教学到现在的O2O（线上线下）学习，甚至利用大数据技术揭示教学和学习规律，变革已然出现，我们认为混合学习模式很可能成为一种主流趋势。此次教材（尽管是纸质教材）改版，我们希望在混合学习方面能有所探索、有所体现，故重编每章课外学习内容，布置作业，更新相关内容：从漫步数学史到欣赏数学艺术和电影，从名师课堂到TED演讲，从在线计算到建模学习等资源都有选取和编入。读者可以单击配套电子课件中提供的网页超链接或者用手机直接扫描相应二维码进行浏览。当然这种探索是初步的，仅做抛砖引玉，以期使学生学习兴趣、知识和技能日增，使教师教学观念、方法和技术日新。

本书由天津中德应用技术大学的吴洁担任主编，张雅琴、任晓华和胡农参加本书的编写工作。具体编写分工如下：吴洁承担了第3、8章的编写工作，并承担了全书各章最后一节“提示与提高”模块及复习题B的编写工作；张雅琴承担了第1、7章的编写工作；任晓华承担了第4～6章的编写工作；胡农承担了第2章的编写工作，并承担了“数学文化”“背景知识”“课外学习”等模块及附录A、B的编写工作。全书统稿工作由吴洁完成。

在本次教材的再版过程中，广大同行和学生提出了不少宝贵的意见，在此一并表示感谢。由于编者水平有限，书中错误及不妥之处在所难免，恳请读者批评指正。

编 者

前　言

目　　录

第 1 章　函数与极限

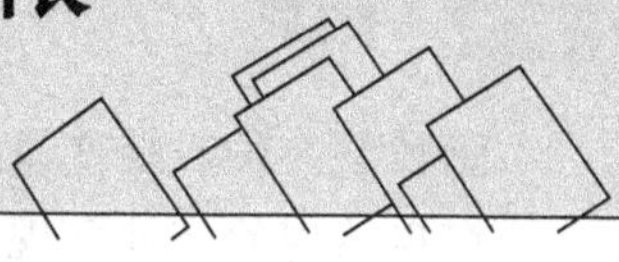

预备知识

区间

区间是高等数学中常用的实数集，包括四种**有限区间**和五种**无穷区间**.

1. 有限区间　设 a,b 为两个实数，且 $a<b$，则满足不等式 $a\leqslant x\leqslant b$ 的所有实数 x 的集合称为一个闭区间，记作

$$[a,b]=\{x|a\leqslant x\leqslant b\}$$

类似地，有开区间和半开区间

$$(a,b)=\{x|a<x<b\}$$
$$[a,b)=\{x|a\leqslant x<b\}$$
$$(a,b]=\{x|a<x\leqslant b\}$$

2. 无穷区间　满足不等式 $-\infty<x<+\infty$ 的所有实数 x 的集合称为无穷区间，记作

$$(-\infty,+\infty)=\{x|-\infty<x<+\infty\}$$

类似地，有半无穷区间

$$(a,+\infty)=\{x|a<x<+\infty\}$$
$$[a,+\infty)=\{x|a\leqslant x<+\infty\}$$
$$(-\infty,b)=\{x|-\infty<x<b\}$$
$$(-\infty,b]=\{x|-\infty<x\leqslant b\}$$

邻域

设 $\delta>0$，x_0 为实数，则集合 $\{x|\ |x-x_0|<\delta\}$ 称为 x_0 的 δ 邻域. 由 $|x-x_0|<\delta$ 即 $x_0-\delta<x<x_0+\delta$ 可知，x_0 的 δ 邻域是以 x_0 为中心，长度为 2δ 的开区间 $(x_0-\delta,x_0+\delta)$.

刚起步的学生需要知道比事实和技巧更多的东西：吸收一种数学的世界观，一组判断问题是否有意思的准则，一种向别人传递数学知识、数学热情和数学味道的方法.

格列夫斯

本章将在复习和加深函数有关知识的基础上着重讨论函数的极限，并介绍函数的连续性.

1.1 函数

函数是一种反映变量之间相依关系的数学模型.

在自然现象或社会现象中，往往同时存在几个不断变化的量，这些变量不是孤立的，而是相互联系并遵循一定的规律. 函数就是描述这种联系的一个法则. 比如，一个运动着的物体，它的速度和位移都是随时间变化而变化的，它们之间的关系就是一种函数关系.

1.1.1 函数的定义

定义 1 设 x,y 是两个变量，D 是给定的一个数集，若对于 D 中的每一个 x 值，根据某一法则 f，变量 y 都有唯一确定的值与它对应，那么，我们就说变量 y 是变量 x 的**函数**. 记作

$$y=f(x),x\in D$$

式中 x 称为**自变量**，y 称为**因变量**. 自变量 x 的变化范围 D 称为函数 $y=f(x)$ 的**定义域**，因变量 y 的变化范围称为函数 $y=f(x)$ 的**值域**.

为了便于理解，可以把函数想象成一个数字处理装置. 当输入(定义域的)一个值 x，则有(值域的)唯一确定的值 $f(x)$ 输出，如图 1-1 所示。

函数的定义域、对应关系称为函数的两个要素.

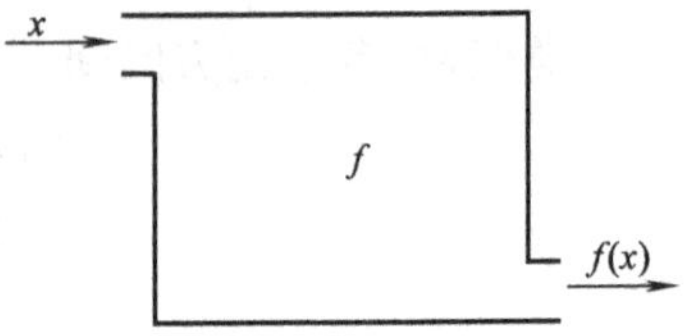

关于函数的定义域，在实际问题中应根据实际意义具体确定. 如果讨论的是纯数学问题，则往往取使函数的表达式有意义的一切实数所组成的集合作为该函数的定义域.

x

f

f(x)

图 1-1

例 1-1 求 $f(x)=\sqrt{4-x^2}$ 的定义域.

解 要使函数有意义，应满足 $4-x^2\geqslant 0$，即 $x^2\leqslant 4$，得 $-2\leqslant x\leqslant 2$，所以函数的定义域为 $[-2,2]$.

例 1-2 求 $f(x)=\dfrac{\lg(2-x)}{x-1}$ 的定义域.

解 要使函数有意义，应满足 $2-x>0$，且 $x-1\neq 0$，即 $x<2$ 且 $x\neq 1$，所以，函数的定义域为 $(-\infty,1)\cup(1,2)$.

1.1.2 函数的表示法

常用的函数表示法有三种：

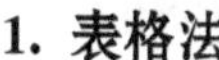

1. 表格法

将自变量的值与对应的函数值列成表的方法，称为表格法. 例如，平方表、三角函数表等都是用表格法表示的函数关系.

2. 图像法

在坐标系中用图形来表示函数关系的方法，称为图像法. 例如，气象台用自动记录仪把一天的气温变化情况自动描绘在记录纸上，如图 1－2 所示. 根据这条曲线，就能知道一天内任何时刻的气温了。

3. 公式法

将自变量和因变量之间的关系用数学式子来表示的方法，称为公式法. 这些数学式子也称为解析表达式. 函数的解析表达式分三种，由此函数也可分为**显函数**、**隐函数**和**分段函数**.

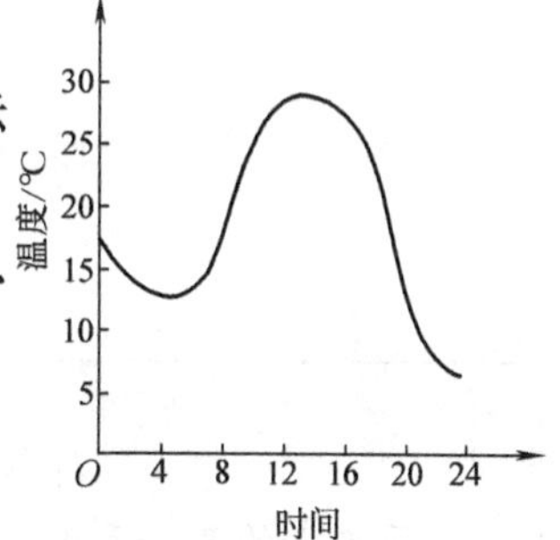

图　1－2

(1) 显函数　函数 y 由 x 的解析式直接表示出来. 例如，$y=x^2-1$.

(2) 隐函数　函数的自变量 x 和因变量 y 的对应关系是由方程 $F(x,y)=0$ 来确定. 例如，$y-\sin(x+y)=0$.

(3) 分段函数　函数在其定义域的不同范围内，具有不同的解析表达式.

例如，函数

$$y=\begin{cases}-x+1 & x\geqslant 0\\ x+1 & x<0\end{cases}$$

其图像如图 1－3 所示.

再如，符号函数

$$y=\operatorname{sgn}x=\begin{cases}1 & x>0\\ 0 & x=0\\ -1 & x<0\end{cases}$$

其图像如图 1－4 所示.

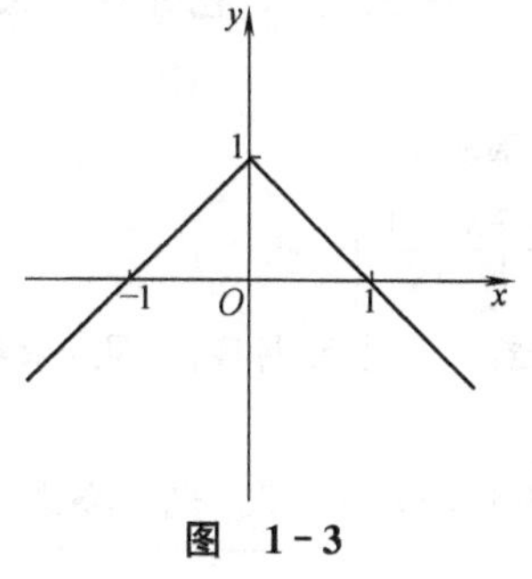

图　1－3

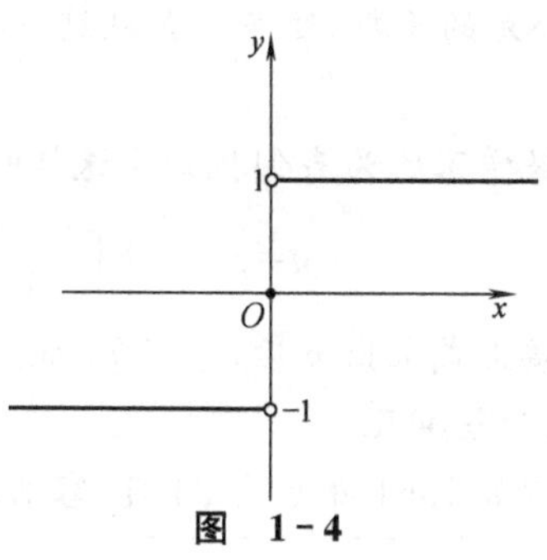

图　1－4

有些分段函数也用一些特殊的符号来表示. 例如,整函数 $y=[x]$,其中$[x]$表示不大于 x 的最大整数,如$[3.14]=3$;$[-0.2]=-1$. 整函数的部分图像如图 1-5 所示.

需要注意的是:分段函数在整个定义域上是一个函数,而不是几个函数.

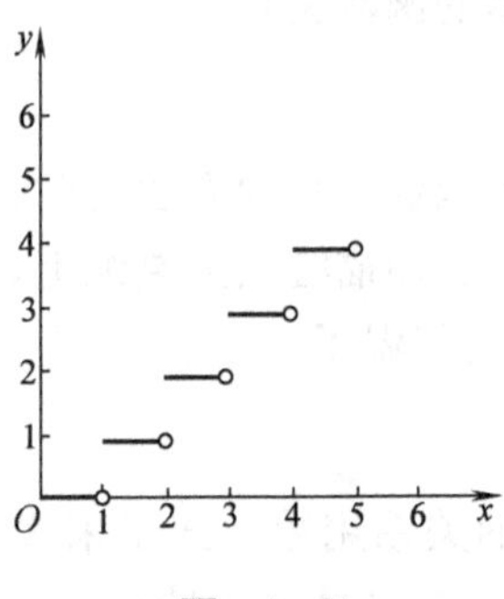

图 1-5

背景聚焦

你知道历史上的某一天是星期几吗?

历史上的某一天究竟是星期几? 这是一个有趣的计算问题,你们一定很想知道它的计算方法. 不过,要了解这一点,先得从闰年的设置讲起.

由于一个回归年不是恰好 365 日,而是 365 日 5 小时 48 分 46 秒(或 365.2422 日). 为了防止这多出的 0.2422 日积累起来,造成新年逐渐往后推移,因此每隔 4 年便设置一个闰年,这一年的二月从普通的 28 天改为 29 天. 这样闰年便有 366 天. 不过,这样补也不刚好,每百年差不多又多补了一天,因此又规定:遇到年数为“百年”的不设闰,扣回一天. 这就是常说的“百年 24 闰”. 但是,百年扣一天还是不刚好,又需要每四百年再补回来一天,因此又规定:公元年数为 400 倍数者设闰. 这样补来扣去,终于刚好! 例如,1976、1988 这些年数被 4 整除的年份为闰年,而 1900、2100 这些年则不设闰,2000 年的年数恰能被 400 整除,又要设闰,如此等等.

我们可以根据设闰的规律,推算出在公元 x 年第 y 天是星期几. 这里变量 x 是公元的年数,变量 y 是从这一年的元旦,算到这一天为止(包含这一天)的天数.

数学家已为我们找到了这样的公式(利用整函数).

$$n=x-1+\left[\frac{x-1}{4}\right]-\left[\frac{x-1}{100}\right]+\left[\frac{x-1}{400}\right]+y$$

按上式求出 n 后,除以 7,如果恰能除尽,则这一天为星期日;否则,余数为几,则为星期几.

例如 1961 年 6 月 24 日,容易算出 $x-1=1960$,而 $y=175$. 代入公式得

$$n = 1960 + \left[\frac{1960}{4}\right] - \left[\frac{1960}{100}\right] + \left[\frac{1960}{400}\right] + 175$$
$$= 1960 + 490 - 19 + 4 + 175 = 2610$$

而 2610 除以 7 余 6. 也就是说，这一天是星期六.

1.1.3　函数的几种特性

1. 函数的奇偶性

设函数 $y=f(x)$ 的定义域 D 关于原点对称，且对任意 $x\in D$ 均有 $f(-x)=f(x)$，则称函数 $f(x)$ 为**偶函数**；若对任意 $x\in D$ 均有 $f(-x)=-f(x)$，则称函数 $f(x)$ 为**奇函数**. 偶函数的图像关于 y 轴对称，如图 1-6a 所示；奇函数的图像关于原点对称，如图 1-6b 所示.

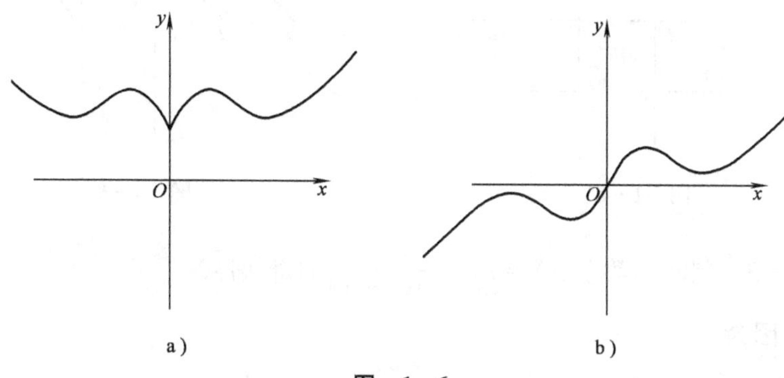

图　1-6

2. 函数的单调性

若函数 $y=f(x)$ 区间 (a,b) 内的任意两点 x_1, x_2，当 $x_2>x_1$ 时，有 $f(x_2)>f(x_1)$，则称此函数在区间 (a,b) 内**单调增加**；若有 $f(x_2)<f(x_1)$，则称此函数在区间 (a,b) 内**单调减少**. 单调增加的函数与单调减少的函数统称为**单调函数**.

单调增加函数的图像是沿 x 轴正向逐渐上升的，如图 1-7a 所示；单调减少函数的图像是沿 x 轴正向逐渐下降的，如图 1-7b 所示.

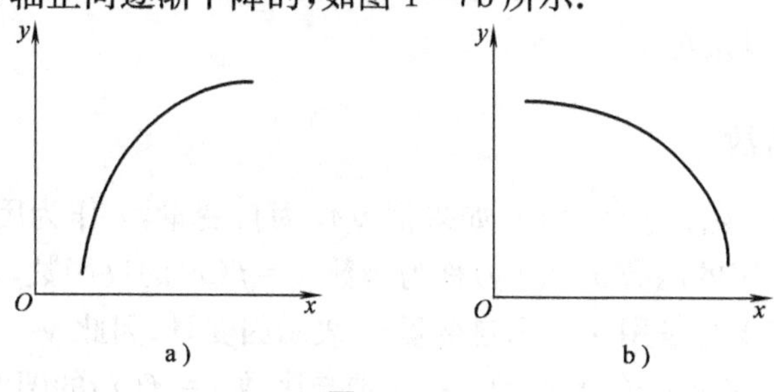

图　1-7

3. 函数的有界性

设 D 是函数 $y=f(x)$ 的定义域，若存在一个正数 M，使得对一切 $x\in D$，都有 $|f(x)|\leqslant M$，则称函数 $f(x)$ 是有界函数，否则称函数 $f(x)$ 为无界函数.

4. 函数的周期性

对于函数 $y=f(x)$，若存在常数 $T>0$，使得对一切 $x\in D$，皆有 $f(x)=f(x+T)$ 成立，则称函数 $f(x)$ 为周期函数. 大家熟悉的三角函数就是周期函数. 其实，在实际应用中会遇到许多周期函数，如电学中的矩形波（见图 1－8）、锯齿波（见图 1－9）等.

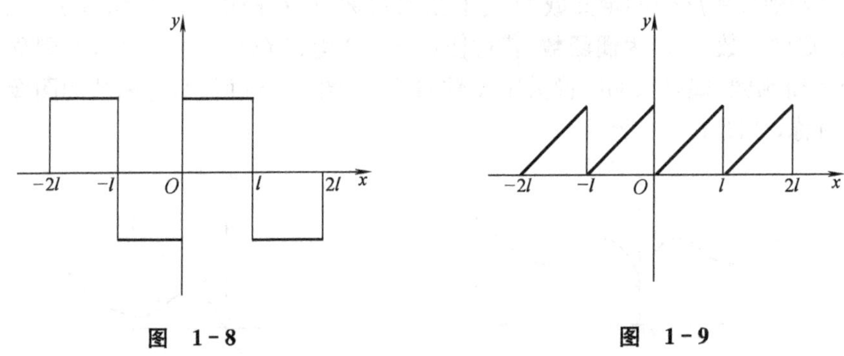

图 1－8　　图 1－9

例 1－3 判断函数 $f(x)=\dfrac{x}{(x-1)(x+1)}$ 的奇偶性.

解 因为

$$f(-x)=\frac{-x}{(-x-1)(-x+1)}=-\frac{x}{(x-1)(x+1)}=-f(x)$$

所以 $f(x)$ 是奇函数.

例 1－4 判断函数 $f(x)=\dfrac{x\cos x}{1+x^2}$ 的有界性.

解 因为 $1+x^2\geqslant 2x$，所以

$$|f(x)|=\left|\frac{x\cos x}{1+x^2}\right|\leqslant\left|\frac{x}{1+x^2}\right|\leqslant\left|\frac{x}{2x}\right|=\frac{1}{2}$$

因此，$f(x)$ 是有界函数.

1.1.4 反函数

定义 2 给定函数 $y=f(x)$，如果把 y 作为自变量，x 作为因变量，则由关系式 $y=f(x)$ 所确定的函数 $x=\varphi(y)$ 称为函数 $y=f(x)$ 的反函数，而 $y=f(x)$ 称为直接函数. 习惯上总是用 x 表示自变量，y 表示因变量，因此 $y=f(x)$ 的反函数 $x=\varphi(y)$ 通常也写成 $y=\varphi(x)$. 函数 $y=\varphi(x)$ 与函数 $y=f(x)$ 的图像关于直线 $y=x$

对称.

例 1－5　求函数 $y=x^3-1$ 的反函数.

解　因为 $y=x^3-1$,所以 $x=\sqrt[3]{y+1}$,再改写为 $y=\sqrt[3]{x+1}$,函数的图像如图 1－10 所示.

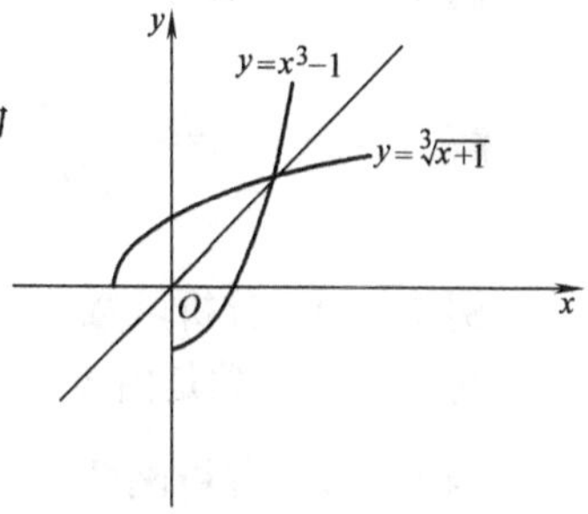

图　1－10

1.1.5　基本初等函数

常数函数　$y=C$（C 是任意实数）

幂函数　$y=x^\alpha$（α 是任意实数）

指数函数　$y=a^x$（$a>0,a\neq1,a$ 为常数）

对数函数　$y=\log_a x$（$a>0,a\neq1,a$ 为常数）

三角函数　$y=\sin x, y=\cos x, y=\tan x, y=\cot x, y=\sec x, y=\csc x$

反三角函数　$y=\arcsin x, y=\arccos x, y=\arctan x, y=\operatorname{arccot} x$

以上六种函数统称为**基本初等函数**.

1.1.6　复合函数

定义 3　如果 y 是 u 的函数 $y=f(u)$,u 是 x 的函数 $u=g(x)$,当 x 在某一区间上取值时,相应的 u 值使 y 有意义,则称 y 为 x 的复合函数,记作 $y=f(u)=f(g(x))$,其中 x 是自变量,u 是中间变量. 有的复合函数是多重复合,有多个中间变量.

如前所述,若函数能被想象成一个数字处理装置,那么复合函数也能被想象成若干个简单的数字处理装置串联起来形成的一个复杂的数字处理装置,如图 1－11 所示,其中 $g(x)$ 既是第一台装置的输出,又是第二台装置的输入.

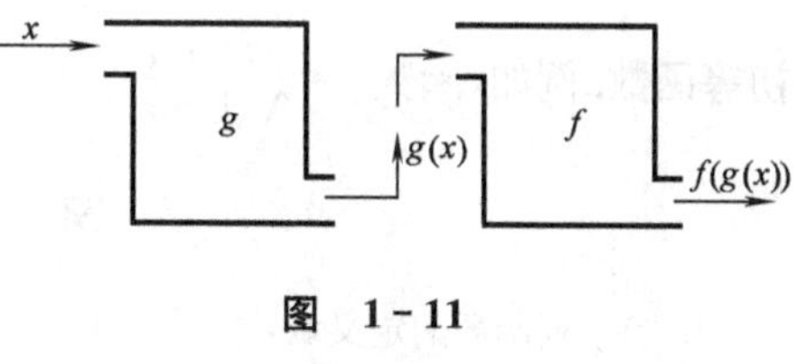

图　1－11

例 1－6　设 $y=f(u)=\sin u, u=g(x)=x^2+1$,求 $f(g(x))$.

解　$f(g(x))=\sin u=\sin(x^2+1)$

例 1－7　设 $y=f(u)=\sqrt{u}, u=g(t)=e^t, t=\varphi(x)=x^3$,求 $f(g(\varphi(x)))$.

解　$f(g(\varphi(x)))=\sqrt{u}=\sqrt{e^t}=\sqrt{e^{x^3}}$

例 1－8　设 $y=f(u)=\arctan u, u=g(t)=\dfrac{1}{\sqrt{t}}$, $t=\varphi(x)=x^2-1$,求 $f(g(\varphi(x)))$.

解　$f(g(\varphi(x)))=\arctan u=\arctan\dfrac{1}{\sqrt{t}}=\arctan\dfrac{1}{\sqrt{x^2-1}}$

例 1-9 已知 $f(x)=\frac{1}{\sqrt{x^2+1}}$，求 $f(f(x))$.

解 $f(f(x))=\frac{1}{\sqrt{f^2(x)+1}}=\frac{1}{\sqrt{\frac{1}{x^2+1}+1}}=\frac{\sqrt{x^2+1}}{\sqrt{x^2+2}}$

例 1-10 分析函数 $y=\sin x^2$ 的复合结构.

解 所给函数是由 $y=\sin u, u=x^2$ 复合而成.

例 1-11 分析函数 $y=\tan^2\frac{x}{2}$ 的复合结构.

解 所给函数是由 $y=u^2, u=\tan t, t=\frac{x}{2}$ 复合而成.

例 1-12 分析函数 $y=\mathrm{e}^{\arcsin\sqrt{x^2-1}}$ 的复合结构.

解 所给函数是由 $y=\mathrm{e}^u, u=\arcsin v, v=\sqrt{t}, t=x^2-1$ 复合而成.

例 1-13 分析函数 $y=\frac{1}{\ln(1+\sqrt{1+x^2})}$ 的复合结构.

解 所给函数是由 $y=\frac{1}{u}, u=\ln v, v=1+\sqrt{t}, t=1+x^2$ 复合而成.

例 1-14 分析函数 $y=\sqrt[3]{\arctan\cos 2^{2x}}$ 的复合结构.

解 所给函数是由 $y=\sqrt[3]{u}, u=\arctan v, v=\cos s, s=2^t, t=2x$ 复合而成.

定义 4 由基本初等函数及常数经过有限次四则运算及复合所得到的函数都是**初等函数**. 例如，函数 $y=\sqrt{\frac{1+x}{1-x}}, y=\arcsin\mathrm{e}^{\frac{x}{2}}, y=\lg(\sin x)$ 等都是初等函数.

习　题　1-1

1. 求下列函数的定义域：

(1) $y=\frac{1}{x^3-7x+6}$；

(2) $y=\sqrt{x+1}$；

(3) $y=\frac{x}{\sqrt{x^2-1}}$；

(4) $y=\frac{\sqrt{4-x^2}}{x^2-1}$；

(5) $y=\frac{1}{\ln\ln x}$；

(6) $y=\arcsin\frac{2x^2+1}{x^2+5}$；

(7) $y=\sqrt{\ln(x-1)}$；

(8) $y=\arccos\frac{2x+1}{5}+\sqrt{x+1}$；

(9) $y=\frac{\ln(x-3)+\ln(7-x)}{\sqrt{(x-2)(x-4)(x-6)}}$.

2. 已知 $f(x)$ 的定义域为 $(-2,3)$，求 $f(x+1)+f(x-1)$ 的定义域.

3. 设 $f(x)=\begin{cases}\sqrt{x-1} & x\geqslant 1\\ x^2 & x<1\end{cases}$，作出 $f(x)$ 的图像，并求 $f(5), f(-2)$ 的值.

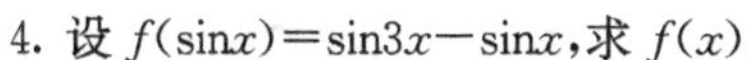

4. 设 $f(\sin x)=\sin 3x-\sin x$，求 $f(x)$.

5. 设 $f\left(x+\dfrac{1}{x}\right)=\dfrac{1}{x^2}+x^2$，求 $f(x)$.

6. 求下列函数的反函数：

(1) $y=\dfrac{1}{x^2}\ (x>0)$；　　(2) $y=\dfrac{1-x}{1+x}$；

(3) $y=\dfrac{e^x-e^{-x}}{2}$.

7. 已知 $f(x)$在区间$(-\infty,+\infty)$上是奇函数，当 $x>0$ 时，$f(x)=x^2+1$，试写出 $f(x)$在$(-\infty,+\infty)$上的函数表达式并作图.

8. 判断下列函数的奇偶性：

(1) $y=\dfrac{1}{x^5}$；　　(2) $y=\dfrac{e^x-e^{-x}}{2}$；

(3) $y=\dfrac{x\cos x}{x^2+1}$；　　(4) $y=e^{x^2}$；

(5) $y=\ln(x+\sqrt{1+x^2})$.

9. 求下列函数的周期：

(1) $y=\sin\dfrac{1}{2}x$；　　(2) $y=2+\cos 3x$；

(3) $y=\sin x\cos x$.

10. 设 $f(x)=\dfrac{1}{1-x}$，求 $f(f(x))$.

11. 分析下列函数的复合结构：

(1) $y=(1-x)^3$；　　(2) $y=\sin^2 x$；

(3) $y=e^{\sqrt{2+x^2}}$；　　(4) $y=\ln\arcsin\dfrac{1}{1+x}$；

(5) $y=\arcsin\sqrt{\cos x}$；　　(6) $y=\ln\ln x$；

(7) $y=\tan^3(e^{3x})$；　　(8) $y=\arctan\sqrt{\ln(1+x^2)}$.

1.2 极限

极限是微积分的重要基本概念之一. 微积分的许多概念都是用极限表述的，一些重要的性质和法则也是通过极限方法推得的，因此，掌握极限的概念、性质和计算是学好微积分的基础. 下面先看两个引例 .

引例 1　确定圆面积就是一个求极限的过程. 我国古代三国时期(大约公元 260 年)的伟大数学家刘徽用圆内接正多边形的面积来逼近圆面积，如图 1－12 所示，若用 A 表示圆的面积，A_n 表示圆内接正 n 边形的面积，显然，正多边形的边数 n 越多，正 n 边形的面积 A_n 就越接近于圆的面积 A. 当边数无限增加时，正 n 边形的面积 A_n 就无限接近于圆的面积 A.

下面用逼近原理具体计算一个曲边三角形的面积.

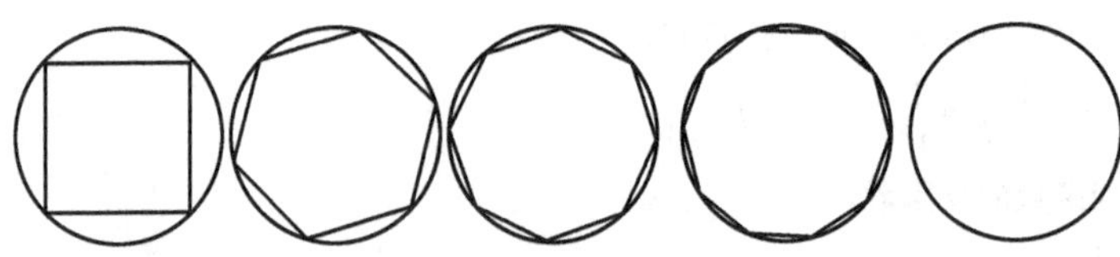

图 1-12

引例 2 如图 1-13 所示，计算由曲线 $y=x^2$ 和直线 $x=1,y=0$ 围成的曲边三角形的面积.

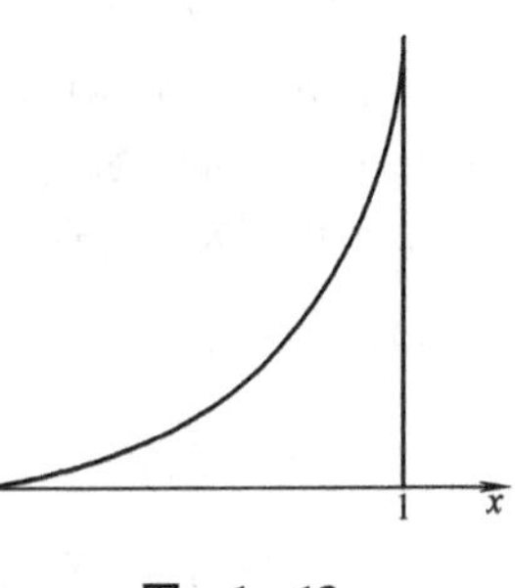

图 1-13

如图 1-14 所示，首先用 $0,\frac{1}{n},\frac{2}{n},\cdots,\frac{n-1}{n},1$ 把区间 $[0,1]$ 分成 n 等份，每个小区间的长度为 $\frac{1}{n}$. 过各分点作垂直于 x 轴的直线段，将曲边三角形分成 $n-1$ 个小曲边梯形，并在每一份上作出左上角碰到曲线的矩形，则每个小矩形的面积为

$$\frac{1}{n}\left(\frac{i-1}{n}\right)^2 \quad (i=2,3,\cdots,n)$$

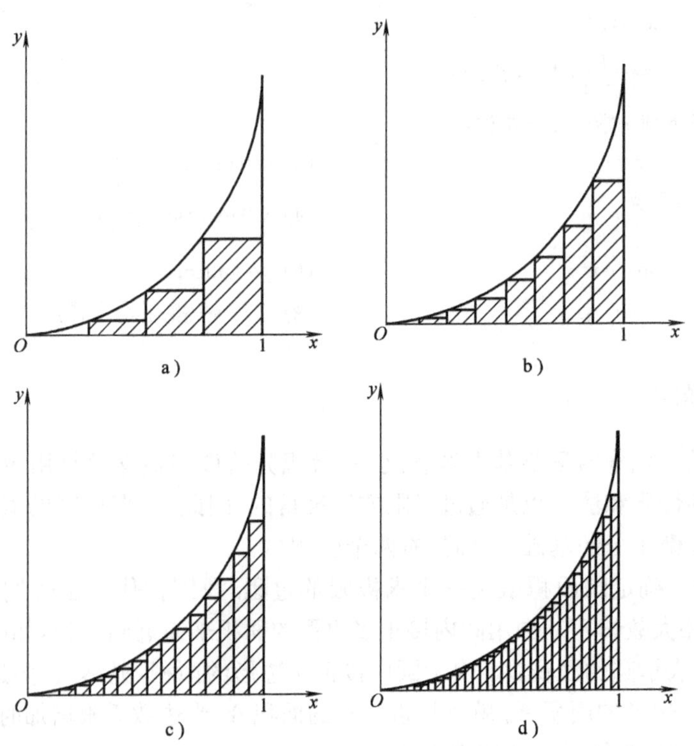

图 1-14

所有小矩形面积的和 A_n 可认为是所求曲边三角形面积 A 的近似值，即

$$\begin{aligned}A_n&=\frac{1}{n}\left(\frac{1}{n}\right)^2+\frac{1}{n}\left(\frac{2}{n}\right)^2+\cdots+\frac{1}{n}\left(\frac{n-1}{n}\right)^2\\&=\frac{1}{n^3}[1^2+2^2+\cdots+(n-1)^2]\\&=\frac{1}{n^3}\frac{(n-1)n(2n-1)}{6}\\&=\frac{1}{6}\left(1-\frac{1}{n}\right)\left(2-\frac{1}{n}\right)\end{aligned}$$

显然 n 越大，上式的近似程度越好，当 n 无限增大时，$\frac{1}{n}$ 无限接近零. 因此 A_n 无限接近 $\frac{1}{3}$，$\frac{1}{3}$ 即为所求曲边三角形的面积.

上述解题过程就是应用极限的思想和方法进行计算的过程. 下面引入极限的概念，首先讨论数列的极限，然后推广到一般函数的极限.

1.2.1　数列的极限

观察下面数列 $\{y_n\}$ 的变化趋势.

(1) $2,\frac{1}{2},\frac{4}{3},\frac{3}{4},\cdots,\frac{n+(-1)^{n-1}}{n},\cdots$

(2) $\frac{1}{2},\frac{2}{3},\frac{3}{4},\frac{4}{5},\cdots,\frac{n}{n+1},\cdots$

(3) $\frac{1}{2},\frac{1}{3},\frac{1}{4},\frac{1}{5},\cdots,\frac{1}{n+1},\cdots$

(4) $1,-1,1,-1,\cdots,(-1)^{n-1},\cdots$

如图 1-15 所示，当 n 无限增大时，数列(1)、(2)无限地趋近于 1，数列(3)无限地趋近于 0，这种现象就是下面给出的数列极限的定义所描述的现象.

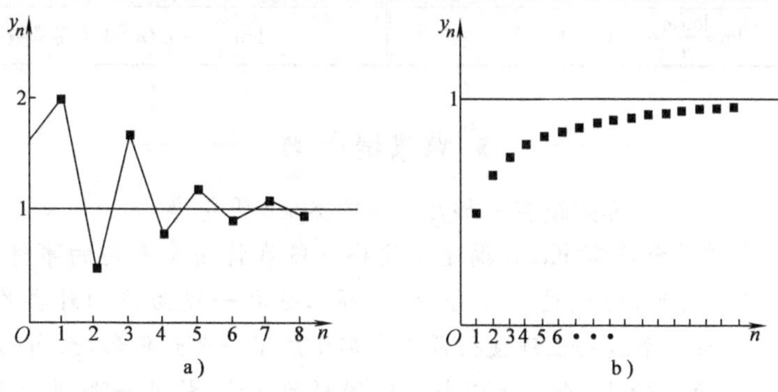

图　1-15

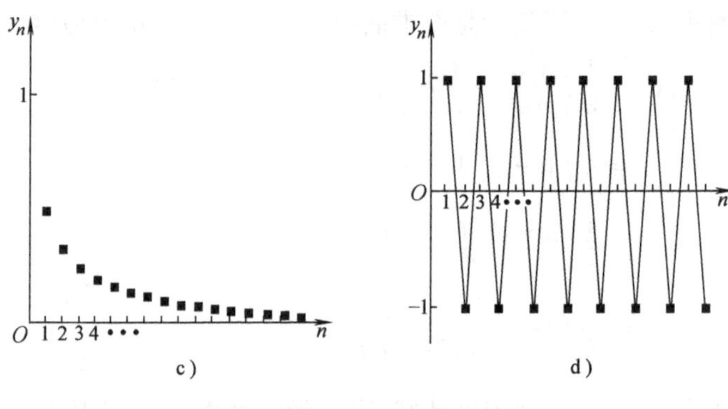

图 1-15 (续)

定义 5 对于数列$\{y_n\}$，如果当 n 无限增大时，y_n 无限接近于某个常数 A，那么这个常数 A 就叫作数列$\{y_n\}$当$n\to\infty$时的**极限**，记作$\lim\limits_{n\to\infty}y_n=A$.

若数列$\{y_n\}$的极限为A，我们也称数列$\{y_n\}$收敛于A，并将数列称为**收敛数列**，否则称为**发散数列**. 例如数列(4)就为发散数列，因为当 n 无限增大时，数列(4)没有无限地趋近于某一值，而是在 1 和 -1 之间来回摆动.

容易看出，**有极限的数列都是有界的**，但反之未必. 例如数列(4)是有界的，但它没有极限.

有了数列极限的定义，上述数列(1)、(2)、(3)的极限可表示为

$$\lim_{n\to\infty}\frac{n+(-1)^{n-1}}{n}=1,\lim_{n\to\infty}\frac{n}{n+1}=1,\lim_{n\to\infty}\frac{1}{n+1}=0$$

下面不加证明地给出几个常用数列的极限(见表 1-1).

表 1-1

$\lim\limits_{n\to\infty}q^n=0\ (\lvert q\rvert<1)$	$\lim\limits_{n\to\infty}\sqrt[n]{a}=1\ (a>0)$
$\lim\limits_{n\to\infty}\sqrt[n]{n}=1$	$\lim\limits_{n\to\infty}\dfrac{a^n}{n!}=0$
$\lim\limits_{n\to\infty}\dfrac{\log_a n}{n}=0\ (a>1)$	$\lim\limits_{n\to\infty}\dfrac{n^k}{a^n}=0$ ($a>1$，k 是常数)

背景聚焦

你知道在分形几何中的 Koch 雪花吗?

1904 年瑞典科学家 Koch 描述了这样一段奇特而又有趣的事件：一个边长为 a 的正三角形，将每边三等分，以中间三分之一段为边向外再作正三角形，小三角形在三个边的出现使得原三角形变成了一个六角形，六角形共有 12 个边，再在六角形的 12 个边上以与上述同样的方法，构造一个新的 48 边形. 如此无穷次作下去，其边缘的构造越来越精细，看上去就像一片雪花，如图 1-16

所示，所以也称为 Koch 雪花. 上述方法构造的曲线称为 Koch 曲线.

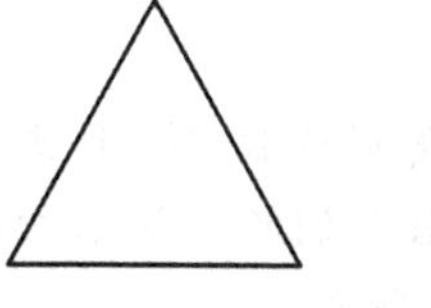
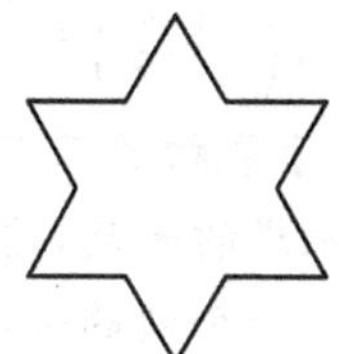
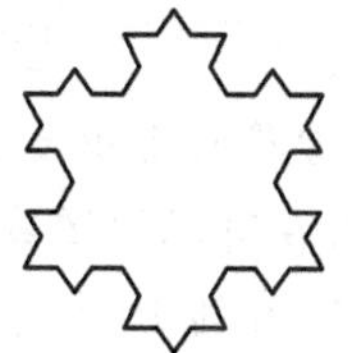
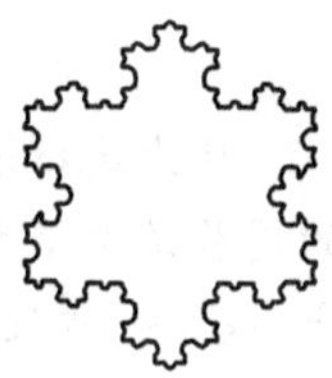

图　1-16

你想知道最终 Koch 雪花的面积和 Koch 曲线的周长是多少吗？让我们来算一算.

假设最初的正三角形边长为 1，则其周长为 $L_1=3$，面积为 $A_1=\frac{\sqrt{3}}{4}$. 在生成六角形时，新生成三角形的边长为原边长的 $\frac{1}{3}$，新生成的三角形的面积为原三角形面积的 $\frac{1}{9}$，因为共生成了三个新三角形，故

$$\text{总周长 } L_2=\frac{4}{3}L_1\text{，总面积 } A_2=A_1+3\times\frac{1}{9}A_1$$

依次进行下去，得

$$L_3=\frac{4}{3}L_2=\left(\frac{4}{3}\right)^2L_1$$

$$A_3=A_2+3\times\frac{1}{9}A_2=A_2+3\left\{4\left[\left(\frac{1}{9}\right)^2A_1\right]\right\}$$

$$\vdots$$

$$L_n=\frac{4}{3}L_{n-1}=\cdots=\left(\frac{4}{3}\right)^{n-1}L_1$$

$$\begin{aligned}A_n&=A_{n-1}+3\left\{4^{n-2}\left[\left(\frac{1}{9}\right)^{n-1}A_1\right]\right\}\\&=A_1+3\times\frac{1}{9}A_1+3\times4\times\left(\frac{1}{9}\right)^2A_1+\cdots+3\times4^{n-2}\times\left(\frac{1}{9}\right)^{n-1}A_1\\&=A_1\left\{1+\left[\frac{1}{3}+\frac{1}{3}\left(\frac{4}{9}\right)+\frac{1}{3}\left(\frac{4}{9}\right)^2+\cdots+\frac{1}{3}\left(\frac{4}{9}\right)^{n-2}\right]\right\}\\&=A_1\left[1+\frac{1}{3}\times\frac{1-\left(\frac{4}{9}\right)^{n-1}}{1-\frac{4}{9}}\right]=A_1\left\{1+\frac{3}{5}\left[1-\left(\frac{4}{9}\right)^{n-1}\right]\right\}\end{aligned}$$

其实我们所要求的就是当 $n\to\infty$ 时周长 L_n 和面积 A_n 的极限. 于是

$$\lim_{n\to\infty}L_n=+\infty,\lim_{n\to\infty}A_n=A_1\left(1+\frac{3}{5}\right)=\frac{2\sqrt{3}}{5}$$

从上述结果可知雪花的面积大小依赖于最初的正三角形边长，Koch 曲线的周长是无限大的，而在有限的区域生成无限的长度，这与人们的直觉不相符合，成了一种反常现象. 直到 1975 年诞生了一个新的数学分支——“分形几何学”才赋予了它深刻、丰富的内涵.

1.2.2　函数的极限

1. 自变量趋于无穷大时函数的极限

数列是一种特殊形式的函数，把数列极限的定义推广，可以给出函数极限的定义.

观察函数 $f(x)=\dfrac{1}{x}$ 当 x 绝对值无限增大时，函数值的变化趋势.

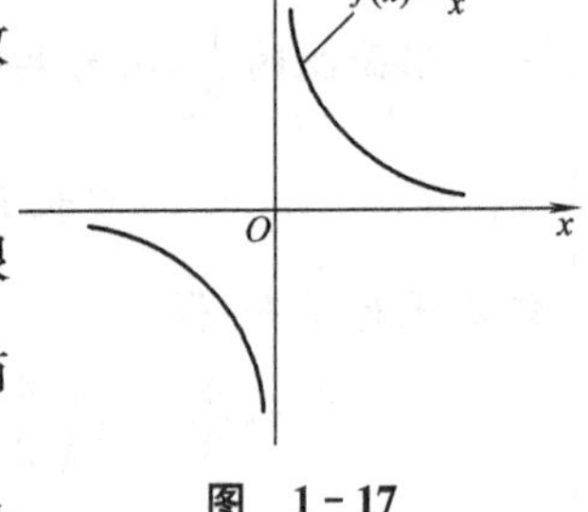

图　1-17

如图 1-17 所示，当$|x|$无限增大时，函数值$\dfrac{1}{x}$无限逼近 0. 这种现象就是下面给出的函数极限的定义所描述的现象.

定义 6　对于函数 $y=f(x)$，如果当自变量的绝对值无限增大时，函数 $f(x)$ 无限接近于某个常数 A，那么这个常数 A 就叫作函数 $f(x)$ 当 $x\to\infty$ 时的极限，记作

$$\lim_{x\to\infty}f(x)=A \quad 或 \quad 当 x\to\infty 时, f(x)\to A$$

其中 $x\to\infty$ 叫作函数 $f(x)$ 的极限过程.

定义中当自变量 $x>0$ 无限增大时，函数 $f(x)$ 的极限为 A，记作 $\lim\limits_{x\to+\infty}f(x)=A$；当自变量 $x<0$ 而绝对值无限增大时，函数 $f(x)$ 的极限为 A，记作 $\lim\limits_{x\to-\infty}f(x)=A$.

2. 自变量趋向有限值时函数的极限

观察函数 $f(x)=x^2$ 当 x 无限接近于 0 时，函数值的变化趋势.

如图 1-18a 所示，函数 $f(x)=x^2$ 当自变量 x_1 比 x_2 更靠近 0 时，函数值 $f(x_1)$ 比 $f(x_2)$ 更接近 0. 可以想象，当自变量 x 无限接近于 0 时，函数的函数值无限地接近于 0；类似地，函数 $f(x)=\dfrac{x^3}{x}$ 当自变量 x 无限接近于 0 时，函数的函数值也无限地接近于 0，如图 1-18b 所示.

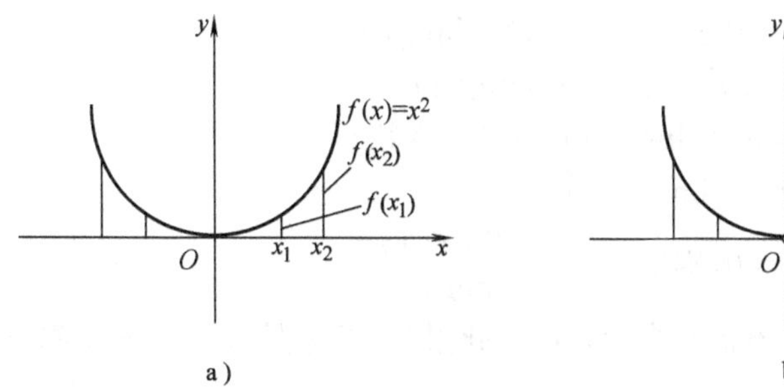

图　1-18

定义 7　对于函数 $y=f(x)$，如果当自变量 x 无限接近于 x_0 时，函数 $f(x)$ 无限接近于某个常数 A，那么常数 A 就叫作函数 $f(x)$ 当 $x\to x_0$ 时的极限，记作

$$\lim_{x\to x_0} f(x)=A \quad 或 \quad 当\ x\to x_0\ 时，f(x)\to A$$

其中，$x\to x_0$ 叫作函数 $f(x)$ 的极限过程.

需要说明的是：(1)定义中 $x\to x_0$ 的方式是可以任意的，既可以从 x_0 的左边也可以从 x_0 的右边或同时从两边趋近于 x_0.

(2)当 $x\to x_0$ 时，函数 $f(x)$ 在点 x_0 是否有极限与其在点 x_0 是否有定义无关.

(3)此定义是描述性的(其精确的"ε-δ"语言定义参见本章 1.4 节提示与提高 8 及"数学文摘").

定义 8　如果自变量 x 仅从小于(或大于)x_0 的一侧趋近于 x_0 时，函数 $f(x)$ 无限趋近于 A，则称 A 为函数 $f(x)$ 当 x 趋近于 x_0 时的左极限(或右极限)，记作 $\lim\limits_{x\to x_0^-} f(x)=A$(或 $\lim\limits_{x\to x_0^+} f(x)=A$).

定理 1　函数 $f(x)$ 在点 x_0 的极限存在的充分必要条件是 $f(x)$ 在点 x_0 的左、右极限都存在且相等.

例 1-15　讨论函数 $f(x)=\begin{cases} x & x\geqslant 0 \\ x+1 & x<0 \end{cases}$ 当 $x\to 0$ 时是否存在极限.

解　由于 $\lim\limits_{x\to 0^+} f(x)=\lim\limits_{x\to 0^+} x=0$,

$\lim\limits_{x\to 0^-} f(x)=\lim\limits_{x\to 0^-}(x+1)=1$,

所以 $\lim\limits_{x\to 0^+} f(x)\neq \lim\limits_{x\to 0^-} f(x)$,

故 $\lim\limits_{x\to 0} f(x)$ 不存在，如图 1-19 所示.

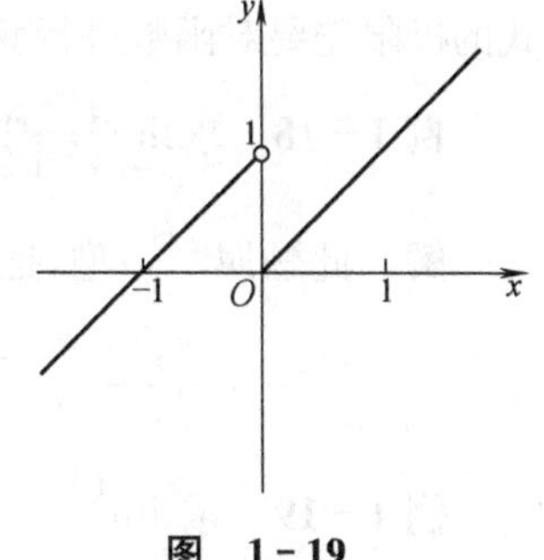

图　1-19

1.2.3　极限的运算

以下法则用两个函数的极限运算来说明，其结论对有限个函数的极限运算同样成立. 假定在同一极限过程中，极限 $\lim f(x)$ 与 $\lim g(x)$ 都存在，则极限的运算有如下法则：

法则 1 $\lim[f(x)\pm g(x)]=\lim f(x)\pm\lim g(x)$

法则 2 $\lim[f(x)g(x)]=\lim f(x)\lim g(x)$

推论 1 $\lim[Cf(x)]=C\lim f(x)$ （C 为常数）

推论 2 $\lim[f(x)]^n=[\lim f(x)]^n$

法则 3 若$\lim g(x)\neq 0$,则$\lim\dfrac{f(x)}{g(x)}=\dfrac{\lim f(x)}{\lim g(x)}$.

极限符号lim的下边不标明自变量的变化过程,意思是说对 $x\to x_0$ 或 $x\to\infty$所建立的结论都成立.

例 1-16 设 $f(x)=2x^3+3x-5$,求 $\lim\limits_{x\to 1}f(x)$.

解 根据法则 1、法则 2,有

$$\begin{aligned}\lim_{x\to 1}f(x)&=\lim_{x\to 1}(2x^3+3x-5)=2\lim_{x\to 1}x^3+3\lim_{x\to 1}x-\lim_{x\to 1}5\\&=2(\lim_{x\to 1}x)^3+3\lim_{x\to 1}x-\lim_{x\to 1}5=2\times 1^3+3\times 1-5=0\end{aligned}$$

例 1-17 设 $f(x)=\dfrac{x^2+x+1}{x+1}$,求$\lim\limits_{x\to 1}f(x)$.

解 $\lim\limits_{x\to 1}f(x)=\lim\limits_{x\to 1}\dfrac{x^2+x+1}{x+1}=\dfrac{\lim\limits_{x\to 1}(x^2+x+1)}{\lim\limits_{x\to 1}(x+1)}=\dfrac{3}{2}$

以上例题在进行极限运算时,都直接使用了极限的运算法则．但有些函数做极限运算时,不能直接使用法则,例如求函数 $f(x)=\dfrac{x-1}{x^2-1}$当 $x\to 1$ 时的极限,因其分子、分母的极限都为零,所以不能直接使用运算法则.

若所求函数的分子、分母的极限都为零,这种极限形式称为未定式,形象地表示为"$\dfrac{0}{0}$".类似还有以下几种未定式:"$\dfrac{\infty}{\infty}$""$0\cdot\infty$""$\infty-\infty$""1^∞""0^0""∞^0".求未定式的极限先要对函数进行变形整理,然后才可使用极限的运算法则.

例 1-18 求$\lim\limits_{x\to 1}\dfrac{x^2-3x+2}{x^2+2x-3}$.

解 此题属"$\dfrac{0}{0}$"型,把分式的分子、分母因式分解,整理得

$$\lim_{x\to 1}\frac{x^2-3x+2}{x^2+2x-3}=\lim_{x\to 1}\frac{(x-1)(x-2)}{(x-1)(x+3)}=\lim_{x\to 1}\frac{x-2}{x+3}=-\frac{1}{4}$$

例 1-19 求$\lim\limits_{x\to 0}\dfrac{(1+x)^3-1}{x}$.

解 此题属"$\dfrac{0}{0}$"型,把分式的分子化简,整理得

$$\lim_{x\to 0}\frac{(1+x)^3-1}{x}=\lim_{x\to 0}\frac{3x+3x^2+x^3}{x}=\lim_{x\to 0}(3+3x+x^2)=3$$

例 1-20 求$\lim\limits_{x\to 0}\dfrac{\sqrt{5x+1}-1}{x}$.

解　此题属“$\frac{0}{0}$”型，把分式的分子有理化，整理得

$$\lim_{x\to0}\frac{\sqrt{5x+1}-1}{x}=\lim_{x\to0}\frac{(\sqrt{5x+1}-1)(\sqrt{5x+1}+1)}{x(\sqrt{5x+1}+1)}=\lim_{x\to0}\frac{5x}{x(\sqrt{5x+1}+1)}$$
$$=\lim_{x\to0}\frac{5}{\sqrt{5x+1}+1}=\frac{5}{2}$$

例 1 - 21　求$\lim\limits_{x\to\infty}\frac{4x^2+1}{3x^2+2x-1}$.

解　此题属“$\frac{\infty}{\infty}$”型，在分式的分子、分母上同时除以 x^2，整理得

$$\lim_{x\to\infty}\frac{4x^2+1}{3x^2+2x-1}=\lim_{x\to\infty}\frac{4+\frac{1}{x^2}}{3+\frac{2}{x}-\frac{1}{x^2}}=\frac{4}{3}$$

例 1 - 22　求$\lim\limits_{x\to\infty}\frac{x^2+3}{x^3+2x}$.

解　此题属“$\frac{\infty}{\infty}$”型，在分式的分子、分母上同除 x^3，整理得

$$\lim_{x\to\infty}\frac{x^2+3}{x^3+2x}=\lim_{x\to\infty}\frac{\frac{1}{x}+\frac{3}{x^3}}{1+\frac{2}{x^2}}=0$$

例 1 - 23　求$\lim\limits_{x\to1}\left(\frac{1}{x-1}-\frac{3}{x^3-1}\right)$.

解　此题属“$\infty-\infty$”型，通分并整理得

$$\lim_{x\to1}\left(\frac{1}{x-1}-\frac{3}{x^3-1}\right)=\lim_{x\to1}\frac{(x^2+x+1)-3}{(x-1)(x^2+x+1)}=\lim_{x\to1}\frac{x^2+x-2}{(x-1)(x^2+x+1)}$$
$$=\lim_{x\to1}\frac{(x-1)(x+2)}{(x-1)(x^2+x+1)}$$
$$=\lim_{x\to1}\frac{x+2}{x^2+x+1}=1$$

例 1 - 24　求 $\lim\limits_{x\to+\infty}x(\sqrt{1+x^2}-x)$.

解　此题属“$0\cdot\infty$”型，把因式$(\sqrt{1+x^2}-x)$有理化，整理得

$$\lim_{x\to+\infty}x(\sqrt{1+x^2}-x)=\lim_{x\to+\infty}\frac{x(\sqrt{1+x^2}-x)(\sqrt{1+x^2}+x)}{\sqrt{1+x^2}+x}$$
$$=\lim_{x\to+\infty}\frac{x}{\sqrt{1+x^2}+x}=\lim_{x\to+\infty}\frac{1}{\sqrt{\frac{1}{x^2}+1}+1}=\frac{1}{2}$$

背景聚焦

美丽的函数图像——分形艺术奇观

分形诞生在以多种概念和方法相互冲击和融合为特征的当代.分形混沌之旋风,横扫数学、理化、生物、大气、海洋以至社会学科,在音乐、美术等方面也产生了一定的影响.

分形艺术(Fractal Art)第一次引起公众的注意是《科学美国人》杂志在1985年发表的一篇关于Mandelbrot集的一篇文章,到目前为止已有30年的历史.分形艺术是一种关于分形——在所有的尺度上用自相似(图形的部分与整体相似)描述的形状或集合的艺术表现形式,是计算机进行反复数字处理的一个典型实例.有些图像不是专门的分形,但由于利用了相同的基本生成源和生成步骤,而被纳入到分形艺术世界中.

图1-20呈现出分形无穷的玄机和美感,引发人们去探索.即使你不懂得其中深奥的数学哲理,也会为之感动.分形使人们觉悟到科学与艺术的融合,数学与艺术审美上的统一,使枯燥的数学不再仅仅是抽象的哲理,而是具体的感受;不再仅仅是揭示一类存在,而是一种艺术创作.可以说,分形搭起了科学与艺术的桥梁.

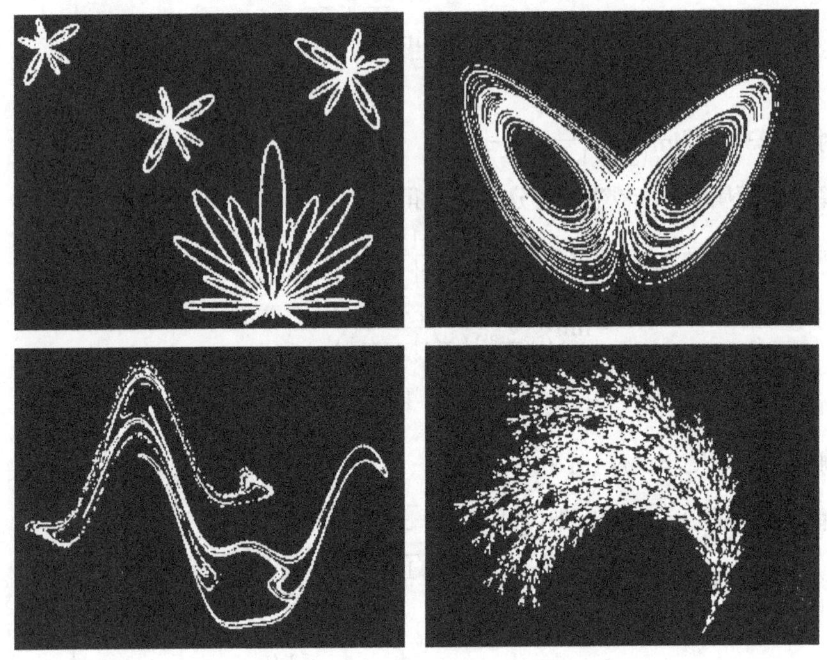

图 1-20

1.2.4　极限存在的两个准则和两个重要极限

准则 1　若对于 x_0 的某邻域内的一切 x(可以不包含 x_0),有 $g(x)\leqslant f(x)\leqslant h(x)$,且 $\lim\limits_{x\to x_0}g(x)=\lim\limits_{x\to x_0}h(x)=A$,则必有 $\lim\limits_{x\to x_0}f(x)=A$.

准则 2　单调有界数列必有极限.

下面我们用这两个准则来计算两个重要极限.

1. $\lim\limits_{x\to 0}\dfrac{\sin x}{x}=1$

因为$\dfrac{\sin(-x)}{-x}=\dfrac{\sin x}{x}$,所以只需对于 x 由正值趋向零时(在第一象限)来讨论.先作一个半径为 1 的单位圆,如图 1-21 所示,可以看出三角形 OAB 的面积、扇形 OAB 的面积及三角形 OAC 的面积是由小到大排列的,于是有

$$\frac{1}{2}\sin x<\frac{1}{2}x<\frac{1}{2}\tan x$$

同乘以$\dfrac{2}{\sin x}$得

$$1<\frac{x}{\sin x}<\frac{1}{\cos x}$$

所以

$$1>\frac{\sin x}{x}>\cos x$$

因为

$$\lim_{x\to 0}1=\lim_{x\to 0}\cos x=1$$

所以,根据准则 1 可得

$$\boxed{\lim_{x\to 0}\frac{\sin x}{x}=1} \qquad (1-1)$$

此结果也可由图 1-22 直观看出.

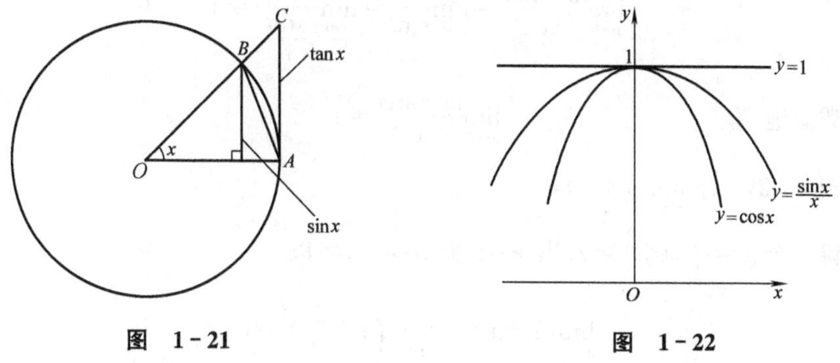

图　1-21　　　　图　1-22

2. $\lim\limits_{n\to\infty}\left(1+\dfrac{1}{n}\right)^n=\mathrm{e}$

可以证明数列$\left\{\left(1+\dfrac{1}{n}\right)^n\right\}$单调增加并且有界,根据准则 2 可知$\lim\limits_{n\to\infty}\left(1+\dfrac{1}{n}\right)^n$

存在，且$\lim\limits_{n\to\infty}\left(1+\dfrac{1}{n}\right)^n=e$，e是无理数，其值为e=2.7182818284590…，此结果可由图1-23直观看出.

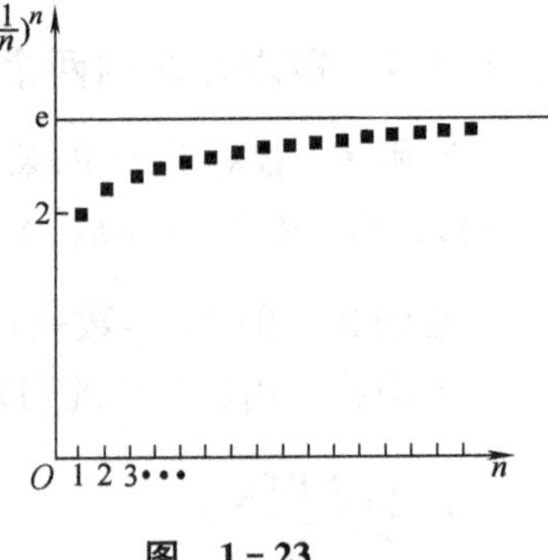

图 1-23

可以证明，此数列转换成函数$\left(1+\dfrac{1}{x}\right)^x$后极限仍是e，即

$$\boxed{\lim_{x\to\infty}\left(1+\frac{1}{x}\right)^x=e} \qquad (1-2)$$

例1-25 求$\lim\limits_{x\to0}\dfrac{\tan x}{x}$.

解 $\lim\limits_{x\to0}\dfrac{\tan x}{x}=\lim\limits_{x\to0}\dfrac{\sin x}{x}\dfrac{1}{\cos x}=\lim\limits_{x\to0}\dfrac{\sin x}{x}\lim\limits_{x\to0}\dfrac{1}{\cos x}=1$

例1-26 求$\lim\limits_{x\to0}\dfrac{\sin 4x}{x}$.

解 $\lim\limits_{x\to0}\dfrac{\sin 4x}{x}=\lim\limits_{x\to0}\dfrac{\sin 4x}{4x}\times4=4\lim\limits_{x\to0}\dfrac{\sin 4x}{4x}=4$

例1-27 求$\lim\limits_{x\to0}\dfrac{\sin(a+x)-\sin(a-x)}{x}$.

解 $\lim\limits_{x\to0}\dfrac{\sin(a+x)-\sin(a-x)}{x}=\lim\limits_{x\to0}\dfrac{2\cos a\sin x}{x}=2\cos a\lim\limits_{x\to0}\dfrac{\sin x}{x}=2\cos a$

例1-28 求$\lim\limits_{x\to0}\dfrac{\arcsin x}{x}$.

解 令$t=\arcsin x$，则$x=\sin t$，当$x\to0$时，$t\to0$，所以

$$\lim_{x\to0}\frac{\arcsin x}{x}=\lim_{t\to0}\frac{t}{\sin t}=\lim_{t\to0}\frac{1}{\dfrac{\sin t}{t}}=1$$

类似地，有

$$\lim_{x\to0}\frac{\arctan x}{x}=1$$

例1-29 求$\lim\limits_{x\to0}(1+x)^{\frac{1}{x}}$.

解 令$x=\dfrac{1}{t}$，则$\dfrac{1}{x}=t$，当$x\to0$时，$t\to\infty$，所以

$$\lim_{x\to0}(1+x)^{\frac{1}{x}}=\lim_{t\to\infty}\left(1+\frac{1}{t}\right)^t=e$$

例1-30 求$\lim\limits_{x\to\infty}\left(1+\dfrac{3}{x}\right)^x$.

解 $\lim\limits_{x\to\infty}\left(1+\dfrac{3}{x}\right)^x=\lim\limits_{x\to\infty}\left[\left(1+\dfrac{3}{x}\right)^{\frac{x}{3}}\right]^3=e^3$

例 1-31　求$\lim\limits_{x\to0}(1-2x)^{\frac{3}{x}}$.

解　$\lim\limits_{x\to0}(1-2x)^{\frac{3}{x}}=\lim\limits_{x\to0}\{[1+(-2x)]^{-\frac{1}{2x}}\}^{-6}=e^{-6}$

例 1-32　求$\lim\limits_{x\to\infty}\left(\dfrac{x+1}{x-1}\right)^x$.

解　$$\lim_{x\to\infty}\left(\frac{x+1}{x-1}\right)^x=\lim_{x\to\infty}\left[\frac{1+\frac{1}{x}}{1-\frac{1}{x}}\right]^x=\lim_{x\to\infty}\frac{\left(1+\frac{1}{x}\right)^x}{\left(1-\frac{1}{x}\right)^x}$$

$$=\lim_{x\to\infty}\left(1+\frac{1}{x}\right)^x\left(1-\frac{1}{x}\right)^{-x}=\lim_{x\to\infty}\left(1+\frac{1}{x}\right)^x\lim_{x\to\infty}\left(1+\frac{1}{-x}\right)^{-x}$$

$$=e\cdot e=e^2$$

1.2.5　无穷大和无穷小

1. 无穷大和无穷小的概念

定义 9　如果$\lim\limits_{x\to x_0}\alpha(x)=0$(或$\lim\limits_{x\to\infty}\alpha(x)=0$)，则称变量$\alpha(x)$当$x\to x_0$(或$x\to\infty$)时为无穷小.

定义 10　如果当$x\to x_0$(或$x\to\infty$)时，变量$f(x)$的绝对值无限增大，则称$f(x)$当$x\to x_0$(或$x\to\infty$)时为无穷大，记为$\lim\limits_{x\to x_0}f(x)=\infty$(或$\lim\limits_{x\to\infty}f(x)=\infty$).

显然，在同一变化过程中，如果$\lim f(x)=0(f(x)\neq0)$，则$\lim\dfrac{1}{f(x)}=\infty$；反之，如果$\lim f(x)=\infty$，则$\lim\dfrac{1}{f(x)}=0$.

需要指出的是：无穷小和无穷大都是变量，与很小或很大的常量有着本质的不同.

例 1-33　求$\lim\limits_{x\to\infty}\dfrac{x^4+2x-3}{x^3+5}$.

解　因为$\lim\limits_{x\to\infty}\dfrac{x^3+5}{x^4+2x-3}=\lim\limits_{x\to\infty}\dfrac{\frac{1}{x}+\frac{5}{x^4}}{1+\frac{2}{x^3}-\frac{3}{x^4}}=0$，所以根据无穷小与无穷大的关系有

$$\lim_{x\to\infty}\frac{x^4+2x-3}{x^3+5}=\infty$$

一般地，有

$$\lim_{x\to\infty}\frac{a_0x^m+a_1x^{m-1}+\cdots+a_m}{b_0x^n+b_1x^{n-1}+\cdots+b_n}=\begin{cases}\dfrac{a_0}{b_0} & m=n\\ 0 & m<n\\ \infty & m>n\end{cases}$$

定理 2 $\lim f(x)=A$ 的充要条件是 $f(x)=A+\alpha(x)$，其中 $\alpha(x)$ 是无穷小．

此定理表明有极限的函数可以表示为它的极限与无穷小之和；反之，如果函数可以表示为常数与一无穷小之和，则该常数就是函数的极限．

没有任何问题可以像无穷那样深深地触动人的情感，很少有别的观念能像无穷那样激励理智产生富有成果的思想，然而也没有任何其他的概念能像无穷那样需要加以阐明．

希尔伯特

2. 无穷小的性质

(1) 有限个无穷小的代数和仍为无穷小.

(2) 有限个无穷小之积仍为无穷小.

(3) 有界变量与无穷小之积仍为无穷小.

(4) 无穷小除以极限不为零的变量之商仍为无穷小.

例 1－34 证明 $\lim\limits_{x\to\infty}\dfrac{\sin x}{x}=0$.

证 因为当 $x\to\infty$ 时，$\dfrac{1}{x}$ 是无穷小，$\sin x$ 是有界变量，所以根据无穷小的性质 (3) 可知：$\dfrac{1}{x}$ 与 $\sin x$ 的乘积仍是无穷小，即

$$\lim_{x\to\infty}\frac{\sin x}{x}=\lim_{x\to\infty}\frac{1}{x}\sin x=0$$

此结果可由图 1－24 直观地看出.

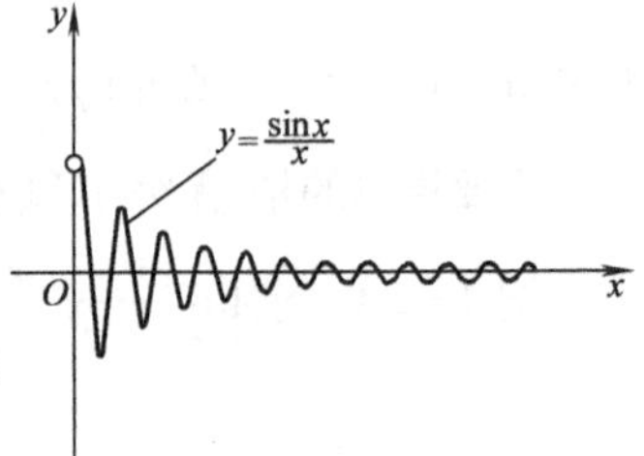

图 1－24

3. 无穷小的比较

极限为零的变量为无穷小，而不同的无穷小趋近于零的“快慢”是不同的. 例如，当 $x\to0$ 时，x^2，x^3 都是无穷小，但 $x^3\to0$ 比 $x^2\to0$ 快．

一般地，设 α 与 β 是同一变化过程中的无穷小，

(1) 若 $\lim\dfrac{\alpha}{\beta}=0$，则称 α 是比 β **高阶的无穷小**，记作 $\alpha=o(\beta)$.

(2) 若 $\lim\dfrac{\alpha}{\beta}=\infty$，则称 α 是比 β **低阶的无穷小**.

(3) 若 $\lim\dfrac{\alpha}{\beta}=C\neq0$，则称 α 与 β 是**同阶无穷小**.

特别地，当 $C=1$ 时，则称 α 与 β 是**等价无穷小**，记作 $\alpha\sim\beta$.

下面给出几个常用的等价无穷小. 当 $x\to0$ 时，有

$$\boxed{x\sim\sin x\sim\arcsin x\sim\tan x\sim\arctan x} \tag{1-3}$$

可以证明，在同一变化过程中，若 $\alpha\sim\alpha'$，$\beta\sim\beta'$，且 $\lim\frac{\alpha'}{\beta'}$ 存在，则 $\lim\frac{\alpha}{\beta}=\lim\frac{\alpha'}{\beta'}$. 利用这一特性可以简化有些函数的极限运算.

例 1-35　求 $\lim\limits_{x\to0}\frac{\arcsin5x}{\tan3x}$.

解　由于 $5x\sim\arcsin5x$，$3x\sim\tan3x$，所以

$$\lim_{x\to0}\frac{\arcsin5x}{\tan3x}=\lim_{x\to0}\frac{5x}{3x}=\frac{5}{3}$$

例 1-36　求 $\lim\limits_{x\to0}\frac{1-\cos x}{x^2}$.

解　$\lim\limits_{x\to0}\frac{1-\cos x}{x^2}=\lim\limits_{x\to0}\frac{2\sin^2\frac{x}{2}}{x^2}=\lim\limits_{x\to0}\frac{2\left(\frac{x}{2}\right)^2}{x^2}=\frac{1}{2}$

例 1-37　说明当 $x\to4$ 时，无穷小 $\sqrt{2x+1}-3$ 与 $x-4$ 之间的关系.

解　因为

$$\lim_{x\to4}\frac{\sqrt{2x+1}-3}{x-4}=\lim_{x\to4}\frac{(\sqrt{2x+1}-3)(\sqrt{2x+1}+3)}{(x-4)(\sqrt{2x+1}+3)}$$

$$=\lim_{x\to4}\frac{2x-8}{(x-4)(\sqrt{2x+1}+3)}$$

$$=\lim_{x\to4}\frac{2}{\sqrt{2x+1}+3}=\frac{1}{3}$$

所以，当 $x\to4$ 时，$\sqrt{2x+1}-3$ 与 $x-4$ 是同阶无穷小.

习　题　1-2

1. 画出下列函数的图像，并考察当 $x\to0$ 时函数的极限是否存在.

(1) $f(x)=\begin{cases}2x & x\geqslant0\\3-x & x<0\end{cases}$;　　(2) $f(x)=\begin{cases}-x+1 & x\geqslant0\\e^x-1 & x<0\end{cases}$;

(3) $f(x)=\begin{cases}\sqrt{x} & x\geqslant0\\x^2+1 & x<0\end{cases}$;　　(4) $f(x)=\begin{cases}\ln(x+1) & x\geqslant0\\x & x<0\end{cases}$.

2. 计算下列极限：

(1) $\lim\limits_{x\to1}\frac{x^2+2}{x+2}$;　　(2) $\lim\limits_{x\to1}\frac{x^2-1}{x^2-5x+4}$;

(3) $\lim\limits_{x\to1}\frac{\sqrt{4-x}-\sqrt{2+x}}{x^3-1}$;　　(4) $\lim\limits_{x\to2}\left(\frac{1}{x-2}-\frac{12}{x^3-8}\right)$;

(5) $\lim\limits_{h\to0}\frac{(x+h)^3-x^3}{h}$;　　(6) $\lim\limits_{x\to\frac{1}{3}}\frac{9x^2+3x-2}{9x^2-1}$;

(7) $\lim\limits_{x\to0}\frac{x^3-x^2+4x}{x^2+x}$;　　(8) $\lim\limits_{x\to0}\frac{x}{\sqrt{1+x}-\sqrt{1-x}}$;

(9) $\lim\limits_{x\to4}\dfrac{\sqrt{2x+1}-3}{\sqrt{x-2}-\sqrt{2}}$；

(10) $\lim\limits_{x\to\frac{\pi}{4}}\dfrac{\cos x-\sin x}{\cos2x}$；

(11) $\lim\limits_{x\to\infty}\dfrac{3x^2+4x+6}{x^2+x}$；

(12) $\lim\limits_{x\to\infty}\dfrac{x^3+4x+1}{x^4+5x+4}$；

(13) $\lim\limits_{x\to+\infty}\dfrac{3x+4}{\sqrt{x^2+x+1}}$；

(14) $\lim\limits_{n\to\infty}\dfrac{(-4)^n+5^n}{4^{n+1}+5^{n+1}}$；

(15) $\lim\limits_{n\to\infty}\left[\dfrac{1}{1\times2}+\dfrac{1}{2\times3}+\cdots+\dfrac{1}{n(n+1)}\right]$；

(16) $\lim\limits_{n\to\infty}\left(\dfrac{1+2+\cdots+n}{n+2}-\dfrac{n}{2}\right)$；

(17) $\lim\limits_{n\to\infty}\left(1+\dfrac{1}{3}+\dfrac{1}{9}+\cdots+\dfrac{1}{3^n}\right)$.

3. 计算下列极限：

(1) $\lim\limits_{x\to0}\dfrac{2x}{\tan3x}$；

(2) $\lim\limits_{x\to\infty}x\tan\dfrac{1}{x}$；

(3) $\lim\limits_{n\to\infty}2^n\sin\dfrac{x}{2^n}$；

(4) $\lim\limits_{x\to1}\dfrac{\sin^2(x-1)}{x^2-1}$；

(5) $\lim\limits_{x\to0}\dfrac{1-\cos4x}{x\sin x}$；

(6) $\lim\limits_{x\to0}\dfrac{\cos4x-\cos2x}{x^2}$；

(7) $\lim\limits_{x\to0}\dfrac{\tan x-\sin x}{x^3}$；

(8) $\lim\limits_{x\to0}(1+\tan x)^{\cot x}$；

(9) $\lim\limits_{x\to\infty}\left(1+\dfrac{2}{x}\right)^{3x}$；

(10) $\lim\limits_{x\to0}\left(1-\dfrac{1}{2}x\right)^{\frac{5}{x}+1}$；

(11) $\lim\limits_{x\to\infty}\left(1-\dfrac{3}{x}\right)^{2x}$；

(12) $\lim\limits_{x\to\infty}\left(\dfrac{x}{1+x}\right)^{x}$；

(13) $\lim\limits_{x\to\infty}\left(1-\dfrac{1}{x^2}\right)^{x}$；

(14) $\lim\limits_{x\to\infty}\left(\dfrac{x+2}{x+1}\right)^{x}$；

(15) $\lim\limits_{x\to0}(1-2x)^{\frac{1}{x}}$；

(16) $\lim\limits_{x\to1}(3-2x)^{\frac{3}{x-1}}$；

(17) $\lim\limits_{x\to1}x^{\frac{1}{x-1}}$.

4. 说明下列各无穷小量之间的关系：

(1) 当 $x\to0$ 时，$\sqrt{1+x}-1$ 与 x^2+x；

(2) 当 $x\to0$ 时，$\sin3x-\sin x$ 与 x；

(3) 当 $x\to0$ 时，$x^2\sin\dfrac{1}{x}$ 与 x；

(4) 当 $x\to1$ 时，$\tan(x-1)$ 与 x^3-x；

(5) 当 $x\to0$ 时，$\sqrt{1+x^2}-\sqrt{1-x^2}$ 与 $\arctan x^2$.

1.3 函数的连续性

1.3.1 函数连续的定义

定义 11 设函数 $f(x)$ 在点 x_0 的某邻域内有定义，若极限 $\lim\limits_{x\to x_0}f(x)$ 存在，并且

等于函数值 $f(x_0)$，即

$$\lim_{x\to x_0} f(x)=f(x_0)$$

则称函数 $f(x)$ 在点 $x=x_0$ **连续**，点 x_0 称为 $f(x)$ 的**连续点**.

上述定义中，若 $\lim\limits_{x\to x_0^+} f(x)=f(x_0)$，则称函数 $f(x)$ 在点 $x=x_0$ **右连续**；若 $\lim\limits_{x\to x_0^-} f(x)=f(x_0)$，则称函数 $f(x)$ 在点 $x=x_0$ **左连续**. 若函数在区间 (a,b) 内每一点都连续，则称此函数在 (a,b) 内连续. 如果函数在 (a,b) 内连续，同时在 a 点右连续，在 b 点左连续，则称此函数在 $[a,b]$ 上连续.

如果函数 $f(x)$ 在点 x_0 处不连续，则称点 x_0 为 $f(x)$ 的**间断点**.

函数的连续性可以通过函数的图像——曲线的连续性表示出来，即若 $f(x)$ 在 $[a,b]$ 上连续，则 $f(x)$ 在 $[a,b]$ 上的图像就是一条连绵不断的曲线，如图 1－25 所示.

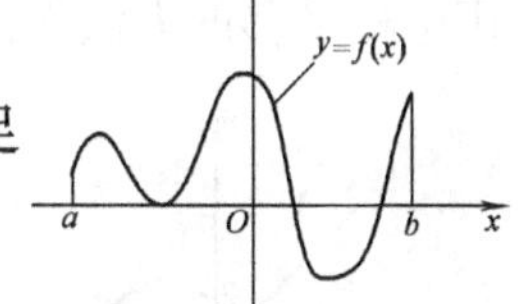

图　1－25

根据上述定义可知，函数在一点连续，必须同时满足下列三个条件：

(1) 函数 $f(x)$ 在点 x_0 有定义；

(2) 极限 $\lim\limits_{x\to x_0} f(x)$ 存在；

(3) $\lim\limits_{x\to x_0} f(x)=f(x_0)$.

上述三个条件中只要有一个条件不满足，函数 $f(x)$ 就在点 x_0 处间断.

例 1－38　指出函数 $f(x)=\dfrac{x^2}{x}$ 的间断点，并作出函数的图像.

解　如图 1－26 所示，因为函数 $f(x)$ 在 $x=0$ 处没有定义，所以函数 $f(x)$ 在 $x=0$ 处间断.

例 1－39　指出函数 $f(x)=\begin{cases}1 & x\neq 1\\ \dfrac{1}{2} & x=1\end{cases}$ 的间断点，并作出函数的图像.

解　如图 1－27 所示，因为 $\lim\limits_{x\to 1} f(x)=1$，$f(1)=\dfrac{1}{2}$，可知 $\lim\limits_{x\to 1} f(x)\neq f(1)$，故函

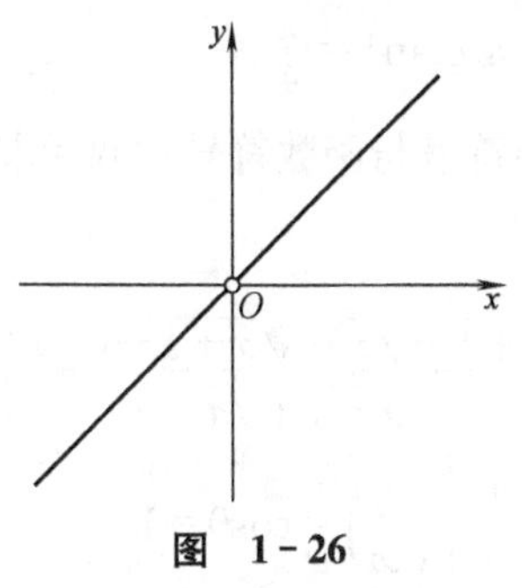

图　1－26

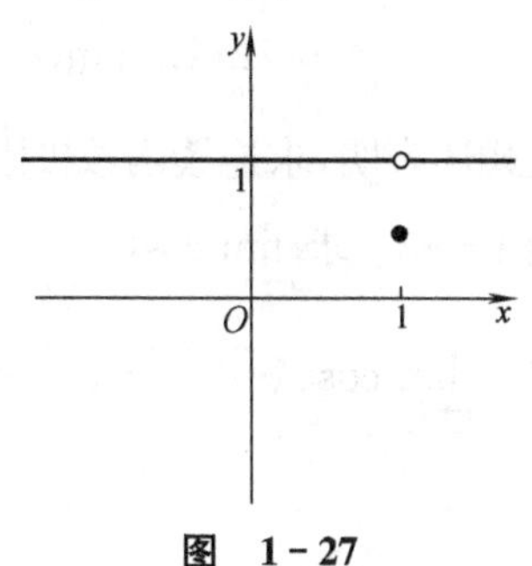

图　1－27

数 $f(x)$在点 $x=1$ 处间断.

例 1-40 指出函数 $f(x)=\begin{cases}-x+1 & x<1\\ 1 & x=1\\ -x+3 & x>1\end{cases}$ 的间断点,并作出函数的图像.

解 如图 1-28 所示,因为 $\lim\limits_{x\to1^+}f(x)=\lim\limits_{x\to1^+}(-x+3)=2$, $\lim\limits_{x\to1^-}f(x)=\lim\limits_{x\to1^-}(-x+1)=0$,所以 $\lim\limits_{x\to1^+}f(x)\neq\lim\limits_{x\to1^-}f(x)$, $\lim\limits_{x\to1}f(x)$不存在,故函数 $f(x)$在点 $x=1$ 处间断.

例 1-41 指出函数 $f(x)=\dfrac{x}{x-1}$的间断点,并作出函数的图像.

解 因为 $f(x)$在 $x=1$ 处没有定义,且$\lim\limits_{x\to1}f(x)=\infty$,所以 $f(x)$在 $x=1$ 处间断.用坐标平移的方法作函数 $f(x)=\dfrac{x}{x-1}=1+\dfrac{1}{x-1}$的图像,如图 1-29 所示.

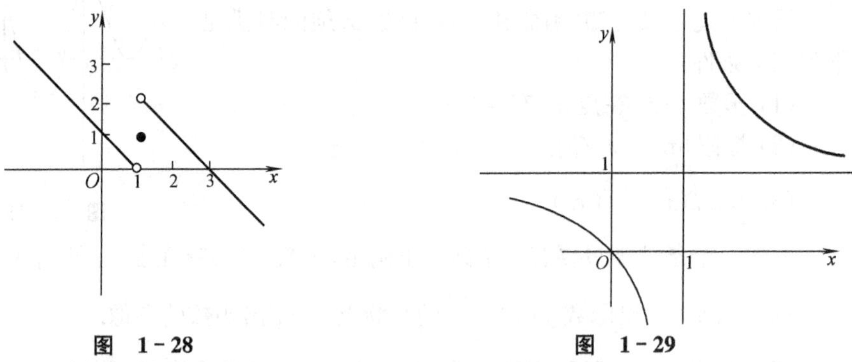

图 1-28　　图 1-29

可以证明:**初等函数在其定义域内都是连续的**.因此若函数 $f(x)$是初等函数,且点 x_0 是它定义域内的点,则当 $x\to x_0$ 时,函数 $f(x)$的极限值就是 $f(x)$在点 x_0 处的函数值,即

$$\lim_{x\to x_0}f(x)=f(x_0)=f(\lim_{x\to x_0}x)$$

例如,
$$\lim_{x\to0}\sqrt{x^2-2x+5}=\sqrt{0^2-2\times0+5}=\sqrt{5}$$

$$\lim_{x\to0}\arctan(e^x)=\arctan(e^0)=\arctan1=\frac{\pi}{4}$$

上式还表明,求连续函数极限时,可以把极限符号与函数符号对调后求解.

例 1-42 求 $\lim\limits_{x\to+\infty}\cos(\sqrt{x+1}-\sqrt{x})$.

解
$$\lim_{x\to+\infty}\cos(\sqrt{x+1}-\sqrt{x})=\cos\left[\lim_{x\to+\infty}\frac{(\sqrt{x+1}-\sqrt{x})(\sqrt{x+1}+\sqrt{x})}{\sqrt{x+1}+\sqrt{x}}\right]$$
$$=\cos\left(\lim_{x\to+\infty}\frac{1}{\sqrt{x+1}+\sqrt{x}}\right)=\cos0=1$$

例 1-43　求 $\lim\limits_{x\to+\infty}[\ln(2x^2+3x)-\ln(x^2-3)]$.

解　$$\lim_{x\to+\infty}[\ln(2x^2+3x)-\ln(x^2-3)]=\lim_{x\to+\infty}\ln\frac{2x^2+3x}{x^2-3}$$

$$=\ln\lim_{x\to+\infty}\frac{2+\frac{3}{x}}{1-\frac{3}{x^2}}=\ln 2$$

例 1-44　求 $\lim\limits_{x\to\frac{\pi}{2}}(1+\cos x)^{2\sec x}$.

解　$$\lim_{x\to\frac{\pi}{2}}(1+\cos x)^{2\sec x}=\lim_{x\to\frac{\pi}{2}}\left[(1+\cos x)^{\frac{1}{\cos x}}\right]^2=\mathrm{e}^2$$

1.3.2　闭区间上连续函数的性质

连续函数具有以下定理：

定理 3　（最值定理）若函数 $f(x)$ 在闭区间 $[a,b]$ 上连续，则函数 $f(x)$ 在 $[a,b]$ 上有最大值与最小值.

定理 4　（有界定理）若函数 $f(x)$ 在闭区间 $[a,b]$ 上连续，则函数 $f(x)$ 在 $[a,b]$ 上有界.

定理 5　（零点定理）若函数 $f(x)$ 在闭区间 $[a,b]$ 上连续，且 $f(a)$ 与 $f(b)$ 异号，则在 (a,b) 内至少存在一点 ξ，使得 $f(\xi)=0$.

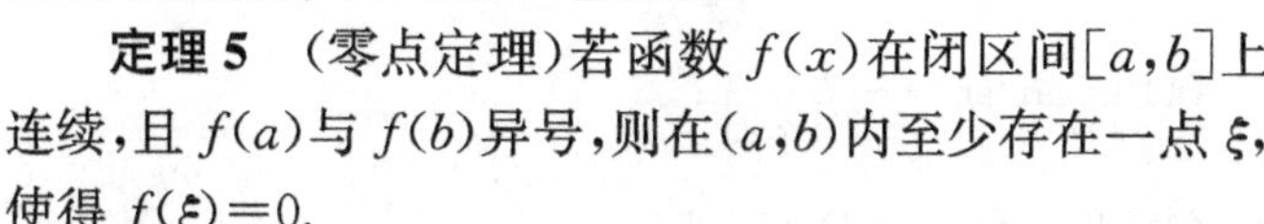

推论 1　若 $f(a)\neq f(b)$，则对于 $f(a)$ 与 $f(b)$ 之间的任一数 C，在 (a,b) 内至少存在一点 ξ，使得 $f(\xi)=C$.

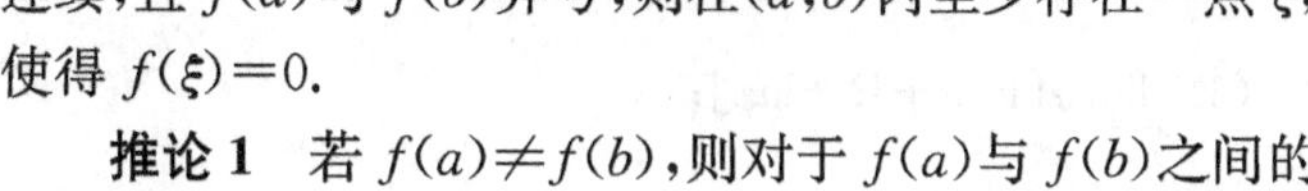

图　1-30

推论 2　若函数 $f(x)$ 在 $[a,b]$ 上的最大值与最小值分别为 M 和 m，则对于 M 和 m 之间的任一数 C，在 (a,b) 内至少存在一点 ξ，使得 $f(\xi)=C$.

需要注意的是：(1) 若函数不是在闭区间而是在开区间连续，以上结论不一定正确；(2) 若函数在闭区间上有间断点，以上结论也不一定正确.

例如，函数 $y=\frac{1}{x}$ 在 $(0,1]$ 上连续，但在 $(0,1]$ 上无界，如图 1-30 所示.

再如，函数 $y=\begin{cases}x^2 & -1\leqslant x<0\\ 1 & x=0\\ 2-x^2 & 0<x\leqslant 1\end{cases}$ 在闭区间 $[-1,1]$ 上有间断点 $x=0$，则它既取不到最大值也取不到最小值，如图 1-31 所示.

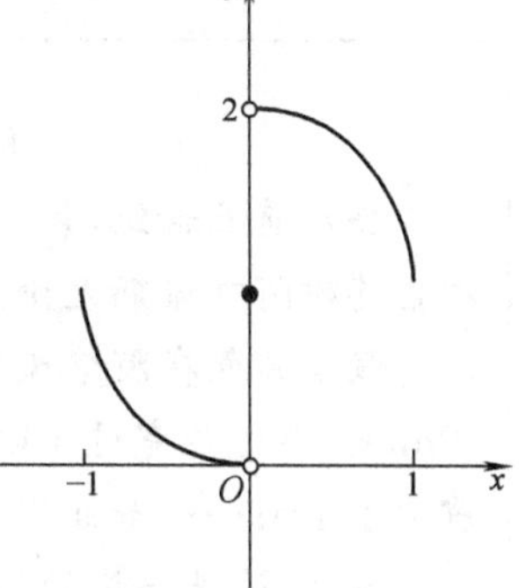

图　1-31

例 1-45　试证方程 $\mathrm{e}^{2x}-x-2=0$ 至少有一个小

于1的正根.

证 设 $f(x)=e^{2x}-x-2$,因为函数 $f(x)$ 在 $[0,1]$ 上连续,且

$$f(0)=-1<0$$
$$f(1)=e^2-3>0$$

由零点定理知,在 $(0,1)$ 内至少存在一点 ξ,使得 $f(\xi)=0$,ξ 即为原方程的小于1的正根.

习　题　1-3

1. 设 $f(x)=\begin{cases}x^2\sin\dfrac{1}{x} & x>0\\ a+e^x & x\leqslant 0\end{cases}$,问 a 为何值时,$f(x)$ 在 $x=0$ 处连续?

2. 下列函数在点 $x=0$ 处无定义,试定义 $f(0)$ 的值,使得函数 $f(x)$ 在 $x=0$ 处连续.

(1) $f(x)=\dfrac{\sqrt{1+x^2}-1}{x^2}$;　　(2) $f(x)=\dfrac{1-\cos 4x}{x^2}$.

3. 求下列函数的极限:

(1) $\lim\limits_{x\to\frac{\pi}{2}}\dfrac{\sqrt{2}+\cos\dfrac{x}{2}}{1+\sin x}$;　　(2) $\lim\limits_{x\to 0}\arcsin\dfrac{1-x}{2+x}$;

(3) $\lim\limits_{x\to 0}e^{\frac{\ln(2+x)}{1+x}}$;　　(4) $\lim\limits_{x\to 0}\arctan\dfrac{x}{1-\sqrt{1+2x}}$;

(5) $\lim\limits_{x\to\frac{\pi}{4}}\dfrac{\cos 2x}{\sin x-\cos x}$;　　(6) $\lim\limits_{x\to+\infty}x[\ln(x+1)-\ln x]$;

(7) $\lim\limits_{x\to 0}(1+3\tan x)^{4\cot x}$.

4. 证明方程 $x\ln(2+x)=1$ 至少有一个小于1的正根.

5. 证明方程 $x^3-x-2=0$ 在区间 $(0,2)$ 内至少有一个根.

6. 设函数 $f(x)$ 在 $[0,2]$ 上连续,且 $f(0)=f(2)$,证明方程 $f(x)=f(x+1)$ 在 $[0,1]$ 上至少有一个实根.

背景聚焦

你无论如何也追不上一只乌龟!?

公元前五世纪,哲学家芝诺提出了一个问题(著名的芝诺悖论):传说中的希腊英雄阿喀琉斯无论如何也追不上一只乌龟!

假设乌龟在阿喀琉斯前100m,阿喀琉斯的速度是乌龟的10倍,不妨设为10m/s. 当他跑完这100m时,乌龟跑了10m;当他再跑完这10m时,乌龟又向前跑了1m;……如此下去,阿喀琉斯永远也追不上这只龟.

显然,这是芝诺的诡辩. 为了驳倒他的谬论,可用极限理论尝试一下,只要能证明阿喀琉斯能在有限时间内追上乌龟,问题就得到解决了.

过程如下：阿喀琉斯跑完这 100m 时，用时 100/10s；当他再跑完这 10m 时，用时 10/10s；当他又向前跑了 1m 时，用时 1/10s；……这样，阿喀琉斯追上乌龟的时间是

$$t=\frac{10^2}{10}+\frac{10}{10}+\frac{10^0}{10}+\cdots+\frac{10^{-n}}{10}$$

当 $n\to\infty$ 时，$\lim(t)=\frac{100}{9}\text{s}\approx 11.1111\text{s}$.

显然，阿喀琉斯不可能追不上这只乌龟.

也许有的人会认为没这必要，只需利用公式：$t=s/v$(相对)$=100/(10-1)\text{s}\approx 11.1111\text{s}$ 就能反驳. 其实，这并没有真正驳倒悖论的实质，我们需要把问题的每一要点细化才能抓住它的要害进行反驳. 而极限理论正是细化问题的有力工具，你会发现上面的解法将阿喀琉斯的每一论述都化为了数学语言. 这样，用简单的极限知识就驳倒了芝诺的观点.

这个题目迷惑人的地方就是在于它所用到的无限概念. 因为题目本身已经从“阿喀琉斯无论如何也追不上一只乌龟”偷偷演变成了“阿喀琉斯在追上乌龟前，永远也追不上乌龟”这样一个命题. 题目中乌龟在前，阿喀琉斯追到乌龟之前那个位置需要一定时间，而这段时间乌龟又向前跑了小段距离，我们其实得到的并不是无限的“时间”，而是无限的“时间段”. 重要的是，这些“无限的时间段”加起来是一个定值，这个定值就是阿喀琉斯追上乌龟的时间.

1.4 提示与提高

1. 极限计算

(1) “$\frac{0}{0}$”型

1)用因式分解、有理化等方法变换求解.

例 1-46　求 $\lim\limits_{x\to 1}\frac{x^3+x-2}{\sqrt{x}-1}$.

解　此题属“$\frac{0}{0}$”型.

$$\lim_{x\to 1}\frac{x^3+x-2}{\sqrt{x}-1}=\lim_{x\to 1}\frac{(x^3-1)+(x-1)}{\sqrt{x}-1}=\lim_{x\to 1}\frac{(x-1)(x^2+x+1)+(x-1)}{(\sqrt{x}-1)(\sqrt{x}+1)}(\sqrt{x}+1)$$

$$=\lim_{x\to 1}\frac{(x-1)(x^2+x+2)}{x-1}(\sqrt{x}+1)=8$$

2)用函数的连续性、换元等方法求解.

例 1-47 求 $\lim\limits_{x\to0}\frac{\ln(1+x)}{x}$.

解 $\lim\limits_{x\to0}\frac{\ln(1+x)}{x}=\lim\limits_{x\to0}\frac{1}{x}\ln(1+x)=\lim\limits_{x\to0}\ln(1+x)^{\frac{1}{x}}$

$$=\ln\left[\lim_{x\to0}(1+x)^{\frac{1}{x}}\right]=\ln e=1$$

例 1-48 求 $\lim\limits_{x\to0}\frac{x}{e^x-1}$.

解 令 $e^x-1=t$,则 $x=\ln(1+t)$,当 $x\to0$ 时,$t\to0$,所以

$$\lim_{x\to0}\frac{x}{e^x-1}=\lim_{t\to0}\frac{\ln(1+t)}{t}=1$$

因此,当 $x\to0$ 时有

$$\boxed{x\sim\ln(1+x)\sim e^x-1} \tag{1-4}$$

3) 用等价无穷小代换求解.

用等价无穷小代换可以简化某些函数的极限运算. 本章前面已给出几个常用的等价无穷小,下面再给出几个. 当 $x\to0$ 时,有

$$\boxed{\frac{\alpha x}{n}\sim\sqrt[n]{1+\alpha x}-1} \tag{1-5}$$

$$\boxed{\frac{(nx)^2}{2}\sim1-\cos nx} \tag{1-6}$$

$$\boxed{x\ln a\sim a^x-1} \tag{1-7}$$

例 1-49 求 $\lim\limits_{x\to0}\frac{e^{2x}-1}{\arcsin3x}$.

解 由于当 $x\to0$ 时,$\arcsin3x\sim3x$,$e^{2x}-1\sim2x$. 所以

$$\lim_{x\to0}\frac{e^{2x}-1}{\arcsin3x}=\lim_{x\to0}\frac{2x}{3x}=\frac{2}{3}$$

例 1-50 求 $\lim\limits_{x\to0}\frac{\ln[1+\ln(1+2x)]}{\tan(\sin x)}$.

解 $\lim\limits_{x\to0}\frac{\ln[1+\ln(1+2x)]}{\tan(\sin x)}=\lim\limits_{x\to0}\frac{\ln(1+2x)}{\sin x}=\lim\limits_{x\to0}\frac{2x}{x}=2$

例 1-51 求 $\lim\limits_{x\to0}\frac{2x-\ln(1+x)}{x+\arctan x}$.

解 $\lim\limits_{x\to0}\frac{2x-\ln(1+x)}{x+\arctan x}=\lim\limits_{x\to0}\frac{2-\frac{\ln(1+x)}{x}}{1+\frac{\arctan x}{x}}=\frac{2-1}{1+1}=\frac{1}{2}$

例 1-52 求 $\lim\limits_{x\to2}\frac{e^x-e^2}{\sin(x-2)}$.

解　由于当 $x\to 2$ 时，$x-2$ 是无穷小，因此

$$\lim_{x\to 2}\frac{e^x-e^2}{\sin(x-2)}=\lim_{x\to 2}\frac{e^2(e^{x-2}-1)}{x-2}=\lim_{x\to 2}\frac{e^2(x-2)}{x-2}=e^2$$

技巧提示：若式中含有指数差，一般需提出一个因子.

例 1－53　求 $\lim\limits_{x\to 0}\frac{3^x+2^x-2}{x}$.

解　$\lim\limits_{x\to 0}\frac{3^x+2^x-2}{x}=\lim\limits_{x\to 0}\frac{(3^x-1)+(2^x-1)}{x}=\lim\limits_{x\to 0}\frac{3^x-1}{x}+\lim\limits_{x\to 0}\frac{2^x-1}{x}$

$$=\lim_{x\to 0}\frac{x\ln 3}{x}+\lim_{x\to 0}\frac{x\ln 2}{x}=\ln 3+\ln 2=\ln 6$$

例 1－54　求 $\lim\limits_{x\to 0}\frac{\sqrt[3]{8+x}-2}{x}$.

解　$\lim\limits_{x\to 0}\frac{\sqrt[3]{8+x}-2}{x}=\lim\limits_{x\to 0}\frac{2\left(\sqrt[3]{1+\frac{x}{8}}-1\right)}{x}=\lim\limits_{x\to 0}\frac{2\left(\frac{1}{3}\times\frac{x}{8}\right)}{x}=\frac{1}{12}$

例 1－55　求 $\lim\limits_{x\to 1}\frac{\ln x}{\sqrt[5]{x}-1}$.

解　由于当 $x\to 1$ 时，$x-1$ 是无穷小，因此

$$\lim_{x\to 1}\frac{\ln x}{\sqrt[5]{x}-1}=\lim_{x\to 1}\frac{\ln[1+(x-1)]}{\sqrt[5]{1+(x-1)}-1}=\lim_{x\to 1}\frac{x-1}{\frac{1}{5}(x-1)}=5$$

(2) "$\frac{\infty}{\infty}$" 型

一般方法是在分式的分子、分母上同时除以分式中变量的最高次幂.

例 1－56　求 $\lim\limits_{n\to\infty}\frac{\sqrt[3]{27n^9+n}}{(2n+1)(n+2)^2}$.

解　此题属"$\frac{\infty}{\infty}$"型，在分式的分子、分母上同除 n^3，得

$$\lim_{n\to\infty}\frac{\sqrt[3]{27n^9+n}}{(2n+1)(n+2)^2}$$

$$=\lim_{n\to\infty}\frac{\frac{\sqrt[3]{27n^9+n}}{n^3}}{\frac{(2n+1)}{n}\frac{(n+2)^2}{n^2}}=\lim_{n\to\infty}\frac{\sqrt[3]{\frac{27n^9+n}{n^9}}}{\left(\frac{2n+1}{n}\right)\left(\frac{n+2}{n}\right)^2}=\lim_{n\to\infty}\frac{\sqrt[3]{27+\frac{1}{n^8}}}{\left(2+\frac{1}{n}\right)\left(1+\frac{2}{n}\right)^2}=\frac{3}{2}$$

技巧提示：此类题型分式的分子、分母上若含有多项式的乘幂或连乘，这时不需把式子展开，只需把变量的最高次幂分解后除到每个因式中即可.

(3)含有无穷多项和的函数的极限

1)对能求出 n 项和的题型应先求和再求极限.

例 1-57 求$\lim\limits_{n\to\infty}\left(\frac{1}{n^2}+\frac{2}{n^2}+\cdots+\frac{n}{n^2}\right)$.

解 $$\lim_{n\to\infty}\left(\frac{1}{n^2}+\frac{2}{n^2}+\cdots+\frac{n}{n^2}\right)=\lim_{n\to\infty}\frac{1+2+\cdots+n}{n^2}=\lim_{n\to\infty}\frac{\frac{n}{2}(1+n)}{n^2}$$

$$=\lim_{n\to\infty}\frac{1+n}{2n}=\frac{1}{2}$$

易错提醒:此题若这样计算

$$\lim_{n\to\infty}\left(\frac{1}{n^2}+\frac{2}{n^2}+\cdots+\frac{n}{n^2}\right)=\lim_{n\to\infty}\frac{1}{n^2}+\lim_{n\to\infty}\frac{2}{n^2}+\cdots+\lim_{n\to\infty}\frac{n}{n^2}=0$$

就错了,因为极限的运算法则只对有限项成立.

2)利用极限存在的准则.

例 1-58 求$\lim\limits_{n\to\infty}\left(\frac{1}{\sqrt{n^2+1}}+\frac{1}{\sqrt{n^2+2}}+\cdots+\frac{1}{\sqrt{n^2+n}}\right)$

解 此题是前面提到的不能求出 n 项和表达式的类型.

因为 $$\frac{n}{\sqrt{n^2+n}}<\left(\frac{1}{\sqrt{n^2+1}}+\frac{1}{\sqrt{n^2+2}}+\cdots+\frac{1}{\sqrt{n^2+n}}\right)<\frac{n}{\sqrt{n^2+1}}$$

又因为 $$\lim_{n\to\infty}\frac{n}{\sqrt{n^2+n}}=\lim_{n\to\infty}\frac{1}{\sqrt{1+\frac{1}{n}}}=1$$

$$\lim_{n\to\infty}\frac{n}{\sqrt{n^2+1}}=\lim_{n\to\infty}\frac{1}{\sqrt{1+\frac{1}{n^2}}}=1$$

所以,由极限存在准则 1 得

$$\lim_{n\to\infty}\left(\frac{1}{\sqrt{n^2+1}}+\frac{1}{\sqrt{n^2+2}}+\cdots+\frac{1}{\sqrt{n^2+n}}\right)=1$$

2. 极限式中的参数计算

例 1-59 已知$\lim\limits_{x\to\infty}\left(\frac{x^2}{x+1}-ax-b\right)=0$,求 a 与 b 的值.

解 因为$\lim\limits_{x\to\infty}\left(\frac{x^2}{x+1}-ax-b\right)=\lim\limits_{x\to\infty}x\left(\frac{x}{x+1}-a-\frac{b}{x}\right)=0$,所以

$$\lim_{x\to\infty}\left(\frac{x}{x+1}-a-\frac{b}{x}\right)=0$$

$$a=\lim_{x\to\infty}\frac{x}{x+1}=1$$

$$b=\lim_{x\to\infty}\left(\frac{x^2}{x+1}-ax\right)=\lim_{x\to\infty}\left(\frac{x^2}{x+1}-x\right)=-\lim_{x\to\infty}\frac{x}{x+1}=-1$$

3. 无穷小的阶

设 α 与 β 是同一极限过程中的无穷小，若 $\lim\frac{\alpha}{\beta^k}=C$ $(C\neq0,k>0)$，则称 α 是关于 β 的 **k 阶无穷小**.

例 1-60　当 $x\to0$ 时，问 $f(x)=(\sqrt{1+3x^2}-1)^2$ 是 x 的几阶无穷小？

解　$\lim\limits_{x\to0}\frac{(\sqrt{1+3x^2}-1)^2}{x^n}=\lim\limits_{x\to0}\frac{\left(\frac{1}{2}\times3x^2\right)^2}{x^n}=\frac{3}{2}\lim\limits_{x\to0}x^{4-n}$

为使极限值是非零常数，令 $4-n=0$，因此 $f(x)$ 是 x 的 4 阶无穷小.

4. 极限存在问题

(1)一般地，讨论分段函数、绝对值函数、指数函数、偶次根式函数的极限时，应分左、右极限进行讨论.

例 1-61　讨论极限 $\lim\limits_{x\to\infty}\frac{\sqrt{1+x^2}}{x}$ 是否存在.

解　因为

$$\lim_{x\to+\infty}\frac{\sqrt{x^2+1}}{x}=\lim_{x\to+\infty}\sqrt{1+\frac{1}{x^2}}=1$$

$$\lim_{x\to-\infty}\frac{\sqrt{x^2+1}}{x}=\lim_{x\to-\infty}-\sqrt{1+\frac{1}{x^2}}=-1$$

可见

$$\lim_{x\to+\infty}\frac{\sqrt{x^2+1}}{x}\neq\lim_{x\to-\infty}\frac{\sqrt{x^2+1}}{x}$$

故极限不存在.

(2)利用极限存在的准则证明某些函数的极限存在.

例 1-62　已知 $a_1=2,a_{n+1}=\sqrt[3]{24+a_n}$ $(n=1,2,\cdots)$，证明数列 $\{a_n\}$ 的极限存在，并求此极限.

证　因为 $a_1=2<3$，若假设 $a_k<3$，则 $a_{k+1}=\sqrt[3]{24+a_k}<\sqrt[3]{27}=3$，故由归纳法可知 $a_n<3$ $(n=1,2,\cdots)$；又因为 $2<\sqrt[3]{24+2}$，即 $a_1<a_2$，若假设 $a_{k-1}<a_k$，则 $24+a_{k-1}<24+a_k$，$\sqrt[3]{24+a_{k-1}}<\sqrt[3]{24+a_k}$，所以 $a_k<a_{k+1}$，故由归纳法知 $a_n<a_{n+1}$ $(n=1,2,\cdots)$，所以，数列 $\{a_n\}$ 单调有界，由极限存在准则 2 可知其极限存在.

设 $\lim\limits_{n\to\infty}a_n=A$，在等式 $a_{n+1}=\sqrt[3]{24+a_n}$ 两边取极限得

$$A=\sqrt[3]{24+A}$$

整理得

$$(A-3)(A^2+3A+8)=0$$

所以 $A=3$，即 $\lim\limits_{n\to\infty}a_n=3$.

5. 一题多解

例 1-63 求 $\lim\limits_{x\to+\infty}(\sqrt{x^2+x}-x)$.

解法 1 此题属“$\infty-\infty$”型.

$$\lim_{x\to+\infty}(\sqrt{x^2+x}-x)=\lim_{x\to+\infty}\frac{(\sqrt{x^2+x}-x)(\sqrt{x^2+x}+x)}{\sqrt{x^2+x}+x}$$

$$=\lim_{x\to+\infty}\frac{x}{\sqrt{x^2+x}+x}=\lim_{x\to+\infty}\frac{1}{\sqrt{1+\dfrac{1}{x}}+1}=\frac{1}{2}$$

解法 2 $\lim\limits_{x\to+\infty}(\sqrt{x^2+x}-x)=\lim\limits_{x\to+\infty}x\left(\sqrt{1+\dfrac{1}{x}}-1\right)=\lim\limits_{x\to+\infty}x\left(\dfrac{1}{2}\dfrac{1}{x}\right)=\dfrac{1}{2}$.

例 1-64 求 $\lim\limits_{x\to+\infty}(4^x+5^x)^{\frac{1}{x}}$.

解法 1 因为 $5=(5^x)^{\frac{1}{x}}<(4^x+5^x)^{\frac{1}{x}}<(5^x+5^x)^{\frac{1}{x}}=5\times2^{\frac{1}{x}}$

又因为

$$\lim_{x\to+\infty}5\times2^{\frac{1}{x}}=5$$

所以，由极限存在准则 1 有 $\lim\limits_{x\to+\infty}(4^x+5^x)^{\frac{1}{x}}=5$.

解法 2 $\lim\limits_{x\to+\infty}(4^x+5^x)^{\frac{1}{x}}=5\lim\limits_{x\to+\infty}\left(1+\dfrac{4^x}{5^x}\right)^{\frac{1}{x}}=5\lim\limits_{x\to+\infty}\left\{\left(1+\dfrac{4^x}{5^x}\right)^{\frac{5^x}{4^x}}\right\}^{\frac{4^x}{5^x x}}$

$$=5\exp\lim_{x\to+\infty}\frac{1}{x}\left(\frac{4}{5}\right)^x=5\mathrm{e}^0=5$$

6. 函数的间断点

函数的间断点主要分为两类：

(1) $\lim\limits_{x\to x_0^-}f(x)$，$\lim\limits_{x\to x_0^+}f(x)$ 存在，则 x_0 为**第一类间断点**.

1)若 $\lim\limits_{x\to x_0^-}f(x)\neq\lim\limits_{x\to x_0^+}f(x)$，则 x_0 称为**跳跃间断点**(见例 1-40).

2)若 $\lim\limits_{x\to x_0^-}f(x)=\lim\limits_{x\to x_0^+}f(x)$，又有 $\lim\limits_{x\to x_0^-}f(x)=\lim\limits_{x\to x_0^+}f(x)\neq f(x_0)$(见例 1-39)或 $f(x_0)$ 无意义(见例 1-38)，则 x_0 称为**可去间断点**.

(2) $\lim\limits_{x\to x_0^-}f(x)$ 和 $\lim\limits_{x\to x_0^+}f(x)$ 至少有一个不存在，则 x_0 为**第二类间断点**.

若 $\lim\limits_{x\to x_0^-}f(x)=\infty$(或 $\lim\limits_{x\to x_0^+}f(x)=\infty$)，则 x_0 称为**无穷间断点**(见例 1-41).

例 1-65 讨论函数

$$f(x)=\begin{cases}x\sin\dfrac{1}{x} & x\neq0\\ 1 & x=0\end{cases}$$

在点 $x=0$ 处的连续性，如不连续，判断间断点的类型.

解　因为
$$\lim_{x\to 0}f(x)=\lim_{x\to 0}x\sin\frac{1}{x}=0$$
而
$$f(0)=1$$
所以
$$\lim_{x\to 0}f(x)\neq f(0)$$
因此，$f(x)$在点 $x=0$ 处不连续，且 $x=0$ 是函数 $f(x)$的第一类可去间断点.

例 1-66　说明 $x=0$ 是函数 $f(x)=\mathrm{e}^{\frac{1}{x}}$ 的第几类间断点.

解　因为 $\lim\limits_{x\to 0^+}f(x)=\lim\limits_{x\to 0^+}\mathrm{e}^{\frac{1}{x}}=\infty$，所以 $x=0$ 函数 $f(x)=\mathrm{e}^{\frac{1}{x}}$ 的第二类无穷间断点，如图 1-32 所示.

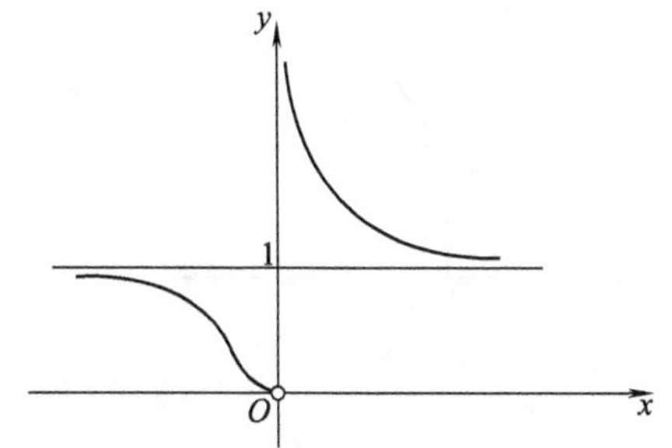

图 1-32

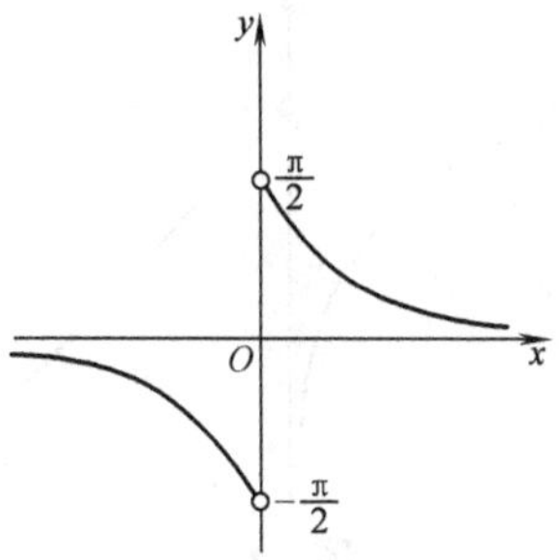

图 1-33

易错提醒：若写成$\lim\limits_{x\to 0}\mathrm{e}^{\frac{1}{x}}=\infty$就错了，因为 $\lim\limits_{x\to 0^-}\mathrm{e}^{\frac{1}{x}}=0$.

例 1-67　说明 $x=0$ 是函数 $f(x)=\arctan\dfrac{1}{x}$ 的第几类间断点.

解　因为
$$\lim_{x\to 0^+}f(x)=\lim_{x\to 0^+}\arctan\frac{1}{x}=\frac{\pi}{2}$$
$$\lim_{x\to 0^-}f(x)=\lim_{x\to 0^-}\arctan\frac{1}{x}=-\frac{\pi}{2}$$
可见
$$\lim_{x\to 0^+}f(x)\neq\lim_{x\to 0^-}f(x)$$
所以 $x=0$ 是 $f(x)=\arctan\dfrac{1}{x}$ 的第一类跳跃间断点，如图 1-33 所示.

例 1-68　讨论函数 $f(x)=\lim\limits_{n\to\infty}\dfrac{1-2^{nx}x}{x+2^{nx}}$ 的连续性，若有间断点，指出其类型.

解　因为当 $x>0$ 时，$\lim\limits_{n\to\infty}\dfrac{1-2^{nx}x}{x+2^{nx}}=\lim\limits_{n\to\infty}\dfrac{\dfrac{1}{2^{nx}}-x}{\dfrac{x}{2^{nx}}+1}=-x$

当 $x=0$ 时，
$$\lim_{n\to\infty}\frac{1-2^{nx}x}{x+2^{nx}}=\lim_{n\to\infty}\frac{1}{2^0}=1$$

当 $x<0$ 时，
$$\lim_{n\to\infty}\frac{1-2^{nx}x}{x+2^{nx}}=\frac{1}{x}$$

即
$$f(x)=\begin{cases}\dfrac{1}{x} & x<0\\ 1 & x=0\\ -x & x>0\end{cases}$$

所以在 $x=0$ 处函数间断，此间断点是第二类无穷间断点，如图 1-34 所示，函数的连续区间为 $(-\infty,0)\cup(0,+\infty)$.

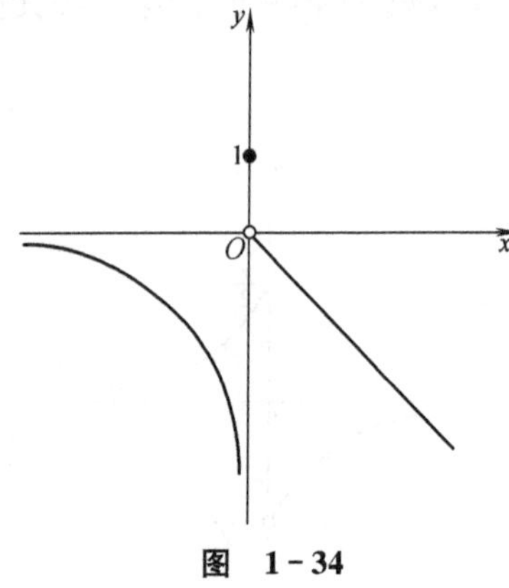

图 1-34

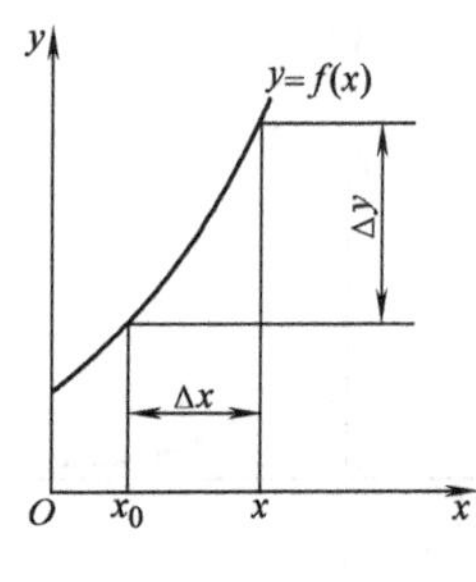

图 1-35

7. 函数的连续性

例 1-69 已知 $f(x)$ 在 $x=0$ 处连续，且 $\lim\limits_{x\to0}\dfrac{f(x)}{x}=1$，求 $f(0)$.

解 因为 $\lim\limits_{x\to0}\dfrac{f(x)}{x}=1$，所以当 $x\to0$ 时，$f(x)$ 与 x 是等价无穷小，即 $\lim\limits_{x\to0}f(x)=0$；又因为 $f(x)$ 在 $x=0$ 处连续，所以 $f(0)=\lim\limits_{x\to0}f(x)=0$.

函数连续的定义是本章的重要内容，它有两种等价定义形式
$$\lim_{x\to x_0}f(x)=f(x_0) \quad 或 \quad \lim_{\Delta x\to0}\Delta y=0$$
其中 Δx 是自变量在点 x_0 处取得的改变量，Δy 为函数 $y=f(x)$ 取得相应的改变量. 显然当 $\Delta x\to0$ 时，如果相应地 $\Delta y\to0$，那么曲线在点 x_0 处就没有间隙了，如图 1-35 所示.

8. 知识拓展

本章所给函数极限的定义是描述性的，其精确的 ε-δ 定义是这样的：如果对于任意给定的正数 ε（不论它多么小），总存在正数 δ，使得对于适合不等式 $0<|x-x_0|<\delta$ 的一切 x，对应的函数值 $f(x)$ 都满足不等式
$$|f(x)-A|<\varepsilon$$

那么常数 A 就叫作函数 $f(x)$ 当 $x\to x_0$ 时的极限，记作 $\lim\limits_{x\to x_0}f(x)=A$.

极限的保序性定理：若 $\lim\limits_{x\to x_0}f(x)=A$，$\lim\limits_{x\to x_0}g(x)=B$，且 $A>B$，则当 x 在 x_0 的某邻域内（可以不包含 x_0）取值时，有 $f(x)>g(x)$.

习　题　1－4

1. 已知 $\lim\limits_{x\to\infty}\left(\dfrac{x^2+1}{x-1}-ax-b\right)=0$，求 a 与 b 的值.

2. 设 $f(x)=\dfrac{ax^2}{2x^2+1}+bx-3$，求当 $x\to\infty$ 时，a,b 取何值 $f(x)$ 为无穷小量？

3. 当 $x\to 0$ 时，$x-\arcsin x$ 是 x 的几阶无穷小？

4. 计算下列极限：

(1) $\lim\limits_{n\to\infty}\left(1+\dfrac{1}{n}+\dfrac{1}{n^2}\right)^n$；(2) $\lim\limits_{x\to 0}(e^x+\cos x-1)^{\frac{1}{\sin x}}$.

5. 讨论极限 $\lim\limits_{x\to 0}\dfrac{e^{\frac{1}{x}}-1}{e^{\frac{1}{x}}+1}$ 是否存在.

6. 用极限存在的两个准则求解下列各题：

(1) $\lim\limits_{x\to+\infty}(2^x+3^x+4^x)^{\frac{1}{x}}$；

(2) $\lim\limits_{n\to\infty}\left[\dfrac{1}{(n+1)^2}+\dfrac{1}{(n+2)^2}+\cdots+\dfrac{1}{(n+n)^2}\right]$；

(3) 设 $a_1>0$，$a_{n+1}=\dfrac{1}{2}\left(a_n+\dfrac{1}{a_n}\right)$ $(n=1,2,\cdots)$，问数列 $\{a_n\}$ 的极限是否存在？若存在，求 $\lim\limits_{x\to\infty}a_n$.

7. 利用等价无穷小求下列极限的值：

(1) $\lim\limits_{x\to 0}\dfrac{\sin 3x}{\sin 2x}$；(2) $\lim\limits_{x\to 0}\dfrac{\ln(1+2x)}{e^x-1}$；(3) $\lim\limits_{x\to 0}\dfrac{\sqrt{1+\sin x}-\sqrt{1-\sin x}}{\tan 2x}$；

(4) $\lim\limits_{x\to 0}\dfrac{\ln(1+\sin 2x)}{\arcsin(x+x^2)}$；(5) $\lim\limits_{x\to 0}\dfrac{\ln(1+3x)\arcsin 3x}{x\ln(1+x)}$；(6) $\lim\limits_{n\to\infty}n^2\sin\dfrac{1}{3n^2+2n}$；

(7) $\lim\limits_{x\to 0}\dfrac{\ln(1+\sqrt{\sin x})}{\sqrt{x}}$；(8) $\lim\limits_{x\to\infty}x^2\left(1-\cos\dfrac{2}{x}\right)$；(9) $\lim\limits_{x\to 0}\dfrac{\ln\cos x}{2\cos 2x-2}$；

(10) $\lim\limits_{x\to 0}\dfrac{e^{3x}-1}{\sqrt{1+x}-1}$；(11) $\lim\limits_{x\to 0}\dfrac{e^{x^2}-1}{\cos x-1}$；(12) $\lim\limits_{x\to 0}\dfrac{(e^{2x}-1)(e^{3x}-1)}{\cos 2x-1}$；

(13) $\lim\limits_{x\to 0}\dfrac{\sqrt[5]{243+x}-3}{x}$.

8. 设函数

$$f(x)=\begin{cases}\dfrac{1}{x}\sin x & x<0\\ a & x=0\\ 1+x\sin\dfrac{1}{x} & x>0\end{cases}$$

应怎样选择 a，才能使 $f(x)$ 在其定义域内连续？

9. 指出下列函数的间断点,并判断其类型.

(1) $y=x\cos\dfrac{1}{x}$;　(2) $y=\dfrac{\sin x}{x}$;　(3) $y=\dfrac{x^2-3x+2}{x^2-4}$;

(4) $f(x)=\begin{cases} x^2+2 & x>0 \\ e^{2x} & x\leqslant 0 \end{cases}$;　(5) $f(x)=\begin{cases} \dfrac{1}{x-2} & x>0 \\ \ln(x+1) & -1<x\leqslant 0 \end{cases}$;

(6) $f(x)=\dfrac{1}{1-e^{\frac{x}{1-x}}}$;　(7) $f(x)=\dfrac{2^{\frac{1}{x}}-1}{2^{\frac{1}{x}}+1}$.

数学文摘

极限法的哲学思考

极限的 ε-δ 定义,术语抽象,符号陌生,其中的辩证关系不易搞清,也会提出一系列问题:既然描述性定义简单明白,为什么又要搞个 ε-δ 定义? 它与描述性定义有什么不同? 数学家怎么会想出这种"古怪而讨厌"的定义? 正如R·柯朗与H·罗宾所说:"初次遇到它时暂时不理解是不足为怪的,遗憾的是某些课本的作者故弄玄虚,他们不作充分的准备,而只是把这个定义直接向读者列出,好像作些解释就有损于数学家的身份似的."要弄清这些问题,有必要翻开数学史,从哲学的角度认识极限法,这不仅是搞清极限概念的需要,也有助于建立正确的数学观念.

1. 什么叫极限法?

所谓极限法,是指用极限概念分析问题和解决问题的一种数学方法. 极限法的一般步骤可概括为:对于被考察的未知量,先设法构思一个与它有关的变量,确认该变量通过无限过程的结果就是所求的未知量;然后用极限计算来得到这结果. 极限法不同于一般的代数方法,代数中的加、减、乘、除等运算都是由两个数来确定出另一个数,而在极限法中则是由无限个数来确定一个数. 很多问题,用常量数学的方法无法解决,却可用极限法解决.

微积分中的一系列重要概念,如函数的连续性、导数以及定积分等都是借助于极限法定义的. 如果要问:"微积分是一门什么学科?"那么可以概括地说:"微积分是用极限法来研究函数的一门学科."

2. 极限法思想是从哪儿来的?

极限法的思想可以追溯到古代. 刘徽的割圆术就是建立在直观基础上的一种原始极限观念的应用. 古希腊人的穷竭法也蕴含了极限的思想. 极限法的进一步发展与微积分的建立紧密联系. 16 世纪的欧洲处于资本主义萌芽时期,生产和技术中大量的问题,要求数学突破只研究常量的传统范围,而提供能够用以描述和研究运动、变化过程的新工具,这是促进极限发展、建立微积分的社会背景.

起初牛顿和莱布尼茨以无穷小概念为基础建立微积分，后来因遇到了逻辑困难，所以在他们的晚期都不同程度地接受了极限思想．牛顿用路程的改变量 Δs 与时间的改变量 Δt 之比表示运动物体的平均速度，让 Δt 无限趋近于零，得到物体的瞬时速度，并由此引出导数的概念和微分学理论．但牛顿的极限观念是建立在几何直观上的，因而他无法得出极限的严密表述，只是接近于下列直观性的语言描述："如果当 $x\to x_0$ 时，$f(x)$ 无限地接近于常数 A，那么就说 $f(x)$ 以 A 为极限．"

这种描述性语言，人们容易接受，现代一些初等的微积分读物中还经常采用这种定义．但是，这种定义没有定量地给出两个"无限过程"之间的联系，不能作为科学论证的逻辑基础．

正因为当时缺乏严格的极限定义，微积分理论才受到人们的怀疑与攻击．例如，在瞬时速度概念中，究竟 Δt 是否等于零？如果说是零，怎么能用它去作除法呢？如果它不是零，又怎么能把包含着它的那些项去掉呢？这就是数学史上所说的无穷小悖论．英国哲学家、大主教贝克莱对微积分的攻击最为激烈，他说微积分的推导是"分明的诡辩"．

当时的微积分缺乏牢固的理论基础，连牛顿自己也无法摆脱概念中的混乱．因此，弄清极限概念，建立严格的微积分理论基础，不但是数学本身所需要而且有着认识论上的重大意义．

3. 极限法的完善

在很长一段时间里，许多人都曾尝试解决微积分理论基础的问题，但都未能如愿以偿．这是因为数学的研究对象已从常量扩展到变量，而人们对变量数学特有的规律还不十分清楚；对变量数学和常量数学的区别和联系还缺乏了解；对有限和无限的对立统一关系还不明确．这样，人们使用习惯了的处理常量数学的传统思想方法，就不能适应变量数学的新需要，仅用旧的概念说明不了这种"零"与"非零"相互转化的辩证关系．

首先用极限概念给出导数正确定义的人是捷克数学家波尔查诺，他把函数 $f(x)$ 的导数，定义为差商 $\Delta y/\Delta x$ 的极限 $f'(x)$．他强调指出，$f'(x)$ 不是两个零的商．波尔查诺的思想是有价值的，但关于极限的本质他仍未说清楚．

到了 19 世纪，法国数学家柯西在前人工作的基础上，比较完整地阐述了极限概念及其理论．他在《分析教程》中指出："当一个变量逐次所取的值无限趋于一个定值，最终使变量的值和该定值之差要多小就多小，这个定值就叫作所有其他值的极限值．"特别地，当一个变量的数值（绝对值）无限地减小使之收敛到极限 0，就说这个变量成为无穷小．

柯西把无穷小视为以 0 为极限的变量，这就澄清了无穷小"似零非零"的模糊认识．也就是说，在变化过程中，它的值是非零，但它变化的趋向是“零”，可以无限地接近于零．但柯西的叙述中还存在描述性的词语，如“无限趋近”、“要多小就多小”等，还保留着几何和物理的直观痕迹，没有达到彻底严密化的程度．

为了排除极限概念中的直观痕迹，维尔斯特拉斯提出了极限的静态的定义，给微积分提供了严格的理论基础．

如果对于任意给定的正数 ε（不论它多么小），总存在正数 δ，使得对于适合不等式 $0<|x-x_0|<\delta$ 的一切 x，对应的函数值 $f(x)$ 都满足不等式

$$|f(x)-A|<\varepsilon$$

那么常数 A 就叫作函数 $f(x)$ 当 $x\to x_0$ 时的极限，记作 $\lim\limits_{x\to x_0}f(x)=A$.

这个定义，借助不等式，通过 ε 和 δ 之间的关系，定量、具体地刻画了两个“无限过程”之间的联系．因此，这样的定义是严格的．在该定义中，涉及的仅仅是数及其大小关系，此外只是给定、存在、任取等词语，已经摆脱了“趋近”一词，不求助于运动的直观．

众所周知，常量数学静态地研究数学对象，自从解析几何和微积分问世以后，运动进入了数学，人们有可能对物理过程进行动态研究，之后，维尔斯特拉斯建立的 ε-δ 语言，则用静态的定义刻画变量的变化趋势．这种“静态——动态——静态”的螺旋式的演变，反映了数学发展的辩证规律．

4．极限法的思维功能

极限法在现代数学乃至物理、工程等学科中有广泛的应用，这是由它本身固有的思维功能所决定的．极限法揭示了变量与常量、无限与有限的对立统一关系．借助极限法，人们可以从有限认识无限，从“不变”认识“变”，从直线形认识曲线形，从量变认识质变，从近似认识准确．

无限与有限有本质的不同，但两者又有联系，无限是有限的发展．无限个数目的和不是一般的代数和，把它定义为“部分和”的极限，就是借助极限法，从有限认识无限．

“变”与“不变”反映了事物运动变化与相对静止两种不同状态，但它们在一定条件下又可相互转化，这种转化是“数学科学的有力杠杆之一”．例如，要求变速直线运动的瞬时速度，用初等方法是无法解决的，困难在于这时速度是变量．为此，人们先在小范围内用匀速代替变速，并求其平均速度，把瞬时速度定义为平均速度的极限，就是借助极限法，从“不变”认识“变”．

曲线形与直线形有本质的差异，但在一定条件下也可相互转化，正如恩格斯所说：“直线和曲线在微分中终于等同起来了．”善于利用这种对立统一关系是处理数学问题的重要手段之一．直线形的面积容易求得，要求曲线形的面积，只用初等的方法就不行了．刘徽用圆内接多边形逼近圆，人们用小矩形的面积和逼近曲边梯形的面积，都是借助极限法，从直线形认识曲线形．

量变和质变既有区别又有联系，两者之间有着辩证关系．量变能引起质变，质和量的互变规律是辩证法的基本规律之一，在数学研究工作中起重要作用．对任何一个圆内接正多边形来说，当它边数加倍后，得到的还是内接正多边形，是量变，不是质变．但是，不断地让边数加倍，经过无限过程之后，多边形就“变”成圆，多边形面积变转化为圆面积．这就是借助极限法从量变认识质变．

近似与准确是对立统一关系，两者在一定条件下也可相互转化，这种转化是数学应用于实际计算的重要诀窍．前面所讲到的“部分和”“平均速度”“圆内接正多边形面积”，依次是相应的无穷级数和、瞬时速度、圆面积的近似值，取极限后就可得到相应的准确值，这些都是借助极限法，从近似认识准确．

复习题 1

[A]

1. 填空题

(1) 设 $f(x)=\dfrac{\ln(1-x)}{\sqrt{16-x^2}}$，则 $f(x)$ 的定义域是______________．

(2)设 $f(x)=\dfrac{1}{x}$，则 $f(f(x))=$____________．

(3)$\lim\limits_{x\to0}\dfrac{\sqrt{4+x}-2}{x}=$____________．

(4) 若 $\lim\limits_{x\to\infty}\dfrac{(a-1)x+2}{x+1}=0$，则 $a=$____________．

(5) 若 $\lim\limits_{x\to0}\dfrac{\sin ax}{2x}=\dfrac{2}{3}$，则 $a=$____________．

(6) 若 $\lim\limits_{x\to\infty}\left(1+\dfrac{a}{x}\right)^x=\mathrm{e}^2$，则 $a=$______________．

(7)当 $x\to4$ 时，$\sqrt{x}-2$ 与 x^2-16 相比是______________无穷小．

(8)设 $f(x)=\begin{cases}ax & x<2\\ x^2-1 & x\geqslant2\end{cases}$ 在点 $x=2$ 连续，则 $a=$______________．

2. 选择题

(1) $\lim\limits_{x\to\infty}\cos\dfrac{\sqrt{x+1}}{x}=$(　　)．

A. 1；　　B. 0；　　C. ∞；　　D. 不存在．

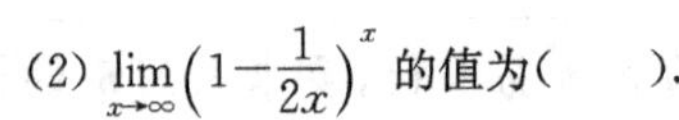

(2) $\lim\limits_{x\to\infty}\left(1-\frac{1}{2x}\right)^{x}$ 的值为(　　).

A. e^2;　　B. $e^{-\frac{1}{2}}$;　　C. $e^{\frac{1}{2}}$;　　D. e^{-2}.

(3)函数 $y=e^{|x|}$ 的图像是(　　).

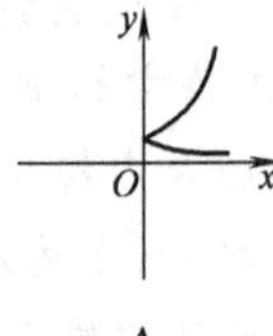

A.

B.

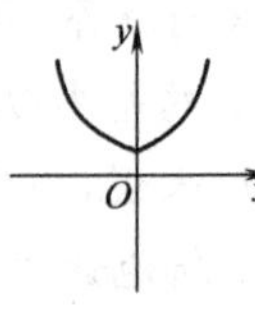

C.

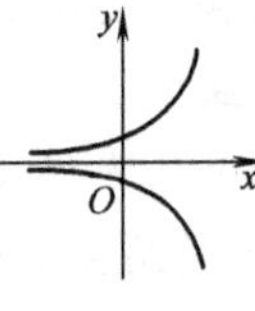

D.

(4)函数 $f(x)=\begin{cases}\frac{1}{2}x & x\neq 2\\ 1.5 & x=2\end{cases}$ 的图像如图 1-36 所示,则 $\lim\limits_{x\to 2}f(x)$ =(　　).

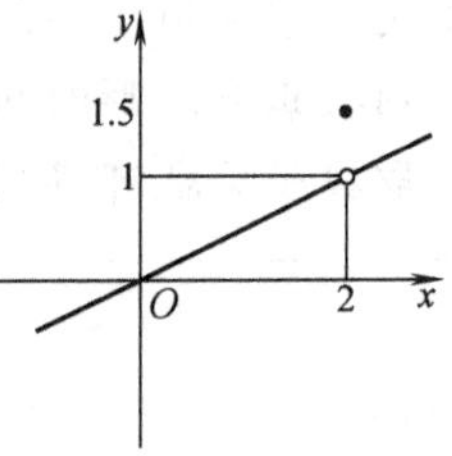

A. 2;　　B. 1.5;　　C. 1;　　D. 不存在.

图　1-36

(5)设 $f(x)=\begin{cases}\frac{x^2-9}{x-3} & x\neq 3\\ a & x=3\end{cases}$ 在 $x=3$ 处连续,则 $a=$(　　).

A. 0;　　B. 3;　　C. 6;　　D. 9.

3. 计算下列极限:

(1) $\lim\limits_{x\to 5}\frac{x-5}{\sqrt{3x+1}-4}$;　　(2) $\lim\limits_{x\to 3}\frac{x^2-10x+21}{x^2-4x+3}$;　　(3) $\lim\limits_{x\to\infty}\left(3+\frac{2}{x}-\frac{1}{x^2}\right)$;

(4) $\lim\limits_{x\to\infty}\frac{x^2+3x+1}{3x^2+2}$;　　(5) $\lim\limits_{x\to\infty}\frac{3^n+1}{3^{n+1}+2}$;　　(6) $\lim\limits_{x\to 0^+}\frac{x}{\sqrt{1-\cos x}}$;

(7) $\lim\limits_{x\to 0}\frac{x^2}{\sin^2\frac{x}{3}}$;　　(8) $\lim\limits_{x\to 1}\frac{\sin(x^2-1)}{x^2+x-2}$;　　(9) $\lim\limits_{x\to 0}\frac{1+\sin 2x-\cos 2x}{1+\sin 4x-\cos 4x}$;

(10) $\lim\limits_{x\to\infty}\left(\frac{x-3}{x}\right)^{3x}$.

4. 证明方程 $e^x=3x$ 至少存在一个小于 1 的正根.

[B]

1. 填空题

(1)设 $f(x-3)=x^2+6$,则 $f(x)=$__________.

(2)若 $\lim\limits_{x\to 2}\frac{x^2-3x+a}{x-2}=1$,则 $a=$__________.

(3) $\lim\limits_{x\to 0}\frac{x\ln(1+x)}{\sqrt{1+x^2}-1}=$__________.

(4)若 $\lim\limits_{x\to 0}\frac{ax-\sin x}{x+a\sin x}=2$,则 $a=$__________.

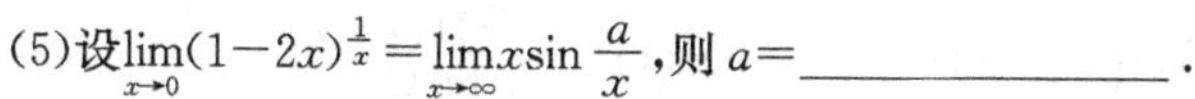

(5)设$\lim\limits_{x\to0}(1-2x)^{\frac{1}{x}}=\lim\limits_{x\to\infty}x\sin\dfrac{a}{x}$,则 $a=$__________.

(6)已知$\lim\limits_{x\to0}\dfrac{f(x)}{x^2}=4$,则$\lim\limits_{x\to0}\left[1+\dfrac{f(x)}{x}\right]^{\frac{1}{x}}=$__________.

(7)当 $x\to8$ 时,$a(\sqrt{2x}-4)$与 $x-8$ 是等价无穷小,则 $a=$__________.

(8)设 $f(x)=\begin{cases}e^{x-1} & 0\leqslant x\leqslant1\\ a+\cos\dfrac{\pi x}{2} & 1<x\leqslant2\end{cases}$ 在 $x\in[0,2]$上连续,则 $a=$__________.

(9)函数 $f(x)=\dfrac{x^2-x}{x-1}$在 $x=1$ 处为第__________类__________间断点.

2. 选择题

(1) $\lim\limits_{x\to0}\dfrac{\ln(e^{2x}+e^{x}-1)}{x}=$(　　).

A. 1;　　B. 2;　　C. 3;　　D. 不存在.

(2) 若$\lim\limits_{x\to0}\dfrac{f(x)}{x}=2$,则$\lim\limits_{x\to0}\dfrac{\sin4x}{f(3x)}=$(　　).

A. 1;　　B. $\dfrac{1}{2}$;　　C. $\dfrac{2}{3}$;　　D. $\dfrac{4}{3}$.

(3)当 $x\to0$ 时,函数 $y=\tan2x$ 与 $y=\ln(1+3x)$相比是(　　).

A. 高阶无穷小;　B. 低阶无穷小;　C. 等价无穷小;　D. 同阶无穷小.

(4)若 $x\to x_0$ 时,$\alpha(x)$,$\beta(x)$都是无穷小($\beta\neq0$),则当 $x\to x_0$ 时,下式中不一定是无穷小的是(　　).

A. $|\beta(x)|+|\alpha(x)|$;　　B. $\alpha^2(x)+\beta^2(x)$;

C. $\ln[1+\alpha(x)\beta(x)]$;　　D. $\dfrac{\alpha^2(x)}{\beta(x)}$.

(5) $\lim\limits_{x\to\infty}\dfrac{2x}{x^2+1}\sin x^2=$(　　).

A. 0;　　B. 2;　　C. ∞;　　D. 不存在.

(6)设 $y=\begin{cases}\dfrac{e^{2x}-1}{x} & x>0\\ 2+\cos x & x\leqslant0\end{cases}$,则 $x=0$ 是 $f(x)$的(　　).

A. 连续点;　B. 可去间断点;　C. 跳跃间断点;　D. 无穷间断点.

(7)设 $f(x)=x\cos\dfrac{3}{x}+1$,则 $x=0$ 是 $f(x)$的(　　).

A. 连续点;　B. 可去间断点;　C. 无穷间断点;　D. 振荡间断点.

3. 计算下列极限:

(1) $\lim\limits_{x\to0}\dfrac{e^{\cos x}-e}{\cos x-1}$;

(2) $\lim\limits_{x\to\infty}x\sin\ln\left(1+\dfrac{3}{x}\right)$;

(3) $\lim\limits_{x\to0}\dfrac{\sqrt{1+x\sin x}-1}{e^{x^2}-1}$;

(4) $\lim\limits_{x\to0}\dfrac{(2^x-3^x)^2}{x^2}$;

(5) $\lim\limits_{x\to0}\dfrac{\csc x-\cot x}{x}$;

(6) $\lim\limits_{x\to0}\left(\dfrac{1+x}{1-2x}\right)^{\frac{1}{x}}$;

(7) $\lim\limits_{n\to\infty}(n^2+1)\ln\left(1+\dfrac{2}{n}\right)\ln\left(1+\dfrac{3}{n}\right)$；

(8) $\lim\limits_{x\to\infty}\dfrac{(2x+3)(x+4)^4}{(2x+1)^2(x+2)^3}$；

(9) $\lim\limits_{n\to\infty}\sqrt{n}(\sqrt{n+1}-\sqrt{n})$；

(10) $\lim\limits_{x\to\infty}(\sqrt[3]{x^3+x^2+x}-x)$.

4. 已知 $\lim\limits_{x\to+\infty}(\sqrt{1+x+4x^2}-ax-b)=0$,求 a 与 b 的值.

5. 设 $f(x)=x^2+2x\lim\limits_{x\to1}f(x)$,其中$\lim\limits_{x\to1}f(x)$存在,求 $f(x)$.

6. 证明方程 $x^3-5x^2+7x-2=0$ 在区间(0,2)内至少有一个根.

7. 讨论函数 $f(x)=\lim\limits_{n\to\infty}\dfrac{1-x^{2n}}{1+x^{2n}}$的连续性,若有间断点,指出其类型.

课外学习1

1. 在线学习

(1)浏览与查询:中国数学资源网(网页链接及二维码见对应配套电子课件)

(2)网上课堂:微积分(先修课)(网页链接及二维码见对应配套电子课件)

2. 阅读与写作

阅读本章“数学文摘:极限法的哲学思考”.

第 2 章　导数与微分

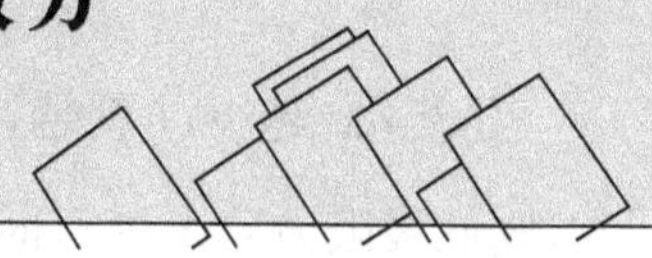

在自然科学的许多领域中都需要从数量上研究函数相对于自变量变化的快慢程度，所有这些问题都归结为函数的变化率，即导数．本章我们将从几个实际问题入手引出导数的概念，然后介绍导数的基本公式和运算法则．

2.1　导数的概念

2.1.1　引例

微分学的最基本的概念——导数，来源于实际生活中两个朴素概念：速度与切线．

1. 变速直线运动的速度

设 s 表示一物体从某一时刻开始到时刻 t 作直线运动所经过的路程，则 s 是时刻 t 的函数 $s=s(t)$．现在来确定物体在某一给定时刻 t_0 的速度．

当时刻由 t_0 改变到 $t_0+\Delta t$ 时，物体在 Δt 这段时间内所经过的距离为

$$\Delta s = s(t_0+\Delta t)-s(t_0)$$

因此，在 Δt 这段时间内，物体的平均速度为

$$\bar{v}=\frac{\Delta s}{\Delta t}=\frac{s(t_0+\Delta t)-s(t_0)}{\Delta t}$$

若物体作匀速运动，平均速度 $\bar{v}$ 就是物体在任何时刻的速度 v；若物体的运动是变速的，则当 Δt 很小时，$\bar{v}$ 可以近似地表示物体在 t_0 时刻的速度，Δt 越小，近似程度越好，当 $\Delta t\to 0$ 时，如果极限 $\lim\limits_{\Delta t\to 0}\frac{\Delta s}{\Delta t}$ 存在，则此极限为物体在 t_0 时刻的瞬时速度，即

$$v=\lim_{\Delta t\to 0}\frac{\Delta s}{\Delta t}=\lim_{\Delta t\to 0}\frac{s(t_0+\Delta t)-s(t_0)}{\Delta t}$$

2. 电流大小

在交流电路中，电流大小是随时间变化的．设电流通过导线的横截面的电量是 $Q(t)$，它是时间 t 的函数．现在来确定某一给定时刻 t_0 的电流大小．

当时间由 t_0 改变到 $t_0+\Delta t$ 时，通过导线的电量是

$$\Delta Q = Q(t_0 + \Delta t) - Q(t_0)$$

因此，在 Δt 这段时间内，导线的平均电流为

$$\bar{I} = \frac{\Delta Q}{\Delta t} = \frac{Q(t_0 + \Delta t) - Q(t_0)}{\Delta t}$$

显然，Δt 越小，$\bar{I}$ 就越接近 t_0 时刻的电流 I，当 $\Delta t \to 0$ 时，如果极限 $\lim\limits_{\Delta t \to 0} \frac{\Delta Q}{\Delta t}$ 存在，则此极限为导线在 t_0 时刻电流的大小，即

$$I = \lim_{\Delta t \to 0} \frac{\Delta Q}{\Delta t} = \lim_{\Delta t \to 0} \frac{Q(t_0 + \Delta t) - Q(t_0)}{\Delta t}$$

3. 切线及其斜率

什么样的直线是曲线在某点处的切线呢？

设曲线 $y=f(x)$ 的图形如图 2-1 所示，点 $M_0(x_0, y_0)$ 是曲线的一个定点，在曲线上另取一动点 $M(x_0+\Delta x, y_0+\Delta y)$，作割线 M_0M，让点 M 沿曲线向点 M_0 移动，则割线 M_0M 的位置也随之变动，当点 M 沿曲线无限趋向点 M_0 时，割线 M_0M 趋向于极限位置——M_0T，直线 M_0T 就是曲线在点 M_0 处的切线．

设割线 M_0M 的倾角为 β，切线 M_0T 的倾角为 α，从图上可以看出 M_0M 的斜率为

$$\tan\beta = \frac{\Delta y}{\Delta x} = \frac{f(x_0 + \Delta x) - f(x_0)}{\Delta x}$$

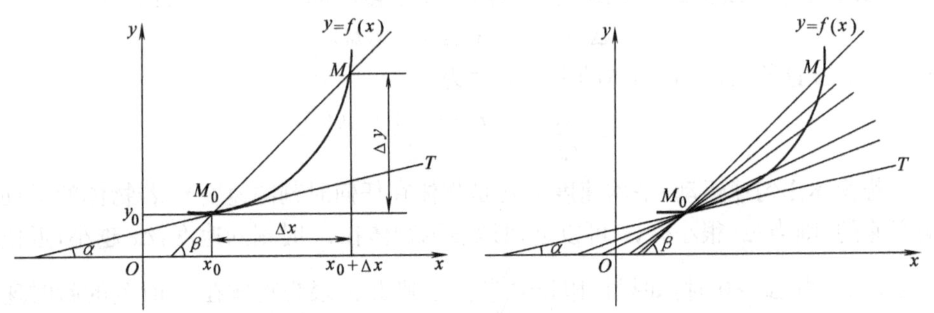

图 2-1　　　　图 2-2

当 $\Delta x \to 0$ 时，割线的斜率 $\tan\beta$ 就无限地接近于切线的斜率，所以切线的斜率为

$$\tan\alpha = \lim_{\Delta x \to 0} \tan\beta = \lim_{\Delta x \to 0} \frac{\Delta y}{\Delta x} = \lim_{\Delta x \to 0} \frac{f(x_0 + \Delta x) - f(x_0)}{\Delta x}$$

割线到切线的变化过程如图 2-2 所示．

上面三个例题虽然具体含义不同，但从抽象的数量关系来看，它们的实质是一样的，都归结为计算函数改变量与自变量改变量的比，当自变量的改变量趋于零时的极限，这种特殊的极限就称为函数的导数．

微积分是近代数学中最伟大的成就，对它的重要性无论作怎样的估计都不会过分．

冯·诺伊曼

2.1.2　导数的定义

定义 1　设函数 $y=f(x)$ 在点 x_0 的某个邻域内有定义，当自变量在点 x_0 处取得改变量 Δx 时，函数 $f(x)$ 取得相应的改变量 $\Delta y=f(x_0+\Delta x)-f(x_0)$，如果极限 $\lim\limits_{\Delta x\to 0}\dfrac{\Delta y}{\Delta x}$ 存在，则称这个极限值为 $f(x)$ 在点 x_0 处的**导数**，记作

$$f'(x_0)\quad 或\quad y'\big|_{x=x_0}\quad 或\quad \left.\frac{\mathrm{d}y}{\mathrm{d}x}\right|_{x=x_0}$$

即

$$\boxed{f'(x_0)=\lim_{\Delta x\to 0}\frac{\Delta y}{\Delta x}=\lim_{\Delta x\to 0}\frac{f(x_0+\Delta x)-f(x_0)}{\Delta x}}\tag{2-1}$$

并称函数在点 x_0 处可导．如果上述极限不存在，则称 $f(x)$ 在点 x_0 处不可导．如果极限为无穷大，为方便起见，也称函数在点 x_0 处的导数为无穷大．

与函数 $y=f(x)$ 在点 x_0 处的左、右极限概念相似，如果 $\lim\limits_{\Delta x\to 0^-}\dfrac{\Delta y}{\Delta x}$ 和 $\lim\limits_{\Delta x\to 0^+}\dfrac{\Delta y}{\Delta x}$ 存在，则分别称此两极限为 $f(x)$ 在点 x_0 处的**左导数**和**右导数**，记为 $f'_-(x_0)$ 和 $f'_+(x_0)$．

显然，函数 $y=f(x)$ 在点 x_0 处可导的充要条件是函数 $y=f(x)$ 在该点处的左导数与右导数均存在且相等．

如果函数 $f(x)$ 在某区间 (a,b) 内的每一点都可导，则称 $f(x)$ 在区间 (a,b) 内可导，这时，对于 (a,b) 内的每一点 x，都有确定的导数值与它对应，这样就构成了一个新的函数，称为函数 $f(x)$ 的**导函数**，记作 $f'(x)$，y'，$\dfrac{\mathrm{d}y}{\mathrm{d}x}$ 或 $\dfrac{\mathrm{d}f(x)}{\mathrm{d}x}$．在不致发生混淆的情况下，导函数也简称导数．

有了导数的定义，前面的三个例题就可以叙述为：

(1) 路程 s 对时间 t 的导数为瞬时速度 v，即

$$v=s'$$

(2) 电量 Q 对时间 t 的导数为电流 I，即

$$I = Q'$$

(3)函数 $f(x)$在 x 处的导数为曲线 $f(x)$在点 x 处的切线的斜率,即

$$k=\tan\alpha=f'(x)$$

所以,若曲线 $f(x)$在 x_0 处可导,则曲线在点(x_0,y_0)处的切线方程为

$$\boxed{y-y_0=f'(x_0)(x-x_0)} \tag{2-2}$$

曲线在点(x_0,y_0)处的法线方程为

$$\boxed{y-y_0=-\frac{1}{f'(x_0)}(x-x_0)} \tag{2-3}$$

需要注意的是,若 $f'(x_0)=\tan\alpha=\infty$,则 $\alpha=\frac{\pi}{2}$,即切线垂直于 x 轴,切线方程为 $x=x_0$,法线方程为 $y=y_0$.

根据导数的定义,求导数有三个步骤:

(1) 求 Δy;

(2) 求$\frac{\Delta y}{\Delta x}$;

(3) 求$\lim\limits_{\Delta x\to 0}\frac{\Delta y}{\Delta x}$.

例 2-1 求函数 $f(x)=C$ (C 是常数)的导数.

解 (1) $\Delta y=f(x+\Delta x)-f(x)=C-C=0$

(2) $\frac{\Delta y}{\Delta x}=0$

(3) $\lim\limits_{\Delta x\to 0}\frac{\Delta y}{\Delta x}=0$

即

$$C'=0$$

例 2-2 求函数 $f(x)=x^n$ ($n\in\mathbf{N}$)的导数.

解 (1) $\Delta y=(x+\Delta x)^n-x^n$

$=C_n^0x^n+C_n^1x^{n-1}\Delta x+C_n^2x^{n-2}(\Delta x)^2+\cdots+C_n^n(\Delta x)^n-x^n$

$=C_n^1x^{n-1}\Delta x+C_n^2x^{n-2}(\Delta x)^2+\cdots+(\Delta x)^n$

(2) $\frac{\Delta y}{\Delta x}=C_n^1x^{n-1}+C_n^2x^{n-2}(\Delta x)+\cdots+(\Delta x)^{n-1}$

(3) $\lim\limits_{\Delta x\to 0}\frac{\Delta y}{\Delta x}=C_n^1x^{n-1}=nx^{n-1}$

即

$$(x^n)'=nx^{n-1}$$

注:当 α 为实数时,$(x^\alpha)'=\alpha x^{\alpha-1}$仍成立.

例 2-3 求函数 $f(x)=\log_a x$ ($a>0,a\neq1$)的导数.

解 (1) $\Delta y=\log_a(x+\Delta x)-\log_a x$

$$=\log_a\left(1+\frac{\Delta x}{x}\right)$$

$$(2)\frac{\Delta y}{\Delta x}=\frac{1}{\Delta x}\log_a\left(1+\frac{\Delta x}{x}\right)=\frac{1}{x}\log_a\left(1+\frac{\Delta x}{x}\right)^{\frac{x}{\Delta x}}$$

$$(3)\lim_{\Delta x\to 0}\frac{\Delta y}{\Delta x}=\frac{1}{x}\log_a \mathrm{e}=\frac{1}{x\ln a}$$

即
$$(\log_a x)'=\frac{1}{x\ln a}$$

例 2－4　求函数 $f(x)=\sin x$ 的导数．

解　(1) $\Delta y=\sin(x+\Delta x)-\sin x$

$$=2\sin\frac{\Delta x}{2}\cos\left(x+\frac{\Delta x}{2}\right)$$

$$(2)\frac{\Delta y}{\Delta x}=\frac{\sin\frac{\Delta x}{2}}{\frac{\Delta x}{2}}\cos\left(x+\frac{\Delta x}{2}\right)$$

$$(3)\lim_{\Delta x\to 0}\frac{\Delta y}{\Delta x}=\cos x$$

即
$$(\sin x)'=\cos x$$

例 2－5　求曲线 $f(x)=\sin x$ 在点 $\left(\frac{\pi}{3},\frac{\sqrt{3}}{2}\right)$ 处的切线．

解　设切线的斜率为 k，因为切点处的导数就等于切线的斜率，故根据上例的结果得

$$k=f'\left(\frac{\pi}{3}\right)=\cos\frac{\pi}{3}=\frac{1}{2}$$

则切线为

$$y-\frac{\sqrt{3}}{2}=\frac{1}{2}\left(x-\frac{\pi}{3}\right)$$

即
$$3x-6y+3\sqrt{3}-\pi=0$$

2.1.3　可导与连续的关系

定理 1　如果函数 $f(x)$ 在 x_0 处可导，则它在 x_0 处一定连续．

定理的证明见本章 2.5 节提示与提高 9. 这个定理的逆定理不成立，即如果函数 $f(x)$ 在 x_0 处连续，则函数 $f(x)$ 在 x_0 处未必可导．

例 2－6　设 $f(x)=|x|$，问 $f(x)$ 在 $x=0$ 处是否可导？

解　显然 $f(x)$ 在 $x=0$ 处是连续的，如图 2－3 所示．那么 $f(x)$ 在该点是否可导呢？

因为
$$\lim_{\Delta x\to 0^+}\frac{\Delta f(x)}{\Delta x}=\lim_{\Delta x\to 0^+}\frac{|0+\Delta x|-|0|}{\Delta x}=\lim_{\Delta x\to 0^+}\frac{\Delta x}{\Delta x}=1$$
$$\lim_{\Delta x\to 0^-}\frac{\Delta f(x)}{\Delta x}=\lim_{\Delta x\to 0^-}\frac{|0+\Delta x|-|0|}{\Delta x}=\lim_{\Delta x\to 0^-}\frac{-\Delta x}{\Delta x}=-1$$
所以
$$\lim_{\Delta x\to 0^+}\frac{\Delta f(x)}{\Delta x}\neq\lim_{\Delta x\to 0^-}\frac{\Delta f(x)}{\Delta x}$$
故$\lim\limits_{\Delta x\to 0}\dfrac{\Delta f(x)}{\Delta x}$不存在，即 $f(x)$在 $x=0$ 处不可导．在图 2-3 上表现为曲线 $f(x)=|x|$在点$x=0$ 处有一个“尖点”，没有切线．

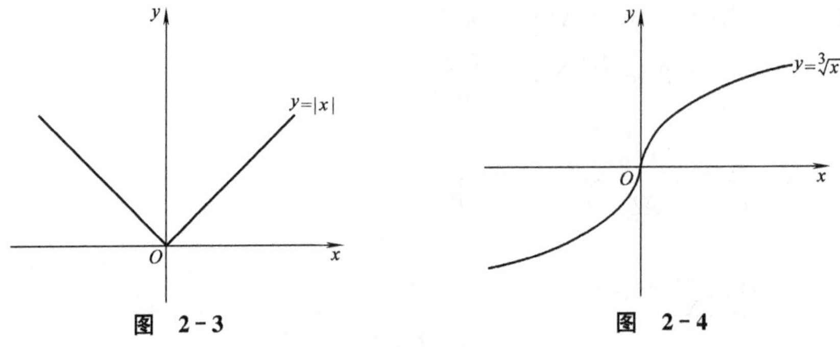

图 2-3　　图 2-4

例 2-7　设 $f(x)=\sqrt[3]{x}$，问 $f(x)$在 $x=0$ 处是否可导？

解　显然 $f(x)$在 $x=0$ 处是连续的，如图 2-4 所示．

因为
$$\lim_{\Delta x\to 0}\frac{\Delta f(x)}{\Delta x}=\lim_{\Delta x\to 0}\frac{\sqrt[3]{0+\Delta x}-\sqrt[3]{0}}{\Delta x}=\lim_{\Delta x\to 0}\frac{1}{\sqrt[3]{(\Delta x)^2}}=+\infty$$
即 $f(x)$在 $x=0$ 处不可导．在图 2-4 上表现为曲线 $f(x)=\sqrt[3]{x}$在点 $x=0$ 处有垂直于 x 轴的切线．

以上两例都说明定理 1 的逆定理不成立，即连续不一定可导．

习　题　2-1

1. 下列各题中均假定 $f'(x_0)$存在，按照导数定义观察下列极限，指出 A 表示什么．

(1) $\lim\limits_{\Delta x\to 0}\dfrac{f(x_0-\Delta x)-f(x_0)}{\Delta x}=A$；

(2) $\lim\limits_{\Delta x\to 0}\dfrac{f(x_0+\Delta x)-f(x_0-\Delta x)}{\Delta x}=A$；

(3) $\lim\limits_{h\to 0}\dfrac{f(x_0+2h)-f(x_0-3h)}{h}=A$.

2. 设 $f(x)=\cos x$，试按导数定义求 $f'(x)$.

3. 设 $f(x)=\cos x$，求 $f(x)$在点 $x=\dfrac{\pi}{4}$处的切线方程(利用上题结果).

背景聚焦

无穷小量是逝去量的鬼魂吗？

牛顿研究运动学时，少不了计算物体运动的速度．比如一物体从 O 点出发，作变速直线运动，运动规律是 $s=t^2$，其中 s 是物体走过的路程，t 是所需的时间．现在要求 2s 末的瞬时速度．按牛顿的算法，先给出一小段时间 Δt，那么 Δts 内物体走过的路程

$$\Delta s=(2+\Delta t)^2-2^2=4\Delta t+(\Delta t)^2$$

在 Δts 内物体运动的平均速度 $\bar{v}$ 等于

$$\bar{v}=\frac{\Delta s}{\Delta t}=\frac{4\Delta t+(\Delta t)^2}{\Delta t}=4+\Delta t$$

牛顿很清楚，只要 Δt 不等于零，平均速度 $\bar{v}$ 总成不了瞬时速度 v．于是，牛顿大胆地令最后结果中的 $\Delta t=0$，求出了第 2s 末的瞬时速度为 4 m/s．用这个方法求出的运动速度和实验结果相当吻合．

然而，英国哲学家、大主教贝克莱 1734 年写了一本书《分析学者》，副题叫《致不信神的数学家》，矛头指向微积分的基础——无穷小的问题，提出了所谓贝克莱悖论．书中说，牛顿在求速度的过程中，首先用 Δt 除等式两边．因为数学上规定零不能作除数，所以作为除数的 Δt 不能等于零；但是，另一方面牛顿又令最后结果中的 Δt 等于零，这完全是自相矛盾！Δt 既等于零又不等于零，招之即来，挥之即去，难道"Δt 是逝去量的鬼魂"？

Δt 这个无穷小量究竟是不是零？无穷小及其分析是否合理？由此而引起了数学界甚至哲学界长达一个半世纪的争论，导致了数学史上的第二次数学危机．

直到 19 世纪初，情况才有变化，法国科学学院的科学家以柯西为首，对微积分的理论进行了认真研究，建立了极限理论，后来又经过德国数学家维尔斯特拉斯进一步的严格化，使极限理论成为微积分坚定基础，所谓"逝去量的鬼魂"也得到了满意的解释．

2.2　导数的基本公式和运算法则

如果对每一个函数都按导数的定义来求导，其计算将会比较复杂，甚至比较困难．因此，有必要找到一些基本公式与运算法则，借助它们简化函数的求导计算．

2.2.1　基本初等函数的求导公式

表 2-1 给出了基本初等函数的导数公式．这些公式有的在前一节中已经得到，有的将随着导数运算法则的引入而得到，有的留给读者推导．

表 2-1　导数基本公式

$C'=0$ (C 为常数)	$(x^{\alpha})'=\alpha x^{\alpha-1}$ (α 为实数)
$(a^x)'=a^x\ln a$ $(a>0,a\neq 1)$	$(e^x)'=e^x$
$(\log_a x)'=\dfrac{1}{x\ln a}$ $(a>0,a\neq 1)$	$(\ln x)'=\dfrac{1}{x}$
$(\sin x)'=\cos x$	$(\cos x)'=-\sin x$
$(\tan x)'=\sec^2 x$	$(\cot x)'=-\csc^2 x$
$(\sec x)'=\sec x\tan x$	$(\csc x)'=-\csc x\cot x$
$(\arcsin x)'=\dfrac{1}{\sqrt{1-x^2}}$	$(\arccos x)'=-\dfrac{1}{\sqrt{1-x^2}}$
$(\arctan x)'=\dfrac{1}{1+x^2}$	$(\text{arccot}\, x)'=-\dfrac{1}{1+x^2}$

下面利用基本公式，求几个幂函数的导数，例如

$$x'=1\times x^{1-1}=1$$

$$(x^2)'=2x^{2-1}=2x$$

$$(\sqrt{x})'=(x^{\frac{1}{2}})'=\frac{1}{2}x^{\frac{1}{2}-1}=\frac{1}{2\sqrt{x}}$$

$$\left(\frac{1}{x}\right)'=(x^{-1})'=-x^{-1-1}=-\frac{1}{x^2}$$

$$\left(\sqrt{x\sqrt{x\sqrt{x}}}\right)'=(x^{\frac{7}{8}})'=\frac{7}{8}x^{\frac{7}{8}-1}=\frac{7}{8\sqrt[8]{x}}$$

2.2.2　导数的四则运算法则

设函数 $u=u(x)$ 和 $v=v(x)$ 在 x 处可导，则其和、差、积、商在 x 处也可导，且有

法则 1

$$\boxed{(u\pm v)'=u'\pm v'} \tag{2-4}$$

法则 2

$$\boxed{(uv)'=u'v+uv'} \tag{2-5}$$

特别地，$(Cu)'=Cu'$ (C 为常数).

法则 3

$$\boxed{\left(\frac{u}{v}\right)'=\frac{u'v-uv'}{v^2}\quad (v\neq 0)} \tag{2-6}$$

法则 2 的证明见本章 2.5 节提示与提高 9，法则 1、法则 3 的证明从略.

例 2-8　求函数 $f(x)=x^3+\sin x$ 的导数.

解　$f'(x)=(x^3)'+(\sin x)'=3x^{3-1}+\cos x=3x^2+\cos x$

例 2-9　求函数 $f(x)=e^x\cos x$ 的导数.

解　$f'(x)=(e^x)'\cos x+e^x(\cos x)'=e^x\cos x-e^x\sin x$

例 2-10　求函数 $f(x)=\frac{1-x}{1+x}$ 的导数.

解　$$f'(x)=\frac{(1-x)'(1+x)-(1-x)(1+x)'}{(1+x)^2}$$

$$=\frac{-(1+x)-(1-x)}{(1+x)^2}=\frac{-2}{(1+x)^2}$$

例 2-11　求函数 $f(x)=\tan x$ 的导数.

解　$$f'(x)=(\tan x)'=\left(\frac{\sin x}{\cos x}\right)'$$

$$=\frac{(\sin x)'\cos x-\sin x(\cos x)'}{\cos^2 x}$$

$$=\frac{\cos^2 x+\sin^2 x}{\cos^2 x}=\frac{1}{\cos^2 x}=\sec^2 x$$

即　$$(\tan x)'=\sec^2 x$$

类似有　$$(\cot x)'=-\csc^2 x$$

例 2-12　求函数 $f(x)=\sec x$ 的导数.

解　$$f'(x)=(\sec x)'=\left(\frac{1}{\cos x}\right)'$$

$$=\frac{1'\times\cos x-1\times(\cos x)'}{\cos^2 x}$$

$$=\frac{\sin x}{\cos^2 x}=\sec x\tan x$$

即　$$(\sec x)'=\sec x\tan x$$

类似地,有　$$(\csc x)'=-\csc x\cot x$$

例 2-13　求曲线 $y=x\ln x$ 的平行于直线 $2x-y+3=0$ 的切线方程.

解　本题切线的斜率间接给出,只要求出切点即可. 设所求切线的切点为 (x_0, y_0),因曲线为 $y=x\ln x$,所以

$$y'=x'\ln x+x(\ln x)'=\ln x+x\frac{1}{x}=\ln x+1,$$

$$y'(x_0)=\ln x_0+1$$

又因为直线 $2x-y+3=0$ 的斜率为 2,且其与所求切线平行,故知所求切线的斜率也为 2,所以

$$y'(x_0)=\ln x_0+1=2$$

解得　$$x_0=e, y_0=e$$

所求切线方程为　$$y-e=2(x-e)$$

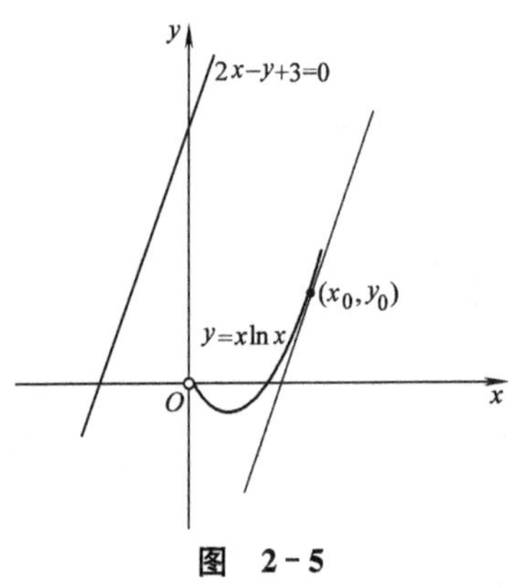

图 2-5

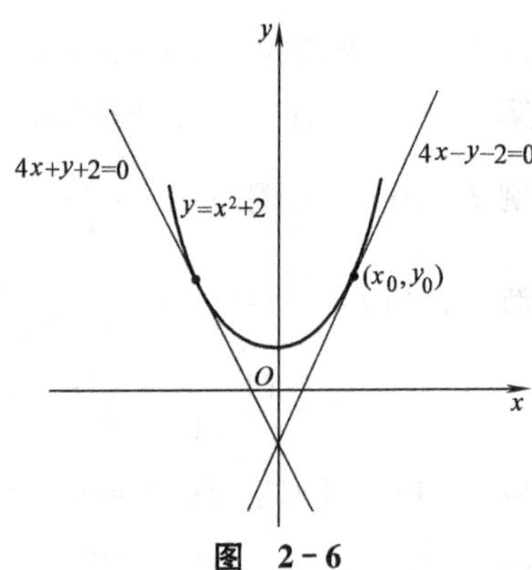

图 2-6

即
$$y-2x+\mathrm{e}=0$$
如图 2-5 所示.

例 2-14 求过点 $A(0,-2)$ 且与曲线 $y=x^2+2$ 相切的直线方程.

解 设切点为(x_0,y_0),切线斜率为 k,因切线过点$(0,-2)$,所以切线可写为 $y+2=kx$,即 $y=kx-2$. 函数导数为
$$y'=2x$$
所以
$$k=2x_0 \tag{1}$$
因为切点既在切线上又在曲线上,所以
$$\begin{cases} y_0=kx_0-2 \\ y_0=x_0^2+2 \end{cases} \tag{2}$$
由式(1)、式(2)得 $k=\pm 4$. 所求切线方程为
$$4x+y+2=0 \quad 或 \quad 4x-y-2=0$$
如图 2-6 所示.

习 题 2-2

1. 求下列函数的导数:

(1) $y=x^4$; (2) $y=\sqrt[7]{x^5}$; (3) $y=\dfrac{1}{\sqrt[3]{x^2}}$; (4) $y=\dfrac{1}{x^2}$; (5) $y=x^2\sqrt[3]{x\sqrt[3]{x}}$.

2. 求下列函数的导数:

(1) $y=x^5+\dfrac{1}{x^3}$; (2) $y=\dfrac{(x-1)^2}{x}$; (3) $y=\sqrt[3]{x}(7x+11\sqrt{x}+4)$;

(4) $y=x^5+5^x+\ln 5$; (5) $y=\left(1+\dfrac{1}{\sqrt{x}}\right)(1+\sqrt{x})$; (6) $y=x\cos x-\sin x$;

(7) $y=x\tan x-2\sec x$; (8) $y=\sin x\cos x$; (9) $y=x\mathrm{e}^x-\mathrm{e}^x$;

(10) $y=x^2\ln x+2x^2$; (11) $y=\dfrac{1-\ln x}{1+\ln x}$; (12) $y=\dfrac{\mathrm{e}^x}{\mathrm{e}^x+1}$;

(13) $y=\dfrac{x}{1+x^2}$; (14) $y=\dfrac{\sin x}{\cos x+1}$; (15) $y=\dfrac{\cot x}{1+\csc x}$;

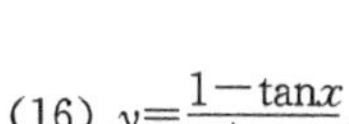

(16) $y=\frac{1-\tan x}{1+\tan x}$.

3. 设 $f(x)=\frac{1-\sqrt{x}}{1+\sqrt{x}}$,求 $f'(4)$.

4. 设 $f(x)=\frac{\ln x}{x}$,求 $f'(\mathrm{e})$.

5. 函数 $f(x)$ 与 $g(x)$ 在 $(-\infty,+\infty)$ 上可导,且 $f(2)=1, g(2)=-\frac{1}{2}, f'(2)=\frac{1}{4}$, $g'(2)=-4$,求下列函数在点 $x=2$ 处的导数.

(1) $f(x)+g(x)$;　　(2) $f(x)g(x)$;　　(3) $\frac{f(x)}{g(x)}$.

6. 求 $f(x)=x^3+2x^2$ 在 $x=1$ 处的切线方程及法线方程.

7. 求 $f(x)=\sin x$ 在 $x=\frac{\pi}{3}$ 处的切线方程和法线方程.

8. 曲线 $y=\sqrt[3]{x}$ 上哪一点的切线垂直于直线 $3x+y+1=0$?

9. 已知物体的运动规律为 $s=(2t^2+t)$ (s 以 m 为单位,t 以 s 为单位),求这物体在 $t=2$s 时的速度.

2.3 导数运算

2.3.1 复合函数的求导法则

法则 4 设函数 $y=f(u), u=\varphi(x)$ 均可导,则复合函数 $f(\varphi(x))$ 也可导,且

$$\boxed{\frac{\mathrm{d}y}{\mathrm{d}x}=\frac{\mathrm{d}y}{\mathrm{d}u}\frac{\mathrm{d}u}{\mathrm{d}x}\quad \text{或}\quad y'_x=y'_u u'_x} \tag{2-7}$$

上述法则可以推广到有限个中间变量的情形.如 $y=f(u), u=\varphi(t), t=s(x)$,则复合函数 $y=f(\varphi(s(x)))$ 的导数为

$$\boxed{y'_x=y'_u u'_t t'_x} \tag{2-8}$$

法则 4 的证明见本章 2.5 节提示与提高 9.

例 2-15 求函数 $y=\mathrm{e}^{x^2}$ 的导数.

解 设 $y=\mathrm{e}^u, u=x^2$,则

$$\begin{aligned} y' &= y'_u u'_x = (\mathrm{e}^u)'_u (x^2)'_x \\ &= \mathrm{e}^u \times 2x^{2-1} = 2x\mathrm{e}^{x^2} \end{aligned}$$

例 2-16 函数 $y=\ln\sin 2x$ 的导数.

解 设 $y=\ln u, u=\sin t, t=2x$,则

$$\begin{aligned} y'_x &= y'_u u'_t t'_x \\ &= (\ln u)'_u (\sin t)'_t (2x)'_x = \frac{1}{u}\cos t \times 2 \\ &= 2\frac{\cos t}{\sin t} = 2\cot t = 2\cot 2x \end{aligned}$$

例 2-17 求函数 $y=\sin^2(\cos 3x)$的导数.

解 设 $y=u^2$, $u=\sin t$, $t=\cos v$, $v=3x$,则

$$\begin{aligned} y'_x &= y'_u u'_t t'_v v'_x \\ &= (u^2)'_u(\sin t)'_t(\cos v)'_v(3x)'_x \\ &= 2u\cos t(-\sin v)\times 3 \\ &= 2\sin t\cos t(-\sin v)\times 3=-3\sin 2t\sin v \\ &= -3\sin(2\cos v)\sin v \\ &= -3\sin(2\cos 3x)\sin(3x) \end{aligned}$$

复合层次比较清楚以后,可不必设中间变量,直接由外往里逐层求导.

例 2-18 求函数 $y=\tan x^3$ 的导数.

解 $y'=(\tan x^3)'=\sec^2 x^3(x^3)'=3x^2\sec^2 x^3$

例 2-19 求函数 $y=\sin\sqrt{x^2-1}$的导数.

解 $y'=(\sin\sqrt{x^2-1})'$

$$=\cos\sqrt{x^2-1}(\sqrt{x^2-1})'=\cos\sqrt{x^2-1}\frac{1}{2\sqrt{x^2-1}}(x^2-1)'$$

$$=\cos\sqrt{x^2-1}\frac{1}{2\sqrt{x^2-1}}\times 2x=\frac{x}{\sqrt{x^2-1}}\cos\sqrt{x^2-1}$$

例 2-20 求函数 $y=e^{\cos\ln x}$的导数.

解 $y'=e^{\cos\ln x}(\cos\ln x)'$

$$\begin{aligned} &= e^{\cos\ln x}(-\sin\ln x)(\ln x)' \\ &= e^{\cos\ln x}(-\sin\ln x)\frac{1}{x} \\ &= -\frac{\sin\ln x}{x}e^{\cos\ln x} \end{aligned}$$

例 2-21 求函数 $y=\arctan\sqrt{\frac{1+x}{1-x}}$的导数.

解 $y'=\dfrac{1}{1+\left(\sqrt{\frac{1+x}{1-x}}\right)^2}\dfrac{1}{2\sqrt{\frac{1+x}{1-x}}}\dfrac{(1-x)+(1+x)}{(1-x)^2}$

$$=\frac{1}{2\sqrt{1+x}\sqrt{1-x}}=\frac{1}{2\sqrt{1-x^2}}$$

若复合函数中包含抽象函数,求导时仍是逐层求导,只需把抽象函数看成其中的层即可.

例 2-22 设函数 $f(x)$在$(-\infty,+\infty)$上可导,且 $f(2)=4$, $f'(2)=3$, $f'(4)=5$,求函数 $y=f(f(x))$在点 $x=2$ 处的导数.

解 根据已知,得

$$y'=f'(f(x))f'(x)$$

所以　　$y'(2)=f'(f(2))f'(2)=f'(4)f'(2)=5\times3=15$

例 2-23　已知 $f'(x)=\frac{1}{x}$，$y=f(\cos x)$，求$\frac{\mathrm{d}y}{\mathrm{d}x}$.

解　由于 $y=f(\cos x)$，所以

$$\frac{\mathrm{d}y}{\mathrm{d}x}=f'(\cos x)(\cos x)'=-f'(\cos x)\sin x$$

因为

$$f'(x)=\frac{1}{x}$$

所以

$$f'(\cos x)=\frac{1}{\cos x}$$

故

$$\frac{\mathrm{d}y}{\mathrm{d}x}=-\frac{1}{\cos x}\sin x=-\tan x$$

若多个复合函数作了四则运算，那么求导时应先用导数的运算法则，然后再用复合函数的求导法则 .

例 2-24　求函数 $y=\tan x+\frac{1}{3}\tan^3x$ 的导数 .

解　$y'=(\tan x)'+\left(\frac{1}{3}\tan^3x\right)'=\sec^2x+\frac{1}{3}(3\tan^2x\sec^2x)$

$=\sec^2x+\tan^2x\sec^2x=\sec^2x(1+\tan^2x)=\sec^4x$

例 2-25　求函数 $y=\sin^nx\sin nx$ 的导数 .

解　$y'=(\sin^nx)'\sin nx+\sin^nx(\sin nx)'$

$=(n\sin^{n-1}x\cos x)\sin nx+\sin^nx(n\cos nx)$

$=n\sin^{n-1}x(\cos x\sin nx+\sin x\cos nx)$

$=n\sin^{n-1}x\sin(nx+x)$

例 2-26　求函数 $y=x\arccos x-\sqrt{1-x^2}$ 的导数 .

解　$y'=x'\arccos x+x(\arccos x)'-(\sqrt{1-x^2})'$

$=\arccos x-x\frac{1}{\sqrt{1-x^2}}-\frac{1}{2\sqrt{1-x^2}}(-2x)$

$=\arccos x$

例 2-27　函数 $f(x)$ 与 $g(x)$ 在 $(-\infty,+\infty)$ 上可导，且 $f(2)=0$，$g(2)=1$，$f'(2)=3$，$g'(2)=2$，求函数 $y=\mathrm{e}^{f(x)}\ln(g(x))$ 在点 $x=2$ 处的导数 .

解　因为 $y'=(\mathrm{e}^{f(x)})'\ln(g(x))+\mathrm{e}^{f(x)}(\ln(g(x)))'$

$$=\mathrm{e}^{f(x)}f'(x)\ln(g(x))+\mathrm{e}^{f(x)}\frac{1}{g(x)}g'(x)$$

故

$$y'(2)=\mathrm{e}^0\times3\ln1+\mathrm{e}^0\times\frac{1}{1}\times2=2$$

2.3.2 反函数的导数

设函数 $y=f(x)$在 x 处有不等于零的导数 $f'(x)$，并且其反函数 $x=\varphi(y)$在相应点处连续，则反函数 $x=\varphi(y)$的导数 $\varphi'(y)$存在，并且

$$\boxed{\varphi'(y)=\frac{1}{f'(x)} \quad 或 \quad x'_y=\frac{1}{y'_x}} \tag{2-9}$$

例 2-28 证明：$(\arcsin x)'=\frac{1}{\sqrt{1-x^2}}$.

证 因为 $y=\arcsin x$ $(-1<x<1)$的反函数是 $x=\sin y$ $\left(-\frac{\pi}{2}<y<\frac{\pi}{2}\right)$

而
$$(\sin y)'=\cos y\neq 0 \quad \left(-\frac{\pi}{2}<y<\frac{\pi}{2}\right)$$

所以
$$y'=(\arcsin x)'=\frac{1}{(\sin y)'}$$
$$=\frac{1}{\cos y}=\frac{1}{\sqrt{1-\sin^2 y}}=\frac{1}{\sqrt{1-x^2}}$$

由于 $\cos y$ 在$\left(-\frac{\pi}{2},\frac{\pi}{2}\right)$内恒为正值，故上述根式前取正号，即

$$(\arcsin x)'=\frac{1}{\sqrt{1-x^2}}$$

类似地，有
$$(\arccos x)'=-\frac{1}{\sqrt{1-x^2}}$$

例 2-29 证明：$(a^x)'=a^x\ln a$ $(a>0,a\neq 1)$.

证 因为 $y=a^x$ 的反函数是 $x=\log_a y$ $(a>0,a\neq 1)$，

而
$$(\log_a y)'=\frac{1}{y\ln a}\neq 0 \quad (a>0,a\neq 1)$$

所以
$$y'=(a^x)'=\frac{1}{(\log_a y)'}$$
$$=y\ln a=a^x\ln a$$

即
$$(a^x)'=a^x\ln a$$

2.3.3 隐函数的导数

1. 隐函数求导法

自变量 x 与因变量 y 之间关系由方程 $F(x,y)=0$ 确定的函数称为**隐函数**．例如，$x^2+y^2-1=0$ 和 $x+y+\sin(xy)=0$ 都是隐函数．

有些隐函数可以化为显函数，比如 $x^2+y^2-1=0$ 可化为 $y=\pm\sqrt{1-x^2}$；但更

多的隐函数是不能化为显函数的，比如 $x+y+\sin(xy)=0$.

求隐函数 $F(x,y)=0$ 的导数，一般是将方程两端同时对自变量 x 求导数，遇到 y 就把它看成 x 的函数，并利用复合函数的求导法则求导．最后从所得的关系式中求出 y'，即可得到所求隐函数的导数．

例 2-30　求 $x^2+y^2-1=0$ 所确定的隐函数的导数 y'.

解　将等式两边对 x 求导，得

$$2x+2yy'=0$$

即

$$2yy'=-2x$$

解得

$$y'=-\frac{x}{y}$$

例 2-31　求 $xy+e^y=0$ 所确定的隐函数的导数 y'.

解　将等式两边对 x 求导，得

$$y+xy'+e^y y'=0$$

即

$$y'(x+e^y)=-y$$

解得

$$y'=-\frac{y}{x+e^y}$$

例 2-32　求曲线 $y=\cos(x+y)$ 在点 $\left(\frac{\pi}{2},0\right)$ 处的切线方程．

解　因为 $y'=-\sin(x+y)(1+y')$，所以

$$y'=-\frac{\sin(x+y)}{\sin(x+y)+1}$$

即

$$k=y'|_{x=\frac{\pi}{2},y=0}=-\frac{1}{2}$$

因此，切线方程为 $y=-\frac{1}{2}\left(x-\frac{\pi}{2}\right)$，即 $2x+4y-\pi=0$.

2. 取对数求导法

对于形如 $y=f(x)^{g(x)}$ 的幂指函数，例如 $y=x^x$，在求导数时，没有适用的求导公式或法则，这时，可以在方程的两端取对数，然后再按隐函数求导法求导．这种方法称为**取对数求导法**．

例 2-33　求函数 $y=x^x$ 的导数．

解　在方程的两端取对数，得

$$\ln y=\ln x^x=x\ln x$$

等式两边对 x 求导，得　$\frac{1}{y}y'=\ln x+x\frac{1}{x}=\ln x+1$

所以

$$y'=y(\ln x+1)=x^x(\ln x+1)$$

若函数是由几个初等函数经乘、除、乘方、开方构成的，也可采用取对数求导

法来简化其求导运算.

例 2-34 求函数 $y=\sqrt{\frac{(x+1)(x+2)}{(x+3)(x+4)}}$ 的导数.

解 在方程的两端取对数,得

$$\ln y=\frac{1}{2}[\ln(x+1)+\ln(x+2)-\ln(x+3)-\ln(x+4)]$$

等式两边对 x 求导,得 $\frac{1}{y}y'=\frac{1}{2}\left(\frac{1}{x+1}+\frac{1}{x+2}-\frac{1}{x+3}-\frac{1}{x+4}\right)$

整理得 $y'=y\times\frac{1}{2}\left(\frac{1}{x+1}+\frac{1}{x+2}-\frac{1}{x+3}-\frac{1}{x+4}\right)$

> 数学科学对于经济竞争是必不可少的.数学是一种关键性的、普遍的、可实行的技术.
>
> 引自《数学科学·技术·经济竞争力》(美国数学科学委员会报告)

2.3.4 由参数方程确定的函数的求导法

我们所研究的函数,一般都可直接给出函数 y 与自变量 x 之间的关系式.但在某些情况下,函数 y 与自变量 x 的关系是通过参变量 t,并由参数方程

$$\begin{cases}x=x(t)\\y=y(t)\end{cases}$$

给出.

下面我们给出这类函数的求导法.

设 $t=x^{-1}(x)$ 为 $x=x(t)$ 的反函数,并满足反函数的求导条件,于是参数方程可分解为 $y=y(t)$,$t=x^{-1}(x)$ 的复合函数.利用反函数和复合函数的求导法则,得

$$y'_x=y'_t t'_x=\frac{y'_t}{x'_t}$$

即

$$\boxed{\frac{\mathrm{d}y}{\mathrm{d}x}=\frac{y'_t}{x'_t}} \tag{2-10}$$

例 2-35 求参数方程 $\begin{cases}x=a(t-\sin t)\\y=a(1-\cos t)\end{cases}$ 的导数.

解 $\frac{\mathrm{d}y}{\mathrm{d}x}=\frac{y'_t}{x'_t}=\frac{a(1-\cos t)'}{a(t-\sin t)'}=\frac{\sin t}{1-\cos t}$

例 2-36 求曲线 $\begin{cases}x=\sin t\\y=\cos 2t\end{cases}$ 在 $t=\frac{\pi}{6}$ 处的切线方程及法线方程.

解　当 $t=\frac{\pi}{6}$ 时，$x=\frac{1}{2}$，$y=\frac{1}{2}$，

因为
$$\frac{dy}{dx}=\frac{(\cos 2t)'}{(\sin t)'}=\frac{-\sin 2t\times 2}{\cos t}=-4\sin t$$

所以
$$\frac{dy}{dx}\bigg|_{t=\frac{\pi}{6}}=-2$$

可得切线方程为 $y-\frac{1}{2}=-2\left(x-\frac{1}{2}\right)$，即 $2y+4x-3=0$；

法线方程为 $y-\frac{1}{2}=\frac{1}{2}\left(x-\frac{1}{2}\right)$，即 $4y-2x-1=0$.

背景聚焦

炮弹的运动方向

在不计空气阻力的情况下，炮弹以初速度 v_0、发射角 α 射出，它的轨道由参数方程

$$\begin{cases}x=v_0 t\cos\alpha\\ y=v_0 t\sin\alpha-\frac{1}{2}gt^2\end{cases}$$

表示，其中 t 为参数．下面就讨论一下在任意时刻 t 炮弹的运动方向．

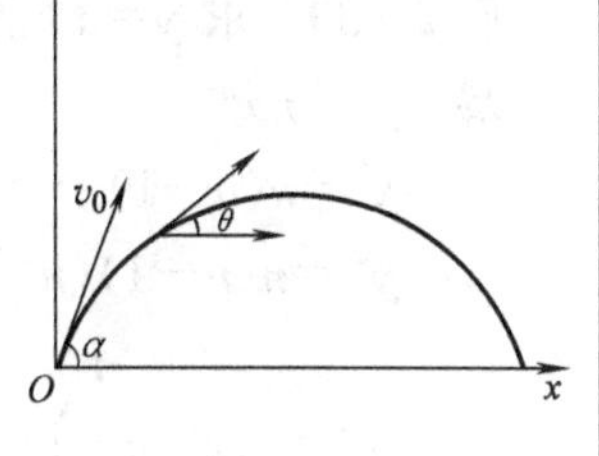

图　2－7

这是一个抛物线方程，如图 2－7 所示，所以

$$\tan\theta=\frac{dy}{dx}=\frac{y'_t}{x'_t}=\frac{v_0\sin\alpha-gt}{v_0\cos\alpha}$$

$$\theta=\arctan\left(\frac{v_0\sin\alpha-gt}{v_0\cos\alpha}\right)$$

由于 θ 是轨道的切线与水平方向的夹角，因此它刻画了炮弹运动的方向．

2.3.5　高阶导数

函数 $y=f(x)$ 的导数 $f'(x)$ 一般也是 x 的函数，对 $f'(x)$ 再求导数，称为 $f(x)$ 的**二阶导数**，记作 $f''(x)$，y'' 或 $\frac{d^2y}{dx^2}$.

类似地，还可以继续求导，得到三阶导数 y'''，四阶导数 $y^{(4)}$，乃至 n 阶导数 $y^{(n)}$．二阶及二阶以上的导数统称为**高阶导数**，而 $f'(x)$ 称为 $y=f(x)$ 的一阶导数．

由此可知，求高阶导数只要反复应用求一阶导数的方法即可，下面举例说明．

例 2－37　已知 $y=4x^3+e^{3x}$，求 y'，y'' 及 y'''.

解　$y'=4\times 3x^2+3e^{3x}=12x^2+3e^{3x}$

$$y''=24x+3^2\mathrm{e}^{3x}$$
$$y'''=24+3^3\mathrm{e}^{3x}$$

例 2-38 已知 $y=\ln(x+\sqrt{x^2+1})$，求 $y''(0)$.

解 因为

$$y'=\frac{1}{x+\sqrt{x^2+1}}(x+\sqrt{x^2+1})'$$
$$=\frac{1}{x+\sqrt{x^2+1}}\left(1+\frac{1}{2\sqrt{x^2+1}}\times 2x\right)$$
$$=\frac{1}{x+\sqrt{x^2+1}}\frac{x+\sqrt{x^2+1}}{\sqrt{x^2+1}}$$
$$=\frac{1}{\sqrt{x^2+1}}$$
$$y''=-\frac{1}{2}(x^2+1)^{-\frac{3}{2}}(2x)=-\frac{x}{\sqrt{(x^2+1)^3}}$$

所以
$$y''(0)=0.$$

例 2-39 求 $y=x^n$ 的 n 阶导数 $y^{(n)}$.

解 $y'=nx^{n-1}$

$$y''=n(n-1)x^{n-2}$$
$$y'''=n(n-1)(n-2)x^{n-3}$$
$$\vdots$$
$$y^{(n)}=n\times(n-1)\times(n-2)\times\cdots\times 2\times 1=n!$$

即
$$\boxed{(x^n)^{(n)}=n!} \tag{2-11}$$

显然，x^n 的 $n+1$ 阶导数为零，即幂函数的幂次若低于所求导的阶数，则结果为零．例如，$(x^4)^{(5)}=0$.

例 2-40 求 $y=11x^{10}+10x^9+9x^8+\cdots+2x+1$ 的 10 阶导数 $y^{(10)}$.

解 $y^{(10)}=(11x^{10})^{(10)}+(10x^9)^{(10)}+\cdots+(2x)^{(10)}+(1)^{(10)}$

由上例的结果知，低于 10 次幂的项的 10 阶导数为零，所以
$$y^{(10)}=(11x^{10})^{(10)}=11\times 10!=11!$$

例 2-41 求 $y=\sin x$ 的 n 阶导数 $y^{(n)}$.

解 $y'=\cos x=\sin\left(x+\frac{\pi}{2}\right)$

$$y''=\cos\left(x+\frac{\pi}{2}\right)=\sin\left(x+2\times\frac{\pi}{2}\right)$$
$$y'''=\cos\left(x+2\times\frac{\pi}{2}\right)=\sin\left(x+3\times\frac{\pi}{2}\right)$$

$$\vdots$$

$$y^{(n)}=\sin\left(x+n\times\frac{\pi}{2}\right)$$

即

$$\boxed{(\sin x)^{(n)}=\sin\left(x+n\times\frac{\pi}{2}\right)} \tag{2-12}$$

例 2-42 求 $y=a^x$ 的 n 阶导数 $y^{(n)}$.

解 $y'=a^x\ln a$

$$y''=(a^x)'\ln a=a^x(\ln a)^2$$

$$y'''=(a^x)'(\ln a)^2=a^x(\ln a)^3$$

$$\vdots$$

$$y^{(n)}=a^x(\ln a)^n$$

即

$$\boxed{(a^x)^{(n)}=a^x(\ln a)^n} \tag{2-13}$$

特别地，有

$$(e^x)^{(n)}=e^x$$

例 2-43 求 $y=\dfrac{1}{x-a}$的 n 阶导数 $y^{(n)}$.

解 $y'=((x-a)^{-1})'=-(x-a)^{-2}$

$$y''=1\times2(x-a)^{-3}$$

$$y'''=-1\times2\times3(x-a)^{-4}$$

$$y^{(4)}=1\times2\times3\times4(x-a)^{-5}$$

$$y^{(5)}=-1\times2\times3\times4\times5(x-a)^{-6}$$

$$\vdots$$

$$y^{(n)}=(-1)^n n!\,(x-a)^{-(n+1)}=\frac{(-1)^n n!}{(x-a)^{n+1}}$$

即

$$\boxed{\left(\frac{1}{x-a}\right)^{(n)}=\frac{(-1)^n n!}{(x-a)^{n+1}}} \tag{2-14}$$

背景聚焦

变化率模型——收绳速度不变时船速变了吗？

对于函数 $y=f(x)$来说，

$$\frac{\Delta y}{\Delta x}=\frac{f(x+\Delta x)-f(x)}{\Delta x}$$

表示自变量 x 每改变一个单位时，函数 y 的平均变化量，所以$\dfrac{\Delta y}{\Delta x}$称为函数 $y=$

$f(x)$的平均变化率；当 $\Delta x\to 0$ 时，若 y 可导，则 $\lim\limits_{\Delta x\to 0}\dfrac{\Delta y}{\Delta x}$，即 y' 称为函数 $y=f(x)$ 的变化率．

如图 2－8 所示，在离水面高度为 h 的岸上，有人用绳子拉船靠岸．假定绳子长为 l，船位于离岸壁 s 处，那么看一下收绳速度为 v_0 时，船的速度 v 怎样变化．

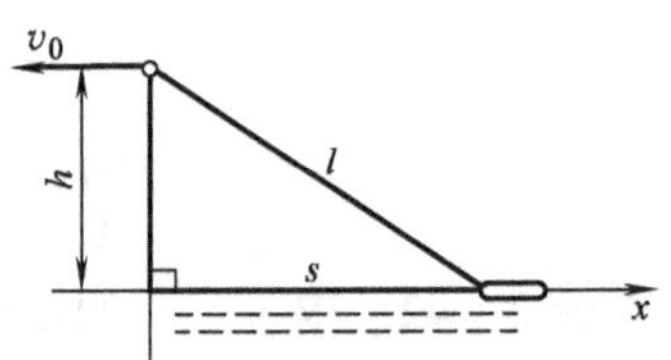

图　2－8

l,h,s 三者构成了直角三角形，由勾股定理得

$$l^2=h^2+s^2$$

两端对时间求导，得

$$2l\,\frac{\mathrm{d}l}{\mathrm{d}t}=0+2s\,\frac{\mathrm{d}s}{\mathrm{d}t}$$

由此得

$$l\,\frac{\mathrm{d}l}{\mathrm{d}t}=s\,\frac{\mathrm{d}s}{\mathrm{d}t}$$

l 为绳长，$\dfrac{\mathrm{d}l}{\mathrm{d}t}$即为收绳速度 v_0，船只能沿 s 线在水面上行驶逐渐靠近岸壁，因而 $\dfrac{\mathrm{d}s}{\mathrm{d}t}$即为船速 v，所以 $lv_0=sv$，即

$$v=\frac{l}{s}v_0=\frac{\sqrt{h^2+s^2}}{s}v_0=v_0\sqrt{\frac{h^2}{s^2}+1}$$

上式中 h,v_0 均为常数，所以可以看出船速与船的位置有关，s 越小 v 越大，即收绳速度一样，船速却越来越快．

习　题　2－3

1. 求下列函数的导数：

(1) $y=(2x+1)^{10}$；　(2) $y=\sqrt{4x+3}$；　(3) $y=\sqrt[3]{1+x^2}$；

(4) $y=\mathrm{e}^{\cos x}$；　(5) $y=\mathrm{e}^{\sqrt{\sin 2x}}$；　(6) $y=\cos\left(\dfrac{1}{x}\right)$；

(7) $y=\sin^2\left(\dfrac{x}{2}\right)$；　(8) $y=\ln\ln\ln x$；　(9) $y=\sqrt{\ln(3x^2)}$；

(10) $y=\tan^2(\mathrm{e}^{2x})$；　(11) $y=\sec^3(\ln x)$；　(12) $y=\ln\sqrt{\dfrac{1-\sin x}{1+\sin x}}$；

(13) $y=\ln\left(\tan\dfrac{x}{2}\right)$；　(14) $y=\ln\arcsin\sqrt{1-x^2}$；　(15) $y=\arctan(x^2)$；

(16) $y=\arcsin\sqrt{\sin x}$.

2. 已知 $f(x)=\sin x-\dfrac{1}{3}\sin^3 x$，求 $f'\left(\dfrac{\pi}{3}\right)$.

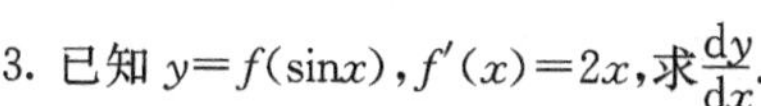

3. 已知 $y=f(\sin x)$，$f'(x)=2x$，求$\dfrac{dy}{dx}$.

4. 求下列函数的导数：

(1) $y=\cos^2 x\cos 2x$；　(2) $y=\dfrac{x}{\sqrt{1+x^2}}$；　(3) $y=x\sin^2(\ln x)$；

(4) $y=\sin 4x\cos 5x$；　(5) $y=\dfrac{1}{2}\ln(\tan^2 x)+\ln(\sin x)$；　(6) $y=\sin^3 x\cos^3 x$；

(7) $y=\sin^4 x+\cos^4 x$；　(8) $y=\ln\sqrt{\dfrac{1+x}{1-x}}-\arctan x$；

(9) $y=\ln(x+\sqrt{1+x^2})+\dfrac{x}{2}\sqrt{1+x^2}$；　(10) $y=x\arctan x-\dfrac{1}{2}\ln(1+x^2)$.

5. 求下列函数的导数：

(1) $x+xy-y^2=0$；　(2) $y=e^{x+y}$；　(3) $xe^y+y=0$；

(4) $x^3+y^3+\cos(x+y)=0$；(5) $x^2+y+\ln(xy)=0$；　(6) $\ln\sqrt{x^2+y^2}-\arctan\dfrac{y}{x}=2$；

(7) $xy+x\ln y=y\ln x$；　(8) $x\cos y=\sin(x+y)$；　(9) $y=x+\dfrac{1}{2}\ln y$；

(10) $\cos(x^2 y)=x$；　(11) $y^2=x^2+ye^y$.

6. 求曲线 $x^2+\dfrac{y^2}{4}=1$ 在点$\left(\dfrac{1}{2},\sqrt{3}\right)$处的切线方程及法线方程.

7. 用取对数求导法求下列函数的导数：

(1) $y=\dfrac{(2x-1)\sqrt[3]{x^3+1}}{(x+7)^5\sin x}$；　(2) $y=(\ln x)^x$；

(3) $y=\left(\dfrac{x}{1+x}\right)^x$；　(4) $x^y=y^x$.

8. 求下列参数方程确定的函数的导数$\dfrac{dy}{dx}$：

(1) $\begin{cases}x=t+t^2\\y=2t^2-1\end{cases}$；　(2) $\begin{cases}x=t\sin t\\y=t\cos t\end{cases}$；　(3) $\begin{cases}x=\arctan t\\y=\ln(1+t^2)\end{cases}$；

(4) $\begin{cases}x=\cos^3 t\\y=\sin^3 t\end{cases}$；　(5) $\begin{cases}x=\sqrt{1-t}\\y=\sqrt{t}\end{cases}$；　(6) $\begin{cases}x=te^t\\y=t^2 e^t\end{cases}$；

(7) $\begin{cases}x=t^2+\ln 2\\y=\sin t-t\cos t\end{cases}$；　(8) $\begin{cases}x=\cos t\\y=\sin\dfrac{t}{2}\end{cases}$.

9. 求曲线$\begin{cases}x=t^2\\y=2t-1\end{cases}$在 $t=2$ 处的切线方程及法线方程.

10. 求下列函数的二阶导数：

(1) $y=x^3+3x^2+2$；　(2) $y=\tan x$；　(3) $y=\ln\cos x$；

(4) $y=x^2-\ln x$；　(5) $y=xe^{x^2}$；　(6) $y=x\sec^2 x-\tan x$；

(7) $y=x\cos x$；　(8) $y=e^{-x}\sin x$；　(9) $y=\ln(1+x^2)$；

(10) $y=\sqrt{1+x^2}$；　(11) $y=x^3\ln x$.

11. 求下列函数的 n 阶导数：

(1) $y=e^{3x-2}$；　(2) $y=xe^x$；　(3) $y=\frac{x-1}{x+1}$；　(4) $y=x\ln x$.

数学公式有其自身的独立存在性与智慧，它们比我们聪明，甚至比它们的发现者也聪明，并且我们从它们中得到的比原来注入的要多.

H. Hertz

2.4 微分

本节介绍微分学的另一个基本概念——微分.

实际中有时需要考虑在自变量有微小变化时函数的改变量的计算问题. 通常函数改变量的计算比较复杂，因此需要建立函数改变量近似值的计算方法，使其既便于计算又有一定的精确度，这就是本节要讨论的问题.

2.4.1 两个实例

1. 面积改变量的近似值

设正方形的面积为 A，当边长由 x 变到 $x+\Delta x$ 时，面积 A 有相应的改变量 ΔA，如图 2-9 所示阴影部分的面积，则

$$\Delta A=(x+\Delta x)^2-x^2=2x\Delta x+(\Delta x)^2$$

ΔA 由两部分组成. 第一部分 $2x\Delta x$ 是 Δx 的线性函数，当 $\Delta x\to 0$ 时，它是 Δx 的同阶无穷小；第二部分 $(\Delta x)^2$ 是比 Δx 高阶的无穷小，因此，当 $|\Delta x|$ 很小时，$(\Delta x)^2$ 可以忽略不计，这时

$$\Delta A\approx 2x\Delta x$$

又因为　$A'=(x^2)'=2x$

所以面积改变量的近似值为　$\Delta A\approx A'\Delta x$

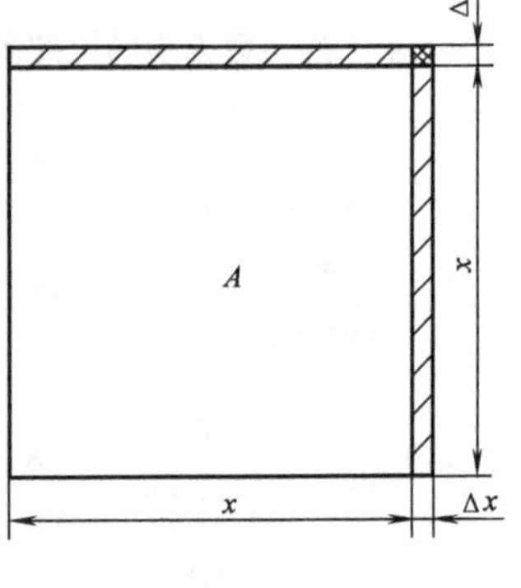

图 2-9

2. 路程改变量的近似值

自由落体的路程 s 与时间 t 的关系是 $s=\frac{1}{2}gt^2$，当时间从 t 变到 $t+\Delta t$ 时，路程 s 有相应的改变量 Δs，则

$$\Delta s=\frac{1}{2}g(t+\Delta t)^2-\frac{1}{2}gt^2=gt\Delta t+\frac{1}{2}g(\Delta t)^2$$

Δs 由两部分组成. 第一部分 $gt\Delta t$ 是 Δt 的线性函数，当 $\Delta t\to 0$ 时，它是 Δt 的

同阶无穷小；第二部分 $\frac{1}{2}g(\Delta t)^2$ 是比 Δt 高阶的无穷小，因此，当 $|\Delta t|$ 很小时，$\frac{1}{2}g(\Delta t)^2$ 可以忽略不计，这时

$$\Delta s \approx gt\Delta t$$

又因为
$$s' = \left(\frac{1}{2}gt^2\right)' = gt$$

所以路程改变量的近似值为
$$\Delta s \approx s'\Delta t$$

上面两例虽然具体意义不同，但它们有一个明显的共同点，即函数改变量的近似值可表示为函数的导数与自变量改变量的乘积，而产生的误差是一个比自变量改变量高阶的无穷小．

上述结论对于一般的函数是否成立呢？下面说明对于可导函数都有此结论．

设函数 $y=f(x)$ 在点 x 处可导，即

$$\lim_{\Delta x\to 0}\frac{\Delta y}{\Delta x} = f'(x)$$

根据极限与无穷小的关系有

$$\frac{\Delta y}{\Delta x} = f'(x) + \alpha$$

因此
$$\Delta y = f'(x)\Delta x + \alpha\Delta x$$

因为 α 是当 $\Delta x\to 0$ 时的无穷小量，所以 $\alpha\Delta x=o(\Delta x)$，从而

$$\Delta y \approx f'(x)\Delta x$$

函数 $y=f(x)$ 改变量的近似值 $f'(x)\Delta x$ 就称为函数的微分．

2.4.2　微分的概念

定义 2　如果函数 $y=f(x)$ 在点 x 处具有导数 $f'(x)$，则称 $f'(x)\Delta x$ 为函数 $y=f(x)$ 在点 x 处的**微分**，记作 $\mathrm{d}y$ 或 $\mathrm{d}f(x)$，即 $\mathrm{d}y=f'(x)\Delta x$，此时称函数 $f(x)$ 在点 x 处可微．

特别地，对于函数 $y=x$，有

$$\mathrm{d}y=\mathrm{d}x=(x)'\Delta x=\Delta x$$

即 $\mathrm{d}x=\Delta x$. 因此，自变量的微分就是它的改变量．于是得

$$\boxed{\mathrm{d}y = f'(x)\mathrm{d}x} \tag{2-15}$$

进一步可得

$$\frac{\mathrm{d}y}{\mathrm{d}x} = f'(x)$$

由此可以看出，函数的导数等于函数的微分与自变量的微分之商，因此也称导数为微商．求导数与求微分的运算统称为**微分法**．

应当注意，微分与导数虽然有着密切的联系，但它们是有区别的：导数是函数

在一点处的变化率，导数的值只与 x 有关；而微分是函数在一点处由自变量改变量所引起的函数改变量的近似值，微分的值与 x 和 Δx 都有关．

2.4.3 微分的几何意义

设函数 $y=f(x)$ 的图像如图 2-10 所示，$M(x,y)$ 为曲线上的定点，过点 M 作曲线的切线 MT，其倾角为 α，当自变量在点 x 处取得改变量 Δx 时，就得到曲线上的另一点 $M_1(x+\Delta x,y+\Delta y)$，从图可知

$$\Delta y = NM_1$$

$$\mathrm{d}y = f'(x)\Delta x = \tan\alpha \times MN = NT$$

由此可见，函数 $y=f(x)$ 的微分的几何意义就是曲线 $y=f(x)$ 在 M 点处切线之纵坐标的改变量．

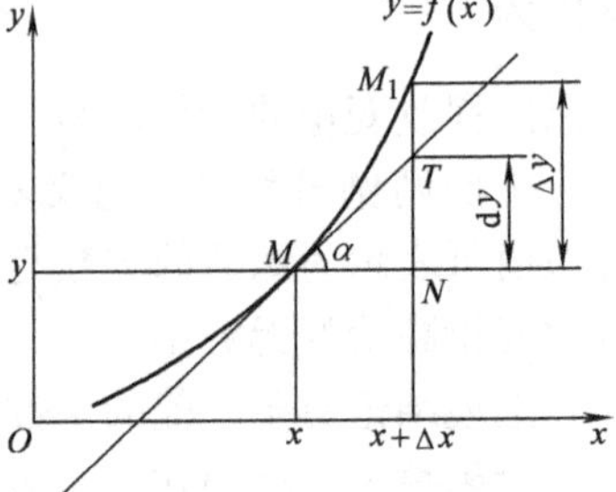

图 2-10

2.4.4 微分的运算

1. 微分的基本公式和运算法则

因为 $\mathrm{d}y=f'(x)\mathrm{d}x$，所以计算微分便归结为计算导数．由导数的基本公式和运算法则，可以容易推出微分的基本公式和运算法则，见表 2-2.

表 2-2 微分基本公式

$\mathrm{d}C=0$（C 为常数）	$\mathrm{d}(x^\alpha)=\alpha x^{\alpha-1}\mathrm{d}x$（$\alpha$ 为实数）
$\mathrm{d}(a^x)=a^x\ln a\mathrm{d}x$（$a>0,a\neq1$）	$\mathrm{d}(\mathrm{e}^x)=\mathrm{e}^x\mathrm{d}x$
$\mathrm{d}(\log_a x)=\frac{1}{x\ln a}\mathrm{d}x$（$a>0,a\neq1$）	$\mathrm{d}(\ln x)=\frac{1}{x}\mathrm{d}x$
$\mathrm{d}(\sin x)=\cos x\mathrm{d}x$	$\mathrm{d}(\cos x)=-\sin x\mathrm{d}x$
$\mathrm{d}(\tan x)=\sec^2 x\mathrm{d}x$	$\mathrm{d}(\cot x)=-\csc^2 x\mathrm{d}x$
$\mathrm{d}(\sec x)=\sec x\tan x\mathrm{d}x$	$\mathrm{d}(\csc x)=-\csc x\cot x\mathrm{d}x$
$\mathrm{d}(\arcsin x)=\frac{1}{\sqrt{1-x^2}}\mathrm{d}x$	$\mathrm{d}(\arccos x)=-\frac{1}{\sqrt{1-x^2}}\mathrm{d}x$
$\mathrm{d}(\arctan x)=\frac{1}{1+x^2}\mathrm{d}x$	$\mathrm{d}(\mathrm{arccot}x)=-\frac{1}{1+x^2}\mathrm{d}x$

2. 微分运算法则

$$\mathrm{d}(u\pm v) = \mathrm{d}u \pm \mathrm{d}v$$

$$\mathrm{d}(uv) = u\mathrm{d}v + v\mathrm{d}u \quad \text{特别地，} \mathrm{d}(Cu) = C\mathrm{d}u(C\text{ 为常数})$$

$$\mathrm{d}\left(\frac{u}{v}\right) = \frac{v\mathrm{d}u - u\mathrm{d}v}{v^2} \quad \text{其中 } u = u(x), v = v(x)$$

例 2-44　求函数 $y=x^2$ 当 $x=1,\Delta x=0.1$ 时的微分．

解　因为
$$dy=y'\Delta x=2x\Delta x$$
所以
$$dy|_{x=1,\Delta x=0.1}=2\times1\times0.1=0.2$$

例 2-45　求函数 $y=\frac{\ln x}{x}$ 的微分．

解法 1
$$dy=\frac{xd(\ln x)-\ln xdx}{x^2}=\frac{x\frac{1}{x}dx-\ln xdx}{x^2}=\frac{1-\ln x}{x^2}dx$$

解法 2　$dy=\left(\frac{\ln x}{x}\right)'dx=\frac{1-\ln x}{x^2}dx$

3. 微分形式的不变性

把复合函数 $y=f(\varphi(x))$ 分解为 $y=f(u),u=\varphi(x)$，则
$$dy=y'_x dx=f'(u)\varphi'(x)dx=f'(u)d\varphi(x)=f'(u)du$$
即
$$dy=f'(u)du$$
这就是说，无论 u 是自变量还是中间变量，$y=f(u)$ 的微分 dy 总可以写成 $dy=f'(u)du$ 的形式，这一性质称为**微分形式不变性**．有时利用这一性质求复合函数的微分比较方便．

例 2-46　求函数 $y=\ln\sin x$ 的微分．

解　设 $u=\sin x$，则
$$dy=d(\ln u)=\frac{1}{u}du=\frac{1}{\sin x}d(\sin x)=\frac{1}{\sin x}\cos xdx=\cot xdx$$

例 2-47　求函数 $y=\tan x^2$ 的微分．

解　把 x^2 看成 u，则
$$dy=d(\tan x^2)=\sec^2x^2d(x^2)=\sec^2x^2\times2xdx=2x\sec^2x^2dx$$

例 2-48　求函数 $y=\cos\sqrt{1-x^2}$ 的微分．

解法 1
$$\begin{aligned}dy&=d(\cos\sqrt{1-x^2})=-\sin\sqrt{1-x^2}d(\sqrt{1-x^2})\\&=-\sin\sqrt{1-x^2}\frac{1}{2\sqrt{1-x^2}}d(1-x^2)\\&=-\sin\sqrt{1-x^2}\frac{1}{2\sqrt{1-x^2}}(-2x)dx\\&=\frac{x\sin\sqrt{1-x^2}}{\sqrt{1-x^2}}dx\end{aligned}$$

解法 2 $\mathrm{d}y=(\cos\sqrt{1-x^2})'\mathrm{d}x=-\sin\sqrt{1-x^2}\dfrac{1}{2\sqrt{1-x^2}}(-2x)\mathrm{d}x$

$$=\frac{x\sin\sqrt{1-x^2}}{\sqrt{1-x^2}}\mathrm{d}x$$

2.4.5 微分的应用

由微分的定义可知，当函数 $y=f(x)$ 在点 x_0 处的导数 $f'(x_0)\neq 0$，且 $|\Delta x|$ 很小时，有

$$\boxed{\Delta y\approx \mathrm{d}y=f'(x_0)\Delta x} \tag{2-16}$$

于是

$$f(x_0+\Delta x)-f(x_0)\approx f'(x_0)\Delta x$$

即

$$\boxed{f(x_0+\Delta x)\approx f(x_0)+f'(x_0)\Delta x} \tag{2-17}$$

式(2-16)可以用来求函数改变量的近似值，式(2-17)可以用来计算函数的近似值.

1. 计算函数的近似值

求函数的近似值，应先找到合适的函数 $f(x)$，再选取 x_0，Δx，然后带入式(2-17).

例 2-49 求 $\sqrt[4]{1.02}$ 的近似值.

解 设 $f(x)=\sqrt[4]{x}$，由式(2-17)有

$$\sqrt[4]{x_0+\Delta x}\approx\sqrt[4]{x_0}+\frac{1}{4\sqrt[4]{x_0^3}}\Delta x$$

取 $x_0=1$，$\Delta x=0.02$，得

$$\sqrt[4]{1.02}=\sqrt[4]{1+0.02}\approx\sqrt[4]{1}+\frac{1}{4\times 1}\times 0.02=1.005$$

例 2-50 求 arcsin0.4983 的近似值.

解 设 $f(x)=\arcsin x$，由式(2-17)有

$$\arcsin(x_0+\Delta x)\approx\arcsin x_0+\frac{1}{\sqrt{1-x_0^2}}\Delta x$$

取 $x_0=0.5$，$\Delta x=-0.0017$，得

$$\arcsin 0.4983=\arcsin(0.5-0.0017)\approx\arcsin 0.5+\frac{1}{\sqrt{1-0.5^2}}\times(-0.0017)$$

$$=\frac{\pi}{6}+\frac{2\sqrt{3}}{3}\times(-0.0017)\approx 0.5216$$

例 2-51 有一批半径为 1cm 的球，为了提高球表面的光洁程度，要镀上一层厚度为 0.01cm 的铜，已知铜的密度为 8.9g/cm^3，试估计一下每个球需用多少克

铜?

解 因为球体积 $V=\frac{4}{3}\pi R^3$,所以

$$dV=\left(\frac{4}{3}\pi R^3\right)'dR=4\pi R^2dR$$

根据已知 $R=1\text{cm}$, $dR=\Delta R=0.01\text{cm}$,

于是 $\Delta V\approx dV=4\times3.14\times(1\text{cm})^2\times0.01\text{cm}\approx0.13\text{cm}^3$

因此,镀每个球大约需用铜为

$$0.13\text{cm}^3\times8.9\text{g/cm}^3=1.16\text{g}$$

2. 估计误差

设量 x 可以直接度量,而依赖于 x 的量 y 由函数 $y=f(x)$ 确定,若 x 的度量误差为 Δx,则 y 有相应的误差为

$$\Delta y=f(x+\Delta x)-f(x)$$

y 的绝对误差为 $|\Delta y|$,相对误差为 $\left|\frac{\Delta y}{y}\right|$,在计算误差时通常用 $|dy|$ 代替 $|\Delta y|$,$\left|\frac{dy}{y}\right|$ 代替 $\left|\frac{\Delta y}{y}\right|$,这样求出的误差为误差的估计值.

例 2-52 有一立方体的铁箱,它的边长为 $70\text{cm}\pm0.1\text{cm}$,试估计其体积的绝对误差和相对误差.

解 设立方体的边长为 l,体积 V,则

$$V=l^3$$

$$dV=3l^2dl$$

$$\frac{dV}{V}=\frac{3l^2dl}{l^3}=\frac{3dl}{l}$$

已知 $l=70\text{cm}$, $dl=\pm0.1\text{cm}$,故

$$|dV|=3\times(70\text{cm})^2\times0.1\text{cm}=1470\text{cm}^3$$

$$\left|\frac{dV}{V}\right|=\frac{3\times0.1}{70}=0.43\%$$

因此,立方体体积的绝对误差为 1470cm^3,相对误差为 0.43%.

背景聚焦

钟表每天快了多少?

某一机械挂钟,钟摆的周期为 1s. 在冬季,摆长缩短了 0.01cm,那么这只钟每天大约快多少呢?让我们来算一算.

由单摆的周期公式 $T=2\pi\sqrt{\frac{l}{g}}$ (其中 l 是摆长,g 是重力加速度)可得

$$\Delta T \approx \mathrm{d}T = \frac{\pi}{\sqrt{gl}}\mathrm{d}l$$

因为钟摆的周期为 1s，所以

$$1 = 2\pi\sqrt{\frac{l}{g}} \quad 即 \quad l = \frac{g}{(2\pi)^2}$$

因此

$$\Delta T \approx \mathrm{d}T = \frac{\pi}{\sqrt{g\frac{g}{(2\pi)^2}}}\mathrm{d}l$$

$$= \frac{2\pi^2}{g}\mathrm{d}l \approx \frac{2\times(3.14)^2}{980}\times(-0.01)\mathrm{s}$$

$$\approx -0.0002\mathrm{s}$$

这就是说，由于摆长缩短了 0.01cm，钟摆的周期便相应缩短了约 0.0002s，即每秒约快 0.0002s，从而每天约快 $0.0002\times24\times60\times60\mathrm{s}=17.28\mathrm{s}$.

习　题　2-4

1. 设 x 的值从 $x=1$ 变到 $x=1.01$，试求函数 $y=2x^2-x$ 的改变量和微分.
2. 求函数 $y=\arctan\sqrt{x}$ 当 $x=1$，$\Delta x=0.2$ 时的微分.
3. 求下列函数的微分：

(1) $y=x\sin x$；　(2) $y=\dfrac{x}{1+x}$；　(3) $y=\cos x^2$；　(4) $y=\dfrac{1}{\sqrt{1+x^2}}$.

4. 利用微分的近似计算公式，求下列各式的近似值：

(1) $\sqrt[4]{626}$；　(2) $\cos 29°$；　(3) $\arctan 1.003$.

5. 一金属圆管，它的内半径为 10cm，当管壁厚为 0.05cm 时，利用微分来计算这个圆管截面面积的近似值.
6. 已知测量球的直径 D 有 1% 的相对误差，问球的体积的相对误差是多少？
7. 已知圆锥的高为 4cm，底半径为 (10 ± 0.02)cm，求圆锥的体积的相对误差.

博学之、审问之、慎思之、明辨之、笃行之.

《中庸》

2.5 提示与提高

1. 导数的定义

(1) 导数定义的两种等价形式

设函数 $f(x)$在点 x_0 处可导，则

$$f'(x_0)=\lim_{\Delta x\to 0}\frac{f(x_0+\Delta x)-f(x_0)}{\Delta x}$$

$$\text{或 } f'(x_0)=\lim_{x\to x_0}\frac{f(x)-f(x_0)}{x-x_0}$$

例 2-53　已知 $f(x)$在 $x=0$ 处连续，且$\lim\limits_{x\to 0}\dfrac{f(x)}{x}=1$，求 $f'(0)$.

解　因为 $f(0)=0$(见例 1-69)，故

$$f'(0)=\lim_{x\to 0}\frac{f(x)-f(0)}{x-0}=\lim_{x\to 0}\frac{f(x)}{x}=1$$

(2)利用导数定义可以求某些极限

例 2-54　已知 $f(0)=0$，$f'(0)=2$，求$\lim\limits_{x\to 0}\dfrac{f(x^2)}{\ln(1+2x^2)}$.

解　$\lim\limits_{x\to 0}\dfrac{f(x^2)}{\ln(1+2x^2)}=\lim\limits_{x\to 0}\dfrac{f(x^2)}{x^2}\dfrac{x^2}{\ln(1+2x^2)}$

$$=\lim_{x\to 0}\frac{f(x^2)-f(0)}{x^2-0}\lim_{x\to 0}\frac{x^2}{\ln(1+2x^2)}$$

$$=f'(0)\lim_{x\to 0}\frac{x^2}{2x^2}=\frac{1}{2}f'(0)=1$$

2. 分段函数的导数

例 2-55　讨论函数 $f(x)=\begin{cases}x^2 & x\leqslant 1\\ 2x & x>1\end{cases}$在 $x=1$ 处的导数.

解　$f'_+(1)=\lim\limits_{x\to 1^+}\dfrac{f(x)-f(1)}{x-1}=\lim\limits_{x\to 1^+}\dfrac{2x-1}{x-1}=\infty$

$f'_-(1)=\lim\limits_{x\to 1^-}\dfrac{x^2-1}{x-1}=\lim\limits_{x\to 1^-}(x+1)=2$

因 $f'_+(1)\neq f'_-(1)$，故函数 $f(x)$在 $x=1$ 处导数不存在.

本题在讨论分段点处的导数时，也可先考察函数在该点的连续性，容易看出函数在该点不连续，如图 2-11所示，从而函数在该点不可导.

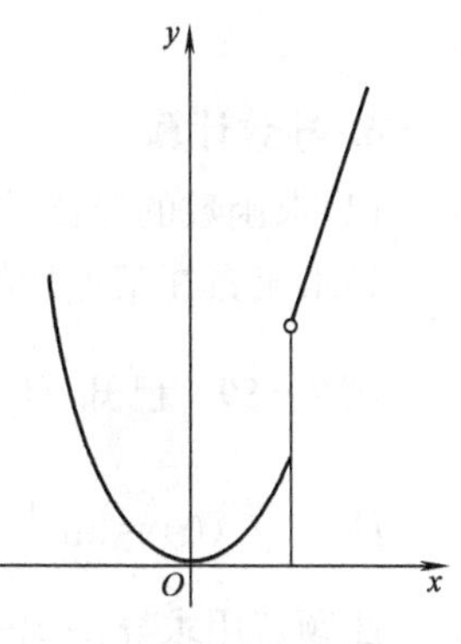

图　2-11

易错提醒：分段函数在分段点处的导数需用导数的定义来求，本题若用导数的运算法则分段求导，则会得到错误的结论.

例 2-56　求函数 $f(x)=\begin{cases}x^2 & x\leqslant 1\\ 2x & x>1\end{cases}$的导数.

解　由上例结果知函数 $f(x)$在 $x=1$ 处导数不存在，故

$$f'(x)=\begin{cases}2x & x<1\\ 2 & x>1\end{cases}$$

3. 函数的极限、连续、可导、可微几个概念之间的关系

$$\text{极限}\ \underset{\not\longrightarrow}{\longleftarrow}\ \text{连续}\ \underset{\not\longrightarrow}{\longleftarrow}\ \text{可导}\ \underset{\longrightarrow}{\longleftarrow}\ \text{可微}$$

4. 导数的几何意义

例 2-57 证明曲线$\frac{x^2}{4}+y^2=1$在其任意点(x_0,y_0)处的切线为$\frac{xx_0}{4}+yy_0=1$.

证 曲线两边对x求导,得

$$\frac{x}{2}+2yy'=0,y'=-\frac{x}{4y}$$

所以曲线在点(x_0,y_0)处的切线为

$$y-y_0=-\frac{x_0}{4y_0}(x-x_0)$$

整理得
$$4yy_0+xx_0=x_0^2+4y_0^2$$

又因为$x_0^2+4y_0^2=4$,所以$4yy_0+xx_0=4$,

即
$$\frac{xx_0}{4}+yy_0=1$$

一般地,曲线$\frac{x^2}{a^2}+\frac{y^2}{b^2}=1$在其任意点$(x_0,y_0)$处的切线为$\frac{xx_0}{a^2}+\frac{yy_0}{b^2}=1$.

5. 奇、偶函数的导数

可导的奇函数的导数是偶函数，可导的偶函数的导数是奇函数．

例 2-58 若$f(x)$为奇函数,且$f'(x_0)=1$,求$f'(-x_0)$

解 因为$f(x)$是奇函数,$f'(x)$是偶函数,因此

$$f'(-x_0)=f'(x_0)=1$$

6. 导数计算

(1)求函数的导函数与求函数在某点处的导数有时在方法上还是有所不同．

1)求函数在某点处的导数可用导数的定义来求．

例 2-59 已知$f(x)=x\sqrt{\frac{(x+3)(x+2)}{x+6}}$,求$f'(0)$.

解 $f'(0)=\lim\limits_{x\to0}\frac{f(x)-f(0)}{x-0}=\lim\limits_{x\to0}\frac{f(x)}{x}=\lim\limits_{x\to0}\sqrt{\frac{(x+3)(x+2)}{x+6}}=1$

此题若用求导法则先求导函数,再代入值,会比较烦琐．

2)对于某些函数,求函数在某点处的导数可根据函数本身的某些特点,找出其特有方法．

例 2 - 60　已知 $f(x)=\dfrac{\sin x\sqrt{1+x^4}}{2+\cos 2x}$，求 $f^{(6)}(0)$.

解　因为 $f(x)$是奇函数，$f'(x)$是偶函数，$f''(x)$是奇函数，依次推下去得 $f^{(6)}(x)$是奇函数，而奇函数在原点处值为零，所以 $f^{(6)}(0)=0$.

(2)若函数能化简，先将函数化简再求导

例 2 - 61　已知 $f(x)=\dfrac{1+\cos x+\cos 2x+\cos 3x}{\cos x+2\cos^2 x-1}$，求 $f'(x)$.

解　因为
$$\begin{aligned}f(x)&=\frac{(1+\cos 2x)+(\cos x+\cos 3x)}{\cos x+(2\cos^2 x-1)}\\&=\frac{2\cos^2 x+2\cos x\cos 2x}{\cos x+\cos 2x}\\&=2\cos x\end{aligned}$$

所以
$$f'(x)=-2\sin x$$

7. 一题多解

例 2 - 62　$f(x)=x(1+x)\ln(2+x)$，求 $f'(0)$.

解法 1　$$\begin{aligned}f'(0)&=\lim_{x\to 0}\frac{f(x)-f(0)}{x-0}=\lim_{x\to 0}\frac{x(1+x)\ln(2+x)}{x}\\&=\lim_{x\to 0}(1+x)\ln(2+x)=\ln 2\end{aligned}$$

解法 2　因为 $f'(x)=(1+x)\ln(2+x)+x\ln(2+x)+\dfrac{x(1+x)}{2+x}$

所以
$$f'(0)=\ln 2$$

例 2 - 63　已知 $f(\sin x)=2-\cos 2x$，求 $f'\left(\dfrac{1}{2}\right)$.

解法 1　对所给的方程两边求导得
$$f'(\sin x)\cos x=\sin 2x\times 2=4\sin x\cos x$$

在等式中取 $\sin x=\dfrac{1}{2}$，此时 $\cos x\neq 0$，

则
$$f'\left(\frac{1}{2}\right)=2$$

解法 2　因 $f(\sin x)=2-\cos 2x=2\sin^2 x+1$

换元得
$$f(x)=2x^2+1$$

故
$$f'(x)=4x$$

则
$$f'\left(\frac{1}{2}\right)=2$$

8. 高阶导数

(1)计算函数的高阶导数时应在逐次求导过程中，注意找出其规律性.

例 2-64 设 $f(x)$有任意阶导数，且 $f'(x)=f^2(x)$，求 $f^{(n)}(x)$ $(n>2)$.

解 $f''(x)=2f(x)f'(x)=2f^3(x)$

$f'''(x)=2\times3f^2(x)f'(x)=2\times3f^4(x)$

$f^{(4)}(x)=2\times3\times4f^3(x)f'(x)=2\times3\times4f^5(x)$

依此类推

$$f^{(n)}(x)=2\times3\times4\times\cdots\times nf^{n+1}(x)=n!f^{n+1}(x)$$

(2)计算函数的高阶导数，有时也可从高阶导数直接入手，找出其与比其低阶的导数之间的递推关系.

例 2-65 求 $y=x^{n-1}\ln x$ 的 n 阶导数 $y^{(n)}$.

解 $y^{(n)}=(y')^{(n-1)}=((n-1)x^{n-2}\ln x+x^{n-2})^{(n-1)}$

$=((n-1)x^{n-2}\ln x)^{(n-1)}$ （因为 x^{n-2} 的 $n-1$ 阶导数为 0）

即得到递推关系 $(x^{n-1}\ln x)^{(n)}=(n-1)(x^{n-2}\ln x)^{(n-1)}$ （由此递推下去）

$$=(n-1)(n-2)(x^{n-3}\ln x)^{(n-2)}$$

$$=(n-1)\times(n-2)\times\cdots\times2\times1\times(\ln x)'$$

$$=\frac{(n-1)!}{x}$$

(3)有些函数的高阶导数也可间接求出，这需要熟知 x^n，$\dfrac{1}{x-a}$等函数的高阶导数的一般结果，把所求函数通过数学演算与这些函数建立联系，从而得到所要结果.

例 2-66 求 $y=\ln(x+1)$的 n 阶导数 $y^{(n)}$.

解 令 $z=y'$，则 $z=y'=\dfrac{1}{x+1}$，由例 2-43 结果知

$$z^{(n-1)}=\left(\frac{1}{x+1}\right)^{(n-1)}=\frac{(-1)^{n-1}(n-1)!}{(x+1)^n}$$

所以

$$y^{(n)}=z^{(n-1)}=\frac{(-1)^{n-1}(n-1)!}{(x+1)^n}$$

(4)将乘积函数变形为简单的函数之和，有利于求高阶导数.

例 2-67 求 $y=\dfrac{1}{x^2-3x+2}$的 n 阶导数 $y^{(n)}$.

解 因为 $y=\dfrac{1}{x^2-3x+2}=\dfrac{1}{(x-1)(x-2)}=\dfrac{1}{x-2}-\dfrac{1}{x-1}$

所以

$$y^{(n)}=\left(\frac{1}{x-2}\right)^{(n)}-\left(\frac{1}{x-1}\right)^{(n)}$$

$$=\frac{(-1)^n n!}{(x-2)^{n+1}}-\frac{(-1)^n n!}{(x-1)^{n+1}}$$

例 2-68 求 $y=\dfrac{x^8}{x-1}$的 8 阶导数 $y^{(8)}$.

解　$y=\frac{x^8}{x-1}=\frac{(x^8-1)+1}{x-1}=x^7+x^6+\cdots+x+1+\frac{1}{x-1}$

因为 $x^7,x^6,\cdots,x,1$ 的幂次都小于 8，故它们的 8 阶导数都为零，所以

$$y^{(8)}=\left(\frac{1}{x-1}\right)^{(8)}=\frac{(-1)^8 8!}{(x-1)^{8+1}}=\frac{8!}{(x-1)^9}$$

若乘积函数无法变形，则须利用下面给出的莱布尼茨公式．

(5)莱布尼茨公式：若函数 $u(x),v(x)$ 都具有 n 阶导数，则有

$$(uv)^{(n)}=u^{(n)}v+C_n^1u^{(n-1)}v'+C_n^2u^{(n-2)}v''+\cdots+C_n^{n-1}u'v^{(n-1)}+uv^{(n)}$$

例 2－69　求 $y=x\sin x$ 的 10 阶导数 $y^{(10)}$．

解　设 $u(x)=x,v(x)=\sin x$，由于 $u(x)$ 二阶以上的导数都为零，故

$$\begin{aligned}y^{(10)}&=(uv)^{(10)}=u^{(10)}v+C_{10}^1u^{(9)}v'+C_{10}^2u^{(8)}v''+\cdots+C_{10}^1u'v^{(9)}+uv^{(10)}\\&=C_{10}^1u'v^{(9)}+uv^{(10)}=10\sin\left(x+\frac{\pi}{2}\times 9\right)+x\sin\left(x+\frac{\pi}{2}\times 10\right)\\&=10\cos x-x\sin x\end{aligned}$$

9. 有关定理和法则的证明

本章在给出有关的定理和法则时，并未给出证明，下面仅给出几个证明，其他未给出证明的定理和法则读者可参照下面例题自己推导，或查阅相关教参．

例 2－70　证明：如果函数 $f(x)$ 在点 x_0 处可导，则它在点 x_0 处一定连续．

证　因为 $\lim\limits_{\Delta x\to 0}\Delta y=\lim\limits_{\Delta x\to 0}\frac{\Delta y}{\Delta x}\lim\limits_{\Delta x\to 0}\Delta x=f'(x_0)\times 0=0$，故可知函数 $f(x)$ 在点 x_0 处连续．

例 2－71　设函数 $u=u(x)$ 和 $v=v(x)$ 在 x 处可导，证明：$(uv)'=u'v+uv'$．

证　设自变量在 x 取得改变量 Δx，函数 u,v 分别取得改变量 $\Delta u,\Delta v$，则

(1) $\begin{aligned}\Delta(uv)&=u(x+\Delta x)v(x+\Delta x)-u(x)v(x)\\&=(u+\Delta u)(v+\Delta v)-uv\\&=v\Delta u+u\Delta v+\Delta u\Delta v\end{aligned}$

(2) $\frac{\Delta(uv)}{\Delta x}=v\frac{\Delta u}{\Delta x}+u\frac{\Delta v}{\Delta x}+\frac{\Delta u}{\Delta x}\Delta v$

(3)根据已知 $v=v(x)$ 可导，因而 $v=v(x)$ 连续，所以 $\lim\limits_{\Delta x\to 0}\Delta v=0$，故

$$\lim_{\Delta x\to 0}\frac{\Delta(uv)}{\Delta x}=u'v+uv'\quad 即\quad (uv)'=u'v+uv'$$

例 2－72　设函数 $y=f(u),u=\varphi(x)$ 均可导，证明：$y'_x=y'_uu'_x=f'(u)\varphi'(x)$．

证　设自变量在 x 取得改变量 Δx，对应的函数 $y=f(u),u=\varphi(x)$ 分别取得改变量 $\Delta y,\Delta u$，因而

$$\frac{\Delta y}{\Delta x}=\frac{\Delta y}{\Delta u}\frac{\Delta u}{\Delta x}$$

根据已知 $u=\varphi(x)$ 可导，因而 $u=\varphi(x)$ 连续，所以当 $\Delta x\to 0$ 时，有 $\Delta u\to 0$，故

$$\lim_{\Delta x\to 0}\frac{\Delta y}{\Delta x}=\lim_{\Delta u\to 0}\frac{\Delta y}{\Delta u}\lim_{\Delta x\to 0}\frac{\Delta u}{\Delta x}=y'_u u'_x$$

即

$$y'_x=y'_u u'_x=f'(u)\varphi'(x)$$

习 题 2-5

1. 设 $f(x)=x(1+x)(2+x)\cdots(10+x)$，求 $f'(0)$.

2. 设函数 $f(x)=\begin{cases}x^2+x+2 & x\geqslant 0\\ a+b\ln(1+x) & x<0\end{cases}$ 在 $x=0$ 处可导，求 a,b 的值.

3. 设 $f(x)=\begin{cases}x^2\sin\dfrac{1}{x} & x\neq 0\\ 0 & x=0\end{cases}$，求 $f'(x)$.

4. 已知 $f'(1)=2$，求 $\lim\limits_{x\to 1}\dfrac{f(x)-f(1)}{\sqrt{x}-1}$.

5. 已知 $f(x)$ 在点 $x=1$ 处可导，且 $f(1)\neq 0$，求 $\lim\limits_{x\to 0}\left[\dfrac{f(1+x)}{f(1)}\right]^{\frac{1}{x}}$.

6. 已知 $f(x)=\dfrac{\sin 2x\cos x}{(1+\cos x)(1+\cos 2x)}$，求 $f'(x)$.

7. 已知 $f(t)=\lim\limits_{x\to\infty}t^2\left(\dfrac{x+3t}{x}\right)^x$，求 $f'(1)$.

8. 已知 $y=f(\ln x)$，$f'(x)=\mathrm{e}^x$，求 $\dfrac{\mathrm{d}y}{\mathrm{d}x}$.

9. 已知 $(f(x^3))'=\dfrac{1}{x}$，求 $f'(1)$.

10. 证明曲线 $\sqrt{x}+\sqrt{y}=1$ 上任一点的切线所截二坐标轴的截距之和等于 1.

11. 设 $0<x<\dfrac{\pi}{2}$，且 $f'(\sin x)=1-\cos x$，求 $f''(x)$.

12. 求 $y=(x+1)(x^2+2)^3$ 的 7 阶导数 $y^{(7)}$.

13. 求下列函数的 n 阶导数：

(1) $y=\sin^4 x+\cos^4 x$；　(2) $y=\dfrac{1}{2+x-x^2}$；　(3) $y=\ln(x^2+3x+2)$.

数学文摘

微积分发展与应用编年史(1615 年～1883 年)

我绝对相信历史事实是一种出色的教育指南.

M. Kline

1615 年，德国的开卜勒发表《酒桶的立体几何学》，研究了圆锥曲线旋转体的体积.

1635 年，意大利的卡瓦列利发表《不可分连续量的几何学》，书中避免无穷小量，用不可分量制定了一种简单形式的微积分．

1637 年，法国的笛卡尔出版《几何学》，提出了解析几何，把变量引进数学，成为“数学中的转折点”．

1638 年，法国的费马开始用微分法求极大、极小问题．

1638 年，意大利的伽利略发表《关于两种新科学的数学证明的论说》，研究距离、速度和加速度之间的关系，提出了无穷集合的概念，这本书被认为是伽利略重要的科学成就．

1665～1676 年，牛顿（1665～1666 年）先于莱布尼茨（1673～1676 年）制定了微积分，莱布尼茨（1684～1686 年）早于牛顿（1704～1736 年）发表了微积分．

1684 年，德国的莱布尼茨发表了关于微分法的著作《关于极大极小以及切线的新方法》．

1686 年，德国的莱布尼茨发表了关于积分法的著作．

1691 年，瑞士的约翰·伯努利出版《微分学初步》，这促进了微积分在物理学和力学上的应用及研究．

1696 年，法国的洛必达发明求不定式极限的“洛必达法则”．

1697 年，瑞士的约翰·伯努利解决了一些变分问题，发现最速下降线和测地线．

1704 年，英国的牛顿发表《三次曲线枚举》《利用无穷级数求曲线的面积和长度》《流数法》．

1711 年，英国的牛顿发表《使用级数、流数等等的分析》．

1715 年，英国的布鲁克·泰勒发表《增量方法及其他》．

1731 年，法国的克雷洛出版《关于双重曲率的曲线的研究》，这是研究空间解析几何和微分几何的最初尝试．

1734 年，英国的贝克莱发表《分析学者》，副标题是《致不信神的数学家》，攻击牛顿的《流数法》，引起所谓第二次数学危机．

1736 年，英国的牛顿发表《流数法和无穷级数》．

1736 年，瑞士的欧拉出版《力学，或解析地叙述运动的理论》，这是用分析方法发展牛顿的质点动力学的第一本著作．

1742 年，英国的麦克劳林引进了函数的幂级数展开法．

1744 年，瑞士的欧拉导出了变分法的欧拉方程，发现某些极小曲面．

1747 年，法国的达朗贝尔等由弦振动的研究而开创偏微分方程论．

1748 年，瑞士的欧拉出版了系统研究分析数学的《无穷分析概要》，这是欧拉的主要著作之一．

1755～1774 年，瑞士的欧拉出版了《微分学》和《积分学》三卷．书中包括微分方程论和一些特殊的函数.

1760～1761年,法国的拉格朗日系统地研究了变分法及其在力学上的应用.

1788年,法国的拉格朗日出版了《解析力学》,把新发展的解析法应用于质点、刚体力学.

1797年,法国的拉格朗日发表《解析函数论》,不用极限的概念而用代数方法建立微分学.

1821年,法国的柯西出版《分析教程》,用极限严格地定义了函数的连续、导数和积分,研究了无穷级数的收敛性等.

1822年,法国的傅里叶研究了热传导问题,发明用傅里叶级数求解偏微分方程的边值问题,在理论和应用上都有重大影响.

1826年,挪威的阿贝尔发现连续函数的级数之和并非连续函数.

1827～1829年,德国的雅可比、挪威的阿贝尔和法国的勒让德共同确立了椭圆积分与椭圆函数的理论,在物理、力学中都有应用.

1830年,捷克的波尔查诺给出一个连续而没有导数的所谓"病态"函数的例子.

1831年,法国的柯西发现解析函数的幂级数收敛定理.

1837年,德国的狄利克雷第一次给出了三角级数的一个收敛性定理.

1840年,德国的狄利克雷把解析函数用于数论,并且引入了"狄利克雷"级数.

1848年,英国的斯托克斯发现函数极限的一个重要概念——一致收敛,但未能严格表述.

1850年,德国的黎曼给出了"黎曼积分"的定义,提出函数可积的概念.

1856年,德国的维尔斯特拉斯确立极限理论中的一致收敛性的概念.

1881～1884年,美国的吉布斯制定了向量分析.

1881～1886年,法国的彭加勒连续发表《微分方程所确定的积分曲线》的论文,开创微分方程定性理论.

1882年,英国的亥维赛制定运算微积,这是求解某些微分方程的简便方法,工程上常有应用.

1883年,德国的康托尔建立了集合论,发展了超穷基数的理论.

复习题2

[A]

1. 填空

(1) $f(x)=\arcsin x$,则 $f'(0)=$__________.

(2)函数 $y=\sqrt{x}$在 $x=1$ 处的切线方程为__________.

(3)已知 $y=x^2+2^x$,则 $y'''=$__________.

(4)$f(x)=x\ln x$,则 $f'''(2)=$__________.

(5)已知 $\begin{cases} x=2+t^2 \\ y=t \end{cases}$,则 $\dfrac{dy}{dx}=$__________.

(6)若 $y=\dfrac{1}{x^2}$,则 $dy=$__________.

(7)设 $y=x^{20}e^{30}$,则 $y^{(20)}=$__________.

(8)函数 $f(x)$ 与 $g(x)$ 在 $(-\infty,+\infty)$ 上可导,在给定点处它们的函数值与导数值见表 2-3,那么

若 $y=f(x)+g(x)$,则 $y'(0)=$__________;

若 $y=f(x)g(x)$,则 $y'(1)=$__________;

若 $y=\dfrac{f(x)}{g(x)}$,则 $y'(2)=$__________;

若 $y=f(g(x))$,则 $y'(3)=$__________;

若 $y=g(f(x))$,则 $y'(4)=$__________.

表　2-3

x	0	1	2	3	4
$f(x)$	$\frac{1}{2}$	$\frac{1}{3}$	1	-1	3
$g(x)$	-2	1	$-\frac{1}{2}$	2	$-\frac{1}{3}$
$f'(x)$	$\frac{3}{2}$	$\frac{5}{3}$	$\frac{1}{4}$	0	$-\frac{4}{5}$
$g'(x)$	-1	$\frac{2}{3}$	-4	-3	$-\frac{1}{3}$

2. 选择

(1) $y=\sin^2 x$,则 y''等于(　　).

A. $2\sin x$;　　B. $\sin 2x$;　　C. $2\cos 2x$;　　D. $\cos 2x$.

(2)若参数方程为 $\begin{cases} x=1+2t \\ y=\ln(1+t^2) \end{cases}$,则 $\left.\dfrac{dy}{dx}\right|_{t=1}=$(　　).

A. 4;　　B. $\dfrac{1}{4}$;　　C. 2;　　D. $\dfrac{1}{2}$.

(3)曲线 $y=e^{1-x^2}$ 在 $x=-1$ 处的切线方程为(　　).

A. $2x-y-1=0$;　B. $2x+y+1=0$;　C. $2x+y-3=0$;　D. $2x-y+3=0$.

(4)若 $f(x)=x\arcsin x+\sqrt{1-x^2}$,则 $f'(1)$为(　　).

A. 0;　　B. 1;　　C. π;　　D. $\dfrac{\pi}{2}$.

(5)下列图形所示函数(抛物线、圆、折线、包含断点的直线)在点 $x=0$ 处不可导的有(　　).

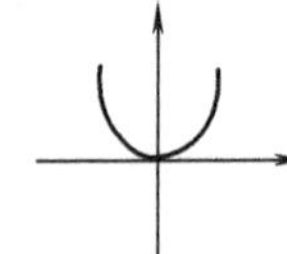
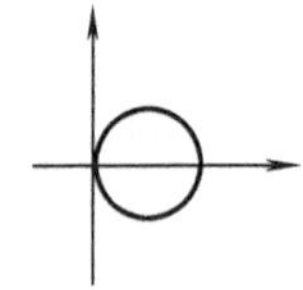
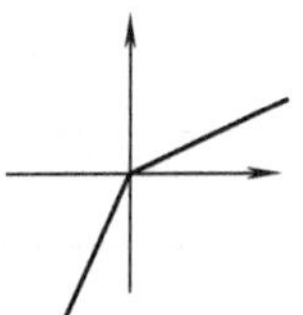
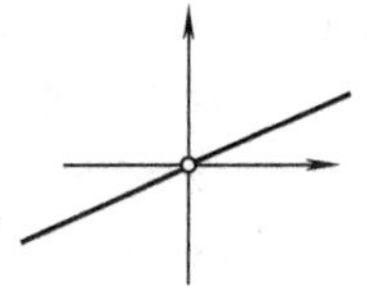

A. 一个； B. 两个； C. 三个； D. 四个 .

(6)设 $y=f(\cos x)$,其中 $f(u)$为可导函数,则 $\mathrm{d}y=($ $)$.

A. $f'(\cos x)\mathrm{d}x$； B. $-\sin x f'(\cos x)\mathrm{d}x$；

C. $\sin x f'(\cos x)\mathrm{d}x$； D. $\cos x f'(\cos x)\mathrm{d}x$.

3. 设 $f(x)=\sqrt[3]{4x-3}$,求 $f'(1)$.

4. 求下列函数的二阶导数：

(1) $y=x\arctan x$； (2) $y=x\ln\left(x+\sqrt{1+x^2}\right)-\sqrt{1+x^2}$.

5. 如果半径为 15cm 的气球的半径膨胀 1cm,问气球的体积约扩大多少?

[B]

1. 填空题

(1)已知 $f(x)=\dfrac{\cos x}{1-\sin x}$,$f'(x_0)=2$ $\left(0<x_0<\dfrac{\pi}{2}\right)$,则 $f(x_0)=$__________ .

(2)已知 $x^2y+y^2x-2=0$,则当 $x=1,y=1$ 时,$\dfrac{\mathrm{d}y}{\mathrm{d}x}=$__________ .

(3)如果 $y=ax$ 是 $y=\sqrt{x-1}$的切线,则 $a=$__________ .

(4)设 $f(x)$在点 $x=1$ 处具有连续的导数,且 $f'(1)=\dfrac{1}{2}$,则 $\lim\limits_{x\to0^+}\dfrac{\mathrm{d}}{\mathrm{d}x}f(\cos\sqrt{x})=$________ .

(5)已知 $f'(x)=\dfrac{2x}{\sqrt{1-x^2}}$,则$\dfrac{\mathrm{d}f(x^2)}{\mathrm{d}x}=$__________

(6)设 $f(x)=\begin{cases}\arctan x & x>0\\ ax+b & x\leqslant0\end{cases}$在点 $x=0$ 可导,则 $a=$__________,$b=$__________ .

(7)设 $y=\dfrac{1-2x}{x-1}$,则 $y^{(6)}=$__________ .

2. 选择题

(1)设 $y=f(\ln(-x))$,则 $y'=($ $)$.

A. $f'(\ln(-x))$； B. $\dfrac{1}{x}f'(\ln(-x))$；

C. $-\dfrac{1}{x}f'(\ln(-x))$； D. $-f'(\ln(-x))$.

(2)曲线$\sqrt{x}+\sqrt{y}=2$ 在点(1,1)处的切线为( ).

A. $x+y+2=0$； B. $x+y=0$；

C. $x+y-2=0$； D. $x-y+2=0$.

(3)由参数方程$\begin{cases} x=\dfrac{1}{3}t^3+t \\ y=\dfrac{1}{5}t^5-t \end{cases}$所确定函数的二阶导数$\dfrac{\mathrm{d}^2y}{\mathrm{d}x^2}=($　　$)$.

A. $\dfrac{2t}{t^2+1}$；　　B. t^2-1；　　C. $4t^3$；　　D. $2t$.

(4)若 $f(x_0)=1, f'(x_0)=3$,则$\lim\limits_{x\to x_0}\dfrac{f^2(x)-f^2(x_0)}{x-x_0}=($　　$)$.

A. -2；　　B. 1；　　C. 6；　　D. 3.

(5)设函数 $f(x)$对任意 x 都满足 $f(x+1)=af(x)$,且 $f'(0)=b$,其中 a,b 均为非零常数,则 $f(x)$在 $x=1$ 处(　　).

A. 不可导；　　B. 可导,且 $f'(1)=a$；

C. 可导,且 $f'(1)=b$；　　D. 可导,且 $f'(1)=ab$.

(6)设 $f(x)=\begin{cases} \sin x+1 & x\geqslant 0 \\ \sqrt{2x+1} & x<0 \end{cases}$,则在 $x=0$ 处 $f(x)$为(　　).

A. 不连续；　　B. 连续但不可导；

C. 可导但不连续；　　D. 可导且连续.

3. 若 $f(0)=0, \lim\limits_{x\to 0}\dfrac{f(3x)}{x}=3$,求 $f'(0)$.

4. 已知$\begin{cases} x=te^t \\ e^t+e^y=2 \end{cases}$,求$\left.\dfrac{\mathrm{d}y}{\mathrm{d}x}\right|_{x=0}$.

5. 求下列函数的 n 阶导数:

(1) $y=\dfrac{2x}{x^2-1}$；　　(2) $y=\cos^2x$；　　(3) $y=\dfrac{4x^2-1}{x^2-1}$.

课 外 学 习 2

1. 在线学习

(1)网上课堂:走近科学女王——数学(网页链接及二维码见对应配套电子课件)

(2)数学电影:美丽心灵(网页链接及二维码见对应配套电子课件)

2. 阅读与写作

(1)阅读本章"数学文摘:微积分发展与应用编年史(1615 年～1883 年)".

(2)写一篇《美丽心灵》的观影体会.

第 3 章　导数的应用

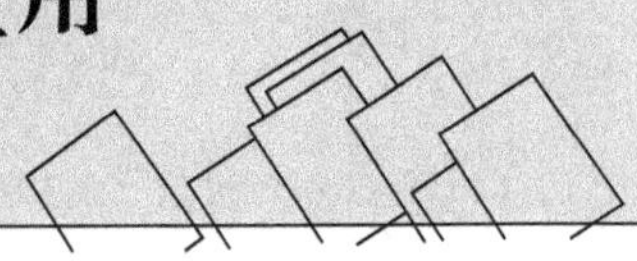

本章将利用导数知识来研究函数的各种性态，这些知识在日常生活、科学实践、经济往来中有着广泛的应用.

3.1　拉格朗日中值定理与函数的单调性

首先从直观上看一个事实：

设函数 $y=f(x)$ 在区间 $[a,b]$ 上的图形是一条连续的曲线，如图 3-1 所示，可以看出线段 AB 的斜率为 $\tan\alpha=\dfrac{f(b)-f(a)}{b-a}$，如果除端点外，曲线 $y=f(x)$ 上每一点都有不垂直于 x 轴的切线，那么，当把线段 AB 平行移动时，在区间 (a,b) 上至少能找到一点 $C(\xi,f(\xi))$，使直线与曲线在该点相切. 这就是说，曲线在点 $C(\xi,f(\xi))$ 处的切线的斜率 $f'(\xi)$ 与线段 AB 的斜率相等，即

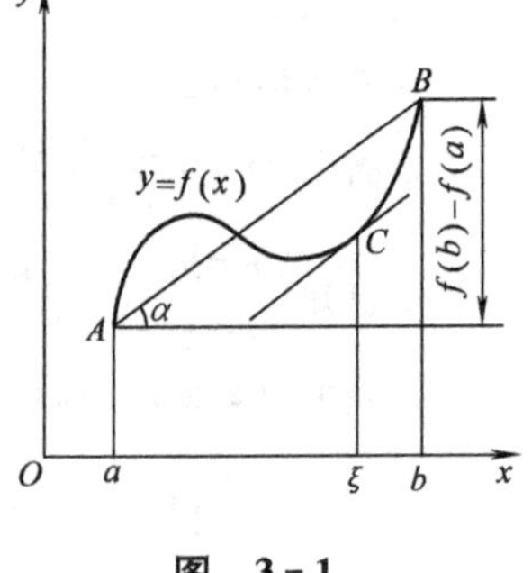

图　3-1

$$f'(\xi)=\frac{f(b)-f(a)}{b-a}$$

上述事实就是下面介绍的拉格朗日中值定理所要表达的内容.

3.1.1　拉格朗日中值定理

设函数 $f(x)$ 满足条件

(1) 在闭区间 $[a,b]$ 上连续；

(2) 在开区间 (a,b) 内可导，

则在 (a,b) 内至少存在一点 ξ，使得

$$f'(\xi)=\frac{f(b)-f(a)}{b-a}\quad(a<\xi<b)$$

或

$$\boxed{f(b)-f(a)=f'(\xi)(b-a)\quad(a<\xi<b)}\tag{3-1}$$

由拉格朗日中值定理可得出下面的推论.

推论　若函数 $f(x)$ 在 (a,b) 内任意点的导数都等于零，则 $f(x)$ 在 (a,b) 内是一个常数.

证　在 (a,b) 内任取两点 x_1,x_2，不妨设 $x_1<x_2$. 显然 $f(x)$ 在 $[x_1, x_2]$ 上满足拉格朗日中值定理，即有

$$f(x_2)-f(x_1)=f'(\xi)(x_2-x_1)$$

由条件知 $f'(\xi)=0$，从而 $f(x_2)-f(x_1)=0$，即 $f(x_2)=f(x_1)$. 由点 x_1,x_2 的任意性，我们就证明了 $f(x)$ 在 (a,b) 内是一个常数.

例 3-1　验证函数 $f(x)=x^2+x$ 在区间 $[-1,2]$ 上满足拉格朗日中值定理.

解　容易看出函数 $f(x)=x^2+x$ 在区间 $[-1,2]$ 上满足拉格朗日中值定理的条件，令 $f'(x)=\dfrac{f(2)-f(-1)}{2-(-1)}$，即 $2x+1=2$，得 $x=\dfrac{1}{2}$.

这说明 $f(x)$ 在 $(-1,2)$ 内存在一点 $\xi=\dfrac{1}{2}$，能使 $f'(\xi)=\dfrac{f(2)-f(-1)}{2-(-1)}$. 因此拉格朗日中值定理对函数 $f(x)=x^2+x$ 在区间 $[-1,2]$ 上是正确的.

3.1.2　函数的单调性

如图 3-2 所示，单调增加(减少)的函数，它上面各点处的切线与 x 轴的正向成锐(钝)角，即各点切线的斜率是非负(正)的，也就是各点的导数值是非负(正)的，这说明函数的单调性与导数的符号之间有着密切的联系.

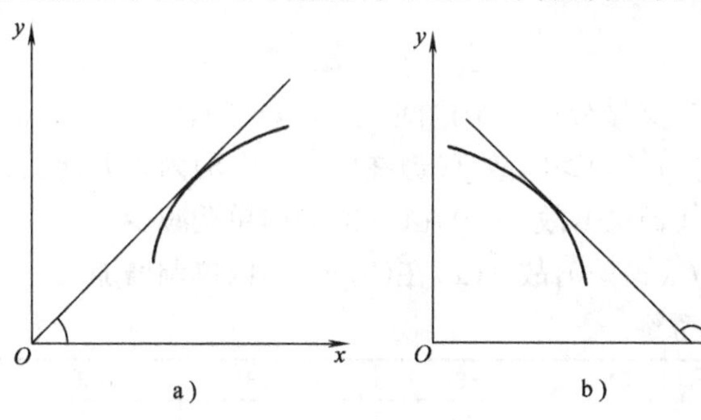

图　3-2

1. 函数单调性的必要条件　设函数 $f(x)$ 在闭区间 $[a,b]$ 上连续，在开区间 (a,b) 内可导. 如果 $f(x)$ 在 $[a,b]$ 上单调增加(减少)，则在 (a,b) 内 $f'(x)\geqslant 0$ ($f'(x)\leqslant 0$).

2. 函数单调性判定法　设函数 $f(x)$ 在区间 (a,b) 内可导.

(1) 如果在区间 (a,b) 内 $f'(x)>0$，则 $f(x)$ 在 (a,b) 内单调增加；

(2) 如果在区间 (a,b) 内 $f'(x)<0$，则 $f(x)$ 在 (a,b) 内单调减少.

证　先证(1).

在(a,b)内任取两点x_1,x_2，不妨设$x_1<x_2$.显然$f(x)$在$[x_1,x_2]$上满足拉格朗日中值定理的条件,即有

$$f(x_2)-f(x_1)=f'(\xi)(x_2-x_1)$$

由条件知$f'(\xi)>0$,且$x_2-x_1>0$,所以

$$f(x_2)-f(x_1)=f'(\xi)(x_2-x_1)>0$$

因此$f(x_2)-f(x_1)>0$，即$f(x_2)>f(x_1)$，从而$f(x)$在(a,b)内单调增加.

类似可证(2).

需要说明的是：

(1) 对于无穷区间判定法也成立；

(2) 如果函数$f(x)$在区间内的有限个点处有$f'(x)=0$或$f'(x)$不存在，而在其余点处$f'(x)$的值均为正(负)的,那么函数$f(x)$在区间内仍是单调增加(减少)的.

一般地,在讨论函数的单调性时,需先确定函数的定义域,再找出使$f'(x)=0$或$f'(x)$不存在的点,用这些点把定义域分为若干区间,最后讨论函数在这些区间上的单调性.

例 3-2 讨论函数$f(x)=x^3-27x$的单调性.

解 此函数的定义域为$(-\infty,+\infty)$,

因为

$$f'(x)=3x^2-27=3(x+3)(x-3)$$

令$f'(x)=0$,得

$$x_1=-3,x_2=3$$

用x_1,x_2将函数的定义域分成三个区间:$(-\infty,-3)$,$(-3,3)$,$(3,+\infty)$.

当$-\infty<x<-3$时,$f'(x)>0$,故$f(x)$在$(-\infty,-3)$内单调增加;

当$-3<x<3$时,$f'(x)<0$,故$f(x)$在$(-3,3)$内单调减少;

当$3<x<+\infty$时,$f'(x)>0$,故$f(x)$在$(3,+\infty)$内单调增加.

上述结果也可列表考察:

x	$(-\infty,-3)$	-3	$(-3,3)$	3	$(3,+\infty)$
$f'(x)$	$+$	0	$-$	0	$+$
$f(x)$	单调增加		单调减少		单调增加

函数$f(x)=x^3-27x$的图像如图 3-3 所示.

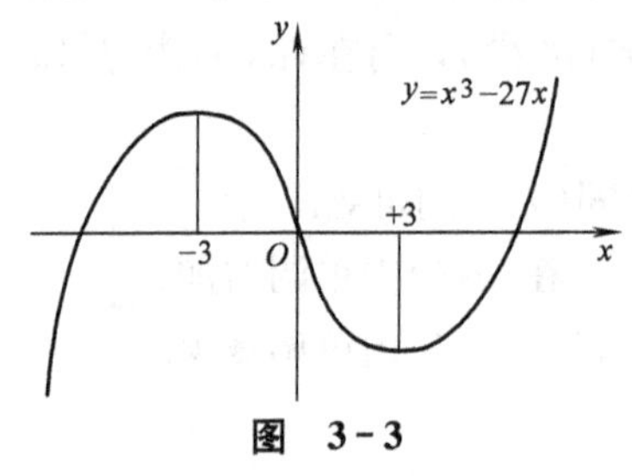

图 3-3

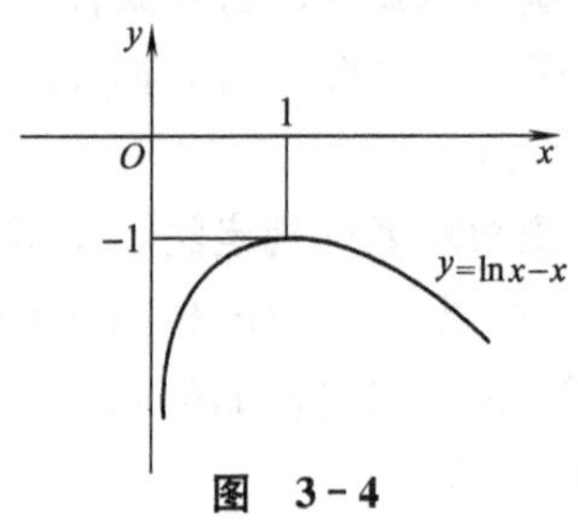

图 3-4

例 3-3　讨论函数 $f(x)=\ln x-x$ 的单调性.

解　此函数的定义域为 $(0,+\infty)$，

因为 $f'(x)=\frac{1}{x}-1=\frac{1-x}{x}$，

令 $f'(x)=0$，得 $x_1=1$.

用 x_1 将函数的定义域分成两个区间：$(0,1)$，$(1,+\infty)$.

列表考察：

x	$(0,1)$	1	$(1,+\infty)$
$f'(x)$	$+$	0	$-$
$f(x)$	单调增加		单调减少

函数 $f(x)=\ln x-x$ 的图像如图 3-4 所示。

例 3-4　讨论函数 $f(x)=x-2\sin x$ $(0\leqslant x\leqslant 2\pi)$ 的单调性.

解　因为 $f'(x)=1-2\cos x$，令 $f'(x)=0$，得

$$x_1=\frac{\pi}{3}, x_2=\frac{5\pi}{3}$$

用 x_1，x_2 将函数的定义域分成三个区间：$\left(0,\frac{\pi}{3}\right)$，$\left(\frac{\pi}{3},\frac{5\pi}{3}\right)$，$\left(\frac{5\pi}{3},2\pi\right)$.

列表考察：

x	$\left(0,\frac{\pi}{3}\right)$	$\frac{\pi}{3}$	$\left(\frac{\pi}{3},\frac{5\pi}{3}\right)$	$\frac{5\pi}{3}$	$\left(\frac{5\pi}{3},2\pi\right)$
$f'(x)$	$-$	0	$+$	0	$-$
$f(x)$	单调减少		单调增加		单调减少

利用函数的单调性还可以证明不等式，这种方法的关键是考虑选择适当的辅助函数，具体步骤如下：

(1) 通过代数变换把不等式的右端化成 0，把左端设为 $f(x)$；

(2) 先确定 $f'(x)$ 的符号，即 $f(x)$ 的单调性，再由单调性定义确定出 $f(x)$ 的符号.

例 3-5　证明：当 $x>0$ 时，$x>\ln(1+x)$.

证　设 $f(x)=x-\ln(1+x)$，则 $f(x)$ 在 $[0,+\infty)$ 上连续，且在 $(0,+\infty)$ 内有

$$f'(x)=1-\frac{1}{1+x}=\frac{x}{1+x}>0$$

由单调性判断定理知，$f(x)$ 在 $[0,+\infty)$ 上单调增加，所以，当 $x>0$ 时有

$$f(x)>f(0)=0$$

即

$$x-\ln(1+x)>0$$

$$x > \ln(1+x)$$

习　题　3-1

1. 验证函数 $f(x)=\ln x$ 在区间$[1,\mathrm{e}]$上满足拉格朗日中值定理.

2. 求下列函数的单调区间：

(1) $y=2+x-x^2$；　　(2) $y=x^4-2x^2$；

(3) $y=\dfrac{x^2}{1+x}$；　　(4) $y=2x^2-\ln x$；

(5) $y=\sqrt{-x^2+6x-8}$；　　(6) $y=x\ln x$；

(7) $y=\dfrac{1-x}{1+x}$；　　(8) $y=x(x-2)^3$.

3. 用函数的单调性证明不等式：

(1) $1+\dfrac{x}{2}>\sqrt{1+x}$ $(x>0)$；　　(2) $2\sqrt{x}>3-\dfrac{1}{x}$ $(x>1)$

背景聚焦

数学——严密的、系统的理论体系

严密、系统的数学理论体系令人惊叹，然而有时候历史是另外的样子. 下面来看看中值定理提出者的生卒年以及标准数学教科书中理论证明的逻辑顺序，就会给我们一些启示.

依照证明的逻辑顺序排列：

1) 费马(1601—1665)——费马定理

2) 罗尔(1652—1719)——罗尔定理，标准教科书证明时利用了费马定理.

3) 拉格朗日(1736—1813)——拉格朗日定理，标准教科书证明时利用了罗尔定理.

4) 柯西(1789—1857)——柯西定理，标准教科书证明时利用了拉格朗日定理.

5) 洛必达(1661—1704)——洛必达法则，标准教科书证明时利用了柯西定理.

现在我们能够看到问题了！

1. 从罗尔定理到拉格朗日定理的提出几乎用了50年以上的时间，从拉格朗日定理到柯西定理的提出也大概用了50年时间. 我们往往惊叹于数学的严密和体系宏伟，但事实上这几个中值定理，就花了人类100年的时间，而且我们所看到的逻辑严谨与周密都不过是对历史整理后的假象.

2. 洛必达出生比柯西早100多年，何以他提出的法则的证明却利用了未出生人的定理呢？对这个问题，我们可以肯定的是：洛必达的原始论证没有用

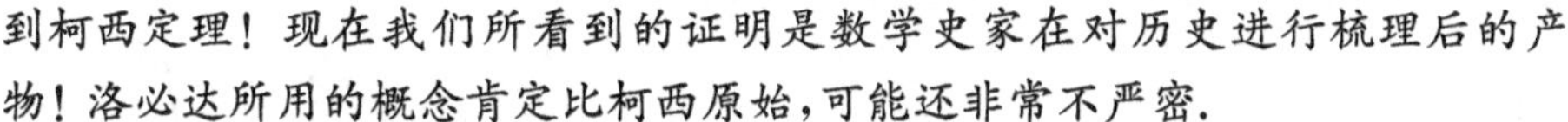

到柯西定理！现在我们所看到的证明是数学史家在对历史进行梳理后的产物！洛必达所用的概念肯定比柯西原始，可能还非常不严密.

以上两点对我们的启示是：

第一，即使是世界上第一流的头脑，也难以在短时间内创造非常严密的系统的理论.我们的教材在物理、化学上都提及了历史，但是在数学上却忽略了.

第二，数学的发展其实是倾向于直觉主义的，也就是原始的数学思想来源于人的直觉.我们应该知道牛顿的原始的微积分概念是非常含混的和没有稳固基础的.牛顿对无穷小和无限本身不够清晰，贝克莱大主教攻击牛顿的无穷小概念在哲学上站不住脚，马克思也抱怨牛顿对无穷小的无端忽略是“暴力镇压”.我们所熟知的极限概念的ε-δ定义是柯西、维尔斯特拉斯等人在牛顿身后几百年才提出并完善的.我们现在看到的非常严密、系统的数学大厦曾经经历了多少次危机啊！

第三，现行数学教材中，用公理化的方法把文章做得花团锦簇一般，而对历史发展进程的这种整理在某种程度上歪曲了数学发展的真相，使得本来自然的、可以理解的思想历史进程变为高不可攀的绝妙证明.学生成为一个袖手旁观者，而不是一个数学发展的见证人和参与者.

3.2　函数的极值与最值

在实际生活中，经常会碰到“最大、最小”这类问题，在数学上叫作最大值、最小值问题.要求一个函数的最大值或最小值，必须先讨论函数的极值.

3.2.1　函数的极值

1. 极值的定义

定义1　设函数$f(x)$在点x_0的某邻域内有定义，若对该邻域内任一点x，都有$f(x)<f(x_0)$（或$f(x)>f(x_0)$），则称$f(x_0)$为函数$f(x)$的**极大值**（或**极小值**），称点x_0为函数$f(x)$的**极大值点**（或**极小值点**）.

极大值和极小值统称为**极值**，极大值点和极小值点统称为**极值点**.

显然极值是一个局部性概念，它只是与极值点邻近的所有点的函数值相比较而言，并不意味着它在函数的整个定义区间内最大或最小.有时函数在整个定义区间内有多个极值点，某个局部的极小值（如$f(a)$）也有可能比另一个局部的极大值（如$f(b)$）还大，如图3-5所示.

定理1　（极值的必要条件）　若函数$f(x)$在x_0处取得极值，且在x_0处导数存在，则必有$f'(x_0)=0$.

从图像上看，若函数$f(x)$在x_0处取得极值，且$f'(x_0)$存在，则曲线$y=f(x)$

在点$(x_0,f(x_0))$处有水平切线(见图 3-5).

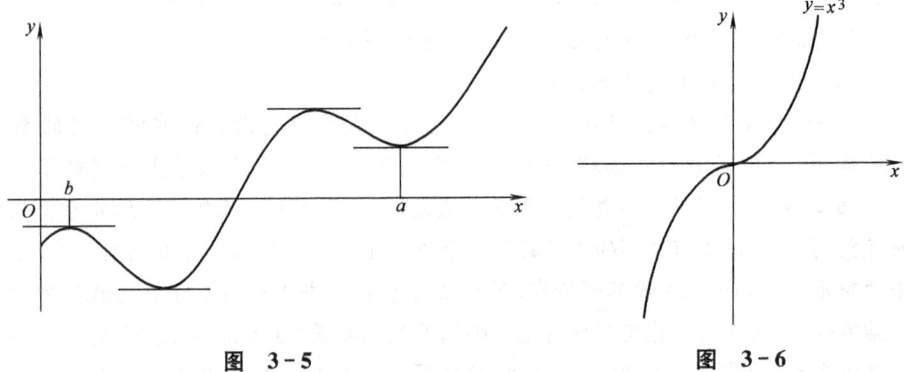

图 3-5　　　　图 3-6

定理 1 的逆定理不成立. 例如,函数 $f(x)=x^3$ 在点 $x=0$ 处导数为零,但该点不是函数的极值点,如图 3-6 所示. 通常我们称使函数的一阶导数等于零的点为**驻点**. 显然驻点不一定是极值点.

此外,导数不存在的点可能是函数的极值点,也可能不是. 例如,函数 $f(x)=|x|$和 $f(x)=\sqrt[3]{x}$在点 $x=0$ 处导数都不存在,该点是函数 $f(x)=|x|$的极小值点(见图 2-3),却不是函数 $f(x)=\sqrt[3]{x}$的极值点(见图 2-4). 因此导数不存在的点未必一定是极值点.

一般地,将驻点及导数不存在的点称为**可疑极值点**. 那么怎样判断在可疑极值点是否取到极值呢? 下面给出判别方法.

2. 极值判别法

判别法 1　设函数 $f(x)$在点 x_0 的某邻域内可导,若 $f'(x_0)=0$ 或在点 x_0 处导数不存在但在 x_0 处连续,则

(1) 当 x 逐渐增大地通过点 x_0 时,若导数值由正变负,则函数 $f(x)$在点 x_0 处取极大值 $f(x_0)$;若导数值由负变正,则函数 $f(x)$在点 x_0 处取极小值 $f(x_0)$.

(2) 当 x 逐渐增大地通过点 x_0 时,若导数值不变号,则 x_0 不是函数 $f(x)$的极值点. 由上面的论述可知,求函数 $f(x)$极值的一般解题步骤为:

(1) 求出导数 $f'(x)$;

(2) 求出函数的可疑极值点;

(3) 用极值判别法 1 判定以上的点是否为极值点;

(4) 求出极值点处的函数值,即为极值.

例 3-6　求函数 $f(x)=\sqrt[3]{x^2}$的极值.

解　此函数的定义域为$(-\infty,+\infty)$,因为

$$f'(x)=\frac{2}{3}x^{\frac{2}{3}-1}=\frac{2}{3\sqrt[3]{x}}$$

函数在点 $x=0$ 处导数不存在,列表考察:

x	$(-\infty,0)$	0	$(0,+\infty)$
$f'(x)$	$-$	不存在	$+$
$f(x)$	单调减少	极小值 0	单调增加

函数 $f(x)=\sqrt[3]{x^2}$ 的图像如图 3-7 所示.

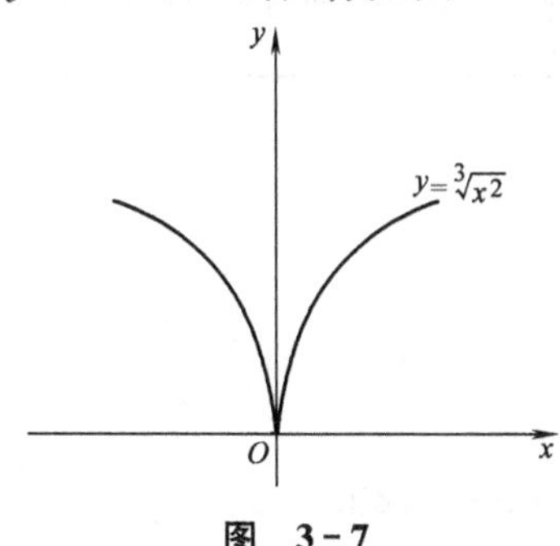

图 3-7

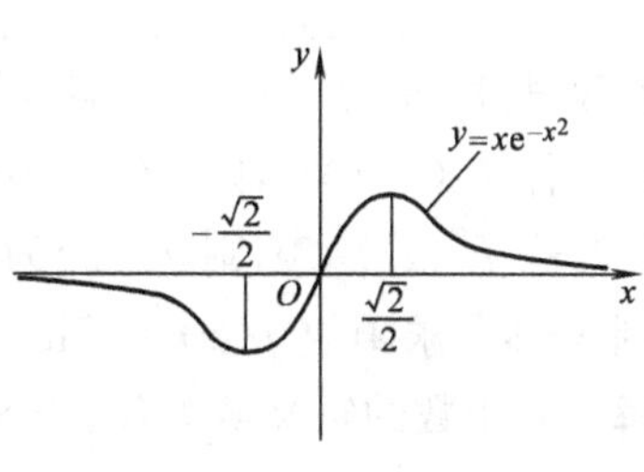

图 3-8

例 3-7 求函数 $f(x)=xe^{-x^2}$ 的极值.

解 此函数的定义域为$(-\infty,+\infty)$,因为

$$f'(x)=e^{-x^2}+xe^{-x^2}(-2x)=(1-2x^2)e^{-x^2}$$

令 $f'(x)=0$,得驻点

$$x_1=\frac{\sqrt{2}}{2},\ x_2=-\frac{\sqrt{2}}{2}$$

列表考察:

x	$\left(-\infty,-\frac{\sqrt{2}}{2}\right)$	$-\frac{\sqrt{2}}{2}$	$\left(-\frac{\sqrt{2}}{2},\frac{\sqrt{2}}{2}\right)$	$\frac{\sqrt{2}}{2}$	$\left(\frac{\sqrt{2}}{2},+\infty\right)$
$f'(x)$	$-$	0	$+$	0	$-$
$f(x)$	单调减少	极小值 $-\frac{\sqrt{2}}{2}e^{-\frac{1}{2}}$	单调增加	极大值 $\frac{\sqrt{2}}{2}e^{-\frac{1}{2}}$	单调减少

函数 $f(x)=xe^{-x^2}$ 的图像如图 3-8 所示.

例 3-8 求函数 $f(x)=(x-1)^3(2x+3)^2$ 的极值.

解 此函数的定义域为$(-\infty,+\infty)$,因为

$$\begin{aligned}f'(x)&=3(x-1)^2(2x+3)^2+4(x-1)^3(2x+3)\\&=(x-1)^2(2x+3)[3(2x+3)+4(x-1)]\\&=5(x-1)^2(2x+3)(2x+1)\end{aligned}$$

令 $f'(x)=0$,得驻点 $x_1=1,x_2=-\frac{3}{2},x_3=-\frac{1}{2}$.

列表考察：

x	$\left(-\infty,-\frac{3}{2}\right)$	$-\frac{3}{2}$	$\left(-\frac{3}{2},-\frac{1}{2}\right)$	$-\frac{1}{2}$	$\left(-\frac{1}{2},1\right)$	1	$(1,+\infty)$
$f'(x)$	+	0	−	0	+	0	+
$f(x)$	单调增加	极大值 0	单调减少	极小值 $-\frac{27}{2}$	单调增加	不取极值	单调增加

判别法 2 若 $f'(x_0)=0$，且 $f''(x_0)$存在，则

(1) 若 $f''(x_0)>0$，则 $f(x_0)$为极小值；

(2) 若 $f''(x_0)<0$，则 $f(x_0)$为极大值.

例 3－9 求函数 $f(x)=x^2\ln x$ 的极值.

解 此函数的定义域为$(0,+\infty)$，因为

$$f'(x)=2x\ln x+x^2\frac{1}{x}=2x\ln x+x=x(2\ln x+1)$$

令 $f'(x)=0$，得驻点

$$x_1=\mathrm{e}^{-\frac{1}{2}}$$

因为 $f''(x)=2\ln x+3$，所以

$$f''(x_1)=2>0$$

因此函数 $f(x)$在 x_1 处取得极小值 $f(x_1)=-\frac{1}{2\mathrm{e}}$.

需要说明的是：判别函数极值的两个判别法在使用时各有所长.

(1)若 $f''(x)$较简单，则极值判别法 2 更方便些；反之，则应选用极值判别法 1。

(2)若 $f''(x_0)=0$，则极值判别法 2 失效，须用极值判别法 1 判别.

例 3－10 求函数 $f(x)=\sqrt[3]{(2x-x^2)^2}$的极值.

解 此函数的定义域为$(-\infty,+\infty)$，因为

$$f'(x)=\frac{2}{3}(2x-x^2)^{-\frac{1}{3}}(2-2x)=\frac{4(1-x)}{3\sqrt[3]{2x-x^2}}$$

函数在 $x=1$ 处导数等于零，在 $x=0$，$x=2$ 处导数不存在(此题因 $f''(x)$较复杂，所以用判别法 1 较好).

列表考察：

x	$(-\infty,0)$	0	$(0,1)$	1	$(1,2)$	2	$(2,+\infty)$
$f'(x)$	−	不存在	+	0	−	不存在	+
$f(x)$	单调减少	极小值 0	单调增加	极大值 1	单调减少	极小值 0	单调增加

需要注意的是：找可疑极值点时不要漏掉导数不存在的点.

例 3-11　求函数 $f(x)=x^4-4x^3+6x^2-4x$ 的极值.

解　此函数的定义域为$(-\infty,+\infty)$,因为

$$f'(x)=4x^3-12x^2+12x-4=4(x-1)^3$$

令 $f'(x)=0$,得驻点 $x=1$.

又因为

$$f''(x)=12(x-1)^2$$

所以 $f''(1)=0$,故极值判别法 2 失效,须用极值判别法 1 判别.

列表考察:

x	$(-\infty,1)$	1	$(1,+\infty)$
$f'(x)$	$-$	0	$+$
$f(x)$	单调减少	极小值-1	单调增加

3.2.2　函数的最值

定义 2　设函数 $f(x)$在闭区间 I 上连续,若 $x_0\in I$,且对所有 $x\in I$,都有 $f(x_0)>f(x)$(或 $f(x_0)<f(x)$),则 $f(x_0)$称为函数 $f(x)$的**最大值**(或**最小值**).

显然,函数的最大值、最小值一定是函数的极值,但反之未必.

一般来说,连续函数 $f(x)$在闭区间 I 上的最大值与最小值,从区间端点处、极值点处的函数值中取得,因此,只需求出端点处及区间内使 $f'(x)=0$ 及 $f'(x)$不存在的点处的函数值,把它们做比较,从中找出最大值、最小值即可.

例 3-12　求函数 $f(x)=2x^3+3x^2-12x-2$ 在区间$[-3,2]$上的最大值和最小值.

解　因为

$$f'(x)=6x^2+6x-12=6(x-1)(x+2)$$

令 $f'(x)=0$,得驻点 $x_1=-2,x_2=1$.

因为

$$f(-3)=7,\ f(-2)=18,\ f(1)=-9,\ f(2)=2$$

所以函数 $f(x)$在区间$[-3,2]$上的最大值为 $f(-2)=18$,最小值为 $f(1)=-9$.

在实际问题中,常会碰到最大值和最小值问题,如用料最省、效益最高等,遇到的函数大多是在某区间内只有一个极值点的连续且可导的函数. 因而实际问题中的最大值、最小值,就是函数的极大值、极小值.

实际问题求解最值的一般解题步骤为:

(1)分析问题,建立目标函数　把问题的目标作为因变量,把它所依赖的量作为自变量,建立二者的函数关系,即目标函数,并确定函数的定义域.

(2)解极值问题　确定自变量的取值,使目标函数达到最大值或最小值.

例 3-13　做一批容积为 4m^3 的无盖长方盒子,底为正方形,问底边长和高为多少时,所用材料最省?

解　所用材料最省,就是盒子的表面积最小. 设盒子的底边长为 xm,高为

ym,如图 3-9 所示,表面积为 Sm^2,则

$$S=x^2+4xy$$

由于 $x^2y=4$,所以

$$S=x^2+4x\frac{4}{x^2}=x^2+\frac{16}{x}$$

令
$$S'=2x-\frac{16}{x^2}=0$$

得
$$x=2,\ y=1$$

因为当 $x=2$ 时,$S_{xx}''>0$,所以根据极值的判定定理判定该点是一个极小值点,又因该点是唯一的极值点,所以该点即为所求的最小值点. 因此,当底边长为 2m 时,高为 1m 时,所用材料最省.

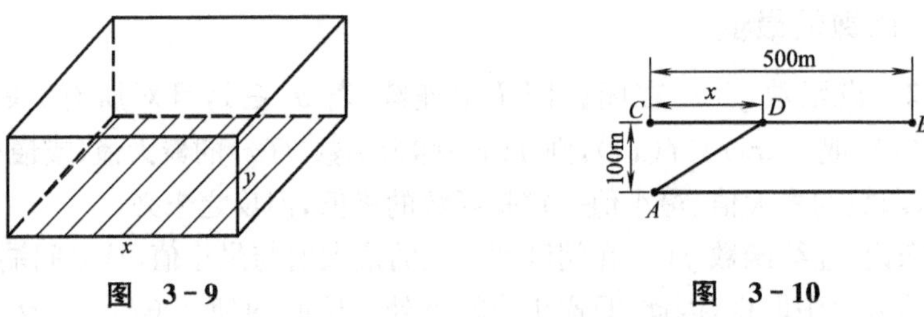

图 3-9　　　　图 3-10

例 3-14　计划在宽 100m 的河两边 A 与 B 之间架一条电话线,C 点为 A 点在河另一边的相对点,B 到 C 的距离为 500m,水下架线成本是陆地架线成本的 3 倍,问如何确定架线方案,才能使费用最小?

解　设在 B 与 C 之间选择一点 D,如图 3-10 所示,C 到 D 的距离为 xm,从 A 到 D 水下架线,从 D 到 B 陆地架线,陆地架线成本为 1,总费用为 M,则

$$M=3\sqrt{100^2+x^2}+(500-x)$$

令
$$M'=3\frac{x}{\sqrt{100^2+x^2}}-1=0$$

则有
$$3x=\sqrt{100^2+x^2}\quad 即\quad 8x^2=100^2$$

得
$$x=25\sqrt{2}$$

因为当 $x=25\sqrt{2}$时,$M''>0$,所以该点是一个极小值点,又因该点是唯一的极值点,所以该点即为所求的最小值点. 因此,在距 C 点 $25\sqrt{2}$m 处架线费用最小.

例 3-15　防空洞的截面上部是半圆,下半部分是矩形,周长是 15m,问底宽为多少时才能使截面积最大.

解　如图 3-11 所示,设矩形的宽为 xm,高为 ym,截面积为 Sm^2,则

$$S=xy+\frac{1}{2}\pi\left(\frac{x}{2}\right)^2$$

因为　　$$2y+x+\pi\frac{x}{2}=15$$

所以　　$$y=\frac{15}{2}-\frac{x}{2}-\frac{\pi}{4}x$$

$$S=\frac{15}{2}x-\frac{x^2}{2}-\frac{\pi}{4}x^2+\frac{\pi}{8}x^2=\frac{15}{2}x-\frac{x^2}{2}-\frac{\pi}{8}x^2$$

$$S'=\frac{15}{2}-x-\frac{\pi}{4}x$$

当 $S'=0$ 时，　　$$x=\frac{30}{4+\pi}$$

因为当 $x=\frac{30}{4+\pi}$ 时，$S''<0$，所以该点是一个极大值点，又因该点是唯一的极值点，所以该点即为所求的最大值点. 因此，底宽为 $\frac{30}{4+\pi}$ m 时，截面积最大.

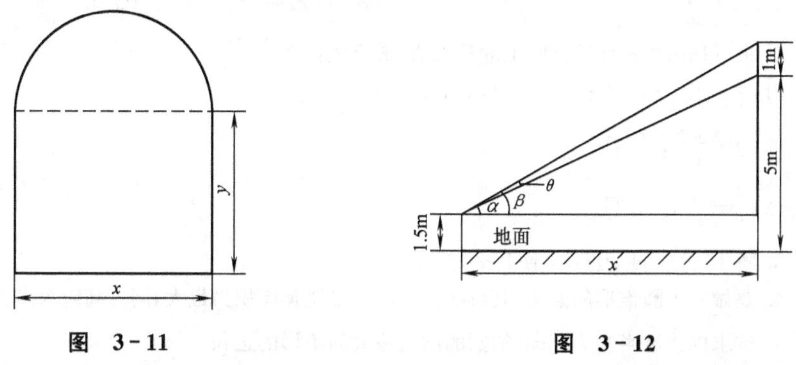

图　3-11　　　　图　3-12

例 3-16　在高速公路上设有指示路标，路标牌的上下宽度为 1m，架在 5m 高的立柱上，假定汽车司机的眼睛离地面的高度为 1.5m，问司机离路标多远时，路标上的字看上去最清楚？

解　路标上的字看上去最清楚，即看上去字的上下宽度最大，亦即司机的视角最大. 设司机的视角为 θ，司机离路标的距离为 xm，如图 3-12 所示，则

$$\theta=\beta-\alpha=\arctan\frac{4.5}{x}-\arctan\frac{3.5}{x}$$

$$=\arctan\frac{9}{2x}-\arctan\frac{7}{2x}\quad(0<x<+\infty)$$

令　　$$\theta'=\frac{1}{1+\left(\frac{9}{2x}\right)^2}\left(-\frac{9}{2x^2}\right)-\frac{1}{1+\left(\frac{7}{2x}\right)^2}\left(-\frac{7}{2x^2}\right)$$

$$=\frac{-18}{4x^2+81}+\frac{14}{4x^2+49}=0$$

则有
$$18(4x^2+49)=14(4x^2+81)$$
解得
$$x=\frac{3\sqrt{7}}{2}$$

因为当 $x\to 0$ 或 $x\to+\infty$ 时，θ 都趋于 0，所以该点就是所求的最大值点，即司机离路标 $\frac{3\sqrt{7}}{2}$ m 时，司机的视角最大.

习　题　3－2

1. 求下列函数的极值：

(1) $y=\frac{2x}{1+x^2}$；　　(2) $y=2x^3-6x^2$；

(3) $y=xe^x$；　　(4) $y=\arctan x-\frac{1}{2}\ln(1+x^2)$；

(5) $y=(x-3)^2(x-2)^3$；　　(6) $y=\sqrt{x}\ln x$；

(7) $y=\frac{\ln x}{x}$；　　(8) $f(x)=x-\ln(1+x+x^2)$.

2. 求下列函数在所给区间上的最大值、最小值：

(1) $y=2x^3-15x^2+24x+1$，$[0,\ 5]$；

(2) $y=\frac{x+3}{x-1}$，$[2,5]$；

(3) $y=\frac{x}{e^x}$，$[0,\ 2]$.

3. 将 10 分成两个正数，使其平方和最小.

4. 要做一个圆锥形的漏斗，其母线长 20cm，要使其体积为最大，问其高应为多少？

5. 试求内接于半径为 $\sqrt{8}$cm 的圆的周长最大的矩形的边长.

6. 欲做一个容积为 144m^3 的无盖长方盒子，底为正方形，若单位面积底的费用为 4 元，侧面的费用为 3 元，问怎样做才能使费用最省？

7. 欲做一个容积为 1000cm^3 的圆柱形容器，该容器的顶部和底部必须用 0.05 元/cm^2 的材料制成，该容器的侧面可用 0.03 元/cm^2 的材料制成，问该容器的底半径为多少时总费用最小？

8. 将边长是 6 和 8 的长方形在四角各剪去一正方形，折成一个无盖的方盒子，问剪去的正方形的边长为多少时，盒子的容积最大？

9. 有甲、乙两城，甲城位于一直线形的河岸，乙城离岸 40km，乙城到岸的垂足与甲城相距 50km. 两城在此河边合设一水厂取水，从水厂到甲城和乙城之水管费用分别为 500 元/km 和 700 元/km，问此水厂应设在河边何处才能使水管费用为最省？

10. 一根线长 200，要用它构成一个正方形和一个圆形，问如何分配才能使它构成的图像面积和最小？

导数显示计——汽车的车速表

假设你正在参加一场高速赛车．你坐在你那部超高功率、烧汽油跟喝水似的赛车驾驶座里面，在起跑线蓄势待发，引擎一阵阵不断轰鸣．比赛一开始，函数$f(t)$就会告诉你，你的车子在t时刻离开起跑线的距离，而$t=0$就代表鸣枪开赛的一刹那．

在这种比赛场合里，最关心的当然是你的车速——无怪乎每部汽车都少不了车速表．然而，速率不就是位置的变化率吗？“每小时 110 公里”，指的就是速率．如果$f(t)$是个位置函数，那么导数$f'(t)$就是该位置函数的变化率，正好就是速率．在你的赛车过程当中，车速一直在变．开始的一刹那，车子还停在起跑线后面，速率是 0km/h；然后车子冲了出去，速率也越来越快，一直加速到车子的最高速率，230km/h；而当车子冲过终点线，车尾射出减速伞，车子就又减速到停止下来．

所以，在整个赛车过程中，导数$f'(t)$从 0 上升到 230，然后再下降回到 0．车速表的用途只是在随时告诉你，你在任何一个时间的位置的导数为何．因此，车速表也可以称为“导数显示计”，只是念起来稍微拗口了一些．

假如在比赛开始之前，你由于紧张过度，不知不觉把车子误放在倒档上，结果会怎样呢？哈！当红灯变绿，比赛开始，你的左脚松开离合器，右脚把油门踩到底，然后你就会发现车子向后喷射了出去．当然，如果你只是一个劲地盯着眼前的车速表，你还不会察觉是怎么回事呢，因为那个蠢玩意儿向来不显示负的数值．你的车速实际上是－130km/h，方向与你预期的恰恰相反！如果你发现车子是在后退，那是因为你从后视镜里看到你的技师们的惊恐脸庞，正以惊人的速率在变大．这时你可以说，你的位置函数的导数为－130．

到目前为止，你要明确一个观念，那就是：函数$y=f(x)$的导数，度量了该函数的变化率．如果导数是个很大的正值，表示该函数正在疾速递增；如果导数是个相当小的正值，表示函数也在递增，只是递增得很缓慢．若导数是负值，表示函数在递减；如果导数等于 0，表示函数至少在此瞬间是既不递增、也不递减，维持水平——它正在犹豫不决，哪儿都不去．

3.3 曲线的凹凸与拐点

为了准确描绘函数的图像，仅知道函数的单调性和极值是不够的．还应知道它的弯曲方向和分界点．这一节，我们就专门研究曲线的凹凸与拐点．

3.3.1 曲线的凹凸及其判别法

如图 3－13 所示,可以看出曲线的弯曲方向,与其上的切线的位置有关.

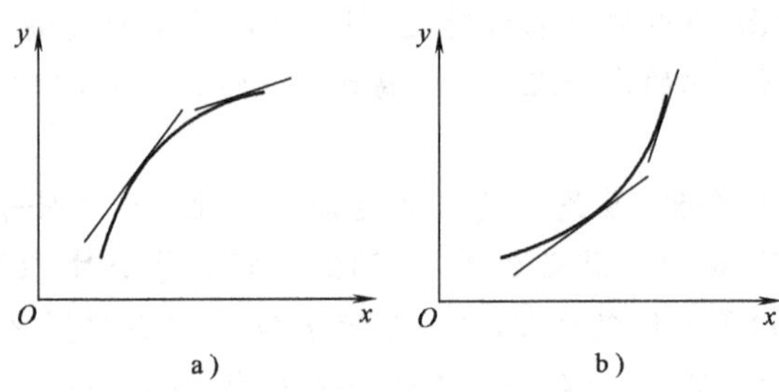

图 3－13

定义 3 若曲线弧位于其每一点切线的上(下)方,则称曲线弧是凹(凸)的.

由图 3－14 可以看出,如果曲线是凹的,那么其切线的倾斜角 θ 随 x 的增大而增大,即切线的斜率单调增加,由于切线的斜率就是 $f'(x)$,因此 $f'(x)$单调增加,所以 $f''(x)>0$.

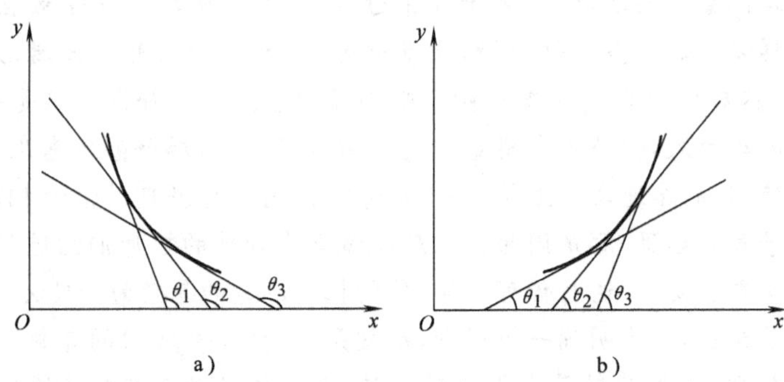

图 3－14

由图 3－15 可以看出,如果曲线是凸的,那么其切线的倾斜角 θ 随 x 的增大而减少,即切线的斜率单调减小,由于切线的斜率就是 $f'(x)$,因此 $f'(x)$单调减小,所以 $f''(x)<0$.

由以上讨论可得曲线凹凸的判定法如下：

曲线凹凸的判定法 设 $f(x)$在(a,b)内具有二阶导数,

(1)如果 $f''(x)>0$,则曲线在(a,b)内是凹的；

(2)如果 $f''(x)<0$,则曲线在(a,b)内是凸的.

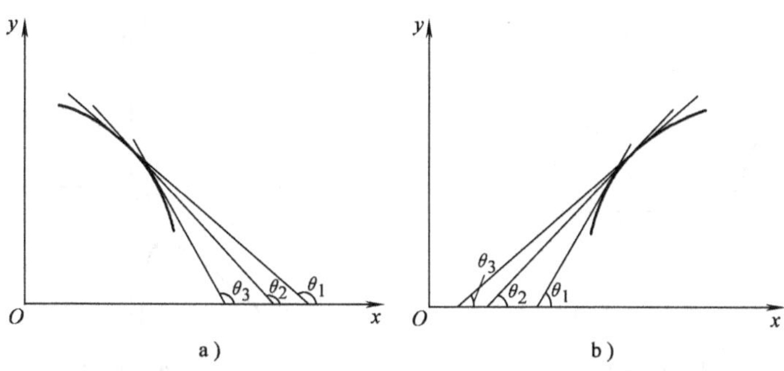

图　3-15

3.3.2　曲线的拐点

一般地，连续曲线凹、凸两段弧的分界点称为曲线的**拐点**，如图 3-16 中所示的点 a 即为拐点. 显然，曲线 $y=f(x)$的拐点只能是 $f''(x)=0$ 或 $f''(x)$不存在的点.

求连续曲线的拐点步骤如下：

(1)求出函数 $f(x)$的 $f''(x)=0$ 或 $f''(x)$不存在的点.

(2)在求出点的左、右两边，若 $f''(x)$异号，则该点就是拐点，否则，就不是拐点.

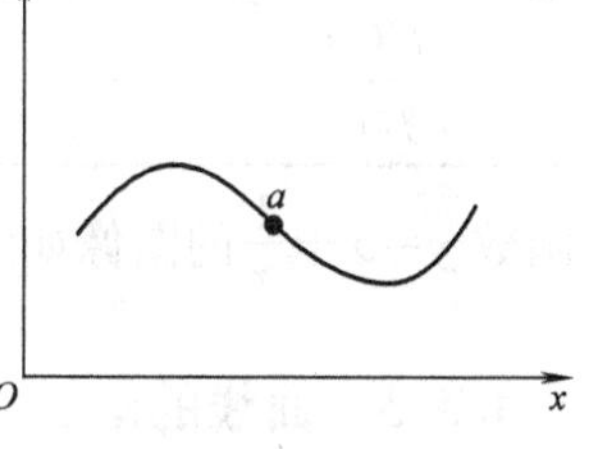

图　3-16

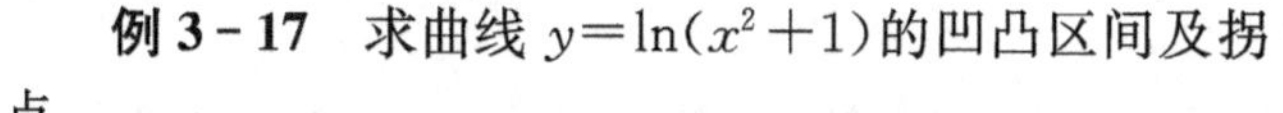

例 3-17　求曲线 $y=\ln(x^2+1)$的凹凸区间及拐点.

解　此函数的定义域为$(-\infty,+\infty)$，因为

$$y'=\frac{1}{x^2+1}\times 2x,\quad y''=2\frac{x'(x^2+1)-(x^2+1)'x}{(x^2+1)^2}=2\frac{1-x^2}{(x^2+1)^2}$$

所以当 $y''=0$ 时，得 $x_1=-1,x_2=1$.

用 x_1,x_2 将函数的定义域分成三个区间：$(-\infty,-1),(-1,1),(1,+\infty)$. 当 $-\infty<x<-1$ 时，$f''(x)<0$，故 $f(x)$在$(-\infty,-1)$内是凸的；当$-1<x<1$ 时，$f''(x)>0$，故 $f(x)$在$(-1,1)$内是凹的；当 $1<x<+\infty$时，$f''(x)<0$，故 $f(x)$在$(1,+\infty)$内是凸的，所以$(-1,\ln2)$，$(1,\ln2)$为曲线的两个拐点.

上述结果也可列表考察：

x	$(-\infty,-1)$	-1	$(-1,1)$	1	$(1,+\infty)$
$f''(x)$	$-$	0	$+$	0	$-$
$f(x)$	凸	拐点	凹	拐点	凸

函数 $y=\ln(x^2+1)$的图像如图 3-17 所示.

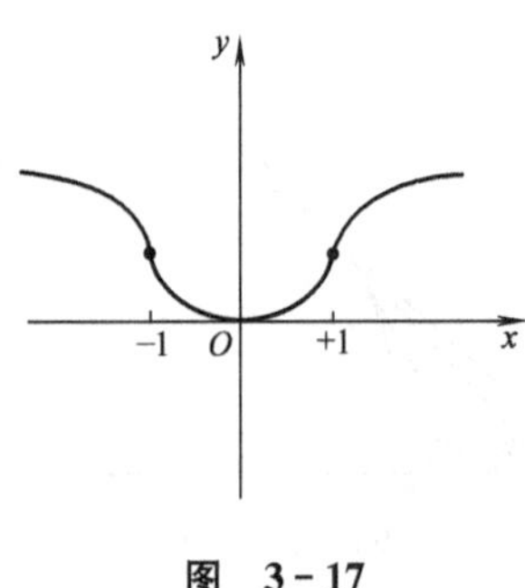

图 3-17

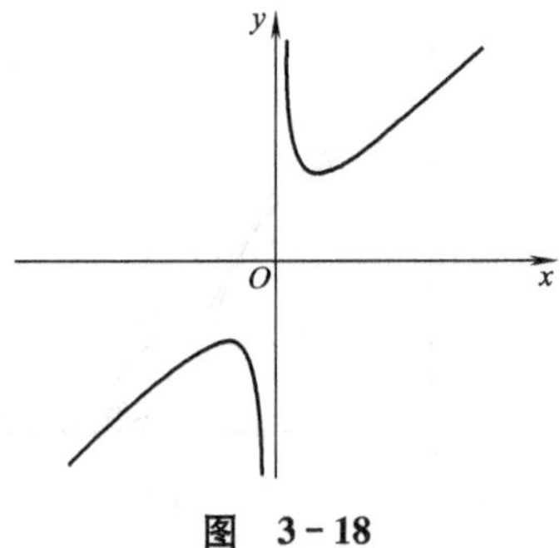

图 3-18

例 3-18 求曲线 $y=x+\frac{1}{x}$ 的凹凸区间及拐点.

解 此函数的定义域为 $(-\infty,0)\cup(0,+\infty)$，因为

$$y'=1-\frac{1}{x^2} \qquad y''=\frac{2}{x^3}$$

列表考察：

x	$(-\infty,0)$	0	$(0,+\infty)$
$f''(x)$	$-$	不存在	$+$
$f(x)$	凸	间断点	凹

函数 $y=x+\frac{1}{x}$ 的图像如图 3-18 所示.

3.3.3 曲线的渐近线

若曲线 $y=f(x)$ 上的动点 P 沿着曲线无限地远离原点时，点 P 与某直线 L 的距离趋于零，则 L 称为该曲线的**渐近线**.

并不是任何曲线都有渐近线，渐近线反映了某些曲线在无限延伸时的变化情况.

根据渐近线的位置，可将曲线的渐近线分为三类：水平渐近线、垂直渐近线、斜渐近线. 下面仅讨论水平渐近线和垂直渐近线，有关斜渐近线的讨论见本章 3.5 节提示与提高 4.

1. 垂直渐近线

若 $\lim\limits_{x\to c}f(x)=\infty$，则 $x=c$ 是 $f(x)$ 的垂直渐近线.

例 3-19 求函数 $f(x)=\ln\sin x$ 的渐近线.

解 因为 $\lim\limits_{x\to 0^+}\ln\sin x=-\infty$，$\lim\limits_{x\to \pi^-}\ln\sin x=-\infty$，所以 $x=0$ 和 $x=\pi$ 是曲线的垂直渐近线. 又因为函数是周期函数，所以曲线的垂直渐近线有无穷多条，如图 3-19 所示.

2. 水平渐近线

若 $\lim\limits_{x\to\infty}f(x)=b$，则 $y=b$ 是 $f(x)$ 的水平渐近线.

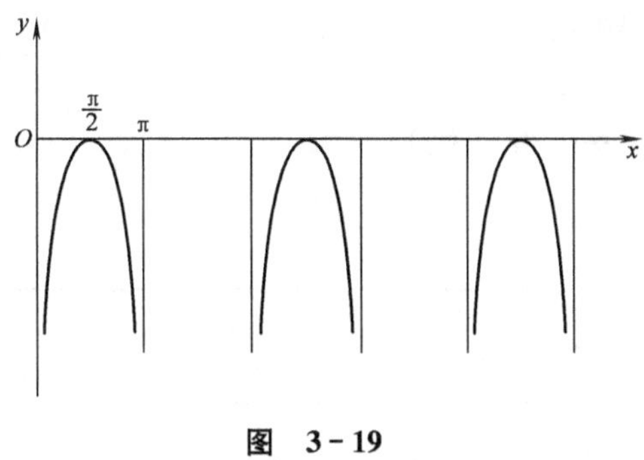

图　3-19

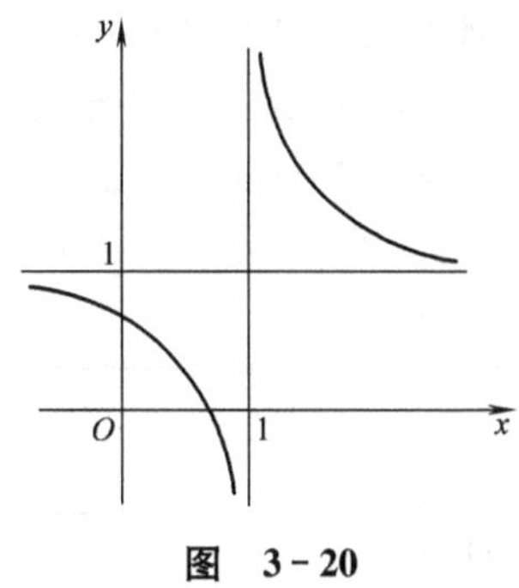

图　3-20

例 3-20　求函数 $f(x)=\dfrac{x}{x-1}$的渐近线.

解　因为$\lim\limits_{x\to1}\dfrac{x}{x-1}=\infty$，所以 $x=1$ 为曲线的垂直渐近线；因为$\lim\limits_{x\to\infty}\dfrac{x}{x-1}=1$，所以 $y=1$ 为曲线的水平渐近线，如图 3-20 所示.

可以看出，$f(x)$是否有水平渐近线，要看$\lim\limits_{x\to\infty}f(x)$是否存在；$f(x)$是否有垂直渐近线，一般要看曲线是否有无穷间断点.

例 3-21　求函数 $y=\dfrac{\ln x}{x}$的渐近线.

解　因为 $\lim\limits_{x\to0^+}\dfrac{\ln x}{x}=\infty$，所以 $x=0$ 为曲线的垂直渐近线；因为 $\lim\limits_{x\to+\infty}\dfrac{\ln x}{x}=\lim\limits_{x\to+\infty}\dfrac{1}{x}=0$，所以 $y=0$ 为曲线的水平渐近线，如图 3-21 所示.

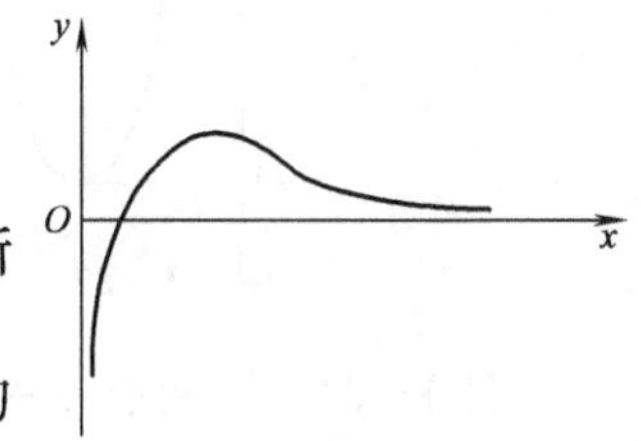

图　3-21

需要说明的是：求极限 $\lim\limits_{x\to+\infty}\dfrac{\ln x}{x}$时，使用了洛必达法则，该法则在本章第 4 节中讲解.

3.3.4　作函数图像的一般步骤

函数图像描绘的一般步骤如下：

(1) 确定函数的定义域、间断点；

(2) 确定函数的特性，如奇偶性、周期性等；

(3) 求出函数的一、二阶导数，并确定函数的极值点、拐点：

(4) 确定曲线的渐近线；

(5) 需要时，计算一些适当点的坐标，如曲线与坐标轴的交点等；

(6) 用间断点、极值点与拐点把定义域分为若干区间，列表说明在这些区间上函数的增减性与凹向性；

(7) 作图.

例 3-22 作函数 $y=x^3-3x^2$ 的图像.

解 1) 函数的定义域为 $(-\infty,+\infty)$;

2) $y'=3x^2-6x=3x(x-2)$,令 $y'=0$,得 $x_1=0$,$x_2=2$,

$y''=6x-6$,令 $y''=0$,得 $x=1$;

3) 列表:

x	$(-\infty,0)$	0	$(0,1)$	1	$(1,2)$	2	$(2,+\infty)$
$f'(x)$	+	0	−	−	−	0	+
$f''(x)$	−	−	−	0	+	+	+
$f(x)$	增加凸	极大值 0	减少凸	拐点 $(1,-2)$	减少凹	极小值 −4	增加凹

作函数 $y=x^3-3x^2$ 的图像,如图 3-22 所示.

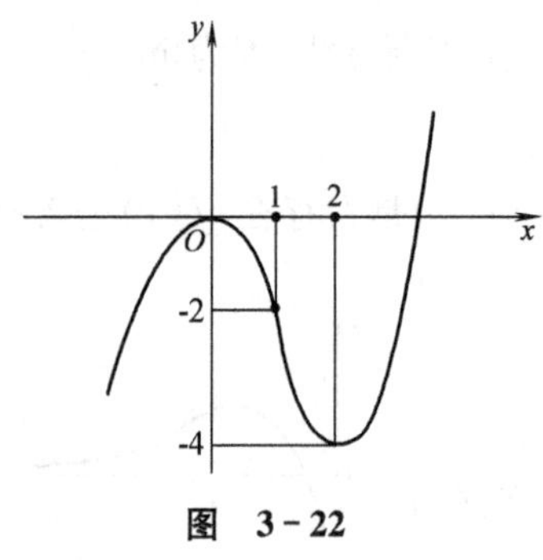

图 3-22

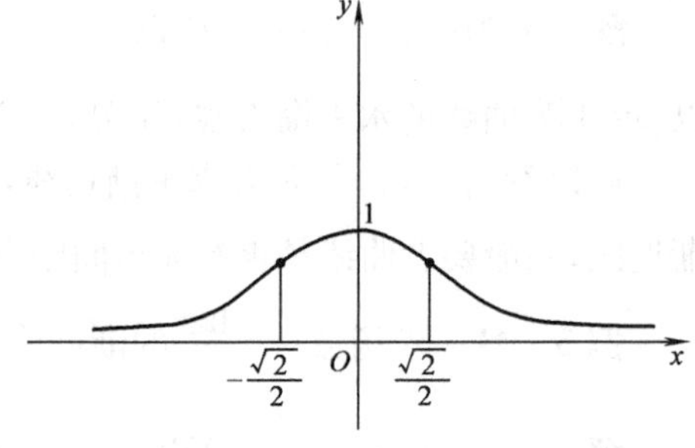

图 3-23

例 3-23 作函数 $y=e^{-x^2}$ 的图像.

解 1) 函数的定义域为 $(-\infty,+\infty)$;

2) 所给函数是偶函数,图像关于 y 轴对称,因此只讨论 $[0,+\infty)$ 上的图像;

3) $y'=-2xe^{-x^2}$,令 $y'=0$,得 $x=0$,

$y''=2(2x^2-1)e^{-x^2}$,令 $y''=0$,得 $x=\dfrac{\sqrt{2}}{2}$;

4) 因为 $\lim\limits_{x\to\infty}e^{-x^2}=0$,所以 $y=0$ 是曲线的水平渐近线;

5) 列表:

x	0	$\left(0,\frac{\sqrt{2}}{2}\right)$	$\frac{\sqrt{2}}{2}$	$\left(\frac{\sqrt{2}}{2},+\infty\right)$
$f'(x)$	0	−	−	−
$f''(x)$	−	−	0	+
$f(x)$	极大值 1	减少凸	拐点 $\left(\frac{\sqrt{2}}{2},e^{-\frac{1}{2}}\right)$	减少凹

作函数 $y=e^{-x^2}$ 的图像如图 3-23 所示.

习　题　3-3

1. 求下列函数的拐点及凹凸区间：

(1) $y=x^3-3x^2-x+1$；　　(2) $y=\ln(x+\sqrt{1+x^2})$；

(3) $y=e^{2x-x^2}$；　　(4) $y=xe^{-2x}$；

(5) $y=3x^5-10x^3$；　　(6) $y=x^4-6x^2$；

(7) $y=x\ln x$；　　(8) $y=2x^2+\ln x$.

2. 问 a,b 为何值时，点 $(-1,1)$ 为曲线 $y=ax^3+bx^2$ 的拐点？

3. 描绘下列函数的图像：

(1) $y=x^3-3x^2+3x-5$；　　(2) $y=x^4-2x^2$；

(3) $y=\dfrac{x}{1+x^2}$；　　(4) $y=x-\ln(1+x)$；

(5) $y=x^2+\dfrac{1}{x}$.

背景聚焦

光的折射

光是按照最小时间原理（费马原理）传播的. 在穿过不同媒介的界面时，光要产生折射，如图 3-24 所示.

设在界面之上，光速是 v_1，在界面之下，光速是 v_2，光自点 $(0,b)$ 出发，走向 $(a,-c)$，最小时间原理要求

$$\frac{\sqrt{x^2+b^2}}{v_1}+\frac{\sqrt{(x-a)^2+c^2}}{v_2}$$

是最小值，即对 x 微分要等于 0. 由

$$\frac{x}{\sqrt{x^2+b^2}\,v_1}+\frac{x-a}{\sqrt{(x-a)^2+c^2}\,v_2}=0$$

可得

$$\frac{\sin\theta_1}{v_1}=\frac{\sin\theta_2}{v_2}$$

其中，θ_1,θ_2 分别是入射角和折射角，这就是著名的斯奈尔折射定律.

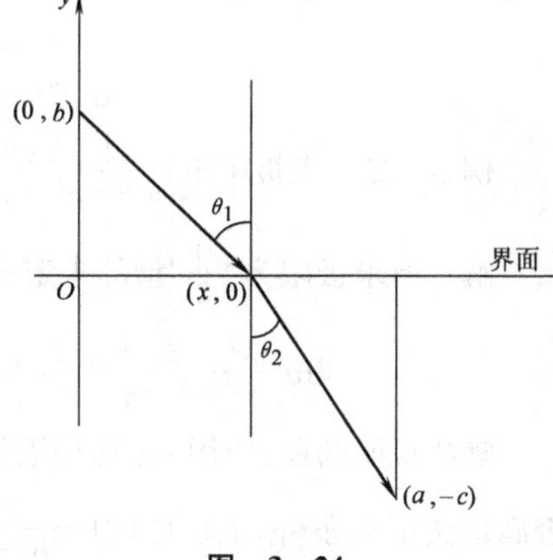

图　3-24

3.4　洛必达法则

本节给出求未定式极限的简便而有效的方法——洛必达法则.

1. “$\frac{0}{0}$”型未定式

法则 1 设函数 $f(x)$ 和 $g(x)$ 满足条件:

(1) $\lim\limits_{x \to a} f(x) = \lim\limits_{x \to a} g(x) = 0$;

(2) 在点 a 的某个邻域内, $f'(x)$, $g'(x)$ 存在, 且 $g'(x) \neq 0$;

(3) $\lim\limits_{x \to a} \frac{f'(x)}{g'(x)}$ 存在(或为∞),

则有

$$\boxed{\lim_{x \to a} \frac{f(x)}{g(x)} = \lim_{x \to a} \frac{f'(x)}{g'(x)}} \tag{3-2}$$

法则 1 给出了求“$\frac{0}{0}$”型未定式的极限问题的一种方法. 如果 $\lim\limits_{x \to a} \frac{f'(x)}{g'(x)}$ 依然是“$\frac{0}{0}$”型未定式, 且函数 $f'(x)$ 与 $g'(x)$ 依然满足法则 1 中 $f(x)$ 与 $g(x)$ 应满足的条件, 则可再一次使用洛必达法则, 依此类推, 洛必达法则可在某些习题演算时被重复使用多次.

例 3-24 求极限 $\lim\limits_{x \to 1} \frac{x^n - 1}{x^m - 1}$.

解 此为“$\frac{0}{0}$”型未定式, 由法则 1 有

$$\lim_{x \to 1} \frac{x^n - 1}{x^m - 1} = \lim_{x \to 1} \frac{n x^{n-1}}{m x^{m-1}} = \frac{n}{m}$$

例 3-25 求极限 $\lim\limits_{x \to 1} \frac{x^3 - 3x + 2}{x^3 - x^2 - x + 1}$.

解 所求极限为“$\frac{0}{0}$”型的未定式, 故有

$$\lim_{x \to 1} \frac{x^3 - 3x + 2}{x^3 - x^2 - x + 1} = \lim_{x \to 1} \frac{3x^2 - 3}{3x^2 - 2x - 1} = \lim_{x \to 1} \frac{6x}{6x - 2} = \frac{3}{2}$$

需要说明的是: 使用(尤其是重复使用)洛必达法则时, 需注意检验每一步是否满足法则的条件, 上例中的 $\lim\limits_{x \to 1} \frac{6x}{6x - 2}$ 已不是未定式, 不能再对它应用洛必达法则, 否则会导致错误结果.

例 3-26 求极限 $\lim\limits_{x \to 0} \frac{\tan x - x}{x^3}$

解 此为“$\frac{0}{0}$”型未定式, 由法则 1 有

$$\lim_{x \to 0} \frac{\tan x - x}{x^3} = \lim_{x \to 0} \frac{\sec^2 x - 1}{3x^2} = \frac{1}{3} \lim_{x \to 0} \frac{\tan^2 x}{x^2} = \frac{1}{3}$$

法则 1 对 $x\to\infty$ 的情况同样适用.

例 3－27　求极限 $\lim\limits_{x\to\infty}\dfrac{\tan\dfrac{2}{x}}{\tan\dfrac{4}{x}}$.

解　此为“$\dfrac{0}{0}$”型未定式，运用法则有

$$\lim_{x\to\infty}\frac{\tan\dfrac{2}{x}}{\tan\dfrac{4}{x}}=\lim_{x\to\infty}\frac{\sec^2\dfrac{2}{x}\left(-\dfrac{2}{x^2}\right)}{\sec^2\dfrac{4}{x}\left(-\dfrac{4}{x^2}\right)}=\frac{1}{2}\lim_{x\to\infty}\frac{\sec^2\dfrac{2}{x}}{\sec^2\dfrac{4}{x}}=\frac{1}{2}$$

2.“$\dfrac{\infty}{\infty}$”型未定式

法则 2　设函数 $f(x)$ 和 $g(x)$ 满足条件：

(1) $\lim\limits_{x\to a}f(x)=\lim\limits_{x\to a}g(x)=\infty$；

(2) 在点 a 的某个邻域内，$f'(x)$，$g'(x)$ 存在，且 $g'(x)\neq 0$；

(3) $\lim\limits_{x\to a}\dfrac{f'(x)}{g'(x)}$ 存在(或为 ∞)，

则有

$$\boxed{\lim_{x\to a}\frac{f(x)}{g(x)}=\lim_{x\to a}\frac{f'(x)}{g'(x)}}\tag{3-3}$$

法则 2 给出了求“$\dfrac{\infty}{\infty}$”型未定式的极限问题的一种方法.

例 3－28　求极限 $\lim\limits_{x\to 0^+}\dfrac{\ln x}{\cot x}$.

解　此为“$\dfrac{\infty}{\infty}$”型未定式，运用法则 2 有

$$\lim_{x\to 0^+}\frac{\ln x}{\cot x}=\lim_{x\to 0^+}\frac{\dfrac{1}{x}}{-\csc^2 x}=-\lim_{x\to 0^+}\frac{\sin x}{x}\lim_{x\to 0^+}\sin x=0$$

例 3－29　求极限 $\lim\limits_{x\to 0^+}\dfrac{\ln\sin x}{\ln\sin 3x}$.

解　此为“$\dfrac{\infty}{\infty}$”型未定式，运用法则 2 有

$$\begin{aligned}\lim_{x\to 0^+}\frac{\ln\sin x}{\ln\sin 3x}&=\lim_{x\to 0^+}\frac{\dfrac{1}{\sin x}\cos x}{\dfrac{1}{\sin 3x}\cos 3x\times 3}\\&=\frac{1}{3}\lim_{x\to 0^+}\frac{\sin 3x}{\sin x}\lim_{x\to 0^+}\frac{\cos x}{\cos 3x}\end{aligned}$$

$$=\frac{1}{3}\lim_{x\to 0^+}\frac{\sin 3x}{\sin x}=1$$

法则 2 对 $x\to\infty$ 的情况同样适用.

例 3-30 求极限 $\lim\limits_{x\to\infty}\frac{3x^2+5x}{6x^2+2x-1}$.

解 此为“$\frac{\infty}{\infty}$”型未定式,重复运用法则有

$$\lim_{x\to\infty}\frac{3x^2+5x}{6x^2+2x-1}=\lim_{x\to\infty}\frac{6x+5}{12x+2}=\lim_{x\to\infty}\frac{6}{12}=\frac{1}{2}$$

习 题 3-4

用洛必达法则求下列函数的极限:

(1) $\lim\limits_{x\to a}\frac{\tan x-\tan a}{x-a}$;

(2) $\lim\limits_{x\to 1}\frac{x^3-3x+2}{x^3-5x+4}$;

(3) $\lim\limits_{x\to 0}\frac{a^x-1}{x}$;

(4) $\lim\limits_{x\to +\infty}\frac{(\ln x)^2}{x}$;

(5) $\lim\limits_{x\to 0}\frac{e^x-1}{xe^x+e^x-1}$;

(6) $\lim\limits_{x\to 0}\frac{x-\ln(x+1)}{x^2}$;

(7) $\lim\limits_{x\to 0}\frac{x-\sin x}{x^3}$;

(8) $\lim\limits_{x\to 0}\frac{\tan x-x}{x-\sin x}$;

(9) $\lim\limits_{x\to 0}\frac{\arctan x-x}{\ln(1+x^3)}$;

(10) $\lim\limits_{x\to 0}\frac{x-x\cos x}{x-\sin x}$.

数学的本质在于它的自由.

康托尔

3.5 提示与提高

1. 微分中值定理

(1) 拉格朗日中值定理

例 3-31 设 $f(x)$ 在 $(-\infty,+\infty)$ 内可导,且 $\lim\limits_{x\to\infty}f'(x)=e^2$, $\lim\limits_{x\to\infty}\left(\frac{x+c}{x}\right)^x=\lim\limits_{x\to\infty}(f(x+1)-f(x))$,求常数 c.

解 $\lim\limits_{x\to\infty}\left(\frac{x+c}{x}\right)^x=\lim\limits_{x\to\infty}\left(1+\frac{c}{x}\right)^x=e^c$

根据拉格朗日中值定理,有

$$f(x+1)-f(x)=f'(\xi)(x+1-x)=f'(\xi)\quad(\xi\text{ 介于 }x\text{ 和 }x+1\text{ 之间})$$

所以 $$\lim_{x\to\infty}(f(x+1)-f(x))=\lim_{x\to\infty}f'(\xi)=\lim_{\xi\to\infty}f'(\xi)=\mathrm{e}^2$$

于是 $$\mathrm{e}^c=\mathrm{e}^2,\quad c=2$$

例 3-32　证明不等式：$|\arctan b-\arctan a|\leqslant|b-a|$.

证　设 $f(x)=\arctan x$，显然函数 $f(x)$ 在 $[a,b]$（或 $[b,a]$）上满足拉格朗日中值定理的条件，所以有

$$\arctan b-\arctan a=\frac{1}{1+\xi^2}(b-a)\quad(\xi\text{ 在 }a,b\text{ 之间})$$

$$|\arctan b-\arctan a|=\frac{1}{1+\xi^2}|b-a|\leqslant|b-a|,$$

即 $$|\arctan b-\arctan a|\leqslant|b-a|.$$

技巧提示：利用拉格朗日中值定理证明不等式，应考虑选择适当的辅助函数.

(2) 罗尔定理　设函数 $f(x)$ 满足条件：

1) 在闭区间 $[a,b]$ 上连续；

2) 在开区间 (a,b) 内可导；

3) $f(a)=f(b)$，

则在 (a,b) 内至少存在一点 ξ，使得

$$\boxed{f'(\xi)=0\quad(a<\xi<b)}\tag{3-4}$$

(3) 柯西中值定理　设函数 $f(x)$ 和 $g(x)$ 满足条件：

1) 在闭区间 $[a,b]$ 上连续；

2) 在开区间 (a,b) 内可导；

3) $g'(x)\neq0$，

则在 (a,b) 内至少存在一点 ξ，使得

$$\boxed{\frac{f(b)-f(a)}{g(b)-g(a)}=\frac{f'(\xi)}{g'(\xi)}\quad(a<\xi<b)}\tag{3-5}$$

2. 利用函数单调性证明不等式

例 3-33　证明：当 $x>0$ 时，$\cos x>1-\dfrac{x^2}{2}$.

证　设 $f(x)=\cos x-1+\dfrac{x^2}{2}$，则

$$f'(x)=-\sin x+x$$
$$f''(x)=-\cos x+1$$

当 $x>0$ 时，$f''(x)>0$，$f'(x)$ 单调增加，$f'(x)>f'(0)=0$，

所以 $f(x)$ 单调增加，$f(x)>f(0)=0$，即 $\cos x>1-\dfrac{x^2}{2}$.

技巧提示：利用函数的单调性证明不等式时，需先确定 $f'(x)$ 的符号，若 $f'(x)$ 的符号不能明显确定，则需进一步确定 $f''(x)$（或 $f'(x)$ 某一部分的导数）的符号.

例 3-34 证明：当 $x_2>x_1>e$ 时，$\frac{\ln x_2}{\ln x_1}<\frac{x_2}{x_1}$.

证 原不等式可等价地写为

$$\frac{\ln x_2}{x_2}<\frac{\ln x_1}{x_1}$$

设 $f(x)=\frac{\ln x}{x}$，则当 $x_2>x_1>e$ 时，有

$$f'(x)=\frac{1-\ln x}{x^2}<0$$

所以 $f(x)$ 单调减少，$f(x_2)<f(x_1)$，即 $\frac{\ln x_2}{\ln x_1}<\frac{x_2}{x_1}$.

技巧提示：通过选择适当的辅助函数，原不等式的证明问题就转化为证明函数的单调性问题.

例 3-35 证明：$\pi^5>5^\pi$

证 原不等式可等价地写为 $5\ln\pi>\pi\ln 5$（原不等式两边取对数），因为 $5>\pi$，所以由上例结果知：$\frac{\ln 5}{\ln\pi}<\frac{5}{\pi}$，故 $5\ln\pi>\pi\ln 5$，即 $\pi^5>5^\pi$.

3. 与切线有关的最值问题

例 3-36 过曲线 $\frac{x^2}{4}+y^2=1\ (x\geqslant 0, y\geqslant 0)$ 上任意点作该曲线的切线，且切线夹在两坐标轴之间的部分为 L，求 L 达到最小时切点的横坐标.

解 设曲线 $\frac{x^2}{4}+y^2=1\ (x\geqslant 0,\ y\geqslant 0)$ 上任一点为 (x_0, y_0)，由例 2-57 的结果知，曲线在点 (x_0, y_0) 处的切线为

$$\frac{xx_0}{4}+yy_0=1$$

即

$$\frac{x}{\frac{4}{x_0}}+\frac{y}{\frac{1}{y_0}}=1$$

设 $F=L^2=\frac{16}{x_0^2}+\frac{1}{y_0^2}=\frac{16}{x_0^2}+\frac{4}{4-x_0^2}$，则

$$F'=-\frac{32}{x_0^3}+\frac{8x_0}{(4-x_0^2)^2}$$

当 $F'=0$ 时，

$$32(4-x_0^2)^2=8x_0^4$$

$$2(4-x_0^2)=x_0^2$$

$$x_0=\frac{2}{3}\sqrt{6}$$

因为 $F''\Big|_{x_0=\frac{2}{3}\sqrt{6}}>0$，从而当切点横坐标为 $x_0=\frac{2}{3}\sqrt{6}$ 时，F 取最小值，即 L 取最小值.

技巧提示：上例对 F 求导时，不要对式 $\frac{16}{x_0^2}+\frac{4}{4-x_0^2}$ 通分，分项求导有利于求解 x_0.

> 数学具有双重性：一方面它是一门独立的学科，其中的价值观取决于精确性与内在美；另一方面，它又是实用世界中各种工具的丰富源泉. 这种双重性的两个方面紧密关联.
>
> **P. A. Griffiths**

4. 曲线的斜渐近线

定理 2　如果函数 $f(x)$ 满足：

(1) $\lim\limits_{x\to\infty}\frac{f(x)}{x}=k$；

(2) $\lim\limits_{x\to\infty}[f(x)-kx]=b$，

则曲线 $f(x)$ 有斜渐近线 $y=kx+b$.

例 3-37　求曲线 $f(x)=x+\arctan x$ 的斜渐近线（见图 3-25）.

解　因为

$$k=\lim_{x\to\infty}\frac{f(x)}{x}=\lim_{x\to\infty}\frac{x+\arctan x}{x}=1$$

$$b_1=\lim_{x\to+\infty}[f(x)-kx]=\lim_{x\to+\infty}\arctan x=\frac{\pi}{2}$$

$$b_2=\lim_{x\to-\infty}[f(x)-kx]=\lim_{x\to-\infty}\arctan x=-\frac{\pi}{2}$$

所以曲线的斜渐近线方程为 $y=x+\frac{\pi}{2}$ 及 $y=x-\frac{\pi}{2}$.

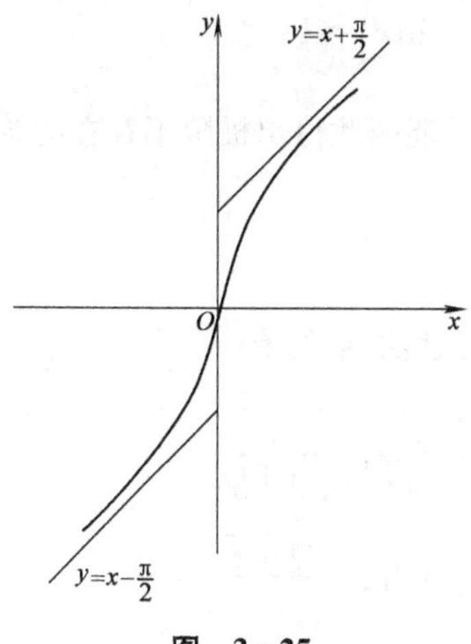

图　3-25

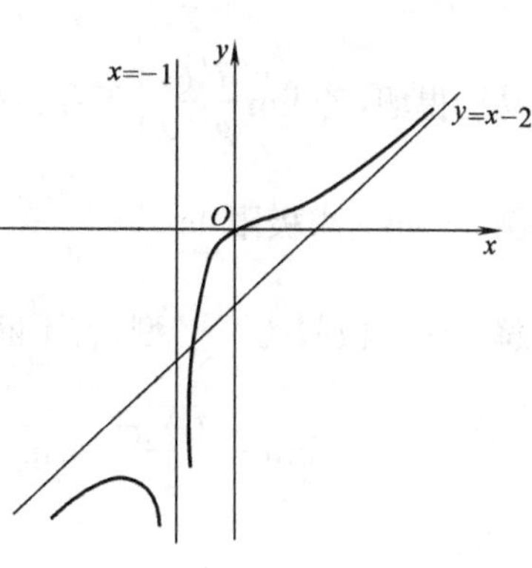

图　3-26

例 3-38 求曲线 $f(x)=\dfrac{x^3}{(x+1)^2}$的渐近线.

解 因为 $k=\lim\limits_{x\to\infty}\dfrac{f(x)}{x}=\lim\limits_{x\to\infty}\dfrac{x^2}{(x+1)^2}=1$

$$b=\lim_{x\to\infty}[f(x)-kx]=\lim_{x\to\infty}\left(\frac{x^3}{(x+1)^2}-x\right)=-2$$

所以,曲线 $f(x)=\dfrac{x^3}{(x+1)^2}$有斜渐近线 $y=x-2$.

又因为
$$\lim_{x\to-1}f(x)=\infty$$

所以,曲线 $f(x)=\dfrac{x^3}{(x+1)^2}$有垂直渐近线 $x=-1$(如图 3-26 所示).

需要说明的是:曲线有时会穿过其斜渐近线。

5. 洛必达法则

(1) 洛必达法则是利用导数求未定式极限的一个充分性法则,使用时应注意其局限性.

例 3-39 求极限$\lim\limits_{x\to\infty}\dfrac{x+\sin x}{x}$.

解 $\lim\limits_{x\to\infty}\dfrac{x+\sin x}{x}=\lim\limits_{x\to\infty}\dfrac{1+\cos x}{1}=1+\lim\limits_{x\to\infty}\cos x$

因$\lim\limits_{x\to\infty}\cos x$ 不存在,故不能使用洛必达法则.

其实,当 $x\to\infty$时,$\dfrac{1}{x}$是无穷小,$\sin x$ 是有界变量,所以,根据无穷小的第三个性质知:$\lim\limits_{x\to\infty}\dfrac{1}{x}\sin x=0$,故

$$\lim_{x\to\infty}\frac{x+\sin x}{x}=\lim_{x\to\infty}\left(1+\frac{1}{x}\sin x\right)=1$$

易错提醒:若 $\lim\dfrac{f'(x)}{g'(x)}$不存在或不可求,不能因此得出极限不存在的结论.

例 3-40 求极限 $\lim\limits_{x\to+\infty}\dfrac{\sqrt{1+x^2}}{x}$.

解 所求极限为“$\dfrac{\infty}{\infty}$”型,若不断地运用洛必达法则,则有

$$\lim_{x\to+\infty}\frac{\sqrt{1+x^2}}{x}=\lim_{x\to+\infty}\frac{(\sqrt{1+x^2})'}{x'}=\lim_{x\to+\infty}\frac{x}{\sqrt{1+x^2}}$$

$$=\lim_{x\to+\infty}\frac{x'}{(\sqrt{1+x^2})'}=\lim_{x\to+\infty}\frac{\sqrt{1+x^2}}{x}=\cdots$$

如此周而复始,总也求不出极限,因此洛必达法则对于该题失效.

其实求此极限应在分式的分子、分母上同时除以 x,即

$$\lim_{x\to+\infty}\frac{\sqrt{x^2+1}}{x}=\lim_{x\to+\infty}\sqrt{1+\frac{1}{x^2}}=1$$

(2) 注意解题技巧,避免出现"越做越繁"或无限循环等情况.

例 3-41　求极限$\lim\limits_{x\to\frac{\pi}{2}}\frac{\tan3x}{\tan5x}$.

解　$\lim\limits_{x\to\frac{\pi}{2}}\frac{\tan3x}{\tan5x}=\lim\limits_{x\to\frac{\pi}{2}}\frac{\cot5x}{\cot3x}=\lim\limits_{x\to\frac{\pi}{2}}\frac{-\csc^2 5x\times5}{-\csc^2 3x\times3}=\frac{5}{3}$

技巧提示:上例把"$\frac{\infty}{\infty}$"型化成"$\frac{0}{0}$"型后才使用洛必达法则,直接使用法则会"越做越繁".

例 3-42　求极限$\lim\limits_{x\to0}\frac{x-\arctan x}{(2+x)\sin^3 x}$.

解　$\lim\limits_{x\to0}\frac{x-\arctan x}{(2+x)\sin^3 x}=\lim\limits_{x\to0}\frac{1}{2+x}\lim\limits_{x\to0}\frac{x-\arctan x}{x^3}=\frac{1}{2}\lim\limits_{x\to0}\frac{1-\frac{1}{1+x^2}}{3x^2}$

$$=\frac{1}{2}\lim_{x\to0}\frac{1}{1+x^2}\lim_{x\to0}\frac{(1+x^2)-1}{3x^2}=\frac{1}{2}\lim_{x\to0}\frac{x^2}{3x^2}=\frac{1}{6}$$

技巧提示:注意将算式中的非未定式$\lim\limits_{x\to0}\frac{1}{2+x}$和$\lim\limits_{x\to0}\frac{1}{1+x^2}$及时分离出来,否则会把问题复杂化.

(3) 某些"$0\cdot\infty$"或"$\infty-\infty$"型未定式可化为"$\frac{0}{0}$"或"$\frac{\infty}{\infty}$"型后使用洛必达法则求解.

例 3-43　求极限 $\lim\limits_{x\to0^+}x\ln x$.

解　此为"$0\cdot\infty$"型未定式,可化为"$\frac{\infty}{\infty}$"型未定式

$$\lim_{x\to0^+}x\ln x=\lim_{x\to0^+}\frac{\ln x}{\frac{1}{x}}=\lim_{x\to0^+}\frac{\frac{1}{x}}{-\frac{1}{x^2}}=-\lim_{x\to0^+}x=0$$

例 3-44　求极限$\lim\limits_{x\to0}\left(\frac{1}{x}-\frac{2}{e^{2x}-1}\right)$.

解　此为"$\infty-\infty$"型未定式,可化为"$\frac{0}{0}$"型未定式

$$\lim_{x\to0}\left(\frac{1}{x}-\frac{2}{e^{2x}-1}\right)=\lim_{x\to0}\frac{e^{2x}-1-2x}{x(e^{2x}-1)}=\lim_{x\to0}\frac{2e^{2x}-2}{e^{2x}-1+2xe^{2x}}$$

$$=\lim_{x\to0}\frac{4e^{2x}}{4e^{2x}+4xe^{2x}}=\lim_{x\to0}\frac{1}{1+x}=1$$

(4) 对于"0^0""1^∞""∞^0"型的未定式，可先用对数恒等式 $N=e^{\ln N}$ $(N>0)$或取对数法将函数变形，然后再用初等函数的连续性及洛必达法则即可求出结果.

例 3-45 求极限 $\lim\limits_{x\to0^+}x^x$.

解 此为"0^0"未定式，把它作变换：$x^x=e^{\ln x^x}=e^{x\ln x}$.
利用例 3-43 结果，得

$$\lim_{x\to0^+}x^x=\lim_{x\to0^+}e^{x\ln x}=e^0=1$$

例 3-46 求极限 $\lim\limits_{x\to0^+}(\sin x)^x$.

解 此为"0^0"未定式，把它作变换：$(\sin x)^x=e^{\ln(\sin x)^x}=e^{x\ln(\sin x)}=e^{\frac{\ln\sin x}{\frac{1}{x}}}$.
可以看出 $\lim\limits_{x\to0^+}\dfrac{\ln\sin x}{\dfrac{1}{x}}$为"$\dfrac{\infty}{\infty}$"型未定式，可应用洛比达法则作计算

$$\lim_{x\to0^+}\frac{\ln\sin x}{\frac{1}{x}}=\lim_{x\to0^+}\frac{\frac{1}{\sin x}\cos x}{-\frac{1}{x^2}}=-\lim_{x\to0^+}\frac{x^2\cos x}{\sin x}$$

$$=-\lim_{x\to0^+}\left(x\cos x\frac{x}{\sin x}\right)=0$$

所以

$$\lim_{x\to0^+}(\sin x)^x=e^0=1$$

6. 一题多解

例 3-47 求极限 $\lim\limits_{x\to0^+}(\cos x)^{\frac{1}{x^2}}$.

解法 1 此为"1^∞"型未定式，把它作变换：$(\cos x)^{\frac{1}{x^2}}=e^{\ln(\cos x)^{\frac{1}{x^2}}}=e^{\frac{\ln\cos x}{x^2}}$.
因为

$$\lim_{x\to0^+}\frac{\ln\cos x}{x^2}=\lim_{x\to0^+}\frac{\frac{1}{\cos x}(-\sin x)}{2x}=-\lim_{x\to0^+}\frac{\sin x}{x}\frac{1}{2\cos x}=-\frac{1}{2}$$

所以

$$\lim_{x\to0^+}(\cos x)^{\frac{1}{x^2}}=e^{-\frac{1}{2}}$$

解法 2 $$\lim_{x\to0^+}(\cos x)^{\frac{1}{x^2}}=\lim_{x\to0^+}\left[\left(1-2\sin^2\frac{x}{2}\right)^{\frac{1}{-2\sin^2\frac{x}{2}}}\right]^{\frac{-2\sin^2\frac{x}{2}}{x^2}}$$

$$=\exp\lim_{x\to0^+}\frac{-2\sin^2\frac{x}{2}}{x^2}=\exp\lim_{x\to0^+}\frac{-2\left(\frac{x}{2}\right)^2}{x^2}=\exp\left(-\frac{1}{2}\right)=e^{-\frac{1}{2}}$$

7. 曲线凹凸的另一种等价定义

设 $f(x)$ 在区间 I 上连续，如果对 I 上任意两点 x_1,x_2，恒有 $f\left(\frac{x_1+x_2}{2}\right)<\frac{f(x_1)+f(x_2)}{2}$ 成立，那么称 $f(x)$ 在 I 上的图像是凹的（或凹弧），如图 3－27a 所示；如果恒有 $f\left(\frac{x_1+x_2}{2}\right)>\frac{f(x_1)+f(x_2)}{2}$ 成立，那么称 $f(x)$ 在 I 上的图像是凸的（或凸弧），如图 3－27b 所示.

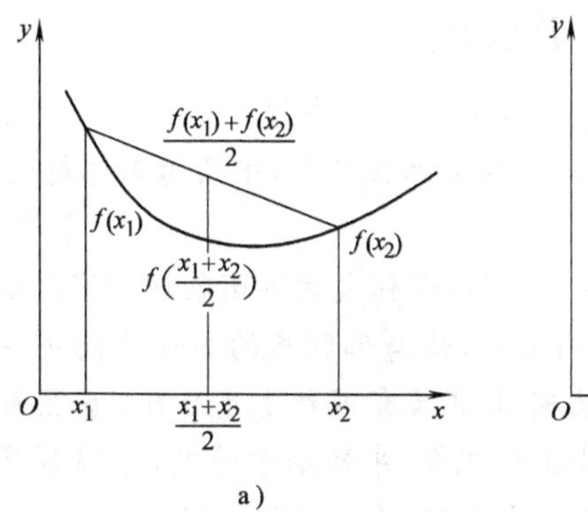

a)

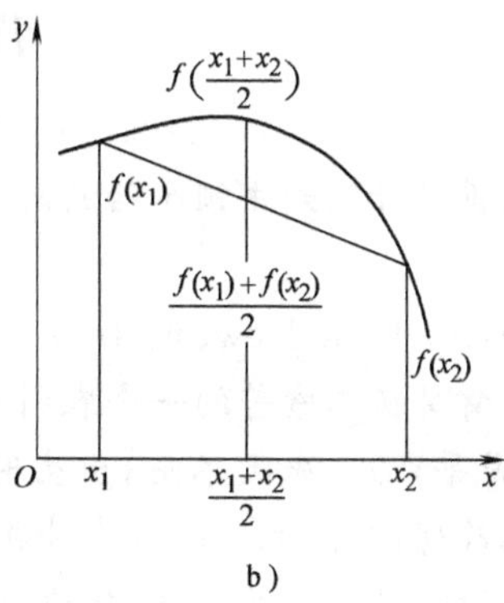

b)

图　3－27

习　题　3－5

1. 不用求出函数 $f(x)=x(x^2-1)$ 的导数，说明方程 $f'(x)=0$ 有几个实根，并指出它们所在的区间.

2. 说明方程 $f(x)=x^3+x-1=0$ 在 $(0,1)$ 内不可能有两个不等的实根.

3. 利用拉格朗日中值定理证明下列不等式：

(1) 若 $x>0$，试证 $\frac{x}{1+x^2}<\arctan x<x$；

(2) 若 $0<a\leqslant b$，试证 $\frac{b-a}{b}\leqslant\ln\frac{b}{a}\leqslant\frac{b-a}{a}$.

4. 用洛必达法则求下列函数的极限：

(1) $\lim\limits_{x\to 0}\left[\frac{1}{x}+\frac{1}{x^2}\ln(1-x)\right]$；　　(2) $\lim\limits_{x\to 0}\left[\frac{1}{x}-\frac{1}{\ln(1+x)}\right]$；

(3) $\lim\limits_{x\to\frac{\pi}{2}}(\sec x-\tan x)$；　　(4) $\lim\limits_{x\to 1}(1-x)\tan\left(\frac{\pi}{2}x\right)$；

(5) $\lim\limits_{x\to+\infty}x^{\frac{1}{x}}$；　　(6) $\lim\limits_{x\to 0^+}(\cot x)^{\frac{1}{\ln x}}$.

5. 证明：当 $x\geqslant 0$ 时，$\ln(1+x)\geqslant\frac{\arctan x}{1+x}$.

6. 证明：当 $x>0$ 时，$1+x\ln(x+\sqrt{1+x^2})>\sqrt{1+x^2}$.

7. 证明:当 $0<x_1<x_2<\frac{\pi}{2}$ 时,$\frac{\tan x_2}{\tan x_1}>\frac{x_2}{x_1}$.

8. 设 $f(x)$ 对一切 x 满足方程 $xf''(x)+3x[f'(x)]^2=1-e^{-x}$,若 $f'(x_0)=0$,其中 $x_0\neq 0$,证明:函数 $f(x)$ 在点 x_0 处取得极小值.

9. 求位于第一象限中的圆弧 $x^2+y^2=1$ 上的一点,使该点的切线与圆弧及两坐标轴所围的图像的面积最小.

10. 描绘函数 $y=\frac{x^3+4}{x^2}$ 的图像.

背景聚焦

最伟大的科学巨匠——牛顿

在从世界开始到牛顿生活的时代的全部数学中,牛顿的工作超过了一半.

莱布尼茨

牛顿(Sir Isaac Newton,1642—1727)是伟大的英国物理学家和数学家.他出生于林肯郡伍尔索普的一个农村家庭,恰与伽利略的去世是同年.牛顿是遗腹子,又是早产儿,先天不足,出生时体重只有不到 1.5 公斤,差点夭折.他两岁时母亲改嫁,此后他只能依靠外祖母抚养.牛顿小学时期,体弱多病,性格腼腆,有些迟钝,学习成绩不佳.但他意志坚强,有不服输的劲头.

牛顿 12 岁进入金格斯中学上学.那时他喜欢自己设计风筝、风车、日晷等玩意儿.他制作的一架精巧的风车,别出心裁,内放老鼠一只,名曰“老鼠开磨坊”,连大人看了都赞不绝口.

1656 年牛顿继父去世,母亲让牛顿停学务农,但他学习入迷,经常因看书思考而误活.在舅舅的关怀下,1661 年,他进入剑桥大学三一学院学习,得到著名数学家巴罗的赏识和指导.他先后钻研了开普勒的《光学》、欧几里得的《几何学原本》等名著.1665 年他大学毕业,成绩平平.这年夏天伦敦发生鼠疫,牛顿暂时离开剑桥,回到伍尔索普乡下待了 18 个月.这 18 个月竟为牛顿一生科学的重大发现奠定了坚实的基础.1667 年牛顿返回剑桥大学,进三一学院攻读研究生,1668 年获得硕士学位.次年巴罗教授主动让贤,推荐牛顿继任“卢卡斯自然科学讲座”的数学教授.牛顿时年 27 岁,从此在剑桥一待 30 年. 1672 年牛顿入选英国皇家学会会员;1689 年当选为英国国会议员;1696 年出任皇家造币厂厂长;1703 年当选为皇家学会会长;1705 年英国女王加封牛顿为艾萨克爵士.

牛顿是 17 世纪最伟大的科学巨匠.他的成就遍及物理学、数学、天体力学的各个领域.牛顿在物理学上最主要的成就是发现了万有引力定律,综合并表述了经典力学的 3 个基本定律——惯性定律、力与加速度成正比的定律、作用力和反作用力定律;引入了质量、动量、力、加速度、向心力等基本概念,从而建立了经典力学的公理体系,完成了物理发展史上的第一次大综合,建立了自然科学发展史上的里程碑,其重要标志是他于 1687 年所发表的《自然哲学的数学原理》(简称《原理》)这一巨著. 在光学上,他做了用棱镜把白光分解为七色光(色散)的实验研究;发现了色差;研究了光的干涉和衍射现象,发现了牛顿环;制造了以凹面反射镜替代透镜的“牛顿望远镜”;1704 年出版了他的《光学》专著,阐述了自己的光学研究的成果.

在数学方面,牛顿从二项式定理到微积分,从代数和数论到古典几何和解析几何、有限差分、曲线分类、计算方法和逼近论,甚至在概率论等方面,都有创造性的成就和贡献. 特别是他与德国数学家莱布尼茨各自独立创建的“微积分学”被誉为人类思维的伟大成果之一.

牛顿的一生遇到不少争论和麻烦. 例如,关于万有引力发现权等问题,胡克与他争辩不休,差点影响了《原理》的出版;关于微积分发明权的问题,与莱布尼茨以及德英两国科学家争吵不止,给内向的牛顿带来极大的痛苦. 40 岁以后,他把兴趣转向政治、化学(贱金属变成黄金)、神学问题,写了近 200 万字的著作,却毫无学术价值. 常言道“人无完人,金无足赤”,但是牛顿终归是伟大的牛顿,他的科学贡献将永载史册.

1727 年 3 月 31 日,牛顿因肾结石症,医治无效,在伦敦去世,终年 86 岁. 他死后被安葬在威斯敏斯特大教堂之内,与英国的先贤们安葬在一起. 后人为纪念他,将力的单位定名为牛顿. 英国著名诗人 A. 波普为他写了一个碑铭,镶嵌在牛顿出生的房屋的墙壁上:

“道法自然,久藏玄冥; 天降牛顿,万物生明.”

复习题 3

[A]

1. 填空题

(1) 函数 $y=x^2-3x+2$ 在区间 $[1,4]$ 上满足拉格朗日中值定理的 $\xi=$________.

(2) 函数 $y=x+\frac{4}{x}$ $(x>0)$ 单调增加的区间为________.

(3) 函数 $y=2x^3-6x^2$ 极大值为________,极小值为________.

(4) 若 x_0 是函数 $f(x)$ 的极值点,且函数在该点具有二阶导数,则 $f'(x_0)$________, $f''(x_0)$________.

(5) 曲线 $y=xe^x$ 的凹区间为________.

(6) 函数 $y=\arctan\dfrac{x}{x+1}$的水平渐近线为__________.

(7) $\lim\limits_{x\to0}\dfrac{e^{2x}-2e^{x}+1}{x^2}=$__________.

2. 选择题

(1) 极限$\lim\limits_{x\to\frac{\pi}{2}}\dfrac{\cot x}{\cot 3x}$的值为(　　).

A. $-\dfrac{1}{3}$;　　B. -1;　　C. 1;　　D. $\dfrac{1}{3}$.

(2) 曲线 $y=f(x)$在给定区域满足 $y'>0,y''<0$,则该曲线可能的图像是(　　).

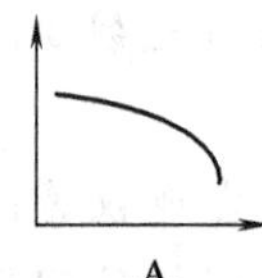
A.

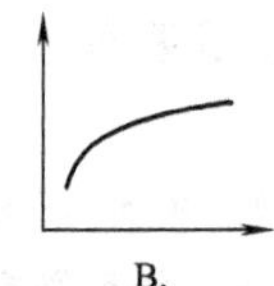
B.

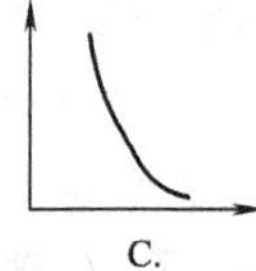
C.

D.

(3) 函数 $y=x-\ln(1+x)$的单调减少区间是(　　).

A. $(-1,+\infty)$;　　B. $(-1,0)$;　　C. $(0,+\infty)$;　　D. $(-\infty,-1)$.

(4) 曲线 $y=9x^5-30x^4+30x^3+x+1$ 的拐点为(　　).

A. $(0,1)$;　　B. $x=1$;　　C. $(1,11)$;　　D. $x=0$.

(5) 函数 $f(x)=\dfrac{x^2+2x+2}{(x-2)(x-1)}$的渐近线有(　　).

A. 1 条;　　B. 2 条;　　C. 3 条;　　D. 4 条.

3. 求下列函数的极限:(1) $\lim\limits_{x\to+\infty}\dfrac{x^2+\ln x}{x\ln x}$;(2) $\lim\limits_{x\to0}\dfrac{\arctan x^2}{xe^{x}-\sin x}$.

4. 求函数 $y=x+\sqrt{1-x}$的极值.

5. 一条船停泊在距岸 9km 处,现需派人送信给距船 $3\sqrt{34}$km 处的海岸哨站. 如果人的步行速度为 5km/h,船速为 4km/h,问应在何处登岸才可使抵达哨站的时间为最短?

6. 作函数 $y=\dfrac{1-2x}{x^2}+1\ (x>0)$的图像.

[B]

1. 填空题

(1) 函数 $y=\dfrac{x^2}{x^2-1}$的凸区间为__________.

(2) 函数 $y=x^3e^{-x}$的极________值为__________.

(3) 设函数 $y=f(x)$二阶可导,且 $f'(x)<0,f''(x)<0$,当 $\Delta x>0$ 时,比较 Δy 与 dy 的大小,Δy ________ dy.

(4) 函数 $y=\sqrt{1+x^2}$的斜渐近线为__________.

(5) $\lim\limits_{x\to0^+}\dfrac{e^{-\frac{1}{x}}}{x}=$__________，$\lim\limits_{x\to0^+}\sqrt{x}\ln x=$__________.

2. 选择题

(1) 设 $f(x)$ 有连续导数，且 $f'(2)=2, f(2)=1$，则 $\lim\limits_{x\to2}\dfrac{[f(x)]^3-1}{x-2}=$（　　）.

A. 1；　　B. 3；　　C. 2；　　D. 6.

(2) 已知 $f'(x)=(x-1)(x-2)$，则曲线 $f(x)$ 在区间 $\left(\dfrac{3}{2},2\right)$ 上是（　　）.

A. 单调增加且是凹的；　　B. 单调减少且是凹的；

C. 单调增加且是凸的；　　D. 单调减少且是凸的.

(3) 函数 $f(x)$ 的图像如图 3-28 所示.

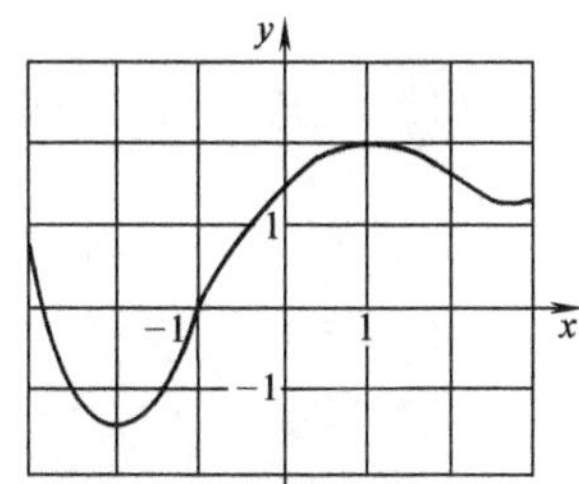

图　3-28

下列 4 个图中（　　）是 $f(x)$ 的导函数图像.

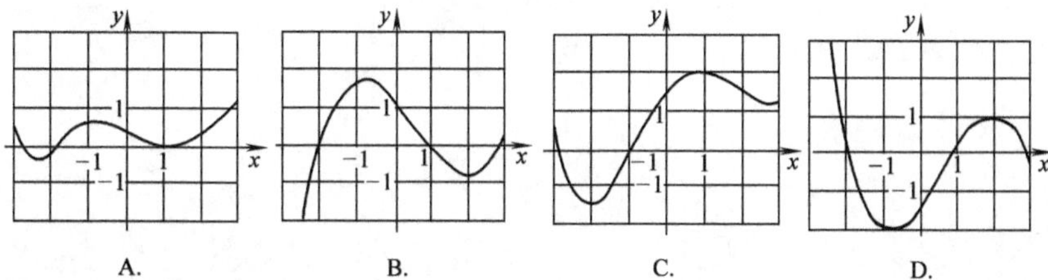

(4) 曲线 $y=e^{-\frac{1}{x}}$（　　）.

A. 既有水平渐近线，又有垂直渐近线；　B. 只有水平渐近线；

C. 只有垂直渐近线；　　D. 没有渐近线.

(5) 若 $f'(0)=0$，且 $\lim\limits_{x\to0}\dfrac{f'(x)}{x}=-1$，则 $f(0)$ 必为（　　）.

A. 0；　　B. 极小值；　　C. 极大值；　　D. 非极值.

3. 求 $\lim\limits_{x\to+\infty}\dfrac{x^\alpha+\ln x}{2x^\alpha}$ $(\alpha>0)$.

4. 证明：当 $x>0$ 时，$\ln(1+x)<\dfrac{x}{\sqrt{1+x}}$.

5. 证明：若函数 $f(x)$ 在 $(-\infty,+\infty)$ 内满足 $f'(x)=f(x)$，且 $f(0)=1$，则 $f(x)=e^x$.

6. 证明：曲线 $y=\dfrac{x-1}{x^2+1}$ 有三个拐点位于同一直线上.

7. 求函数 $f(x)=(x-2)\sqrt[3]{x^2}$ 的极值.

8. 要使内接于一个半径为 6cm 的球内的圆锥体的侧面积为最大,问圆锥体的高应为多少?

9. 作出函数 $y=x\ln|x|$ 的图像.

课外学习3

1. 在线学习

欣赏与学习数学艺术:分形艺术网(网页链接及二维码见对应配套电子课件)

目前流行的分形软件一览(网页链接及二维码见对应配套电子课件)

2. 阅读与写作

阅读本章“背景聚焦:最伟大的科学巨匠——牛顿”.

第4章　不定积分

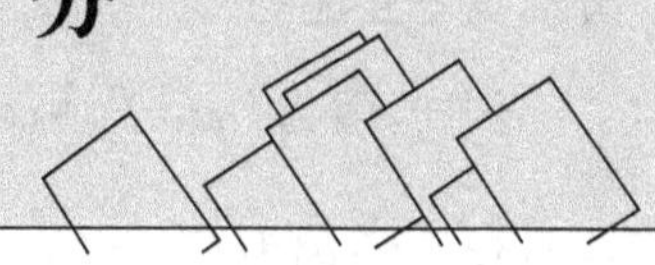

微分学主要是讨论求已知函数的导数或微分的问题，现在我们将讨论它的反问题，即已知一个函数的导数或微分，去寻求原来的函数. 这是积分学的基本问题之一.

4.1　不定积分的概念与基本运算

4.1.1　原函数

定义 1　如果在某一区间上，函数 $F(x)$ 与 $f(x)$ 满足

$$F'(x)=f(x) \quad \text{或} \quad dF(x)=f(x)dx$$

则称在该区间上，函数 $F(x)$ 是 $f(x)$ 的**原函数**.

例如，因为 $(x^2)'=2x$，所以从定义可知，x^2 是 $2x$ 的原函数；又因为 $(x^2+C)'=2x$，所以 x^2+C 也是 $2x$ 的原函数（C 是任意常数）. 因此，若 $F(x)$ 是 $f(x)$ 的原函数，则 $F(x)+C$（C 是任意常数）也是 $f(x)$ 的原函数，而且包含了 $f(x)$ 的所有原函数. 事实上，若 $F(x)$ 和 $G(x)$ 都是 $f(x)$ 的原函数，则 $[G(x)-F(x)]'=f(x)-f(x)=0$，因此，$G(x)-F(x)\equiv C$，即 $G(x)=F(x)+C$，这就是说，$f(x)$ 的任何两个原函数仅差一个常数.

> 数学是什么？数学是根据某些假设，用逻辑的推理得到结论，因为用这么简单的方法，所以数学是一门坚固的科学，它得到的结论是很有效的. 这样的结论自然对学问的各方面都很有应用，不过有一点是很奇怪的，就是这种应用的范围非常大.
>
> 陈省身

4.1.2　不定积分

定义 2　称函数 $f(x)$ 的全体原函数为 $f(x)$ 的**不定积分**，记作 $\int f(x)dx$. 其中 "$\int$" 叫作**积分号**；$f(x)$ 叫作**被积函数**；$f(x)dx$ 叫作**被积表达式**；x 叫作**积分变量**.

从定义可知，若 $F(x)$ 是 $f(x)$ 的原函数，即 $F'(x)=f(x)$，则有

$$\int f(x)\mathrm{d}x = F(x) + C \text{（C 称为积分常数）}$$

可以看出，函数的求导运算与求不定积分运算是互逆的.

例如，因为 $(\sin x)' = \cos x$，所以 $\int \cos x \mathrm{d}x = \sin x + C$；因为 $C' = 0$，所以 $\int 0 \mathrm{d}x = C$

一个函数的不定积分是一个函数族，其几何意义是一族积分曲线. 这族曲线是 $f(x)$ 的一条积分曲线沿 y 轴方向向上或向下平行移动而形成的. 这些曲线在横坐标相同点处的切线斜率都相等，即这些切线互相平行，如图 4－1 所示.

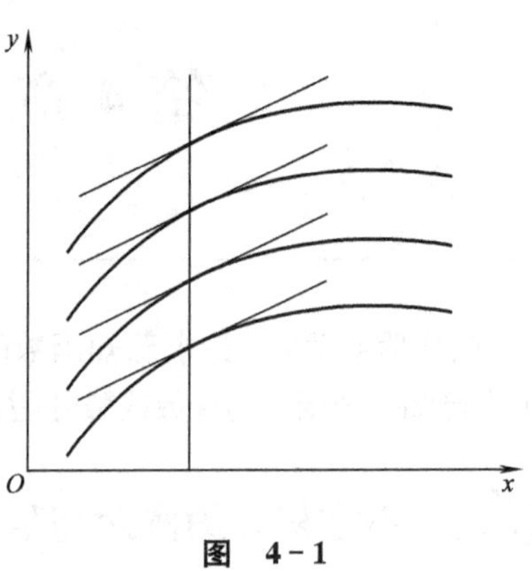

图 4－1

4.1.3 不定积分的基本性质

性质 1 $[\int f(x)\mathrm{d}x]' = f(x)$，或 $\mathrm{d}[\int f(x)\mathrm{d}x] = f(x)\mathrm{d}x$

$$\int f'(x)\mathrm{d}x = f(x) + C，\text{或} \int \mathrm{d}f(x) = f(x) + C$$

性质 2 $\int kf(x)\mathrm{d}x = k\int f(x)\mathrm{d}x$ （k 为常数，且 $k \neq 0$）

性质 3 $\int [f_1(x) + f_2(x) + \cdots + f_n(x)]\mathrm{d}x$

$$= \int f_1(x)\mathrm{d}x + \int f_2(x)\mathrm{d}x + \cdots + \int f_n(x)\mathrm{d}x$$

4.1.4 基本积分运算

因为求不定积分的运算是求导数的逆运算，所以，导数公式表中的每个公式反转过来就得到表 4－1 的不定积分公式表.

表 4－1 基本积分公式

1. $\int 0\mathrm{d}x = C$	2. $\int 1\mathrm{d}x = x + C$
3. $\int x^\alpha \mathrm{d}x = \frac{1}{\alpha+1}x^{\alpha+1} + C$ （$\alpha \neq -1$）	4. $\int \frac{1}{x}\mathrm{d}x = \ln\|x\| + C$
5. $\int \cos x\mathrm{d}x = \sin x + C$	6. $\int \sin x\mathrm{d}x = -\cos x + C$
7. $\int \frac{1}{\cos^2 x}\mathrm{d}x = \tan x + C$	8. $\int \frac{1}{\sin^2 x}\mathrm{d}x = -\cot x + C$

（续）

9. $\int \sec x \tan x \mathrm{d}x = \sec x + C$	10. $\int \csc x \cot x \mathrm{d}x = -\csc x + C$
11. $\int a^x \mathrm{d}x = \frac{a^x}{\ln a} + C$	12. $\int \mathrm{e}^x \mathrm{d}x = \mathrm{e}^x + C$
13. $\int \frac{1}{\sqrt{1-x^2}} \mathrm{d}x = \arcsin x + C = -\arccos x + C$	14. $\int \frac{1}{1+x^2} \mathrm{d}x = \arctan x + C = -\mathrm{arccot} x + C$

下面介绍利用积分表及通过简单的变形求不定积分的方法，这种方法称为直接积分法.

1. 直接利用积分表求不定积分

例 4-1　求$\int x\sqrt[3]{x}\mathrm{d}x$.

解　$\int x\sqrt[3]{x}\mathrm{d}x = \int x^{\frac{4}{3}}\mathrm{d}x = \frac{1}{\frac{4}{3}+1}x^{\frac{4}{3}+1} + C = \frac{3}{7}x^{\frac{7}{3}} + C$

例 4-2　求$\int(\mathrm{e}^x - 3\cos x)\mathrm{d}x$.

解　$\int(\mathrm{e}^x - 3\cos x)\mathrm{d}x = \int \mathrm{e}^x \mathrm{d}x - 3\int \cos x \mathrm{d}x = \mathrm{e}^x - 3\sin x + C$

例 4-3　求$\int\left(3x^2 + \frac{1}{\sqrt{1-x^2}}\right)\mathrm{d}x$.

解

$$\begin{aligned}\int\left(3x^2 + \frac{1}{\sqrt{1-x^2}}\right)\mathrm{d}x &= \int 3x^2\mathrm{d}x + \int \frac{1}{\sqrt{1-x^2}}\mathrm{d}x \\ &= 3\times\frac{x^3}{3} + \arcsin x + C \\ &= x^3 + \arcsin x + C\end{aligned}$$

背景聚焦

雪球融化问题

为求雪球融化的时间，首先建立其数学模型. 假设雪球是一个半径为 r 的球，同时，假设雪球体积的变化率正比于雪球的表面积，此外，还假定已知雪球在两小时中融化了其体积的$\frac{1}{4}$. 设雪球开始时的体积为 V_0，半径为 r_0，两小时时体积为 V_2，半径为 r_2.

雪球的体积为　$$V = \frac{4}{3}\pi r^3$$

两边对时间求导得　$$\frac{\mathrm{d}V}{\mathrm{d}t} = \frac{4}{3}\pi \times 3r^2\frac{\mathrm{d}r}{\mathrm{d}t} = 4\pi r^2\frac{\mathrm{d}r}{\mathrm{d}t} \tag{1}$$

因为雪球体积的变化率正比于雪球的表面积，雪球的表面积为 $4\pi r^2$，所以

$$\frac{\mathrm{d}V}{\mathrm{d}t}=-k(4\pi r^2) \qquad (k>0\text{ 是比例系数}) \tag{2}$$

由式(1)、式(2) 得 $$\frac{\mathrm{d}r}{\mathrm{d}t}=-k, \quad r=-kt+C$$

因为，当 $t=0$ 时，$r=r_0$，所以

$$\begin{aligned} C&=r_0 \\ r&=r_0-kt \end{aligned} \tag{3}$$

因为，当 $t=2$ 时，$r=r_2$，所以

$$r_2=r_0-2k$$

$$k=\frac{r_0-r_2}{2} \tag{4}$$

由式(3)、式(4) 得 $$t=\frac{r_0-r}{k}=\frac{2(r_0-r)}{r_0-r_2}$$

当雪球完全融化时，$r=0$，所以所需时间为

$$t=\frac{2r_0}{r_0-r_2}=\frac{2}{1-\frac{r_2}{r_0}} \tag{5}$$

因为雪球在两小时中融化了其体积的$\frac{1}{4}$，所以

$$\frac{V_2}{V_0}=\frac{\frac{4}{3}\pi r_2^3}{\frac{4}{3}\pi r_0^3}=\left(\frac{r_2}{r_0}\right)^3=\frac{3}{4}$$

$$\frac{r_2}{r_0}=\sqrt[3]{\frac{3}{4}}\approx 0.91$$

由式(5) 得 $$t\approx\frac{2}{1-0.91}\approx 22$$

所以雪球完全融化时所需时间大约为 22 小时.

实际中，若想把南极的冰雪运至缺水的地区，就需估计冰雪融化的时间，当然也可把其形状假定为正方形等.

2. 利用代数变形求不定积分

例 4-4 求$\int(1+2x)^2\sqrt{x}\mathrm{d}x$.

解 $\int(1+2x)^2\sqrt{x}\mathrm{d}x=\int(x^{\frac{1}{2}}+4x^{\frac{3}{2}}+4x^{\frac{5}{2}})\mathrm{d}x$

$$= \int x^{\frac{1}{2}} \mathrm{d}x + 4\int x^{\frac{3}{2}} \mathrm{d}x + 4\int x^{\frac{5}{2}} \mathrm{d}x$$

$$= \frac{2}{3}x^{\frac{3}{2}} + \frac{8}{5}x^{\frac{5}{2}} + \frac{8}{7}x^{\frac{7}{2}} + C$$

例 4-5　求 $\int \frac{\mathrm{e}^{2x}-1}{\mathrm{e}^x+1}\mathrm{d}x$.

解　$$\int \frac{\mathrm{e}^{2x}-1}{\mathrm{e}^x+1}\mathrm{d}x = \int \frac{(\mathrm{e}^x-1)(\mathrm{e}^x+1)}{\mathrm{e}^x+1}\mathrm{d}x$$

$$= \int (\mathrm{e}^x-1)\mathrm{d}x = \mathrm{e}^x - x + C$$

例 4-6　求 $\int \frac{x^4}{1+x^2}\mathrm{d}x$.

解　$$\int \frac{x^4}{1+x^2}\mathrm{d}x = \int \frac{(x^4-1)+1}{1+x^2}\mathrm{d}x$$

$$= \int \left(x^2 - 1 + \frac{1}{1+x^2}\right)\mathrm{d}x$$

$$= \frac{1}{3}x^3 - x + \arctan x + C$$

3. 利用三角变形求不定积分

例 4-7　求 $\int \frac{\cos 2x}{\cos x - \sin x}\mathrm{d}x$.

解　$$\int \frac{\cos 2x}{\cos x - \sin x}\mathrm{d}x = \int \frac{(\cos^2 x - \sin^2 x)}{\cos x - \sin x}\mathrm{d}x$$

$$= \int (\cos x + \sin x)\mathrm{d}x$$

$$= \sin x - \cos x + C$$

例 4-8　求 $\int \frac{1}{\sin^2 x\cos^2 x}\mathrm{d}x$.

解　$$\int \frac{1}{\sin^2 x\cos^2 x}\mathrm{d}x = \int \frac{\sin^2 x + \cos^2 x}{\sin^2 x\cos^2 x}\mathrm{d}x$$

$$= \int \left(\frac{1}{\cos^2 x} + \frac{1}{\sin^2 x}\right)\mathrm{d}x$$

$$= \int \sec^2 x\mathrm{d}x + \int \csc^2 x\mathrm{d}x$$

$$= \tan x - \cot x + C$$

例 4-9　求 $\int \cos^2 \frac{x}{2}\mathrm{d}x$.

解　$$\int \cos^2 \frac{x}{2}\mathrm{d}x = \int \frac{1+\cos x}{2}\mathrm{d}x$$

$$= \frac{1}{2}\int dx + \frac{1}{2}\int \cos x dx$$

$$= \frac{1}{2}x + \frac{1}{2}\sin x + C$$

例 4－10 求$\int \cot^2 x dx$.

解 $\int \cot^2 x dx = \int (\csc^2 x - 1) dx = -\cot x - x + C$

例 4－11 求$\int \frac{2}{1+\cos 2x} dx$.

解 $$\int \frac{2}{1+\cos 2x} dx = \int \frac{2}{1+2\cos^2 x - 1} dx$$

$$= \int \frac{1}{\cos^2 x} dx$$

$$= \tan x + C$$

习　题　4－1

求下列不定积分：

(1) $\int \frac{1}{\sqrt[3]{x}} dx$；

(2) $\int x^4 \sqrt[3]{x} dx$；

(3) $\int (1+\sqrt{x})^2 dx$；

(4) $\int (1-x)\sqrt{x} dx$；

(5) $\int \frac{(x-\sqrt{x})(1+\sqrt{x})}{\sqrt[3]{x}} dx$；

(6) $\int \left(1-\frac{1}{x^2}\right)\sqrt{x\sqrt{x}} dx$；

(7) $\int \frac{\sqrt[3]{x^2}-\sqrt[4]{x}}{\sqrt{x}} dx$；

(8) $\int \frac{4x^2-2\sqrt{x}}{x} dx$；

(9) $\int (\sqrt{x}+1)(x-\sqrt{x}+1) dx$；

(10) $\int \frac{x^4-10x+5}{x} dx$；

(11) $\int 2^x e^x dx$；

(12) $\int 3^{x+4} dx$；

(13) $\int \frac{2\times 3^x - 5\times 2^x}{3^x} dx$；

(14) $\int e^x \left(1-\frac{e^{-x}}{\sqrt{x}}\right) dx$；

(15) $\int 3^{-x}\left(1-\frac{3^x}{\sqrt{x}}\right) dx$；

(16) $\int \frac{x^2}{x^2+1} dx$；

(17) $\int \frac{1+x+x^2}{x(x^2+1)} dx$；

(18) $\int \frac{x^4+1}{x^2+1} dx$；

(19) $\int \frac{1-x^2}{1+x^2} dx$；

(20) $\int \frac{1+x^2-x^4}{x^2(x^2+1)} dx$；

(21) $\int \frac{1+2x^2}{x^2(x^2+1)} dx$；

(22) $\int \frac{\sqrt{1+x^2}}{\sqrt{1-x^4}} dx$；

(23) $\int \frac{1}{\sin^2 \frac{x}{2} \cos^2 \frac{x}{2}} dx$;　　(24) $\int \tan^2 x dx$;

(25) $\int \left(\sin x + \frac{3}{1+x^2} - \frac{1}{2\sqrt{1-x^2}}\right) dx$;　　(26) $\int \frac{1+\cos^2 x}{1+\cos 2x} dx$;

(27) $\int \frac{\cos 2x}{\sin^2 x} dx$;　　(28) $\int \frac{\cos 2x}{\cos x + \sin x} dx$;

(29) $\int \sqrt{1-\sin 2x} dx \quad \left(0 \leqslant x \leqslant \frac{\pi}{4}\right)$.

4.2 换元积分法

利用不定积分的性质及基本积分表只能求出很少一部分函数的不定积分，下面介绍换元积分法. 换元积分法就是把要计算的积分通过变量代换化成基本积分表中已有的形式，算出原函数后，再换回原来的变量.

换元积分法包括：第一类换元积分法（凑微分法）和第二类换元积分法.

4.2.1 第一类换元积分法（凑微分法）

定理　如果$\int f(x) dx = F(x) + C$，则

$$\int f(u) du = F(u) + C$$

其中 $u = \varphi(x)$ 是 x 的任一个可微函数.

上述定理表明：可以将基本积分公式中的积分变量换成任一可微函数，公式仍成立，这就大大扩展了基本积分公式的使用范围.

在求不定积分时，如果被积表达式可以整理成 $f(\varphi(x))\varphi'(x)$，并且 $f(u)$ 具有原函数 $F(u)$，这时

$$\begin{aligned}\int f(\varphi(x))\varphi'(x) dx &= \int f(\varphi(x)) d(\varphi(x)) \\ &= \int f(u) du = F(u) + C \quad (\text{把 } \varphi(x) \text{ 设为 } u) \\ &= F(\varphi(x)) + C \quad (\text{把 } u \text{ 还原为 } \varphi(x))\end{aligned}$$

由于积分过程中有凑微分（$\varphi'(x) dx = d(\varphi(x))$）的步骤，因此第一类换元积分法又称为凑微分法.

用第一类换元积分法求不定积分的过程是：凑微分、换元、积分、回代.

凑微分时，常用下面两个微分性质（a,b 为常数，$a \neq 0$）：

(1) $d(f(x)) = \frac{1}{a} d(af(x))$;

(2) $d(f(x)) = d(f(x) \pm b)$.

例 4-12 求$\int \sqrt{2x+1}\mathrm{d}x$.

解 $\int \sqrt{2x+1}\mathrm{d}x = \frac{1}{2}\int \sqrt{2x+1}\mathrm{d}(2x) = \frac{1}{2}\int \sqrt{2x+1}\mathrm{d}(2x+1)$

设 $2x+1=u$,所以

$$\int \sqrt{2x+1}\mathrm{d}x = \frac{1}{2}\int \sqrt{u}\mathrm{d}u = \frac{1}{2}\frac{1}{\frac{1}{2}+1}u^{\frac{1}{2}+1}+C$$

$$= \frac{1}{3}u^{\frac{3}{2}}+C = \frac{1}{3}(2x+1)^{\frac{3}{2}}+C$$

例 4-13 求$\int \mathrm{e}^{5x+4}\mathrm{d}x$

解 $\int \mathrm{e}^{5x+4}\mathrm{d}x = \frac{1}{5}\int \mathrm{e}^{5x+4}\mathrm{d}(5x) = \frac{1}{5}\int \mathrm{e}^{5x+4}\mathrm{d}(5x+4)$

设 $5x+4=u$,所以

$$\int \mathrm{e}^{5x+4}\mathrm{d}x = \frac{1}{5}\int \mathrm{e}^{u}\mathrm{d}u = \frac{1}{5}\mathrm{e}^{u}+C = \frac{1}{5}\mathrm{e}^{5x+4}+C$$

例 4-14 求$\int \frac{1}{1+9x^2}\mathrm{d}x$.

解 $\int \frac{1}{1+9x^2}\mathrm{d}x = \int \frac{1}{1+(3x)^2}\mathrm{d}x = \frac{1}{3}\int \frac{1}{1+(3x)^2}\mathrm{d}(3x)$

设 $3x=u$,从而得

$$\int \frac{1}{1+9x^2}\mathrm{d}x = \frac{1}{3}\int \frac{1}{1+u^2}\mathrm{d}u = \frac{1}{3}\arctan u + C = \frac{1}{3}\arctan(3x)+C$$

凑微分时,除了利用上述两个微分性质外,下列各式也是常用微分式:

$x\mathrm{d}x = \frac{1}{2}\mathrm{d}(x^2)$; $\frac{1}{\sqrt{x}}\mathrm{d}x = 2\mathrm{d}(\sqrt{x})$; $\frac{1}{x^2}\mathrm{d}x = -\mathrm{d}\left(\frac{1}{x}\right)$; $\frac{1}{x}\mathrm{d}x = \mathrm{d}(\ln|x|)$;
$\mathrm{e}^x\mathrm{d}x = \mathrm{d}(\mathrm{e}^x)$; $\cos x\mathrm{d}x = \mathrm{d}(\sin x)$;$\sin x\mathrm{d}x = -\mathrm{d}(\cos x)$;$\sec^2 x\mathrm{d}x = \mathrm{d}(\tan x)$;
$\csc^2 x\mathrm{d}x = -\mathrm{d}(\cot x)$; $\sec x\tan x\mathrm{d}x = \mathrm{d}(\sec x)$; $\csc x\cot x\mathrm{d}x = -\mathrm{d}(\csc x)$;
$\frac{1}{\sqrt{1-x^2}}\mathrm{d}x = \mathrm{d}(\arcsin x)$; $\frac{1}{1+x^2}\mathrm{d}x = \mathrm{d}(\arctan x)$.

例 4-15 求$\int \frac{\mathrm{d}x}{x\ln x}$.

解 $\int \frac{\mathrm{d}x}{x\ln x} = \int \frac{1}{x}\frac{1}{\ln x}\mathrm{d}x = \int \frac{\mathrm{d}(\ln x)}{\ln x}$

设 $\ln x = u$,从而得

$$\int \frac{\mathrm{d}x}{x\ln x} = \int \frac{\mathrm{d}u}{u} = \ln|u|+C = \ln|\ln x|+C$$

凑微分法的关键是把被积函数分为两部分，一部分是 $\varphi(x)$ 的函数，另一部分凑成微分 $\mathrm{d}(\varphi(x))$.

例 4-16　求 $\int \frac{\mathrm{e}^{\frac{1}{x}}\mathrm{d}x}{x^2}$.

解　$\int \frac{\mathrm{e}^{\frac{1}{x}}\mathrm{d}x}{x^2} = \int \frac{1}{x^2}\mathrm{e}^{\frac{1}{x}}\mathrm{d}x = -\int \mathrm{e}^{\frac{1}{x}}\mathrm{d}\left(\frac{1}{x}\right)$

设 $\frac{1}{x} = u$，从而得

$$\int \frac{\mathrm{e}^{\frac{1}{x}}\mathrm{d}x}{x^2} = -\int \mathrm{e}^u \mathrm{d}u = -\mathrm{e}^u + C = -\mathrm{e}^{\frac{1}{x}} + C$$

对变量代换比较熟练以后，就不必再把 u 写出来.

例 4-17　求 $\int \frac{\sin\sqrt{x}}{\sqrt{x}}\mathrm{d}x$.

解　$\int \frac{\sin\sqrt{x}}{\sqrt{x}}\mathrm{d}x = \int \frac{1}{\sqrt{x}}\sin\sqrt{x}\mathrm{d}x = 2\int \sin\sqrt{x}\mathrm{d}(\sqrt{x}) = -2\cos\sqrt{x} + C$

例 4-18　求 $\int \frac{\mathrm{e}^{\arctan x}}{1+x^2}\mathrm{d}x$.

解

$$\begin{aligned}\int \frac{\mathrm{e}^{\arctan x}}{1+x^2}\mathrm{d}x &= \int \frac{1}{1+x^2}\mathrm{e}^{\arctan x}\mathrm{d}x \\ &= \int \mathrm{e}^{\arctan x}\mathrm{d}(\arctan x) = \mathrm{e}^{\arctan x} + C\end{aligned}$$

例 4-19　求 $\int \frac{\sqrt{\arcsin x}}{\sqrt{1-x^2}}\mathrm{d}x$.

解

$$\begin{aligned}\int \frac{\sqrt{\arcsin x}}{\sqrt{1-x^2}}\mathrm{d}x &= \int \frac{1}{\sqrt{1-x^2}}\sqrt{\arcsin x}\mathrm{d}x \\ &= \int \sqrt{\arcsin x}\mathrm{d}(\arcsin x) = \frac{2}{3}(\arcsin x)^{\frac{3}{2}} + C\end{aligned}$$

例 4-20　求 $\int \frac{x^2}{1+x^6}\mathrm{d}x$.

解

$$\begin{aligned}\int \frac{x^2}{1+x^6}\mathrm{d}x &= \int x^2\frac{1}{1+x^6}\mathrm{d}x = \frac{1}{3}\int \frac{1}{1+(x^3)^2}\mathrm{d}(x^3) \\ &= \frac{1}{3}\arctan x^3 + C\end{aligned}$$

例 4-21　求 $\int x\sqrt{1-x^2}\mathrm{d}x$.

解 $\int x\sqrt{1-x^2}\mathrm{d}x=\frac{1}{2}\int\sqrt{1-x^2}\mathrm{d}(x^2)=-\frac{1}{2}\int\sqrt{1-x^2}\mathrm{d}(1-x^2)$

$$=-\frac{1}{3}(1-x^2)^{\frac{3}{2}}+C$$

例 4-22 求$\int\frac{\mathrm{e}^x}{\sqrt[3]{2+\mathrm{e}^x}}\mathrm{d}x$

解 $\int\frac{\mathrm{e}^x}{\sqrt[3]{2+\mathrm{e}^x}}\mathrm{d}x=\int\frac{1}{\sqrt[3]{2+\mathrm{e}^x}}\mathrm{d}(2+\mathrm{e}^x)=\frac{3}{2}(2+\mathrm{e}^x)^{\frac{2}{3}}+C$

例 4-23 求$\int\frac{2x+3}{x^2+3x+2}\mathrm{d}x$.

解 $\int\frac{2x+3}{x^2+3x+2}\mathrm{d}x=\int\frac{\mathrm{d}(x^2+3x+2)}{x^2+3x+2}=\ln|x^2+3x+2|+C$

例 4-24 求$\int\cot x\mathrm{d}x$.

解 $\int\cot x\mathrm{d}x=\int\frac{\cos x}{\sin x}\mathrm{d}x=\int\frac{\mathrm{d}(\sin x)}{\sin x}=\ln|\sin x|+C$

即

$$\boxed{\int\cot x\mathrm{d}x=\ln|\sin x|+C} \tag{4-1}$$

类似可得

$$\boxed{\int\tan x\mathrm{d}x=-\ln|\cos x|+C} \tag{4-2}$$

例 4-25 求$\int\frac{x^2+2x}{(x+1)^2}\mathrm{d}x$.

解 $\int\frac{x^2+2x}{(x+1)^2}\mathrm{d}x=\int\frac{(x+1)^2-1}{(x+1)^2}\mathrm{d}x$

$$=\int\mathrm{d}x-\int\frac{1}{(x+1)^2}\mathrm{d}x$$

$$=\int\mathrm{d}x-\int\frac{1}{(x+1)^2}\mathrm{d}(x+1)$$

$$=x+\frac{1}{x+1}+C$$

例 4-26 求$\int\sin^3x\mathrm{d}x$.

解 $\int\sin^3x\mathrm{d}x=\int\sin^2x\sin x\mathrm{d}x=-\int(1-\cos^2x)\mathrm{d}(\cos x)$

$$=-\int\mathrm{d}(\cos x)+\int\cos^2x\mathrm{d}(\cos x)$$

$$=-\cos x+\frac{1}{3}\cos^3x+C$$

例 4-27 求$\int \cos^2 x\mathrm{d}x$.

解 $$\int \cos^2 x\mathrm{d}x = \frac{1}{2}\int (1+\cos 2x)\mathrm{d}x = \frac{1}{2}\int \mathrm{d}x + \frac{1}{4}\int \cos 2x\mathrm{d}(2x)$$

$$= \frac{1}{2}x + \frac{1}{4}\sin(2x) + C$$

例 4-28 求$\int \sec^4 x\mathrm{d}x$.

解 $$\int \sec^4 x\mathrm{d}x = \int \sec^2 x\sec^2 x\mathrm{d}x = \int (1+\tan^2 x)\mathrm{d}(\tan x)$$

$$= \tan x + \frac{1}{3}\tan^3 x + C$$

例 4-29 求$\int \sec^3 x\tan^3 x\mathrm{d}x$.

解 $$\int \sec^3 x\tan^3 x\mathrm{d}x = \int \sec^2 x\tan^2 x(\sec x\tan x)\mathrm{d}x$$

$$= \int \sec^2 x(\sec^2 x - 1)\mathrm{d}(\sec x)$$

$$= \int (\sec^4 x - \sec^2 x)\mathrm{d}(\sec x)$$

$$= \frac{1}{5}\sec^5 x - \frac{1}{3}\sec^3 x + C$$

例 4-30 求$\int \csc x\mathrm{d}x$.

解 $$\int \csc x\mathrm{d}x = \int \frac{\csc x(\csc x - \cot x)}{\csc x - \cot x}\mathrm{d}x = \int \frac{\csc^2 x - \csc x\cot x}{\csc x - \cot x}\mathrm{d}x$$

$$= \int \frac{\mathrm{d}(\csc x - \cot x)}{\csc x - \cot x} = \ln|\csc x - \cot x| + C.$$

即
$$\boxed{\int \csc x\mathrm{d}x = \ln|\csc x - \cot x| + C} \tag{4-3}$$

类似可得
$$\boxed{\int \sec x\mathrm{d}x = \ln|\sec x + \tan x| + C} \tag{4-4}$$

例 4-31 求$\int \frac{\mathrm{d}x}{\sqrt{a^2 - x^2}}\ (a>0)$.

解 $$\int \frac{\mathrm{d}x}{\sqrt{a^2 - x^2}} = \int \frac{\mathrm{d}x}{a\sqrt{1-\left(\frac{x}{a}\right)^2}}$$

$$=\int\frac{\mathrm{d}\left(\frac{x}{a}\right)}{\sqrt{1-\left(\frac{x}{a}\right)^{2}}}$$

$$=\arcsin\frac{x}{a}+C$$

即

$$\boxed{\int\frac{\mathrm{d}x}{\sqrt{a^{2}-x^{2}}}=\arcsin\frac{x}{a}+C} \tag{4-5}$$

例 4-32 求$\int\frac{1+2x}{\sqrt{9-x^{2}}}\mathrm{d}x$.

解 $\int\frac{1+2x}{\sqrt{9-x^{2}}}\mathrm{d}x=\int\frac{1}{\sqrt{9-x^{2}}}\mathrm{d}x+\int\frac{2x}{\sqrt{9-x^{2}}}\mathrm{d}x$

$$=\int\frac{1}{\sqrt{3^{2}-x^{2}}}\mathrm{d}x-\int\frac{1}{\sqrt{9-x^{2}}}\mathrm{d}(9-x^{2})$$

$$=\arcsin\frac{x}{3}-2\sqrt{9-x^{2}}+C$$

例 4-33 求$\int\frac{\mathrm{d}x}{a^{2}+x^{2}}$.

解 $\int\frac{\mathrm{d}x}{a^{2}+x^{2}}=\int\frac{\mathrm{d}x}{a^{2}\left(1+\frac{x^{2}}{a^{2}}\right)}=\frac{1}{a}\int\frac{\mathrm{d}\left(\frac{x}{a}\right)}{1+\left(\frac{x}{a}\right)^{2}}=\frac{1}{a}\arctan\frac{x}{a}+C$

即

$$\boxed{\int\frac{\mathrm{d}x}{a^{2}+x^{2}}=\frac{1}{a}\arctan\frac{x}{a}+C} \tag{4-6}$$

例 4-34 求$\int\frac{\mathrm{d}x}{x^{2}+2x+5}$.

解 $\int\frac{\mathrm{d}x}{x^{2}+2x+5}=\int\frac{1}{(x+1)^{2}+2^{2}}\mathrm{d}(x+1)$

$$=\frac{1}{2}\arctan\frac{x+1}{2}+C$$

例 4-35 求$\int\frac{\mathrm{d}x}{x^{2}-a^{2}}$.

解 $\int\frac{\mathrm{d}x}{x^{2}-a^{2}}=\int\frac{\mathrm{d}x}{(x-a)(x+a)}=\frac{1}{2a}\int\left(\frac{1}{x-a}-\frac{1}{x+a}\right)\mathrm{d}x$

$$=\frac{1}{2a}\int\frac{1}{x-a}\mathrm{d}(x-a)-\frac{1}{2a}\int\frac{1}{x+a}\mathrm{d}(x+a)$$

$$=\frac{1}{2a}\ln|x-a|-\frac{1}{2a}\ln|x+a|+C$$

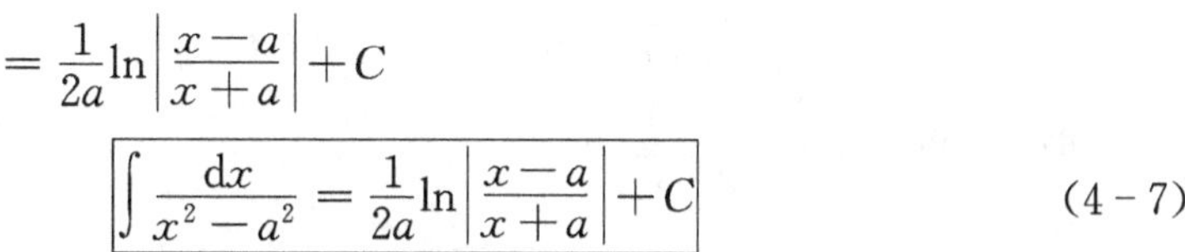

$$=\frac{1}{2a}\ln\left|\frac{x-a}{x+a}\right|+C$$

即
$$\boxed{\int\frac{\mathrm{d}x}{x^2-a^2}=\frac{1}{2a}\ln\left|\frac{x-a}{x+a}\right|+C} \tag{4-7}$$

凑微分有时需多项一起凑，有时需凑几次.

例 4-36 求$\int\frac{\arctan\sqrt{x}}{\sqrt{x}(1+x)}\mathrm{d}x$.

解 $\int\frac{\arctan\sqrt{x}}{\sqrt{x}(1+x)}\mathrm{d}x=2\int\frac{\arctan\sqrt{x}}{1+(\sqrt{x})^2}\mathrm{d}(\sqrt{x})=2\int\frac{\arctan u}{1+u^2}\mathrm{d}u$ （设$\sqrt{x}=u$）

$$=2\int\arctan u\,\mathrm{d}(\arctan u)=(\arctan u)^2+C$$

$$=(\arctan\sqrt{x})^2+C$$

4.2.2 第二类换元积分法

第一类换元积分法是通过变量代换 $u=\varphi(x)$，将积分$\int f(\varphi(x))\varphi'(x)\mathrm{d}x$ 化为$\int f(u)\mathrm{d}u$. 计算中常常遇到与第一类换元积分法相反的情形，即$\int f(x)\mathrm{d}x$ 不易求出，但适当选择变量代换 $x=\varphi(t)$ 后，得$\int f(x)\mathrm{d}x=\int f(\varphi(t))\varphi'(t)\mathrm{d}t$，而新的被积函数 $f(\varphi(t))\varphi'(t)$ 的原函数容易求出. 设

$$\int f(\varphi(t))\varphi'(t)\mathrm{d}t=F(t)+C$$

如果 $x=\varphi(t)$ 的反函数存在，则

$$\int f(x)\mathrm{d}x=\int f(\varphi(t))\varphi'(t)\mathrm{d}t=F(\varphi^{-1}(x))+C$$

这就是第二类换元积分法.

第二类换元积分法就是直接把不好积分的项通过换元换掉，同时被积函数的其他项及微分也作相应变换. 下面介绍第二类换元积分法常见的两种题型.

1. 根式换元

例 4-37 求$\int\frac{\sqrt{x}}{1+\sqrt{x}}\mathrm{d}x$.

解 为了消去根式，可令$\sqrt{x}=t$，即 $x=t^2(t>0)$，则 $\mathrm{d}x=2t\mathrm{d}t$，于是

$$\int\frac{\sqrt{x}}{1+\sqrt{x}}\mathrm{d}x=\int\frac{t}{1+t}2t\mathrm{d}t=2\int\frac{(t^2-1)+1}{1+t}\mathrm{d}t$$

$$=2\int\left(t-1+\frac{1}{1+t}\right)\mathrm{d}t=t^2-2t+2\ln|1+t|+C$$

$$= x - 2\sqrt{x} + 2\ln|1+\sqrt{x}| + C$$

例 4-38 求$\int \frac{x+1}{\sqrt[3]{3x+1}}\mathrm{d}x$.

解 为了消去根式,可令$\sqrt[3]{3x+1}=t$,即$x=\frac{1}{3}(t^3-1)$,则$\mathrm{d}x=t^2\mathrm{d}t$,于是

$$\int \frac{x+1}{\sqrt[3]{3x+1}}\mathrm{d}x = \int \frac{\frac{1}{3}(t^3-1)+1}{t}t^2\mathrm{d}t = \frac{1}{3}\int(t^4+2t)\mathrm{d}t$$

$$= \frac{1}{15}t^5 + \frac{1}{3}t^2 + C$$

$$= \frac{1}{15}\sqrt[3]{(3x+1)^5} + \frac{1}{3}\sqrt[3]{(3x+1)^2} + C$$

根式换元是通过换元消去被积函数中根号,从而求出积分.

例 4-39 求$\int \frac{\sqrt[3]{x}\mathrm{d}x}{x(\sqrt{x}+\sqrt[3]{x})}$.

解 被积函数中含有$\sqrt[3]{x}$和$\sqrt{x}$,为了消去根式,设$u=\sqrt[6]{x}\ (u>0)$,即$x=u^6$,$\mathrm{d}x=6u^5\mathrm{d}u$,于是

$$\int \frac{\sqrt[3]{x}\mathrm{d}x}{x(\sqrt{x}+\sqrt[3]{x})} = \int \frac{u^2}{u^6(u^3+u^2)} \times 6u^5\mathrm{d}u = 6\int \frac{\mathrm{d}u}{u(u+1)}$$

$$= 6\int\left(\frac{1}{u}-\frac{1}{u+1}\right)\mathrm{d}u = 6\ln u - 6\ln(u+1) + C$$

$$= 6\ln\sqrt[6]{x} - 6\ln(\sqrt[6]{x}+1) + C = \ln\frac{x}{(\sqrt[6]{x}+1)^6} + C$$

2. 三角换元

当被积函数中含有$\sqrt{a^2+x^2}$,$\sqrt{a^2-x^2}$,$\sqrt{x^2-a^2}\ (a>0)$等根式时,可以设x为某个三角函数,从而达到消去根式的目的.

(1) 当被积函数中含有$\sqrt{a^2-x^2}\ (a>0)$时,可设$x=a\sin t$,则有$\mathrm{d}x=a\cos t\mathrm{d}t$.

(2) 当被积函数中含有$\sqrt{x^2-a^2}\ (a>0)$时,可设$x=a\sec t$,则有$\mathrm{d}x=a\sec t\tan t\mathrm{d}t$.

(3) 当被积函数中含有$\sqrt{a^2+x^2}\ (a>0)$时,可设$x=a\tan t$,则有$\mathrm{d}x=a\sec^2 t\mathrm{d}t$.

例 4-40 求$\int\sqrt{a^2-x^2}\mathrm{d}x\ (a>0)$.

解 令$x=a\sin t\left(-\frac{\pi}{2}<t<\frac{\pi}{2}\right)$,则$\mathrm{d}x=a\cos t\mathrm{d}t$,于是

$$\int \sqrt{a^2-x^2}\,\mathrm{d}x = \int \sqrt{a^2-(a\sin t)^2}\,a\cos t\mathrm{d}t = a^2\int\cos^2 t\mathrm{d}t$$
$$= a^2\int \frac{1+\cos 2t}{2}\mathrm{d}t = \frac{a^2}{2}\int(1+\cos 2t)\mathrm{d}t$$
$$= \frac{a^2}{2}\left(t+\frac{1}{2}\sin 2t\right)+C = \frac{a^2}{2}t+\frac{a^2}{2}\sin t\cos t + C$$

为了换回原变量,还可利用辅助直角三角形. 如图 4-2 所示,由三角函数的定义,将三角形的三条边按所设写成适当变量即可.

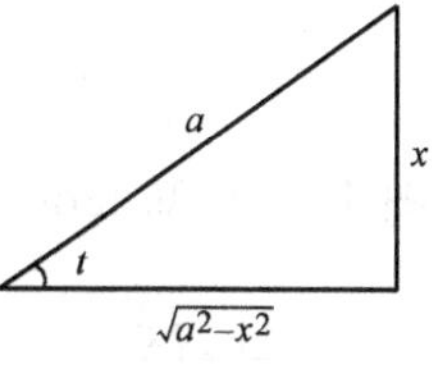

图 4-2

所以 $\int \sqrt{a^2-x^2}\,\mathrm{d}x = \frac{a^2}{2}\arcsin\frac{x}{a}+\frac{x}{2}\sqrt{a^2-x^2}+C$

例 4-41 求$\int\frac{\mathrm{d}x}{\sqrt{x^2+a^2}}\ (a>0)$.

解 令 $x = a\tan t\left(-\frac{\pi}{2}<t<\frac{\pi}{2}\right)$,则 $\mathrm{d}x = a\sec^2 t\mathrm{d}t$,于是

$$\int\frac{\mathrm{d}x}{\sqrt{x^2-a^2}} = \int\frac{a\sec^2 t\mathrm{d}t}{\sqrt{a^2\tan^2 t+a^2}} = \int\sec t\mathrm{d}t = \ln|\sec t+\tan t|+C_1$$

由图 4-3 可知 $\sec t = \frac{\sqrt{x^2+a^2}}{a}$,因此

$$\int\frac{\mathrm{d}x}{\sqrt{x^2+a^2}} = \ln\left(\frac{\sqrt{x^2+a^2}}{a}+\frac{x}{a}\right)+C_1 = \ln(x+\sqrt{x^2+a^2})+C$$

其中 $C = C_1-\ln a$.

即
$$\boxed{\int\frac{\mathrm{d}x}{\sqrt{x^2+a^2}} = \ln(x+\sqrt{x^2+a^2})+C} \tag{4-8}$$

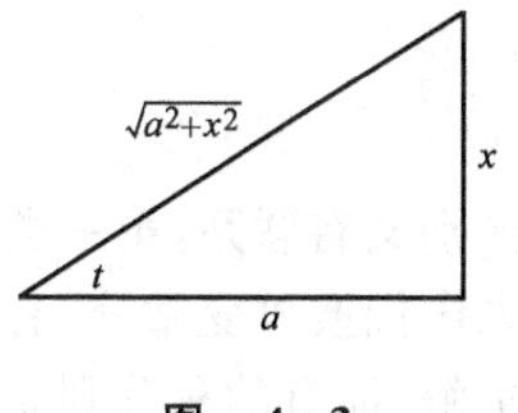

图 4-3

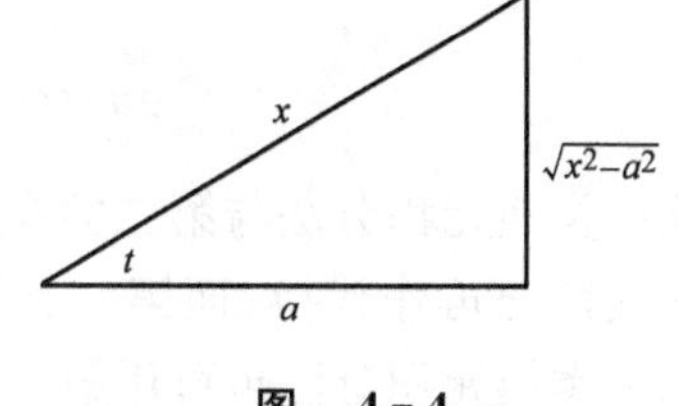

图 4-4

例 4-42 求$\int\frac{\mathrm{d}x}{\sqrt{4x^2+25}}$.

解 $\int\frac{\mathrm{d}x}{\sqrt{4x^2+25}} = \int\frac{\mathrm{d}x}{\sqrt{(2x)^2+5^2}} = \frac{1}{2}\int\frac{\mathrm{d}(2x)}{\sqrt{(2x)^2+5^2}}$

$$= \frac{1}{2}\ln[(2x)+\sqrt{(2x)^2+5^2}]+C$$

$$= \frac{1}{2}\ln(2x + \sqrt{4x^2 + 25}) + C$$

例 4－43 求$\int \frac{dx}{\sqrt{x^2 - a^2}}$ $(a > 0)$.

解 令 $x = a\sec t$,则 $dx = a\sec t\tan t dt$,于是

$$\int \frac{dx}{\sqrt{x^2 - a^2}} = \int \frac{a\sec t\tan t dt}{\sqrt{a^2\sec^2 t - a^2}} = \int \sec t dt = \ln|\sec t + \tan t| + C_1$$

由图 4－4 可知 $\tan t = \frac{\sqrt{x^2 - a^2}}{a}$,所以

$$\int \frac{dx}{\sqrt{x^2 - a^2}} = \ln\left|\frac{x}{a} + \frac{\sqrt{x^2 - a^2}}{a}\right| + C_1 = \ln|x + \sqrt{x^2 - a^2}| + C$$

其中 $C = C_1 - \ln a$.

即

$$\boxed{\int \frac{dx}{\sqrt{x^2 - a^2}} = \ln|x + \sqrt{x^2 - a^2}| + C} \qquad (4-9)$$

三角换元是解决以上几种类型题的常用方法,但对有些被积函数还可采用更为简捷的代换.

例 4－44 求$\int \frac{1}{x\sqrt{x^2 - 1}}dx$.

解

$$\int \frac{1}{x\sqrt{x^2 - 1}}dx = \int \frac{1}{x^2\sqrt{1 - \frac{1}{x^2}}}dx$$

$$= -\int \frac{1}{\sqrt{1 - \frac{1}{x^2}}}d\left(\frac{1}{x}\right)$$

$$= \arccos\frac{1}{x} + C$$

第一类换元积分法与第二类换元积分法既有区别又有联系,第一类换元积分法是先变微分再作代换;而第二类换元积分法是先作代换再变微分. 有的积分既可用第一类换元积分法也可用第二类换元积分法求解,而有的积分则需要同时用第一类换元积分法和第二类换元积分法求解.

习 题 4－2

1. 求下列不定积分:

(1) $\int 3\sqrt{3x + 1}dx$;　　(2) $\int (2x + 1)^8 dx$;

(3) $\int \sin(5x + 8)dx$;　　(4) $\int \sqrt[3]{x + 5}dx$;

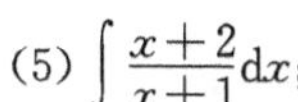

(5) $\int \frac{x+2}{x+1}\mathrm{d}x$；　　(6) $\int (5x^2+11)^5 x\mathrm{d}x$；

(7) $\int x^3\sqrt{4+2x^4}\,\mathrm{d}x$；　　(8) $\int x\sqrt{1-x^2}\,\mathrm{d}x$；

(9) $\int \frac{x}{\sqrt{1+x^2}}\mathrm{d}x$；　　(10) $\int 2x\mathrm{e}^{x^2}\mathrm{d}x$；

(11) $\int \frac{2x}{(x^2+1)^3}\mathrm{d}x$；　　(12) $\int \frac{\mathrm{e}^{\sqrt{x}}}{\sqrt{x}}\mathrm{d}x$；

(13) $\int \frac{\cos\sqrt{x}}{\sqrt{x}}\,\mathrm{d}x$；　　(14) $\int x\cos(2x^2-1)\mathrm{d}x$；

(15) $\int \frac{\mathrm{d}x}{x(x+1)}$；　　(16) $\int \frac{1}{x^2}\sin\frac{1}{x}\mathrm{d}x$；

(17) $\int \frac{\mathrm{d}x}{x(1+2\ln x)}$；　　(18) $\int \frac{1}{x\sqrt{1-\ln^2 x}}\,\mathrm{d}x$；

(19) $\int \frac{\mathrm{e}^x+\mathrm{e}^{-x}}{\mathrm{e}^x-\mathrm{e}^{-x}}\,\mathrm{d}x$；　　(20) $\int \frac{(\arctan x)^2}{1+x^2}\,\mathrm{d}x$；

(21) $\int \frac{\mathrm{e}^{\sqrt[3]{x}+1}}{\sqrt[3]{x^2}}\,\mathrm{d}x$；　　(22) $\int \frac{\mathrm{e}^{2x}}{9-\mathrm{e}^{4x}}\,\mathrm{d}x$；

(23) $\int \frac{\mathrm{e}^x}{1+\mathrm{e}^{2x}}\,\mathrm{d}x$；　　(24) $\int \mathrm{e}^{\mathrm{e}^x+x}\mathrm{d}x$；

(25) $\int \frac{\cos x}{(1+\sin x)^3}\,\mathrm{d}x$；　　(26) $\int \frac{x}{\sqrt{1-x^4}}\,\mathrm{d}x$；

(27) $\int x(x+3)^{10}\mathrm{d}x$；　　(28) $\int x(1-5x^2)^{10}\mathrm{d}x$；

(29) $\int \sin 3x\sin 5x\mathrm{d}x$；　　(30) $\int \frac{(1+\mathrm{e}^x)^2}{1+\mathrm{e}^{2x}}\,\mathrm{d}x$；

(31) $\int \frac{x^2}{\sqrt{1-x^6}}\,\mathrm{d}x$；　　(32) $\int \frac{1+\cos^3 x}{\sin^2 x}\,\mathrm{d}x$；

(33) $\int \sin^2 x\cos^5 x\mathrm{d}x$；　　(34) $\int \cos 3x\sin x\mathrm{d}x$；

(35) $\int x^2\sqrt{1+x^3}\,\mathrm{d}x$；　　(36) $\int \frac{\mathrm{d}x}{(x^2+1)\arctan x}$.

2. 求下列不定积分：

(1) $\int \frac{2-\sqrt{2x+3}}{1-2x}\,\mathrm{d}x$；　　(2) $\int \frac{\sqrt{x}}{1+\sqrt[3]{x}}\,\mathrm{d}x$；

(3) $\int \frac{1}{(2+x)\sqrt{1+x}}\mathrm{d}x$；　　(4) $\int \frac{\mathrm{d}x}{1+\sqrt[3]{x+1}}$；

(5) $\int \frac{\mathrm{d}x}{\sqrt{x}+\sqrt[4]{x}}$；　　(6) $\int \frac{x+1}{x\sqrt{x-2}}\mathrm{d}x$；

(7) $\int \frac{1-x}{\sqrt{9-4x^2}}\,\mathrm{d}x$；　　(8) $\int \frac{\sqrt{x^2-9}}{x}\,\mathrm{d}x$；

(9) $\int \frac{\mathrm{d}x}{x\sqrt{x^2-4}}$；　　(10) $\int \frac{x+1}{x^2\sqrt{x^2-1}}\,\mathrm{d}x$；

(11) $\int \frac{\sqrt{x^2-4}}{x^4}\mathrm{d}x$；　　(12) $\int \frac{1}{x\sqrt{x^2+1}}\mathrm{d}x$；

(13) $\int \frac{1}{x^2\sqrt{x^2+1}}\mathrm{d}x$；　　(14) $\int \frac{\mathrm{d}x}{(x^2+a^2)^{\frac{3}{2}}}$；

(15) $\int \frac{\mathrm{d}x}{x^2\sqrt{x^2-4}}$；　　(16) $\int \frac{\mathrm{d}x}{\sqrt{1+\mathrm{e}^x}}$；

(17) $\int \frac{1}{x}\sqrt{\frac{1+x}{x}}\mathrm{d}x$.

人一能之，己百之；人十能之，己千之．果能此道矣，虽愚必明，虽柔必强．

《中庸》

4.3 分部积分法

分部积分法是一种重要且常用的方法，它是两个函数乘积的求导法则的逆运用．

设 $u=u(x)$，$v=v(x)$具有连续的导数，由函数乘积的微分法有

$$\mathrm{d}(uv)=u\mathrm{d}v+v\mathrm{d}u$$

$$u\mathrm{d}v=\mathrm{d}(uv)-v\mathrm{d}u$$

两边取不定积分，则有

$$\boxed{\int u\mathrm{d}v=uv-\int v\mathrm{d}u} \tag{4-10}$$

式(4－10)称为**分部积分公式**．这个公式把积分$\int u\mathrm{d}v$转化成了积分$\int v\mathrm{d}u$，如图4－5所示，当积分$\int u\mathrm{d}v$不易计算，而积分$\int v\mathrm{d}u$比较容易计算时，就可以使用这个公式．

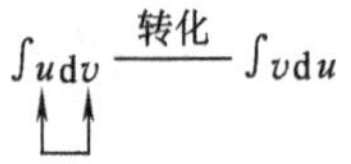

$\int u\mathrm{d}v \xrightarrow{\text{转化}} \int v\mathrm{d}u$

图　4－5

应用分部积分法的关键是合理地将被积表达式 $f(x)\mathrm{d}x$ 分解成两部分 $u(x)$ 和 $\mathrm{d}(v(x))$．

1．被积函数是幂函数与指数函数或三角函数的乘积，应设 u 为幂函数．

例 4－45　求$\int x\mathrm{e}^{2x}\mathrm{d}x$.

解　设 $u=x$，$\mathrm{d}v=\mathrm{e}^{2x}\mathrm{d}x=\mathrm{d}\left(\frac{1}{2}\mathrm{e}^{2x}\right)$，则

$$\int x\mathrm{e}^{2x}\mathrm{d}x=\int \underset{\uparrow\atop u}{x}\mathrm{d}\Big(\underset{\uparrow\atop v}{\frac{1}{2}\mathrm{e}^{2x}}\Big)=\frac{1}{2}x\mathrm{e}^{2x}-\frac{1}{2}\int \mathrm{e}^{2x}\mathrm{d}x=\frac{1}{2}x\mathrm{e}^{2x}-\frac{1}{4}\mathrm{e}^{2x}+C$$

例 4-46 求$\int x\sin x\mathrm{d}x$.

解 设 $u=x,\mathrm{d}v=\sin x\mathrm{d}x=\mathrm{d}(-\cos x)$,则

$$\int x\sin x\mathrm{d}x=\int x\mathrm{d}(-\cos x)=-x\cos x-\int(-\cos x)\mathrm{d}x$$

$$=-x\cos x+\int\cos x\mathrm{d}x$$

$$=-x\cos x+\sin x+C$$

当运算比较熟练以后,可以不写出 u 和 $\mathrm{d}v$,而直接应用分部积分公式.

例 4-47 求$\int\frac{x\cos x}{\sin^3 x}\mathrm{d}x$.

解 $$\int\frac{x\cos x}{\sin^3 x}\mathrm{d}x=\int\frac{x}{\sin^3 x}\mathrm{d}(\sin x)=-\frac{1}{2}\int x\mathrm{d}\left(\frac{1}{\sin^2 x}\right)$$

$$=-\frac{x}{2\sin^2 x}+\frac{1}{2}\int\frac{1}{\sin^2 x}\mathrm{d}x$$

$$=-\frac{x}{2\sin^2 x}-\frac{1}{2}\cot x+C$$

2. 被积函数是幂函数与对数函数或反三角函数的乘积,应设 u 为对数函数或反三角函数.

例 4-48 求$\int x\ln(x-1)\mathrm{d}x\ (x>1)$.

解 $$\int x\ln(x-1)\mathrm{d}x=\frac{1}{2}\int\ln(x-1)\mathrm{d}(x^2)$$

$$=\frac{1}{2}x^2\ln(x-1)-\frac{1}{2}\int x^2\mathrm{d}(\ln(x-1))$$

$$=\frac{1}{2}x^2\ln(x-1)-\frac{1}{2}\int\frac{(x^2-1)+1}{x-1}\mathrm{d}x$$

$$=\frac{1}{2}x^2\ln(x-1)-\frac{1}{2}\int\left(x+1+\frac{1}{x-1}\right)\mathrm{d}x$$

$$=\frac{1}{2}x^2\ln(x-1)-\frac{1}{4}x^2-\frac{1}{2}x-\frac{1}{2}\ln(x-1)+C$$

例 4-49 求$\int\frac{1}{x^3}\arctan x\mathrm{d}x$.

解 $$\int\frac{1}{x^3}\arctan x\mathrm{d}x=-\frac{1}{2}\int\arctan x\mathrm{d}\left(\frac{1}{x^2}\right)$$

$$=-\frac{1}{2}\ \frac{\arctan x}{x^2}+\frac{1}{2}\int\frac{1}{x^2}\mathrm{d}(\arctan x)$$

$$=-\frac{1}{2}\ \frac{\arctan x}{x^2}+\frac{1}{2}\int\frac{1}{x^2}\ \frac{1}{1+x^2}\mathrm{d}x$$

$$=-\frac{1}{2}\frac{\arctan x}{x^2}+\frac{1}{2}\int\left(\frac{1}{x^2}-\frac{1}{1+x^2}\right)\mathrm{d}x$$

$$=-\frac{1}{2}\frac{\arctan x}{x^2}-\frac{1}{2x}-\frac{1}{2}\arctan x+C$$

3. 被积函数只有一项，可以看作 *udv* 自然分成（被积函数即为 *u*），直接应用公式即可.

例 4－50 求$\int\arcsin x\mathrm{d}x$.

解 $\int\arcsin x\mathrm{d}x=x\arcsin x-\int x\mathrm{d}(\arcsin x)$

$$=x\arcsin x-\int\frac{x}{\sqrt{1-x^2}}\mathrm{d}x$$

$$=x\arcsin x+\frac{1}{2}\int\frac{\mathrm{d}(1-x^2)}{\sqrt{1-x^2}}$$

$$=x\arcsin x+\sqrt{1-x^2}+C$$

有些积分需要连接使用几次分部积分公式才能得出结果.

例 4－51 求$\int x^2\sin x\mathrm{d}x$.

解 $\int x^2\sin x\mathrm{d}x=-\int x^2\mathrm{d}(\cos x)=-x^2\cos x+\int\cos x\mathrm{d}(x^2)$

$$=-x^2\cos x+2\int x\cos x\mathrm{d}x$$

$$=-x^2\cos x+2\int x\mathrm{d}(\sin x)$$

$$=-x^2\cos x+\left(2x\sin x-2\int\sin x\mathrm{d}x\right)$$

$$=-x^2\cos x+2x\sin x+2\cos x+C$$

有些积分在重复利用分部积分公式，经过有限次的积分后，等式中出现与原式相同的积分，于是可以像解方程那样，求出所求积分.

例 4－52 求$\int\mathrm{e}^x\sin x\mathrm{d}x$.

解 $\int\mathrm{e}^x\sin x\mathrm{d}x=\int\sin x\mathrm{d}(\mathrm{e}^x)=\mathrm{e}^x\sin x-\int\mathrm{e}^x\mathrm{d}(\sin x)$

$$=\mathrm{e}^x\sin x-\int\mathrm{e}^x\cos x\mathrm{d}x$$

$$=\mathrm{e}^x\sin x-\int\cos x\mathrm{d}(\mathrm{e}^x)$$

$$=\mathrm{e}^x\sin x-\mathrm{e}^x\cos x+\int\mathrm{e}^x\mathrm{d}(\cos x)$$

$$= e^x\sin x - e^x\cos x - \int e^x\sin x dx$$

所以

$$2\int e^x\sin x dx = e^x\sin x - e^x\cos x + C_1$$

$$\int e^x\sin x dx = \frac{e^x}{2}(\sin x - \cos x) + C$$

其中 $C = \frac{C_1}{2}$.

需要注意的是：由于积分中隐含着积分常数 C，因此当右端的积分移到左边后，右端一定要加上任意常数 C.

例 4-53　求$\int \sec^3 x dx$.

解　$\int \sec^3 x dx = \int \sec x d(\tan x) = \sec x\tan x - \int \tan x d(\sec x)$

$$= \sec x\tan x - \int \tan^2 x\sec x dx$$

$$= \sec x\tan x - \int (\sec^2 x - 1)\sec x dx$$

$$= \sec x\tan x - \int \sec^3 x dx + \int \sec x dx$$

所以

$$2\int \sec^3 x dx = \sec x\tan x + \ln|\sec x + \tan x| + C_1$$

$$\int \sec^3 x dx = \frac{1}{2}\sec x\tan x + \frac{1}{2}\ln|\sec x + \tan x| + C$$

其中 $C = \frac{C_1}{2}$.

有些积分既要用到分部积分方法，同时还要用到换元法.

例 4-54　求$\int \arctan\sqrt{x} dx$.

解　设$\sqrt{x} = t$，则 $x = t^2$，$dx = 2t dt$，于是

$$\int \arctan\sqrt{x} dx = \int \arctan t d(t^2)$$

$$= t^2\arctan t - \int t^2 d(\arctan t)$$

$$= t^2\arctan t - \int \frac{t^2}{1+t^2} dt$$

$$= t^2\arctan t - \int \left(1 - \frac{1}{1+t^2}\right) dt$$

$$= t^2\arctan t - t + \arctan t + C$$

$$= (x+1)\arctan\sqrt{x} - \sqrt{x} + C$$

有些积分可以用换元法也可以用分部积分法.

例 4-55 求$\int\frac{\mathrm{d}x}{(1+x^2)^2}$.

解法 1
$$\begin{aligned}\int\frac{\mathrm{d}x}{(1+x^2)^2}&=\int\frac{(1+x^2)-x^2\mathrm{d}x}{(1+x^2)^2}\\&=\int\frac{1}{1+x^2}\mathrm{d}x+\frac{1}{2}\int x\mathrm{d}\left(\frac{1}{1+x^2}\right)\\&=\arctan x+\frac{x}{2(1+x^2)}-\frac{1}{2}\int\frac{1}{1+x^2}\mathrm{d}x\\&=\frac{1}{2}\arctan x+\frac{x}{2(1+x^2)}+C\end{aligned}$$

解法 2 令 $x=\tan t$,则

$$\begin{aligned}\int\frac{\mathrm{d}x}{(1+x^2)^2}&=\int\frac{1}{(\tan^2t+1)^2}\sec^2t\mathrm{d}t=\int\cos^2t\mathrm{d}t\\&=\frac{1}{2}\int(1+\cos2t)\mathrm{d}t=\frac{1}{2}t+\frac{1}{4}\sin2t+C\\&=\frac{1}{2}t+\frac{1}{2}\ \frac{\tan t}{1+\tan^2t}+C=\frac{1}{2}\arctan x+\frac{x}{2(1+x^2)}+C\end{aligned}$$

积分计算非常灵活,在熟悉基本积分公式的基础上,熟练掌握各种积分方法.

习 题 4-3

求下列不定积分:

(1) $\int x\cos3x\mathrm{d}x$;

(2) $\int x\mathrm{e}^{-x}\mathrm{d}x$;

(3) $\int x^2\mathrm{e}^x\mathrm{d}x$;

(4) $\int\ln x\mathrm{d}x$;

(5) $\int x^2\ln(1+x)\mathrm{d}x$;

(6) $\int\ln(1+x^2)\mathrm{d}x$;

(7) $\int\frac{\ln x}{\sqrt{x}}\mathrm{d}x$;

(8) $\int x\ln\frac{1+x}{1-x}\mathrm{d}x$;

(9) $\int\left(\frac{\ln x}{x}\right)^2\mathrm{d}x$;

(10) $\int x\tan^2x\mathrm{d}x$;

(11) $\int x\cos^2x\mathrm{d}x$;

(12) $\int\sin\sqrt{x}\mathrm{d}x$;

(13) $\int\arctan x\mathrm{d}x$;

(14) $\int x^2\arccos x\mathrm{d}x$;

(15) $\int x^2\arctan x\mathrm{d}x$;

(16) $\int\mathrm{e}^{2x}\cos3x\mathrm{d}x$.

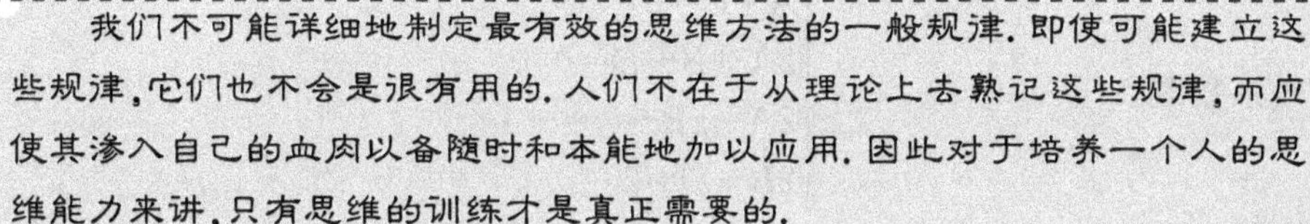

4.4　有理函数的积分举例

分子、分母都是多项式的分式函数称为**有理函数**.分子的次数不小于分母的次数的有理函数,称为**有理假分式**,否则,称为**有理真分式**.

有理函数积分时,将一个分式化为几个简单的分式之和,再做积分,往往会使计算变得容易,这种方法称为**部分分式法**.

4.4.1　利用待定系数法将分式分解为部分分式的和

1. 当分母分解出因式 $x-a$ 时,则分解式中对应有一项$\frac{A}{x-a}$,其中 A 为待定常数.

例 4-56　将$\frac{x^2-24x-12}{x^3-x^2-6x}$分解成部分分式.

解　设$\frac{x^2-24x-12}{x^3-x^2-6x}=\frac{x^2-24x-12}{x(x-3)(x+2)}=\frac{A}{x}+\frac{B}{x-3}+\frac{C}{x+2}$,

其中 A,B,C 为待定系数,将等式两边同乘以 $x(x-3)(x+2)$,得

$$x^2-24x-12=A(x-3)(x+2)+Bx(x+2)+Cx(x-3)$$

令 $x=0$,得 $A=2$;令 $x=3$,得 $B=-5$;令 $x=-2$,得 $C=4$,所以

$$\frac{x^2-24x-12}{x^3-x^2-6x}=\frac{2}{x}+\frac{-5}{x-3}+\frac{4}{x+2}$$

2. 当分母分解出因式(x^2+px+q)时,则分解式中对应有一项$\frac{Ax+B}{x^2+px+q}$,其中 A,B 为待定常数.

例 4-57　将$\frac{-x+2}{(x^2+1)(x^2+2x+2)}$分解成部分分式.

解　设$\frac{-x+2}{(x^2+1)(x^2+2x+2)}=\frac{Ax+B}{x^2+1}+\frac{Cx+D}{x^2+2x+2}$,

其中 A,B,C,D 为待定系数,将等式两边同乘以$(x^2+1)(x^2+2x+2)$,得

$$(Ax+B)(x^2+2x+2)+(Cx+D)(x^2+1)=-x+2$$

整理得　$(A+C)x^3+(2A+B+D)x^2+(2A+2B+C)x+(2B+D)=-x+2$

比较系数得
$$\begin{cases}A+C=0\\2A+B+D=0\\2A+2B+C=-1\\2B+D=2\end{cases}$$

解方程组得
$$A=-1,B=0,C=1,D=2$$

所以
$$\frac{-x+2}{(x^2+1)(x^2+2x+2)}=\frac{-x}{x^2+1}+\frac{x+2}{x^2+2x+2}$$

3. 当分母分解出因式$(x-a)^n$,则分解式中对应有下列 n 个部分分式之和.

$$\frac{A_1}{x-a}+\frac{A_2}{(x-a)^2}+\cdots+\frac{A_n}{(x-a)^n}$$

其中 $A_1,A_2,\cdots,A_n$ 为待定系数.

例 4-58 将$\frac{2x^2+x-7}{(x-2)(x-1)^2}$分解成部分分式.

解 设$\frac{2x^2+x-7}{(x-2)(x-1)^2}=\frac{A}{x-2}+\frac{B}{x-1}+\frac{C}{(x-1)^2}$,

其中 A,B,C 为待定系数,将等式两边同乘以$(x-2)(x-1)^2$,得

$$2x^2+x-7=A(x-1)^2+B(x-2)(x-1)+C(x-2)$$

令 $x=2$,得 $A=3$;令 $x=1$,得 $C=4$;再比较等式两边 x^2 的系数,得 $A+B=2$,所以 $B=-1$,所以

$$\frac{2x^2+x-7}{(x-2)(x-1)^2}=\frac{3}{x-2}+\frac{-1}{x-1}+\frac{4}{(x-1)^2}$$

4.4.2 有理真分式的积分

型如$\int\frac{Ax+B}{x^2+px+q}\mathrm{d}x$ 的积分,一种情况是分母能因式分解,分式拆开后换元积分;另一种情况是分母不能因式分解,这时把分母配方再换元积分.

例 4-59 求$\int\frac{x+9}{x^2+3x-4}\mathrm{d}x$.

解
$$\int\frac{x+9}{x^2+3x-4}\mathrm{d}x=\int\frac{2(x+4)-(x-1)}{(x+4)(x-1)}\mathrm{d}x=\int\left(\frac{2}{x-1}-\frac{1}{x+4}\right)\mathrm{d}x$$
$$=2\ln|x-1|-\ln|x+4|+C$$

例 4-60 求$\int\frac{x+2}{x^2+2x+2}\mathrm{d}x$.

解
$$\int\frac{x+2}{x^2+2x+2}\mathrm{d}x=\int\frac{(x+1)+1}{(x+1)^2+1}\mathrm{d}(x+1)\qquad(\text{设 }x+1=u)$$
$$=\int\frac{u}{u^2+1}\mathrm{d}u+\int\frac{1}{u^2+1}\mathrm{d}u$$
$$=\frac{1}{2}\ln(u^2+1)+\arctan u+C$$

$$= \frac{1}{2}\ln(x^2+2x+2) + \arctan(x+1) + C$$

由上述讨论可知，有理分式的积分，在其分解并变换以后总能化为以下几种形式的积分：

(1) $\int \frac{1}{x-a}\mathrm{d}x = \ln|x-a| + C$

(2) $\int \frac{1}{(x-a)^n}\mathrm{d}x = \frac{(x-a)^{1-n}}{1-n} + C$

(3) $\int \frac{x\mathrm{d}x}{x^2 \pm a^2} = \frac{1}{2}\ln|x^2 \pm a^2| + C$

(4) $\int \frac{\mathrm{d}x}{a^2+x^2} = \frac{1}{a}\arctan\frac{x}{a} + C$

(5) $\int \frac{\mathrm{d}x}{x^2-a^2} = \frac{1}{2a}\ln\left|\frac{x-a}{x+a}\right| + C$

例 4－61　求 $\int \frac{x^2-24x-12}{x^3-x^2-6x}\mathrm{d}x$.

解　由例 4－56 知　$\frac{x^2-24x-12}{x^3-x^2-6x} = \frac{2}{x} + \frac{-5}{x-3} + \frac{4}{x+2}$

因此
$$\int \frac{x^2-24x-12}{x^3-x^2-6x}\mathrm{d}x = 2\int \frac{1}{x}\mathrm{d}x - 5\int \frac{1}{x-3}\mathrm{d}(x-3) + 4\int \frac{1}{x+2}\mathrm{d}(x+2)$$
$$= 2\ln|x| - 5\ln|x-3| + 4\ln|x+2| + C$$

例 4－62　求 $\int \frac{-x+2}{(x^2+1)(x^2+2x+2)}\mathrm{d}x$.

解　由例 4－57、例 4－60 可知

$$\frac{-x+2}{(x^2+1)(x^2+2x+2)} = \frac{-x}{x^2+1} + \frac{x+2}{x^2+2x+2}$$

因此
$$\int \frac{-x+2}{(x^2+1)(x^2+2x+2)}\mathrm{d}x = -\int \frac{x}{x^2+1}\mathrm{d}x + \int \frac{x+2}{x^2+2x+2}\mathrm{d}x$$
$$= -\frac{1}{2}\ln(x^2+1) + \frac{1}{2}\ln(x^2+2x+2)$$
$$+ \arctan(x+1) + C$$

例 4－63　求 $\int \frac{2x^2+x-7}{(x-2)(x-1)^2}\mathrm{d}x$.

解　由例 4－58 可知　$\frac{2x^2+x-7}{(x-2)(x-1)^2} = \frac{3}{x-2} + \frac{-1}{x-1} + \frac{4}{(x-1)^2}$

因此
$$\int \frac{2x^2+x-7}{(x-2)(x-1)^2}\mathrm{d}x = 3\ln|x-2| - \ln|x-1| - \frac{4}{x-1} + C$$

4.4.3　有理假分式的积分

有理假分式可以利用多项式的除法或恒等拼凑法将其转化为一个多项式与

一个真分式的和的形式,然后再对其积分.

例 4-64 求$\int \frac{x^3}{x+1}\mathrm{d}x$.

解 因为
$$\frac{x^3}{x+1}=\frac{(x^3+1)-1}{x+1}=(x^2-x+1)-\frac{1}{x+1}$$
所以
$$\int \frac{x^3}{x+1}\mathrm{d}x=\frac{1}{3}x^3-\frac{1}{2}x^2+x-\ln|x+1|+C$$

习 题 4-4

求下列不定积分:

(1) $\int \frac{x+5}{x^2-2x-3}\mathrm{d}x$;

(2) $\int \frac{1}{x^2(x^2+1)}\mathrm{d}x$;

(3) $\int \frac{x^2-4x-2}{x(x^2+1)}\mathrm{d}x$;

(4) $\int \frac{4}{x^3+4x}\mathrm{d}x$;

(5) $\int \frac{2}{x(x^2-1)}\mathrm{d}x$;

(6) $\int \frac{3x^2-8x-1}{(x+2)(x-1)^3}\mathrm{d}x$;

(7) $\int \frac{1}{x^3-2x^2+x}\mathrm{d}x$;

(8) $\int \frac{x^2}{x^2+2x+5}\mathrm{d}x$;

(9) $\int \frac{x^2+1}{(x+1)^2(x-1)}\mathrm{d}x$;

(10) $\int \frac{3x+33}{(x+1)(x^2+9)}\mathrm{d}x$;

(11) $\int \frac{x^5+x^4-8}{x^3-x}\mathrm{d}x$.

背景聚焦

什么叫数学工具?

广义上讲,我们可以把数学本身看作一种工具,它是人类认识这个纷繁复杂世界的眼睛和钥匙. 数学用量化和逻辑为描述事物的运动变化提供了统一的和严密的基础,并通过不断衍生新的数学分支来为描述人类所认知的日趋复杂的世界体系提供强大而有力的工具.

狭义地讲,这里涉及的"数学工具"除了部分数学理论和算法之外,主要内容为数学软件,即通过使用计算机,进行特定数学计算或者数学表述来实现功能的软件.

数学软件的主要分类和特点:

数学软件从功能上分类可以分为通用数学软件包和专业数学软件包.

1. 通用数学软件包(功能比较完备)

包括各种数学、数值计算、丰富的数学函数、特殊函数、绘图函数、用户图形界面交互功能,与其他软件和语言的接口及庞大的外挂函数库机制(工具箱).

常见的通用数学软件包,包括 Matlab、Mathematica 和 Maple,其中 Matlab 以数值计算见长,Mathematica 和 Maple 以符号运算、公式推导见长.

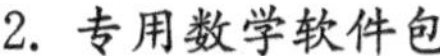

2. 专用数学软件包

绘图软件类(MathCAD, Tecplot, IDL, Surfer, SmartDraw)

数值计算类(Matcom, IDL, DataFit, S-Spline, Lindo, Lingo, O-Matrix, Scilab, Octave)

数值计算库(linpack/lapack/BLAS/GERMS/IMSL/CXML)

计算化学类(Gaussian98, Spartan, ADF2000, ChemOffice)

数理统计类(GAUSS, SPSS, SAS, Splus, statistica, minitab)

数学公式排版类(MathType, MikTex, Scientific Workplace, Scientific)

注意：上述分类比较笼统，很多软件的功能也有交叉.

4.5 提示与提高

1. 不定积分的定义

(1) 若在某一个区间上满足关系式 $F'(x)=f(x)$ 或 $\mathrm{d}F(x)=f(x)\mathrm{d}x$，那么，就说在这个区间上 $F(x)$ 是 $f(x)$ 的原函数. 而函数 $f(x)$ 的不定积分就是其全体原函数.

例 4-65　设 e^{x^2} 是 $f(x)$ 的一个原函数，求 $\int x^2 f(x)\mathrm{d}x$.

解　由于 e^{x^2} 是 $f(x)$ 的一个原函数，故 $f(x)\mathrm{d}x=\mathrm{d}(F(x))=\mathrm{d}(\mathrm{e}^{x^2})$，所以

$$\int x^2 f(x)\mathrm{d}x=\int x^2\mathrm{d}(\mathrm{e}^{x^2})=x^2\mathrm{e}^{x^2}-\int \mathrm{e}^{x^2}\mathrm{d}(x^2)=x^2\mathrm{e}^{x^2}-\mathrm{e}^{x^2}+C$$

(2) 因为原函数都是连续的，所以分段函数的不定积分应在分段积分后，调整好两段分别积分的常数，使积出来的分段函数在分界点连续.

例 4-66　设 $f(x)=\begin{cases}x & x\leqslant 1\\ 1 & x>1\end{cases}$，求 $\int f(x)\mathrm{d}x$.

解　$\int f(x)\mathrm{d}x=\begin{cases}\dfrac{1}{2}x^2+C & x\leqslant 1\\ x+C_1 & x>1\end{cases}$

由于 $f(x)$ 是连续函数，则其原函数必定存在. 由于原函数在 $x=1$ 处应连续，从而

$$\frac{1}{2}+C=1+C_1，即\ C_1=C-\frac{1}{2}$$

故

$$\int f(x)\mathrm{d}x=\begin{cases}\dfrac{1}{2}x^2+C & x\leqslant 1\\ x+C-\dfrac{1}{2} & x>1\end{cases}$$

2. 不定积分的性质

例 4-67 设$\int \frac{f(x)}{x}\mathrm{d}x = \arcsin x + C$,求$\int f(x)\mathrm{d}x$.

解 根据已知条件,由不定积分的性质有

$$\frac{f(x)}{x} = \left(\int \frac{f(x)}{x}\mathrm{d}x\right)' = (\arcsin x + C)' = \frac{1}{\sqrt{1-x^2}},\text{即 } f(x) = \frac{x}{\sqrt{1-x^2}}$$

故
$$\int f(x)\mathrm{d}x = \int \frac{x}{\sqrt{1-x^2}}\mathrm{d}x = -\sqrt{1-x^2} + C$$

例 4-68 已知 $f'(\mathrm{e}^x) = 1 + x$,求 $f(x)$.

解法 1 令 $\mathrm{e}^x = t$,则 $f'(t) = 1 + \ln t$,即 $f'(x) = 1 + \ln x$,则

$$\int f'(x)\mathrm{d}x = \int (1 + \ln x)\mathrm{d}x$$
$$= x + \left(x\ln x - \int x\mathrm{d}(\ln x)\right) = x + x\ln x - x$$

即
$$f(x) = x\ln x + C$$

解法 2 根据已知,有

$$f(\mathrm{e}^x) = \int f'(\mathrm{e}^x)\mathrm{d}(\mathrm{e}^x) = \int (1+x)\mathrm{d}(\mathrm{e}^x)$$
$$= (1+x)\mathrm{e}^x - \int \mathrm{e}^x\mathrm{d}(1+x) = x\mathrm{e}^x$$

故
$$f(x) = x\ln x + C$$

易错提醒:上例容易犯如下错误

$$f(x) = \int f'(\mathrm{e}^x)\mathrm{d}x$$

使用不定积分的性质$\int f(\textcircled{x})\mathrm{d}\textcircled{x} = f(\textcircled{x}) + C$时,应注意式画$\bigcirc$的三个量应一致。

3. 不定积分的换元积分法

(1) 计算某些积分时需用下面给出的较为复杂的“凑”微分式.

$$\frac{x}{(1+x^2)^2}\mathrm{d}x = -\frac{1}{2}\mathrm{d}\left(\frac{1}{1+x^2}\right) \qquad (1+\ln x)\mathrm{d}x = \mathrm{d}(x\ln x)$$

$$\frac{1}{1-x^2}\mathrm{d}x = \frac{1}{2}\mathrm{d}\left(\ln\frac{1+x}{1-x}\right) \qquad (1+x)\mathrm{e}^x\mathrm{d}x = \mathrm{d}(x\mathrm{e}^x)$$

$$\frac{1-\ln x}{x^2}\mathrm{d}x = \mathrm{d}\left(\frac{\ln x}{x}\right) \qquad \left(1-\frac{1}{x^2}\right)\mathrm{d}x = \mathrm{d}\left(x-\frac{1}{x}\right)$$

$$\frac{1}{\sqrt{1+x^2}}\mathrm{d}x = \mathrm{d}(\ln(x+\sqrt{1+x^2}))$$

例 4－69　求$\int \frac{1}{\sqrt{1+x^2}}\ln(x+\sqrt{1+x^2})\mathrm{d}x$.

解　$$\int \frac{1}{\sqrt{1+x^2}}\ln(x+\sqrt{1+x^2})\mathrm{d}x=\int \ln(x+\sqrt{1+x^2})\mathrm{d}(\ln(x+\sqrt{1+x^2}))$$
$$=\frac{1}{2}(\ln(x+\sqrt{1+x^2}))^2+C$$

例 4－70　求$\int \frac{x+1}{x(1+x\mathrm{e}^x)}\mathrm{d}x$.

解　$$\int \frac{x+1}{x(1+x\mathrm{e}^x)}\mathrm{d}x=\int \frac{(x+1)\mathrm{e}^x}{x\mathrm{e}^x(1+x\mathrm{e}^x)}\mathrm{d}x$$
$$=\int \frac{1}{x\mathrm{e}^x(1+x\mathrm{e}^x)}\mathrm{d}(x\mathrm{e}^x)$$
$$=\int \frac{1}{x\mathrm{e}^x}\mathrm{d}(\mathrm{e}^x x)-\int \frac{1}{(1+x\mathrm{e}^x)}\mathrm{d}(\mathrm{e}^x x)$$
$$=\ln(x\mathrm{e}^x)-\ln(1+x\mathrm{e}^x)+C$$

(2) 某些分式的积分使用“倒”代换更为简便.

例 4－71　求$\int \frac{\mathrm{d}x}{x(x^{10}+2)}$.

解　$$\int \frac{\mathrm{d}x}{x(x^{10}+2)}=\int \frac{\mathrm{d}x}{x^{11}\left(1+\frac{2}{x^{10}}\right)}=-\frac{1}{20}\int \frac{\mathrm{d}\left(1+\frac{2}{x^{10}}\right)}{1+\frac{2}{x^{10}}}$$
$$=\frac{1}{20}\ln\frac{x^{10}}{x^{10}+2}+C$$

例 4－72　求$\int \frac{1}{x^2\sqrt{x^2-1}}\mathrm{d}x$.

解　$$\int \frac{1}{x^2\sqrt{x^2-1}}\mathrm{d}x=\int \frac{1}{x^3\sqrt{1-\frac{1}{x^2}}}\mathrm{d}x=\frac{1}{2}\int \frac{1}{\sqrt{1-\frac{1}{x^2}}}\mathrm{d}\left(1-\frac{1}{x^2}\right)$$
$$=\sqrt{1-\frac{1}{x^2}}+C=\frac{\sqrt{x^2-1}}{x}+C$$

4. 不定积分的分部积分法

(1) 有些积分可以将被积表达式拆成两项,对其中的一项用分部积分后,出现与另一项相抵消的项,从而解出所求积分,这是一种常用的方法.

例 4－73　求$\int \frac{x\mathrm{e}^x}{(x+1)^2}\mathrm{d}x$.

解　$$\int \frac{x\mathrm{e}^x}{(x+1)^2}\mathrm{d}x=\int \frac{[(x+1)-1]\mathrm{e}^x}{(x+1)^2}\mathrm{d}x=\int \frac{\mathrm{e}^x}{x+1}\mathrm{d}x+\int \mathrm{e}^x\mathrm{d}\left(\frac{1}{x+1}\right)$$

$$=\int\frac{e^x}{x+1}dx+\frac{e^x}{x+1}-\int\frac{e^x}{x+1}dx=\frac{e^x}{x+1}+C$$

(2) 用分部积分法求解某些带根式的积分有时更为快捷.

例 4-74 求$\int\frac{x^2}{\sqrt{x^2-1}}dx$

解 $$\int\frac{x^2}{\sqrt{x^2-1}}dx=\int x d(\sqrt{x^2-1})=x\sqrt{x^2-1}-\int\sqrt{x^2-1}dx$$

$$=x\sqrt{x^2-1}-\int\frac{x^2-1}{\sqrt{x^2-1}}dx$$

$$=x\sqrt{x^2-1}-\int\frac{x^2}{\sqrt{x^2-1}}dx+\int\frac{1}{\sqrt{x^2-1}}dx$$

所以 $$2\int\frac{x^2}{\sqrt{x^2-1}}dx=x\sqrt{x^2-1}+\int\frac{1}{\sqrt{x^2-1}}dx$$

$$\int\frac{x^2}{\sqrt{x^2-1}}dx=\frac{1}{2}x\sqrt{x^2-1}+\frac{1}{2}\ln(x+\sqrt{x^2-1})+C$$

5. 对有些有理式来说,用拼凑的方法拆分式比待定系数法更为简便.

例 4-75 求$\int\frac{1}{x^4(x^2+1)}dx$.

解 $$\int\frac{1}{x^4(x^2+1)}dx=\int\frac{(1-x^4)+x^4}{x^4(x^2+1)}dx=\int\left(\frac{1-x^2}{x^4}+\frac{1}{x^2+1}\right)dx$$

$$=\int\left(\frac{1}{x^4}-\frac{1}{x^2}+\frac{1}{x^2+1}\right)dx$$

$$=-\frac{1}{3x^3}+\frac{1}{x}+\arctan x+C$$

6. 一题多解

例 4-76 求$\int\frac{\ln x-1}{(\ln x)^2}dx$.

解法 1 $$\int\frac{\ln x-1}{(\ln x)^2}dx=-\int\frac{\frac{1-\ln x}{x^2}}{\left(\frac{\ln x}{x}\right)^2}dx=-\int\frac{d\left(\frac{\ln x}{x}\right)}{\left(\frac{\ln x}{x}\right)^2}=\frac{x}{\ln x}+C$$

解法 2 $$\int\frac{\ln x-1}{(\ln x)^2}dx=\int\frac{\ln x}{(\ln x)^2}dx-\int\frac{1}{(\ln x)^2}dx=\int\frac{1}{\ln x}dx-\int\frac{1}{(\ln x)^2}dx$$

$$=\left[\frac{x}{\ln x}-\int x d\left(\frac{1}{\ln x}\right)\right]-\int\frac{1}{(\ln x)^2}dx$$

$$=\frac{x}{\ln x}+\int\frac{1}{(\ln x)^2}dx-\int\frac{1}{(\ln x)^2}dx=\frac{x}{\ln x}+C$$

例 4-77 求$\int\frac{dx}{x^2\sqrt{1+x^2}}$.

解法 1　设 $x=\tan t\ \left(-\frac{\pi}{2}<t<\frac{\pi}{2}\right)$，则 $\mathrm{d}x=\sec^2 t\mathrm{d}t$，于是

$$\begin{aligned}\int\frac{\mathrm{d}x}{x^2\sqrt{1+x^2}}=\int\frac{\sec^2 t\mathrm{d}t}{\tan^2 t\sqrt{1+\tan^2 t}}&=\int\frac{\cos t}{\sin^2 t}\mathrm{d}t\\&=\int\frac{\mathrm{d}(\sin t)}{\sin^2 t}=-\frac{1}{\sin t}+C\\&=-\frac{\sqrt{1+\tan^2 t}}{\tan t}+C\\&=-\frac{\sqrt{1+x^2}}{x}+C\end{aligned}$$

解法 2　
$$\begin{aligned}\int\frac{\mathrm{d}x}{x^2\sqrt{1+x^2}}&=\int\frac{\mathrm{d}x}{x^3\sqrt{\frac{1}{x^2}+1}}\\&=-\frac{1}{2}\int\frac{1}{\sqrt{\frac{1}{x^2}+1}}\mathrm{d}\left(\frac{1}{x^2}+1\right)\\&=-\sqrt{\frac{1}{x^2}+1}+C\\&=-\frac{\sqrt{1+x^2}}{x}+C\end{aligned}$$

解法 3　
$$\begin{aligned}\int\frac{\mathrm{d}x}{x^2\sqrt{1+x^2}}&=\int\frac{(1+x^2)-x^2}{x^2\sqrt{1+x^2}}\mathrm{d}x\\&=\int\frac{\sqrt{1+x^2}}{x^2}\mathrm{d}x-\int\frac{\mathrm{d}x}{\sqrt{1+x^2}}\\&=-\int\sqrt{1+x^2}\mathrm{d}\left(\frac{1}{x}\right)-\int\frac{\mathrm{d}x}{\sqrt{1+x^2}}\\&=-\frac{\sqrt{1+x^2}}{x}+\int\frac{1}{x}\mathrm{d}(\sqrt{1+x^2})-\int\frac{\mathrm{d}x}{\sqrt{1+x^2}}\\&=-\frac{\sqrt{1+x^2}}{x}+C\end{aligned}$$

例 4-78　求 $\int\frac{\mathrm{d}x}{\sqrt{x(4-x)}}$.

解法 1　
$$\begin{aligned}\int\frac{\mathrm{d}x}{\sqrt{x(4-x)}}&=\int\frac{\mathrm{d}x}{\sqrt{4x-x^2}}\\&=\int\frac{\mathrm{d}(x-2)}{\sqrt{2^2-(x-2)^2}}\end{aligned}$$

$$= \arcsin \frac{x-2}{2} + C$$

解法 2 $\int \frac{dx}{\sqrt{x(4-x)}} = \int \frac{1}{x}\sqrt{\frac{x}{4-x}}dx \left(令\ t=\sqrt{\frac{x}{4-x}}\right)$

$$= 2\int \frac{dt}{1+t^2} = 2\arctan t + C$$

$$= 2\arctan\sqrt{\frac{x}{4-x}} + C$$

解法 3 $\int \frac{dx}{\sqrt{x(4-x)}} = \int \frac{dx}{\sqrt{x}\ \sqrt{4-x}}$

$$= 2\int \frac{d(\sqrt{x})}{\sqrt{4-(\sqrt{x})^2}} = 2\arcsin\frac{\sqrt{x}}{2} + C$$

需要说明的是：由于同一个不定积分可以用不同的方法计算，有时积分结果的表达形式可能不一样. 但这些结果除了差一个常数外，实质上并无差别，属同一个原函数族.

7. 三角函数有理式的积分举例

(1)“万能变换”的方法

三角函数有理式是指由三角函数经过四则运算所组成的式子. 对形如 $\int f(\sin x,\cos x,\tan x)dx$ 三角函数有理式的积分，通常采用“万能替换”的方法，即设 $u=\tan\frac{x}{2}$，则 $x=2\arctan u$，$dx=\frac{2}{1+u^2}du$，且有

$$\sin x = \frac{2u}{1+u^2},\ \cos x = \frac{1-u^2}{1+u^2}$$

例 4－79 求 $\int \frac{1}{3+\cos x}dx$.

解 设 $\tan\frac{x}{2}=u$，则

$$\int \frac{1}{3+\cos x}dx = \int \frac{1}{3+\frac{1-u^2}{1+u^2}}\frac{2}{1+u^2}du = \int\frac{1}{2+u^2}du$$

$$= \frac{1}{\sqrt{2}}\arctan\frac{u}{\sqrt{2}} + C = \frac{1}{\sqrt{2}}\arctan\left(\frac{1}{\sqrt{2}}\tan\frac{x}{2}\right) + C$$

(2)“万能变换”是三角函数有理式积分的一般方法，但不一定是最简捷的方法.

例 4－80 求 $\int \frac{\sin x}{1+\sin x}dx$.

解法 1 设 $\tan\frac{x}{2}=u$，则 $\sin x=\frac{2u}{1+u^2}$，$dx=\frac{2}{1+u^2}du$，于是

$$\int\frac{\sin x}{1+\sin x}dx=\int\frac{\frac{2u}{1+u^2}}{1+\frac{2u}{1+u^2}}\frac{2}{1+u^2}du$$
$$=4\int\frac{u}{(1+u^2)(1+u^2+2u)}du$$
$$=2\int\left(\frac{1}{1+u^2}-\frac{1}{1+u^2+2u}\right)du$$
$$=2\int\frac{1}{1+u^2}du-2\int\frac{1}{(1+u)^2}du$$
$$=2\arctan u+\frac{2}{1+u}+C$$
$$=2\arctan\left(\tan\frac{x}{2}\right)+\frac{2}{1+\tan\frac{x}{2}}+C$$
$$=x+\frac{2}{1+\tan\frac{x}{2}}+C$$

解法2 $\int\frac{\sin x}{1+\sin x}dx=\int\frac{\sin x(1-\sin x)}{(1+\sin x)(1-\sin x)}dx$
$$=\int\frac{\sin x-\sin^2x}{\cos^2x}dx$$
$$=\int(\sec x\tan x-\tan^2x)dx$$
$$=\sec x-\int(\sec^2x-1)dx$$
$$=\sec x-\tan x+x+C$$

例4-81 求$\int\frac{2\cos x}{\cos x+\sin x}dx$.

解 $\int\frac{2\cos x}{\cos x+\sin x}dx=\int\frac{(-\sin x+\cos x)+(\cos x+\sin x)}{\cos x+\sin x}dx$
$$=\int\frac{(-\sin x+\cos x)}{\cos x+\sin x}dx+\int dx$$
$$=\int\frac{d(\cos x+\sin x)}{\cos x+\sin x}+x+C$$
$$=\ln|\cos x+\sin x|+x+C$$

此题若用万能变换比较麻烦(读者自己检验).

8. 许多初等函数的原函数本身不是初等函数,因而出现不定积分存在但“积不出来”的情况,比如$\int\frac{\sin x}{x}dx$,$\int\frac{e^x}{x^n}dx$,$\int\frac{1}{\ln x}dx$等. 实际上,可以“积出来”的不定积

分仅仅是不定积分存在情况下的一小部分.

习 题 4-5

1. 设 $\sin^2 x$ 是 $f(x)$ 的一个原函数,求$\int x^2 f''(x)\mathrm{d}x$.

2. 求下列不定积分:

(1) $\int \frac{\mathrm{e}^{\sqrt{2x-1}}}{\sqrt{2x-1}}\mathrm{d}x$;

(2) $\int \frac{4x+6}{x^2+3x-4}\mathrm{d}x$;

(3) $\int \frac{1+\ln x}{(x\ln x)^2}\mathrm{d}x$;

(4) $\int \frac{x+\cos x}{x^2+2\sin x}\mathrm{d}x$;

(5) $\int \frac{\cos 2x}{1+\sin x\cos x}\mathrm{d}x$;

(6) $\int \frac{1}{3+\cos x}\mathrm{d}x$;

(7) $\int \frac{1+\sin x}{\sin x(1+\cos x)}\mathrm{d}x$;

(8) $\int \frac{1}{1-x^2}\ln\frac{1+x}{1-x}\mathrm{d}x$;

(9) $\int \sqrt{\frac{\ln(x+\sqrt{1+x^2})}{1+x^2}}\mathrm{d}x$;

(10) $\int \frac{x+\sin x}{1+\cos x}\mathrm{d}x$;

(11) $\int \frac{\ln\cos x}{\cos^2 x}\mathrm{d}x$;

(12) $\int \frac{\ln(1+\mathrm{e}^x)}{\mathrm{e}^x}\mathrm{d}x$;

(13) $\int x\sec^4 x\tan x\mathrm{d}x$;

(14) $\int x^2\cos^2\frac{x}{2}\mathrm{d}x$;

(15) $\int \frac{\arctan x}{x^2}\mathrm{d}x$;

(16) $\int \sin x\ln(\tan x)\mathrm{d}x$;

(17) $\int \mathrm{e}^{2x}(\tan x+1)^2\mathrm{d}x$.

数学文摘

数学对其他学科和高科技的影响

今天主持人阿忆给大家请来了著名的数学家杨乐,由他为我们带来一场讲演.阿忆的第一个问题就是,到底数学还是物理是一切科学的基础?

主持人:杨先生,我要问的第一个问题,就是李杰信李博士,他是物理学家,太空物理学家,所以他认为物理是一切科学的基础. 您同意吗? 您是数学家.

杨乐:依我的看法,数学相对于物理来得更基础.

主持人:来得更基础.

杨乐:对.

主持人:换句话说,那还是数学更是一切科学的基础.

杨乐:对.

主持人:今天杨先生带给我们讲演的题目很长,“数学对其他学科和高科技的影响”.有请杨先生.

杨乐:谢谢大家.在座的同学可能都知道,数学从它发展的历史阶段,各个

进程中间，一直是跟物理学、力学、天文发展紧密联系在一起的.

那么到现代，到20世纪，尤其是最近的几十年以来，一方面数学还是跟物理、力学和天文有非常密切的关系. 尤其是像理论物理，我们在2002年的夏天，在北京请到的史蒂芬·霍金教授，大家都知道他是一位非常杰出的理论物理学家. 像我们华裔的，杨振宁先生，当然也是非常杰出的理论物理学家. 但是他们都有一个共同点，他们的数学的造诣很深，他们同时是杰出的数学家. 所以，数学对物理学、力学、天文学依然有着非常重要的作用. 不仅仅这样，退回到半个多世纪以前，有的学科，比如化学、医学、生物学、地学，相对数学用得比较少，而且用得比较浅显，它里面也有一些计算，但是不需要很高深的数学工具和知识. 但是最近几十年，包括这样一些学科，也都毫无例外地用到数学很多了.

比如说拿生物学来讲，大家都说21世纪是生物学的世纪，我们先姑且不论这个观点本身，当然我想有一点是共同的，大家都认为生物学非常重要，今后的发展前途很大. 在生物学的发展中，数学就起着越来越大的作用. 比如说现在有一个领域，叫生物信息学. 生物信息学就是除掉生物本身，还要用数学，用计算机科学，把它们统一地作为工具，来研究一些比如说像核酸、像蛋白质这种大分子的、有大量数据的现象，因为这样就可以解决很多关于基因的、关于遗传密码的、关于生命起源这样重大的问题，对人类、对社会都有非常大的意义.

比如说，我们拿信息这方面来说，信息科学与技术几十年来对整个人类社会发展起了重大的作用. 在信息、科学和技术里面，数学就是一个非常重要的工具. 我们可以举一个非常简单的例子，用数学的语言表述就是这样，比如说有N座城市，你要把N座城市连接起来，什么时候能够使它最短，这在信息科学中间当然有很重要的意义. 但是它抽象起来就是一个数学问题，这个问题比如说可以考虑N等于3，我们有3座城市，北京、天津、保定，我们把问题变得更简单一点，我们假设这3个城市是等距离的，这个距离都是100公里，我们做这样的假定，如果你不加任何思索的话，你认为把城市A连到城市B，再连到城市C，用直线来连就可以. 但是大家很容易看到这样的连接是200公里，如果说A、B、C三座城市是等距离，那么它实际上构成了一个等边三角形. 我们稍微想一想，再取它的中心，比如说D，好像加了一座城市D，我们把D来跟A、B、C分别连的话，大家很容易看出来，这个时候把它们连在一起，只要$100\times\sqrt{3}$，这样的距离，也就是说大约173公里，这就比原来短得多了. 当然这是最简单的情况，N等于3，而且所谓分布是等距离. 如果说N相当大，N等于30或者300，那问题就复杂得多了，而且位置可以很随意. 那么从数学上，我们还考虑所谓N趋向于无穷，情况怎么样，这是一个很困难的问题，数学的，也是计算机科学的极其困难的问题.

再比如说,在现代社会里,能源主要靠电,电是几乎无所不用、无所不在,如果突然停电的话,对我们的生产和社会会产生很大的影响.在那些经济非常发达的地区,如果说突然停电的话,会造成几亿甚至于几十亿美元的损失,那么供电的安全那就是一个重要问题.实际上供电现在不是靠一个电厂,而是靠一个大的地区的电网.这个大的电网由若干个电网组成,而每个电网又包含了一些发电厂,每一个发电厂的生产可以通过一组偏微分方程来描述.这时它是有些制约条件的,可以用代数方程和数理统计表述出来.对这么多的偏微分方程组联列起来,描述一个大的电网,你不可能求出它的所谓解析解.我们要求它的数字解,除掉偏微分方程,你就要用到计算数学.而在这个过程中间,是有很多忽然因素的,就是随机的因素,所以我们还要借助于概率论和数理统计.最终我们是希望控制整个的发电和供电的过程,使得它能够比较稳定,所以我们要用控制论.最后我们还用到微分几何,为什么呢?发电和供电的过程有很多的参数,我们希望每一个参数都找一个合适的范围,让它在这里头能够保证发电和供电的安全.参数很多,所以最后我们要找的是高维空间的一个复杂的几何区域.当点在这个区域里头,就能保证是电力稳定的生产和供应;当它出了这个区域就开始可能发生问题了,就有一个较大的叫预警区,当然我们就要非常注意,要采取一些措施.

再比如说农业吧,种地你用数学吗?我就再举一个例子.

现在在农业方面有一种叫精准农业,也是一个比较新兴的东西.我们知道一般我们的蔬菜、水果,上面都会残留有农药或者化肥、这当然毫无疑问对人体是有害的.现在又要提出问题了,我们能不能根据生物的生长规律,给它建立数学模型,然后用计算机进行控制,当这个作物生长的时候,什么阶段正好需要化肥、需要农药,而且需要多少量.我们能够非常精确地给它这么多化肥和农药,这当然是现在理想的一个境界了,这样就促使一个新兴的学问产生了,叫作精准农业.所以说,即使像农业这样的学问,它也需要用到很多数学工具和知识.

那么,数学现在不仅仅在这些科学、高新技术,包括像农业、医学这些方面有大量的用途,而且数学在金融、财贸、保险、证券以至于管理这些方面都有很多的用途.我也只是举两个例子给同学们听一听.比如说金融,一个大的银行系统,它要有一定的储备金,任何客户来兑钱的时候,拿了存折取钱,它必须要有现金给人家,这当然是银行必须要做到的事情.但是它又不能把非常多的现金放在那里,现金放在那不产生任何的效益,所以这就变成了数学问题——储备金要足够,但是又希望它是最少.这实际上是数学最优化的一个问题.我们研究院有一个学者,他过去在国外的时候,帮一个大的银行系统做过这方面的研究，结果他发现那个银行的储备金留得太多了，储备金可以减少一亿多英镑，还够用，可以来实现这个兑换，这就是一个非常重要的成果了，因为一亿多英镑用于其他方面可以产生很大的效益．经济上面涉及这些问题还很多．外币的汇率在不断地变化，比如美元和日元，它的汇率有的时候就产生相当大的变化，在个别时候变化很激烈．那么这种变化不仅影响美国和日本之间的贸易和经济的发展，而且对我们中国的进出口，对我们中国的经济也同样产生影响．这就是一个研究课题了．这一类的问题当然还很多，所以现在国外有很多数学家，在金融、经济、财贸、证券、保险这些部门在发挥他们的作用，而且有的作用可以说是很突出的．

所以从这些方面来看，数学可以发挥很大的作用．数学之所以能发挥这样大的作用，是由于它的抽象性、直观性、普遍实用性以及精确性．而刚才我说的，数学可以把它的知识、把它的工具用到了这么广泛的，可以说是所有的科学、技术、经济和管理方面，这我认为还是第二位的．第一位的就是，如果说你在数学方面进行了很好的培养和训练的话，你的几何直观能力、你的分析思考的能力、你的逻辑推理的能力以及你的计算能力，都能得到提高，而这些是你做任何事情要做得有创造性、做出高水平所必不可少的．

总的一句话，现在我们提希望素质教育，希望能够创新，那我认为，数学是最好的一个基础，这也就是我回答刚才主持人提出的问题，为什么说数学应该作为科学技术，作为人才培养的基础．

……

主持人：通过这次讲演，我的收获真是不少．我有一个问题是，数学研究在你的心中是一件什么物件？什么东西？什么存在？

杨乐：数学应该说是我整个一生的一个组成部分，而且可以说是最主要的部分．

主持人：数学是杨乐先生一生当中最重要的组成部分．好，谢谢杨先生光临我们的节目．

编载自“凤凰卫视世纪大讲堂”

复习题 4

［A］

1. 填空题

(1) 已知 $f(x)$ 的一个原函数是 $\ln x$，则$\int f(x)\mathrm{d}x=$ ____________.

(2) 如果$\int f(x)\mathrm{d}x = \arcsin x + C$,则 $f(x) =$ ______________.

(3) 积分曲线族$\int 2x\mathrm{d}x$ 中,通过点(0,1) 的一条曲线方程为______________.

(4) $\int \frac{x\cos x - 1}{x}\mathrm{d}x =$ ________.

(5) $\int \frac{1}{(x+1)^2}\mathrm{d}x =$ ________.

(6) $\int \frac{\mathrm{e}^x}{1+\mathrm{e}^x}\mathrm{d}x =$ ________.

(7) 若$\int f(x)\mathrm{d}x = F(x) + C$,则$\int f(ax+b)\mathrm{d}x =$ ________.

(8) 设 $f(x) = \sqrt{1-x^2}$,则$\int f'(\sin x)\cos x\mathrm{d}x =$ ______________.

(9) 若$\int f(x)\mathrm{d}x = x^2 + C$,则$\int xf(1+x^2)\mathrm{d}x =$ ________.

(10) $\int x\mathrm{d}\left(\frac{1}{1+x^2}\right) =$ ________.

2. 选择题

(1) $f(x)$ 的一个原函数是$\frac{\ln x}{x}$,则$\int f'(x)\mathrm{d}x$ 等于(　　).

A. $\frac{\ln x}{x} + C$;　　B. $\frac{1}{x} + C$;

C. $\frac{1-\ln x}{x^2} + C$;　　D. $\frac{1-2\ln x}{x} + C$.

(2) $\int f(x)\mathrm{d}x = 2\sin\frac{x}{2} + C$,则 $f(x) =$ (　　).

A. $\cos\frac{x}{2} + C$;　　B. $\cos\frac{x}{2}$;

C. $2\cos\frac{x}{2} + C$;　　D. $2\cos\frac{x}{2}$.

(3) $\int \cos 2x\mathrm{d}x =$ (　　).

A. $\sin x\cos x + C$;　　B. $-\frac{1}{2}\sin 2x + C$;

C. $2\sin 2x + C$;　　D. $\sin 2x + C$.

(4) 如果 $f(x) = \mathrm{e}^{-x}$,则$\int \frac{f'(\ln x)}{x}\mathrm{d}x =$ (　　).

A. $-\frac{1}{x} + C$;　　B. $\frac{1}{x} + C$;

C. $-\ln x + C$;　　D. $\ln x + C$.

(5) $\int \frac{f'(x)}{1+[f(x)]^2}\mathrm{d}x =$ (　　).

A. $\ln[1+f(x)] + C$;　　B. $\tan f(x) + C$;

C. $\frac{1}{2}\arctan f(x)+C$；　　D. $\arctan f(x)+C$.

(6) 设 $f(x)=\sin x$，则$\int xf'(x)\mathrm{d}x=$（　　）.

A. $x\cos x+\sin x+C$；　　B. $x\cos x-\sin x+C$；

C. $x\sin x-\cos x+C$；　　D. $x\sin x+\cos x+C$.

3. 计算下列不定积分：

(1) $\int(5-2x)^9\mathrm{d}x$；　　(2) $\int\cos^5x\sqrt{\sin x}\mathrm{d}x$；

(3) $\int\frac{\ln x}{x\sqrt{1+\ln x}}\mathrm{d}x$；　　(4) $\int\frac{1}{1+\mathrm{e}^{2x}}\mathrm{d}x$；

(5) $\int\frac{1}{x^2-x-6}\mathrm{d}x$；　　(6) $\int\frac{\sqrt{x+1}-1}{\sqrt{x+1}+1}\mathrm{d}x$；

(7) $\int\frac{1}{x^2\sqrt{x^2+3}}\mathrm{d}x$；　　(8) $\int\frac{\ln x}{x^2}\mathrm{d}x$；

(9) $\int x^2\cos x\mathrm{d}x$.

[B]

1. 填空题

(1) 若 $f'(x)=2x$，则$\int f(x)\mathrm{d}x=$________.

(2) $\int$________$\mathrm{d}x=x\mathrm{e}^x+C$.

(3) 设 $f(x)$ 是连续函数且$\int f(x)\mathrm{d}x=F(x)+C$，则$\int F(x)f(x)\mathrm{d}x=$________.

(4) $\int\frac{\sin x+\cos x}{(\sin x-\cos x)^3}\mathrm{d}x=$________.

(5) $\int\frac{\mathrm{d}x}{\sqrt{x}(1+x)}=$________.

(6) $\int x(x-1)^3\mathrm{d}x=$________.

(7) $\int\frac{x\sin x\mathrm{d}x}{\cos^3x}=$________.

(8) 若 $f(x)=\tan x$，则$\int xf''(x)\mathrm{d}x=$________.

2. 选择题

(1) 设 $f(x)=k\tan 2x$ 的一个原函数为$\frac{2}{3}\ln\cos 2x$，则 k 等于（　　）.

A. $-\frac{2}{3}$；　　B. $\frac{3}{2}$；

C. $-\frac{4}{3}$；　　D. $\frac{3}{4}$.

(2) 设 $f(x)$ 有连续导函数，则下列命题中正确的是（　　）.

A. $\int f'(2x)\mathrm{d}x = \frac{1}{2}f(2x)+C$；　　B. $\int f'(2x)\mathrm{d}x = f(2x)+C$；

C. $(\int f(2x)\mathrm{d}x)' = 2f(2x)$；　　D. $\int f'(2x)\mathrm{d}x = f(x)+C$.

(3) 设 $\ln x$ 是 $f(x)$ 的一个原函数，则 $f(x)$ 的另一个原函数是(其中 $a>0$ 且为常数)(　　).

A. $\ln|x+a|$；　　B. $\frac{1}{a}\ln ax$；

C. $\ln|ax|$；　　D. $a\ln x$.

(4) 若$\int f'(x^2)\mathrm{d}x = x^4+C$，则 $f(x)=$(　　).

A. x^2+C；　　B. $\frac{8}{5}x^{\frac{5}{2}}+C$；

C. $\frac{1}{3}x^3+C$；　　D. x^4+C.

(5) 设 $f'(\cos^2 x)=\sin^2 x$，且 $f(0)=0$，则 $f(x)=$(　　).

A. $\cos x+\frac{1}{2}\cos^2 x$；　　B. $\cos^2 x-\frac{1}{2}\cos^4 x$；

C. $x+\frac{1}{2}x^2$；　　D. $x-\frac{1}{2}x^2$.

(6) $\int \sec^7(5x)\tan(5x)\mathrm{d}x=$(　　).

A. $\frac{1}{7}\sec^7(5x)+C$；　　B. $\frac{1}{5}\sec^7(5x)+C$；

C. $\frac{1}{35}\sec^7(5x)+C$；　　D. $35\sec^7(5x)+C$.

3. 计算下列不定积分：

(1) $\int \frac{\ln\tan x}{\sin x\cos x}\mathrm{d}x$；　　(2) $\int \frac{1+x^2}{1+x^4}\mathrm{d}x$；

(3) $\int \frac{\mathrm{d}x}{x^6(x^2+1)}$；　　(4) $\int \frac{x\mathrm{e}^x}{\sqrt{1+\mathrm{e}^x}}\mathrm{d}x$；

(5) 若 $f'(\sin^2 x)=\cos 2x+\tan^2 x\quad(0<x<1)$，求 $f(x)$；

(6) 设$\int xf(x)\mathrm{d}x=\arcsin x+C$，求$\int f(x)\mathrm{d}x$；

(7) 设 $f(\ln x)=\frac{\ln(1+x)}{x}$，求$\int f(x)\mathrm{d}x$.

课外学习 4

1. 在线学习

(1)工具软件学习：不定积分运算器(网页链接及二维码见对应配套电子课件)

(2)TED 演讲：横扫华尔街的数学家(网页链接及二维码见对应配套电子课件)

2. 阅读与写作

(1)阅读本章“数学文摘：数学对其他学科和高科技的影响”.

(2)不定积分运算器使用作业：在线计算 5 道积分题(自己出题，计算结果截图).

第5章　定积分及其应用

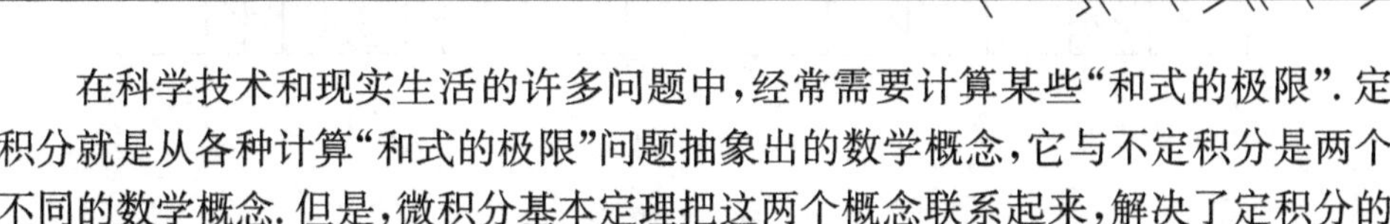

在科学技术和现实生活的许多问题中，经常需要计算某些“和式的极限”. 定积分就是从各种计算“和式的极限”问题抽象出的数学概念，它与不定积分是两个不同的数学概念. 但是，微积分基本定理把这两个概念联系起来，解决了定积分的计算问题，从而使定积分得到了广泛的应用.

5.1　定积分的概念及性质

5.1.1　引例

1. 曲边梯形的面积

由连续曲线 $y=f(x)$ 和直线 $x=a$，$x=b$，及 $y=0$ 所围成的平面图形称为曲边梯形，如图 5－1 所示.

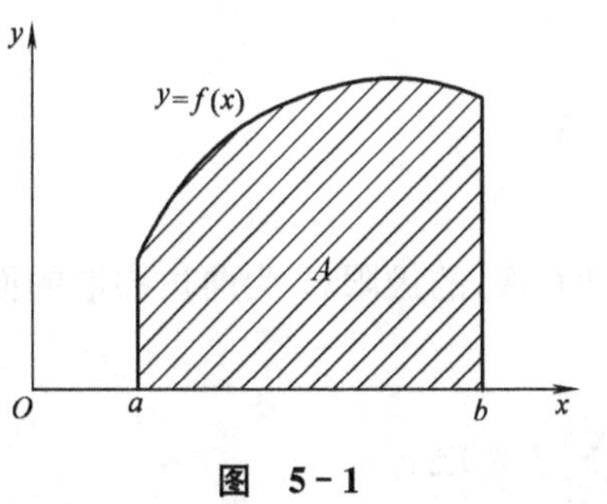

图　5－1

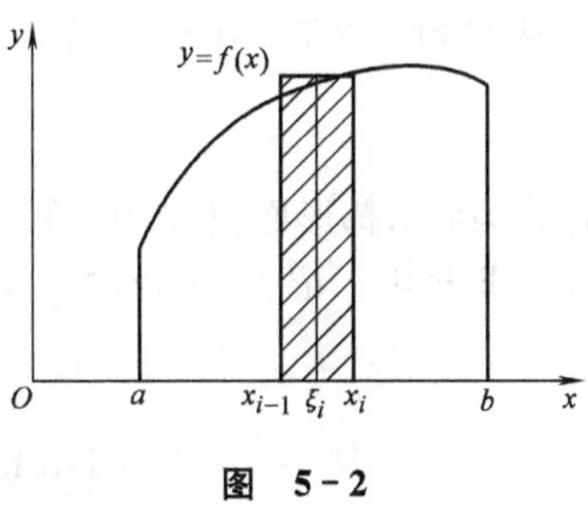

图　5－2

如何计算曲边梯形的面积 A 呢？在前面我们已经作过类似的计算（见第 1 章第 1.2 节中的引例 2），方法是拆分区间、近似代替、求和、取极限，计算曲边梯形的面积也采用这种方法.

如果把区间$[a,b]$划分成许多小区间，那么曲边梯形也相应地被划分成许多小曲边梯形. 在每个小区间上用其中某一点处的高来近似代替同一区间上小曲边梯形的高，那么，每个小曲边梯形就可以近似地看成小矩形，如图 5－2 所示. 我们就以所有这些小矩形的面积之和作为曲边梯形面积的近似值，区间越细分，近似的程度越好，如图 5－3 所示. 若把区间$[a,b]$无限细分下去，使每个小区间的长度都趋于零，这时所有小矩形面积之和的极限就是曲边梯形的面积. 上述思路分成以下四个步骤：

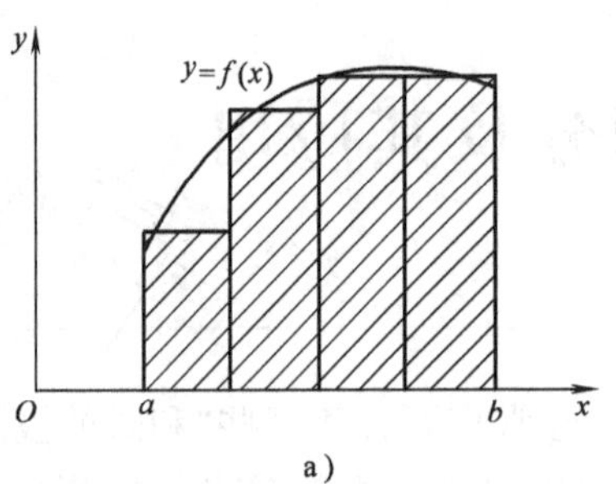

a）

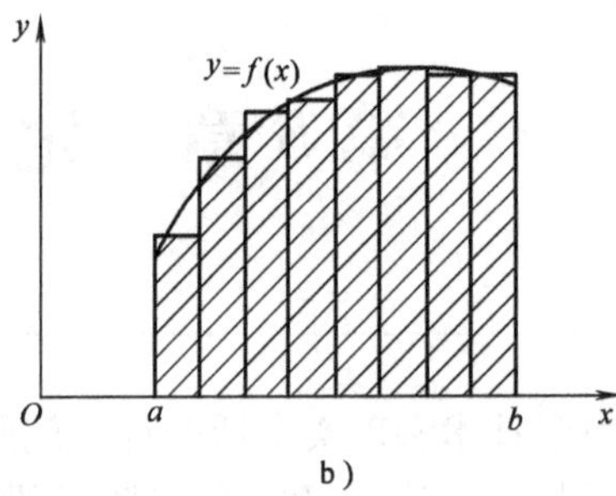

b）

图　5-3

(1) 分割　用分点 $a=x_0<x_1<x_2<\cdots<x_n=b$ 将 $[a,b]$ 分成 n 个小区间

$$[x_{i-1},x_i] \quad (i=1,2,\cdots,n)$$

小区间的长度为

$$\Delta x_i=x_i-x_{i-1} \quad (i=1,2,\cdots,n)$$

过各分点做 x 轴的垂线将曲边梯形分成 n 个小曲边梯形.

(2) 近似代替　在每个小区间 $[x_{i-1},x_i]$ 上任取一点 ξ_i，取以 Δx_i 为底，$f(\xi_i)$ 为高的小矩形面积 ΔA_i 作为小曲边梯形面积的近似值，即

$$\Delta A_i=f(\xi_i)\Delta x_i$$

(3) 求和　各个小矩形面积的和 A_n 为

$$A_n=\sum_{i=1}^{n}\Delta A_i$$

用 A_n 作为曲边梯形面积 A 的近似值.

(4) 取极限　记 $\lambda=\max\limits_{0\leqslant i\leqslant n}\{\Delta x_i\}$，当 $\lambda\to 0$ 时，A_n 的极限 A 为曲边梯形的面积，即

$$A=\lim_{\lambda\to 0}A_n=\lim_{\lambda\to 0}\sum_{i=1}^{n}f(\xi_i)\Delta x_i$$

2. 变速直线运动路程的计算

设物体做变速直线运动的速度 v 与时间 t 的函数关系为 $v=v(t)$，则求该物体在时间区间 $[T_1,T_2]$ 内运动的距离 s 可类似进行分析.

用分点 $T_1=t_0<t_1<t_2<\cdots<t_n=T_2$ 将时间区间 $[T_1,T_2]$ 分成 n 个小区间. 在每个小区间 $[t_{i-1},t_i]$ 上任取一点 τ_i，以 $\Delta s_i=v(\tau_i)\Delta t_i$ 作为小时间区间 $[t_{i-1},t_i]$ 上运动距离的近似值. $\sum\limits_{i=1}^{n}v(\tau_i)\Delta t_i$ 作为距离 s 的近似值，记 $\lambda=\max\limits_{0\leqslant i\leqslant n}\{\Delta t_i\}$，则

$$s=\lim_{\lambda\to 0}\sum_{i=1}^{n}v(\tau_i)\Delta t_i$$

上述两个问题虽然实际意义不同，但解决问题的基本方法和步骤却完全相同，最终都归结为一种特殊和式的极限.

对于处理类似这种问题的思想方法，给出一个统一的说法和简单具有代表性的记号，这就是下面要介绍的定积分.

5.1.2　定积分的定义及性质

1. 定积分的定义

定义 1　已知函数 $f(x)$在$[a,b]$上有定义，用任意分点

$$a = x_0 < x_1 < x_2 < \cdots < x_n = b$$

将$[a,b]$分成 n 个小区间，小区间的长度为 $\Delta x_i = x_i - x_{i-1}$ $(i=1,2,\cdots,n)$，在每个小区间$[x_{i-1},x_i]$上任取一点 ξ_i $(x_{i-1} \leqslant \xi_i \leqslant x_i)$，求乘积 $f(\xi_i)\Delta x_i$；再作和 $\sum\limits_{i=1}^{n} f(\xi_i)\Delta x_i$，记 $\lambda = \max\limits_{0 \leqslant i \leqslant n}\{\Delta x_i\}$. 若极限 $\lim\limits_{\lambda \to 0}\sum\limits_{i=1}^{n} f(\xi_i)\Delta x_i$ 存在，则称此极限值为函数 $f(x)$在$[a,b]$上的**定积分**，记作 $\int_a^b f(x)\mathrm{d}x$，即

$$\int_a^b f(x)\mathrm{d}x = \lim_{\lambda \to 0}\sum_{i=1}^{n} f(\xi_i)\Delta x_i$$

其中 $f(x)$叫作**被积函数**，$f(x)\mathrm{d}x$ 叫作**被积表达式**；x 叫作**积分变量**，a,b 分别叫作积分的**下限**和**上限**，$[a,b]$叫作**积分区间**.

需要说明的是：(1) 定积分是特殊和式的极限，它是一个定数，只与被积函数 $f(x)$和积分区间$[a,b]$有关，与积分变量所用的字母无关. 例如

$$\int_a^b f(x)\mathrm{d}x = \int_a^b f(t)\mathrm{d}t$$

(2) 在定积分定义中要求积分限 $a<b$，我们补充如下规定：

当 $a=b$ 时，$\int_a^b f(x)\mathrm{d}x = 0$；

当 $a>b$ 时，$\int_a^b f(x)\mathrm{d}x = -\int_b^a f(x)\mathrm{d}x$.

根据定积分的定义，前面的两个实例可分别表述为：

(1) 曲边梯形的面积 $A = \int_a^b f(x)\mathrm{d}x$；

(2) 变速运动的路程 $s = \int_{T_1}^{T_2} v(t)\mathrm{d}t$.

由于定积分是特殊和式的极限，那么函数 $f(x)$在什么条件下其定积分存在呢？为此，我们给出如下定理.

定理 1　若函数 $f(x)$在$[a,b]$上连续，那么，$f(x)$在$[a,b]$上可积.

定理 2　若函数 $f(x)$在$[a,b]$上有界，且只有有限个间断点，那么，$f(x)$在

$[a,b]$上可积.

2. 定积分的几何意义

(1) 如果 $f(x)>0$,图形在 x 轴之上,积分值为正,有 $\int_a^b f(x)\mathrm{d}x = A$;

(2) 如果 $f(x)\leqslant 0$,图形在 x 轴下方,积分值为负,即 $\int_a^b f(x)\mathrm{d}x = -A$;

(3) 如果 $f(x)$在$[a,b]$上有正有负,则积分值就等于曲线 $y=f(x)$在 x 轴上方的部分与下方部分面积的代数和,如图 5-4 所示,有

$$\int_a^b f(x)\mathrm{d}x = A_1 - A_2 + A_3$$

例 5-1 利用定积分的几何意义,求 $\int_0^1 \sqrt{1-x^2}\mathrm{d}x$ 的值.

解 定积分 $\int_0^1 \sqrt{1-x^2}\mathrm{d}x$ 在几何上表示以 $O(0,0)$为圆心,半径为 1 的$\frac{1}{4}$圆的面积,如图 5-5 所示,所以 $\int_0^1 \sqrt{1-x^2}\mathrm{d}x = \frac{\pi}{4}$.

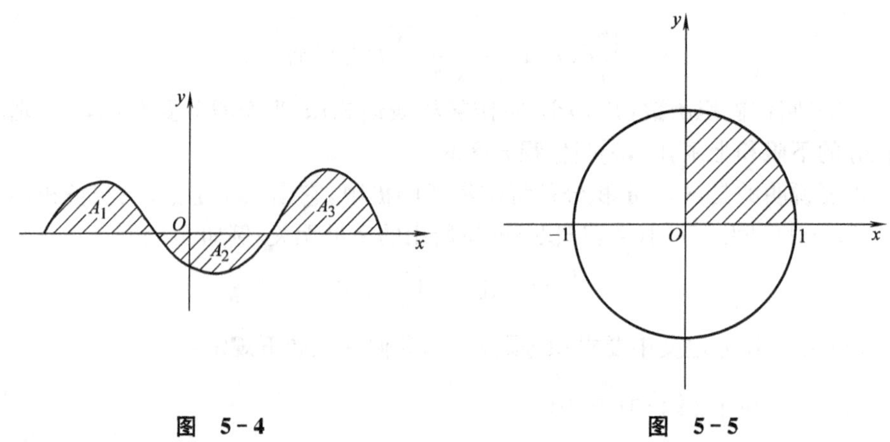

图 5-4　　图 5-5

3. 定积分的性质

设函数 $f(x)$,$g(x)$在所讨论的区间上可积,则定积分有如下性质:

性质 1 $\int_a^b kf(x)\mathrm{d}x = k\int_a^b f(x)\mathrm{d}x$ (k 为常数)

性质 2 $\int_a^b [f(x)\pm g(x)]\mathrm{d}x = \int_a^b f(x)\mathrm{d}x \pm \int_a^b g(x)\mathrm{d}x$

性质 3(积分区间的可加性) $\int_a^b f(x)\mathrm{d}x = \int_a^c f(x)\mathrm{d}x + \int_c^b f(x)\mathrm{d}x$($c$ 为任意实数)

需要说明的是:无论 c 是$[a,b]$的内分点还是外分点,该式都成立. 这是因为:

当 $a<c<b$ 时，即 c 是$[a,b]$的内分点时上式显然成立；当 $a<b<c$，即 c 是$[a,b]$的外分点时（$c<a<b$ 的情况可类似说明），有

$$\int_a^c f(x)\mathrm{d}x=\int_a^b f(x)\mathrm{d}x+\int_b^c f(x)\mathrm{d}x$$

即
$$\int_a^b f(x)\mathrm{d}x=\int_a^c f(x)\mathrm{d}x-\int_b^c f(x)\mathrm{d}x=\int_a^c f(x)\mathrm{d}x+\int_c^b f(x)\mathrm{d}x$$

所以上式成立.

性质 4　如果在$[a,b]$上，$f(x)$恒等于 1，则 $\int_a^b \mathrm{d}x=b-a$.

性质 5　如果在$[a,b]$上，$f(x)\leqslant g(x)$，则 $\int_a^b f(x)\mathrm{d}x\leqslant\int_a^b g(x)\mathrm{d}x$.

性质 6（估值定理）　如果在$[a,b]$上，$m\leqslant f(x)\leqslant M$，则有

$$m(b-a)\leqslant\int_a^b f(x)\mathrm{d}x\leqslant M(b-a)$$

性质 7（积分中值定理）　如果 $f(x)$在闭区间$[a,b]$上连续，则在该区间上至少存在一点 ξ，使得

$$\int_a^b f(x)\mathrm{d}x=f(\xi)(b-a)\quad(a\leqslant\xi\leqslant b)$$

积分中值定理表明，在$[a,b]$上的曲边梯形的面积等于同一底边而高为 $f(\xi)$ 的矩形的面积，如图 5-6 所示.

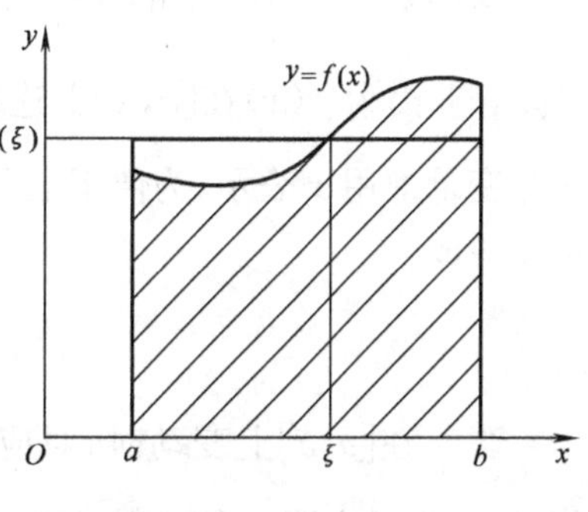

图　5-6

将上式变形即可得 $f(\xi)=\dfrac{\int_a^b f(x)\mathrm{d}x}{b-a}$，

从几何角度容易看出，数值 $\dfrac{\int_a^b f(x)\mathrm{d}x}{b-a}$ 表示连续曲线 $y=f(x)$在闭区间$[a,b]$上的平均高度，也就是函数 $y=f(x)$在闭区间$[a,b]$上的平均值，这是有限个数的平均值概念的拓广.

习　题　5-1

1. 用定积分表示下列各组曲线围成的平面图形的面积 A：

(1) $y=1-x^2, y=0$；

(2) $y=\sin x, x=\dfrac{\pi}{2}, x=\pi, y=0$；

(3) $y=\ln x, x=\mathrm{e}, y=0$.

2. 确定下列定积分的符号：

(1) $\int_{\frac{1}{2}}^{1} x^2 \ln x \mathrm{d}x$；　　(2) $\int_{0}^{-\frac{\pi}{2}} \sin^3 x \cos^3 x \mathrm{d}x$.

3. 利用定积分的几何意义或性质计算下列定积分：

(1) $\int_{-2}^{2} (x+1)\mathrm{d}x$；　　(2) $\int_{-2}^{2} 2\sqrt{4-x^2}\mathrm{d}x$.

一个精彩巧妙的证明，精神上近乎一首诗.

M. Kline

5.2 微积分基本公式

前面介绍了定积分的定义与性质，下面将介绍如何计算定积分.

5.2.1 积分上限的函数及其导数

1. 积分上限的函数

设函数 $f(x)$在区间$[a,b]$上连续，则定积分 $\int_a^b f(x)\mathrm{d}x$ 存在，且为一定数. 设 $x \in [a,b]$，因为 $f(x)$在$[a,x]$上连续，所以定积分 $\int_a^x f(x)\mathrm{d}x$ 存在. 这里积分上限和积分变量都用 x 表示，为便于区分起见，把积分变量换写为 t，于是上面的定积分可以写成

$$\int_a^x f(t)\mathrm{d}t$$

当 x 在$[a,b]$上变动时，对应于每一个 x 值，积分 $\int_a^x f(t)\mathrm{d}t$ 就有一个确定的值，显然它是上限 x 的函数，所以，称其为积分上限的函数，记作

$$\Phi(x) = \int_a^x f(t)\mathrm{d}t \quad (a \leqslant x \leqslant b)$$

2. 积分上限的函数的性质

定理 3　如果函数 $f(x)$在区间$[a,b]$上连续，则变上限积分 $\Phi(x) = \int_a^x f(t)\mathrm{d}t$ 在$[a,b]$上可导，且其导数是

$$\boxed{\Phi'(x) = \frac{\mathrm{d}}{\mathrm{d}x}\int_a^x f(t)\mathrm{d}t = f(x) \quad (a \leqslant x \leqslant b)} \tag{5-1}$$

证　因为 $\Phi(x) = \int_a^x f(t)\mathrm{d}t$，则函数 $\Phi(x)$在 x 处的增量为

$$\Delta\Phi(x) = \Phi(x+\Delta x) - \Phi(x) \quad x+\Delta x \in [a,b]$$

$$= \int_a^{x+\Delta x} f(t)\mathrm{d}t - \int_a^x f(t)\mathrm{d}t$$
$$= \int_a^{x+\Delta x} f(t)\mathrm{d}t + \int_x^a f(t)\mathrm{d}t$$
$$= \int_x^{x+\Delta x} f(t)\mathrm{d}t$$

由积分中值定理有　$\int_x^{x+\Delta x} f(t)\mathrm{d}t = f(\xi)\Delta x \quad \xi \in [x, x+\Delta x]$

即 $\Delta\Phi(x)=f(\xi)\Delta x$，　则 $\lim\limits_{\Delta x\to 0}\dfrac{\Delta\Phi(x)}{\Delta x} = \lim\limits_{\Delta x\to 0}\dfrac{f(\xi)\Delta x}{\Delta x} = f(x)$，

所以函数 $\Phi(x)$ 可微，且 $\Phi'(x)=f(x)$.

定理说明积分上限的函数 $\Phi(x) = \int_a^x f(t)\mathrm{d}t$ 的导数就是 $f(x)$，又由原函数的定义知，$\Phi(x)$ 是 $f(x)$ 的一个原函数. 由此可知，连续函数的原函数一定存在.

例 5 - 2　求函数 $\Phi(x) = \int_a^x \sin t^3 \mathrm{d}t$ 的导数.

解　$\Phi'(x) = \dfrac{\mathrm{d}}{\mathrm{d}x}\int_a^x \sin t^3 \mathrm{d}t = \sin x^3$

例 5 - 3　求函数 $\int_x^0 \ln(3t+1)\mathrm{d}t$ 的导数.

解　$\left[\int_x^0 \ln(3t+1)\mathrm{d}t\right]' = \left[-\int_0^x \ln(3t+1)\mathrm{d}t\right]' = -\ln(3x+1)$

例 5 - 4　求极限 $\lim\limits_{x\to 0}\dfrac{\int_0^x \cos t^2 \mathrm{d}t}{x}$.

解　这是一个“$\dfrac{0}{0}$”型未定式，故可用洛必达法则求极限.

因为
$$\frac{\mathrm{d}}{\mathrm{d}x}\int_0^x \cos t^2 \mathrm{d}t = \cos x^2$$

所以
$$\lim_{x\to 0}\frac{\int_0^x \cos t^2 \mathrm{d}t}{x} = \lim_{x\to 0}\frac{\left(\int_0^x \cos t^2 \mathrm{d}t\right)'}{x'} = \lim_{x\to 0}\frac{\cos x^2}{1} = 1$$

5.2.2　微积分基本公式

定理 4（牛顿—莱布尼茨公式）　设函数 $f(x)$ 是闭区间 $[a,b]$ 上的连续函数，$F(x)$ 是它在闭区间 $[a,b]$ 上的任意一个原函数，则有

$$\boxed{\int_a^b f(x)\mathrm{d}x = F(b) - F(a) = F(x)\Big|_a^b = [F(x)]_a^b} \tag{5-2}$$

证　已知 $F(x)$ 是 $f(x)$ 的任意一个原函数，因为 $\Phi(x) = \int_a^x f(t)\mathrm{d}t$ 也是

$f(x)$的一个原函数,因此,$F(x)$与$\Phi(x)$只相差一个常数,即

$$\int_a^x f(t)\mathrm{d}t = F(x)+C$$

令 $x=a$,得

$$C=-F(a)$$

因此

$$\int_a^x f(t)\mathrm{d}t = F(x)-F(a)$$

再令 $x=b$,得

$$\int_a^b f(x)\mathrm{d}x = F(b)-F(a) = F(x)\Big|_a^b$$

牛顿—莱布尼茨公式深刻地揭示了微分学与积分学之间的联系,给出了计算连续函数定积分的一个一般而简便的方法,把定积分的计算与求函数的不定积分联系了起来.

例 5-5 求 $\int_0^1 x^2\mathrm{d}x$.

解 $\int_0^1 x^2\mathrm{d}x = \frac{1}{3}x^3\Big|_0^1 = \frac{1}{3}(1^3-0^3) = \frac{1}{3}$

例 5-6 求 $\int_{-1}^1 \frac{1}{1+x^2}\mathrm{d}x$.

解 $\int_{-1}^1 \frac{1}{1+x^2}\mathrm{d}x = \arctan x\Big|_{-1}^1 = \arctan 1-\arctan(-1)$

$$= \frac{\pi}{4}-\left(-\frac{\pi}{4}\right) = \frac{\pi}{2}$$

例 5-7 求 $\int_{-1}^1 \frac{\mathrm{e}^x}{1+\mathrm{e}^x}\mathrm{d}x$.

解 $\int_{-1}^1 \frac{\mathrm{e}^x}{1+\mathrm{e}^x}\mathrm{d}x = \int_{-1}^1 \frac{1}{1+\mathrm{e}^x}\mathrm{d}(1+\mathrm{e}^x) = \ln(1+\mathrm{e}^x)\Big|_{-1}^1 = 1$

例 5-8 求 $\int_0^\pi \cos^2 x\sin x\mathrm{d}x$.

解 $\int_0^\pi \cos^2 x\sin x\mathrm{d}x = -\int_0^\pi \cos^2 x\mathrm{d}(\cos x) = -\frac{1}{3}\cos^3 x\Big|_0^\pi = \frac{2}{3}$

例 5-9 设 $f(x)=\begin{cases} x+1 & x\geqslant 0 \\ \mathrm{e}^{-x} & x<0 \end{cases}$,求 $\int_{-1}^2 f(x)\mathrm{d}x$.

解 由定积分性质 3,有

$$\int_{-1}^2 f(x)\mathrm{d}x = \int_{-1}^0 f(x)\mathrm{d}x+\int_0^2 f(x)\mathrm{d}x = \int_{-1}^0 \mathrm{e}^{-x}\mathrm{d}x+\int_0^2 (x+1)\mathrm{d}x$$

$$= [-\mathrm{e}^{-x}]_{-1}^0+\left[\frac{1}{2}x^2+x\right]_0^2 = \mathrm{e}+3$$

例 5-10 求 $\int_1^3 |x-2|\mathrm{d}x$.

解　因为 $|x-2|=\begin{cases}2-x & 1\leqslant x\leqslant 2\\ x-2 & 2\leqslant x\leqslant 3\end{cases}$，由定积分性质 3，有

$$\begin{aligned}\int_1^3 |x-2|\,\mathrm{d}x &= \int_1^2 (2-x)\mathrm{d}x+\int_2^3 (x-2)\mathrm{d}x\\ &= \int_1^2 2\mathrm{d}x-\int_1^2 x\mathrm{d}x+\int_2^3 x\mathrm{d}x-\int_2^3 2\mathrm{d}x=1\end{aligned}$$

习　题　5-2

1. 求下列函数的导数：

(1) $\Phi(x)=\int_0^x \ln(1+t^2)\mathrm{d}t$；　　(2) $\Phi(x)=\int_x^{-2} \mathrm{e}^{2t}\sin t\mathrm{d}t$；

(3) $\Phi(x)=\int_x^1 \sqrt{1+t^3}\mathrm{d}t$.

2. 求下列极限：

(1) $\lim\limits_{x\to 0}\dfrac{\int_0^x t\tan t\mathrm{d}t}{x^3}$；　　(2) $\lim\limits_{x\to 0}\dfrac{\int_0^x 2t\cos t\mathrm{d}t}{1-\cos x}$；

(3) $\lim\limits_{x\to+\infty}\dfrac{\int_a^x \left(1+\dfrac{1}{t}\right)^t\mathrm{d}t}{x}$ ($a>0$ 为常数).

3. 计算下列定积分：

(1) $\int_0^1 \mathrm{e}^x\mathrm{d}x$；　　(2) $\int_0^{\frac{\pi}{2}} \sin x\mathrm{d}x$；

(3) $\int_0^1 \dfrac{3x^4+3x^2+1}{1+x^2}\mathrm{d}x$；　　(4) $\int_0^{\frac{\pi}{2}} \sin^2\dfrac{x}{2}\mathrm{d}x$；

(5) $\int_0^{\frac{\pi}{4}} \dfrac{\tan x}{\cos^2 x}\mathrm{d}x$；　　(6) $\int_0^1 (2x-1)^{100}\mathrm{d}x$；

(7) $\int_0^{\pi} \cos\left(\dfrac{x}{4}+\dfrac{\pi}{4}\right)\mathrm{d}x$；　　(8) $\int_{\frac{1}{\pi}}^{\frac{2}{\pi}} \dfrac{1}{x^2}\sin\dfrac{1}{x}\mathrm{d}x$；

(9) $\int_{-2}^0 \dfrac{1}{1+\mathrm{e}^x}\mathrm{d}x$；　　(10) $\int_0^1 \dfrac{x}{1+x^2}\mathrm{d}x$；

(11) $\int_0^2 |1-x|\,\mathrm{d}x$；　　(12) $\int_0^{2\pi} |\sin x|\,\mathrm{d}x$.

4. 设函数 $f(x)=\begin{cases}x+1 & x\leqslant 1\\ 2x^2 & x>1\end{cases}$，求 $\int_{-1}^3 f(x)\mathrm{d}x$.

背景聚焦

谁发明了微积分?

微积分思想，最早可以追溯到希腊由阿基米德等人提出的计算面积和体积的方法. 经过长时期的酝酿，在牛顿与莱布尼茨两人的手中成为有系统的学问，所以简单的说法就认定他们两人是微积分的发明者. 即便如此，他们两人

的微积分风格不同，贡献各异，甚至为了“谁发明了微积分”，还争吵不休.

牛顿(1642—1727)首先得到一般指数的二项式展开式，利用它及微积分基本定理，将主要的函数都表示成幂级数，然后用逐项积分与逐项微分的方法，来处理这些函数的微积分. 所以他是深知微积分基本定理的人，而且用幂级数的方法处理微积分的计算.

此外，牛顿最大的贡献就是把微积分用到物理上. 他从开普勒的行星运动三大定律及伽利略的落体运动及抛物运动出发，构思了自己的运动定律及万有引力定律，而他自己的定律都可以用微积分的式子表示. 而且在仅有太阳及一颗行星的简化系统上，他能用微积分的方法，证明开普勒的三大定律与万有引力定律之间可以互相导出. 牛顿在其巨著《自然哲学的数学原理》中，不但做了这样的推演，更用微积分的方法，讨论了潮汐、月球的不规则运动等现象.

莱布尼茨(1646—1716)从几何问题出发，运用分析学方法引进微积分概念. 他最主要的贡献是把微分与积分的技巧整理得很清楚，包括微分的四则定理——即函数的四则运算与微分运算的交换法则，也包括了积分的分部积分技巧.

另外，莱布尼茨的微积分符号更是影响深远，直到现在大家都乐于使用. 莱布尼茨的微分符号$\frac{\mathrm{d}y}{\mathrm{d}x}$，不但具有无穷小观点的直观，而且像连锁规则$\frac{\mathrm{d}z}{\mathrm{d}x}=\frac{\mathrm{d}z}{\mathrm{d}y}\frac{\mathrm{d}y}{\mathrm{d}x}$看起来就是自然的结果(虽然它是必须严格证明的定理)，不但方便记忆，也方便运算. 莱布尼茨的积分符号$\int_a^b f(x)\mathrm{d}x$，一样深具无穷小观点的直观，许多物理中的积分公式，只要懂得物理内涵，积分公式就自然写出. 变量代换、分部积分在这样的符号下，变成为符号的形式操作.

牛顿在1660年代就开始思考微积分及相关的应用，但直到1687年出版其巨著时，才正式公之于世. 莱布尼茨1670年代才开始了微积分的创造，但1684年就在《教师学报》上发表了论文，题目是《一种求极大极小的奇妙类型的计算》，被认为是数学史上最早发表的微积分文献. 因此，谁先发明微积分就成了问题. 更关键的是，1676年莱布尼茨透过英国皇家学会的秘书通信，与牛顿交换了彼此对微积分的研究结果.

牛顿在推销自己想法方面是被动的，莱布尼茨则较积极，而且他的符号又直观，非常好用. 于是莱布尼茨逐渐成为一群活跃数学家的领袖，这使得英国学者很不是滋味. 他们认为莱布尼茨从与牛顿间接通信中得到重大的启示(牛顿也这么认为)但居然未公开如此表示过，所以令人感到不高兴，于是公开指控莱布尼茨抄袭的罪行. 其实在通信中，牛顿提到的只是结果，从未透露得到结果的方法.

所以，现在的说法就是：牛顿与莱布尼茨两人都是微积分的发明者.

编摘自曹亮吉的《阿草的葫芦》

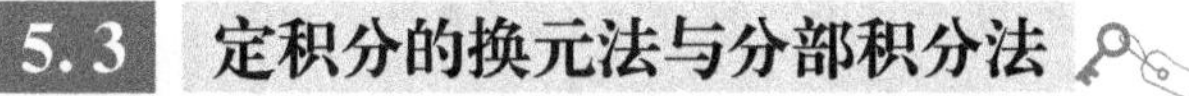

5.3 定积分的换元法与分部积分法

与不定积分计算类似,求解定积分时,也需要讨论定积分的换元法与分部积分法.

5.3.1 定积分的换元法

定理 5 若函数 $f(x)$在区间$[a,b]$上连续,函数 $x=\varphi(t)$在区间$[\alpha,\beta]$上单调且有连续导数 $\varphi'(t)$,当 t 在$[\alpha,\beta]$上变化时,$\varphi(t)$在$[a,b]$上变化,且 $\varphi(\alpha)=a$,$\varphi(\beta)=b$,则

$$\boxed{\int_a^b f(x)\mathrm{d}x=\int_\alpha^\beta f[\varphi(t)]\varphi'(t)\mathrm{d}t} \tag{5-3}$$

需要说明的是:用换元法计算定积分时,作变量替换的同时,积分的上、下限也应相应地变化,这样就不必再回到原来的变量了.

例 5-11 求 $\int_0^4 \frac{\mathrm{d}x}{1+\sqrt{x}}$.

解 设$\sqrt{x}=t$,即 $x=t^2$ $(t\geqslant 0)$,$\mathrm{d}x=2t\mathrm{d}t$. 当 $x=0$ 时,$t=0$;当 $x=4$ 时,$t=2$,于是

$$\int_0^4 \frac{\mathrm{d}x}{1+\sqrt{x}}=\int_0^2 \frac{2t\mathrm{d}t}{1+t}=2\int_0^2\left(1-\frac{1}{1+t}\right)\mathrm{d}t=2(t-\ln|1+t|)\Big|_0^2=2(2-\ln 3)$$

例 5-12 求 $\int_0^1 \frac{1}{(1+x^2)^{3/2}}\mathrm{d}x$.

解 设 $x=\tan t$,则 $\mathrm{d}x=\sec^2 t\mathrm{d}t$. 当 $x=0$ 时,$t=0$;当 $x=1$ 时,$t=\frac{\pi}{4}$,于是

$$\int_0^1 \frac{1}{(1+x^2)^{3/2}}\mathrm{d}x=\int_0^{\frac{\pi}{4}} \frac{\sec^2 t}{\sec^3 t}\mathrm{d}t=\int_0^{\frac{\pi}{4}}\cos t\mathrm{d}t=\sin t\Big|_0^{\frac{\pi}{4}}$$

$$=\sin\frac{\pi}{4}-\sin 0=\frac{\sqrt{2}}{2}$$

使用定积分换元积分法时,需要注意的是:

(1) 换元时,如果积分变量改变了,则积分上、下限必须同时改变,即“换元必换限”.

(2) 换元时,如果积分变量不变(例如用凑微分法时),则积分限不变,即“凑元不换限”.

(3) 所作代换必须满足换元法中所限定的条件.

例 5-13 求 $\int_0^4 \frac{1}{\sqrt{x}(1+x)}\mathrm{d}x$.

解法 1 $\int_0^4 \frac{1}{\sqrt{x}(1+x)}\mathrm{d}x = 2\int_0^4 \frac{\mathrm{d}(\sqrt{x})}{1+x} = 2\int_0^4 \frac{\mathrm{d}(\sqrt{x})}{1+(\sqrt{x})^2} = 2\arctan\sqrt{x}\Big|_0^4$

$= 2(\arctan2 - \arctan0) = 2\arctan2$

解法 2 设 $u=\sqrt{x}$，则 $x=u^2$，$\mathrm{d}x=2u\mathrm{d}u$. 当 $x=0$ 时，$u=0$；当 $x=4$ 时，$u=2$，于是

$$\int_0^4 \frac{1}{\sqrt{x}(1+x)}\mathrm{d}x = \int_0^2 \frac{1}{u(1+u^2)} \times 2u\mathrm{d}u = 2\int_0^2 \frac{1}{1+u^2}\mathrm{d}u$$

$$= 2\arctan u\Big|_0^2$$

$$= 2(\arctan2 - \arctan0) = 2\arctan2$$

利用定积分的换元法，可以得到奇、偶函数积分的一个重要性质.

例 5-14 设 $f(x)$在区间$[-a,a]$上连续，证明：

(1) 如果 $f(x)$为奇函数，则 $\int_{-a}^{a} f(x)\mathrm{d}x = 0$；

(2) 如果 $f(x)$为偶函数，则 $\int_{-a}^{a} f(x)\mathrm{d}x = 2\int_0^a f(x)\mathrm{d}x$.

证 因为 $$\int_{-a}^{a} f(x)\mathrm{d}x = \int_{-a}^{0} f(x)\mathrm{d}x + \int_0^a f(x)\mathrm{d}x$$

对于积分 $\int_{-a}^{0} f(x)\mathrm{d}x$ 作变量代换 $x=-t$，$\mathrm{d}x=-\mathrm{d}t$. 当 $x=-a$ 时，$t=a$；当 $x=0$ 时，$t=0$，由定积分换元法得

$$\int_{-a}^{0} f(x)\mathrm{d}x = -\int_a^0 f(-t)\mathrm{d}t = \int_0^a f(-t)\mathrm{d}t = \int_0^a f(-x)\mathrm{d}x$$

于是

$$\int_{-a}^{a} f(x)\mathrm{d}x = \int_0^a f(-x)\mathrm{d}x + \int_0^a f(x)\mathrm{d}x = \int_0^a [f(-x)+f(x)]\mathrm{d}x$$

(1) 若 $f(x)$是奇函数，则 $f(-x)=-f(x)$，于是

$$\boxed{\int_{-a}^{a} f(x)\mathrm{d}x = 0} \tag{5-4}$$

(2) 若 $f(x)$是偶函数，则 $f(-x)=f(x)$，于是

$$\boxed{\int_{-a}^{a} f(x)\mathrm{d}x = 2\int_0^a f(x)\mathrm{d}x} \tag{5-5}$$

利用这个结果，奇、偶函数在对称区间上的积分计算可以得到简化.

例 5-15 求 $\int_{-\frac{\pi}{2}}^{\frac{\pi}{2}} \sqrt{1-\cos2x}\,\mathrm{d}x$.

解 因为被积函数 $f(x)=\sqrt{1-\cos2x}$是偶函数，积分区间$\left[-\frac{\pi}{2},\frac{\pi}{2}\right]$关于原点对称，所以

$$\int_{-\frac{\pi}{2}}^{\frac{\pi}{2}} \sqrt{1-\cos 2x}\mathrm{d}x = 2\int_{0}^{\frac{\pi}{2}} \sqrt{1-\cos 2x}\mathrm{d}x = 2\int_{0}^{\frac{\pi}{2}} \sqrt{2\sin^2 x}\mathrm{d}x$$

$$= 2\sqrt{2}\int_{0}^{\frac{\pi}{2}} \sin x\mathrm{d}x = -2\sqrt{2}\cos x\Big|_{0}^{\frac{\pi}{2}} = 2\sqrt{2}$$

例 5-16　求 $\int_{-5}^{5} \frac{x^2\sin^3 x}{1+x^4}\mathrm{d}x$.

解　因为被积函数 $f(x) = \frac{x^2\sin^3 x}{1+x^4}$ 是奇函数，积分区间$[-5,5]$关于原点对称，所以

$$\int_{-5}^{5} \frac{x^2\sin^3 x}{1+x^4}\mathrm{d}x = 0$$

例 5-17　证明 $\int_{0}^{\frac{\pi}{2}} f(\sin x)\mathrm{d}x = \int_{0}^{\frac{\pi}{2}} f(\cos x)\mathrm{d}x$.

证　令 $x=\frac{\pi}{2}-t$，则 $\mathrm{d}x=-\mathrm{d}t$. 当 $x=0$ 时，$t=\frac{\pi}{2}$；当 $x=\frac{\pi}{2}$时，$t=0$，于是

$$\int_{0}^{\frac{\pi}{2}} f(\sin x)\mathrm{d}x = -\int_{\frac{\pi}{2}}^{0} f\left[\sin\left(\frac{\pi}{2}-t\right)\right]\mathrm{d}t = \int_{0}^{\frac{\pi}{2}} f(\cos t)\mathrm{d}t = \int_{0}^{\frac{\pi}{2}} f(\cos x)\mathrm{d}x$$

即

$$\boxed{\int_{0}^{\frac{\pi}{2}} f(\sin x)\mathrm{d}x = \int_{0}^{\frac{\pi}{2}} f(\cos x)\mathrm{d}x} \tag{5-6}$$

类似地，有

$$\boxed{\int_{0}^{\frac{\pi}{2}} f(\tan x)\mathrm{d}x = \int_{0}^{\frac{\pi}{2}} f(\cot x)\mathrm{d}x} \tag{5-7}$$

5.3.2　定积分的分部积分法

设函数 $u(x)$，$v(x)$在区间$[a,b]$上有连续导数，则

$$\boxed{\int_{a}^{b} u\mathrm{d}v = uv\Big|_{a}^{b} - \int_{a}^{b} v\mathrm{d}u} \tag{5-8}$$

公式 5-8 就是定积分的**分部积分公式**. 其推导方法与不定积分分部积分公式的推导类似.

例 5-18　求 $\int_{1}^{\mathrm{e}} \ln x\mathrm{d}x$.

解　$\int_{1}^{\mathrm{e}} \ln x\mathrm{d}x = (x\ln x)\Big|_{1}^{\mathrm{e}} - \int_{1}^{\mathrm{e}} x\mathrm{d}(\ln x) = \mathrm{e} - \int_{1}^{\mathrm{e}} \mathrm{d}x = \mathrm{e}-(\mathrm{e}-1) = 1$

例 5-19　求 $\int_{0}^{\pi} x\sin x\mathrm{d}x$.

解　$\int_{0}^{\pi} x\sin x\mathrm{d}x = -\int_{0}^{\pi} x\mathrm{d}(\cos x) = -[x\cos x]_{0}^{\pi} + \int_{0}^{\pi} \cos x\mathrm{d}x = \pi + [\sin x]_{0}^{\pi} = \pi$

例 5-20 求$\int_0^{\ln 2} x\mathrm{e}^{-x}\mathrm{d}x$.

解 $\int_0^{\ln 2} x\mathrm{e}^{-x}\mathrm{d}x = -\int_0^{\ln 2} x\mathrm{d}(\mathrm{e}^{-x}) = -x\mathrm{e}^{-x}\Big|_0^{\ln 2} + \int_0^{\ln 2}\mathrm{e}^{-x}\mathrm{d}x$

$$= -\frac{1}{2}\ln 2 - \mathrm{e}^{-x}\Big|_0^{\ln 2} = \frac{1}{2}\ln\frac{\mathrm{e}}{2}$$

例 5-21 求$\int_0^1 x\arctan x\mathrm{d}x$.

解 $\int_0^1 x\arctan x\mathrm{d}x = \frac{1}{2}\int_0^1 \arctan x\mathrm{d}(x^2) = \left[\frac{x^2}{2}\arctan x\right]_0^1 - \frac{1}{2}\int_0^1 \frac{x^2}{1+x^2}\mathrm{d}x$

$$= \frac{\pi}{8} - \frac{1}{2}\int_0^1\left(1 - \frac{1}{1+x^2}\right)\mathrm{d}x = \frac{\pi}{8} - \frac{1}{2}[x - \arctan x]_0^1$$

$$= \frac{\pi}{4} - \frac{1}{2}$$

与不定积分类似,有些定积分求解时既要用到分部积分方法,同时还要用到换元法.

例 5-22 求$\int_1^4 \mathrm{e}^{\sqrt{x}}\mathrm{d}x$.

解 先用换元法后,再用分部积分法. 令$\sqrt{x}=t$,于是

$$\int_1^4 \mathrm{e}^{\sqrt{x}}\mathrm{d}x = \int_1^2 \mathrm{e}^t\mathrm{d}(t^2) = 2\int_1^2 t\mathrm{e}^t\mathrm{d}t = 2\int_1^2 t\mathrm{d}(\mathrm{e}^t)$$

$$= 2[t\mathrm{e}^t]_1^2 - 2\int_1^2 \mathrm{e}^t\mathrm{d}t = 4\mathrm{e}^2 - 2\mathrm{e} - 2[\mathrm{e}^t]_1^2 = 2\mathrm{e}^2$$

例 5-23 求$\int_0^3 \arcsin\sqrt{\frac{x}{1+x}}\,\mathrm{d}x$.

解 先用分部积分法,再用换元法.

$$\int_0^3 \arcsin\sqrt{\frac{x}{1+x}}\,\mathrm{d}x = x\arcsin\sqrt{\frac{x}{1+x}}\Big|_0^3 - \int_0^3 \frac{\sqrt{x}\mathrm{d}x}{2(1+x)}$$

$$= \pi - \int_0^{\sqrt{3}} \frac{t\mathrm{d}(t^2)}{2(1+t^2)} = \pi - \int_0^{\sqrt{3}} \frac{t^2\mathrm{d}t}{1+t^2} \quad (\text{设}\sqrt{x} = t)$$

$$= \pi - (t - \arctan t)\Big|_0^{\sqrt{3}}$$

$$= \frac{4\pi}{3} - \sqrt{3}$$

例 5-24 求$I_n = \int_0^{\frac{\pi}{2}} \sin^n x\mathrm{d}x$ (n 为正整数).

解 $I_n = \int_0^{\frac{\pi}{2}} \sin^n x\mathrm{d}x = \int_0^{\frac{\pi}{2}} \sin^{n-1}x\mathrm{d}(-\cos x)$

$$= (-\sin^{n-1}x\cos x)\Big|_0^{\frac{\pi}{2}} + \int_0^{\frac{\pi}{2}} \cos x\mathrm{d}(\sin^{n-1}x)$$

$$=\int_0^{\frac{\pi}{2}}(n-1)\cos^2 x\sin^{n-2}x\mathrm{d}x$$

$$=(n-1)\int_0^{\frac{\pi}{2}}(1-\sin^2 x)\sin^{n-2}x\mathrm{d}x$$

$$=(n-1)\int_0^{\frac{\pi}{2}}\sin^{n-2}x\mathrm{d}x-(n-1)\int_0^{\frac{\pi}{2}}\sin^n x\mathrm{d}x$$

即

$$I_n=(n-1)I_{n-2}-(n-1)I_n$$

整理得

$$I_n=\frac{n-1}{n}I_{n-2}$$

由此得 $I_{n-2}=\frac{n-3}{n-2}I_{n-4}$，于是 $I_n=\frac{n-1}{n}\frac{n-3}{n-2}I_{n-4}$.

这样依次进行下去，每用一次递推公式 $I_n=\frac{n-1}{n}I_{n-2}$，n 减少 2，继续下去最后减至 $I_0=\frac{\pi}{2}$（n 为偶数）或 $I_1=1$（n 为奇数），最后得到

(1) 当 n 为奇数时，

$$\boxed{I_n=\frac{n-1}{n}\times\frac{n-3}{n-2}\times\cdots\times\frac{4}{5}\times\frac{2}{3}\times 1}\tag{5-9}$$

(2) 当 n 为偶数时，

$$\boxed{I_n=\frac{n-1}{n}\times\frac{n-3}{n-2}\times\cdots\times\frac{3}{4}\times\frac{1}{2}\times\frac{\pi}{2}}\tag{5-10}$$

由公式 5-6 可知 $I_n=\int_0^{\frac{\pi}{2}}\sin^n x\mathrm{d}x=\int_0^{\frac{\pi}{2}}\cos^n x\mathrm{d}x$，因此在计算 $\int_0^{\frac{\pi}{2}}\cos^n x\mathrm{d}x$ 时，也用上述递推公式.

例 5-25　求 $\int_0^{\frac{\pi}{2}}\sin^7 x\mathrm{d}x$.

解　由公式(5-9)可知

$$\int_0^{\frac{\pi}{2}}\sin^7 x\mathrm{d}x=\frac{6}{7}\times\frac{4}{5}\times\frac{2}{3}\times 1=\frac{16}{35}$$

例 5-26　求 $\int_{-\frac{\pi}{2}}^{\frac{\pi}{2}}(\cos^4 x+x^3)\mathrm{d}x$.

解　因为积分区间 $\left[-\frac{\pi}{2},\frac{\pi}{2}\right]$ 为对称区间，且 $\cos^4 x$ 为偶函数，x^3 为奇函数，所以

$$\int_{-\frac{\pi}{2}}^{\frac{\pi}{2}}(\cos^4 x+x^3)\mathrm{d}x=\int_{-\frac{\pi}{2}}^{\frac{\pi}{2}}\cos^4 x\mathrm{d}x+\int_{-\frac{\pi}{2}}^{\frac{\pi}{2}}x^3\mathrm{d}x$$

$$=2\int_0^{\frac{\pi}{2}}\cos^4\mathrm{d}x=2\times\frac{3}{4}\times\frac{1}{2}\times\frac{\pi}{2}=\frac{3}{8}\pi$$

习 题 5-3

1. 利用函数的奇偶性求下列定积分的值：

(1) $\int_{-2}^{2}(5x^4+3x^2+1)\mathrm{d}x$；　(2) $\int_{-1}^{1}x\cos x\mathrm{d}x$；

(3) $\int_{-\pi}^{\pi}x^2\sin x\mathrm{d}x$；　(4) $\int_{-4}^{4}x^3\mathrm{e}^{-x^2}\mathrm{d}x$；

(5) $\int_{-1}^{1}\mathrm{e}^{|-x|}\mathrm{d}x$.

2. 计算下列定积分：

(1) $\int_{0}^{\frac{\pi}{2}}x\cos x\mathrm{d}x$；　(2) $\int_{0}^{1}x\mathrm{e}^{-x}\mathrm{d}x$；

(3) $\int_{1}^{4}\frac{x}{\sqrt{2+4x}}\mathrm{d}x$；　(4) $\int_{0}^{\frac{1}{2}}(\arcsin x)^2\mathrm{d}x$；

(5) $\int_{0}^{\pi}x\sqrt{\cos^2x-\cos^4x}\mathrm{d}x$；　(6) $\int_{1}^{5}\frac{\sqrt{x-1}}{x}\mathrm{d}x$；

(7) $\int_{0}^{\pi}(1-\sin^3x)\mathrm{d}x$；　(8) $\int_{-\frac{\pi}{2}}^{\frac{\pi}{2}}\sqrt{\cos x-\cos^3x}\mathrm{d}x$；

(9) $\int_{\frac{1}{\sqrt{3}}}^{\sqrt{3}}x\arctan x\mathrm{d}x$；　(10) $\int_{0}^{1}x^4\sqrt{1-x^2}\mathrm{d}x$；

(11) $\int_{1}^{4}\frac{\ln x}{\sqrt{x}}\mathrm{d}x$；　(12) $\int_{-2}^{0}\frac{1}{x^2+2x+2}\mathrm{d}x$；

(13) $\int_{\frac{a}{2}}^{\frac{\sqrt{3}}{2}a}\frac{x^2}{\sqrt{a^2-x^2}}\mathrm{d}x\ (a>0)$；　(14) $\int_{-2}^{-\sqrt{2}}\frac{1}{x\sqrt{x^2-1}}\mathrm{d}x$.

微积分，或者数学分析，是人类思维的伟大成果之一. 它处于自然科学与人文科学之间的地位，使它成为高等教育的一种特别有效的工具. 遗憾的是，微积分的教学方法有时流于机械，不能体现出这门学科乃是撼人心灵的智力奋斗的结晶；这种奋斗已经历两千五百多年之久，它深深扎根于人类活动的许多领域，并且，只要人们认识自己和认识自然的努力一日不止，这种奋斗就将继续不已.

R. 柯朗

5.4 广义积分

前面研究的定积分，积分区间有限且被积函数在积分区间上是有界的. 但是我们还会遇到积分区间无限或被积函数有无穷间断点的积分，这就是本节所要讨论的问题.

引例　求由 $y=\mathrm{e}^{-x}$，x 轴及 y 轴右侧所围成的“开口曲边梯形”的面积.

解　如图 5-7 所示，在区间 $[0,+\infty)$ 上任取一大于零的数 b，先求区间 $[0,b]$ 上的曲边梯形的面积，然后令 $b\to+\infty$ 取极限问题即可以得到解决.

因为
$$\int_0^b \mathrm{e}^{-x}\mathrm{d}x=-\int_0^b \mathrm{e}^{-x}\mathrm{d}(-x)=\mathrm{e}^{-x}\Big|_b^0=\mathrm{e}^0-\mathrm{e}^{-b}=1-\mathrm{e}^{-b}$$

故所求面积 A 为

$$A=\lim_{b\to+\infty}\int_0^b \mathrm{e}^{-x}\mathrm{d}x=\lim_{b\to+\infty}(1-\mathrm{e}^{-b})=1$$

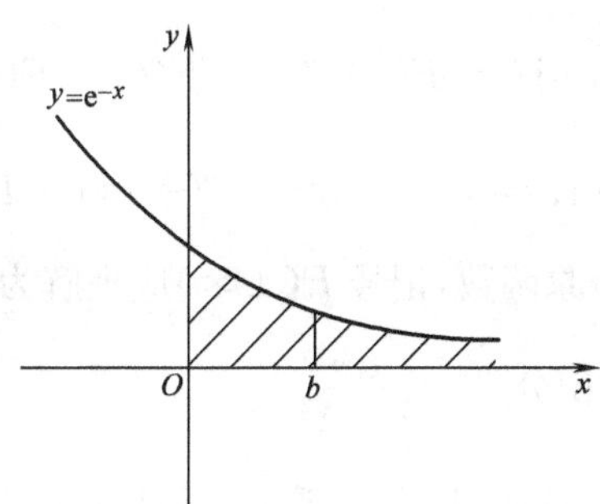

图　5-7

定义 2　设函数 $f(x)$ 在 $[a,+\infty)$ 上连续，取 $b>a$，我们把极限 $\lim\limits_{b\to+\infty}\int_a^b f(x)\mathrm{d}x$ 称为函数 $f(x)$ 在 $[a,+\infty)$ 上的**广义积分**，记作

$$\boxed{\int_a^{+\infty} f(x)\mathrm{d}x=\lim_{b\to+\infty}\int_a^b f(x)\mathrm{d}x} \tag{5-11}$$

若该极限存在，则称广义积分 $\int_a^{+\infty} f(x)\mathrm{d}x$ 收敛；若极限不存在，则称广义积分 $\int_a^{+\infty} f(x)\mathrm{d}x$ 发散.

类似地，可以定义在 $(-\infty,b]$ 上的广义积分为

$$\boxed{\int_{-\infty}^b f(x)\mathrm{d}x=\lim_{a\to-\infty}\int_a^b f(x)\mathrm{d}x} \tag{5-12}$$

$f(x)$ 在 $(-\infty,+\infty)$ 上的广义积分定义为

$$\boxed{\int_{-\infty}^{+\infty} f(x)\mathrm{d}x=\int_{-\infty}^c f(x)\mathrm{d}x+\int_c^{+\infty} f(x)\mathrm{d}x} \tag{5-13}$$

其中 c 为任意常数，当右边的两个广义积分都收敛时，广义积分 $\int_{-\infty}^{+\infty} f(x)\mathrm{d}x$ 才是收敛的，否则是发散的.

例 5－27 计算广义积分 $\int_0^{+\infty} \mathrm{e}^{-x}\mathrm{d}x$.

解 $\int_0^{+\infty} \mathrm{e}^{-x}\mathrm{d}x = \lim\limits_{b\to+\infty}\int_0^b \mathrm{e}^{-x}\mathrm{d}x = -\lim\limits_{b\to+\infty}(\mathrm{e}^{-x}\big|_0^b) = -\lim\limits_{b\to+\infty}(\mathrm{e}^{-b}-1) = 1$

为了书写简便，在运算过程中常常省去极限符号，将∞当成“数”，使用牛顿—莱布尼茨公式的格式，即有

$$\int_a^{+\infty} f(x)\mathrm{d}x = F(x)\big|_a^{+\infty} = F(+\infty) - F(a)$$

$$\int_{-\infty}^{b} f(x)\mathrm{d}x = F(x)\big|_{-\infty}^{b} = F(b) - F(-\infty)$$

$$\int_{-\infty}^{+\infty} f(x)\mathrm{d}x = F(x)\big|_{-\infty}^{+\infty} = F(+\infty) - F(-\infty)$$

其中 $F(x)$ 是 $f(x)$ 的一个原函数，记号 $F(\pm\infty)$ 应理解为 $F(\pm\infty) = \lim\limits_{x\to\pm\infty} F(x)$.

例 5－28 计算广义积分 $\int_{-\infty}^{+\infty} \frac{\mathrm{d}x}{1+x^2}$

解 $\int_{-\infty}^{+\infty} \frac{\mathrm{d}x}{1+x^2} = \arctan x\big|_{-\infty}^{+\infty} = \frac{\pi}{2} - \left(-\frac{\pi}{2}\right) = \pi$

例 5－29 计算广义积分 $\int_1^{+\infty} \frac{\mathrm{d}x}{x^2}$.

解 $\int_1^{+\infty} \frac{\mathrm{d}x}{x^2} = -\frac{1}{x}\Big|_1^{+\infty} = -(0-1) = 1$

例 5－30 计算广义积分 $\int_0^{+\infty} x\mathrm{e}^{-x^2}\mathrm{d}x$.

解 $\int_0^{+\infty} x\mathrm{e}^{-x^2}\mathrm{d}x = -\frac{1}{2}\int_0^{+\infty} \mathrm{e}^{-x^2}\mathrm{d}(-x^2) = -\frac{1}{2}\mathrm{e}^{-x^2}\Big|_0^{+\infty} = -\frac{1}{2}(0-1) = \frac{1}{2}$

例 5－31 讨论 $\int_a^{+\infty} \frac{\mathrm{d}x}{x(\ln x)^p}$ $(a>1)$ 的敛散性.

解 (1) 当 $p>1$ 时，

$$\int_a^{+\infty} \frac{\mathrm{d}x}{x(\ln x)^p} = \int_a^{+\infty} \frac{\mathrm{d}(\ln x)}{(\ln x)^p} = -\frac{1}{(p-1)(\ln x)^{p-1}}\Bigg|_a^{+\infty}$$

$$= -\frac{1}{p-1}\left(0 - \frac{1}{(\ln a)^{p-1}}\right) = \frac{1}{(p-1)(\ln a)^{p-1}}$$

所以广义积分收敛.

(2) 当 $p=1$ 时，

$$\int_a^{+\infty} \frac{\mathrm{d}x}{x\ln x} = \int_a^{+\infty} \frac{\mathrm{d}(\ln x)}{\ln x} = \ln|\ln x|\big|_a^{+\infty} = +\infty$$

所以广义积分发散.

(3) 当 $p<1$ 时，

$$\int_a^{+\infty} \frac{\mathrm{d}x}{x(\ln x)^p} = \int_a^{+\infty} \frac{\mathrm{d}(\ln x)}{(\ln x)^p} = \frac{(\ln x)^{1-p}}{1-p}\bigg|_a^{+\infty} = +\infty$$

所以广义积分发散.

综上所述，有

$$\boxed{\int_a^{+\infty} \frac{1}{x(\ln x)^p}\mathrm{d}x = \begin{cases} +\infty & p \leqslant 1 \\ \dfrac{1}{(p-1)(\ln a)^{p-1}} & p > 1 \end{cases} (a>1)} \tag{5-14}$$

类似地，有

$$\boxed{\int_a^{+\infty} \frac{1}{x^p}\mathrm{d}x = \begin{cases} +\infty & p \leqslant 1 \\ \dfrac{1}{(p-1)a^{p-1}} & p > 1 \end{cases} (a>0)} \tag{5-15}$$

在计算广义积分时需要求极限，有些极限并不好求，需用洛必达法则等计算方法.

例 5-32　计算广义积分 $\int_{-\infty}^{0} x\mathrm{e}^x \mathrm{d}x$.

解　因为 $\lim\limits_{x\to-\infty} x\mathrm{e}^x = \lim\limits_{x\to-\infty} \dfrac{x}{\mathrm{e}^{-x}} = \lim\limits_{x\to-\infty} \dfrac{1}{-\mathrm{e}^{-x}} = 0$

所以

$$\begin{aligned}\int_{-\infty}^{0} x\mathrm{e}^x \mathrm{d}x &= \int_{-\infty}^{0} x\mathrm{d}(\mathrm{e}^x) = x\mathrm{e}^x\bigg|_{-\infty}^{0} - \int_{-\infty}^{0} \mathrm{e}^x \mathrm{d}x \\ &= -\int_{-\infty}^{0} \mathrm{e}^x \mathrm{d}x = -\mathrm{e}^x\bigg|_{-\infty}^{0} = -(1-0) = -1\end{aligned}$$

例 5-33　求 $\int_1^{+\infty} \dfrac{1}{x(1+x^2)}\mathrm{d}x$

解　因为

$$\lim_{x\to+\infty} \ln \frac{x}{\sqrt{1+x^2}} = \ln \lim_{x\to+\infty} \frac{x}{\sqrt{1+x^2}} = \ln \lim_{x\to+\infty} \frac{1}{\sqrt{\dfrac{1}{x^2}+1}} = \ln 1 = 0$$

所以

$$\begin{aligned}\int_1^{+\infty} \frac{1}{x(1+x^2)}\mathrm{d}x &= \int_1^{+\infty} \left(\frac{1}{x} - \frac{x}{1+x^2}\right)\mathrm{d}x = \left(\ln x - \frac{1}{2}\ln(1+x^2)\right)\bigg|_1^{+\infty} \\ &= \ln \frac{x}{\sqrt{1+x^2}}\bigg|_1^{+\infty} = 0 - \ln\frac{1}{\sqrt{2}} = \frac{1}{2}\ln 2\end{aligned}$$

习　题　5-4

计算下列各广义积分：

(1) $\int_1^{+\infty} \dfrac{1}{x}\mathrm{d}x$；　　(2) $\int_{\mathrm{e}}^{+\infty} \dfrac{1}{x\ln^2 x}\mathrm{d}x$；

(3) $\int_{-\infty}^{0} e^x dx$；

(4) $\int_{1}^{+\infty} \frac{1}{x^4} dx$；

(5) $\int_{\frac{2}{\pi}}^{+\infty} \frac{1}{x^2}\sin\frac{1}{x} dx$；

(6) $\int_{0}^{+\infty} \frac{\arctan x}{1+x^2} dx$；

(7) $\int_{0}^{+\infty} \frac{x}{1+x^2} dx$；

(8) $\int_{0}^{+\infty} \frac{1}{x\ln x} dx$；

(9) $\int_{1}^{+\infty} \frac{1}{\sqrt{x}} dx$；

(10) $\int_{1}^{+\infty} \frac{1}{x^{3/2}} dx$；

(11) $\int_{-\infty}^{+\infty} \frac{1}{x^2+2x+2} dx$；

(12) $\int_{-\infty}^{+\infty} \frac{1}{a^2+x^2} dx$；

(13) $\int_{0}^{+\infty} \frac{dx}{(x+2)(x+3)}$；

(14) $\int_{2}^{+\infty} \frac{1}{x^2-x} dx$.

> 要想发现这种适用于一切事物的理论，我们将在很大程度上依赖于数学的美感和确定性.
>
> 霍金

5.5 定积分的应用

根据定义，求曲边梯形的面积有四个步骤：分区间、近似替代、求和、取极限. 其实在应用中可以把这些步骤简化为：将曲边梯形分割为许多小曲边梯形，任取一小区间$[x,x+dx]$上的面积ΔA，其大小可近似表示为以 dx 为宽，以 $f(x)$为高的小矩形面积，即 $\Delta A\approx f(x)dx$，如图 5-8 所示，称 ΔA 的近似值 $f(x)dx$ 为 A 的**微元**，记作

$$dA = f(x)dx$$

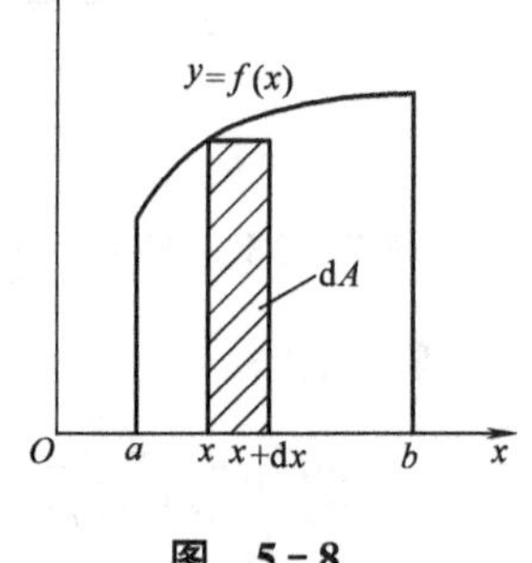

图 5-8

把这些微元在$[a,b]$上“无限积累”，所得定积分

$$\int_a^b dA = \int_a^b f(x)dx$$

就是曲边梯形的面积 A.

一般地，若一整体量 Q 与某个变量的变化区间$[a,b]$有关，且在$[a,b]$上具有可加性，Q 的部分量 ΔQ 近似等于 dQ，dQ 与 ΔQ 相差一个高阶无穷小，则

$$Q = \int_a^b dQ$$

dQ 称为 Q 的微元，这种求整体量 Q 的方法通常称为“微元法”.

下面我们将学习如何用微元法去分析和解决问题.

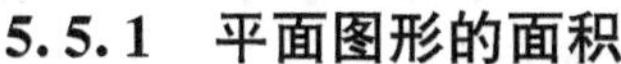

5.5.1　平面图形的面积

如图 5-8 所示,连续曲线 $y=f(x)$ $(f(x)\geqslant 0)$,$x=a$,$x=b$ 及 x 轴所围图形的面积微元 $\mathrm{d}A=f(x)\mathrm{d}x$,面积为

$$\boxed{A=\int_a^b f(x)\mathrm{d}x} \tag{5-16}$$

如图 5-9 所示,由上、下两条连续曲线 $y=f(x)$,$y=g(x)$ $(f(x)\geqslant g(x))$及 $x=a$,$x=b$ 所围成的图形的面积微元 $\mathrm{d}A=[f(x)-g(x)]\mathrm{d}x$,面积为

$$\boxed{A=\int_a^b [f(x)-g(x)]\mathrm{d}x} \tag{5-17}$$

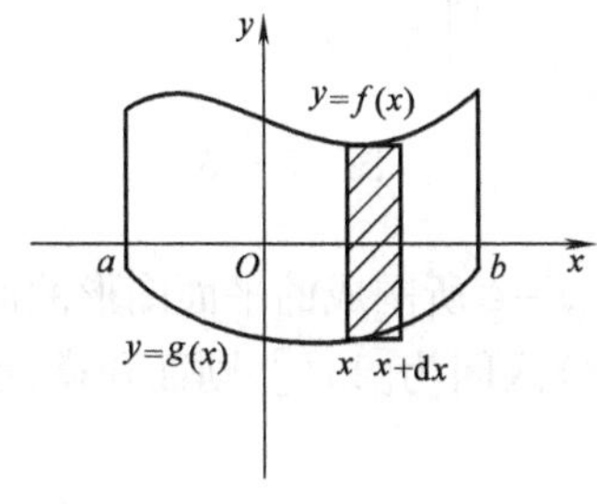

图　5-9

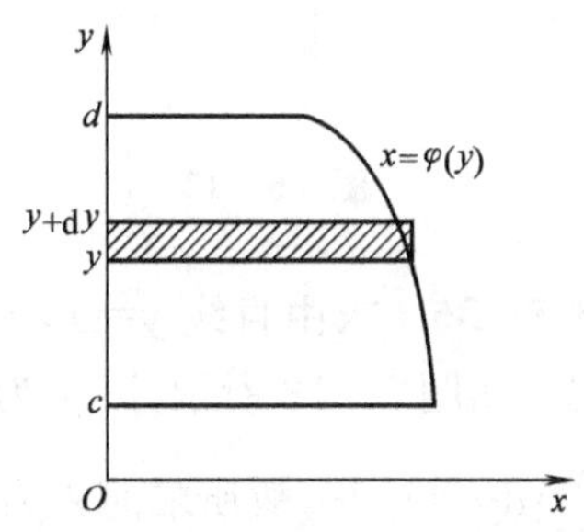

图　5-10

如图 5-10 所示,连续曲线 $x=\varphi(y)$ $(\varphi(y)\geqslant 0)$,$y=c$,$y=d$ 及 y 轴所围图形的面积微元 $\mathrm{d}A=\varphi(y)\mathrm{d}y$,面积为

$$\boxed{A=\int_c^d \varphi(y)\mathrm{d}y} \tag{5-18}$$

如图 5-11 所示,由左、右两条连续曲线 $x=\psi(y)$,$x=\varphi(y)$($\varphi(y)\geqslant\psi(y)$)及 $y=c$,$y=d$ 所围图形的面积微元 $\mathrm{d}A=[\varphi(y)-\psi(y)]\mathrm{d}y$,面积为

$$\boxed{A=\int_c^d [\varphi(y)-\psi(y)]\mathrm{d}y} \tag{5-19}$$

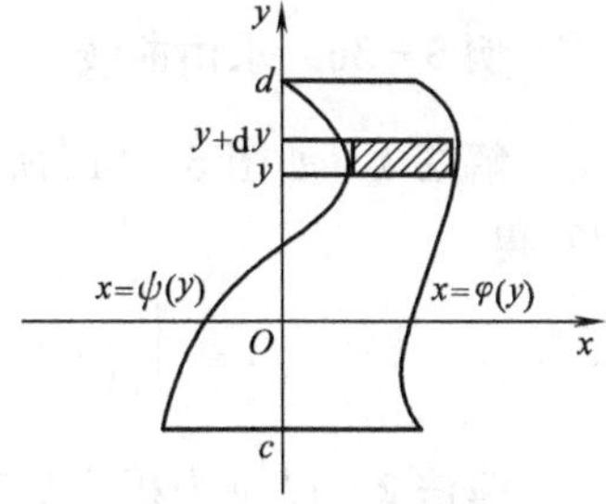

图　5-11

计算平面图形的面积的一般步骤:

(1) 画出的草图,根据被积函数的特点确定积分变量;

(2) 求出曲线与坐标轴或曲线间的交点,找出积分的上下限;

(3) 根据所给公式,求出所求面积.

例 5-34　求由曲线 $y=x^2$ 及 $y=2-x^2$ 所围成的平面图形的面积.

解 如图 5-12 所示，两曲线的交点为$(-1,1)$，$(1,1)$. 以 x 为积分变量，则面积微元 $dA=[(2-x^2)-x^2]dx=(2-2x^2)dx$，故所求面积为

$$A=\int_{-1}^{1}(2-2x^2)dx=4\int_{0}^{1}(1-x^2)dx=4\left(x-\frac{1}{3}x^3\right)\bigg|_0^1=\frac{8}{3}$$

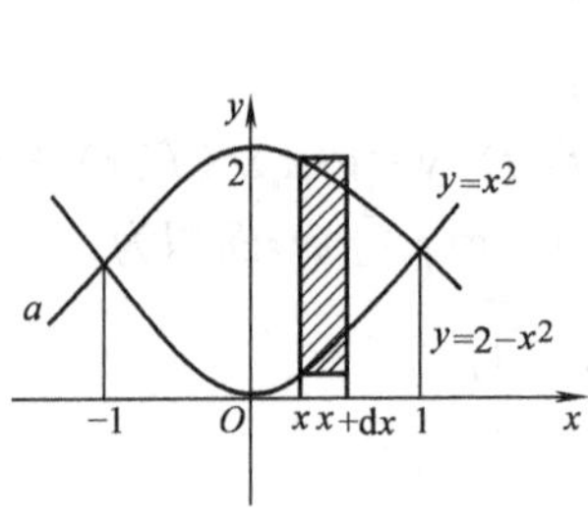

图 5-12

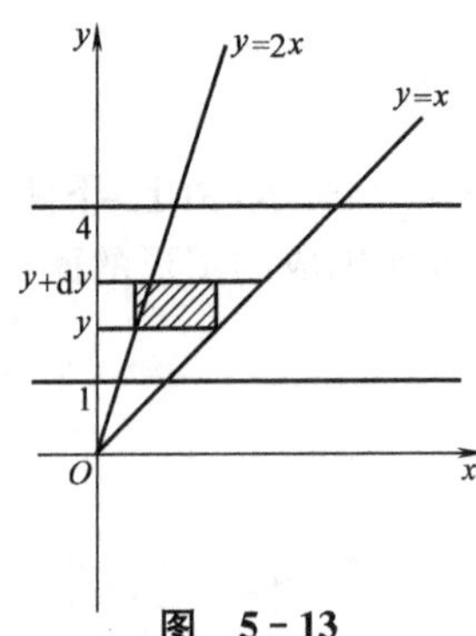

图 5-13

例 5-35 求由直线 $y=x$，$y=2x$，$y=1$ 及 $y=4$ 所围成的平面图形的面积.

解 如图 5-13 所示，以 y 为积分变量，积分区间为$[1,4]$，则面积微元 $dA=\left(y-\frac{y}{2}\right)dy=\frac{y}{2}dy$，故所求面积为

$$A=\int_{1}^{4}\frac{y}{2}dy=\frac{1}{4}y^2\bigg|_1^4=\frac{15}{4}$$

解题时，以 x 还是以 y 为积分变量要根据题的特点以简便计算为原则来确定.

以下面两题为例，分别以 x 和 y 为积分变量求解，就可看出两种求解哪一种较为简便，其中有的解法须将积分区间分成几部分，分别计算后再求和.

例 5-36 求由曲线 $y=\frac{1}{x}$ 及直线 $y=x$，$x=2$ 所围成的图形面积.

解法 1 如图 5-14a 所示，以 x 为积分变量，积分区间为$[1,2]$，根据公式 5-17，得

$$A=\int_{1}^{2}\left(x-\frac{1}{x}\right)dx=\frac{1}{2}x^2\bigg|_1^2-\ln x\bigg|_1^2=\frac{3}{2}-\ln 2$$

解法 2 以 y 为积分变量，积分区间为$\left[\frac{1}{2},2\right]$，此时需要用直线 $y=1$ 把图形分成 A_1 和 A_2 两部分，如图 5-14b 所示，根据公式 5-19，得

$$A_1=\int_{\frac{1}{2}}^{1}\left(2-\frac{1}{y}\right)dy=1-\ln y\bigg|_{\frac{1}{2}}^{1}=1-\ln 2$$

$$A_2=\int_{1}^{2}(2-y)dy=2-\frac{1}{2}y^2\bigg|_1^2=2-\frac{3}{2}=\frac{1}{2}$$

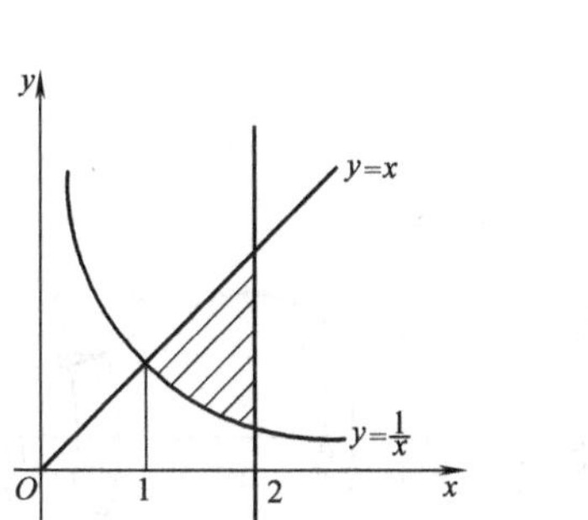

a)

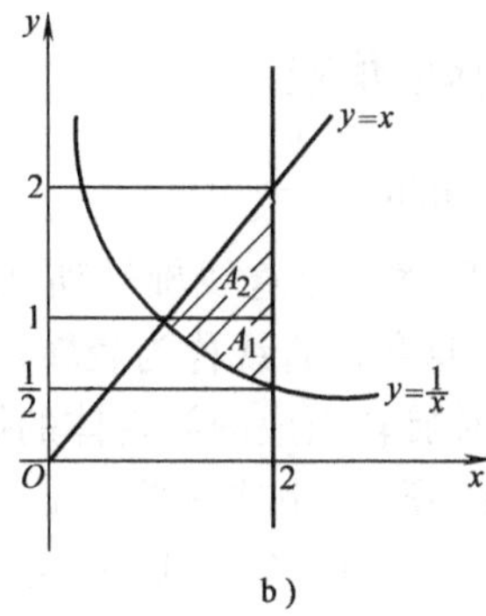

b)

图　5-14

$$A = A_1 + A_2 = \frac{3}{2} - \ln 2$$

例 5-37　求由曲线 $y^2=2x$ 及 $y=x-4$ 所围成图形的面积.

解法 1　如图 5-15a 所示，两曲线的交点为 $(2,-2)$ 及 $(8,4)$. 以 y 为积分变量，根据公式 5-19，得

$$A = \int_{-2}^{4} \left[(y+4) - \frac{1}{2}y^2\right] \mathrm{d}y = \left(\frac{1}{2}y^2 + 4y - \frac{1}{6}y^3\right)\bigg|_{-2}^{4} = 18$$

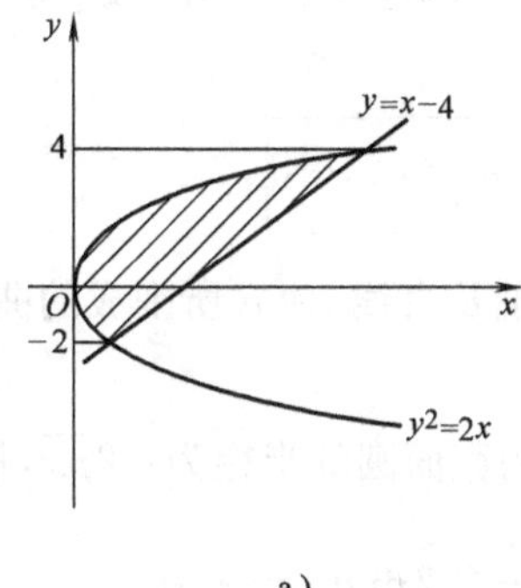

a)

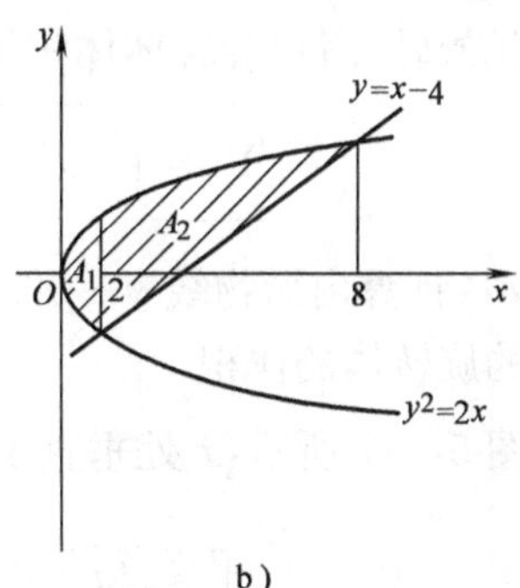

b)

图　5-15

解法 2　以 x 为积分变量，积分区间为 $[0,8]$，此时需要以直线 $x=2$ 把图形分成 A_1 和 A_2 两部分，如图 5-15b 所示，根据公式 5-16、公式 5-17，得

$$A_1 = 2\int_{0}^{2} \sqrt{2x}\,\mathrm{d}x = \frac{4\sqrt{2}}{3}x^{\frac{3}{2}}\bigg|_{0}^{2} = \frac{16}{3}$$

$$A_2 = \int_{2}^{8} \left[\sqrt{2x} - (x-4)\right] \mathrm{d}x = \left(\frac{2\sqrt{2}}{3}x^{\frac{3}{2}} - \frac{x^2}{2} + 4x\right)\bigg|_{2}^{8} = \frac{38}{3}$$

于是所求面积为

$$A = A_1 + A_2 = \frac{16}{3} + \frac{38}{3} = 18$$

5.5.2 立体的体积

1. 旋转体体积

一平面图形绕一定直线旋转所成的立体叫作**旋转体**,这条定直线称为**旋转轴**.

(1) 绕 x 轴旋转而成的旋转体的体积

如图 5-16 所示,由连续曲线$y=f(x)$(假设 $f(x)\geqslant 0$),x 轴,及直线 $x=a,x=b$ $(a<b)$围成图形绕 x 轴旋转而成的旋转体体积的计算方法.

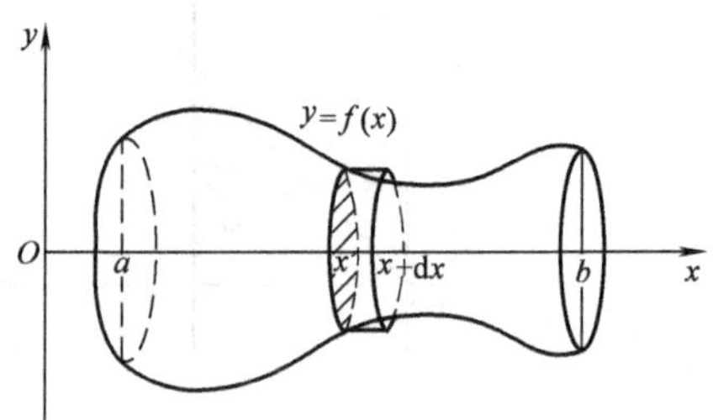

图 5-16

以 x 为积分变量,它的变化区间为$[a,b]$,相应于$[a,b]$上任一小区间$[x,x+\mathrm{d}x]$的薄片的体积,近似等于以$f(x)$为底面圆的半径、$\mathrm{d}x$ 为高的圆柱体的体积. 即体积微元为 $\mathrm{d}V=\pi y^2\mathrm{d}x=\pi[f(x)]^2\mathrm{d}x$,故

$$\boxed{V=\int_a^b \pi y^2\mathrm{d}x=\int_a^b \pi[f(x)]^2\mathrm{d}x} \tag{5-20}$$

(2) 绕 y 轴旋转而成的旋转体的体积

与(1) 类似,由曲线 $x=\varphi(y)$,直线 $y=c,y=d(c<d)$ 及 y 轴所围成的曲边梯形绕 y 轴旋转,所得旋转体体积为

$$\boxed{V=\int_c^d \pi x^2\mathrm{d}y=\int_c^d \pi[\varphi(y)]^2\mathrm{d}y} \tag{5-21}$$

例 5-38 计算由抛物线 $y=\sqrt{2px}$,x 轴及直线$x=a$ 所围成的曲边梯形绕x 轴旋转而成的旋转体的体积.

解 如图 5-17 所示,x 处垂直于x 轴的截面圆的半径为$\sqrt{2px}$,所以

$$V=\int_0^a \pi[\sqrt{2px}]^2\mathrm{d}x=\int_0^a \pi\times 2px\,\mathrm{d}x=\pi pa^2$$

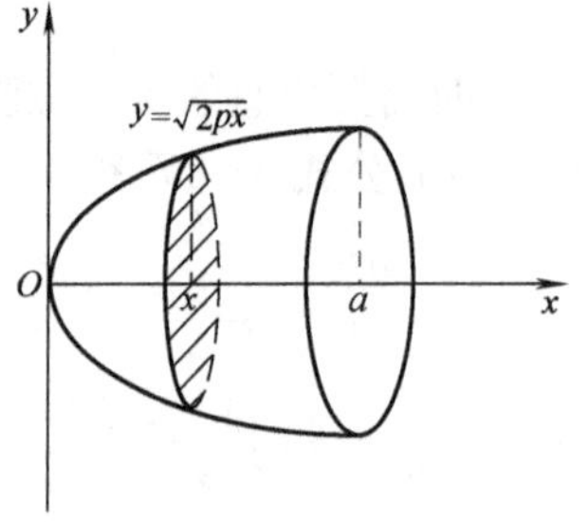

图 5-17

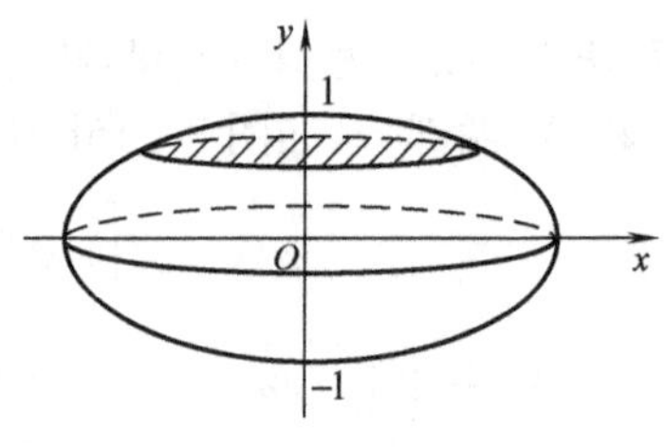

图 5-18

例 5-39　求曲线$\frac{x^2}{2}+y^2=1$绕 y 轴旋转而成的旋转体的体积.

解　如图 5-18 所示，$V=\int_{-1}^{1}\pi x^2\mathrm{d}y=\int_{-1}^{1}\pi(2-2y^2)\mathrm{d}y=4\pi\int_{0}^{1}(1-y^2)\mathrm{d}y=\frac{8\pi}{3}$.

(3) 如图 5-19a 所示，由两条连续曲线 $y_1=g(x)$，$y_2=f(x)$ $(0\leqslant f(x)\leqslant g(x))$及 $x=a$，$x=b(a<b)$所围图形绕 x 旋转而成旋转体的体积为

$$\boxed{V=\pi\int_{a}^{b}(y_1^2-y_2^2)\mathrm{d}x=\pi\int_{a}^{b}[g^2(x)-f^2(x)]\mathrm{d}x}\tag{5-22}$$

(4) 如图 5-19b 所示，由两条连续曲线 $x_1=\varphi(y)$，$x_2=\psi(y)$ $(0\leqslant\varphi(y)\leqslant\psi(y))$及 $y=c$，$y=d$ $(c<d)$所围图形绕 y 旋转而成旋转体的体积为

$$\boxed{V=\pi\int_{c}^{d}(x_1^2-x_2^2)\mathrm{d}y=\pi\int_{c}^{d}[\psi^2(y)-\varphi^2(y)]\mathrm{d}y}\tag{5-23}$$

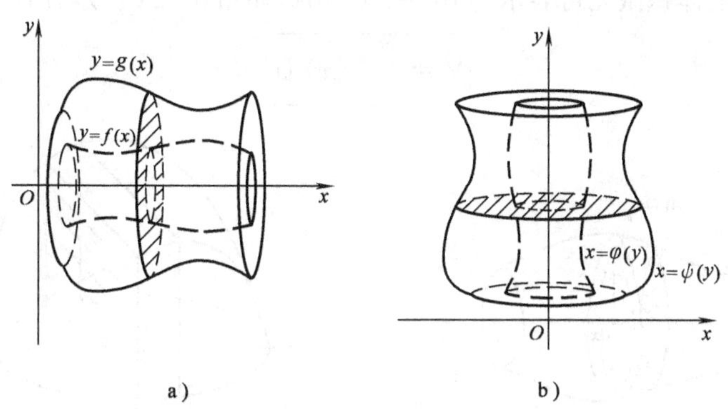

图　5-19

例 5-40　求曲线 $y=x^2$ 及 $y=x$ 所围图形分别绕 x 轴、y 轴旋转而成的旋转体的体积.

解　由$\begin{cases}y=x^2\\y=x\end{cases}$，得交点(0,0)和(1,1).

(1) 如图 5-20a 所示，绕 x 轴旋转而成的旋转体的体积为

$$V=\int_{0}^{1}\pi(x^2-(x^2)^2)\mathrm{d}x=\int_{0}^{1}\pi(x^2-x^4)\mathrm{d}x=\pi\left(\frac{1}{3}-\frac{1}{5}\right)=\frac{2}{15}\pi$$

(2) 如图 5-20b 所示，绕 y 轴旋转而成的旋转体的体积为

$$V=\int_{0}^{1}\pi[(\sqrt{y})^2-y^2]\mathrm{d}y=\int_{0}^{1}\pi(y-y^2)\mathrm{d}y=\pi\left(\frac{1}{2}-\frac{1}{3}\right)=\frac{1}{6}\pi$$

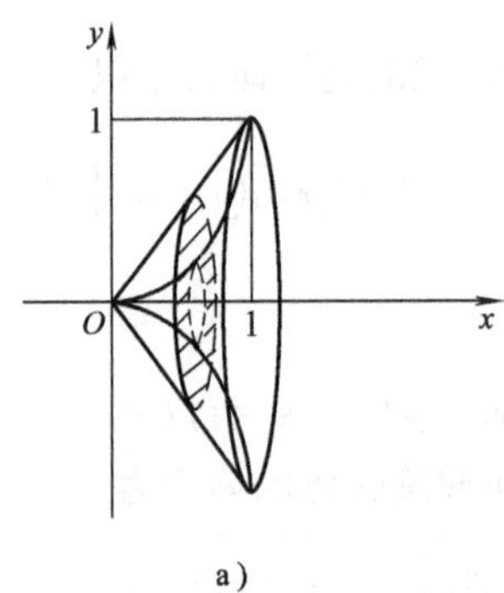

a)

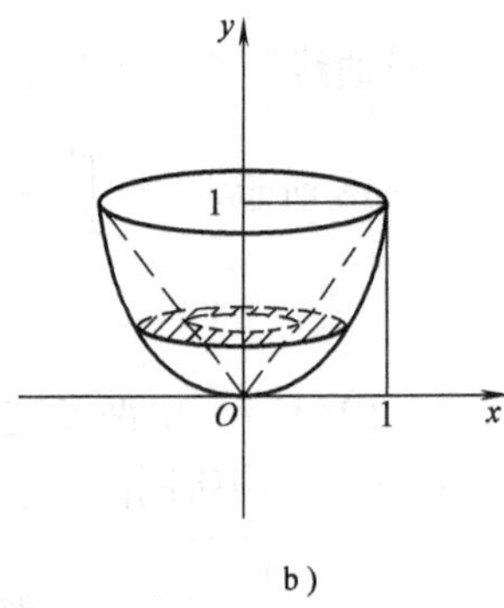

b)

图 5-20

2. 平行截面面积为已知的立体体积

若立体被垂直于 x 轴的平面截得的截面面积能表示为 x 的连续函数$A(x)$，则显然立体的体积微元可表示为 $\mathrm{d}V=A(x)\mathrm{d}x$，如图 5-21 所示，所以

$$\boxed{V=\int_a^b A(x)\mathrm{d}x} \tag{5-24}$$

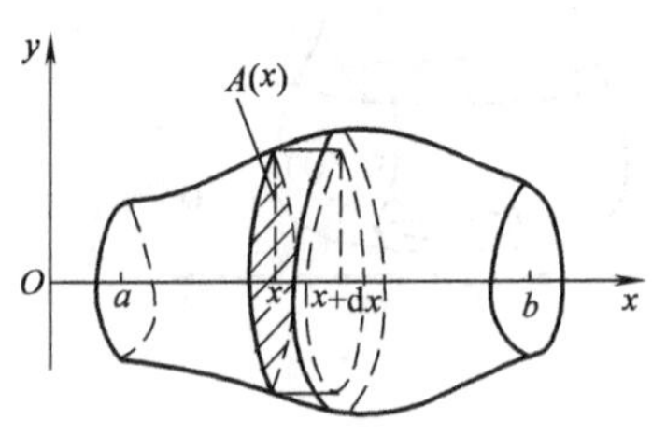

图 5-21

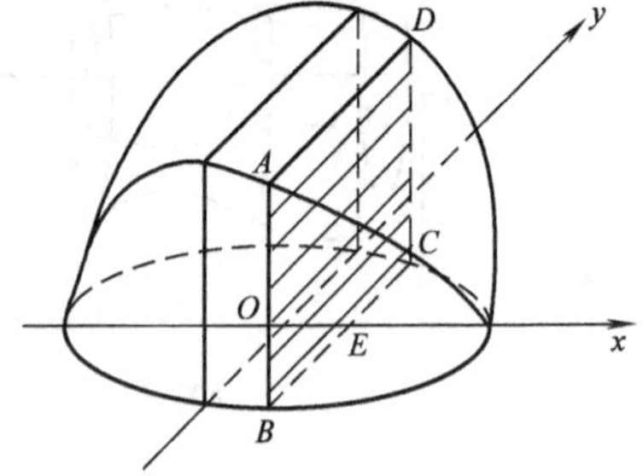

图 5-22

例 5-41 一立体具有 $x^2+y^2=4$ 的圆柱形平底，而垂直于 x 轴的所有截面都是正方形求此立体的体积.

解 如图 5-22 所示，任意取一垂直于 x 轴的截面 $ABCD$，并设其面积为 $A(x)$，并设此平面与底面中心 O 的距离为 x，则在 $\mathrm{Rt}\triangle OEB$ 中

$$EB^2=OB^2-OE^2=4-x^2$$

又
$$AB=2EB\Rightarrow AB^2=4EB^2$$

从而
$$AB^2=16-4x^2$$

又因为垂直于 x 轴的所有截面都是正方形，故

$$A(x)=AB^2=16-4x^2$$

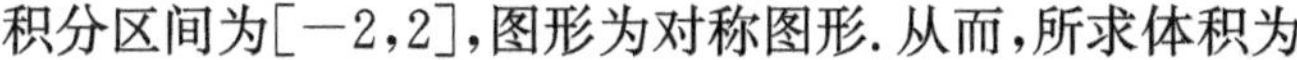

积分区间为$[-2,2]$,图形为对称图形.从而,所求体积为

$$V=2\int_0^2(16-4x^2)\mathrm{d}x=\frac{128}{3}$$

5.5.3　连续函数的平均值

在实际问题中,常常用一组数据的算术平均值来描述这组数据的概貌.例如,对某一零件的长度进行 n 次测量,每次测量的值为 $y_1,y_2,y_3,\cdots,y_n$.通常用算术平均值

$$\bar{y}=\frac{1}{n}(y_1+y_2+y_3+\cdots+y_n)$$

作为这个零件的长度的近似值.

然而,有时还需要计算一个连续函数 $y=f(x)$在区间$[a,b]$上的一切平均值.

我们知道,速度为 $v(t)$的物体作直线运动,它在时间间隔$[t_1,t_2]$上所经过的路程为

$$s=\int_{t_1}^{t_2}v(t)\mathrm{d}t$$

用 t_2-t_1 去除路程 s,即得它在时间间隔$[t_1,t_2]$上的平均速度,即

$$\bar{v}=\frac{s}{t_2-t_1}=\frac{1}{t_2-t_1}\int_{t_1}^{t_2}v(t)\mathrm{d}t$$

一般地,设函数 $y=f(x)$在闭区间$[a,b]$上连续,则它在$[a,b]$上的平均值 $\bar{y}$,等于它在$[a,b]$上的定积分除以区间$[a,b]$的长度 $b-a$,即

$$\boxed{\bar{y}=\frac{1}{b-a}\int_a^b f(x)\mathrm{d}x}\tag{5-25}$$

例 5-42　正弦交流电的电流 $i=I_{\mathrm{m}}\sin\omega t$,其中 I_{m} 是电流的最大值,ω 叫作角频率(I_{m},ω 都是常数),求 i 在半周期$\left[0,\frac{\pi}{\omega}\right]$内的平均值 $\bar{I}$.

解　$$\bar{I}=\frac{1}{\frac{\pi}{\omega}}\int_0^{\frac{\pi}{\omega}}I_{\mathrm{m}}\sin\omega t\,\mathrm{d}t=\frac{I_{\mathrm{m}}\omega}{\pi}\int_0^{\frac{\pi}{\omega}}\sin\omega t\,\mathrm{d}t$$

$$=\frac{I_{\mathrm{m}}}{\pi}(-\cos\omega t)\Big|_0^{\frac{\pi}{\omega}}=\frac{2}{\pi}I_m$$

习　题　5-5

1. 求出下列各曲线所围成的平面图形的面积:

(1) $y=x^2,x+y=2$;

(2) $y=\ln x$ 与直线 $x=0,y=\ln a,y=\ln b$ $(b>a>0)$;

(3) $y=\mathrm{e}^x,y=\mathrm{e}^{-x}$与直线 $y=\mathrm{e}^2$;

(4) $y=\frac{1}{x}$与直线$y=x$及$y=3$；

(5) $y=x^3$与$y=\sqrt{x}$；

(6) $y=\cos x$与$y=0, x\in\left[\frac{\pi}{2},\frac{3}{2}\pi\right]$；

(7) $y=3-2x-x^2$与x轴；

(8) $y=x$与$y=\sqrt{x}$；

(9) $y=x^3, y=1$及$x=0$；

(10) $y^2=x$与$x=1$；

(11) $y+1=x^2$与$y=1+x$；

(12) $x=y^2+1, y=-1, y=1$及$x=0$；

(13) $y=x, y=2x$及$y=2$；

2.求下列曲线所围成的图形按指定的轴旋转产生的旋转体的体积：

(1) $y=x^2, y=0, x=2$，绕x轴；

(2) $y=x, x=1, y=0$，绕x轴；

(3) $y=\sqrt{x}, x=4, y=0$，绕x轴；

(4) $y=e^x, x=0, x=1$及$y=0$，绕x轴；

(5) $x=5-y^2$，$x=1$，绕y轴；

(6) $y=x^2$，$x=4$，$y=0$，绕y轴；

(7) $y=x^3$，$y=1$，$x=0$，绕y轴；

(8) $y=\sqrt{2x-x^2}$，$y=\sqrt{x}$，绕x轴；

(9) $y=x^2$，$x=-1$，$x=1$，$y=0$，绕x轴；

(10) $y=\sin x$，$y=\cos x, x=0$ $\left(0<x<\frac{\pi}{2}\right)$，绕$x$轴；

(11) $y=x^2, y=(x-1)^2$，$y=0$，绕y轴.

3.求下列函数在给定区间上的平均值：

(1) $y=\sin x, x\in\left[0,\frac{\pi}{2}\right]$；

(2) $y=2xe^{-x}$，$x\in[0,2]$.

背景聚焦

定积分——存储和积累过程

在工程技术问题中，凡是输出量对输入量有存储和积累特点的过程或元件一般都含有积分环节.例如水箱的水位与水流量，烘箱的温度与热流量(或功率)，机械运动中转速与转矩、位移与速度、速度与加速度，电容的电量与电流等.

示例1:齿轮和齿条

齿条的位移$x(t)$和齿轮的角速度$\omega(t)$为积分关系.由$\frac{dx(t)}{dt}=\omega(t)r$，得

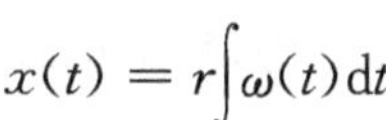

$$x(t)=r\int\omega(t)\mathrm{d}t$$

示例 2:电动机

电动机的转速与转矩:由 $T(t)=J_G\dfrac{\mathrm{d}n(t)}{\mathrm{d}t}$ (式中 J_G 为转动惯量),得

$$n(t)=\int\frac{1}{J_G}T(t)\mathrm{d}t$$

角位移和转速:由 $\dfrac{\mathrm{d}\theta(t)}{\mathrm{d}t}=\omega(t)=\dfrac{2\pi}{60}n(t)$,得

$$\theta(t)=\int\omega(t)\mathrm{d}t=\frac{2\pi}{60}\int n(t)\mathrm{d}t$$

示例 3:水箱

水箱的水位与水流量为积分关系.

水流量　$Q(t)=\dfrac{\mathrm{d}V(t)}{\mathrm{d}t}=A\dfrac{\mathrm{d}H(t)}{\mathrm{d}t}$　(式中,V 为水的体积;H 为水位高度;A 为容器地面积)

$$H(t)=\frac{1}{A}\int Q(t)\mathrm{d}t$$

示例 4:电容电路

电容器电压与充电电流为积分关系.

电容电压　$U_C(t)=\dfrac{q(t)}{C}=\dfrac{1}{C}\int i(t)\mathrm{d}t$　(式中,$q(t)$ 为电量;C 为电容;$i(t)$ 为电流)

5.6 提示与提高

1. 定积分的定义

(1) 定积分是特殊和式的极限,因此,有些极限问题可转化为定积分的问题.

例 5-43　求 $\lim\limits_{n\to\infty}\left(\dfrac{1}{n+1}+\dfrac{1}{n+2}+\cdots+\dfrac{1}{n+n}\right)$.

解　将所求极限式变型为

$$\frac{1}{n}\left[\frac{1}{1+\frac{1}{n}}+\frac{1}{1+\frac{2}{n}}+\cdots+\frac{1}{1+\frac{n}{n}}\right]$$

上式可看成是把区间[0,1]分成 n 等份，每个小区间的长度为$\frac{1}{n}$、函数$f(x)=\frac{1}{1+x}$在区间[0,1]上的积分和，即

$$\lim_{n\to\infty}\left(\frac{1}{n+1}+\frac{1}{n+2}+\cdots+\frac{1}{n+n}\right)$$
$$=\lim_{n\to\infty}\frac{1}{n}\left[\frac{1}{1+\frac{1}{n}}+\frac{1}{1+\frac{2}{n}}+\cdots+\frac{1}{1+\frac{n}{n}}\right]=\int_0^1\frac{dx}{1+x}$$
$$=\ln 2$$

(2) 若定积分$\int_a^b f(x)dx$存在，则定积分值是一个确定的常数. 这一点常被用来求解方程中含有定积分的问题.

例 5-44 设 $f(x)$满足方程 $x-f(x)=\int_0^1 f(x)dx$，求$\int_0^1 f(x)dx$ 的值.

解 设 $A=\int_0^1 f(x)dx$，根据已知有

$$x-f(x)=A$$

对等式两端取定积分，得

$$\int_0^1 xdx-\int_0^1 f(x)dx=\int_0^1 Adx$$

所以 $$\frac{1}{2}-A=A \quad 即 \quad \int_0^1 f(x)dx=A=\frac{1}{4}$$

2. 定积分的性质

(1) 对于不好积分或不能积分的函数，可以利用定积分的估值定理(性质 5)估计其定积分值的范围，也可以利用定积分的比较性质(性质 4)比较不同函数定积分值的大小.

例 5-45 估计$\int_1^3 e^{x^2}dx$ 的值.

解 当 $x\in[1,3]$时，$(e^{x^2})'=2xe^{x^2}>0$，所以 e^{x^2} 单调增加，故

$$e<e^{x^2}<e^9$$

由定积分的性质 6，可得

$$2e<\int_1^3 e^{x^2}dx<2e^9$$

例 5-46 比较$\int_0^1 \ln^3(1+x)dx$ 与$\int_0^1 \ln^2(1+x)dx$ 的大小.

解 当 $x\in[0,1]$时，$1<1+x<2$，

$$0=\ln 1<\ln(1+x)<\ln 2<1$$

$$\ln^3(1+x) < \ln^2(1+x)$$

由定积分的性质 5(估值定理),可得

$$\int_0^1 \ln^3(1+x)\mathrm{d}x < \int_0^1 \ln^2(1+x)\mathrm{d}x$$

(2) 若被积函数是分段函数、绝对值函数、最大(小)值函数,应按定积分对积分区间的可加性(性质 3)进行运算.

例 5-47　求 $\int_{-1}^3 |2x-x^2|\mathrm{d}x$(函数 $y=|2x-x^2|$ 的图形如图 5-23 所示).

解　$\int_{-1}^3 |2x-x^2|\mathrm{d}x = \int_{-1}^0 (x^2-2x)\mathrm{d}x + \int_0^2 (2x-x^2)\mathrm{d}x + \int_2^3 (x^2-2x)\mathrm{d}x$

$= 4$

技巧提示:若被积函数含有绝对值符号,一般令绝对值之内的式子为零,找出积分区间的分界点,把被积函数化为分段函数再求解.

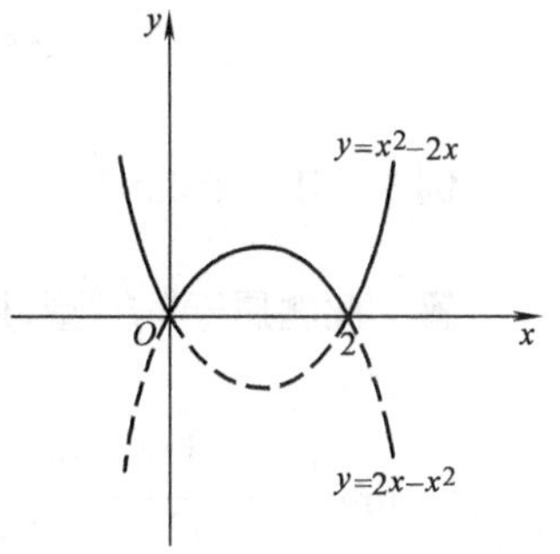

图　5-23

(3) 积分中值定理的应用.

例 5-48　设 $f(x)$ 在 $(0,+\infty)$ 上连续,又设 $\lim\limits_{x\to+\infty} f(x) = \mathrm{e}^2$,求 $\lim\limits_{x\to+\infty}\int_x^{x+2} f(t)\mathrm{d}t$.

解　根据积分中值定理有

$$\int_x^{x+2} f(t)\mathrm{d}t = f(\xi)(x+2-x) = 2f(\xi)$$

$$(x<\xi<x+2)$$

所以　$\lim\limits_{x\to+\infty}\int_x^{x+2} f(t)\mathrm{d}t = 2\lim\limits_{x\to+\infty} f(\xi) = 2\lim\limits_{\xi\to+\infty} f(\xi) = 2\mathrm{e}^2$

例 5-49　设函数 $f(x)$ 在闭区间 $[0,1]$ 上连续,且 $f(x)<1$,证明方程

$$2x - \int_0^x f(t)\mathrm{d}t - 1 = 0$$

在开区间 $(0,1)$ 内有且仅有一个实根.

证　设　$F(x) = 2x - \int_0^x f(t)\mathrm{d}t - 1$

根据已知,有 $F(x)$ 在 $[0,1]$ 上连续,且

$$F(0)=-1<0$$

$F(1) = 1 - \int_0^1 f(t)\mathrm{d}t = 1 - f(\xi) > 0$　(根据积分中值定理,其中 $0<\xi<1$)

所以,由零点定理可知原方程在开区间 $(0,1)$ 内至少有一个实根,又因为

$$F'(x)=2-f(x)>0$$

所以 $F(x)$ 单调增加,故方程在开区间 $(0,1)$ 内有且仅有一个实根.

3. 积分上限函数

(1)若积分上限函数的上限是变量 x 的函数，求导时需用复合函数的求导法则.

例 5-50 已知 $\Phi(x)=\int_0^{x^2}\ln(1+t)\mathrm{d}t$，求 $\Phi'(x)$.

解 令 $\Phi(x)=\int_0^u\ln(1+t)\mathrm{d}t, u=x^2$，则

$$\Phi'(x)=\left(\int_0^u\ln(1+t)\mathrm{d}t\right)_u'(x^2)_x'=\ln(1+u)\times 2x=2x\ln(1+x^2)$$

一般地，有

$$\boxed{\left[\int_a^{\varphi(x)}f(t)\mathrm{d}t\right]'=f(\varphi(x))\varphi'(x)} \tag{5-26}$$

例 5-51 求 $\lim\limits_{x\to 0}\dfrac{\int_0^{x^2}\ln(1+t)\mathrm{d}t}{x^4}$.

解 此题属于"$\dfrac{0}{0}$"型，用洛必达法则求解

$$\lim_{x\to 0}\frac{\int_0^{x^2}\ln(1+t)\mathrm{d}t}{x^4}=\lim_{x\to 0}\frac{\ln(1+x^2)2x}{4x^3}=\frac{1}{2}\lim_{x\to 0}\frac{\ln(1+x^2)}{x^2}=\frac{1}{2}$$

(2)若被积函数中出现的上限(或极限、求导)变量 x，求导时需先通过换元把被积函数中的 x 移出，再求导.

例 5-52 设 $F(x)=\int_0^{\sqrt{x}}tf(x+t^2)\mathrm{d}t$，求 $F'(x)$.

解 令 $x+t^2=u$，则 $\mathrm{d}u=2t\mathrm{d}t$(因为积分变量是 t)，即 $\mathrm{d}t=\dfrac{1}{2t}\mathrm{d}u$. 当 $t=0$ 时，$u=x$；$t=\sqrt{x}$时，$u=2x$. 于是

$$F(x)=\int_x^{2x}tf(u)\frac{1}{2t}\mathrm{d}u=\int_x^{2x}\frac{1}{2}f(u)\mathrm{d}u$$

$$F'(x)=\frac{1}{2}[f(2x)\times 2-f(x)]=f(2x)-\frac{1}{2}f(x)$$

(3) 求积分上限函数的最值.

例 5-53 求函数 $F(x)=\int_0^x\dfrac{t}{2+2t+t^2}\mathrm{d}t$ 在$[0,2]$上的最大值和最小值.

解 根据已知得 $F'(x)=\dfrac{x}{2+2x+x^2}>0$，所以 $F(x)$在$[0,2]$上单调增加，故

最小值为 $$F(0)=\int_0^0\frac{t}{2+2t+t^2}\mathrm{d}t=0$$

最大值为　$F(2)=\int_0^2 \frac{t}{2+2t+t^2}\mathrm{d}t=\int_0^2 \frac{(t+1)-1}{(t+1)^2+1}\mathrm{d}(t+1)$

$$=\frac{1}{2}\ln5-\arctan3+\frac{\pi}{4}$$

4. 定积分的计算

(1) 利用定积分的几何意义求定积分的值.

例 5－54　求$\int_0^2 \sqrt{4x-x^2}\mathrm{d}x$.

解　该积分在几何上代表的是圆$(x-2)^2+y^2\leqslant4$面积的$\frac{1}{4}$，如图 5－24 所示，故

$$\int_0^2 \sqrt{4x-x^2}\mathrm{d}x=\pi$$

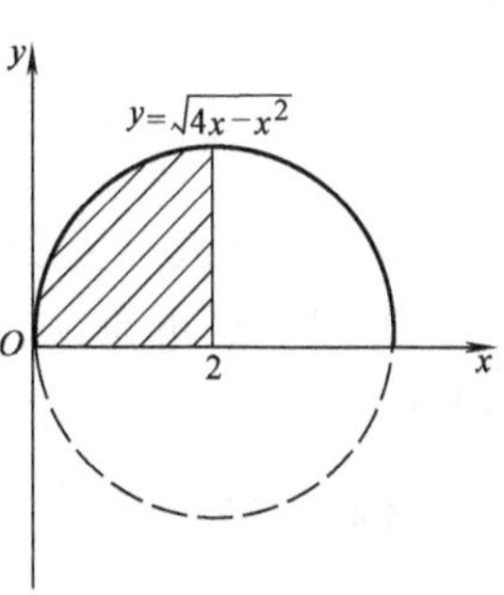

图　5－24

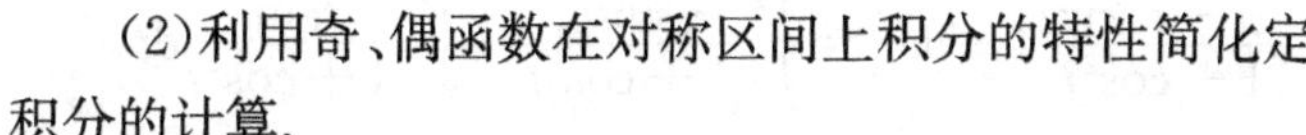

(2)利用奇、偶函数在对称区间上积分的特性简化定积分的计算.

例 5－55　求$\int_{-1}^1 \frac{2x^2+x\cos x}{1+\sqrt{1-x^2}}\mathrm{d}x$.

解　$\int_{-1}^1 \frac{2x^2+x\cos x}{1+\sqrt{1-x^2}}\mathrm{d}x=\int_{-1}^1 \frac{2x^2}{1+\sqrt{1-x^2}}\mathrm{d}x+\int_{-1}^1 \frac{x\cos x}{1+\sqrt{1-x^2}}\mathrm{d}x$

$$=4\int_0^1 \frac{x^2}{1+\sqrt{1-x^2}}\mathrm{d}x$$

(前一项是偶函数，后一项是奇函数)

$$=4\int_0^1 (1-\sqrt{1-x^2})\mathrm{d}x=4-\pi$$

(利用定积分的几何意义)

技巧提示:上例的被积函数既不是奇函数，也不是偶函数，但通过合理的拆项可以达到简化运算的目的.

(3) 利用几个常用的定积分公式可简化某些定积分的计算.

例 5－56　求$\int_0^{\frac{\pi}{2}} \frac{\mathrm{d}x}{1+\tan^3x}$.

解　由式(5－7)知，$\int_0^{\frac{\pi}{2}} f(\tan x)\mathrm{d}x=\int_0^{\frac{\pi}{2}} f(\cot x)\mathrm{d}x$，所以

$$\int_0^{\frac{\pi}{2}} \frac{\mathrm{d}x}{1+\tan^3x}=\int_0^{\frac{\pi}{2}} \frac{\mathrm{d}x}{1+\cot^3x}=\int_0^{\frac{\pi}{2}} \frac{\tan^3x\mathrm{d}x}{1+\tan^3x}$$

从而可知　$2\int_0^{\frac{\pi}{2}} \frac{\mathrm{d}x}{1+\tan^3x}=\int_0^{\frac{\pi}{2}} \frac{\mathrm{d}x}{1+\tan^3x}+\int_0^{\frac{\pi}{2}} \frac{\tan^3x\mathrm{d}x}{1+\tan^3x}=\int_0^{\frac{\pi}{2}}\mathrm{d}x=\frac{\pi}{2}$

即
$$\int_0^{\frac{\pi}{2}} \frac{dx}{1+\tan^3 x} = \frac{\pi}{4}$$

再给出两个常用的定积分公式

$$\boxed{\int_0^{\pi} xf(\sin x)dx = \frac{\pi}{2}\int_0^{\pi} f(\sin x)dx} \tag{5-27}$$

$$\boxed{\int_0^{\pi} f(\sin x)dx = 2\int_0^{\frac{\pi}{2}} f(\sin x)dx} \tag{5-28}$$

(4) 换元法求定积分.

1)某些题可通过换元得到与所求积分一样的项,然后用解方程的方法求出定积分.

例 5-57 求$\int_0^{\pi} \frac{x\sin x}{1+\cos^2 x}dx$.

解 令 $x=\pi-t$,则

$$\int_0^{\pi} \frac{x\sin x}{1+\cos^2 x}dx = \int_{\pi}^{0} \frac{(\pi-t)\sin t}{1+\cos^2 t}(-dt) = \int_0^{\pi} \frac{\pi\sin t dt}{1+\cos^2 t} - \int_0^{\pi} \frac{t\sin t}{1+\cos^2 t}dt$$
$$= \int_0^{\pi} \frac{\pi\sin x dx}{1+\cos^2 x} - \int_0^{\pi} \frac{x\sin x}{1+\cos^2 x}dx$$

整理得
$$2\int_0^{\pi} \frac{x\sin x}{1+\cos^2 x}dx = \pi\int_0^{\pi} \frac{\sin x}{1+\cos^2 x}dx = \frac{\pi^2}{2}$$

即
$$\int_0^{\pi} \frac{x\sin x}{1+\cos^2 x}dx = \frac{\pi^2}{4}$$

需要说明的是:上例被积函数的不定积分不能用初等函数来表示,但却能求出其定积分的值.对定积分公式较熟的读者,也可使用公式(5-27)直接求解.

技巧提示:这种类型题在换元时一般本着不破坏上、下限(上、下限颠倒没有关系)的原则.

例 5-58 求$\int_{-1}^{1} \frac{x^2}{1+e^{-x}}dx$.

解 令 $x=-t$,则

$$\int_{-1}^{1} \frac{x^2}{1+e^{-x}}dx = -\int_{1}^{-1} \frac{t^2}{1+e^{t}}dt = \int_{-1}^{1} \frac{e^{-t}t^2}{e^{-t}+1}dt$$
$$= \int_{-1}^{1} \frac{[(1+e^{-t})-1]t^2}{1+e^{-t}}dt$$
$$= \int_{-1}^{1} t^2 dt - \int_{-1}^{1} \frac{t^2}{1+e^{-t}}dt$$
$$= \int_{-1}^{1} t^2 dt - \int_{-1}^{1} \frac{x^2}{1+e^{-x}}dx$$

所以
$$2\int_{-1}^{1}\frac{x^2}{1+e^{-x}}dx=\int_{-1}^{1}t^2dt=\frac{2}{3}$$
即
$$\int_{-1}^{1}\frac{x^2}{1+e^{-x}}dx=\frac{1}{3}$$

2)某些题可通过换元得到与所求积分有关的项,然后通过变换简化计算.

例 5-59　求$\int_0^{+\infty}\frac{1}{1+x^3}dx$.

解　$$\int_0^{+\infty}\frac{1}{1+x^3}dx=\int_{+\infty}^{0}\frac{1}{1+\frac{1}{u^3}}\left(-\frac{1}{u^2}du\right)\quad\left(令\ x=\frac{1}{u}\right)$$
$$=\int_0^{+\infty}\frac{u}{1+u^3}du=\int_0^{+\infty}\frac{x}{1+x^3}dx$$
故
$$2\int_0^{+\infty}\frac{1}{1+x^3}dx=\int_0^{+\infty}\frac{1}{1+x^3}dx+\int_0^{+\infty}\frac{x}{1+x^3}dx$$
$$=\int_0^{+\infty}\frac{1}{1-x+x^2}dx=\int_0^{+\infty}\frac{d\left(x-\frac{1}{2}\right)}{\left(x-\frac{1}{2}\right)^2+\frac{3}{4}}$$
$$=\frac{2\sqrt{3}}{3}\arctan\left(\frac{2x-1}{\sqrt{3}}\right)\Big|_0^{+\infty}=\frac{4\sqrt{3}}{9}\pi$$
即
$$\int_0^{+\infty}\frac{1}{1+x^3}dx=\frac{2\sqrt{3}}{9}\pi$$

3)若已知函数与被积函数有换元的关系,这时一般对被积函数进行换元,让其与已知函数一致.

例 5-60　设$f(x)=\begin{cases}1+x^2 & x<0\\ e^{-x} & x\geqslant 0\end{cases}$,求$\int_1^3 f(x-2)dx$.

解　令$t=x-2$,则
$$\int_1^3 f(x-2)dx=\int_{-1}^{1}f(t)dt=\int_{-1}^{0}(1+t^2)dt+\int_0^1 e^{-t}dt$$
$$=t\,\Big|_{-1}^{0}+\frac{1}{3}t^3\Big|_{-1}^{0}-e^{-t}\Big|_0^1=\frac{7}{3}-e^{-1}$$

例 5-61　设$f(2x-1)=\frac{\ln x}{\sqrt{x}}$,求$\int_1^7 f(x)dx$.

解　令$x=2t-1$,则
$$\int_1^7 f(x)dx=2\int_1^4 f(2t-1)dt=2\int_1^4\frac{\ln t}{\sqrt{t}}dt$$
$$=4\int_1^4\ln t\,d(\sqrt{t})=4\left(\sqrt{t}\ln t\,\Big|_1^4-\int_1^4\sqrt{t}\,d(\ln t)\right)$$
$$=4(2\ln 4-2)$$

(5) 分部积分法求定积分.

例 5-62 设 $f(x)=\int_1^x \frac{1}{\sqrt{1+t^3}}\mathrm{d}t$，求$\int_0^1 xf(x)\mathrm{d}x$.

解
$$\begin{aligned}\int_0^1 xf(x)\mathrm{d}x &= \frac{1}{2}\int_0^1 f(x)\mathrm{d}(x^2)\\ &= \frac{1}{2}x^2 f(x)\Big|_0^1-\frac{1}{2}\int_0^1 x^2 f'(x)\mathrm{d}x\\ &=-\frac{1}{2}\int_0^1 x^2\frac{1}{\sqrt{1+x^3}}\mathrm{d}x=-\frac{1}{6}\int_0^1\frac{1}{\sqrt{1+x^3}}\mathrm{d}(1+x^3)\\ &=-\frac{1}{3}\sqrt{1+x^3}\Big|_0^1=-\frac{1}{3}(\sqrt{2}-1)\end{aligned}$$

技巧提示:被积函数中含有积分上限函数的定积分计算问题，一般采用定积分的分部积分法求解.

5. 一题多解

例 5-63 求$\int_0^{\frac{\pi}{2}}\frac{\sin x}{\sin x+\cos x}\mathrm{d}x$.

解法 1 根据式(5-6)，有 $\int_0^{\frac{\pi}{2}}\frac{\sin x}{\sin x+\cos x}\mathrm{d}x=\int_0^{\frac{\pi}{2}}\frac{\cos x}{\sin x+\cos x}\mathrm{d}x$

故
$$\begin{aligned}2\int_0^{\frac{\pi}{2}}\frac{\sin x}{\sin x+\cos x}\mathrm{d}x &= \int_0^{\frac{\pi}{2}}\frac{\sin x}{\sin x+\cos x}\mathrm{d}x+\int_0^{\frac{\pi}{2}}\frac{\cos x}{\sin x+\cos x}\mathrm{d}x\\ &=\int_0^{\frac{\pi}{2}}\mathrm{d}x=\frac{\pi}{2}\end{aligned}$$

即
$$\int_0^{\frac{\pi}{2}}\frac{\sin x}{\sin x+\cos x}\mathrm{d}x=\frac{\pi}{4}$$

解法 2
$$\begin{aligned}\int_0^{\frac{\pi}{2}}\frac{\sin x}{\sin x+\cos x}\mathrm{d}x &= \frac{1}{2}\int_0^{\frac{\pi}{2}}\frac{(\sin x+\cos x)-(\cos x-\sin x)}{\sin x+\cos x}\mathrm{d}x\\ &=\frac{1}{2}\int_0^{\frac{\pi}{2}}\mathrm{d}x-\frac{1}{2}\int_0^{\frac{\pi}{2}}\frac{\mathrm{d}(\sin x+\cos x)}{\sin x+\cos x}\\ &=\frac{\pi}{4}-\frac{1}{2}\ln(\sin x+\cos x)\Big|_0^{\frac{\pi}{2}}=\frac{\pi}{4}\end{aligned}$$

解法 3
$$\begin{aligned}\int_0^{\frac{\pi}{2}}\frac{\sin x}{\sin x+\cos x}\mathrm{d}x &= \int_0^{\frac{\pi}{2}}\frac{\sin x(\sin x-\cos x)}{\sin^2 x-\cos^2 x}\mathrm{d}x\\ &=-\frac{1}{2}\int_0^{\frac{\pi}{2}}\frac{(1-\cos 2x)-\sin 2x}{\cos 2x}\mathrm{d}x\\ &=\frac{1}{2}\int_0^{\frac{\pi}{2}}(1+\tan 2x-\sec 2x)\mathrm{d}x=\frac{\pi}{4}\end{aligned}$$

解法 4
$$\int_0^{\frac{\pi}{2}}\frac{\sin x}{\sin x+\cos x}\mathrm{d}x=\int_0^{\frac{\pi}{2}}\frac{\sin x}{\sqrt{2}\sin\left(x+\frac{\pi}{4}\right)}\mathrm{d}x$$

$$=\int_{\frac{\pi}{4}}^{\frac{3\pi}{4}}\frac{\sin\left(t-\frac{\pi}{4}\right)}{\sqrt{2}\sin t}\mathrm{d}t \quad \left(令\ t=x+\frac{\pi}{4}\right)$$

$$=\int_{\frac{\pi}{4}}^{\frac{3\pi}{4}}\frac{\frac{\sqrt{2}}{2}(\sin t-\cos t)}{\sqrt{2}\sin t}\mathrm{d}t$$

$$=\frac{1}{2}\int_{\frac{\pi}{4}}^{\frac{3\pi}{4}}(1-\cot t)\mathrm{d}t=\frac{\pi}{4}$$

解法 5 $\displaystyle\int_0^{\frac{\pi}{2}}\frac{\sin x}{\sin x+\cos x}\mathrm{d}x=\int_0^{\frac{\pi}{2}}\frac{\tan x\mathrm{d}x}{1+\tan x}$

$$=\int_0^{+\infty}\frac{t}{1+t}\frac{1}{1+t^2}\mathrm{d}t \quad (令\ t=\tan x)$$

$$=\frac{1}{2}\int_0^{+\infty}\left(\frac{1}{1+t^2}+\frac{t}{1+t^2}-\frac{1}{1+t}\right)\mathrm{d}t$$

$$=\frac{1}{2}\left(\arctan t+\ln\frac{\sqrt{1+t^2}}{1+t}\right)\Bigg|_0^{+\infty}=\frac{\pi}{4}$$

6. 广义积分

(1)无界函数的广义积分

定义 3 设 $f(x)$ 在 $(a,b]$ 上连续，且 $\lim\limits_{x\to a^+}f(x)=\infty$，取 $\xi>0$，则称极限 $\lim\limits_{\xi\to 0^+}\int_{a+\xi}^{b}f(x)\mathrm{d}x$ 为 $f(x)$ 在 $(a,b]$ 上的**广义积分**，记作

$$\boxed{\int_a^b f(x)\mathrm{d}x=\lim_{\xi\to 0^+}\int_{a+\xi}^{b}f(x)\mathrm{d}x} \tag{5-29}$$

若该极限存在，则称广义积分 $\int_a^b f(x)\mathrm{d}x$ 收敛；若极限不存在，则称 $\int_a^b f(x)\mathrm{d}x$ 发散.

类似地，当 $x=b$ 为 $f(x)$ 的无穷间断点时，即 $\lim\limits_{x\to b^-}f(x)=\infty$，$f(x)$ 在 $[a,b)$ 上的广义积分定义为

$$\boxed{\int_a^b f(x)\mathrm{d}x=\lim_{\xi\to 0^+}\int_{a}^{b-\xi}f(x)\mathrm{d}x} \tag{5-30}$$

当无穷间断点 $x=c$ 位于区间 $[a,b]$ 内部时，则定义广义积分 $\int_a^b f(x)\mathrm{d}x$ 为

$$\boxed{\int_a^b f(x)\mathrm{d}x=\int_a^c f(x)\mathrm{d}x+\int_c^b f(x)\mathrm{d}x=\lim_{\varepsilon\to 0^+}\int_a^{c-\varepsilon}f(x)\mathrm{d}x+\lim_{\eta\to 0^+}\int_{c+\eta}^{b}f(x)\mathrm{d}x} \tag{5-31}$$

上式右端两个积分均为广义积分，当这两个广义积分都收敛时，才称 $\int_a^b f(x)\mathrm{d}x$ 是收敛的；否则，称 $\int_a^b f(x)\mathrm{d}x$ 是发散的. 上述无界函数的积分也称**瑕积分**.

例 5-64 求广义积分 $\int_0^a \frac{\mathrm{d}x}{\sqrt{a^2-x^2}}\ (a>0)$.

解 因为 $x=a$ 为被积函数的无穷间断点，于是

$$\int_0^a \frac{\mathrm{d}x}{\sqrt{a^2-x^2}} = \lim_{\xi\to 0^+}\int_0^{a-\xi} \frac{\mathrm{d}x}{\sqrt{a^2-x^2}} = \lim_{\xi\to 0^+}\arcsin\frac{x}{a}\bigg|_0^{a-\xi}$$

$$= \lim_{\xi\to 0^+}\arcsin\frac{a-\xi}{a} = \frac{\pi}{2}$$

例 5-65 证明广义积分 $\int_0^1 \frac{1}{x^p}\mathrm{d}x$ 当 $p<1$ 时收敛，当 $p\geqslant 1$ 时发散.

证 当 $p=1$ 时，$\int_0^1 \frac{1}{x^p}\mathrm{d}x = \int_0^1 \frac{1}{x}\mathrm{d}x = \lim_{\varepsilon\to 0^+}\int_{0+\varepsilon}^1 \frac{1}{x}\mathrm{d}x = \lim_{\varepsilon\to 0^+}\ln x\bigg|_\varepsilon^1 = +\infty$

当 $p\neq 1$ 时，
$$\int_0^1 \frac{1}{x^p}\mathrm{d}x = \left(\frac{1}{-p+1}x^{-p+1}\right)\bigg|_0^1 = \begin{cases}\dfrac{1}{1-p} & p<1\\ +\infty & p>1\end{cases}$$

从而广义积分 $\int_0^1 \frac{1}{x^p}\mathrm{d}x$ 当 $p<1$ 时收敛，当 $p\geqslant 1$ 时发散.

即
$$\boxed{\int_0^1 \frac{1}{x^p}\mathrm{d}x = \begin{cases}\dfrac{1}{1-p} & p<1\\ +\infty & p\geqslant 1\end{cases}} \tag{5-32}$$

(2)有的广义积分通过代换可以变为常义积分，有的常义积分通过代换也可以变为广义积分.

例 5-66 求 $\int_0^1 \frac{x^5}{\sqrt{1-x^2}}\mathrm{d}x$.

解 本题是瑕积分，$x=1$ 是瑕点. 令 $x=\sin u$，$\mathrm{d}x=\cos u\mathrm{d}u$. 当 $x=0$ 时，$u=0$；当 $x=1$ 时，$u=\frac{\pi}{2}$. 于是

$$\int_0^1 \frac{x^5}{\sqrt{1-x^2}}\mathrm{d}x = \int_0^{\frac{\pi}{2}} \frac{\sin^5 u}{\cos u}\cos u\mathrm{d}u = \int_0^{\frac{\pi}{2}} \sin^5 u\mathrm{d}u$$

$$= \frac{4}{5}\times\frac{2}{3}\times 1 = \frac{8}{15}$$

可以看出 $\int_0^{\frac{\pi}{2}} \sin^5 u\mathrm{d}u$ 已是常义积分.

例 5-67 求 $\int_0^\pi \frac{\mathrm{d}x}{1+\sin^2 x}$.

解　由式(5-28)可知，

$$\begin{aligned}\int_0^{\pi}\frac{\mathrm{d}x}{1+\sin^2 x}&=2\int_0^{\frac{\pi}{2}}\frac{\mathrm{d}x}{1+\sin^2 x}\\&=2\int_0^{\frac{\pi}{2}}\frac{\mathrm{d}x}{1+\tan^2 x\cos^2 x}=2\int_0^{\frac{\pi}{2}}\frac{\mathrm{d}x}{\cos^2 x(\sec^2 x+\tan^2 x)}\\&=2\int_0^{\frac{\pi}{2}}\frac{\mathrm{d}(\tan x)}{1+2\tan^2 x}=2\int_0^{+\infty}\frac{\mathrm{d}t}{1+2t^2}\quad(令\ \tan x=t)\\&=\sqrt{2}\arctan(\sqrt{2}t)\Big|_0^{+\infty}=\frac{\pi}{\sqrt{2}}\end{aligned}$$

可以看出 $\int_0^{+\infty}\frac{\mathrm{d}t}{1+2t^2}$ 已是广义积分.

易错提醒：上例若直接计算，将出现下面的错误：

$$\int_0^{\pi}\frac{\mathrm{d}x}{1+\sin^2 x}=\int_0^{\pi}\frac{\mathrm{d}(\tan x)}{1+2\tan^2 x}=\sqrt{2}\arctan(\sqrt{2}t)\Big|_0^0=0\quad(令\ \tan x=t)$$

这是因为在$[0,\pi]$上，当 $x=\frac{\pi}{2}$时，$\tan x=t$ 无意义，所以不能在$[0,\pi]$上直接换元.

(3) 计算广义积分不能用函数的奇偶性化简.

例如，广义积分 $\int_{-\infty}^{+\infty}\frac{x\mathrm{d}x}{\sqrt{1+x^2}}$ 发散，但若用函数的奇偶性化简，则会有错误结论.

7. 定积分的几何应用

例 5-68　如图 5-25 所示，在曲线 $y=x^2$ $(x\geqslant 0)$上的点 $P(a,a^2)$处作切线，使之与曲线及 x 轴所围成的图形的面积为$\frac{2}{3}$，求切点 P 的坐标及其过切点的切线方程.

解　曲线 $y=x^2$ 上过点 $P(a,a^2)$的切线方程为 $y-a^2=2a(x-a)$，即

$$x=\frac{1}{2a}(y+a^2)$$

则曲线 $y=x^2$ 与其过(a,a^2)的切线及 x 轴所围成图形的面积为

$$\begin{aligned}A&=\int_0^{a^2}\left[\frac{1}{2a}(y+a^2)-\sqrt{y}\right]\mathrm{d}y=\frac{1}{2a}\left(\frac{1}{2}y^2+a^2y\right)\Big|_0^{a^2}-\frac{2}{3}y^{\frac{3}{2}}\Big|_0^{a^2}\\&=\frac{1}{12}a^3\end{aligned}$$

由题设 $A=\frac{2}{3}$，可得 $a=2$.

故 P 点坐标为$(2,4)$，P 点的切线方程为 $y=4x-4$.

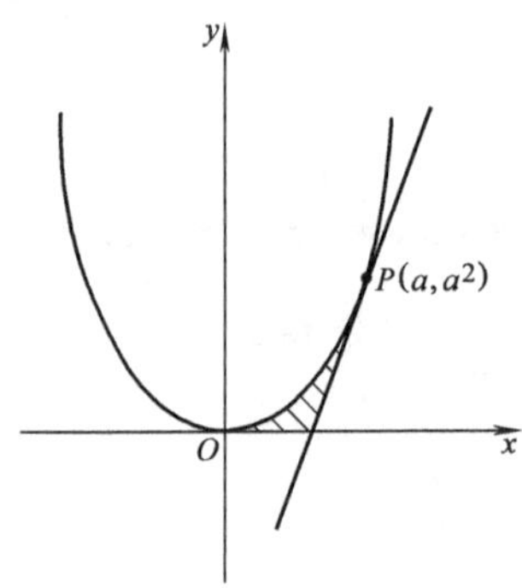

图 5-25

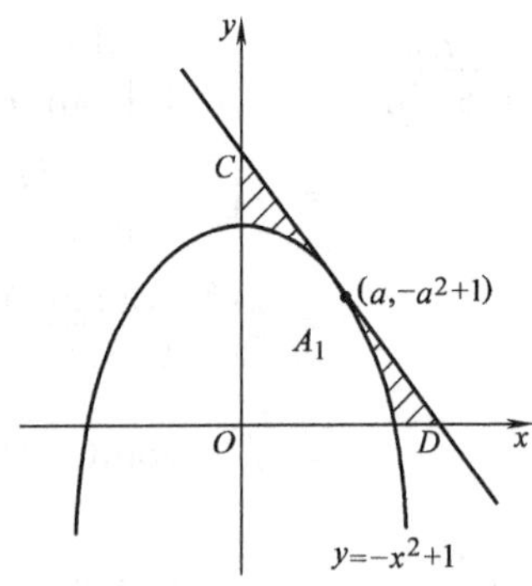

图 5-26

例 5-69 如图 5-26 所示，在第一象限内求曲线 $y=-x^2+1$ 上的点，使该点处的切线与所给曲线及两坐标轴所围成的图形面积为最小，并求最小面积.

解 设所求点为$(a,-a^2+1)$，由题设知 $y'|_{x=a}=-2a$，过该点的切线方程为

$$y+a^2-1=-2a(x-a)$$

令 $x=0$，得切线在 y 轴上的截距为 $p=a^2+1$

令 $y=0$，得切线在 x 轴上的截距为 $q=\dfrac{a^2+1}{2a}$

于是，所求面积为

$$A=A_{\triangle COD}-A_1=\frac{1}{2}pq-\int_0^1(-x^2+1)\mathrm{d}x=\frac{1}{4}\left(a^3+2a+\frac{1}{a}\right)-\frac{2}{3}$$

令 $A'=\dfrac{1}{4}\left(3a^2+2-\dfrac{1}{a^2}\right)=\dfrac{1}{4}\left(3a-\dfrac{1}{a}\right)\left(a+\dfrac{1}{a}\right)=0$，得 $a=\dfrac{1}{\sqrt{3}}$.

又 $A''\Big|_{a=\frac{1}{\sqrt{3}}}=\dfrac{1}{4}\left(6a+\dfrac{2}{a^3}\right)\Big|_{a=\frac{1}{\sqrt{3}}}>0$，可知点$\left(\dfrac{1}{\sqrt{3}},\dfrac{2}{3}\right)$即为所求，

此时
$$A\left(\frac{1}{\sqrt{3}}\right)=\frac{2}{9}(2\sqrt{3}-3)$$

8. 定积分的物理应用

例 5-70 已知弹簧每拉长 0.02m 需要 9.8N 的力，求把弹簧拉长 0.1m 所做的功.

解 如图 5-27 所示，取弹簧的平衡位置为坐标原点，拉伸方向为 x 轴正方向建立坐标系. 因为弹簧在弹性限度内，拉伸（或压缩）弹簧所需的力 F 和弹簧的伸长量 x 成正比，若取 K 为比例系数，则

$$F=kx$$

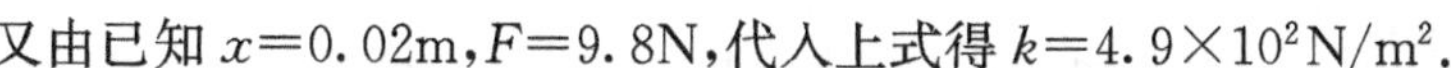

又由已知 $x=0.02\text{m}$，$F=9.8\text{N}$，代入上式得 $k=4.9\times10^2\text{N/m}^2$.

因为功微元　　$\mathrm{d}W=F\mathrm{d}x$

故　　$\mathrm{d}W=4.9\times10^2x\mathrm{d}x$

所以　$W=\int_0^{0.1}\mathrm{d}W=\int_0^{0.1}4.9\times10^2x\mathrm{d}x=4.9\times10^2\times\left.\dfrac{x^2}{2}\right|_0^{0.1}\text{J}=2.45\text{J}$

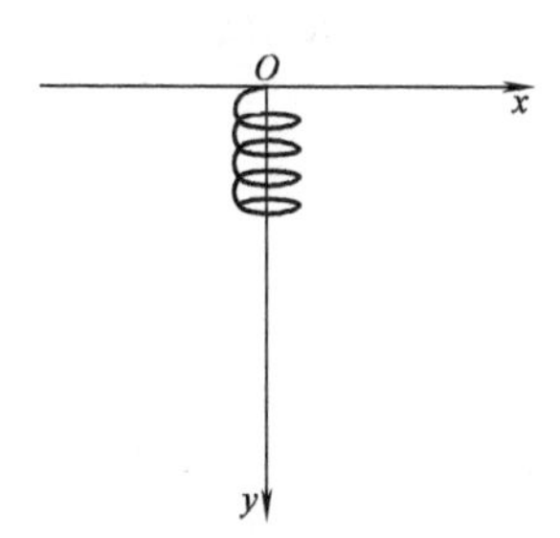

图　5-27

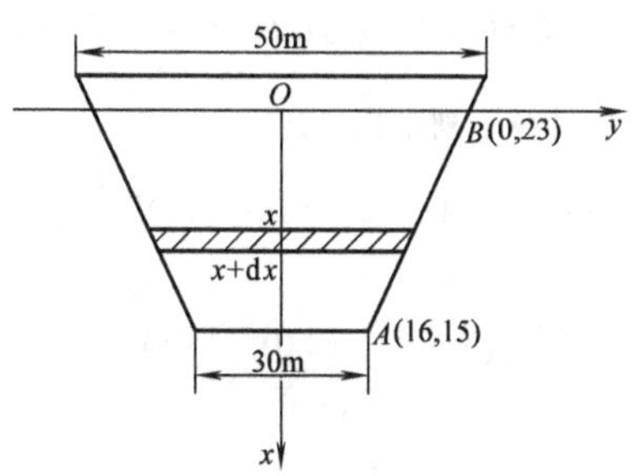

图　5-28

例 5-71　一等腰梯形闸门，梯形的上下底分别为 50m 和 30m，高为 20m，如果闸门的顶部高出水面 4m，求闸门一侧所受到的压力.

解　面积为 S 的薄片水平放置在距离表面深度为 h，密度为 ρ 的液体中所受到的压力为 $F=\rho ghS$. 如图 5-28 所示建立坐标系，梯形腰 AB 所在的直线方程

$$y=-\frac{1}{2}x+23$$

将梯形分成许多小横条，任一小横条高为 $\mathrm{d}x$，宽为 $2y$，所在深度为 x，则小横条所受的压力，即压力微元 $\mathrm{d}P$ 为

$$\mathrm{d}P=\rho gx\mathrm{d}S=2\rho gxy\mathrm{d}x=2\rho gx\left(-\frac{1}{2}x+23\right)\mathrm{d}x=\rho g(46x-x^2)$$

所以闸门所受的压力 F 为

$$F=\rho g\int_0^{16}(46x-x^2)\mathrm{d}x=4522.67\rho g\approx4.43\times10^7\text{N}$$

习　题　5-6

1. 计算下列极限：

(1) $\lim\limits_{n\to\infty}\left(\dfrac{1}{2n+1}+\dfrac{1}{2n+2}+\cdots+\dfrac{1}{2n+n}\right)$；　(2) $\lim\limits_{n\to+\infty}\dfrac{1^\alpha+2^\alpha+\cdots+n^\alpha}{n^{\alpha+1}}$　$(\alpha>0)$.

2. 估计下列各积分的值：

(1) $\int_{\frac{\pi}{4}}^{\frac{5\pi}{4}}(1+\sin^2x)\mathrm{d}x$；　(2) $\int_0^2\mathrm{e}^{x^2-x}\mathrm{d}x$；　(3) $\int_{\frac{1}{\sqrt{3}}}^{\sqrt{3}}x\arctan x\mathrm{d}x$.

3. 不计算积分，比较下列各组积分值的大小：

(1) $\int_1^2 x^2\mathrm{d}x$ 与 $\int_1^2 x^3\mathrm{d}x$；　(2) $\int_0^1 x\mathrm{d}x$ 与 $\int_0^1 \ln(1+x)\mathrm{d}x$.

4. 求极限 $\lim\limits_{x\to 0}\dfrac{\int_0^{x^2}(\mathrm{e}^t-1)\mathrm{d}t}{\int_0^x t(1-\cos 2t)\mathrm{d}t}$.

5. 设 $f(x)$ 可微，且 $f(0)=0, f'(0)=1, F(x)=\int_0^x tf(x^2-t^2)\mathrm{d}t$，试求 $\lim\limits_{x\to 0}\dfrac{F(x)}{x^4}$.

6. 计算下列定积分：

(1) $\int_0^{\frac{\pi}{4}}\ln(1+\tan x)\mathrm{d}x$；　(2) $\int_0^{\frac{\pi}{2}}\dfrac{1}{1+\cos^2 x}\mathrm{d}x$；

(3) $\int_{\frac{1}{2}}^2\left(1+x-\dfrac{1}{x}\right)\mathrm{e}^{x+\frac{1}{x}}\mathrm{d}x$；　(4) $\int_3^6\sqrt{\dfrac{x}{9-x}}\mathrm{d}x$.

7. 设 $f(x)=\begin{cases}\dfrac{1}{1+x} & x\geqslant 0\\ \dfrac{1}{1+\mathrm{e}^x} & x<0\end{cases}$，求 $\int_0^2 f(x-1)\mathrm{d}x$.

8. 计算定积分 $\int_0^{\frac{\pi}{2}}\sqrt{1-\sin 2x}\mathrm{d}x$.

9. 计算下列积分：

(1) $\int_{-2}^2(x+2)\sqrt{4-x^2}\mathrm{d}x$；　(2) $\int_{-1}^1(2x+|x|+1)^2\mathrm{d}x$.

10. 求下列广义积分：

(1) $\int_0^1 x\ln x\mathrm{d}x$；　(2) $\int_1^{\mathrm{e}}\dfrac{1}{x\sqrt{1-(\ln x)^2}}\mathrm{d}x$.

11. 设 $\lim\limits_{x\to\infty}\left(\dfrac{1+x}{x}\right)^{ax}=\int_{-\infty}^a t\mathrm{e}^t\mathrm{d}t$，求常数 a 的值.

12. 求抛物线 $y^2=2px$ 及其在点 $\left(\dfrac{p}{2},p\right)$ 处的法线所围成的图形的面积.

13. 求曲线 $y=\ln x$ 在区间(2,6)内的一条切线，使它与直线 $x=2, x=6$ 及曲线 $y=\ln x$ 所围图形的面积最小.

14. 过抛物线 $y=x^2$ 上一点 $P(a,a^2)$ 作切线，问 a 为何值时，所作切线与抛物线 $y=-x^2+4x-1$ 所围图形的面积最小?

15. 一个密度为1，半径为 R 的球沉入水中，与水面相切，要从水中把球取出需做多少功.

16. 一个圆柱形的水池，高为5m，底圆半径为3m，池内盛满了水，试计算把池内的水全部吸出所做的功.

17. 边长为 a 和 b 的矩形薄板，与液面成 α 角斜沉于液体内，长边平行于液面而位于深 h 处，设 $a>b$，液体的比重为 γ，求薄片一面所受到的压力.

18. 设有一形状为矩形闸门直立于水中，已知水的密度为1000kg/m^3，闸门高3m，宽2m，水面超过门顶2m，计算这闸门一侧所受到的压力.

背景聚焦

穷尽法求圆的面积——积分学思想的起源

人类进入了农业社会后，因为丈量土地、建谷仓、筑宫室等的需要，求积的方法就日渐重要起来.

通常面积都是以某种正方形为单位的(如一平方米). 由此出发逐步可得一般正方形、矩形的面积和三角形的面积. 因多边形可分划成三角形之和，所以其面积也可求得. 除了这些图形之外，最简单、最吸引人、也最实用的就算是圆形了. 那么圆形的面积怎么求得? 由此我们触到了积分学的源头.

圆形的面积是多少? 圆周率乘半径的平方.

圆周率是什么? 圆周与直径之比.

比值是多少? 3.14，再精确点! 3.1416，再精确点!! 3.1415926…

圆周率通常以希腊字母 π 来表示. 大家都知道求圆面积就等于求圆周率. 那么圆周率到底是多少? 怎样求得它的近似值呢?

据史籍所载，四千年前的古巴比伦人用 $3\frac{1}{8}$ 作为圆周率，同时期的埃及人则用 $\left(\frac{16}{9}\right)^2$ 作为圆周率，而三千年前的中国人则用 3 作为圆周率. 其后有用 $\sqrt{10}$、3.14 等等来代表圆周率. 这些都是近似值，有的纯由经验求得，有的则佐以一些理论. 最值得称道的是公元前三世纪的希腊科学家阿基米德(Archimedes，公元前 287—公元前 212)算得圆周率介于 $3\frac{10}{71}$ 及 $3\frac{1}{7}$ 之间. 三国时(大约公元 260 年)的刘徽，则得其近似值为 3.14159. 他们的特色是提供一套能够计算圆周率值精确到任何位数的方法(至少理论上可行)——穷尽法.

阿基米德的方法是由圆内接正六边形出发，先计算其周长，作为圆周长的一个近似值，然后再由此周长计算内接正十二边形的周长，作为圆周长更正确的近似值. 如此边数逐次倍增，则所得周长虽仍然小于圆周长，但却越来越接近圆周长. 同时阿基米德又用外切正多边形的周长从外方逼近圆周长. 当内接及外切正多边形的边数为 96 时，阿基米德就得到他的圆周率估计值. 阿基米德的方法源自所谓的“穷尽法”.

刘徽则用正多边形的面积来逼近圆面积，当边数增加到 3072 时就得到它的近似值. 这种逼近方法原理虽然简单，但计算时要不断开平方，过程非常繁复. 南北朝的祖冲之(429—500)居然算到 16384 边，而得知圆周率介于 3.1415926 与 3.1415927 之间.

这种圆面积的算法虽然繁复，但其逼近的原理却发展成了积分学.

复习题5

[A]

1. 填空题

(1)设 k 为常数,且 $\int_0^1 (2x+k)\mathrm{d}x = 3$, 则 $k=$________.

(2)已知 $\Phi(x) = \int_1^x t\mathrm{d}t$,则 $\Phi(2) =$ ________.

(3) $\int_0^1 \frac{x^2}{1+x^2}\mathrm{d}x =$ ________.

(4) $\int_{-1}^1 \frac{x^2\sin^3 x}{1+\cos^4 x}\mathrm{d}x =$ ________.

(5)求极限 $\lim\limits_{x\to 0}\frac{\int_0^x \sin^2 t\mathrm{d}t}{x^3} =$ ________.

(6)已知 $\int_a^b f(x)\mathrm{d}x = 1$,则 $\int_a^b f(x)\mathrm{d}x - \int_b^a f(x)\mathrm{d}x =$ ________.

(7) 设 $f(x) = \begin{cases} 1 & x<0 \\ x & x\geqslant 0 \end{cases}$,则 $\int_{-1}^2 f(x)\mathrm{d}x =$ ________.

(8) $\int_0^{2\pi} |\sin x|\mathrm{d}x =$ ________.

(9) 若 $\int_0^{+\infty} \frac{k}{1+x^2}\mathrm{d}x = \frac{1}{2}$,且 k 为常数,则 $k =$ ________.

(10)函数 $y=3x^2$ 在区间[1,3]上的平均值为________.

2. 选择题

(1) $\frac{\mathrm{d}}{\mathrm{d}x}\int_a^b \arctan x\mathrm{d}x =$ (　　).

A. $\arctan x$; B. $\frac{1}{1+x^2}$; C. $\arctan b-\arctan a$; D. 0.

(2) 设 $\int f(x)\mathrm{d}x = x^3 + C$,则 $\int_0^2 f(x)\mathrm{d}x =$ (　　).

A. 2; B. 4; C. 6; D. 8.

(3)设 $f(x)$ 为连续函数,则 $\int_0^1 f'(2x)\mathrm{d}x$ 等于(　　).

A. $f(2)-f(0)$; B. $\frac{1}{2}[f(1)-f(0)]$; C. $\frac{1}{2}[f(2)-f(0)]$; D. $f(1)-f(0)$.

(4) $\int_1^{\mathrm{e}} \frac{\ln x}{x}\mathrm{d}x$ 等于(　　).

A. $\frac{1}{2}$; B. $\frac{\mathrm{e}^2}{2}-\frac{1}{2}$; C. $\frac{1}{2\mathrm{e}^2}-\frac{1}{2}$; D. -1

(5)已知 $f(x) = \int_0^x (t-1)(t-2)\mathrm{d}t$, $f'(0) =$ (　　).

A. 0；　B. 1；　C. -2　；D. 2.

(6)下列广义积分中不收敛的是(　　).

A. $\int_{1}^{+\infty}\frac{1}{\sqrt{x^{3}}}\mathrm{d}x$；　B. $\int_{2}^{+\infty}\frac{1}{x\ln^{2}x}\mathrm{d}x$；　C. $\int_{1}^{+\infty}\frac{1}{\sqrt[3]{x^{2}}}\mathrm{d}x$；　D. $\int_{1}^{+\infty}\frac{\arctan x}{1+x^{2}}\mathrm{d}x$.

3. 计算下列积分：

(1) $\int_{4}^{9}\sqrt{x}(1+\sqrt{x})\mathrm{d}x$；(2) $\int_{-1}^{0}\frac{3x^{4}+3x^{2}+1}{x^{2}+1}\mathrm{d}x$；

(3) $\int_{0}^{4}|1-x|\mathrm{d}x$；(4) $\int_{0}^{\ln 2}\sqrt{\mathrm{e}^{x}-1}\mathrm{d}x$；

(5) $\int_{-\infty}^{+\infty}\frac{1}{\mathrm{e}^{x}+\mathrm{e}^{-x}}\mathrm{d}x$；　(6) $\int_{0}^{\mathrm{e}-1}\ln(x+1)\mathrm{d}x$.

4. 如图 5-29 所示，求叶形抛物线 $y^{2}=\frac{x}{9}(3-x)^{2}$ 在 $0\leqslant x\leqslant 3$ 部分所围图形的面积.

5. 如图 5-30 所示，求抛物线 $y=3-x^{2}$ 与直线 $y=2x$ 所围图形的面积.

6. 如图 5-31 所示，求抛物线 $4x=(y-4)^{2}$ 与直线 $x=4$ 所围图形的面积.

7. 如图 5-32 所示，求由抛物线 $y=\frac{1}{10}x^{2}+1$，$y=\frac{1}{10}x^{2}$ 与直线 $y=10$ 所围图形绕 y 旋转而成的旋转体.

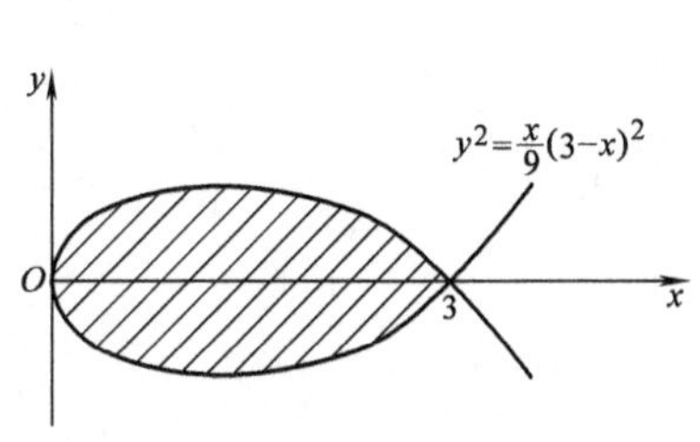
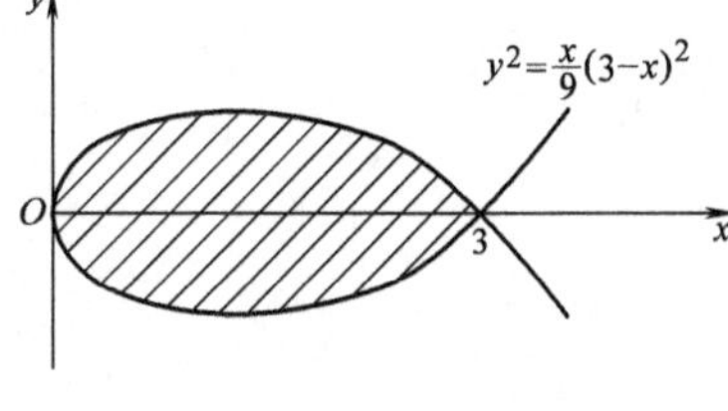

图　5-29

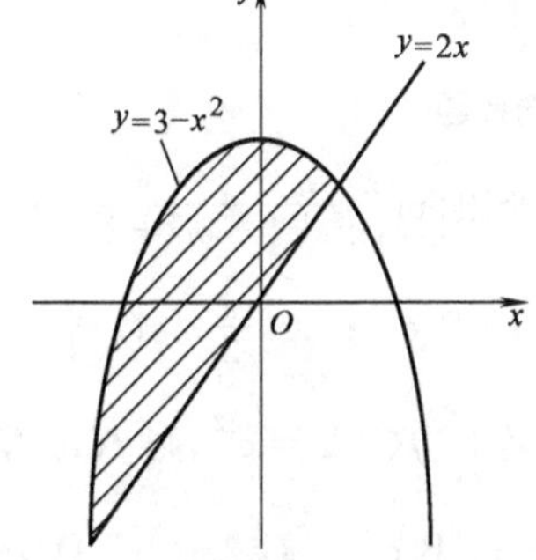

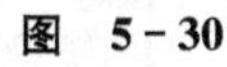

图　5-30

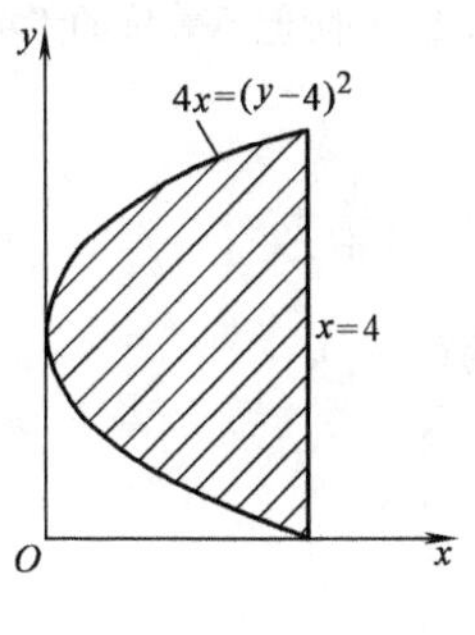

图　5-31

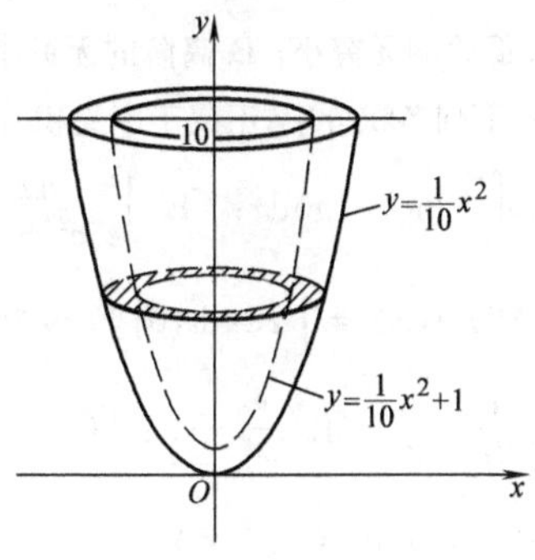

图　5-32

[B]

1. 填空题

(1) $\int_0^1 \frac{x^3}{1+x^2}\mathrm{d}x=$ ________.

(2)设 $f(x)$ 为连续函数,则 $\int_{-a}^{a} x^2[f(x)-f(-x)]\mathrm{d}x=$ ________.

(3)已知 $\int_0^x f(t^2)\mathrm{d}x=x^3$,则 $\int_0^1 f(x)\mathrm{d}x=$ ________.

(4) $\frac{\mathrm{d}}{\mathrm{d}x}\int_0^{\sin^2 x}\frac{1}{1+t}\mathrm{d}t=$ ________.

(5)已知 $f(0)=2, f(2)=3, f'(2)=4$,则 $\int_0^2 xf''(x)\mathrm{d}x=$ ________.

(6) $\int_{-3}^{4}\min(2,x)\mathrm{d}x=$ ________.

(7)广义积分 $\int_1^2 \frac{x}{\sqrt{x-1}}\mathrm{d}x=$ ________.

(8) $\int_0^{\frac{\pi^2}{4}}\cos\sqrt{x}\mathrm{d}x=$ ________.

2. 选择题

(1)极限 $\lim\limits_{n\to\infty}\left(\frac{n}{n^2+1^2}+\frac{n}{n^2+2^2}+\cdots+\frac{n}{n^2+n^2}\right)=$ (　　).

A. e;　B. e^{-1};　C. $\frac{\pi}{2}$;　D. $\frac{\pi}{4}$.

(2)若 $\int_0^{x^2} f(t)\mathrm{d}t=\mathrm{e}^{x^2}$,则 $f(x)$ 等于(　　).

A. e^x;　B. e^{x^2};　C. $2x\mathrm{e}^{x^2}$;　D. $x\mathrm{e}^{x-1}$.

(3)设 $f(x)=\int_0^{1-\cos x}\sin t^2\mathrm{d}t, g(x)=\frac{x^5}{5}-\frac{x^6}{6}$,则当 $x\to 0$ 时,$f(x)$ 是比 $g(x)$(　　).

A. 低阶的无穷小; B. 高阶的无穷小; C. 等价的无穷小; D. 同阶但不等价的无穷小.

(4)下列各积分中,不属于广义积分的是(　　).

A. $\int_0^{+\infty}\ln(1+x)\mathrm{d}x$;　B. $\int_2^4 \frac{\mathrm{d}x}{x^2-1}$;　C. $\int_{-1}^{1}\frac{\mathrm{d}x}{x^2}$;　D. $\int_{-3}^{0}\frac{\mathrm{d}x}{1+x}$.

(5) 设 $f(x)=\int_x^0 t\mathrm{e}^{-t}\mathrm{d}t$,则 $f(x)$ 在[1,2]上的最大值为(　　).

A. $\frac{1}{2\mathrm{e}}-\frac{1}{2}$;　B. $\frac{1}{2\mathrm{e}^4}-\frac{1}{2}$;　C. $\frac{2}{\mathrm{e}}-1$;　D. $\frac{1}{\mathrm{e}^4}-1$.

(6) $\int_0^a f(x)\mathrm{d}x=$ (　　).

A. $\int_0^{\frac{a}{2}}[f(x)+f(x-a)]\mathrm{d}x$;　B. $\int_0^{\frac{a}{2}}[f(x)+f(a-x)]\mathrm{d}x$;

C. $\int_0^{\frac{a}{2}}[f(x)-f(a-x)]\mathrm{d}x$；　D. $\int_0^{\frac{a}{2}}[f(x)-f(x-a)]\mathrm{d}x$.

3. 计算下列各题：

(1) $\int_{\frac{1}{e}}^{e}|\ln x|\,\mathrm{d}x$；　(2) $\int_0^2 x\sqrt{2x-x^2}\,\mathrm{d}x$；

(3) $\int_0^1 \frac{x^3}{\sqrt{4-x^2}}\mathrm{d}x$；　(4) $\int_1^{+\infty}\frac{1}{\mathrm{e}^{1+x}+\mathrm{e}^{3-x}}\mathrm{d}x$.

4. 设 $H(x)=\int_{\cos x}^{\sin x}\frac{\ln t}{t}\mathrm{d}t$，求 $H'(x)$.

5. 求 $\lim\limits_{x\to 0}\frac{\int_{\cos x}^{1}\mathrm{e}^{-t^2}\mathrm{d}t}{x^2}$.

6. 求 $f(x)=\int_0^x\frac{t+1}{t^2-2t+5}\mathrm{d}t$ 在$[0,1]$上的最大值和最小值.

7. 设 $f(x)$在$(-\delta,\delta)$内连续，在 $x=0$ 可导，且 $f(0)=0$ $(\delta>0)$，求 $\lim\limits_{x\to 0}\frac{\int_0^2 f(x^2t)\mathrm{d}t}{x^2}$.

8. 已知 $\int_0^{+\infty}\frac{\sin x}{x}\mathrm{d}x=\frac{\pi}{2}$，求$\int_0^{+\infty}\frac{\sin^2 x}{x^2}\mathrm{d}x$.

9. 已知 $\lim\limits_{x\to\infty}\left(\frac{x-a}{x+a}\right)^x=\int_a^{+\infty}4x^2\mathrm{e}^{-2x}\mathrm{d}x$，求常数 a 的值.

10. 设函数 $f(x)=\begin{cases}\sqrt{x+1} & |x|\leqslant 1\\ \frac{1}{1+x^2} & 1<|x|\leqslant\sqrt{3}\end{cases}$，计算 $\int_{-\sqrt{3}}^{\sqrt{3}}f(x)\mathrm{d}x$.

11. 如图 5 - 33 所示，在高 10m，底半径为 4m 的倒圆锥形容器存放着水，水面离容器上口 2m，问需要做多少功才能将容器中的水全部从顶部抽出？

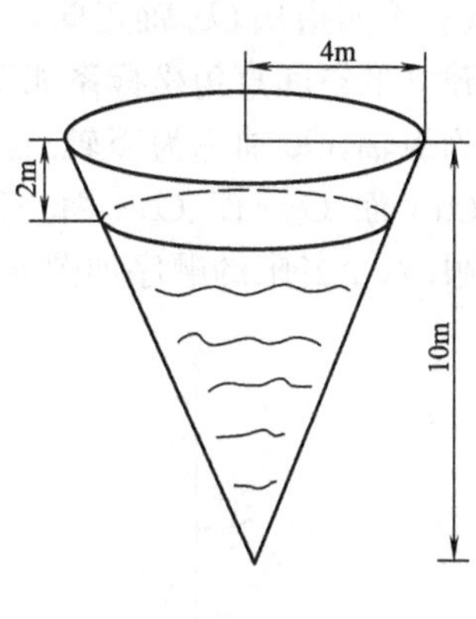

图　5 - 33

课 外 学 习 5

1. 在线学习

网上课堂：(1)麻省理工学院——微积分重点(网页链接及二维码见对应配套电子课件)

(2)可汗学院——微积分(网页链接及二维码见对应配套电子课件)

2. 阅读与写作

(1)阅读本章“背景聚焦：穷尽法求圆的面积——积分学思想的起源”.

(2)结合学校课堂和网上课堂学习，撰写两种方式学习体会和微积分知识总结.

第 6 章　向量代数与空间解析几何

平面解析几何是在平面坐标系的基础上，用代数的方法研究平面图形. 类似地，空间解析几何是在空间坐标系的基础上，用代数的方法研究空间图形.

6.1　空间直角坐标系

1. 空间直角坐标系的建立

自空间某点 O 引三条互相垂直的数轴 Ox，Oy，Oz，各轴的正向符合右手规则（右手四指从 Ox 轴正向，转 $90°$ 到 Oy 轴正向，握紧后拇指的指向为 Oz 轴正向），建立的空间直角坐标系如图 6－1 所示. 点 O 称为原点，Ox 轴称为横轴，Oy 轴称为纵轴，Oz 轴称为竖轴. 由两条坐标轴确定的平面称为坐标面，坐标面有三个：Oxy 面、Oyz 面、Oxz 面. 三个坐标面将空间分为八个部分，每一部分称为一个卦限. 八个卦限的顺序如图 6－2 所示.

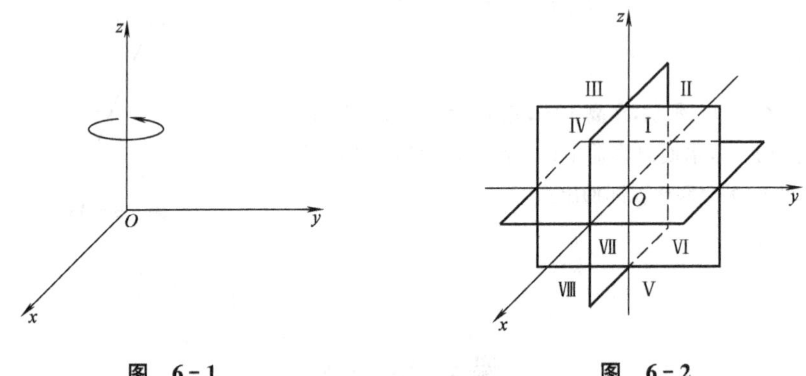

图　6－1　　　　图　6－2

建立空间直角坐标系后，空间内的点就可以用坐标来表示，设 M 为空间任意点，过 M 作垂直于三个坐标轴的平面，分别交坐标轴于 A，B，C 三点，如图 6－3 所示，它们在数轴上的坐标分别为 x，y，z，则称 (x,y,z) 为点 M 的直角坐标.

特殊地，原点的坐标为 $O(0,0,0)$；坐标轴 x 轴上点的坐标 $A(x,0,0)$，y 轴上点的坐标 $B(0,y,0)$，z 轴上点的坐标 $C(0,0,z)$；坐标面 Oxy 面上点 $P(x,y,0)$，Oyz 面上点 $Q(0,y,z)$，Oxz 面上点 $R(x,0,z)$.

点在各卦限时，坐标的符号如表 6－1 所示.

表　6-1

卦　限	Ⅰ	Ⅱ	Ⅲ	Ⅳ	Ⅴ	Ⅵ	Ⅶ	Ⅷ
x	+	−	−	+	+	−	−	+
y	+	+	−	−	+	+	−	−
z	+	+	+	+	−	−	−	−

例 6-1　指出点 $A(1,-1,-3)$，$B(1,2,-5)$，$C(-1,2,1)$所在的卦限.

解　点 $A(1,-1,-3)$位于第Ⅷ卦限；点 $B(1,2,-5)$位于第Ⅴ卦限，点 $C(-1,2,1)$位于第Ⅱ卦限.

例 6-2　在空间直角坐标系中画出点 $A(1,-2,2)$.

解　先在 Oxy 面上画出横坐标为 1，纵坐标为−2 的点 P，即 $P(1,-2,0)$，由 P 点垂直向上引垂线，其上截取 2 个单位，所得点即为 $A(1,-2,2)$，如图 6-4 所示.

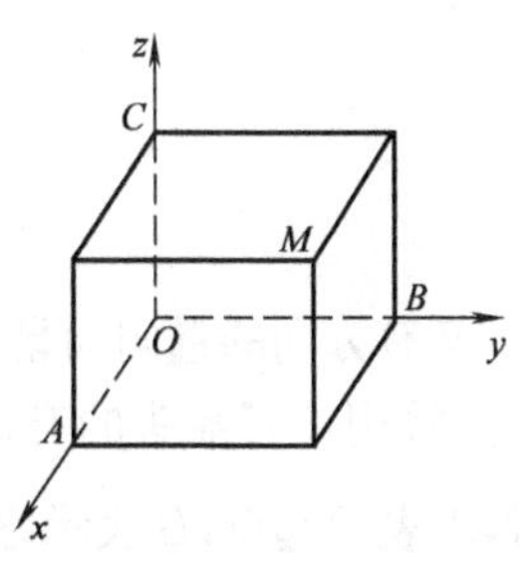

图　6-3

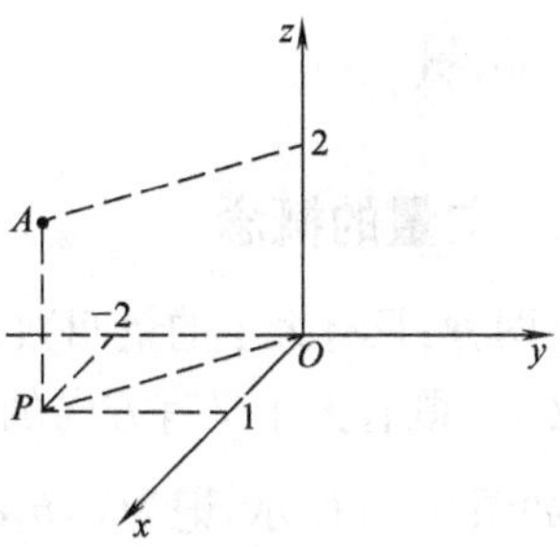

图　6-4

2. 空间两点间的距离

若 $M_1(x_1,y_1,z_1)$，$M_2(x_2,y_2,z_2)$为空间两点，则由图 6-5 可以看出这两点的距离公式为

$$\boxed{|M_1M_2|=\sqrt{(x_2-x_1)^2+(y_2-y_1)^2+(z_2-z_1)^2}} \tag{6-1}$$

例 6-3　求两点 $A(2,1,0)$，$B(3,3,4)$的距离$|AB|$.

解　根据两点间距离公式，得

$$|AB|=\sqrt{(3-2)^2+(3-1)^2+(4-0)^2}$$
$$=\sqrt{1+4+16}=\sqrt{21}$$

例 6-4　在 x 轴上求与两点 $P_1(4,1,7)$和 $P_2(3,5,2)$等距离的点.

解　因为所求点在 x 轴上，故可设该点坐标为 $M(x,0,0)$.

依题意有　　$|MP_1|=|MP_2|$

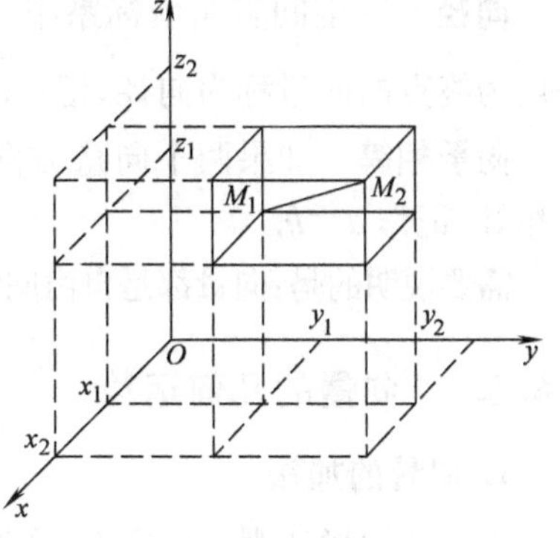

图　6-5

即 $\sqrt{(x-4)^2+(0-1)^2+(0-7)^2}=\sqrt{(x-3)^2+(0-5)^2+(0-2)^2}$

解得
$$x=14$$
故所求点为(14,0,0).

习　题　6-1

1. 在空间直角坐标系中,指出下列各点位置:$A(-1,2,-3)$;$B(0,1,0)$;$C(0,7,2)$.
2. 求点 $P(4,-2,-1)$关于各坐标面、坐标轴及原点的对称点的坐标.
3. 在 z 轴上求与两点 $A(-2,1,2)$和 $B(1,0,0)$等距离的点.
4. 求点 $M(-2,4,-\sqrt{5})$与原点及各坐标轴间的距离.
5. 判断以点 $A(2,3,4)$,$B(3,4,2)$,$C(4,2,3)$为顶点的三角形的形状.
6. 在 Oxy 坐标面上求一点 M,使它到点 $A(1,-1,5)$,$B(3,4,4)$及 $C(4,6,1)$的距离相等.

6.2 向量

6.2.1 向量的概念

量有两种:只有大小的量叫数量或标量;既有大小又有方向的量叫向量或矢量.

定义 1 既有大小又有方向的量称为**向量**. 几何上常用带有箭头的有向线段表示向量,如图 6-6 所示,记为 $\boldsymbol{a},\boldsymbol{b},\boldsymbol{c}$ 或$\overrightarrow{AB}$. 记为$\overrightarrow{AB}$时,A 表示起点,B 表示终点.

向量的大小,称为向量的**模**,记作$|\boldsymbol{a}|$或$|\overrightarrow{AB}|$.

零向量 模为 0 的向量称为零向量,记作 $\mathbf{0}$. 零向量的方向是任意的.

单位向量 模为 1 的向量称为单位向量.

负向量 与向量 $\boldsymbol{a}$ 的模相等,但方向相反的向量称为 $\boldsymbol{a}$ 的负向量,记作$-\boldsymbol{a}$.

向径 在空间直角坐标系中,以原点为起点,空间任一点为终点的向量称为向径,记作$\overrightarrow{OM}$或 $\boldsymbol{r}$.

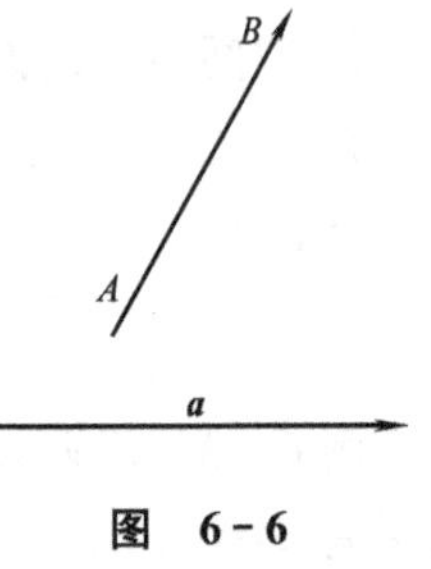

图 6-6

向量相等 如果两个向量方向相同(无论起点在哪),大小相等,则称两个向量相等,记作 $\boldsymbol{a}=\boldsymbol{b}$.

需要说明的是:向量都是自由向量,可以任意平移,不必关心向量的起点在哪里.

6.2.2 向量的几何运算

1. 向量的加法

平行四边形法则 如图 6-7 所示,将两个不平行的向量 $\boldsymbol{a}$ 和 $\boldsymbol{b}$ 平移,使它们的起点重合,则以向量 $\boldsymbol{a}$ 和 $\boldsymbol{b}$ 为邻边的平行四边形的对角线即为 $\boldsymbol{a}+\boldsymbol{b}$,这种方法

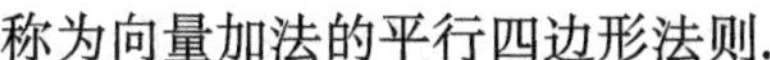

称为向量加法的平行四边形法则.

三角形法则：如图 6－8 所示，将向量 $\boldsymbol{a}$ 和 $\boldsymbol{b}$ 首尾相接，以 $\boldsymbol{a}$ 的起点为起点，以 $\boldsymbol{b}$ 的终点为终点的向量即为 $\boldsymbol{a}+\boldsymbol{b}$，这种方法称为向量加法的三角形法则.

图　6－7　　　　图　6－8

推广：利用三角形法则可求多个向量的和，如图 6－9 所示，具体做法是将它们平行移动，使其首尾相接，则以第一个向量的起点为起点，以最后一个向量的终点为终点的向量即为它们的和.

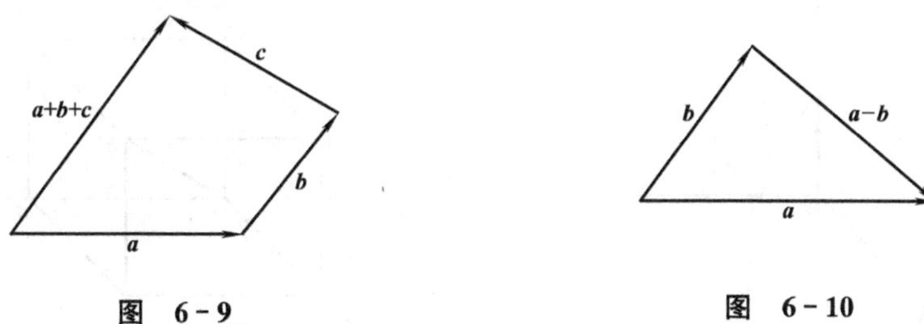

图　6－9　　　　图　6－10

向量加法满足的运算律：

交换律：$\boldsymbol{a}+\boldsymbol{b}=\boldsymbol{b}+\boldsymbol{a}$；

结合律：$\boldsymbol{a}+\boldsymbol{b}+\boldsymbol{c}=(\boldsymbol{a}+\boldsymbol{b})+\boldsymbol{c}=\boldsymbol{a}+(\boldsymbol{b}+\boldsymbol{c})$.

2. 向量的减法

如图 6－10 所示，因为 $\boldsymbol{a}-\boldsymbol{b}=\boldsymbol{a}+(-\boldsymbol{b})$，故以 $\boldsymbol{a}$ 及 $-\boldsymbol{b}$ 为邻边作平行四边形，则对角线向量就是 $\boldsymbol{a}-\boldsymbol{b}$.

3. 数与向量的乘法

设 λ 为一实数，λ 与向量 $\boldsymbol{a}$ 的积 $\lambda\boldsymbol{a}$ 仍为一向量，且 $\lambda\boldsymbol{a}$ 的模是向量 $\boldsymbol{a}$ 的模的 λ 倍. 当 $\lambda>0$（或 $\lambda<0$）时，$\lambda\boldsymbol{a}$ 的方向与 $\boldsymbol{a}$ 方向相同（或相反）. 当 $\lambda=0$ 时，$\lambda\boldsymbol{a}$ 是零向量.

6.2.3　向量的坐标表示及运算

1. 向量的坐标表示

在空间直角坐标系中，称与 x 轴、y 轴、z 轴正方向相同的单位向量为**基本单位向量**，用 $\boldsymbol{i},\boldsymbol{j},\boldsymbol{k}$ 表示，如图 6－11 所示.

对于空间直角坐标系中任一向量 $\boldsymbol{a}$，将其始点移到坐标原点 O，设其终点为

M，则 $\boldsymbol{a}=\overrightarrow{OM}$. 过 M 点做三个平面分别垂直于三个坐标轴且与坐标轴交于点 A，B，C，则称 OA，OB，OC 分别为向量$\overrightarrow{OM}$在三个坐标轴上的投影，如图 6-12 所示，分别记作 a_x，a_y，a_z，则

$$\overrightarrow{OA}=a_x\boldsymbol{i},\quad \overrightarrow{OB}=a_y\boldsymbol{j},\quad \overrightarrow{OC}=a_z\boldsymbol{k}$$

由图 6-12 可以看出

$$\overrightarrow{OM}=\overrightarrow{OA}+\overrightarrow{OB}+\overrightarrow{OC}$$

即

$$\boxed{\boldsymbol{a}=a_x\boldsymbol{i}+a_y\boldsymbol{j}+a_z\boldsymbol{k}} \tag{6-2}$$

式 6-2 称为向量 $\boldsymbol{a}$ 的坐标表达式. 为了方便，也记为

$$\boxed{\boldsymbol{a}=\{a_x,a_y,a_z\}} \tag{6-3}$$

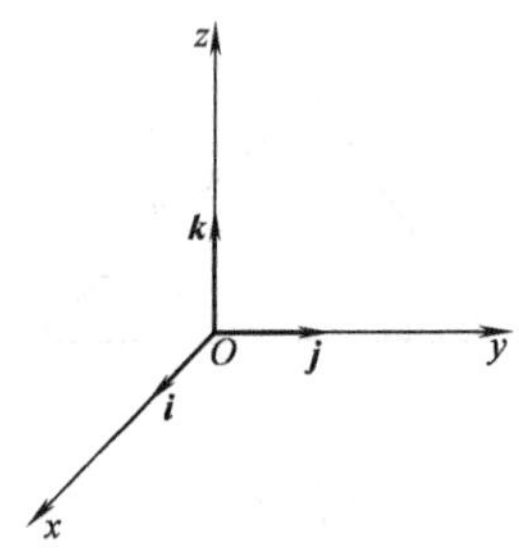

图 6-11

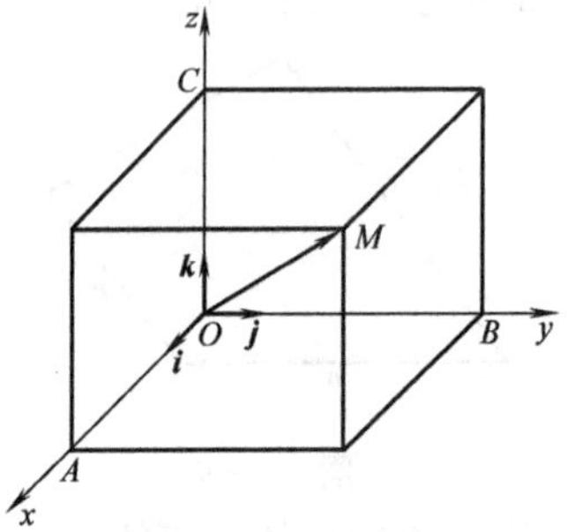

图 6-12

2. 用坐标表示向量的加、减及数乘的运算

设 $\boldsymbol{a}=a_x\boldsymbol{i}+a_y\boldsymbol{j}+a_z\boldsymbol{k}$，$\boldsymbol{b}=b_x\boldsymbol{i}+b_y\boldsymbol{j}+b_z\boldsymbol{k}$，$\lambda$ 为任一数，则

$$\boxed{\boldsymbol{a}\pm\boldsymbol{b}=(a_x\pm b_x)\boldsymbol{i}+(a_y\pm b_y)\boldsymbol{j}+(a_z\pm b_z)\boldsymbol{k}} \tag{6-4}$$

$$\boxed{\lambda\boldsymbol{a}=\lambda a_x\boldsymbol{i}+\lambda a_y\boldsymbol{j}+\lambda a_z\boldsymbol{k}} \tag{6-5}$$

如图 6-13 所示，对于空间内任意两点 $P_1(x_1,y_1,z_1)$，$P_2(x_2,y_2,z_2)$，则向量 $\overrightarrow{P_1P_2}=\overrightarrow{OP_2}-\overrightarrow{OP_1}$，即

$$\boxed{\overrightarrow{P_1P_2}=(x_2-x_1)\boldsymbol{i}+(y_2-y_1)\boldsymbol{j}+(z_2-z_1)\boldsymbol{k}} \tag{6-6}$$

3. 用坐标表示向量的模和方向

设向量 $\boldsymbol{a}=a_x\boldsymbol{i}+a_y\boldsymbol{j}+a_z\boldsymbol{k}$，则向量 a 的模为

$$\boxed{|\boldsymbol{a}|=\sqrt{a_x^{\ 2}+a_y^{\ 2}+a_z^{\ 2}}} \tag{6-7}$$

称向量 $\boldsymbol{a}$ 与 x 轴、y 轴、z 轴正向的夹角 α，β，γ 为向量的**方向角**，并规定方向角的范围为 $0\leqslant\alpha\leqslant\pi$，$0\leqslant\beta\leqslant\pi$，$0\leqslant\gamma\leqslant\pi$，同时称 $\cos\alpha$，$\cos\beta$，$\cos\gamma$ 为向量 $\boldsymbol{a}$ 的方向余弦. 如图 6-14 所示，由图可得，

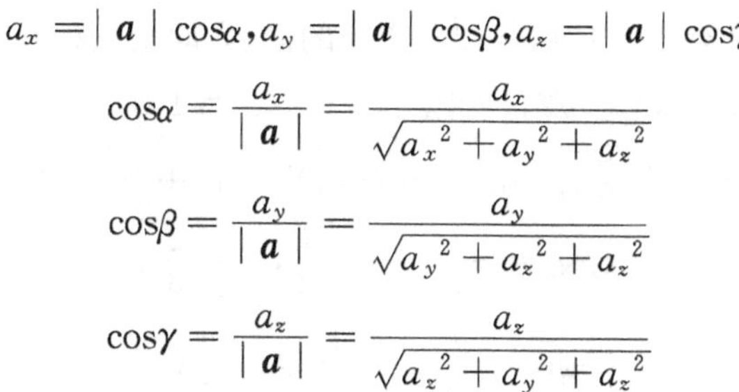

$$a_x = |\,\boldsymbol{a}\,|\cos\alpha, a_y = |\,\boldsymbol{a}\,|\cos\beta, a_z = |\,\boldsymbol{a}\,|\cos\gamma$$

$$\cos\alpha = \frac{a_x}{|\,\boldsymbol{a}\,|} = \frac{a_x}{\sqrt{a_x{}^2 + a_y{}^2 + a_z{}^2}}$$

$$\cos\beta = \frac{a_y}{|\,\boldsymbol{a}\,|} = \frac{a_y}{\sqrt{a_y{}^2 + a_z{}^2 + a_z{}^2}}$$

$$\cos\gamma = \frac{a_z}{|\,\boldsymbol{a}\,|} = \frac{a_z}{\sqrt{a_z{}^2 + a_y{}^2 + a_z{}^2}}$$

容易验证 $\cos^2\alpha + \cos^2\beta + \cos^2\gamma = 1$.

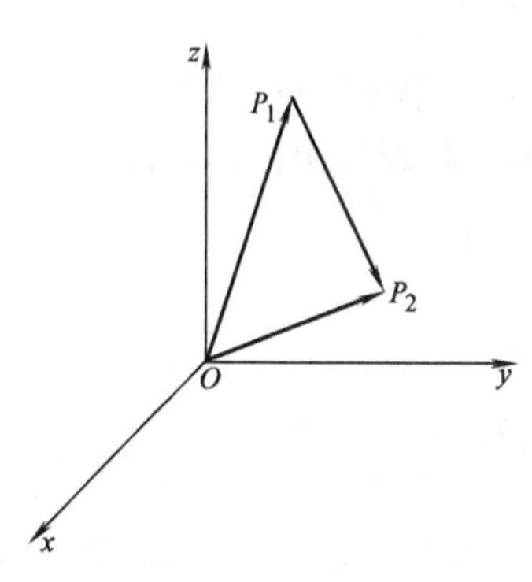

图 6-13

图 6-14

4. 单位向量的坐标表示

把与 $\boldsymbol{a}$ 同向且模为 1 的向量称为 $\boldsymbol{a}$ 的单位向量,记为 $\boldsymbol{e}_a$.

因为,$\boldsymbol{a} = |\boldsymbol{a}|\boldsymbol{e}_a$ 所以 $\boldsymbol{e}_a = \dfrac{\boldsymbol{a}}{|\boldsymbol{a}|}$.

例 6-5 设向量 $\boldsymbol{a}$ 与向量 $\boldsymbol{b}$ 平行,证明:它们的坐标分别对应成比例.

证 设 $\boldsymbol{a} = a_x\boldsymbol{i} + a_y\boldsymbol{j} + a_z\boldsymbol{k}$,$\boldsymbol{b} = b_x\boldsymbol{i} + b_y\boldsymbol{j} + b_z\boldsymbol{k}$,因为 $\boldsymbol{a} /\!/ \boldsymbol{b}$,所以,存在常数 λ,使 $\boldsymbol{a} = \lambda\boldsymbol{b}$,即

$$\{a_x, a_y, a_z\} = \{\lambda b_x, \lambda b_y, \lambda b_z\}$$

从而有

$$a_x = \lambda b_x,\ a_y = \lambda b_y,\ a_z = \lambda b_z$$

所以

$$\boxed{\frac{a_x}{b_x} = \frac{a_y}{b_y} = \frac{a_z}{b_z} = \lambda} \tag{6-8}$$

例 6-6 已知 $\boldsymbol{a} = \{1, -1, 0\}$,$\boldsymbol{b} = \{1, 2, -1\}$,求 $2\boldsymbol{a} - 3\boldsymbol{b}$ 及 $\boldsymbol{e}_a$.

解 因为 $2\boldsymbol{a} = \{2, -2, 0\}$,$3\boldsymbol{b} = \{3, 6, -3\}$,所以

$$2\boldsymbol{a} - 3\boldsymbol{b} = \{2 - 3, -2 - 6, 0 - (-3)\} = \{-1, -8, 3\}$$

$$|\,\boldsymbol{a}\,| = \sqrt{1^2 + (-1)^2 + 0^2} = \sqrt{2}$$

从而

$$\boldsymbol{e}_a = \frac{\boldsymbol{a}}{|\,\boldsymbol{a}\,|} = \left\{\frac{1}{\sqrt{2}}, -\frac{1}{\sqrt{2}}, 0\right\}$$

例 6-7 已知 $\boldsymbol{a}=\{-1,1,-\sqrt{2}\}$，求 $\boldsymbol{a}$ 的模、方向余弦和方向角.

解 由于 $\boldsymbol{a}=\{-1,1,-\sqrt{2}\}$，所以 $a_x=-1,a_y=1,a_z=-\sqrt{2}$.

$$|\boldsymbol{a}|=\sqrt{a_x^2+a_y^2+a_z^2}=\sqrt{(-1)^2+1^2+(-\sqrt{2})^2}=2$$

$$\cos\alpha=\frac{a_x}{|\boldsymbol{a}|}=-\frac{1}{2},\alpha=\frac{2}{3}\pi$$

$$\cos\beta=\frac{a_y}{|\boldsymbol{a}|}=\frac{1}{2},\beta=\frac{1}{3}\pi$$

$$\cos\gamma=\frac{a_z}{|\boldsymbol{a}|}=-\frac{\sqrt{2}}{2},\gamma=\frac{3}{4}\pi$$

例 6-8 设向量 $\boldsymbol{a}=\{2,-1,2\}$ 与 $\boldsymbol{b}$ 平行且 $\boldsymbol{b}$ 为单位向量，求 $\boldsymbol{b}$.

解 由于 $\boldsymbol{a}/\!/\boldsymbol{b},\boldsymbol{a}=\{2,-1,2\}$，故设 $\boldsymbol{b}=\{2k,-k,2k\}$. 由已知条件得

$$\sqrt{4k^2+k^2+4k^2}=1$$

解得

$$k=\pm\frac{1}{3}$$

则

$$\boldsymbol{b}=\pm\frac{1}{3}\{2,-1,2\}$$

数学正式成为系统性的科学始于古希腊的欧几里得，他的《几何原本》是不朽名作. 明末利玛窦和徐光启把它译成中文，并指出"十三卷中五百余题，一脉贯通，卷与卷，题与题相结倚，一先不可后，一后不可先，累累交承，渐次积累，终竟乃发奥微之义."复杂深奥的定理都可以由少数简明的公理推导，至此真与美得到确定的意义，水乳交融，再难分开.

丘成桐

6.2.4 向量的数量积

前面介绍了向量的有关概念、运算及坐标表示，下面将介绍向量乘向量的计算方法及其运算性质.

1. 数量积的概念

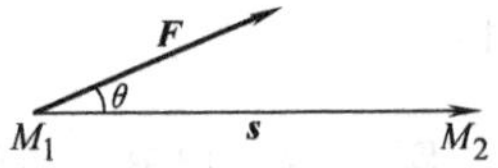

设一物体在常力 $\boldsymbol{F}$ 的作用下，从点 M_1 移动到点 M_2，若用 $\boldsymbol{s}$ 表示位移，$\boldsymbol{F}$ 与 $\boldsymbol{s}$ 的夹角为 θ（如图 6-15 所示），那么力 $\boldsymbol{F}$ 所做的功为

F
θ
M_1 s M_2

图 6-15

$$W=|\boldsymbol{F}||\boldsymbol{s}|\cos\theta$$

由这种向量的运算引出了向量的数量积的概念.

定义 2 向量 $\boldsymbol{a}$ 与向量 $\boldsymbol{b}$ 的模与它们夹角的余弦的乘积称为向量 $\boldsymbol{a}$ 与向量 $\boldsymbol{b}$

的数量积(或点积),记作 $\boldsymbol{a}\cdot\boldsymbol{b}$,即

$$\boxed{\boldsymbol{a}\cdot\boldsymbol{b}=|\boldsymbol{a}||\boldsymbol{b}|\cos\theta} \tag{6-9}$$

其中 θ 为向量 $\boldsymbol{a}$ 与向量 $\boldsymbol{b}$ 的夹角.

2. 数量积的性质

交换律：$\boldsymbol{a}\cdot\boldsymbol{b}=\boldsymbol{b}\cdot\boldsymbol{a}$

数乘结合律：$(\lambda\boldsymbol{a})\cdot\boldsymbol{b}=\lambda(\boldsymbol{a}\cdot\boldsymbol{b})=\boldsymbol{a}\cdot(\lambda\boldsymbol{b})$

分配律：$\boldsymbol{a}\cdot(\boldsymbol{b}+\boldsymbol{c})=\boldsymbol{a}\cdot\boldsymbol{b}+\boldsymbol{a}\cdot\boldsymbol{c}$

由定义可知:(1)$a\cdot a=|\boldsymbol{a}|^2$;(2)$\boldsymbol{a}\perp\boldsymbol{b}\Leftrightarrow\boldsymbol{a}\cdot\boldsymbol{b}=0$.

3. 数量积的坐标表示式

设向量 $\boldsymbol{a}=\{a_x,a_y,a_z\}$,$\boldsymbol{b}=\{b_x,b_y,b_z\}$,由数量积的性质可以推出(推导过程见本章 6.5 节提示与提高 5)数量积的坐标表示式为

$$\boxed{\boldsymbol{a}\cdot\boldsymbol{b}=a_xb_x+a_yb_y+a_zb_z} \tag{6-10}$$

又因为 $\boldsymbol{a}\cdot\boldsymbol{b}=|\boldsymbol{a}||\boldsymbol{b}|\cos\theta$,所以可得两向量的夹角的余弦公式为

$$\boxed{\cos\theta=\frac{\boldsymbol{a}\cdot\boldsymbol{b}}{|\boldsymbol{a}||\boldsymbol{b}|}=\frac{a_xb_x+a_yb_y+a_zb_z}{\sqrt{a_x^2+a_y^2+a_z^2}\sqrt{b_x^2+b_y^2+b_z^2}}} \tag{6-11}$$

因两向量垂直时 $\boldsymbol{a}\cdot\boldsymbol{b}=0$,所以可得两向量垂直的充要条件是

$$\boxed{\boldsymbol{a}\perp\boldsymbol{b}\Leftrightarrow a_xb_x+a_yb_y+a_zb_z=0} \tag{6-12}$$

例 6-9　已知向量 $\boldsymbol{a}=\{1,0,-2\}$,$\boldsymbol{b}=\{-3,\sqrt{10},1\}$,求 $\boldsymbol{a}\cdot\boldsymbol{b}$ 及 $\boldsymbol{a}$ 与 $\boldsymbol{b}$ 的夹角 θ.

解　　因为 $\boldsymbol{a}\cdot\boldsymbol{b}=1\times(-3)+0\times\sqrt{10}-2\times1=-5$

又因为

$$|\boldsymbol{a}|=\sqrt{1^2+0^2+(-2)^2}=\sqrt{5},\ |\boldsymbol{b}|=\sqrt{(-3)^2+(\sqrt{10})^2+1^2}=2\sqrt{5}$$

从而

$$\cos\theta=\frac{\boldsymbol{a}\cdot\boldsymbol{b}}{|\boldsymbol{a}||\boldsymbol{b}|}=\frac{-5}{\sqrt{5}\times2\sqrt{5}}=-\frac{1}{2}$$

由于 $0\leqslant\theta\leqslant\pi$,所以,$\theta=\frac{2}{3}\pi$.

例 6-10　证明:向量 $\boldsymbol{a}=2\boldsymbol{i}-\boldsymbol{j}+\boldsymbol{k}$ 与向量 $\boldsymbol{b}=4\boldsymbol{i}+9\boldsymbol{j}+\boldsymbol{k}$ 互相垂直.

证　因为 $\boldsymbol{a}\cdot\boldsymbol{b}=2\times4+(-1)\times9+1\times1=0$,所以 $\boldsymbol{a}\perp\boldsymbol{b}$.

6.2.5　向量的向量积

1. 向量积的概念

设 O 为杠杆 L 的支点,当力 $\boldsymbol{F}$ 作用于杠杆的 P 点处,力 $\boldsymbol{F}$ 与 $\overrightarrow{OP}$ 的夹角为 θ

(如图 6－16 所示)，力 $\boldsymbol{F}$ 对支点 O 的力矩 $\boldsymbol{M}$ 为一个向量，$\boldsymbol{M}$ 的大小为

$$|\boldsymbol{M}|=|\boldsymbol{F}||\overrightarrow{OP}|\sin\theta$$

$\boldsymbol{M}$ 的方向垂直于 $\overrightarrow{OP}$ 与 $\boldsymbol{F}$ 所构成的平面，与向量 $\overrightarrow{OP}$，$\boldsymbol{F}$ 符合右手规则.

由力矩的概念引出向量的向量积的概念.

定义 3 设 $\boldsymbol{a},\boldsymbol{b}$ 是两个向量，其**向量积**也是一个向量，记作 $\boldsymbol{a}\times\boldsymbol{b}$，它的模为

$$\boxed{|\boldsymbol{a}\times\boldsymbol{b}|=|\boldsymbol{a}||\boldsymbol{b}|\sin\theta} \quad (0\leqslant\theta\leqslant\pi) \tag{6-13}$$

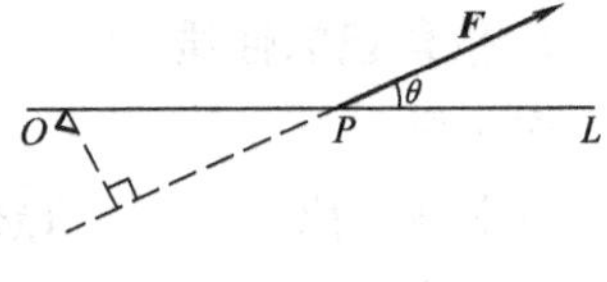

图 6－16

其中 θ 为向量 $\boldsymbol{a}$ 与向量 $\boldsymbol{b}$ 的夹角.

它的方向为：$\boldsymbol{a}\times\boldsymbol{b}$ 同时垂直于 $\boldsymbol{a}$ 与 $\boldsymbol{b}$，且与 $\boldsymbol{a},\boldsymbol{b}$ 符合右手规则，如图 6－17 所示. 向量的“向量积”是一个向量，而不是数. 向量积的模是个数，它的几何意义是以 $\boldsymbol{a},\boldsymbol{b}$ 为邻边的平行四边形的面积(如图 6－18 所示).

图 6－17　　　　图 6－18

2. 向量积的性质

(1) $\boldsymbol{a}\times\boldsymbol{a}=\boldsymbol{0}$

(2) $\boldsymbol{a}\times\boldsymbol{0}=\boldsymbol{0}$ (其中 $\boldsymbol{0}$ 为零向量)

(3) $\boldsymbol{a}\times\boldsymbol{b}=-\boldsymbol{b}\times\boldsymbol{a}$ (即向量的向量积不满足交换律)

(4)向量的向量积满足分配律，但向量因子的次序不能交换. 即

$$(\boldsymbol{a}+\boldsymbol{b})\times\boldsymbol{c}=\boldsymbol{a}\times\boldsymbol{c}+\boldsymbol{b}\times\boldsymbol{c}$$

由定义可知

$$\boldsymbol{a}/\!/\boldsymbol{b}\Leftrightarrow\boldsymbol{a}\times\boldsymbol{b}=\boldsymbol{0}$$

3. 向量积的坐标表示

设 $\boldsymbol{a}=\{a_x,a_y,a_z\}$，$\boldsymbol{b}=\{b_x,b_y,b_z\}$，由向量积的性质可推出(推导过程见本章 6.5 节提示与提高 5)向量积的坐标表示式为

$$\boxed{\boldsymbol{a}\times\boldsymbol{b}=(a_yb_z-a_zb_y)\boldsymbol{i}+(a_zb_x-a_xb_z)\boldsymbol{j}+(a_xb_y-a_yb_x)\boldsymbol{k}} \tag{6-14}$$

为便于记忆，可写为

$$\boldsymbol{a}\times\boldsymbol{b}=\begin{vmatrix}\boldsymbol{i} & \boldsymbol{j} & \boldsymbol{k}\\ a_x & a_y & a_z\\ b_x & b_y & b_z\end{vmatrix}=\begin{vmatrix}a_y & a_z\\ b_y & b_z\end{vmatrix}\boldsymbol{i}-\begin{vmatrix}a_x & a_z\\ b_x & b_z\end{vmatrix}\boldsymbol{j}+\begin{vmatrix}a_x & a_y\\ b_x & b_y\end{vmatrix}\boldsymbol{k}$$

因两向量平行时 $\boldsymbol{a}\times\boldsymbol{b}=\boldsymbol{0}$,所以可得两向量平行的充要条件是

$$\boxed{\boldsymbol{a}\,/\!/\,\boldsymbol{b}\Leftrightarrow\frac{a_x}{b_x}=\frac{a_y}{b_y}=\frac{a_z}{b_z}}\qquad(6-15)$$

例 6-11　求垂直于向量 $\boldsymbol{a}=\{2,2,1\}$,$\boldsymbol{b}=\{4,5,3\}$的单位向量.

解　由向量积的定义可知,向量 $\boldsymbol{a}\times\boldsymbol{b}$ 垂直于向量 $\boldsymbol{a}$,$\boldsymbol{b}$.

因为 $\boldsymbol{a}\times\boldsymbol{b}=\begin{vmatrix}\boldsymbol{i}&\boldsymbol{j}&\boldsymbol{k}\\2&2&1\\4&5&3\end{vmatrix}=\begin{vmatrix}2&1\\5&3\end{vmatrix}\boldsymbol{i}-\begin{vmatrix}2&1\\4&3\end{vmatrix}\boldsymbol{j}+\begin{vmatrix}2&2\\4&5\end{vmatrix}\boldsymbol{k}=\boldsymbol{i}-2\boldsymbol{j}+2\boldsymbol{k}$

$$|a\times b|=\sqrt{1^2+(-2)^2+2^2}=3$$

所以

$$\boldsymbol{e}_{a\times b}=\pm\frac{\boldsymbol{a}\times\boldsymbol{b}}{|\boldsymbol{a}\times\boldsymbol{b}|}=\pm\frac{1}{3}(\boldsymbol{i}-2\boldsymbol{j}+2\boldsymbol{k})$$

即垂直于向量 $\boldsymbol{a}$,$\boldsymbol{b}$ 的单位向量为$\pm\frac{1}{3}(\boldsymbol{i}-2\boldsymbol{j}+2\boldsymbol{k})$.

例 6-12　求以 $A(1,2,-1)$, $B(-2,3,1)$, $C(1,1,-1)$为顶点的三角形的面积.

解　因为$\overrightarrow{AB}=\{-3,1,2\}$,$\overrightarrow{AC}=\{0,-1,0\}$,

又

$$\overrightarrow{AB}\times\overrightarrow{AC}=\begin{vmatrix}\boldsymbol{i}&\boldsymbol{j}&\boldsymbol{k}\\-3&1&2\\0&-1&0\end{vmatrix}=2\boldsymbol{i}+3\boldsymbol{k}$$

所以

$$S_{\Delta ABC}=\frac{1}{2}|\overrightarrow{AB}\times\overrightarrow{AC}|=\frac{1}{2}\sqrt{2^2+3^2}=\frac{\sqrt{13}}{2}$$

例 6-13　设向量 $\boldsymbol{a}=6\boldsymbol{i}+3\boldsymbol{j}+2\boldsymbol{k}$,若向量 $\boldsymbol{b}$ 与 $\boldsymbol{a}$ 平行,且$|\boldsymbol{b}|=14$,求 $\boldsymbol{b}$.

解　设 $\boldsymbol{b}=x\boldsymbol{i}+y\boldsymbol{j}+z\boldsymbol{k}$,因为 $\boldsymbol{a}/\!/\boldsymbol{b}$,所以$\frac{x}{6}=\frac{y}{3}=\frac{z}{2}=\lambda$,

即

$$x=6\lambda,y=3\lambda,z=2\lambda$$

又因为

$$|\boldsymbol{b}|=\sqrt{x^2+y^2+z^2}=14$$

即

$$\sqrt{(6\lambda)^2+(3\lambda)^2+(2\lambda)^2}=14$$

解得

$$\lambda=\pm 2$$

所以

$$x=\pm 12,y=\pm 6,x=\pm 4$$

故所求向量为

$$\boldsymbol{b}=\pm(12\boldsymbol{i}+6\boldsymbol{j}+4\boldsymbol{k})$$

习　题　6-2

1. 已知向量 $\boldsymbol{a}=\{-1,-2,-3\}$,向量 $\boldsymbol{b}=\{-2,1,4\}$,求 $3\boldsymbol{a}-2\boldsymbol{b}$.
2. 已知向量 $\boldsymbol{a}=3\boldsymbol{i}-2\boldsymbol{j}+\boldsymbol{k}$ 终点坐标 $B(1,-1,0)$,求起点 A 的坐标.
3. 已知向量 $\boldsymbol{a}=\boldsymbol{i}-\boldsymbol{j}+\boldsymbol{k}$,$\boldsymbol{b}=2\boldsymbol{i}-3\boldsymbol{j}+\boldsymbol{k}$,$\boldsymbol{c}=-\boldsymbol{i}+\boldsymbol{k}$,求 $3\boldsymbol{a}-2\boldsymbol{b}+2\boldsymbol{c}$ 的模及方向余弦.

4. 给定两点 $A(-1,0,2\sqrt{2})$，$B(0,-1,\sqrt{2})$，求向量$\overrightarrow{AB}$的方向余弦和方向角.

5. 已知向量 $\boldsymbol{a}=2\boldsymbol{i}-\boldsymbol{j}+m\boldsymbol{k}$，且$|\boldsymbol{a}|=3$，求向量 $\boldsymbol{a}$.

6. 设向量 $\boldsymbol{a}=2\boldsymbol{i}-\boldsymbol{j}+2\boldsymbol{k}$，$\boldsymbol{b}=2\boldsymbol{i}-\boldsymbol{j}-2\boldsymbol{k}$，求 $\boldsymbol{e}_a$ 及$|\boldsymbol{a}-2\boldsymbol{b}|$.

7. 向量 $\boldsymbol{a}$ 与三个坐标轴夹角分别为 α,β,γ，若已知 $\alpha=60°$，$\beta=120°$，求第三个角 γ.

8. 求向量 $\boldsymbol{a}=\boldsymbol{i}+\sqrt{2}\boldsymbol{j}+\boldsymbol{k}$ 与坐标轴间的夹角.

9. 已知向量 $\boldsymbol{\alpha}=\{a,5,-1\}$与向量 $\boldsymbol{\beta}=\{3,1,b\}$平行，求 a,b 的值.

10. 求平行于向量 $\boldsymbol{a}=\{6,7,-6\}$的单位向量.

11. 已知 $\boldsymbol{a}=\{2,-1,5\}$，$\boldsymbol{b}=\{-1,2,-3\}$，$\boldsymbol{c}=\{0,1,0\}$，计算：

(1) $\boldsymbol{a}\cdot\boldsymbol{b}$；　(2) $\boldsymbol{b}\cdot\boldsymbol{c}$；　(3) $\boldsymbol{a}\cdot\boldsymbol{c}$；　(4) $\boldsymbol{a}\cdot(\boldsymbol{b}+\boldsymbol{c})$.

12. 已知向量 $\boldsymbol{a}=\{2,-3,1\}$，向量 $\boldsymbol{b}=\{1,-1,3\}$，向量 $\boldsymbol{c}=\{1,2,0\}$，计算：

(1) $(\boldsymbol{a}+\boldsymbol{b})\times(\boldsymbol{b}+\boldsymbol{c})$；　(2) $(\boldsymbol{a}\times\boldsymbol{b})\cdot\boldsymbol{c}$.

13. 求向量 $\boldsymbol{a}=\boldsymbol{i}+\boldsymbol{j}-4\boldsymbol{k}$ 和向量 $\boldsymbol{b}=\boldsymbol{i}-2\boldsymbol{j}+2\boldsymbol{k}$ 的夹角.

14. 设向量 $\boldsymbol{a}=\{2,-1,-1\}$，$\boldsymbol{b}=\{1,2,-1\}$，求垂直于向量 $\boldsymbol{a}$ 和 $\boldsymbol{b}$ 的单位向量.

15. 求 m 的值，使 $2\boldsymbol{i}-3\boldsymbol{j}+5\boldsymbol{k}$ 与 $3\boldsymbol{i}+m\boldsymbol{j}-2\boldsymbol{k}$ 互相垂直.

16. 已知向量 $\boldsymbol{a}$ 与 $\boldsymbol{b}$ 的夹角为$\frac{\pi}{6}$，且$|\boldsymbol{a}|=6$，$|\boldsymbol{b}|=5$，求$|\boldsymbol{a}\times\boldsymbol{b}|$.

17. 已知$|\boldsymbol{a}|=10$，$|\boldsymbol{b}|=2$，$\boldsymbol{a}\cdot\boldsymbol{b}=12$，求$|\boldsymbol{a}\times\boldsymbol{b}|$.

18. 已知$|\boldsymbol{a}|=10$，$|\boldsymbol{b}|=2$，且$|\boldsymbol{a}\times\boldsymbol{b}|=12$，求 $\boldsymbol{a}\cdot\boldsymbol{b}$.

19. 求以向量 $\boldsymbol{a}=\{1,-3,1\}$，$\boldsymbol{b}=\{2,1,-3\}$为邻边的平行四边形的面积 S.

20. 求以 $A(2,3,-1)$，$B(4,0,-2)$，$C(5,-1,3)$为顶点的三角形的面积.

它们(数学)揭露或阐明的概念世界，它们导致的对至美与秩序的沉思，它各部分的和谐关联，都是人类眼中数学最坚实的根基.

Sylvester

6.3 曲面

如果曲面 S 上任意一点的坐标(x,y,z)都满足方程 $F(x,y,z)=0$，而不在曲面上的点的坐标都不满足方程 $F(x,y,z)=0$，则称 $F(x,y,z)=0$ 为曲面 S 的方程. 如果方程是一次的，所表示的曲面是平面，称为一次曲面；如果方程是二次的，所表示的曲面称为二次曲面.

6.3.1 平面

1. 平面的点法式方程

我们称垂直于一个平面的所有非零向量为这个平面的**法向量**. 平面的法向量并不唯一，如图 6-19 所示，过空间一点 $M_0(x_0,y_0,z_0)$，做垂直于一已知向量 $\boldsymbol{n}=$

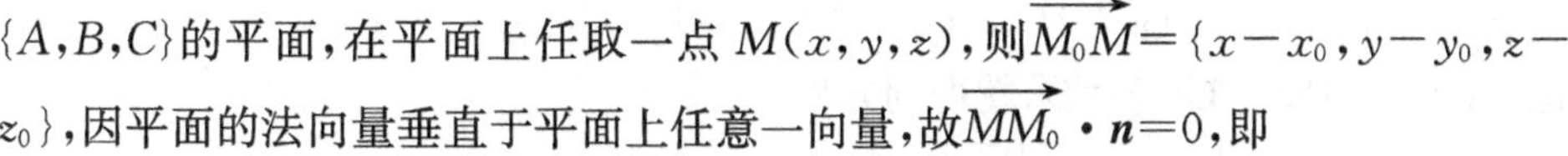

$\{A,B,C\}$的平面，在平面上任取一点 $M(x,y,z)$，则$\overrightarrow{M_0M}=\{x-x_0,y-y_0,z-z_0\}$，因平面的法向量垂直于平面上任意一向量，故$\overrightarrow{MM_0}\cdot \boldsymbol{n}=0$，即

$$\boxed{A(x-x_0)+B(y-y_0)+C(z-z_0)=0} \tag{6-16}$$

式(6-16)称为**平面的点法式方程**. 其中，$\{A,B,C\}$为平面的法向量.

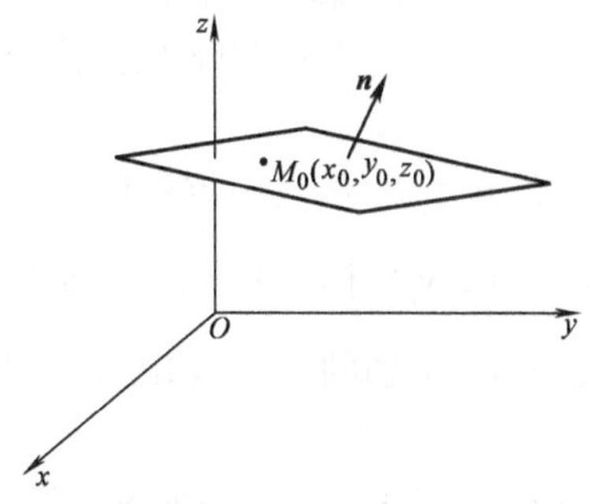

图　6-19

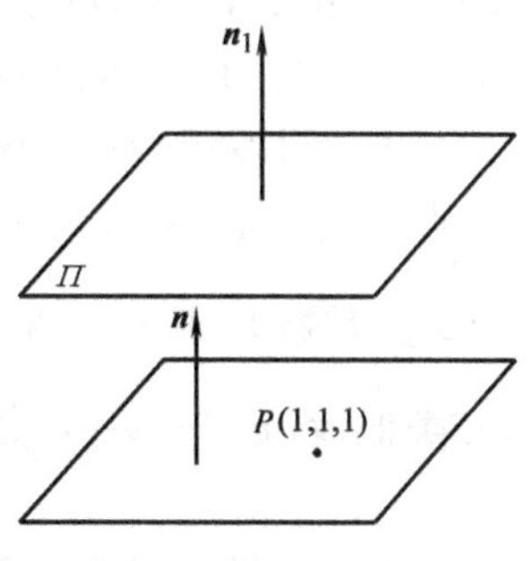

图　6-20

例 6-14　求过点 $P(1,1,1)$且与平面 Π:$3x-y+2z=0$ 平行的平面方程.

解　平面Π 的法向量为$\boldsymbol{n}_1=\{3,-1,2\}$，因为所求平面与平面$\Pi$平行，故所求平面的法向量 $\boldsymbol{n}=\boldsymbol{n}_1=\{3,-1,2\}$(如图 6-20 所示，此图只是示意图，并不与坐标系对应). 又因为平面过点 $P(1,1,1)$，故所求平面的点法式方程为

$$3(x-1)-(y-1)+2(z-1)=0$$

整理得

$$3x-y+2z-4=0$$

例 6-15　求过点 $P(1,-1,1)$且与平面Π_1:$x-y+z-1=0$ 及Π_2:$2x+y+z+1=0$ 都垂直的平面方程.

解　平面Π_1 和Π_2 的法向量为 $\boldsymbol{n}_1=\{1,-1,1\}$和 $\boldsymbol{n}_2=\{2,1,1\}$，设所求平面的法向量为 $\boldsymbol{n}$，因所求平面与平面Π_1 及平面Π_2 垂直(如图 6-21 所示，此图只是示意图，并不与坐标系对应)，

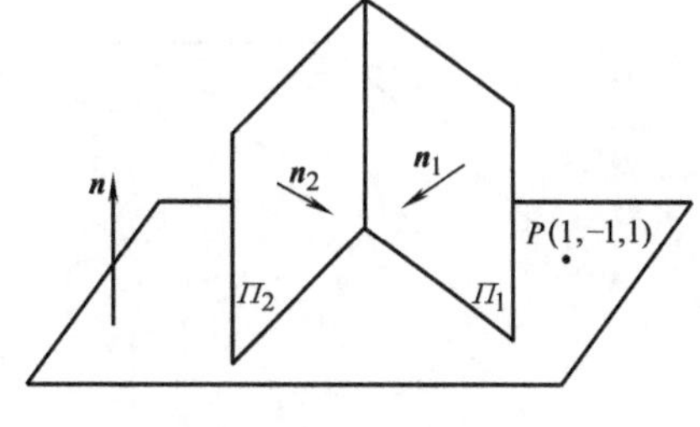

图　6-21

所以

$$\boldsymbol{n}=\boldsymbol{n}_1\times\boldsymbol{n}_2=\begin{vmatrix}\boldsymbol{i} & \boldsymbol{j} & \boldsymbol{k}\\ 1 & -1 & 1\\ 2 & 1 & 1\end{vmatrix}=-2i+j+3k$$

故所求平面的点法式方程为$-2(x-1)+(y+1)+3(z-1)=0$

整理得

$$2x-y-3z=0$$

2. 平面的一般式方程

将平面的点法式方程变为

$$Ax+By+Cz-(Ax_0+By_0+Cz_0)=0$$

记$-(Ax_0+By_0+Cz_0)=D$,就得到方程

$$\boxed{Ax+By+Cz+D=0} \tag{6-17}$$

称该方程为**平面的一般式方程**,其中$\{A,B,C\}$依然为法向量.

如果方程中的A,B,C,D中出现零值,则方程(6-17)就表示特殊的平面.

(1)坐标面　若$B=C=D=0$,此时方程可写为$x=0$,表示Oyz坐标面.类似地,$y=0$,$z=0$分别表示Oxz,Oxy坐标面.

(2)垂直于坐标轴(平行于坐标面)的平面　若$A=B=0$,此时方程可写为$z=-\dfrac{D}{C}=a$ (a为常数),表示垂直于z轴(或平行于Oxy坐标面)的平面(如图6-22a所示).类似地,$x=a$,$y=a$分别表示垂直于x轴、y轴的平面(如图6-22b、c所示).

(3)平行于坐标轴的平面　若$B=0$,即法向量$\boldsymbol{n}=\{A,0,C\}$,因此$\boldsymbol{n}$垂直于y轴,所以平面$Ax+Cz+D=0$平行于y轴(如图6-23a所示).类似地,$By+Cz+D=0$,$Ax+By+D=0$分别表示平行于x轴、z轴的平面(如图6-23b、c所示).

(4)通过坐标原点的平面　若$D=0$,此时方程可写为$Ax+By+Cz=0$,表示

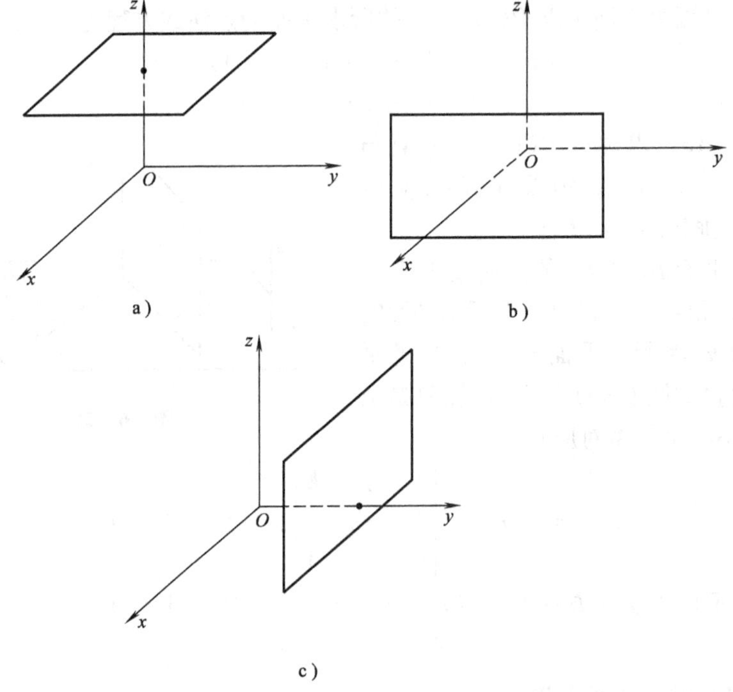

图　6-22

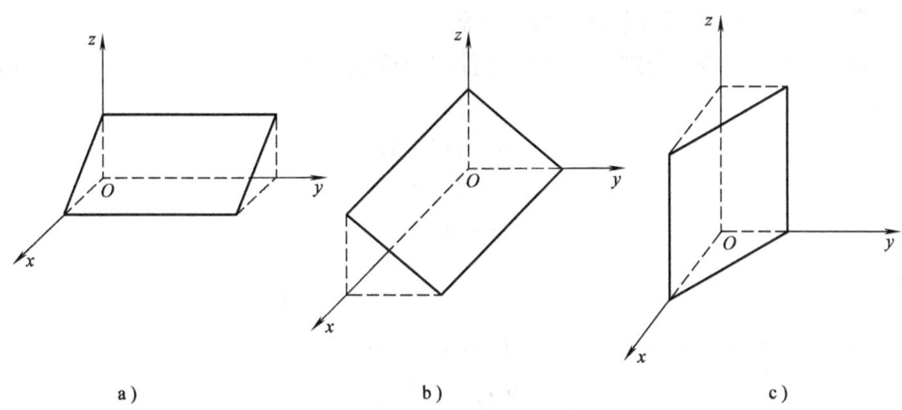

图 6-23

通过坐标原点的平面.

(5)通过坐标轴的平面　若 $A=0$ 且 $D=0$,此时方程可写为 $By+Cz=0$,表示通过 x 轴的平面.类似地,$Ax+Cz=0$,$Ax+By=0$ 分别表示通过 y 轴、z 轴的平面.

例 6-16　平面过 x 轴和点 $P(1,2,3)$,求此平面方程.

解　因为所求平面过 x 轴,因此设平面方程为 $By+Cz=0$,又因为点 $P(1,2,3)$在平面上,所以

$$2B+3C=0,\text{即 } C=-\frac{2}{3}B$$

故

$$By-\frac{2}{3}Bz=0$$

即所求平面为 $3y-2z=0$(如图 6-24 所示).

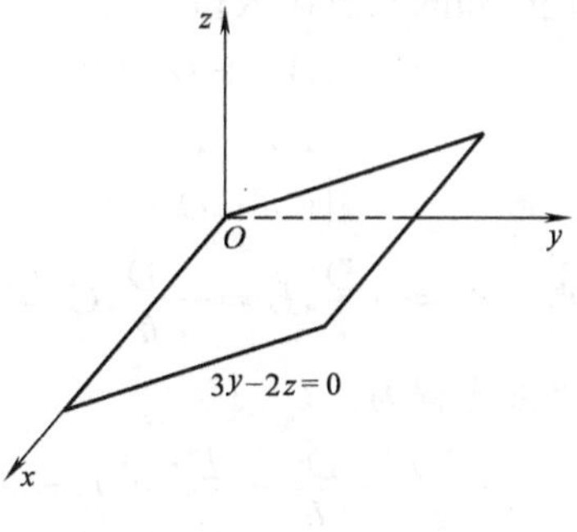

图 6-24

例 6-17　求过三点 $M_1(1,-1,-2)$,$M_2(-1,2,0)$,$M_3(1,3,1)$的平面方程.

解法 1　利用平面方程的点法式求解.

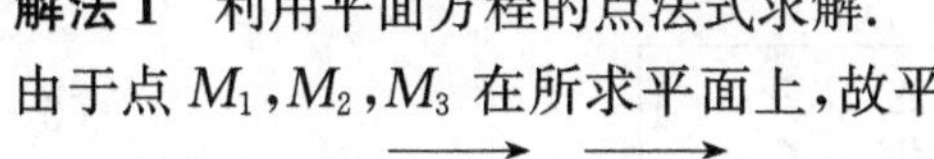

由于点 M_1,M_2,M_3 在所求平面上,故平面的法向量 $\boldsymbol{n}$ 与向量$\overrightarrow{M_1M_2}$及$\overrightarrow{M_1M_3}$都垂直,即

$$\boldsymbol{n}=\overrightarrow{M_1M_2}\times\overrightarrow{M_1M_3}$$

又

$$\overrightarrow{M_1M_2}=\{-2,3,2\},\ \overrightarrow{M_1M_3}=\{0,4,3\}$$

于是

$$\boldsymbol{n}=M_1M_2\times\overrightarrow{M_1M_3}=\begin{vmatrix}\boldsymbol{i} & \boldsymbol{j} & \boldsymbol{k}\\-2 & 3 & 2\\0 & 4 & 3\end{vmatrix}=\boldsymbol{i}+6\boldsymbol{j}-8\boldsymbol{k}$$

所以,所求平面的方程为$(x-1)+6(y+1)-8(z+2)=0$

整理得

$$x+6y-8z-11=0$$

解法 2 利用平面方程的一般式求解.

将点 M_1,M_2,M_3 分别代入平面方程的一般式 $Ax+By+Cz+D=0$ 中,得方程组

$$\begin{cases}A-B-2C+D=0\\-A+2B+D=0\\A+3B+C+D=0\end{cases}$$

解得
$$A=-\frac{1}{11}D,B=-\frac{6}{11}D,C=\frac{8}{11}D$$

将 A,B,C 的值代入方程 $Ax+By+Cz+D=0$ 中,有

$$-\frac{1}{11}Dx-\frac{6}{11}Dy+\frac{8}{11}Dz+D=0$$

即
$$x+6y-8z-11=0$$

3. 平面方程的截距式

例 6-18 求过三点 $(a,0,0)$,$(0,b,0)$,$(0,0,c)$ 的平面方程(其中 a,b,c 均不为零).

解 设平面方程为 $Ax+By+Cz+D=0$,把已知的三点代入得

$$\begin{cases}Aa+D=0\\Bb+D=0\\Cc+D=0\end{cases}$$

解得 $A=-\dfrac{D}{a},B=-\dfrac{D}{b},C=-\dfrac{D}{c}$

则平面方程为

$$-\frac{Dx}{a}-\frac{Dy}{b}-\frac{Dz}{c}+D=0,\text{即}$$

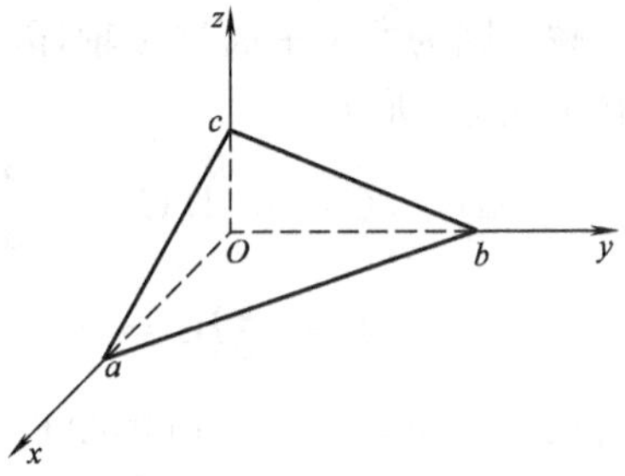

图 6-25

$$\boxed{\frac{x}{a}+\frac{y}{b}+\frac{z}{c}=1} \tag{6-18}$$

称该方程为**平面的截距式方程**(如图 6-25 所示),其中 a,b,c 分别为平面在 x,y,z 轴上的截距.

例 6-19 已知平面通过点 $(-1,0,-3)$,且在三个坐标轴上的截距之比为 $a:b:c=1:2:3$,求此平面的方程.

解 因为平面在三个坐标轴上的截距之比为 $a:b:c=1:2:3$,所以设 $a=k,b=2k,c=3k$,又因为平面通过点 $(-1,0,-3)$,所以由平面方程的截距式可得

$$\frac{-1}{k}+\frac{0}{2k}+\frac{-3}{3k}=1$$

解得　$$k=-2$$

所以　$$a=-2,b=-4,c=-6$$

从而，所求的平面的方程为

$$\frac{x}{-2}+\frac{y}{-4}+\frac{z}{-6}=1$$

4. 点到平面的距离

点 $P(x_1,y_1,z_1)$到平面 $Ax+By+Cz+D=0$ 的距离为

$$\boxed{d=\frac{|Ax_1+By_1+Cz_1+D|}{\sqrt{A^2+B^2+C^2}}} \tag{6-19}$$

例 6-20　求与平面 Π:$x+2y+2z=0$ 平行且与点 $P(1,2,1)$的距离为 1 的平面方程.

解　因为所求平面与平面 Π 平行，故设所求平面为 $x+2y+2z+D=0$. 又因为所求平面与点 $P(1,2,1)$的距离为 1，即

$$1=\frac{|1\times1+2\times2+2\times1+D|}{\sqrt{1^2+2^2+2^2}}$$

解得　$$D=-4\quad 或 \quad D=-10$$

故所求平面为

$$x+2y+2z-4=0 \quad 或 \quad x+2y+2z-10=0$$

6.3.2　几种常见的二次曲面

1. 球面方程

下面建立以点 $M(x_0,y_0,z_0)$为球心，半径为 R 的球面(如图 6-26 所示)方程.

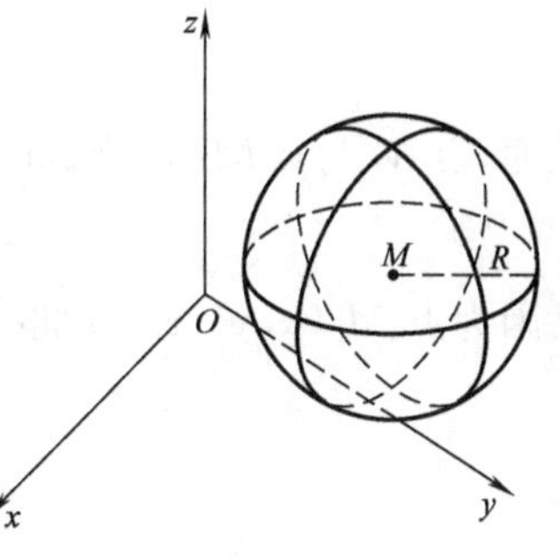

图　6-26

因为球面上的任意一动点到球心的距离都等于球的半径 R，因此，若设 $P(x,y,z)$为球面上的任意一动点，则$|PM|=R$. 由两点间的距离公式可得

$$\sqrt{(x-x_0)^2+(y-y_0)^2+(z-z_0)^2}=R$$

即　$$\boxed{(x-x_0)^2+(y-y_0)^2+(z-z_0)^2=R^2} \tag{6-20}$$

式(6-20)即为所求的球面方程的标准形式.

特别地，球心在原点，半径为 R 的球面方程为

$$x^2+y^2+z^2=R^2$$

将球面方程的标准形式稍作整理，就可变成球面方程的一般形式，即

$$\boxed{x^2+y^2+z^2+Dx+Ey+Fz+G=0} \tag{6-21}$$

例 6-21 方程 $2x^2+2y^2+2z^2+2x-2y-1=0$ 表示怎样的曲面？

解 方程变为 $x^2+y^2+z^2+x-y=\frac{1}{2}$

配方得

$$\left(x+\frac{1}{2}\right)^2+\left(y-\frac{1}{2}\right)^2+z^2=1$$

所以，原方程表示球心在 $\left(-\frac{1}{2},\frac{1}{2},0\right)$，半径为 1 的球面.

2. 旋转曲面

一条平面曲线 L 绕着平面上的一条固定直线旋转一周所形成的曲面叫作**旋转曲面**. 定直线叫作**旋转轴**，曲线 L 叫作旋转曲面的**母线**.

设有 Oyz 平面上的一条曲线 L，其方程为 $f(y,z)=0$，下面建立曲线绕 z 轴旋转一周所形成的曲面的方程.

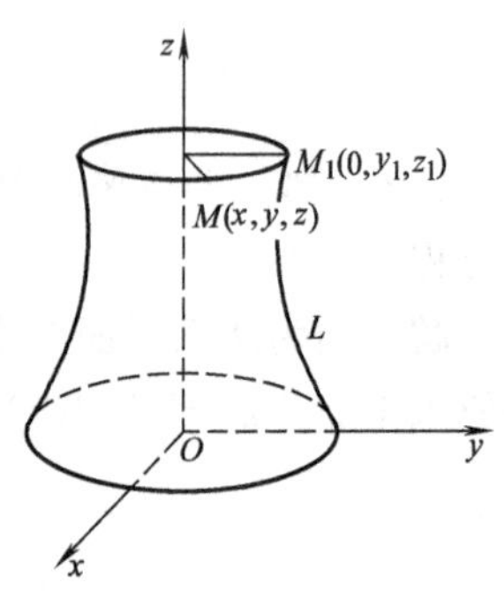

图 6-27

设 $M(x,y,z)$ 为该曲面上的任意一个点，它可以看成是曲线 L 上的点 $M_1(0,y_1,z_1)$ 绕 z 轴旋转而成. 显然，$z=z_1$，点 M 到 z 轴的距离等于点 M_1 到 z 轴的距离（如图 6-27 所示），即

$$\sqrt{x^2+y^2}=|y_1|$$

从而，点 M 与点 M_1 的坐标间有如下关系

$$y_1=\pm\sqrt{x^2+y^2},z_1=z$$

又因为点 $M_1(0,y_1,z_1)$ 在曲线 L 上，必满足曲线的方程，所以

$$f(y_1,z_1)=0$$

即

$$\boxed{f(\pm\sqrt{x^2+y^2},z)=0} \tag{6-22}$$

同理，曲线绕 y 轴旋转一周所形成的曲面的方程为

$$\boxed{f(y,\pm\sqrt{x^2+z^2})=0} \tag{6-23}$$

可以看出，平面曲线绕哪个坐标轴旋转，方程中对应于此轴的变量保持不变，而把另外一个变量变成 x,y,z 中其余两个变量的平方和再开方.

例 6-22 求直线 $z=kx$（k 为常数）绕 z 轴旋转所生成的旋转曲面方程.

解 直线绕 z 轴旋转，方程中 z 不变，将 x 换成 $\pm\sqrt{x^2+y^2}$，故所求方程为

$$z=\pm k\sqrt{x^2+y^2}$$

此曲面称为圆锥面(如图 6 - 28 所示).

类似地,双曲线$\frac{x^2}{a^2}-\frac{z^2}{b^2}=1$分别绕 z 轴和绕 x 轴旋转而形成的曲面方程为$\frac{x^2+y^2}{a^2}-\frac{z^2}{b^2}=1$和$\frac{x^2}{a^2}-\frac{y^2+z^2}{b^2}=1$,这两种曲面都称为旋转双曲面,也可称为单叶双曲面和双叶双曲面(如图 6 - 29a、b 所示);抛物线 $z=y^2$ 绕 z 轴旋转而形成的曲面方程为 $z=x^2+y^2$(如图 6 - 30 所示),这种曲面称为旋转抛物面.

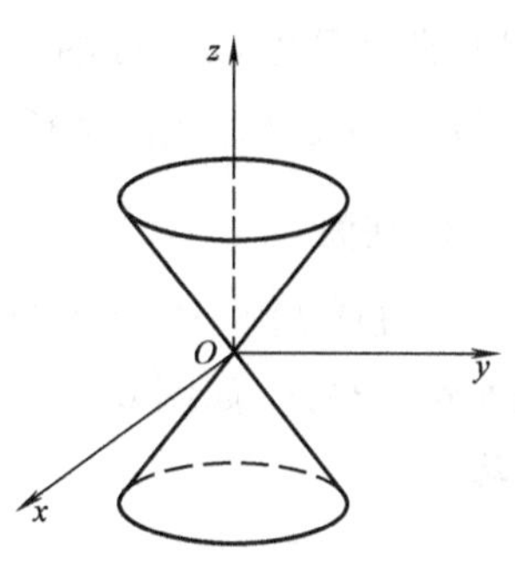

图　6 - 28

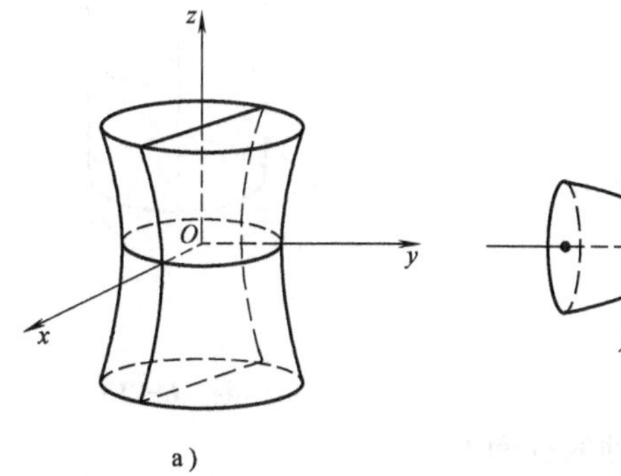

a)

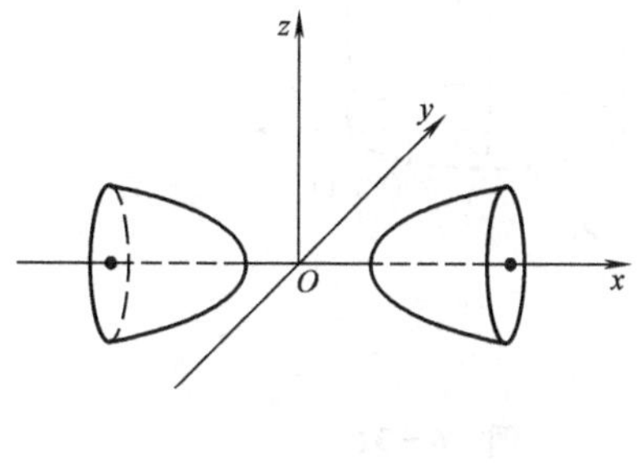

b)

图　6 - 29

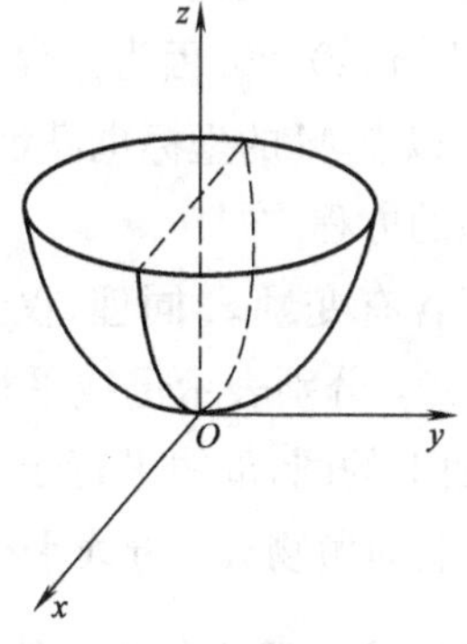

图　6 - 30

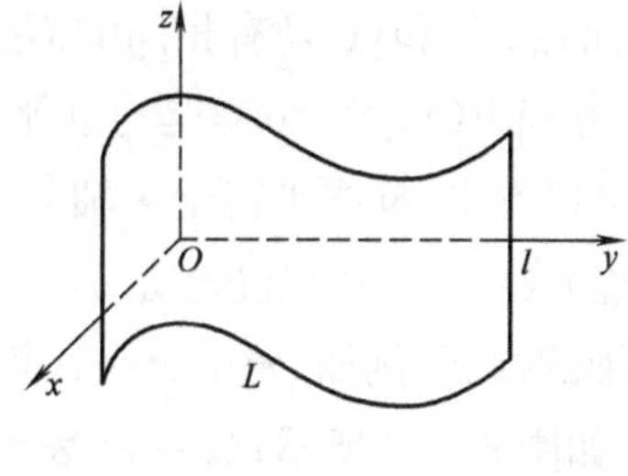

图　6 - 31

例 6 - 23　曲面 $3x^2-4y^2-4z^2=12$ 是由哪条曲线旋转而成的?

解　由于方程 $3x^2-4y^2-4z^2=12$ 中 y^2,z^2 项的系数相同,故曲面可写为

$$3x^2-4(\pm\sqrt{y^2+z^2})^2=12$$

所以,曲面是由 Oxy 面的双曲线 $3x^2-4y^2=12$(或 Oxz 面的双曲线 $3x^2-4z^2=12$)绕 x 轴旋转而成的旋转双曲面.

3. 柱面

一直线 l 沿一已知平面曲线 L(l 和 L 不在同一平面上)平行移动所形成的曲面称为**柱面**(如图 6-31 所示). 曲线 L 称为柱面的**准线**,动直线 l 称为柱面的**母线**.

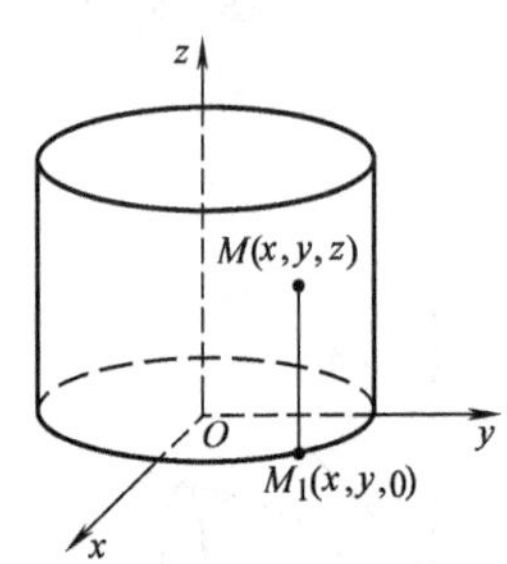

图 6-32

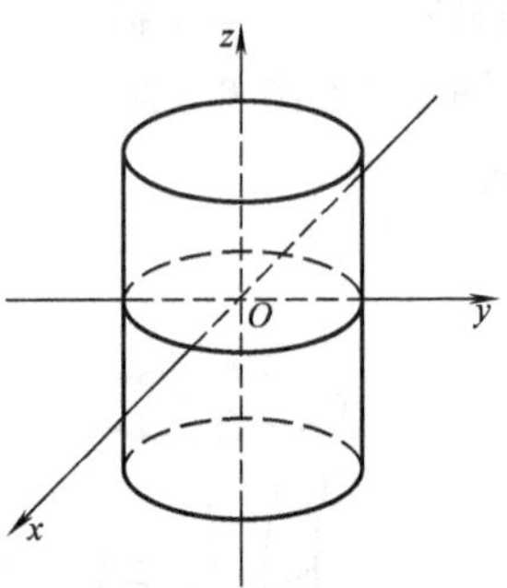

图 6-33

下面只研究母线平行于坐标轴的柱面方程.

设柱面的准线是 Oxy 面上的曲线 $C:F(x,y)=0$,柱面的母线平行于 z 轴,在柱面上任取一点 $M(x,y,z)$,过点 M 作平行于 z 轴的直线,交曲线 C 于点 $M_1(x,y,0)$(如图 6-32 所示),故点 M_1 的坐标满足方程 $F(x,y)=0$. 因为方程中不含变量 z,而点 M_1 和点 M 有相同的横坐标和纵坐标,所以点 M 的坐标也满足此方程,因此,方程 $F(x,y)=0$ 就是母线平行于 z 轴的柱面的方程.

可以看出,母线平行于 z 轴的柱面的方程中不含有变量 z. 同理,仅含有 x,z 的方程 $F(x,z)=0$ 与仅含有 y,z 的方程 $F(y,z)=0$, 分别表示母线平行于 y 轴和 x 轴的柱面. 例如,$x^2+y^2=1$ 表示准线为 Oxy 面上的圆,母线平行于 z 轴的圆柱面,如图 6-33 所示;$4z=x^2$ 表示准线为 Oxz 面上的抛物线, 母线平行于 y 轴的抛物柱面,如图 6-34 所示;$\frac{x^2}{a^2}-\frac{y^2}{b^2}=1$ 表示准线为 Oxy 面上的双曲线, 母线平行于 z 轴的双曲柱面,如图 6-35 所示;$z=y^2$ 表示准线为 Oyz 面上的抛物线, 母线平行于 x 轴的抛物柱面,如图 6-36 所示;$x+y=1$ 表示准线为 Oxy 面上的直线, 母线平行于 z 轴的平面,如图 6-37 所示.

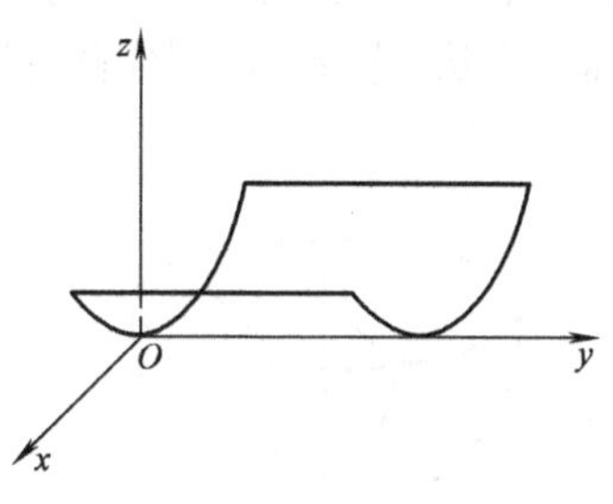

图　6-34

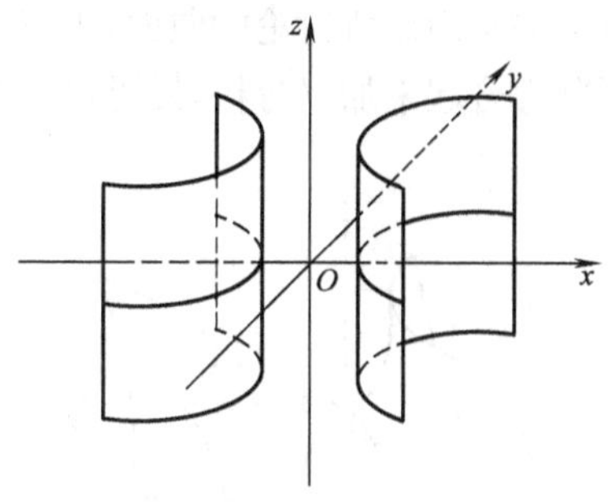

图　6-35

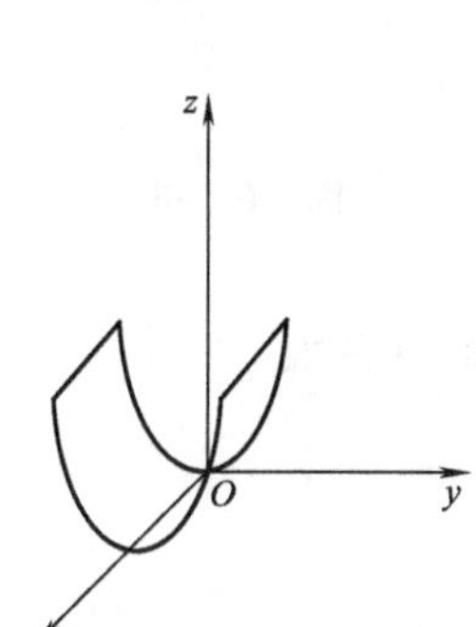

图　6-36

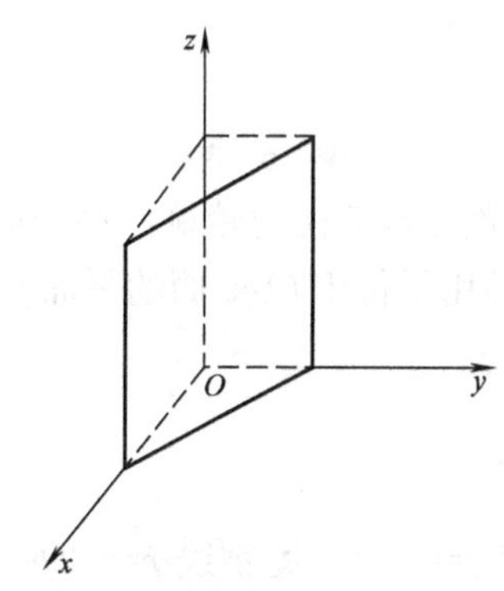

图　6-37

4. 椭球面

由方程$\frac{x^2}{a^2}+\frac{y^2}{b^2}+\frac{z^2}{c^2}=1$所确定的曲面称为椭球面，如图 6-38 所示.

5. 双曲抛物面（马鞍面）

由方程$\frac{y^2}{p}-\frac{x^2}{q}=2z$ $(p,q>0)$所确定的曲面称为双曲抛物面，如图 6-39 所示.

6. 椭圆抛物面

由方程$\frac{x^2}{2p}+\frac{y^2}{2q}=z$ （p,q 同号）所确定的曲面称为椭圆抛物面，如图 6-40 所示.

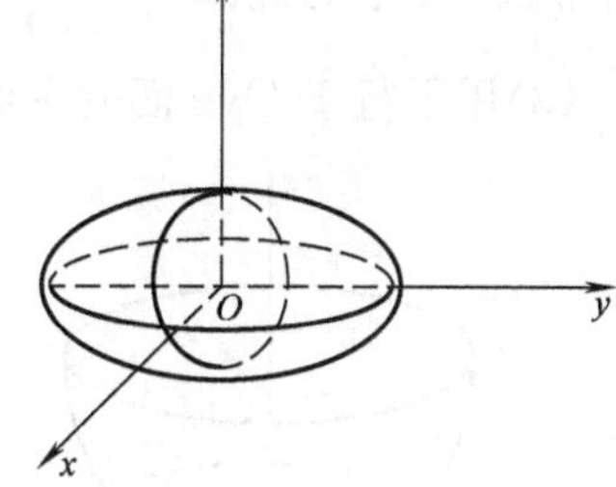

图　6-38

当 $p=q$ 时，得 $x^2+y^2=2pz$，可以看成是由 Oxz 平面上的抛物线 $x^2=2pz$ 绕 z 轴旋转而成的旋转抛物面.

6.3.3　截痕法

一般说来，空间曲面的形状已难以用描点法得到. 对此，我们用坐标面或平行于坐标面的平面截所讨论的曲面，所截的截痕都是平面曲线，把所截得的一系列曲线的形状综合起来加以分析，便可得出所讨论的曲面的形状，这种方法叫作截痕法．

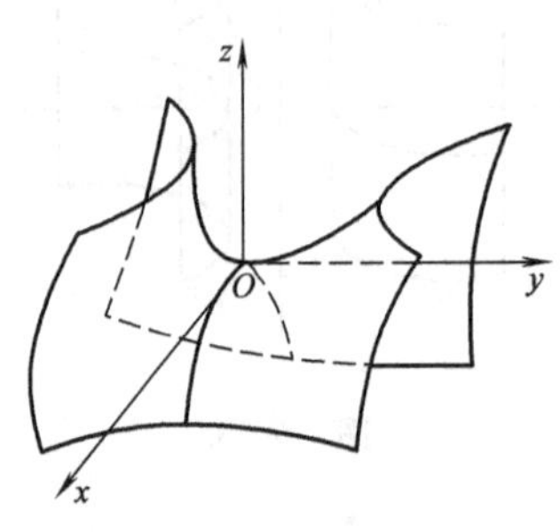

图　6－39

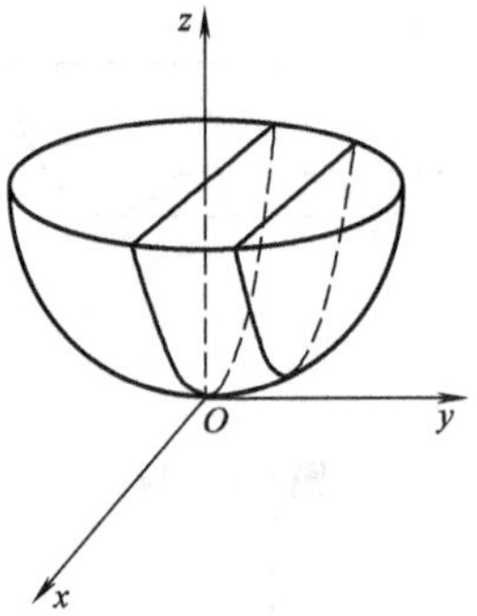

图　6－40

下面用截痕法讨论椭圆抛物面．

(1)用平行于 Oxz 面的平面 $y=k$ 截椭圆抛物面，其截痕

$$\begin{cases}\dfrac{x^2}{2p}+\dfrac{y^2}{2q}=z\\ y=k\end{cases}$$

为平面 $y=k$ 上的抛物线 $x^2=2pz+m$（其中 $m=-\dfrac{pk^2}{q}$），如图 6－40 所示．

(2)用平行于 Oxy 面的平面 $z=k$ 截椭圆抛物面，其截痕

$$\begin{cases}\dfrac{x^2}{2p}+\dfrac{y^2}{2q}=z\\ z=k\end{cases}$$

为平面 $z=k$ 上的椭圆 $\dfrac{x^2}{2p}+\dfrac{y^2}{2q}=k$，如图 6－41 所示．

(3)用平行于 Oyz 面的平面 $x=k$ 截椭圆抛物面，其截痕

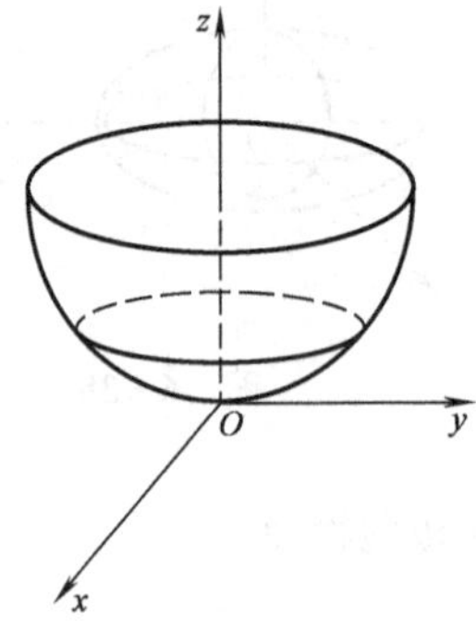

图　6－41

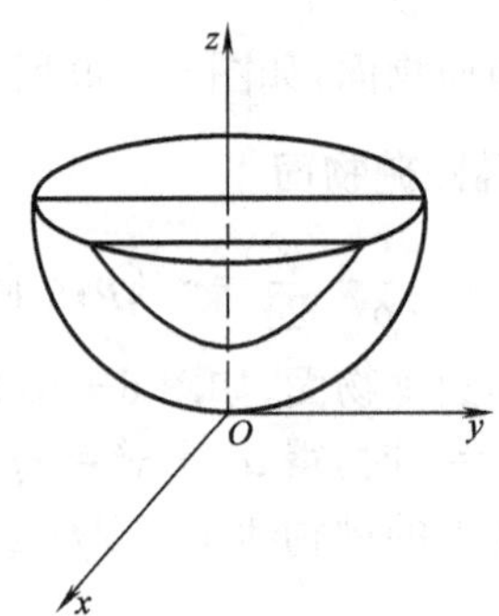

图　6－42

$$\begin{cases} \dfrac{x^2}{2p}+\dfrac{y^2}{2q}=z \\ x=k \end{cases}$$

为平面 $x=k$ 上的抛物线 $y^2=2qz+m$（其中 $m=-\dfrac{qk^2}{p}$），如图 6-42 所示.

例 6-24　画出下列各曲面所围成立体的图形：

(1) $x^2+y^2+z^2=a^2$ 与 $x^2+y^2=ay$（$z>0$）；

(2) $z=\sqrt{R^2-x^2-y^2}$ 与 $z=\sqrt{x^2+y^2}$.

解　(1)当 $z>0$ 时，$x^2+y^2+z^2=a^2$ 表示半球面；$x^2+y^2=ay$，即 $x^2+\left(y-\dfrac{a}{2}\right)^2=\left(\dfrac{a}{2}\right)^2$ 表示母线平行于 z 轴的圆柱面，故两曲面所围成立体的图形如图 6-43 所示.

(2)$z=\sqrt{R^2-x^2-y^2}$ 表示半球面，$z=\sqrt{x^2+y^2}$ 表示圆锥面，故两曲面所围成立体的图形如图 6-44 所示.

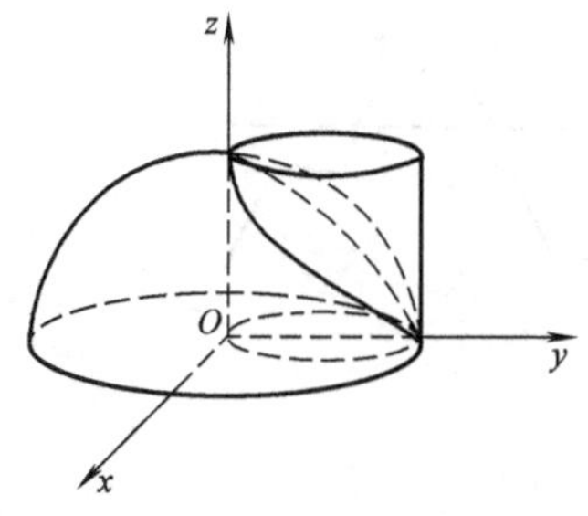

图　6-43

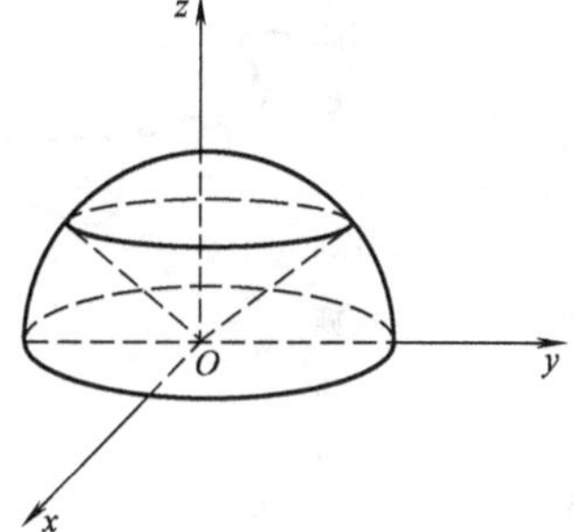

图　6-44

习　题　6-3

1. 求下列平面方程：

(1)过三点 $A(2,-1,4)$，$B(-1,3,-2)$，$C(0,2,3)$的平面方程.

(2)求过点 $A(1,4,5)$且法向量 $\boldsymbol{n}=\{7,1,4\}$的平面方程.

(3)平面平行于 x 轴且经过两点$(4,0,-2)$和$(5,1,7)$.

(4)平面经过点$(1,0,-1)$且平行于向量 $\boldsymbol{a}=\{2,1,1\}$和 $\boldsymbol{b}=\{1,-1,0\}$.

2. 指出下列各平面方程的位置特征：

(1) $2x-y-3z=0$；(2) $2x-3=0$；(3) $2x-3y-6=0$；(4) $2x-y-3z-1=0$.

3. 求点$(5,0,1)$到平面 $2x-\sqrt{5}y-4z-1=0$ 的距离.

4. 求两平行平面 Π_1：$x+2y-2z+2=0$ 和 Π_2：$x+2y-2z+8=0$ 间的距离.

5. 求 Oxz 面上的曲线 $z=x^2+1$ 绕 z 轴旋转形成的曲面的方程 .

6. 求 Oxy 面上的直线 $x+y=1$ 绕 y 轴旋转所形成的曲面的方程.

7. 方程 $x^2+y^2+z^2-3x+7y-10=0$ 表示什么曲面？

8. 指出下列方程所表示的球心坐标和球的半径：

(1) $x^2+y^2+z^2-2z=0$；　(2) $x^2+y^2+z^2-2x+2y+z=0$.

9. 已知球的一条直径的两个端点是 $(2,-3,5)$ 和 $(4,1,-3)$，试写出球面方程.

10. 下面方程表示什么曲面？

(1) $2x^2+4y^2+z^2=2$；　(2) $x^2-y^2+z^2=-1$.

11. 画图.(1) 由曲面 $z=1-y^2$ 与 $x=1$ 及三个坐标面围成的立体；(2) 由曲面 $z=1-\sqrt{x^2+y^2}$ 与 $z=0$ 围成的立体.

背景聚焦

解数学题——过程的比较

美国的数学教育家施恩菲尔德曾对学生和数学家解决数学问题的过程差异进行了一番研究，并通过图 6-45 进行描述：

（学生解决问题的过程用“——”表示，数学家解决问题的过程用“——”表示）

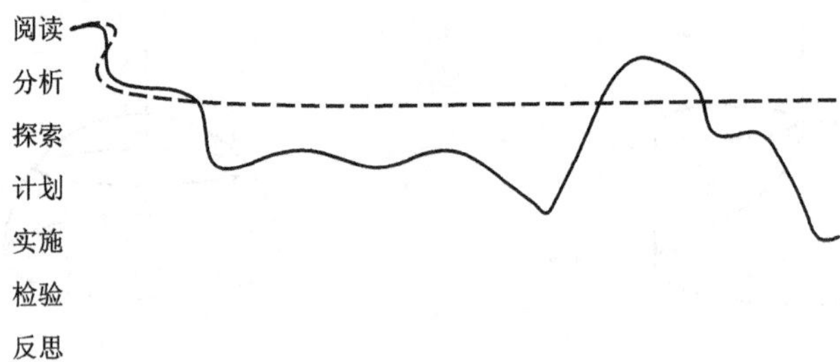

图　6-45

这是一个非常有趣的现象，差异是十分明显的.学生考虑的是“这种类型看见过没有？”在无自我监控的情况下“试着干”，而数学家们则始终处于自我监控、不断调整之中.由此可见，方法的借鉴、知识的迁移是人们面对一个新问题时如何思考、如何处置、如何应变的关键，也正如人们常讲的，“授人以鱼不如授之以渔”.

6.4 空间曲线

6.4.1 空间曲线的方程

1. 空间曲线的一般方程

空间曲线可以看作两个曲面的交线，如图 6-46 所示，所以，把两个曲面方程 $F_1(x,y,z)=0$ 和 $F_2(x,y,z)=0$ 联立起来

$$\boxed{\begin{cases} F_1(x,y,z)=0 \\ F_2(x,y,z)=0 \end{cases}} \tag{6-24}$$

就表示一条空间曲线，式(6－24)称为**空间曲线的一般方程**.

例如，方程$\begin{cases} z=2x^2+y^2 \\ x+y+z=1 \end{cases}$表示的曲线是椭圆抛物面 $z=2x^2+y^2$ 被平面 $x+y+z=1$ 截出的椭圆，如图 6－47 所示.

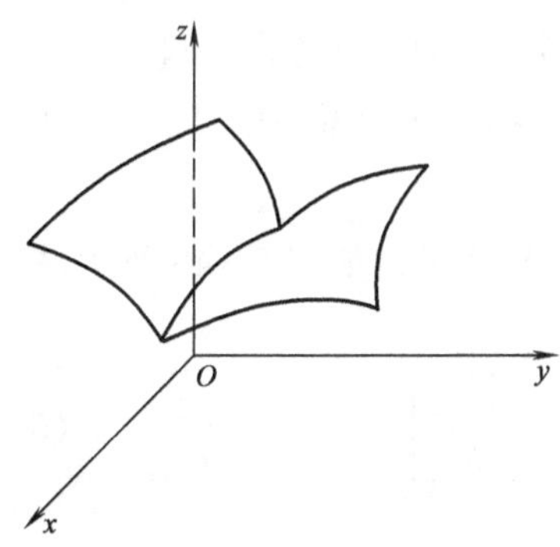

图　6－46

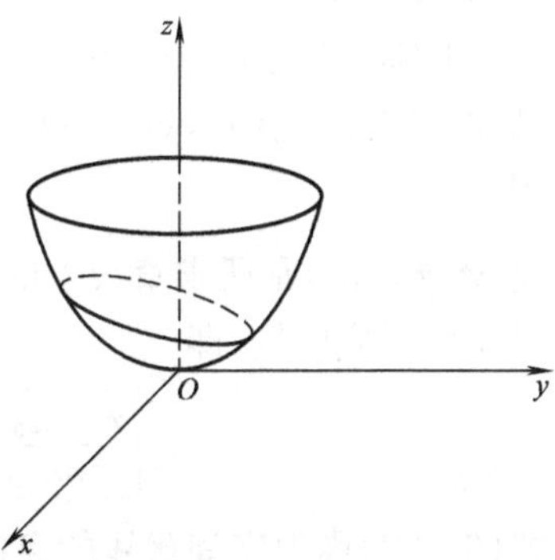

图　6－47

2. 空间曲线的参数方程

把空间曲线上动点的坐标 x,y,z 都表示为另一个变量 t 的函数，即

$$\boxed{\begin{cases} x=x(t) \\ y=y(t) \\ z=z(t) \end{cases}} \tag{6-25}$$

式(6－25)称为**空间曲线的参数方程**.

例 6－25　化曲线的一般方程$\begin{cases} x^2+(y-2)^2+z^2=2 \\ x=1 \end{cases}$为参数方程.

解　将 $x=1$ 代入方程 $x^2+(y-2)^2+z^2=2$ 中得

$$(y-2)^2+z^2=1$$

令 $y=2+\cos t$，可以解得 $z=\sin t$，

从而所求曲线的参数方程为　$\begin{cases} x=1 \\ y=2+\cos t \\ z=\sin t \end{cases}$

6.4.2　空间直线的方程

1. 空间直线方程的一般方程

空间直线可以看作两个不平行的平面的交线，所以，把两个平面方程联立起来

$$\boxed{\begin{cases} A_1x+B_1y+C_1z+D_1=0 \\ A_2x+B_2y+C_2z+D_2=0 \end{cases}} \tag{6-26}$$

就表示一条空间直线，式(6－26)称为**空间直线的一般方程**.

由于通过一条直线的平面有无穷多个，只要在这些平面中任取两个联立起来便是直线的方程．因此，空间直线的方程不是唯一的.

2. 空间直线的点向式方程

一个非零向量平行于已知直线，则称此向量为该直线的方向向量.

已知一定点 $M_0(x_0,y_0,z_0)$ 及向量 $\boldsymbol{s}=\{m,n,p\}$，求过点 M_0 且与 $\boldsymbol{s}$ 平行的直线方程.

设 $M(x,y,z)$ 是所求直线上的任意一点，则 $\overrightarrow{M_0M}/\!/\boldsymbol{s}$，如图 6－48 所示，故两向量的对应坐标成比例，即

$$\boxed{\frac{x-x_0}{m}=\frac{y-y_0}{n}=\frac{z-z_0}{p}} \tag{6-27}$$

式(6－27)称为**空间直线的点向式方程.**

需要说明的是：

(1)当 m,n,p 中有一个为零时，例如，当 $m=0$ 时，方程应理解为

$$\begin{cases} \dfrac{y-y_0}{n}=\dfrac{z-z_0}{p} \\ x-x_0=0 \end{cases}$$

(2)当 m,n,p 中有两个为零时，例如，当 $m=0,n=0$ 时，方程应理解为

$$\begin{cases} x-x_0=0 \\ y-y_0=0 \end{cases}$$

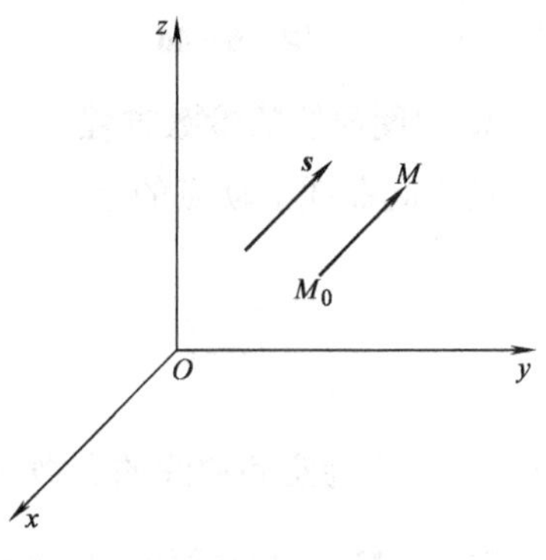

图 6－48

3. 空间直线的参数方程

设 $\dfrac{x-x_0}{m}=\dfrac{y-y_0}{n}=\dfrac{z-z_0}{p}=t$，则得到 $x-x_0=mt, y-y_0=nt, z-z_0=pt$，即

$$\boxed{\begin{cases} x=x_0+mt \\ y=y_0+nt \\ z=z_0+pt \end{cases}} \tag{6-28}$$

式(6－28)称为**空间直线的参数方程**，其中 t 为参数.

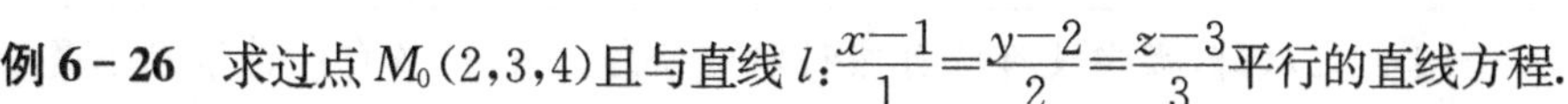

例 6-26　求过点 $M_0(2,3,4)$ 且与直线 l：$\frac{x-1}{1}=\frac{y-2}{2}=\frac{z-3}{3}$ 平行的直线方程.

解　所求直线与已知直线 l 平行，所以它们的方向向量相同. 又直线 l 的方向向量为 $\{1,2,3\}$，因此，所求直线的点向式方程为

$$\frac{x-2}{1}=\frac{y-3}{2}=\frac{z-4}{3}$$

例 6-27　求过两点 $A(1,0,0)$，$B(3,2,3)$ 的直线的点向式方程.

解　所求直线方向向量为

$$\boldsymbol{s}=\overrightarrow{AB}=\{3-1,2-0,3-0\}=\{2,2,3\}$$

故所求直线的方程为

$$\frac{x-1}{2}=\frac{y}{2}=\frac{z}{3}$$

例 6-28　求直线 l：$\begin{cases}-x+4y=0\\2y+z=1\end{cases}$ 的点向式方程.

解　在直线 l 上任找一点：令 $x=4$，代入直线 l 的方程，求得 $y=1,z=-1$，而直线 l 的方向向量为

$$\boldsymbol{s}=\begin{vmatrix}\boldsymbol{i} & \boldsymbol{j} & \boldsymbol{k}\\-1 & 4 & 0\\0 & 2 & 1\end{vmatrix}=4\boldsymbol{i}+\boldsymbol{j}-2\boldsymbol{k}=\{4,1,-2\}$$

故所求直线方程为

$$\frac{x-4}{4}=\frac{y-1}{1}=\frac{z+1}{-2}$$

习　题　6-4

1. 方程组 $\begin{cases}x^2+y^2=1\\2x+3y+3z=6\end{cases}$ 表示怎样的曲线.

2. 求过点 $M(5,-4,7)$ 且与直线 l：$\frac{x+1}{3}=\frac{y-5}{-2}=\frac{z}{1}$ 平行的直线方程.

3. 求点 $M(5,2,-1)$ 在平面 $2x-y+3z+23=0$ 上的投影.

背景聚焦

纯粹数学和应用数学——继续呈现统一融合特征

张恭庆

从人类文明发展的历史来看，数学作为一种严密的逻辑体系和思维方式，起源于西方. 在古希腊文明、欧洲的文艺复兴、产业革命，以至当代高科技的发展中，数学都起着举足轻重的作用.

19世纪以前,数学没有从自然科学中分离出来.许多自然科学家都是数学家;不少数学家也是物理学家、天文学家,力学家.牛顿、高斯等既是物理学家,更是大数学家.

19世纪末至20世纪初,许多重要的数学问题已抽象出来,需要解决:“工欲善其事,必先利其器”.数学分离成纯粹数学和应用数学.纯粹数学研究数学自身内在的问题,应用数学研究来自其他科学的数学问题.

数学如同漂浮于海洋的冰山,露在水面之上,人们能够见到的是应用数学,埋藏在水面之下的是纯粹数学.纯粹数学是应用数学的基础,没有基础,应用数学难以发展.公众对这一情况了解不多,以为数学家研究的问题没有现实意义.当今社会,计算机已走进千家万户,殊不知,世界上第一台计算机是数学家发明的.英国数学家图灵,从理论上提出计算机实现的可能性,数学家冯·诺伊曼设计出了世界上第一台计算机.

20世纪后半叶,随着计算机的进步,应用数学以磅礴之势飞速发展.在现代生活中,电视广播、多路通信、气象预报、金融保险、CT扫描、药物检验、智能电器、成衣制造,无一不用数学.至于数学与计算机科学、理论物理、经济学、信息科学、生命科学、材料科学等的交互影响更是日益加深.

20世纪下半叶,数学内部出现融合,许多重大研究成果均体现了数学内部统一性的特征.数学这种统一、融合的特征在新世纪还将继续.一方面是数学内部各分支学科的融合,另一方面是它与其他学科之间的融合.当代数学家戴维·曼弗德,曾因在纯粹数学中代数几何方面的贡献而获菲尔兹奖,现在又研究图像识别.

中国近代数学研究开始较晚,真正开始从事数学的研究更晚.这批人中以华罗庚、陈省身为突出代表.

目前,中国纯粹数学研究较应用数学稍强,这与工业水平有关.

摘编自《科学时报》

6.5 提示与提高

1. 直线与平面的位置关系,可转化为直线的方向向量与平面的法向量之间的关系(见表6-2).

表6-2 位置关系

	平行	垂直	夹角
两直线 $\frac{x-x_1}{m_1}=\frac{y-y_1}{n_1}=\frac{z-z_1}{p_1}$ $\frac{x-x_2}{m_2}=\frac{y-y_2}{n_2}=\frac{z-z_2}{p_2}$	$\frac{m_1}{m_2}=\frac{n_1}{n_2}=\frac{p_1}{p_2}$	$m_1m_2+n_1n_2+p_1p_2=0$	$\cos\theta=\frac{\lvert m_1m_2+n_1n_2+p_1p_2\rvert}{\sqrt{m_1^2+n_1^2+p_1^2}\sqrt{m_2^2+n_2^2+p_2^2}}$

（续）

	平　行	垂　直	夹　　角
两平面 $A_1x+B_1y+C_1z+D_1=0$ $A_2x+B_2y+C_2z+D_2=0$	$\frac{A_1}{A_2}=\frac{B_1}{B_2}=\frac{C_1}{C_2}$	$A_1A_2+B_1B_2+C_1C_2=0$	$\cos\theta=\frac{\lvert A_1A_2+B_1B_2+C_1C_2\rvert}{\sqrt{A_1^2+B_1^2+C_1^2}\sqrt{A_1^2+B_1^2+C_1^2}}$
平面与直线 $Ax+By+Cz+D=0$ $\frac{x-x_0}{m}=\frac{y-y_0}{n}=\frac{z-z_0}{p}$	$Am+Bn+Cp=0$	$\frac{A}{m}=\frac{B}{n}=\frac{C}{p}$	$\sin\theta=\frac{\lvert mA+nB+pC\rvert}{\sqrt{A^2+B^2+C^2}\sqrt{m^2+n^2+p^2}}$

例 6-29　求直线$\frac{x-1}{-1}=\frac{y+2}{\sqrt{2}}=\frac{z-3}{1}$与平面 $x+\sqrt{2}y+z=1$ 的夹角 θ.

解　直线的方向向量 $\boldsymbol{s}=\{-1,\sqrt{2},1\}$，平面的法向量 $\boldsymbol{n}=\{1,\sqrt{2},1\}$，则

$$\sin\theta=\frac{\lvert(-1)\times1+\sqrt{2}\times\sqrt{2}+1\times1\rvert}{\sqrt{(-1)^2+(\sqrt{2})^2+1^2}\times\sqrt{(1)^2+(\sqrt{2})^2+1^2}}=\frac{1}{2}$$

所以

$$\theta=\frac{\pi}{6}$$

例 6-30　一直线过点(1,1,0)，并与直线 l：$\frac{x-1}{2}=\frac{y-2}{1}=\frac{z-5}{4}$垂直相交，求此直线的方程.

解　设所求直线与已知直线 l 的交点为(x_0,y_0,z_0)，则它的一个方向向量为

$$\boldsymbol{s}=\{x_0-1,y_0-1,z_0\}$$

由于两条直线垂直，故

$$2(x_0-1)+(y_0-1)+4z_0=0 \tag{1}$$

又因为直线 l：$\frac{x-1}{2}=\frac{y-2}{1}=\frac{z-5}{4}$的参数方程为

$$\begin{cases}x=2t+1\\y=t+2\\z=4t+5\end{cases}$$

点(x_0,y_0,z_0)在直线 l 上，所以有

$$\begin{cases}x_0=2t+1\\y_0=t+2\\z_0=4t+5\end{cases} \tag{2}$$

将式(2)代入式(1)得

$$2(2t+1-1)+(t+2-1)+4(4t+5)=0$$

解得

$$t=-1$$

于是

$$x_0=-1,\quad y_0=1,\quad z_0=1$$

故 $$s=\{x_0-1,y_0-1,z_0\}=\{-2,0,1\}$$

因此所求直线为 $$l:\frac{x-1}{-2}=\frac{y-1}{0}=\frac{z}{1}\quad 即\quad \begin{cases}\frac{x-1}{-2}=\frac{z}{1}\\ y-1=0\end{cases}$$

2. 通过一条直线的平面有无穷多个，称过一直线的平面族为平面束. 过两个平面 $A_1x+B_1y+C_1z+D_1=0$ 和 $A_2x+B_2y+C_2z+D_2=0$ 的交线的平面束方程为

$$(A_1x+B_1y+C_1z+D_1)+\lambda(A_1x+B_1y+C_1z+D_1)=0$$

例 6-31 求直线 $l_1:\begin{cases}x+y+z+1=0\\ -x+y\quad =0\end{cases}$ 与直线 $l_2:\frac{x-1}{3}=\frac{y}{2}=z+1$ 的距离.

解 求两空间直线的距离，应先求过一条直线且与另一直线平行的平面，再用点到平面的距离公式求出. 因为过直线 l_1 的平面束方程为

$$x+y+z+1+\lambda(-x+y)=0$$

即 $$(1-\lambda)x+(\lambda+1)y+z+1=0 \tag{3}$$

要使方程(3)表示的平面与直线 l_2 平行，则

$$3(1-\lambda)+2(\lambda+1)+1=0$$

解得 $$\lambda=6$$

所以平面为 $$-5x+7y+z+1=0$$

由于点(1,0,−1)在直线 l_2 上，所以

$$d=\frac{|(-5)\times1+7\times0+1\times(-1)+1|}{\sqrt{(-5)^2+7^2+1^2}}=\frac{5}{\sqrt{75}}=\frac{1}{\sqrt{3}}$$

3. 一解多题

例 6-32 求过已知直线 $l:\begin{cases}x-z=1\\ y-2z+1=0\end{cases}$ 且与平面 $\Pi:z=1$ 垂直的平面方程.

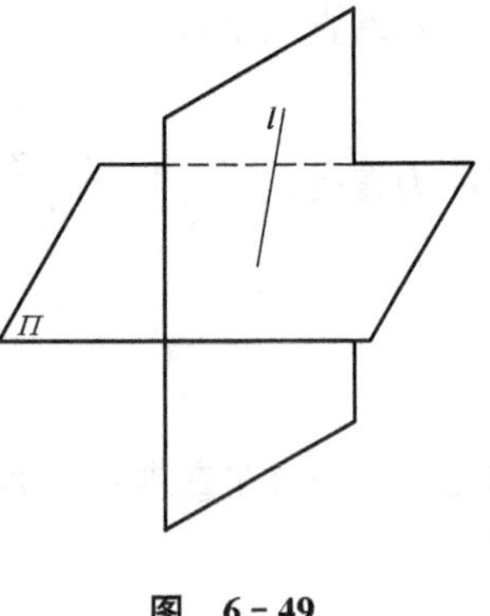

图 6-49

解法 1 利用平面方程的点向式. 如图 6-49 所示，直线 l 的方向向量为

$$\boldsymbol{s}=\begin{vmatrix}\boldsymbol{i}&\boldsymbol{j}&\boldsymbol{k}\\1&0&-1\\0&1&-2\end{vmatrix}=\boldsymbol{i}+2\boldsymbol{j}+\boldsymbol{k}$$

又平面 Π 的法向量 $\boldsymbol{n}=\{0,0,1\}$，所以所求平面 Π_1 的法向量为

$$\boldsymbol{n}_1=\boldsymbol{s}\times\boldsymbol{n}=\begin{vmatrix}\boldsymbol{i}&\boldsymbol{j}&\boldsymbol{k}\\1&2&1\\0&0&1\end{vmatrix}=2\boldsymbol{i}-\boldsymbol{j}$$

再在直线 l 上任找一点：令 $x=0$，代入直线 l 的方程，求得 $y=-3, z=-1$，得点 $(0,-3,-1)$，此点必在所求平面 Π_1 上，故所求平面方程为

$$2(x-0)-(y+3)=0 \quad 即 \quad 2x-y-3=0$$

解法 2　所求平面方程为

$$(x-z-1)+\lambda(y-2z+1)=0 \tag{4}$$

即

$$x+\lambda y-(1+2\lambda)z-1+\lambda=0$$

又因为所求平面与平面 $\Pi: z=1$ 垂直，故

$$1\times 0+\lambda\times 0-(1+2\lambda)=0$$

解得

$$\lambda=-\frac{1}{2}$$

将此式代入式(4)，得所求平面方程为

$$2x-y-3=0$$

4. 同一个方程在空间解析几何和平面解析几何中表示不同的几何图形.

例如，方程 $2x-y+3=0$ 在平面解析几何中表示一条直线，而在空间解析几何中表示一个母线平行于 z 轴的柱面(平面).

5. 向量数量积和向量积坐标表达式的推导

设 $\boldsymbol{a}=a_x\boldsymbol{i}+a_y\boldsymbol{j}+a_z\boldsymbol{k}, \boldsymbol{b}=b_x\boldsymbol{i}+b_y\boldsymbol{j}+b_z\boldsymbol{k}$,

(1)因为

$$\boldsymbol{i}\cdot\boldsymbol{i}=\boldsymbol{j}\cdot\boldsymbol{j}=\boldsymbol{k}\cdot\boldsymbol{k}=1$$
$$\boldsymbol{i}\cdot\boldsymbol{j}=\boldsymbol{j}\cdot\boldsymbol{k}=\boldsymbol{i}\cdot\boldsymbol{k}=0$$

所以

$$\begin{aligned}\boldsymbol{a}\cdot\boldsymbol{b}&=(a_x\boldsymbol{i}+a_y\boldsymbol{j}+a_z\boldsymbol{k})\cdot(b_x\boldsymbol{i}+b_y\boldsymbol{j}+b_z\boldsymbol{k})\\&=a_xb_x\boldsymbol{i}\cdot\boldsymbol{i}+a_xb_y\boldsymbol{i}\cdot\boldsymbol{j}+a_xb_z\boldsymbol{i}\cdot\boldsymbol{k}+a_yb_x\boldsymbol{j}\cdot\boldsymbol{i}+a_yb_y\boldsymbol{j}\cdot\boldsymbol{j}+a_yb_z\boldsymbol{j}\cdot\boldsymbol{k}+\\&\quad a_zb_x\boldsymbol{k}\cdot\boldsymbol{i}+a_zb_y\boldsymbol{k}\cdot\boldsymbol{j}+a_zb_z\boldsymbol{k}\cdot\boldsymbol{k}\\&=a_xb_x+a_yb_y+a_zb_z\end{aligned}$$

(2)因为

$$\boldsymbol{i}\times\boldsymbol{i}=\boldsymbol{j}\times\boldsymbol{j}=\boldsymbol{k}\times\boldsymbol{k}=\boldsymbol{0}$$
$$\boldsymbol{i}\times\boldsymbol{j}=\boldsymbol{k}, \boldsymbol{j}\times\boldsymbol{k}=\boldsymbol{i}, \boldsymbol{k}\times\boldsymbol{i}=\boldsymbol{j}$$
$$\boldsymbol{j}\times\boldsymbol{i}=-\boldsymbol{k}, \boldsymbol{k}\times\boldsymbol{j}=-\boldsymbol{i}, \boldsymbol{i}\times\boldsymbol{k}=-\boldsymbol{j}$$

所以

$$\begin{aligned}\boldsymbol{a}\times\boldsymbol{b}&=(a_x\boldsymbol{i}+a_y\boldsymbol{j}+a_z\boldsymbol{k})\times(b_x\boldsymbol{i}+b_y\boldsymbol{j}+b_z\boldsymbol{k})\\&=a_xb_x\boldsymbol{i}\times\boldsymbol{i}+a_xb_y\boldsymbol{i}\times\boldsymbol{j}+a_xb_z\boldsymbol{i}\times\boldsymbol{k}+a_yb_x\boldsymbol{j}\times\boldsymbol{i}+a_yb_y\boldsymbol{j}\times\boldsymbol{j}+a_yb_z\boldsymbol{j}\times\boldsymbol{k}+\\&\quad a_zb_x\boldsymbol{k}\times\boldsymbol{i}+a_zb_y\boldsymbol{k}\times\boldsymbol{j}+a_zb_z\boldsymbol{k}\times\boldsymbol{k}\\&=(a_yb_z-a_zb_y)\boldsymbol{i}+(a_zb_x-a_xb_z)\boldsymbol{j}+(a_xb_y-a_yb_x)\boldsymbol{k}\end{aligned}$$

习　题　6－5

1. 求平面 $\Pi_1: x+2y+z-3=0$ 与平面 $\Pi_2: 4x-4y+4z-1=0$ 的夹角.

2. 求直线 $\frac{x-2}{3}=\frac{y+3}{-1}=\frac{z-4}{2}$ 与平面 $3x-y+2z=4$ 的夹角.

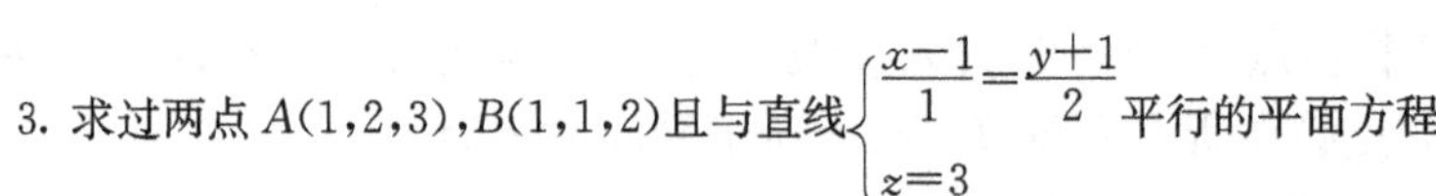

3. 求过两点 $A(1,2,3)$，$B(1,1,2)$ 且与直线 $\begin{cases}\dfrac{x-1}{1}=\dfrac{y+1}{2}\\ z=3\end{cases}$ 平行的平面方程.

4. 求过点 $A(1,1,1)$，且与直线 $l_1: x=\dfrac{y-1}{2}=\dfrac{z-2}{-1}$ 垂直并与直线 $l_2: \dfrac{x+1}{-1}=y-1=\dfrac{z+1}{2}$ 相交的直线方程.

背景聚焦

数学之神——阿基米德

希腊数学家、力学家、静力学和流体静力学的奠基人阿基米德（Archimedes），约公元前 287 年出生于西西里岛的叙古拉，公元前 212 年卒于同地.

他早年在当时的文化中心亚历山大跟随欧几里得的学生学习，以后和亚历山大的学者保持紧密联系，因此算是亚历山大学派的成员. 后人对阿基米德给予极高的评价，常把他和牛顿、欧拉、高斯并列为有史以来四个贡献最大的数学家. 他的生平没有详细记载，但关于他的许多故事却广为流传.

据说他确立了力学的杠杆定律之后，曾发出豪言壮语："给我一个立足点，我就可以移动这个地球！"叙拉古的亥厄洛王叫金匠造一顶纯金的皇冠，因怀疑里面掺有银子，便请阿基米德鉴定一下. 当他进入浴盆洗澡时，水漫溢到盆外，于是悟得不同材料的物体，虽然重量相同，但因体积不同，排出的水也必不相等. 根据这一道理，就可以判断皇冠是否掺假. 阿基米德高兴得跳起来，赤身奔回家中，口中大呼："尤里卡！ 尤里卡！"（希腊语意思是"我找到了"）他将这一流体静力学的基本原理，即物体在液体中减轻的重量，等于排出液体的重量，总结在他的名著《论浮体》中，后来以"阿基米德原理"著称于世.

第二次布匿战争时期，罗马大军围攻叙拉古，阿基米德献出自己的一切聪明才智为祖国效劳. 传说他用起重机抓起敌人的船只，摔得粉碎；发明奇妙的机器，射出大石、火球. 还有一些书记载他用巨大的火镜反射日光去焚毁敌船，这大概是夸张的说法. 总之，他曾竭尽心力，给敌人以沉重打击. 最后叙拉古因粮食耗尽及奸细的出卖而陷落，阿基米德不幸死在罗马士兵之手.

流传下来的阿基米德的著作，主要有下列几种.《论球与圆柱》，这是他的得意杰作，包括许多重大的成就. 他从几个定义和公理出发，推出关于球与圆柱的面积、体积等 50 多个命题.《平面图形的平衡及其重心》，从几个基本假设出发，用严格的几何方法论证力学的原理，求出若干平面图形的重心.《数沙者》，设计一种可以表示任何大数目的方法，纠正有的人认为沙子是不可数的，即使可数也无法用算术符号表示的错误看法.《论浮体》，讨论物体的浮力，研究了旋转抛物体在流体中的稳定性. 阿基米德还提出过一个"群牛问题"，含有八个未知数，最后归结为一个二次不定方程. 其解的数字大得惊人，共有二十多万位！阿基米德当时是否已解出来颇值得怀疑. 除此以外，还有一篇非常重要的著作，是一封给埃拉托斯特尼的信，内容是探讨解决力学问题的方法. 这是1906年丹麦语言学家J.L.海贝格在土耳其伊斯坦布尔发现的一卷羊皮纸手稿，原先写有希腊文，后来被擦去，重新写上宗教的文字. 幸好原先的字迹没有擦干净，经过仔细辨认，证实是阿基米德的著作. 其中有在别处看到的内容，也包括过去一直认为是遗失了的内容，后来以《阿基米德方法》为名刊行于世. 它主要讲根据力学原理去发现问题的方法. 他把一块面积或体积看成是有重量的东西，分成许多非常小的长条或薄片，然后用已知面积或体积去平衡这些"元素"，找到了重心和支点，所求的面积或体积就可以用杠杆定律计算出来. 他把这种方法看作是严格证明前的一种试探性工作，得到结果以后，还要用归谬法去证明它. 他用这种方法取得了大量辉煌的成果. 阿基米德的方法已经具有近代积分论的思想，然而他没有说明这种"元素"是有限多还是无限多，也没有摆脱对几何的依赖，更没有使用极限方法. 尽管如此，他的思想是具有划时代意义的，无愧为近代积分学的先驱.

没有一个古代的科学家，像阿基米德那样将熟练的计算技巧和严格证明融为一体，将抽象的理论和工程技术的具体应用紧密结合起来.

复习题 6

[A]

1. 填空题

(1)在空间直角坐标系中，点 $M(1,-3,2)$ 关于 x 轴的对称点为________.

(2)设 $\boldsymbol{a}=\{1,1,-4\}$，$\boldsymbol{b}=\{2,0,-2\}$，则 $\boldsymbol{a}\cdot\boldsymbol{b}=$________，$\boldsymbol{a}\times\boldsymbol{b}=$________.

(3)设 $\boldsymbol{a}=\{1,2,-1\}$，则 $\boldsymbol{a}$ 与 Ox 轴正方向夹角方向余弦 $\cos\alpha=$________.

(4)向量 $\boldsymbol{a}=\{m,5,-1\}$ 与向量 $\boldsymbol{b}=\{3,1,n\}$ 平行，则 $m=$________，$n=$________.

(5)已知向量 $\boldsymbol{a}=\{3,2,-2\}$ 与向量 $\boldsymbol{b}=\left\{1,\frac{5}{2},m\right\}$ 垂直，则 $m=$________.

(6)平面 $z=x+1$ 与________轴平行.

(7)过点 $A(1,2,3)$ 且与平面 $x+2y+3z+4=0$ 垂直的直线的点向式方程为________.

(8)过点 $(4,-5,3)$ 且在三个坐标轴上截距相等的平面方程为________.

(9)以点 $(1,3,-2)$ 为球心，半径为 2 的球面方程为________.

(10)曲线 $4x^2-9y^2=36$ 绕 x 轴旋转所得旋转曲面的方程为________.

(11)曲面 $z=x^2+y^2$ 及平面 $z=1$ 围成的立体在 Oxy 面上的投影为________.

2. 选择题

(1)过点 $P(1,-2,3)$ 向 Oyz 面作垂线，则垂足的坐标是(　　).

A. $(0,-2,3)$； B. $(1,0,3)$； C. $(1,-2,0)$； D. $(1,0,0)$.

(2)柱面 $x^2+z=0$ 的母线平行于(　　).

A. y 轴； B. x 轴； C. z 轴； D. Oxz 面.

(3)曲面 $x^2+y^2+z^2=2$ 与 $x^2+y^2=z$ 的交线在 Oxy 面上的投影为(　　).

A. 抛物线； B. 双曲线； C. 圆； D. 椭圆.

(4)平面 $\Pi_1: x+2y-z+1=0$ 与平面 $\Pi_2: 2x+y+4z+3=0$ 的关系为(　　).

A. 平行但不重合； B. 垂直； C. 重合　;D. 斜交.

(5)点$(1,1,1)$到平面 $2x+y+2z+5=0$ 的距离 $d=$(　　).

A. $\frac{10}{3}$； B. $\frac{3}{10}$； C. 3； D. 10.

(6)过点 $A(2,3,4)$且与直线$\frac{x-1}{1}=\frac{y-2}{2}=\frac{z-3}{3}$垂直的平面方程为(　　).

A. $x+2y+3z-20=0$；　B. $x+2y+3z-6=0$；

C. $3x+2y+z+20=0$；　D. $x-2y+3z+12=0$.

3. 设$|\boldsymbol{a}|=10, \boldsymbol{b}=3\boldsymbol{i}-\boldsymbol{j}+\sqrt{15}\boldsymbol{k}$，且 $\boldsymbol{a}/\!/\boldsymbol{b}$，求 $\boldsymbol{a}$.

4. 求平面 $2x+y-2z=5$ 与平面 $3x-6y-2z=7$ 的夹角.

5. 求直线 $l_1: \frac{x-1}{1}=\frac{y}{-4}=\frac{z+3}{1}$和直线 $l_2: \frac{x}{2}=\frac{y+2}{-2}=\frac{z}{-1}$的夹角.

6. 指出下列方程在平面解析几何和空间解析几何中分别表示什么图形？

(1)$x^2-y^2=2$； (2)$y=2-z^2$.

[B]

1. 填空题

(1)设 $\boldsymbol{a}=\{2,-3,1\}, \boldsymbol{b}=\{3,2,1\}$，则两向量夹角的余弦为________.

(2)与 y 轴及 $\boldsymbol{a}=\{3,2,5\}$都垂直的单位向量为________.

(3)方程 $y^2-2x^2=z$ 所表示的曲面名称为________.

(4)设点 $A(0,1,2)$和 $B(-1,2,3)$，线段 AB 垂直平分面的方程为________.

(5)曲面 $3x^2-2y^2+3z^2=1$ 是由 Oxy 面上的曲线________旋转而成的.

(6)与两直线$\begin{cases}x=1\\ y=-1+t\\ z=2+t\end{cases}$和$\frac{x+1}{1}=\frac{y+2}{2}=\frac{z-1}{1}$都平行且过原点的平面方程为________.

2. 选择题

(1)若 $\boldsymbol{a}\cdot\boldsymbol{b}=0$，则(　　).

A. $\boldsymbol{a},\boldsymbol{b}$ 至少有一个零向量； B. $\boldsymbol{a},\boldsymbol{b}$ 都不是零向量；

C. $\boldsymbol{a},\boldsymbol{b}$ 未必是零向量；　D. $\boldsymbol{a},\boldsymbol{b}$ 至少有一个非零向量.

(2)曲面的一部分如图 6-50 所示，则下面方程中能代表此曲面的是(　　).

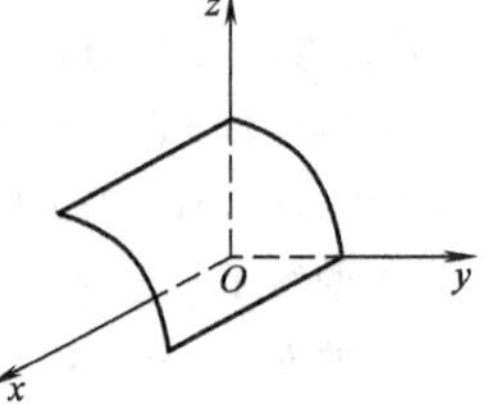

图　6-50

A. $z=2-y^2$；　B. $z=y^2$；

C. $z=y^2-x^2$；　D. $z=-\sqrt{x^2+y^2}$.

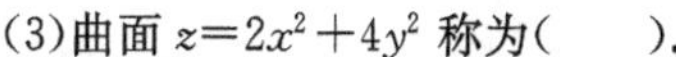
(3)曲面 $z=2x^2+4y^2$ 称为(　　).

A. 椭球面；B. 圆锥面；C. 旋转抛物面；D. 椭圆抛物面.

(4)直线$\frac{x-1}{2}=\frac{y-2}{3}=\frac{z-3}{4}$与平面 $4x+6y+8z-7=0$(　　).

A. 平行；B. 垂直；C. 既不平行也不垂直.

(5)直线 l_1:$\frac{x+3}{5}=\frac{y+1}{2}=\frac{z-2}{4}$与直线 l_2:$\frac{x-8}{3}=\frac{y-1}{1}=\frac{z-6}{2}$(　　).

A. 平行；B. 垂直相交；C. 相交但不垂直；D. 异面.

3. $|\boldsymbol{a}|=1,|\boldsymbol{b}|=2$,且$|\boldsymbol{a}\times\boldsymbol{b}|=2$,求 $\boldsymbol{a}\cdot\boldsymbol{b}$.

4. 求同时垂直于向量 $\boldsymbol{a}=\{2,-3,1\}$和 $\boldsymbol{b}=\{1,-2,3\}$且模等于$\sqrt{75}$的向量 $\boldsymbol{c}$.

5. 求过点 $M(3,1,2)$且通过直线$\begin{cases}2x-5y=23\\x-4=5z\end{cases}$的平面方程.

课 外 学 习 6

1. 在线学习

TED 演讲:(1)城市与企业中的奇妙数学(网页链接及二维码见对应配套电子课件)

(2)爱情数学(网页链接及二维码见对应配套电子课件)

2. 阅读与写作

阅读本章"背景聚焦:数学之神——阿基米德".

第 7 章　多元函数微积分

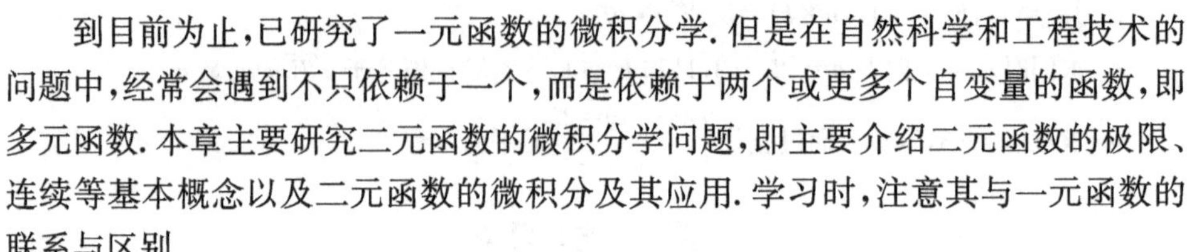

到目前为止，已研究了一元函数的微积分学. 但是在自然科学和工程技术的问题中，经常会遇到不只依赖于一个，而是依赖于两个或更多个自变量的函数，即多元函数. 本章主要研究二元函数的微积分学问题，即主要介绍二元函数的极限、连续等基本概念以及二元函数的微积分及其应用. 学习时，注意其与一元函数的联系与区别.

7.1　多元函数的基本概念

7.1.1　多元函数

1. 多元函数定义

定义 1　设有三个变量 x,y 和 z，如果对于 x,y 在变化范围内的每一对数值，按照一定的法则，z 总有确定的值与之对应，则称 z 是 x,y 的**二元函数**，记作 $z=f(x,y)$.

类似地，三元函数记作 $u=f(x,y,z)$. 二元和二元以上的函数统称为**多元函数.**

例如，圆柱体的体积 $V=\pi r^2 h$ 是二元函数；长方体的体积 $V=xyz$ 是三元函数.

2. 多元函数定义域

使函数有意义的自变量的全体，称为多元函数的定义域.

求二元函数的定义域与求一元函数的定义域类似，但二元函数的定义域一般为平面区域上的点集.

例 7－1　求 $z=\arcsin\dfrac{x}{2}+\arccos y$ 的定义域.

解　要使该函数有意义，应满足

$$\begin{cases}-1\leqslant \dfrac{x}{2}\leqslant 1\\ -1\leqslant y\leqslant 1\end{cases}$$

所以定义域为

$$\{(x,y)\mid -2\leqslant x\leqslant 2,-1\leqslant y\leqslant 1\}$$

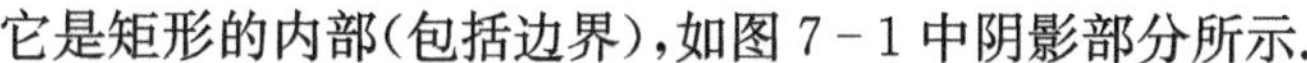
它是矩形的内部(包括边界),如图 7-1 中阴影部分所示.

例 7-2 求 $z=\ln(y-x)+\dfrac{\sqrt{x}}{\sqrt{1-x^2-y^2}}$的定义域.

解 要使该函数有意义,应满足

$$\begin{cases} y-x>0 \\ x\geqslant 0 \\ 1-x^2-y^2>0 \end{cases}$$

所以定义域为

$$\{(x,y)\mid y>x,x\geqslant 0,x^2+y^2<1\}$$

它是圆 $x^2+y^2=1$(不包括边界)的内部、y 轴的右侧(包括 y 轴)、直线 $y=x$(不包括边界)的上侧的公共部分,如图 7-2 中阴影部分所示.

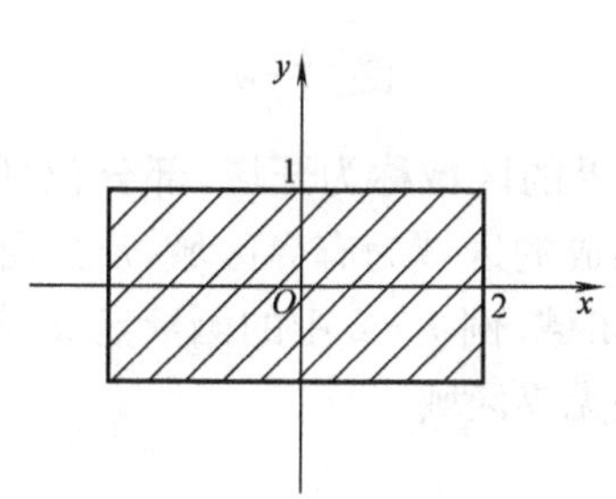

图 7-1

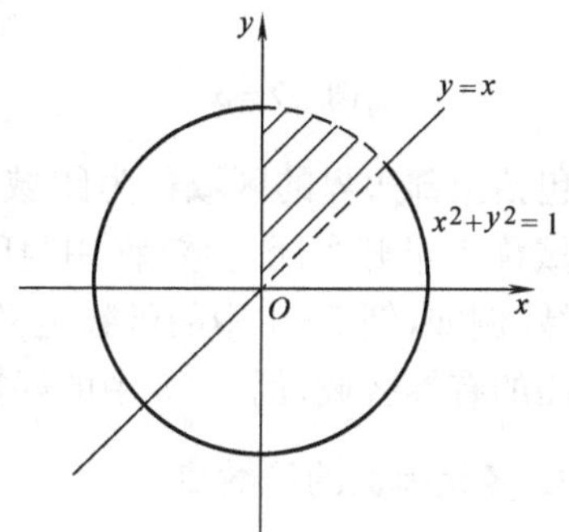

图 7-2

例 7-3 求 $z=\dfrac{1}{\sqrt{x+y}}+\dfrac{1}{\sqrt{x-y}}$的定义域.

解 要使该函数有意义,应满足

$$\begin{cases} x+y>0 \\ x-y>0 \end{cases}$$

所以定义域为

$$\{(x,y)\mid y>-x,y<x\}$$

它是直线 $x+y=0$(不包括边界)的上侧,$x-y=0$(不包括边界)的下侧的公共部分,如图 7-3 中阴影部分所示.

例 7-4 求 $u=\sqrt{1-x^2-y^2-z^2}+\dfrac{1}{\sqrt{z}}$的定义域.

解 要使该函数有意义,应满足

$$\begin{cases} 1-x^2-y^2-z^2\geqslant 0 \\ z>0 \end{cases}$$

所以定义域为

$$\{(x,y,z)\mid x^2+y^2+z^2\leqslant 1,z>0\}$$

定义域为上半圆球,不包括底面,如图 7-4 所示.

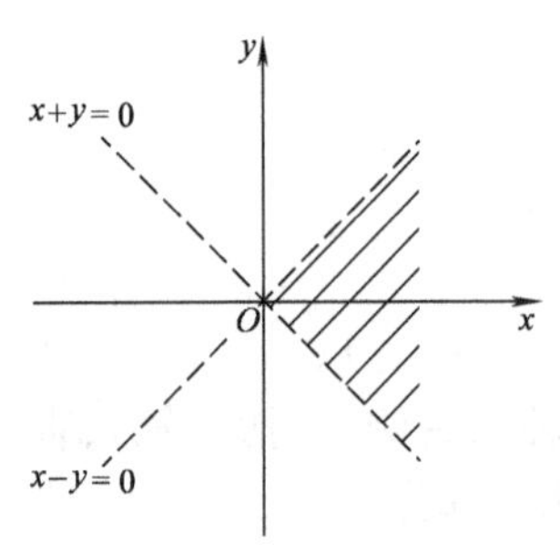

图 7-3

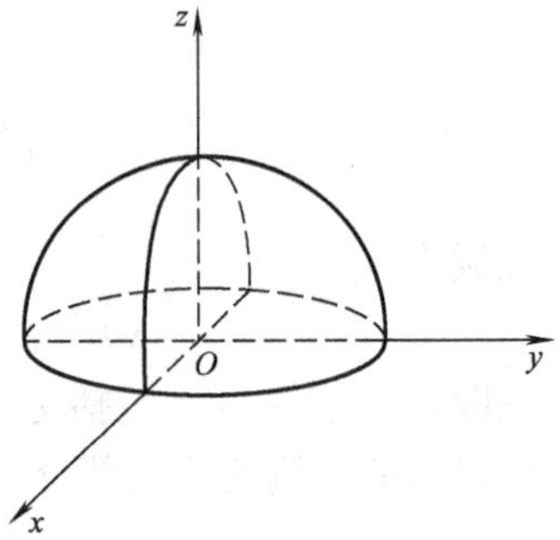

图 7-4

包括全部边界的区域称为闭域,不包括边界的区域称为开域,部分包括边界的区域称为半开半闭区域.称用封闭的边界围成的区域为有界区域,反之称为无界区域.例如,例 7-1 中的函数定义域是有界闭域,例 7-2 中的函数定义域是半开半闭的有界区域,例 7-3 中的函数定义域是无界区域.

3. 多元函数的函数值

求二元函数的函数值与一元函数函数值的求法类似.

例 7-5 设 $f(u,v)=u^v$,求 $f(2,1)$,$f(xy,x+y)$.

解 $f(2,1)=2^1=2$,$f(xy,x+y)=(xy)^{x+y}$

例 7-6 设 $f\left(x+y,\dfrac{y}{x}\right)=x^2-y^2$,求 $f(x,y)$.

解 令 $x+y=u$,$\dfrac{y}{x}=v$,推得 $x=\dfrac{u}{1+v}$,$y=\dfrac{uv}{1+v}$.

于是
$$f(u,v)=\left(\frac{u}{1+v}\right)^2-\left(\frac{uv}{1+v}\right)^2=\frac{u^2(1-v)}{1+v}$$

所以
$$f(x,y)=\frac{x^2(1-y)}{1+y}$$

4. 二元函数 $z=f(x,y)$ 的几何表示

二元函数 $z=f(x,y)$ 的几何意义一般为一空间曲面,如图 7-5 所示.

例如:(1) $z=\sqrt{R^2-x^2-y^2}$ 表示上半圆球面,如图 7-6 所示.

(2) $z=x^2+y^2$ 表示旋转抛物面,如图 7-7 所示.

(3) $z=\sqrt{x^2+y^2}$ 表示上半圆锥面,如图 7-8 所示.

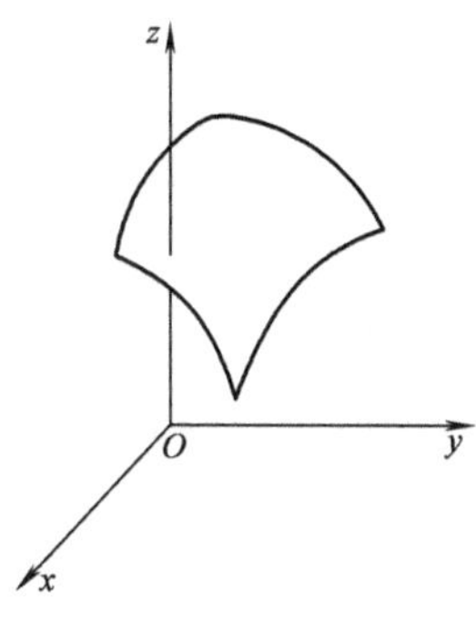

图　7-5

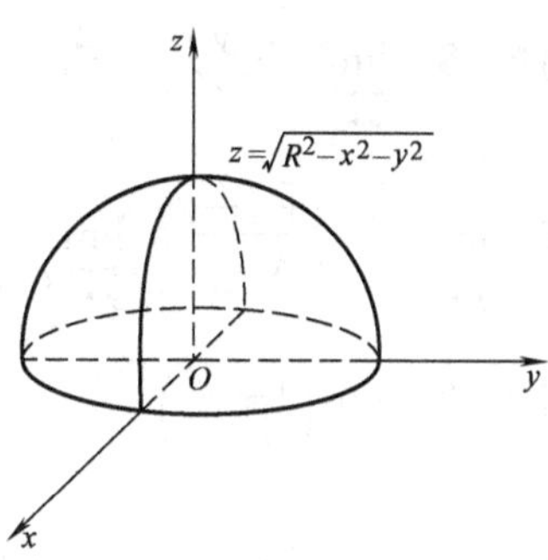

图　7-6

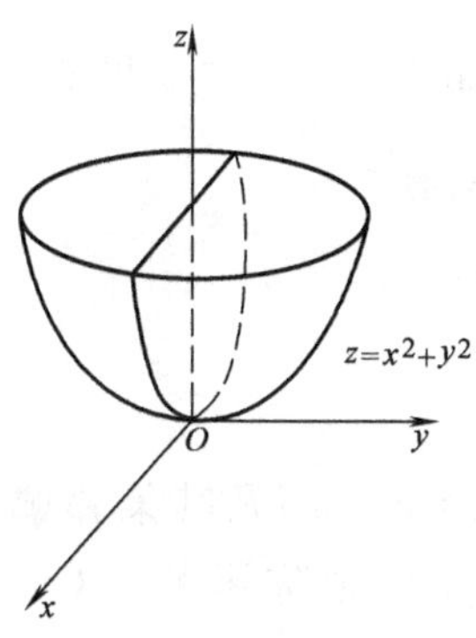

图　7-7

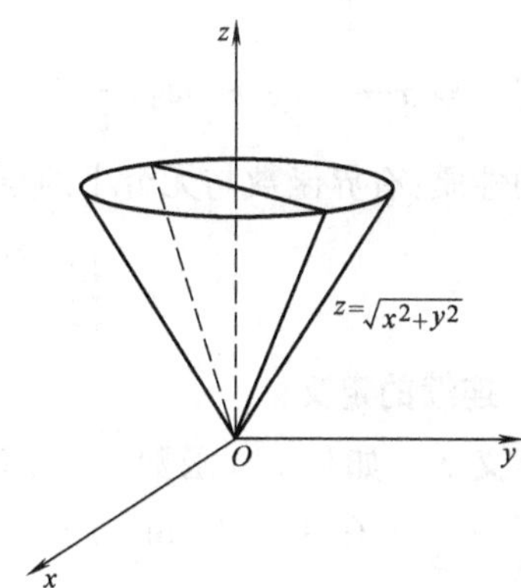

图　7-8

7.1.2　二元函数的极限与连续

1. 二元函数的极限

定义 2　设函数 $z=f(x,y)$ 在点 $P_0(x_0,y_0)$ 的某邻域有定义（P_0 可以除外），$P(x,y)$ 是异于 P_0 的任一点，如果当动点 $P(x,y)$ 以任何方式趋于 $P_0(x_0,y_0)$ 时，$f(x,y)$ 趋于一个确定的常数 A，则称当 (x,y) 趋于 (x_0,y_0) 时，函数 $f(x,y)$ 的极限为 A，记作 $\lim\limits_{(x,y)\to(x_0,y_0)} f(x,y)=A$ 或 $\lim\limits_{\substack{x\to x_0\\ y\to y_0}} f(x,y)=A$.

例 7-7　求 $\lim\limits_{\substack{x\to 0\\ y\to 1}}\dfrac{e^x+y}{x+y}$.

解　$\lim\limits_{\substack{x\to 0\\ y\to 1}}\dfrac{e^x+y}{x+y}=\dfrac{e^0+1}{0+1}=2$

例 7-8 $\lim\limits_{\substack{x\to 0\\ y\to 1}}\dfrac{\sqrt{x^2y+4}-2}{x^2y}$.

解 $\lim\limits_{\substack{x\to 0\\ y\to 1}}\dfrac{\sqrt{x^2y+4}-2}{x^2y}=\lim\limits_{\substack{x\to 0\\ y\to 1}}\dfrac{x^2y+4-4}{x^2y(\sqrt{x^2y+4}+2)}=\dfrac{1}{4}$

例 7-9 $\lim\limits_{\substack{x\to \infty\\ y\to 2}}\left(1+\dfrac{y}{x}\right)^{xy}$.

解 $\lim\limits_{\substack{x\to \infty\\ y\to 2}}\left(1+\dfrac{y}{x}\right)^{xy}=\lim\limits_{\substack{x\to \infty\\ y\to 2}}\left[\left(1+\dfrac{y}{x}\right)^{\frac{x}{y}}\right]^{y^2}=\mathrm{e}^4$

例 7-10 $\lim\limits_{\substack{x\to \infty\\ y\to \infty}}\dfrac{\sin(x^2+y^2)}{x^2+y^2}$.

解 当 $x\to\infty$, $y\to\infty$ 时，$\dfrac{1}{x^2+y^2}$ 是无穷小量，$\sin(x^2+y^2)$ 是有界变量. 根据无穷小的性质：有界函数与无穷小的乘积仍为无穷小，有

$$\lim_{\substack{x\to \infty\\ y\to \infty}}\frac{\sin(x^2+y^2)}{x^2+y^2}=0$$

2. 连续的定义

定义 3 如果(1)函数 $z=f(x,y)$ 在点 $P_0(x_0,y_0)$ 及其某邻域有定义；(2) $\lim\limits_{\substack{x\to x_0\\ y\to y_0}}f(x,y)$ 存在；(3) $\lim\limits_{\substack{x\to x_0\\ y\to y_0}}f(x,y)=f(x_0,y_0)$，则称函数 $f(x,y)$ 在点 $P_0(x_0,y_0)$ 处连续.

如果函数 $f(x,y)$ 在点 (x_0,y_0) 处不连续，则称点 (x_0,y_0) 为 $f(x,y)$ 的间断点.

可以证明：(1) 多元初等函数在其定义域内是连续的.

(2) 如果 $f(x,y)$ 在有界闭区域上连续，则在此区域上必取得最大值及最小值.

(3) 在有界闭区域上连续的二元函数必能取得介于它的两个最值之间的任何值至少一次.

不连续的点是间断点. 二元函数的间断点可能是平面上的一个点也可能是平面上的一条线. 例如，$z=\dfrac{xy}{x^2+y^2}$ 的间断点为原点(0,0)；$z=\dfrac{x}{y-x^2}$ 的间断点为抛物线 $y=x^2$ 上的所有点.

习 题 7-1

1. 求下列函数的定义域：

(1) $z=\arcsin\dfrac{y}{x^2}$；

(2) $z=\sqrt{4-x^2-y^2}+\dfrac{1}{\sqrt{x^2+y^2-1}}$；

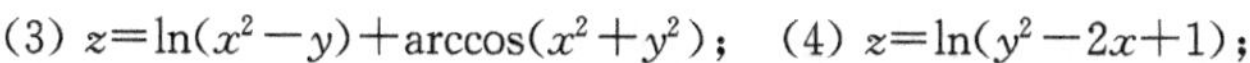

(3) $z=\ln(x^2-y)+\arccos(x^2+y^2)$；　(4) $z=\ln(y^2-2x+1)$；

(5) $z=\dfrac{\sqrt{4x-y^2}}{\ln(1-x^2-y^2)}$；　(6) $z=\sqrt{x-\sqrt{y}}$.

2. (1) 设 $f(x,y)=\dfrac{2xy}{x^2+y^2}$，求 $f\left(1,\dfrac{y}{x}\right)$.

(2) 设 $f\left(\dfrac{y}{x}\right)=\dfrac{\sqrt{x^2+y^2}}{x}$ $(x>0)$，求 $f(x)$.

(3) 设 $u(x,y)=y^2F(2x+y)$，$u(x,1)=x^2$，求 $u(x,y)$.

3. 求下列极限：

(1) $\lim\limits_{\substack{x\to 0\\y\to 0}}\dfrac{e^x\cos y}{1+x+y}$；　(2) $\lim\limits_{\substack{x\to\infty\\y\to\infty}}\dfrac{1+x^2+y^2}{x^2+y^2}$；

(3) $\lim\limits_{\substack{x\to 0\\y\to 0}}\dfrac{1-\sqrt{xy+1}}{xy}$；　(4) $\lim\limits_{\substack{x\to 0\\y\to 1}}\dfrac{\sin xy}{x}$；

(5) $\lim\limits_{\substack{x\to 2\\y\to\infty}}\left(1+\dfrac{2x}{y}\right)^{x^2y}$；　(6) $\lim\limits_{\substack{x\to 0\\y\to 3}}\dfrac{y\sin x}{x^2y+2x}$；

(7) $\lim\limits_{\substack{x\to 2\\y\to\infty}}\dfrac{xy^2+y+1}{3y^2+2xy}$.

> 一个想法使用一次是一个技巧，经过多次使用就可成为一种方法.
>
> 波利亚

7.2　多元函数的导数

7.2.1　偏导数

前面我们研究了一元函数的变化率，由于多元函数有多个自变量，所以要对不同的自变量分别求变化率，也就是求偏导数.

1. 偏导数定义

定义 4　设函数 $z=f(x,y)$ 在点 (x_0,y_0) 的某邻域有定义，如果 $\lim\limits_{\Delta x\to 0}\dfrac{f(x_0+\Delta x,y_0)-f(x_0,y_0)}{\Delta x}$ 存在，则称此极限为二元函数 $z=f(x,y)$ 在点 (x_0,y_0) 对变量 x 的偏导数，记作 $\left.\dfrac{\partial z}{\partial x}\right|_{(x_0,y_0)}$ 或 $f_x'(x_0,y_0)$；如果 $\lim\limits_{\Delta y\to 0}\dfrac{f(x_0,y_0+\Delta y)-f(x_0,y_0)}{\Delta y}$ 存在，则称此极限为二元函数 $z=f(x,y)$ 在点 (x_0,y_0) 点对变量 y 的偏导数，记作 $\left.\dfrac{\partial z}{\partial y}\right|_{(x_0,y_0)}$ 或 $f_y'(x_0,y_0)$.

如果函数 $z=f(x,y)$ 在某区域内每点都可导，那么偏导数就是 x,y 的函数，称为对某自变量的偏导函数,记为$\frac{\partial z}{\partial x}$,$\frac{\partial z}{\partial y}$或$f'_x$,$f'_y$.

需要说明的是:(1) $\frac{\partial z}{\partial x}$,$\frac{\partial z}{\partial y}$是个整体的符号,其中单独的$\partial z$,$\partial x$,$\partial y$没有含义;(2) 和一元函数不同的是,即使二元函数在(x_0,y_0)的偏导数存在,也不一定在该点连续.

类似方法可定义三元函数的偏导数.

2. 二元函数偏导数的几何意义

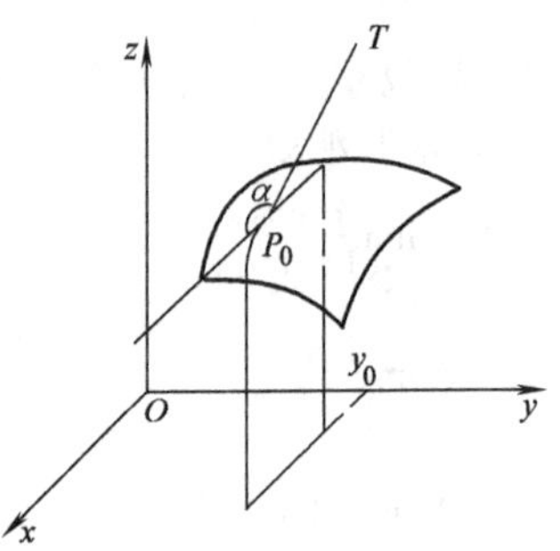

图 7-9

偏导数$f'_x(x_0,y_0)$的几何意义是:用平面$y=y_0$去截曲面$z=f(x,y)$得一曲线$\begin{cases}z=f(x,y)\\y=y_0\end{cases}$,其在$P_0(x_0,y_0)$处的切线$P_0T$相对于$x$轴的斜率(即与$x$轴正向所成倾斜角的正切,如图 7-9 所示).同样$f'_y(x_0,y_0)$是用平面$x=x_0$去截曲面$z=f(x,y)$,得到的曲线在$P_0(x_0,y_0)$处的切线相对于y轴的斜率.

3. 偏导数的求法

多元函数对某一个自变量求偏导时,是将其他的自变量看作常数,将多元函数看作一个自变量的一元函数,进行求导.

例 7-11 设$z=x^4+y^4-\frac{x}{y}$,求$\frac{\partial z}{\partial x}$,$\frac{\partial z}{\partial y}$.

解 $\frac{\partial z}{\partial x}=4x^3-\frac{1}{y}$ (对x求偏导时,将y看作常数)

$\frac{\partial z}{\partial y}=4y^3+\frac{x}{y^2}$ (对y求偏导时,将x看作常数)

例 7-12 设$z=x^y$ $(x>0)$,求$\frac{\partial z}{\partial x}$,$\frac{\partial z}{\partial y}$.

解 $\frac{\partial z}{\partial x}=yx^{y-1}$ (把y看作常数,用幂函数求导公式)

$\frac{\partial z}{\partial y}=x^y\ln x$ (把x看作常数,用指数函数求导公式)

例 7-13 设$z=x\sin(x^2+y^2)$,求$\frac{\partial z}{\partial x}$,$\frac{\partial z}{\partial y}$.

解 对x求偏导时需用到乘法的求导公式,对y求偏导则不需要.

$$\begin{aligned}\frac{\partial z}{\partial x}&=\sin(x^2+y^2)+x\cos(x^2+y^2)\times 2x\\&=\sin(x^2+y^2)+2x^2\cos(x^2+y^2)\end{aligned}$$

$$\frac{\partial z}{\partial y}=x\cos(x^2+y^2)\times 2y=2xy\cos(x^2+y^2)$$

例 7-14　设 $u=x^2+y^2+z^2$，证明：$\left(\frac{\partial u}{\partial x}\right)^2+\left(\frac{\partial u}{\partial y}\right)^2+\left(\frac{\partial u}{\partial z}\right)^2=4u$.

证　因为
$$\frac{\partial u}{\partial x}=2x,\quad \frac{\partial u}{\partial y}=2y,\quad \frac{\partial u}{\partial z}=2z$$

所以
$$\left(\frac{\partial u}{\partial x}\right)^2+\left(\frac{\partial u}{\partial y}\right)^2+\left(\frac{\partial u}{\partial z}\right)^2=4(x^2+y^2+z^2)=4u$$

求多元函数的导数值既可以与求一元函数的导数值方法相同，即先求导后代值，也可以先把不需要求导的变量的值代入，然后对需要求导的变量求导，再把该变量的值代入.

例 7-15　设 $f(x,y)=x^3y^2+(y-1)\ln(x^2+y^2)$，求 $f_x'(1,1)$.

解法 1　因为
$$f_x'(x,y)=3x^2y^2+(y-1)\times\frac{1}{x^2+y^2}\times 2x$$

所以
$$f_x'(1,1)=3$$

解法 2　对 x 求偏导时，可先把 y 的值代入，得
$$f(x,1)=x^3$$

所以
$$f_x'(x,1)=3x^2,\quad f_x'(1,1)=3$$

可以看出，后一种解法比前一种解法简便.

7.2.2　高阶偏导数

二元函数的一阶偏导$\frac{\partial z}{\partial x}$，$\frac{\partial z}{\partial y}$一般还是 x,y 的函数，将它们再对 x 或 y 求偏导(如存在)称为二阶偏导数. 二阶偏导数共有四个：

$\frac{\partial}{\partial x}\left(\frac{\partial z}{\partial x}\right)$，记作$\frac{\partial^2 z}{\partial x^2}$，也可记作 z_{xx}''；　　$\frac{\partial}{\partial y}\left(\frac{\partial z}{\partial x}\right)$，记作$\frac{\partial^2 z}{\partial x\partial y}$，也可记作 z_{xy}''；

$\frac{\partial}{\partial x}\left(\frac{\partial z}{\partial y}\right)$，记作$\frac{\partial^2 z}{\partial y\partial x}$，也可记作 z_{yx}''；　　$\frac{\partial}{\partial y}\left(\frac{\partial z}{\partial y}\right)$，记作$\frac{\partial^2 z}{\partial y^2}$，也可记作 z_{yy}''.

其中 z_{xy}''，z_{yx}''称为二阶混合偏导.

同样可得三阶、四阶以及 n 阶偏导数.

例 7-16　设 $z=x^4+y^4-3x^2\mathrm{e}^y$，求$\frac{\partial^2 z}{\partial x^2}$，$\frac{\partial^2 z}{\partial y^2}$，$\frac{\partial^2 z}{\partial x\partial y}$，$\frac{\partial^2 z}{\partial y\partial x}$.

解　因为
$$\frac{\partial z}{\partial x}=4x^3-6x\mathrm{e}^y,\quad \frac{\partial z}{\partial y}=4y^3-3x^2\mathrm{e}^y$$

所以
$$\frac{\partial^2 z}{\partial x^2}=12x^2-6\mathrm{e}^y,\quad \frac{\partial^2 z}{\partial y^2}=12y^2-3x^2\mathrm{e}^y$$
$$\frac{\partial^2 z}{\partial x\partial y}=-6x\mathrm{e}^y,\quad \frac{\partial^2 z}{\partial y\partial x}=-6x\mathrm{e}^y$$

从上面的例子可以得知，两个二阶混合偏导相等. 一般地，如果 $z=f(x,y)$ 的二阶混合偏导连续，一定有 $\frac{\partial^2 z}{\partial x\partial y}=\frac{\partial^2 z}{\partial y\partial x}$，所以求二阶偏导数时，只需求三个二阶偏导数 $\frac{\partial^2 z}{\partial x^2}$，$\frac{\partial^2 z}{\partial x\partial y}$，$\frac{\partial^2 z}{\partial y^2}$ 即可.

例 7－17 求 $z(x,y)=y^2\mathrm{e}^{xy}$ 的二阶偏导数.

解

$$\frac{\partial z}{\partial x}=y^2\mathrm{e}^{xy}\times y=y^3\mathrm{e}^{xy}$$

$$\frac{\partial^2 z}{\partial x^2}=y^3\mathrm{e}^{xy}\times y=y^4\mathrm{e}^{xy}$$

$$\frac{\partial^2 z}{\partial x\partial y}=3y^2\mathrm{e}^{xy}+y^3\mathrm{e}^{xy}\times x=y^2\mathrm{e}^{xy}(3+xy)$$

$$\frac{\partial z}{\partial y}=2y\mathrm{e}^{xy}+y^2\mathrm{e}^{xy}\times x=\mathrm{e}^{xy}(2y+xy^2)$$

$$\frac{\partial^2 z}{\partial y^2}=(2+2xy)\mathrm{e}^{xy}+(2y+xy^2)\mathrm{e}^{xy}\times x=\mathrm{e}^{xy}(2+4xy+x^2y^2)$$

如果二元函数的两个自变量具有可轮换性，即自变量互换但函数表达式不变时，则求偏导时可节省一半的计算量，即把函数对 x 求偏导结果中的 x 换为 y 即是函数对 y 的偏导.

例 7－18 设 $z=\arctan\frac{x+y}{1-xy}$，求二阶偏导数.

解

$$\frac{\partial z}{\partial x}=\frac{1}{1+\left(\frac{x+y}{1-xy}\right)^2}\frac{(1-xy)-(x+y)(-y)}{(1-xy)^2}=\frac{1+y^2}{1+x^2y^2+x^2+y^2}$$

$$=\frac{1+y^2}{(1+x^2)(1+y^2)}=\frac{1}{1+x^2}$$

$$\frac{\partial^2 z}{\partial x\partial y}=0$$

$$\frac{\partial^2 z}{\partial x^2}=-\frac{2x}{(1+x^2)^2}$$

由字母的可轮换性，得 $\frac{\partial z}{\partial y}=\frac{1}{1+y^2}$， $\frac{\partial^2 z}{\partial y^2}=-\frac{2y}{(1+y^2)^2}$

7.2.3 多元复合函数的求导法则(链式法则)

我们学过一元函数的复合函数的求导法则，若 $y=f(u)$ 对 u 可导，$u=\varphi(x)$ 对 x 可导，则

$$\frac{\mathrm{d}y}{\mathrm{d}x}=\frac{\mathrm{d}y}{\mathrm{d}u}\frac{\mathrm{d}u}{\mathrm{d}x}=f_u u_x$$

多元复合函数的求导法与一元复合函数的求导法有相似之处.

定理 1　设 $u=u(x,y)$，$v=v(x,y)$ 在 (x,y) 点的偏导数存在，$z=f(u,v)$ 在相应的 (u,v) 具有连续的偏导数，则复合函数 $z=f(u(x,y),v(x,y))$ 在 (x,y) 点的偏导数存在，且

$$\boxed{\frac{\partial z}{\partial x}=\frac{\partial z}{\partial u}\frac{\partial u}{\partial x}+\frac{\partial z}{\partial v}\frac{\partial v}{\partial x},\quad \frac{\partial z}{\partial y}=\frac{\partial z}{\partial u}\frac{\partial u}{\partial y}+\frac{\partial z}{\partial v}\frac{\partial v}{\partial y}} \tag{7-1}$$

这个公式常可利用图 7-10 所示的线路图帮助记忆：

表示从 z 到 x 的途径有两条，即从 z 经过 u 到 x 和从 z 经过 v 到 x；从 z 到 y 的途径也有两条，即从 z 经过 u 到 y 和从 z 经过 v 到 y.

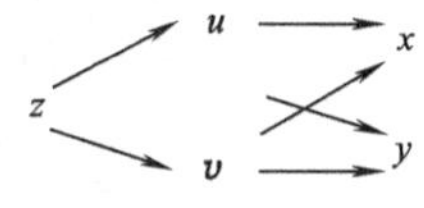

图　7-10

上述公式称为"链式法则"."链式法则"可以是一元的，也可以是多元的(自变量及中间变量的个数可以变化).

定理 2　设 $u=u(t)$，$v=v(t)$ 对 t 可导，$z=f(u,v)$ 在相应的 (u,v) 点具有连续的偏导数，则复合函数 $z=f(u(t),v(t))$ 对 t 可导，且

$$\boxed{\frac{\mathrm{d}z}{\mathrm{d}t}=\frac{\partial z}{\partial u}\frac{\mathrm{d}u}{\mathrm{d}t}+\frac{\partial z}{\partial v}\frac{\mathrm{d}v}{\mathrm{d}t}} \tag{7-2}$$

这个公式常利用图 7-11 所示的线路图帮助记忆：

表示从 z 到 t 的途径有两条：即从 z 经过 u 到 t 和从 z 经过 v 到 t. 称这个公式为全导数公式.

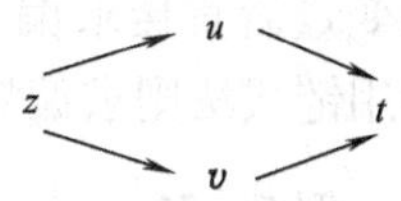

图　7-11

类似方法可以给出三个中间变量(见本章 7.6 节提示与提高 3)或三个自变量的复合求导公式. 对多元复合函数求导时，一定要搞清函数的复合关系.

例 7-19　设 $z=x^2+y^3$，$x=\sin t$，$y=\mathrm{e}^t$，求全导数 $\frac{\mathrm{d}z}{\mathrm{d}t}$.

解　$$\frac{\mathrm{d}z}{\mathrm{d}t}=\frac{\partial z}{\partial x}\frac{\mathrm{d}x}{\mathrm{d}t}+\frac{\partial z}{\partial y}\frac{\mathrm{d}y}{\mathrm{d}t}=2x\cos t+3y^2\mathrm{e}^t$$
$$=2\sin t\cos t+3\mathrm{e}^{2t}\mathrm{e}^t=\sin 2t+3\mathrm{e}^{3t}$$

例 7-20　设 $z=\mathrm{e}^u\sin v$，$u=x+y$，$v=\ln(xy)$，求偏导数 $\frac{\partial z}{\partial x}$，$\frac{\partial z}{\partial y}$.

解　$$\frac{\partial z}{\partial x}=\frac{\partial z}{\partial u}\frac{\partial u}{\partial x}+\frac{\partial z}{\partial v}\frac{\partial v}{\partial x}=\mathrm{e}^u\sin v+\mathrm{e}^u\cos v\times\frac{y}{xy}$$
$$=\mathrm{e}^{x+y}\left[\sin\ln(xy)+\frac{1}{x}\cos\ln(xy)\right]$$
$$\frac{\partial z}{\partial y}=\frac{\partial z}{\partial u}\frac{\partial u}{\partial y}+\frac{\partial z}{\partial v}\frac{\partial v}{\partial y}=\mathrm{e}^u\sin v+\mathrm{e}^u\cos v\times\frac{x}{xy}$$
$$=\mathrm{e}^{x+y}\left[\sin\ln(xy)+\frac{1}{y}\cos\ln(xy)\right]$$

例 7-21 设 $z=u^2\ln v, u=\frac{x}{y}, v=x-y$，求$\frac{\partial z}{\partial x},\frac{\partial z}{\partial y}$.

解法 1 $\frac{\partial z}{\partial x}=\frac{\partial z}{\partial u}\frac{\partial u}{\partial x}+\frac{\partial z}{\partial v}\frac{\partial v}{\partial x}=2u\ln v\times\frac{1}{y}+\frac{u^2}{v}\times 1$

$$=\frac{2x\ln(x-y)}{y^2}+\frac{x^2}{(x-y)y^2}$$

$$\frac{\partial z}{\partial y}=\frac{\partial z}{\partial u}\frac{\partial u}{\partial y}+\frac{\partial z}{\partial v}\frac{\partial v}{\partial y}=2u\ln v\times\left(-\frac{x}{y^2}\right)+\frac{u^2}{v}\times(-1)$$

$$=-\frac{2x^2\ln(x-y)}{y^3}-\frac{x^2}{(x-y)y^2}$$

解法 2 把 u,v 代入 z，则 $z=\frac{x^2}{y^2}\ln(x-y)$

$$\frac{\partial z}{\partial x}=\frac{1}{y^2}\left[2x\ln(x-y)+\frac{x^2}{(x-y)}\right]$$

$$\frac{\partial z}{\partial y}=x^2\left[-\frac{2\ln(x-y)}{y^3}-\frac{1}{(x-y)y^2}\right]$$

由上例可以看出：对某些多元复合函数求偏导时(可不用链式法则)，去掉中间变量后直接求偏导即可. 但若多元复合函数中含幂指函数或抽象函数时，一般使用链式法则求偏导比较方便.

例 7-22 设 $z=f(x^2+y^2,xy)$，求$\frac{\partial z}{\partial x},\frac{\partial z}{\partial y}$.

解 设 $u=x^2+y^2, v=xy$，则 $z=f(u,v)$。这里用 f'_u, f'_v 表示对中间变量的导数，故

$$\frac{\partial z}{\partial x}=\frac{\partial z}{\partial u}\frac{\partial u}{\partial x}+\frac{\partial z}{\partial v}\frac{\partial v}{\partial x}=2xf'_u+yf'_v$$

$$\frac{\partial z}{\partial y}=\frac{\partial z}{\partial u}\frac{\partial u}{\partial y}+\frac{\partial z}{\partial v}\frac{\partial v}{\partial y}=2yf'_u+xf'_v$$

使用链式法则时，要比较灵活，应根据自变量和中间变量的变化而变化. 一般地，因变量到达自变量有几条路径，链式法则就有几项相加，而一条路径中有几个环节，那么这项就有几个偏导数相乘.

例 7-23 设 $z=\sin(xy+u)$，而且 $u=x^2\ln y$，求$\frac{\partial z}{\partial x},\frac{\partial z}{\partial y}$.

解 设 $z=f(x,y,u)=\sin(xy+u), u=x^2\ln y$，如图 7-12 所示，由链式法则有

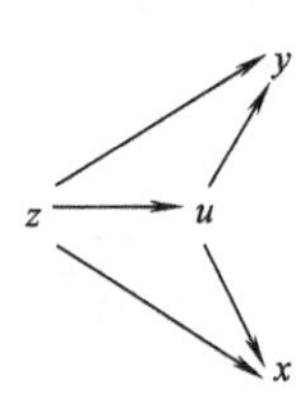

图 7-12

$$\frac{\partial z}{\partial x}=\frac{\partial f}{\partial x}+\frac{\partial f}{\partial u}\frac{\partial u}{\partial x}=y\cos(xy+u)+2x\ln y\cos(xy+u)$$

$$=\cos(xy+x^2\ln y)[y+2x\ln y]$$

$$\frac{\partial z}{\partial y}=\frac{\partial f}{\partial y}+\frac{\partial f}{\partial u}\frac{\partial u}{\partial y}=x\cos(xy+u)+\cos(xy+u)\times\frac{x^2}{y}$$

$$=\left(x+\frac{x^2}{y}\right)\cos(xy+x^2\ln y)$$

需要说明的是:上例中变量 x,y 既可看成中间变量又可看成自变量式,因此使用链式法则时等式右边的因变量符号都要改写为函数符号,否则将出现错误.

例 7-24　设 $z=y+f(u)$,$u=x^2-y^2$,其中 f 可导,证明 $y\frac{\partial z}{\partial x}+x\frac{\partial z}{\partial y}=x$.

证　设 $z=g(y,u)=y+f(u)$,$u=x^2-y^2$,如图 7-13 所示,由链式法则有

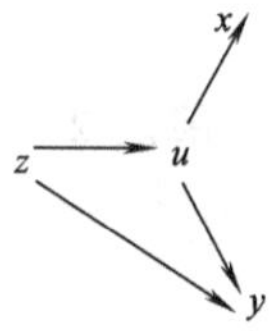

$$\frac{\partial z}{\partial x}=\frac{\partial g}{\partial u}\frac{\partial u}{\partial x}=f'_u\times 2x$$

$$\frac{\partial z}{\partial y}=\frac{\partial g}{\partial y}+\frac{\partial g}{\partial u}\cdot\frac{\partial u}{\partial y}=1+f'_u\times(-2y)$$

图　7-13

因此　$$y\frac{\partial z}{\partial x}+x\frac{\partial z}{\partial y}=2xyf'_u+(x-2xyf'_u)=x$$

7.2.4　隐函数的求导法则

如果由方程 $F(x,y)=0$ 确定了 $y=f(x)$,或者由方程 $F(x,y,z)=0$ 确定了 $z=f(x,y)$,就称方程确定了隐函数.当然,并不是每个方程都能确定隐函数,下面介绍隐函数存在定理.

定理 3(隐函数存在定理一)　设 $F(x,y)$在点(x_0,y_0)的某邻域具有连续偏导数,而且 $F(x_0,y_0)=0$,$F'_y(x_0,y_0)\neq 0$,则方程 $F(x,y)=0$ 在(x_0,y_0)附近确定唯一的函数 $y=f(x)$,而且

$$\boxed{\frac{\mathrm{d}y}{\mathrm{d}x}=-\frac{F'_x}{F'_y}}\tag{7-3}$$

定理 4(隐函数存在定理二)　设 $F(x,y,z)$在点(x_0,y_0,z_0)的某邻域具有连续偏导数,而且 $F(x_0,y_0,z_0)=0$,$F'_z(x_0,y_0,z_0)\neq 0$,则方程 $F(x,y,z)=0$ 确定唯一的函数 $z=z(x,y)$,而且

$$\boxed{\frac{\partial z}{\partial x}=-\frac{F'_x}{F'_z},\quad\frac{\partial z}{\partial y}=-\frac{F'_y}{F'_z}}\tag{7-4}$$

根据定理,可以用公式对隐函数求导.

例 7-25　设 $\sin(x+y)-3\cos xy=4$ 确定了 $y=f(x)$,求$\frac{\mathrm{d}y}{\mathrm{d}x}$.

解　设 $F(x,y)=\sin(x+y)-3\cos xy-4$,则

$$F'_x=\cos(x+y)+3y\sin xy$$

$$F_y' = \cos(x+y) + 3x\sin xy$$

则
$$\frac{dy}{dx} = -\frac{F_x'}{F_y'} = \frac{\cos(x+y)+3y\sin xy}{\cos(x+y)+3x\sin xy}$$

例 7-26 设 $xy+e^y=e^x$ 确定了 $y=f(x)$，求$\frac{dy}{dx}$.

解法 1 设 $F(x,y)=xy+e^y-e^x$，则

$$F_x'=y-e^x, \quad F_y'=x+e^y$$

$$\frac{dy}{dx}=-\frac{F_x'}{F_y'}=-\frac{y-e^x}{x+e^y}=\frac{e^x-y}{e^y+x}$$

解法 2 方程两边对 x 求导得

$$y+x\frac{dy}{dx}+e^y\frac{dy}{dx}=e^x$$

所以
$$\frac{dy}{dx}=\frac{e^x-y}{e^y+x}$$

与一元隐函数求导类似，多元隐函数求偏导时，既可利用公式(7-4)，也可在方程两边对 $x(y)$ 求偏导，此时把 $x(y)$ 看成自变量，z 看成函数即可.

例 7-27 设 $x^2+y^2+z^2=a^2$ 确定了 $z=f(x,y)$，求$\frac{\partial z}{\partial x},\frac{\partial z}{\partial y}$.

解法 1 设 $F(x,y,z)=x^2+y^2+z^2-a^2$，则

$$F_x'=2x, \quad F_y'=2y, \quad F_z'=2z$$

$$\frac{\partial z}{\partial x}=-\frac{F_x'}{F_z'}=-\frac{x}{z}, \quad \frac{\partial z}{\partial y}=-\frac{F_y'}{F_z'}=-\frac{y}{z}$$

解法 2 方程两边对 x 求偏导得

$2x+2zz_x'=0$ （z 看成函数，x 看成自变量，y 看成常数）

所以
$$z_x'=-\frac{2x}{2z}=-\frac{x}{z}$$

两边对 y 求导得 $2y+2zz_y'=0$ （z 看成函数，y 看成自变量，x 看成常数）

所以
$$z_y'=-\frac{2y}{2z}=-\frac{y}{z}$$

习 题 7-2

1. 求下列函数的偏导数：

(1) $z=xe^{x+y}$；

(2) $z=\tan(x+y)+\cos(xy)$；

(3) $z=e^{x^2+y^2}\sin\frac{y}{x}$；

(4) $z=\arctan\frac{y}{x}+\ln\sqrt{x^2+y^2}$；

(5) $z=\arcsin\frac{x}{\sqrt{x^2+y^2}}$；

(6) $u=\ln(x+y^2+z^3)$；

(7) $u=\left(\frac{x}{z}\right)^{y}$；　　(8) $u=\arctan(x+y)^{z}$.

2. 求下列函数在给定点的偏导值：

(1) $z=\ln\left(x+\frac{y}{2x}\right)$，求$\left.\frac{\partial z}{\partial y}\right|_{\substack{x=1\\y=0}}$.

(2) $f(x,y)=e^{-x}\sin(x+2y)$，求 $f_x'\left(0,\frac{\pi}{4}\right)$与 $f_y'\left(0,\frac{\pi}{4}\right)$.

(3) $f(x,y)=x^2+\ln(y^2+1)\arctan x^{y+1}$，求$\left.\frac{\partial f(x,y)}{\partial x}\right|_{(x,0)}$.

3. 设 $z=\frac{y^2}{3x}+\arcsin(xy)$，证明：$x^2\frac{\partial z}{\partial x}-xy\frac{\partial z}{\partial y}+y^2=0$.

4. 求下列函数的二阶偏导数：

(1) $u=x^4+y^4-4x^2y^2$；　　(2) $u=x^2e^y+y^3\sin x$；

(3) $u=x\times 2^{x+y}$；　　(4) $u=\cos^2(x+2y)$.

5. 设 $z=\ln(e^x+e^y)$，证明：函数 z 满足 $z''_{xx}z''_{yy}-(z''_{xy})^2=0$.

6. 求下列复合函数的偏导数：

(1) $z=u^3v^3$，$u=\sin t$，$v=\cos t$；　　(2) $z=\frac{y}{x}$，$x=e^t$，$y=1-e^{2t}$；

(3) $z=e^{x-2y}$，$x=\ln t$，$y=t^3$；　　(4) $z=\arcsin(xy)$，$y=e^x$.

7. 求下列复合函数的偏导数：

(1) 设 $z=u^2e^v$，其中 $u=x^2+y^2$，$v=xy$；

(2) 设 $z=u^3v^3$，其中 $u=x\cos y$，$v=x\sin y$；

(3) 设 $z=\frac{\cos u}{v}$，其中 $u=\frac{y}{x}$，$v=x^2-y^2$；

(4) 设 $z=u+\ln v$，其中 $u=\arctan(xy)$，$v=1+x^2y^2$.

8. 设 f 具有连续偏导数，求下列复合函数的偏导数.

(1) $z=f(x^2+y, ye^x)$；

(2) $u=f(x+y^2+z^3)$；

(3) $z=f(x^2y, xy^2, 2xy)$.

9. (1) 设 $z=\arctan\frac{u}{v}$，其中 $u=x+y$，$v=x-y$，验证：$\frac{\partial z}{\partial x}+\frac{\partial z}{\partial y}=\frac{x-y}{x^2+y^2}$.

(2) 设 $z=xy+xF(u)$，$u=\frac{y}{x}$，验证：$x\frac{\partial z}{\partial x}+y\frac{\partial z}{\partial y}=z+xy$.

(3) 设 $z=yf(x^2-y^2)$，验证：$y\frac{\partial z}{\partial x}+x\frac{\partial z}{\partial y}=\frac{xz}{y}$.

10. 设方程 $F(x,y)=0$ 确定了 $z=f(x)$，求$\frac{dy}{dx}$.

(1) $3x^2+2xy+4y^3=0$；　　(2) $xy-\ln y=0$.

11. 设方程 $F(x,y,z)=0$ 确定了 $z=f(x,y)$，求$\frac{\partial z}{\partial x}$，$\frac{\partial z}{\partial y}$.

(1) $xy+yz+zx=1$；　　(2) $\cos^2x+\cos^2y+\cos^2z=1$；

(3) $x^2y^3+z^2+xyz=0$；　　(4) $e^{x+y}+\sin(x+z)=0$.

12. 设 $2\sin(x+2y-3z)=x+2y-3z$ 确定了 $z=f(x,y)$，证明：$\frac{\partial z}{\partial x}+\frac{\partial z}{\partial y}=1$.

微分是一个伟大的概念，它不但是分析学而且也是人类认知活动中最具创意的概念. 没有它，就没有速度或加速度或动量，也没有密度或电荷或任何其他密度，没有位势函数的梯度，从而没有物理学中的位势概念，没有波动方程，没有力学，没有物理，没有科技，什么都没有.

S. Bochner

7.3 全微分

7.3.1 全微分的概念与计算

一元函数 $y=f(x)$ 在点 x 处的微分是：若 $y=f(x)$ 在 x 的增量 Δy 可表示为

$$\Delta y = f'(x)\Delta x + o(\Delta x)$$

其中 $o(\Delta x)$ 表示 Δx 的高阶无穷小，则 $dy=f'(x)\Delta x$ 为函数 $y=f(x)$ 在 x 处的微分. 与之类似，二元函数全微分有如下定义.

定义 5 若二元函数 $z=f(x,y)$ 在点 (x,y) 的全增量 $\Delta z=f(x+\Delta x,y+\Delta y)-f(x,y)$ 可表示为

$$\Delta z = \frac{\partial z}{\partial x}\Delta x + \frac{\partial z}{\partial y}\Delta y + o(\rho)$$

其中 $\rho=\sqrt{(\Delta x)^2+(\Delta y)^2}$，则称 $\frac{\partial z}{\partial x}\Delta x+\frac{\partial z}{\partial y}\Delta y$ 为 $z=f(x,y)$ 在 (x,y) 处的**全微分**，记作

$$dz = \frac{\partial z}{\partial x}\Delta x + \frac{\partial z}{\partial y}\Delta y$$

这时也称函数 $z=f(x,y)$ 在点 (x,y) 可微。

习惯上将 $\Delta x,\Delta y$ 分别写为 dx,dy，即

$$\boxed{dz=\frac{\partial z}{\partial x}dx+\frac{\partial z}{\partial y}dy} \tag{7-5}$$

若 $z=f(x,y)$ 在区域 D 内每一点均可微，则称其在 D 内可微。

全微分的几何意义是曲面在该点的切面的竖坐标的增量，如图 7-14 所示.

全微分的概念可以推广到三元及三元以上的多元函数. 例如，若三元函数 $u=f(x,y,z)$ 在区域 D 内可微，则其全微分公式为

$$\boxed{du=\frac{\partial u}{\partial x}dx+\frac{\partial u}{\partial y}dy+\frac{\partial u}{\partial z}dz} \tag{7-6}$$

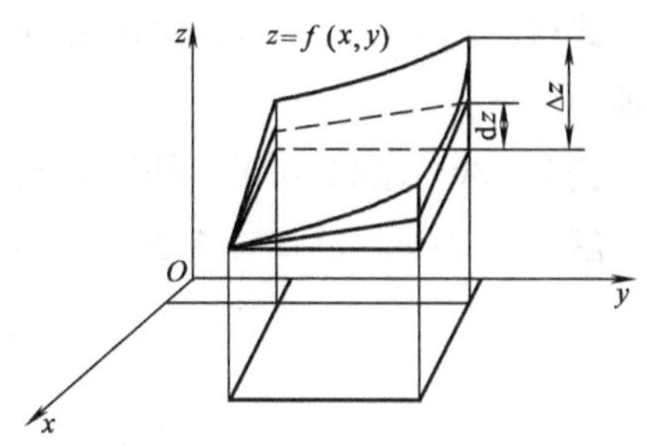

图　7-14

定理 5(可微的必要条件)　若函数 $z=f(x,y)$ 在点 (x,y) 处可微,则其在点 (x,y) 处连续且两个偏导数存在.

定理 6(可微的充分条件)　若函数 $z=f(x,y)$ 的两个偏导数在点 (x,y) 处存在且连续,则 $z=f(x,y)$ 在该点可微.

例 7-28　求函数 $z=\dfrac{y}{x}$ 在点(2,1)处,当 $\Delta x=0.1,\Delta y=-0.2$ 时的全增量及全微分.

解　全增量　$\Delta z=\dfrac{y+\Delta y}{x+\Delta x}-\dfrac{y}{x}=\dfrac{1-0.2}{2+0.1}-\dfrac{1}{2}=-0.119$

因为

$$\left.\frac{\partial z}{\partial x}\right|_{(2,1)}=\left.-\frac{y}{x^2}\right|_{(2,1)}=-\frac{1}{4},\ \left.\frac{\partial z}{\partial y}\right|_{(2,1)}=\left.\frac{1}{x}\right|_{(2,1)}=\frac{1}{2}$$

所以全微分 $\mathrm{d}z=\dfrac{\partial z}{\partial x}\Delta x+\dfrac{\partial z}{\partial y}\Delta y=-\dfrac{1}{4}\times 0.1+\dfrac{1}{2}\times(-0.2)=-0.125$

例 7-29　设 $z=\arctan\dfrac{y}{x}$,求全微分 $\mathrm{d}z$.

解　因为

$$\frac{\partial z}{\partial x}=\frac{-\dfrac{y}{x^2}}{1+\left(\dfrac{y}{x}\right)^2}=\frac{-y}{x^2+y^2},\quad \frac{\partial z}{\partial y}=\frac{\dfrac{1}{x}}{1+\left(\dfrac{y}{x}\right)^2}=\frac{x}{x^2+y^2}$$

所以

$$\mathrm{d}z=\frac{-y}{x^2+y^2}\mathrm{d}x+\frac{x}{x^2+y^2}\mathrm{d}y=\frac{1}{x^2+y^2}(x\mathrm{d}y-y\mathrm{d}x)$$

7.3.2　全微分的应用

由全微分的定义可知,当函数 $z=f(x,y)$ 在点 (x_0,y_0) 处全微分存在,且 $|\Delta x|$ 和 $|\Delta y|$ 都很小时有

$$\boxed{\Delta z\approx \mathrm{d}z=f'_x(x_0,y_0)\Delta x+f'_y(x_0,y_0)\Delta y}\tag{7-7}$$

于是　$f(x_0+\Delta x,y_0+\Delta y)-f(x_0,y_0)\approx f'_x(x_0,y_0)\Delta x+f'_y(x_0,y_0)\Delta y$

即

$$\boxed{f(x_0+\Delta x,y_0+\Delta y)\approx f(x_0,y_0)+f'_x(x_0,y_0)\Delta x+f'_y(x_0,y_0)\Delta y}\tag{7-8}$$

式(7－7)可以用来求函数改变量的近似值，式(7－8)可以用来计算函数的近似值.

例 7－30 求$(1.02)^{2.04}$的近似值.

解 设$f(x,y)=x^y$，并取$x_0=1,y_0=2,\Delta x=0.02,\Delta y=0.04$，则

$$f_x'(1,2)=yx^{y-1}\Big|_{(1,2)}=2$$

$$f_y'(1,2)=x^y\ln x\Big|_{(1,2)}=0$$

由公式(7－8)得

$$\begin{aligned}(1.02)^{2.04}&\approx f(1,2)+f_x'(1,2)\Delta x+f_y'(1,2)\Delta y\\&=1+2\times0.02+0\times0.04=1.04\end{aligned}$$

例 7－31 求 4.02arctan0.97 的近似值.

解 设$f(x,y)=x\arctan y$，并取$x_0=4,y_0=1,\Delta x=0.02,\Delta y=-0.03$，则

$$f_x'(4,1)=\arctan y\Big|_{(4,1)}=\frac{\pi}{4}$$

$$f_y'(4,1)=\frac{x}{1+y^2}\Big|_{(4,1)}=2$$

由公式(7－8)得

$$\begin{aligned}4.02\arctan0.97&\approx f(4,1)+f_x'(4,1)\Delta x+f_y'(4,1)\Delta y\\&=4\arctan1+\frac{\pi}{4}\times0.02+2\times(-0.03)=3.097\end{aligned}$$

例 7－32 设圆锥的底半径由 30cm 增加到 30.1cm，高由 60cm 减少到 59.5cm，试求体积变化的近似值.

解 设圆锥底半径为$r$cm，高为$h$cm，体积为$V\text{cm}^3$，则由已知条件有

$$\Delta r=0.1,\Delta h=-0.5$$

因为圆锥体积$V=\frac{1}{3}\pi r^2h$，则

$$\frac{\partial V}{\partial r}\Big|_{(30,60)}=\frac{2}{3}\pi rh\Big|_{(30,60)}=1200\pi$$

$$\frac{\partial V}{\partial h}\Big|_{(30,60)}=\frac{1}{3}\pi r^2\Big|_{(30,60)}=300\pi$$

由公式(7－7)得

$$\begin{aligned}\Delta V&\approx V_r'(30,60)\Delta r+V_h'(30,60)\Delta h\\&=1200\pi\times0.1+300\pi\times(-0.5)=-30\pi\approx-94.2\end{aligned}$$

所以体积减少了 94.2cm^3.

习　题　7－3

1. 求下列函数的全微分：

(1) $z=\sin(x^2+y^2)$；　　(2) $z=x\ln(xy)$；

(3) $z=y^{\cos x}$；　　(4) $z=\arctan\dfrac{x-2y}{x+2y}$.

2. 求 $z=2x^2+3y^2$ 当 $x=1,y=2,\Delta x=0.2,\Delta y=0.1$ 时的 Δz 及 $\mathrm{d}z$.

3. 计算 $(10.1)^{2.03}$ 的近似值.

4. 计算 $\sqrt{\dfrac{0.99}{1.02}}$ 的近似值.

5. 设一圆柱体，它的底半径 r 由 2cm 增加到 2.05cm，其高 h 由 10cm 减到 9.8cm，试求其体积 V 的近似变化.

> 在数学的领域中，提出问题的艺术比解答问题的艺术更为重要.
>
> 康托尔

7.4　多元函数的极值和最值

7.4.1　二元函数的极值

观察下列函数在原点的情况，分别如图 7－15、图 7－16、图 7－17 所示.

(1) $z=4-x^2-y^2$；　(2) $z=\sqrt{x^2+y^2}$；(3) $z=y^2-x^2$.

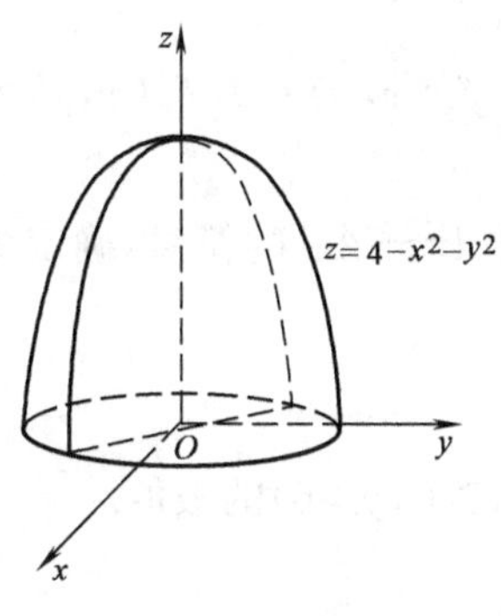

图　7－15

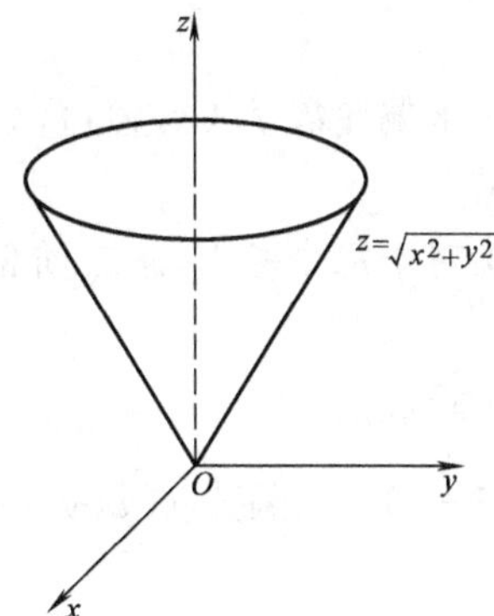

图　7－16

可以看出 $z=4-x^2-y^2$ 在原点取得极大值，$z=\sqrt{x^2+y^2}$ 在原点取得极小值，

$z=y^2-x^2$ 在原点没取得极值.

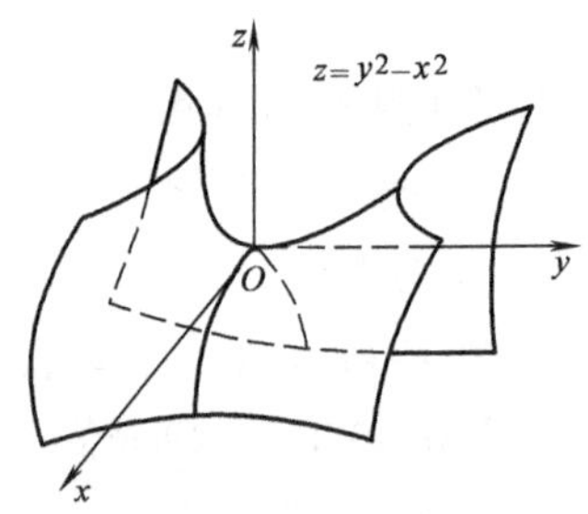

图 7-17

定义 6 设 $z=f(x,y)$ 在点 (x_0,y_0) 的某邻域有定义,如果对于异于 (x_0,y_0) 的每个 (x,y),恒有 $f(x,y)<f(x_0,y_0)$,则称 $f(x_0,y_0)$ 为极大值,点 (x_0,y_0) 为极大值点;如果恒有 $f(x,y)>f(x_0,y_0)$,则称 $f(x_0,y_0)$ 为极小值,点 (x_0,y_0) 为极小值点.

定理 7(极值的必要条件) 如果 $z=f(x,y)$ 在点 (x_0,y_0) 取得极值,且两个偏导数都存在,则一定有 $f'_x(x_0,y_0)=0, f'_y(x_0,y_0)=0$.

实际上,若曲面 $z=f(x,y)$ 在点 (x_0,y_0) 取得极值,则用平面 $y=y_0$ 去截曲面而得到的曲线在该点作为一元函数也取到极值,所以 $f'_x(x_0,y_0)=0$;同理 $f'_y(x_0,y_0)=0$.

满足 $f'_x(x_0,y_0)=0, f'_y(x_0,y_0)=0$ 的点 (x_0,y_0) 称为 $f(x,y)$ 的**驻点**.

一般地,二元函数的驻点及偏导数不存在的点称为**可疑极值点**. 那么怎样判断在可疑极值点是否取到极值呢?

定理 8(极值的充分条件) 设 $z=f(x,y)$ 在 (x_0,y_0) 的某邻域内具有二阶连续偏导数,且 $f'_x(x_0,y_0)=0, f'_y(x_0,y_0)=0$,令 $f''_{xx}(x_0,y_0)=A, f''_{xy}(x_0,y_0)=B, f''_{yy}(x_0,y_0)=C$,如果(1) $B^2-AC<0, A>0$,则 $f(x_0,y_0)$ 为极小值;(2) $B^2-AC<0, A<0$,则 $f(x_0,y_0)$ 为极大值;(3) $B^2-AC>0$,则 $f(x_0,y_0)$ 不是极值;(4) $B^2-AC=0$,则不能确定 $f(x_0,y_0)$ 是否为极值.

综上所述,若函数 $z=f(x,y)$ 的二阶偏导数连续,则求该函数极值的步骤为:

(1) 求偏导数 $f'_x(x,y), f'_y(x,y)$,解方程组 $f'_x(x,y)=0, f'_y(x,y)=0$,得到全部驻点;

(2) 对于每个驻点,求二阶偏导数的值,定出 B^2-AC 的符号,确定极值的情况;

(3) 求极值.

例 7-33 求函数 $f(x,y)=xy+\dfrac{50}{x}+\dfrac{20}{y}\ (x>0, y>0)$ 的极值.

解 由
$$\begin{cases} f'_x=y-\dfrac{50}{x^2}=0 \\ f'_y=x-\dfrac{20}{y^2}=0 \end{cases}$$
得驻点为 $(5,2)$.

由
$$A = f''_{xx}\Big|_{(5,2)} = \frac{100}{x^3}\Big|_{(5,2)} = \frac{4}{5}$$
$$B = f''_{xy}\Big|_{(5,2)} = 1$$
$$C = f''_{yy}\Big|_{(5,2)} = \frac{40}{y^3}\Big|_{(5,2)} = 5$$

得
$$B^2-AC=1-\frac{4}{5}\times5=-3<0,\ A=\frac{4}{5}>0$$

所以 $f(5,2)=30$ 是极小值.

例 7-34 求函数 $f(x,y)=x^3-3xy+y^3+5$ 的极值.

解 由$\begin{cases}f'_x=3x^2-3y=0\\ f'_y=3y^2-3x=0\end{cases}$,得全部驻点为(0,0)(1,1).

因为 $f''_{xx}=6x, f''_{xy}=-3, f''_{yy}=6y$. 对于点(0,0),$B^2-AC=9>0$,所以,$f(0,0)$不是极值;对于点(1,1),$B^2-AC=-27<0, A=6>0$,所以 $f(1,1)=4$ 是极小值.

7.4.2 最大值和最小值

在实际中,经常遇到求多元函数的最大值、最小值问题. 类似于一元函数,在有界闭区域 D 上连续的二元函数 $z=f(x,y)$,一定在该区域上存在着最大值和最小值. 仿照一元函数最值的求法,求二元函数最值的步骤如下:

(1) 求出函数在 D 上的全部驻点和 D 上连续不可导的点;

(2) 计算 D 上的全部驻点、D 上连续不可导的点及边界点的函数值;

(3) 比较上述函数值,最大者即为 D 上的最大值,最小者即为 D 上的最小值.

在一般的实际应用问题中,如果能由问题本身的性质判定出 D 内一定有最大值或最小值,且函数在 D 内只有一个驻点,那么这个驻点就是问题中所求的最值点.

例 7-35 把 108 分成三个正数,使三个数的平方和最小,求这三个数.

解 设三个数为 $x, y, 108-x-y$ $(x>0, y>0)$,平方和为 F,则
$$F = x^2+y^2+(108-x-y)^2$$

由
$$\begin{cases}F'_x = 2x-2(108-x-y)=0\\ F'_y = 2y-2(108-x-y)=0\end{cases}$$

解得
$$\begin{cases}x=36\\ y=36\end{cases}$$

因为 $F''_{xx}=4, F''_{xy}=2, F''_{yy}=4$,所以,在点(36,36)处,$B^2-AC<0, A>0$,于是 F 取得极小值. 因为只有一个驻点,极小值一定是最小值,所以当三个数均为 36 时,三个

数的平方和最小.

7.4.3 条件极值问题的拉格朗日乘数法

在实际问题中,求极值时,自变量往往受到一些条件限制,这类问题称为条件极值问题. 反之,称为无条件极值问题. 当条件简单时,条件极值可化为无条件极值来处理. 当条件较复杂时,求函数的极值往往采用求条件极值的方法——拉格朗日乘数法.

求目标函数 $u=f(x,y,z)$ 在约束条件 $\varphi(x,y,z)=0$ 下的极值的方法是:引入拉格朗日常数 λ,构造拉格朗日函数 $L(x,y,z)=f(x,y,z)+\lambda\varphi(x,y,z)$,列出方程组

$$\boxed{\begin{cases}L_x'=f_x'+\lambda\varphi_x'=0\\L_y'=f_y'+\lambda\varphi_y'=0\\L_z'=f_z'+\lambda\varphi_z'=0\\\varphi(x,y,z)=0\end{cases}}\tag{7-9}$$

解出 x,y,z,由此得到可疑极值点,这种方法称为拉格朗日乘数法.

如果目标函数是二元函数,则上面的方程组可以简化为

$$\boxed{\begin{cases}L_x'=f_x'+\lambda\varphi_x'=0\\L_y'=f_y'+\lambda\varphi_y'=0\\\varphi(x,y)=0\end{cases}}\tag{7-10}$$

至于在可疑极值点是否取得极值,是取得极大值还是极小值,一般要讨论 d^2L 的正负号. 对于应用问题,一般都可以由实际意义断定在驻点取得最大值还是最小值,可以不必讨论.

例 7-36 在直线 $x+y=\frac{\pi}{2}$ 位于第一象限的那一部分上求一点,使该点横坐标的余弦与纵坐标的余弦的乘积最大,并求出最大值.

解 设该点的坐标为 (x,y),横坐标的余弦与纵坐标的余弦的乘积为 F,则

目标函数为 $$F=\cos x\cos y$$

约束条件为 $$x+y=\frac{\pi}{2}\ (x\geqslant 0,y\geqslant 0)$$

构造拉格朗日函数 $$L(x,y)=\cos x\cos y+\lambda\left(x+y-\frac{\pi}{2}\right)$$

令
$$\begin{cases} L_x' = -\sin x\cos y + \lambda = 0 & (1) \\ L_y' = -\cos x\sin y + \lambda = 0 & (2) \\ x + y = \dfrac{\pi}{2} & (3) \end{cases}$$

式(1)－式(2)得　$\sin(x-y)=0$

所以　$x=y$

代入式(3)得　$x=y=\dfrac{\pi}{4}$

因该函数F在$0<x<\dfrac{\pi}{2}$，$0<y<\dfrac{\pi}{2}$内一定存在最大值(在端点处F为0，为最小值)，所以可断定$F\left(\dfrac{\pi}{4},\dfrac{\pi}{4}\right)=\dfrac{1}{2}$为最大值.

例7－37　在椭圆$x^2+4y^2=4$上求与直线$3x+4y-9=0$的距离最近的点和最远的点.

解　此题是求点(x,y)到直线$3x+4y-9=0$的距离$d=\dfrac{|3x+4y-9|}{5}$的最值，如图7－18所示，条件是点要在椭圆$x^2+4y^2=4$上. 因使d^2取得最值的点和与使d取得最值的点相同，所以，为计算方便求使d^2取得最值的点.

设(x,y)为椭圆上的任一点，目标函数为$d^2=\dfrac{(3x+4y-9)^2}{25}$，约束条件为$x^2+4y^2=4$. 构造拉格朗日函数

$$L=\frac{1}{25}(3x+4y-9)^2+\lambda(x^2+4y^2-4)$$

$$\begin{cases} L_x' = \dfrac{2\times 3}{25}(3x+4y-9)+2\lambda x = 0 & (1) \\ L_y' = \dfrac{2\times 4}{25}(3x+4y-9)+8\lambda y = 0 & (2) \\ x^2+4y^2 = 4 & (3) \end{cases}$$

由式(1)、式(2)移项、相除得　$x=3y$

代入式(3)得　$y^2=\dfrac{4}{13}$

解得　$y=\pm\dfrac{2}{\sqrt{13}},\quad x=\pm\dfrac{6}{\sqrt{13}}$

由实际情况可以断定：点$\left(\dfrac{6}{\sqrt{13}},\dfrac{2}{\sqrt{13}}\right)$与直线$3x+4y-9=0$的距离最近，点$\left(-\dfrac{6}{\sqrt{13}},-\dfrac{2}{\sqrt{13}}\right)$与直线$3x+4y-9=0$的距离最远.

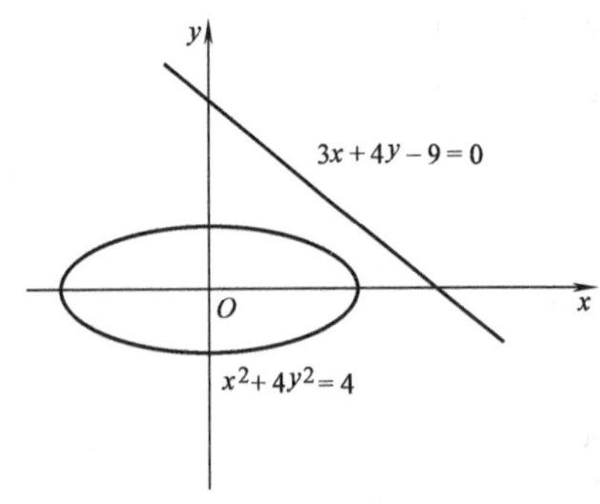

图 7-18

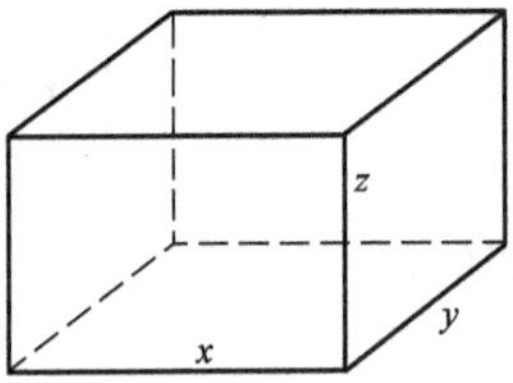

图 7-19

例 7-38 如图 7-19 所示，欲造一个无盖的长方体容器，已知底部造价为 3 元/m^2，侧面造价均为 1 元/m^2，现想用 36 元造一个体积最大的容器，求它的尺寸.

解 设容器的长、宽、高分别为 xm，ym，zm，容积为 Vm^3，则

目标函数为 $$V=xyz$$

约束条件为 $$3xy+2yz+2zx=36$$

构造拉格朗日函数 $$L=xyz+\lambda(3xy+2yz+2zx-36)$$

令
$$\begin{cases} L'_x = yz+\lambda(3y+2z)=0 & (1) \\ L'_y = xz+\lambda(3x+2z)=0 & (2) \\ L'_z = xy+\lambda(2y+2x)=0 & (3) \\ 3xy+2yz+2yz=36 & (4) \end{cases}$$

解得 $$x=y=2,\ z=3$$

因体积的最大值一定存在，所以当长、宽均为 2m，高为 3m 时，容器体积最大.

例 7-39 经过点(1,1,1)的所有平面中，哪一个平面与坐标面在第一卦限所围的立体的体积最小，并求此最小体积.

解 如图 7-20 所示，设所求平面的截距为 a,b,c，所求体积为 V，则平面方程为

$$\frac{x}{a}+\frac{y}{b}+\frac{z}{c}=1$$

因为平面过点(1,1,1)，所以$\frac{1}{a}+\frac{1}{b}+\frac{1}{c}=1$，则

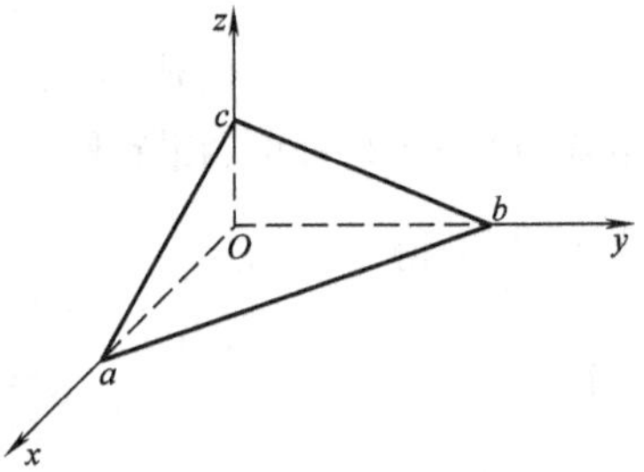

目标函数为 $$V=\frac{1}{6}abc$$

约束条件为 $$\frac{1}{a}+\frac{1}{b}+\frac{1}{c}=1$$

图 7-20

构造拉格朗日函数 $$L=\frac{1}{6}abc+\lambda\left(\frac{1}{a}+\frac{1}{b}+\frac{1}{c}-1\right)$$

令
$$\begin{cases} L_a' = \frac{1}{6}bc - \frac{\lambda}{a^2} = 0 \\ L_b' = \frac{1}{6}ac - \frac{\lambda}{b^2} = 0 \\ L_c' = \frac{1}{6}ab - \frac{\lambda}{c^2} = 0 \\ \frac{1}{a} + \frac{1}{b} + \frac{1}{c} - 1 = 0 \end{cases}$$

解得
$$a = b = c = 3$$

由问题的性质可知最小值必定存在，又因为驻点唯一，所以当平面为 $x+y+z=3$ 时，它与三个坐标面所围立体的体积 V 最小，这时
$$V = \frac{1}{6} \times 3^3 = \frac{9}{2}$$

由拉格朗日函数列出的方程组没有固定的解法，多数情况 λ 不必求出，只要通过前面的三个(或两个)方程去掉 λ，求出 x,y,z(或 x,y)的关系，然后代入最后一个方程中解出 x,y,z(或 x,y)即可，但也有的情况要先求出 λ. 所以要根据方程组的特点和题目的要求，采用灵活的方法.

另外，条件极值问题如果有两个条件，应设两个拉格朗日常数 λ,μ，构造拉格朗日函数 $L(x,y,z)=f(x,y,z)+\lambda\varphi(x,y,z)+\mu\varphi(x,y,z)$，解法相似.

习　题　7-4

1. 求下列函数的极值：

(1) $z=x^2+xy+y^2+3y+3$；　　(2) $z=x^3+y^3-3x^2-3y^2$；

(3) $z=4xy-x^4-y^4$；　　(4) $z=e^{2x}(x+y^2+2y)$；

(5) $z=xy+2x-\ln x^2 y$；　　(6) $z=xy(1-x-y)$.

2. 求 $u=xy$ 在条件 $x+y=16$ 下的极大值.

3. 求 $u=\frac{1}{x}+\frac{1}{y}$ 在条件 $x+y=2$ 下的极小值.

4. 求 $u=9-x^2-y^2$ 在条件 $x+3y=10$ 下的极大值.

5. 求 $u=x^2+y^2+z^2$ 在条件 $x+y+z=1$ 下的极小值.

6. 求斜边长为 $6\sqrt{2}$ 的一切直角三角形中周长为最大的直角三角形的边长.

7. 将周长为 30 的矩形绕它的一边旋转而构成一个圆柱体，问矩形的边长各为多少时，才能使圆柱体的体积最大？

8. 求抛物线 $y^2=x$ 与直线 $y=x+1$ 的最短距离.

9. 求曲线 $x^2+xy+y^2=1$ 与原点的最短距离.

10. 在椭圆 $\frac{x^2}{16}+\frac{y^2}{9}=1$ 内部做其边平行于坐标轴的内接矩形，使其面积最大，求矩形的边长.

11. 求椭圆 $x^2+3y^2=12$ 的内接等腰三角形，使其底边平行于椭圆的长轴，而面积最大.

12. 一水平槽形状为圆柱，两端为半圆，容量为 8000m^3，为使材料最少，长和半径应为多少？

13. 设容积为 54m^3 的开顶长方体蓄水池，当棱长为多少时，表面积最小.

14. 求对角线长度为 $5\sqrt{3}$的最大长方体的体积.

15. 在球面 $x^2+y^2+z^2=4$ 上求出与点$(3,1,-1)$距离最近的点和距离最远的点.

16. 在椭圆球$\dfrac{x^2}{a^2}+\dfrac{y^2}{b^2}+\dfrac{z^2}{c^2}=1$ 内一切内接长方体(各边分别平行于坐标轴)中，求其体积最大者.

17. 将长为 l 的线段分成三段，分别围成圆、正方形和正三角形，问怎样分法使得它们的面积之和为最小，并求出最小值.

背景聚焦

蜂窝猜想——蜜蜂是世界上工作效率最高的建筑者

对自然的深刻研究是数学发现最丰富的源泉.

傅里叶

加拿大科学记者德富林在《环球邮报》上撰文称，经过 1600 年努力，数学家终于证明蜜蜂是世界上工作效率最高的建筑者.

公元 4 世纪古希腊数学家佩波斯提出，蜂窝的优美形状，是自然界最有效劳动的代表. 他猜想，人们所见到的、截面呈六边形的蜂窝，是蜜蜂采用最少量的蜂蜡建造成的. 他的这一猜想称为“蜂窝猜想”，但这一猜想一直没有人能证明.

美国密歇根大学数学家黑尔宣称，他已破解这一猜想.

蜂窝是一座十分精密的建筑工程. 蜜蜂建巢时，青壮年工蜂负责分泌片状新鲜蜂蜡，每片只有针头大小而另一些工蜂则负责将这些蜂蜡仔细摆放到一定的位置，以形成竖直六面柱体. 每一面蜂蜡隔墙厚度及误差都非常小. 六面隔墙宽度完全相同，墙之间的角度正好 120 度，形成一个完美的几何图形. 人们一直疑问，蜜蜂为什么不让其巢室呈三角形、正方形或其他形状呢？隔墙为什么呈平面，而不是呈曲面呢？虽然蜂窝是一个三维体建筑，但每一个蜂巢都是六面柱体，而蜂蜡墙的总面积仅与蜂巢的截面有关. 由此引出一个数学问题，即寻找面积最大、周长最小的平面图形.

1943 年，匈牙利数学家陶斯巧妙地证明，在所有首尾相连的正多边形中，正六边形的周长是最小的. 但如果多边形的边是曲线时，会发生什么情况呢？陶斯认为，正六边形与其他任何形状的图形相比，它的周长最小，但他不能证明这一点. 而黑尔在考虑了周边是曲线时，无论是曲线向外凸，还是向内凹，都证明了由许多正六边形组成的图形周长最小 . 他已将 19 页的证明过程放在

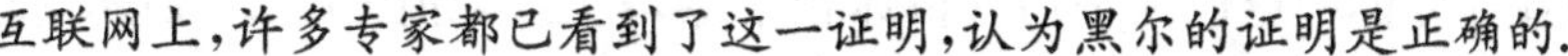

互联网上，许多专家都已看到了这一证明，认为黑尔的证明是正确的.

蜂窝结构在工程设计中应用广泛，特别是在航天工业中对于减轻飞机重量、节约材料、减少应力集中、增加疲劳寿命、降低成本等都有重要意义.

自然的调和与规律，从宇宙星辰到微观的 DNA 构造，都可用数与形来表达，并且结晶在数学美之中. 大自然无穷的宝藏，不但提供我们研究的题材，而且还启示方法.

7.5 二重积分

7.5.1 二重积分的概念与性质

二重积分是定积分的推广. 定积分是一元函数"和式"的极限，而二重积分同样是二元函数"和式"的极限，在本质上是相同的. 下面从实际问题出发，引出二重积分的定义.

1. 引例

引例 1　求曲顶柱体的体积

如图 7－21 所示，曲顶柱体是以二元函数 $z=f(x,y)$ $(z\geqslant 0)$ 为曲顶面，以其在 Oxy 面的投影区域 D 为底面，以通过 D 的边界且母线平行于 z 轴的柱面为侧面所围成的立体.

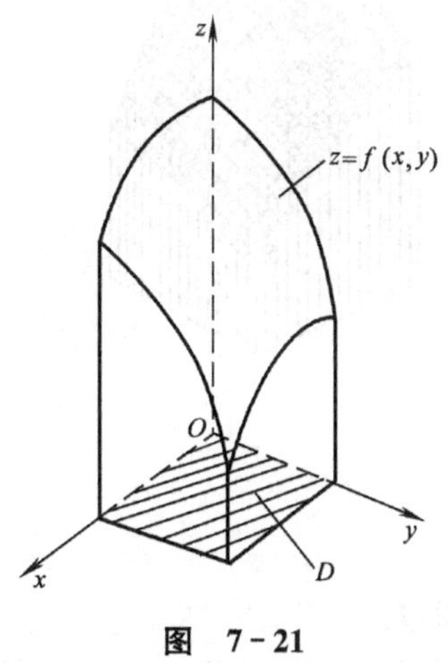

图　7－21

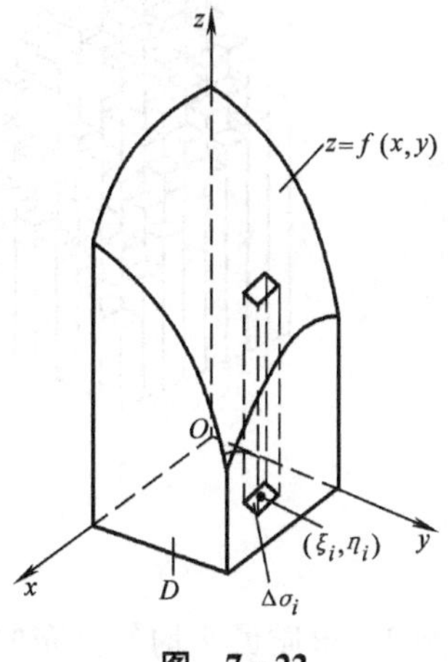

图　7－22

下面仿照求曲边梯形面积的方法来求曲顶柱体的体积.

将 D 任意分割成 n 个小闭区域 $\Delta\sigma_i$ $(i=1,2,3,\cdots,n)$，$\Delta\sigma_i$ 同时也表示第 i 个小闭区域的面积，相应地，曲顶柱体被分成 n 个小曲顶柱体. 在 $\Delta\sigma_i$ 上任取(ξ_i,η_i)，

对应的小曲顶柱体体积近似为平顶柱体体积 $f(\xi_i,\eta_i)\Delta\sigma_i$，如图 7－22 所示. 把所有小柱体体积加起来得台阶柱体的体积 $\sum_{i=1}^{n} f(\xi_i,\eta_i)\Delta\sigma_i$ ，再让分割无限变细：记 λ 为所有小区域的最大直径，令 $\lambda\to 0$，取极限 $V=\lim_{\lambda\to 0}\sum_{i=1}^{n} f(\xi_i,\eta_i)\Delta\sigma_i$ ，就是曲顶柱体的体积，如图 7－23 所示.

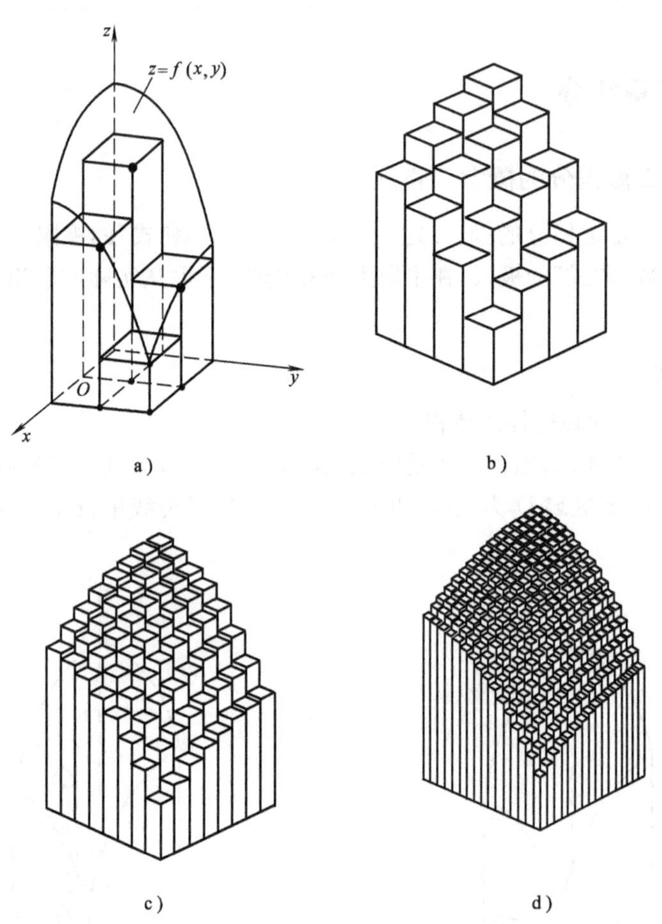

图 7－23

引例 2 求质量非均匀分布的平面薄片的质量.

如图 7－24 所示，设在 Oxy 面上有一平面薄片 D，它在点(x,y)的面密度为 $\rho(x,y)$，则整个薄片 D 的质量也可通过分割、近似、求和、取极限的方法得到

$$M=\lim_{\lambda\to 0}\sum_{i=1}^{n}\rho(\xi_i,\eta_i)\Delta\sigma_i$$

虽然上面两个例子的意义是不同的，但解决问题的数学方法是相同的，都是求和式的极限，元素都是小的面积，于是引出二重积分的定义.

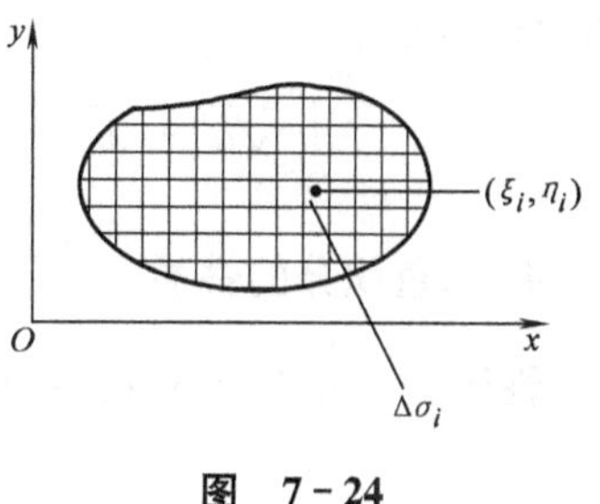

图　7 - 24

2. 二重积分的定义

定义 7　设 $f(x,y)$ 在有界闭域 D 上有界，将 D 任意分成 n 份：$\Delta\sigma_1,\Delta\sigma_2,\cdots,\Delta\sigma_n$，在第 i 份上任取 (ξ_i,η_i)，记 λ 为所有小区域的最大直径，如果极限 $\lim\limits_{\lambda\to 0}\sum\limits_{i=1}^{n}f(\xi_i,\eta_i)\Delta\sigma_i$ 存在，则称该极限为 $f(x,y)$ 在 D 上的**二重积分**，记作

$$\iint\limits_D f(x,y)\mathrm{d}\sigma=\lim_{\lambda\to 0}\sum_{i=1}^{n}f(\xi_i,\eta_i)\Delta\sigma_i$$

其中 D 称为**积分区域**，$f(x,y)$ 称为**被积函数**，$\mathrm{d}\sigma$ 称为**面积元素**.

给出二重积分的定义后，引例 1 可用二重积分表示为 $V=\iint\limits_D f(x,y)\mathrm{d}\sigma$，引例 2 可以表示为 $M=\iint\limits_D \rho(x,y)\mathrm{d}\sigma$.

可以证明：如果函数 $f(x,y)$ 在闭区域 D 上连续，则 $f(x,y)$ 在 D 上的二重积分存在.

此外，如果函数 $f(x,y)$ 在闭区域 D 上有界，且除去有限条线和有限个点外都连续，则 $f(x,y)$ 在 D 上的二重积分也存在.

3. 二重积分的几何意义

当 $f(x,y)\geqslant 0$ 时，$\iint\limits_D f(x,y)\mathrm{d}\sigma$ 表示一个以 $z=f(x,y)$ 为曲顶的曲顶柱体的体积；当 $f(x,y)\leqslant 0$ 时，$\iint\limits_D f(x,y)\mathrm{d}\sigma$ 表示一个以 $z=f(x,y)$ 为曲顶的曲顶柱体体积的负值；当 $f(x,y)$ 连续，且在 D_1 上 $f(x,y)\geqslant 0$，在 D_2 上 $f(x,y)\leqslant 0$，$D_1\cup D_2=D$，则 $\iint\limits_D f(x,y)\mathrm{d}\sigma$ 表示曲面在 Oxy 面上方的曲顶柱体体积与在 Oxy 面下方曲顶柱体体积的差.

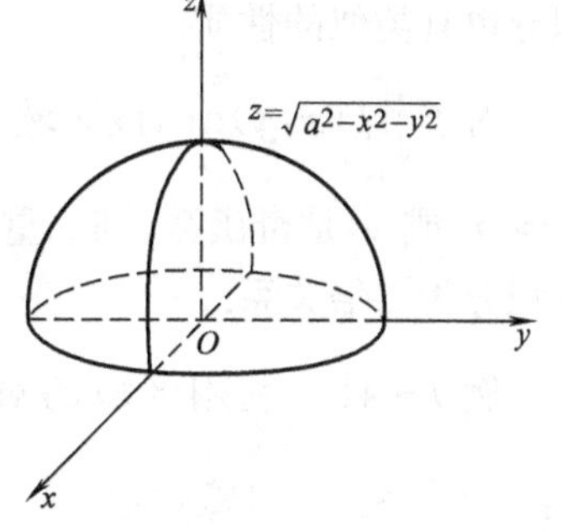

图　7 - 25

例 7 - 40　根据二重积分的几何意义，确定积分 $\iint\limits_D\sqrt{a^2-x^2-y^2}\,\mathrm{d}\sigma$ 的值，其中 D 为 $x^2+y^2\leqslant a^2$.

解　如图 7 - 25 所示，因为 $z=\sqrt{a^2-x^2-y^2}$ 是上半圆球面，所以该积分的几何意义是半个圆

球的体积,故

$$\iint\limits_D \sqrt{a^2-x^2-y^2}\,\mathrm{d}\sigma = \frac{2}{3}\pi a^3 \ \left(\text{圆球的体积为}\frac{4}{3}\pi a^3\right)$$

4. 二重积分的性质

性质1 $\iint\limits_D kf(x,y)\mathrm{d}\sigma = k\iint\limits_D f(x,y)\mathrm{d}\sigma$

性质2 $\iint\limits_D [f(x,y)\pm g(x,y)]\mathrm{d}\sigma = \iint\limits_D f(x,y)\mathrm{d}\sigma \pm \iint\limits_D g(x,y)\mathrm{d}\sigma$

性质3 若 D 被分成两部分 D_1, D_2,则 $\iint\limits_D f(x,y)\mathrm{d}\sigma = \iint\limits_{D_1} f(x,y)\mathrm{d}\sigma + \iint\limits_{D_2} f(x,y)\mathrm{d}\sigma$.

性质4 $\iint\limits_D 1\mathrm{d}\sigma = S$ (S 为 D 的面积)

性质5 在 D 上,若 $f(x,y)\leqslant g(x,y)$,则 $\iint\limits_D f(x,y)\mathrm{d}\sigma \leqslant \iint\limits_D g(x,y)\mathrm{d}\sigma$.

性质6 $\left|\iint\limits_D f(x,y)\mathrm{d}\sigma\right| \leqslant \iint\limits_D \left|f(x,y)\right|\mathrm{d}\sigma$

性质7 在 D 上,若 $m\leqslant f(x,y)\leqslant M$,则 $mS\leqslant \iint\limits_D f(x,y)\mathrm{d}\sigma \leqslant MS$ (S 为 D 的面积).

性质8(积分中值定理) 若 $f(x,y)$ 在 D 上连续,则在 D 上一定存在一点 (ξ,η),使

$$\iint f(x,y)\mathrm{d}\sigma = f(\xi,\eta)S \ (S\text{ 为 }D\text{ 的面积})$$

5. 对称区域上奇、偶函数的积分

一元函数在对称区间上,奇函数的积分为零,偶函数的积分为二倍关系,二重积分也有类似的性质.

对于 $\iint\limits_D f(x,y)\mathrm{d}\sigma$,设区域 D 关于变量 x(或 y)的范围是对称的,若被积函数关于 x(或 y)是奇函数,则二重积分为零;若被积函数关于 x(或 y)是偶函数,则二重积分为二倍关系.

例 7-41 利用区域的对称性,将二重积分 $\iint\limits_D (x^2y^2+x^3y^2)\mathrm{d}\sigma$ 化简,其中 D:$-1\leqslant x\leqslant 1, -1\leqslant y\leqslant 1$.

解 因为 D 关于 x, y 的范围均对称,被积函数中 x^3y^2 关于 x 是奇函数,所以

$$\iint_D x^3y^2\mathrm{d}\sigma = 0$$

又因为被积函数中 x^2y^2 关于 x 和 y 均为偶函数，所以

$$\iint_D x^2y^2\mathrm{d}\sigma = 4\iint_{\substack{0\leqslant x\leqslant 1\\0\leqslant y\leqslant 1}} x^2y^2\mathrm{d}\sigma$$

所以
$$\iint_D (x^2y^2+x^3y^2)\mathrm{d}\sigma = 4\iint_{\substack{0\leqslant x\leqslant 1\\0\leqslant y\leqslant 1}} x^2y^2\mathrm{d}\sigma$$

背景聚焦

欧拉——我们一切人的老师

欧拉(L. Euler，1707.4.15—1783.9.18)是瑞士数学家，生于瑞士的巴塞尔，卒于圣彼得堡. 父亲保罗·欧拉是位牧师，喜欢数学，所以欧拉从小就受到这方面的熏陶. 但父亲却执意让他攻读神学，以便将来接他的班. 幸运的是，欧拉并没有走父亲为他安排的路. 父亲曾在巴塞尔大学上过学，与当时著名数学家约翰·伯努利及雅各布·伯努利有几分情谊. 由于这种关系，1720 年，由约翰保举，才 13 岁的欧拉成了巴塞尔大学的学生，17 岁的时候成为该大学有史以来最年轻的硕士，并成为约翰的助手.

欧拉有着惊人的记忆力. 他能背诵前一百个质数的前十次幂，能背诵罗马诗人维吉尔的史诗 Aeneil，能背诵全部的数学公式. 直至晚年，他还能复述年轻时的笔记的全部内容. 他可以用心算来完成高等数学的计算.

欧拉本人虽不是教师，但他对教学的影响超过任何人. 他编写的《无穷小分析引论》、《微分法》和《积分法》产生了深远的影响. 有的学者认为，自从 1784 年以后，初等微积分和高等微积分教科书基本上都抄袭欧拉的书，或者抄袭那些抄袭欧拉的书. 欧拉在这方面与其他数学家如高斯、牛顿等都不同，他们所写的书一是数量少，二是艰涩难明，别人很难读懂. 而欧拉的文字轻松易懂，他从来不压缩字句，总是津津有味地把他那丰富的思想和广泛的兴趣写得有声有色. 在普及教育和科研中，欧拉意识到符号的简化和规则化既有助于学生的学习，又有助于数学的发展，所以欧拉创立了许多新的符号，如用 sin、cos 等表示三角函数，用 e 表示自然对数的底，用 $f(x)$表示函数，用$\sum$表示求和，用 i 表示虚数等.

欧拉 19 岁大学毕业时，在瑞士没有找到合适的工作. 1727 年春，他离开了自己的祖国，来到俄国的圣彼得堡科学院，并顺利地获得了高等数学副教授的职位. 1733 年，年仅 26 岁的欧拉成为数学教授及圣彼得堡科学院数学部的领导人.

在这期间，欧拉发表了大量优秀的数学论文，以及其他方面的论文、著作. 古典力学的基础是牛顿奠定的，而欧拉则是其主要建筑师. 1736 年欧拉出版了《力

学，或解析地叙述运动的理论》，最早明确地提出质点或粒子的概念，最早研究质点沿任意一曲线运动时的速度，并在有关速度与加速度问题上应用矢量的概念. 同时，他创立了分析力学、刚体力学，研究和发展了弹性理论、振动理论以及材料力学.

欧拉研究问题最鲜明的特点是：他把数学研究之手深入到自然与社会的深层. 他不仅是位杰出的数学家，也是位理论联系实际的巨匠，是应用数学大师. 他喜欢搞特定的具体问题，而不像其他很多数学家那样，热衷于搞一般理论.

正因为欧拉所研究的问题都是与当时的生产实际、社会需要和军事需要等紧密相连，所以欧拉的创造才能才得到充分发挥，取得惊人的成就. 欧拉在搞科学研究的同时，还把数学应用到实际之中，为当时的俄国政府解决了很多科学难题，为社会作出了重要的贡献：如菲诺运河的改造方案，宫廷排水设施的设计审定，为学校编写教材，帮助政府测绘地图. 另外，他还为科学院机关刊物写评论并长期主持委员会工作. 他不但为科学院做大量工作，而且挤出时间在大学里讲课，作公开演讲，编写科普文章，为气象部门提供天文数据，协助建筑单位进行设计结构的力学分析. 尽管欧拉十分热爱自己的第二故乡，但为了科学事业，他还是在1741年暂时离开了圣彼得堡科学院，到柏林科学院任职，任数学物理所所长.

在柏林工作期间，他将数学成功地应用于其他科学技术领域，写出了几百篇论文，而他一生中许多重大的成果也都是这期间得到的. 例如，有巨大影响的《无穷小分析引论》、《微分学原理》，即是这期间出版的. 此外，他研究了天文学，并与达朗贝尔、拉格朗日一起成为天体力学的创立者，发表了《行星和慧星的运动理论》、《月球运动理论》、《日食的计算》等著作. 在欧拉时代还不分什么纯粹数学和应用数学，对他来说，整个物理世界正是他数学方法的用武之地. 他研究了流体的运动性质，建立了理想流体运动的基本微分方程，发表了《流体运动原理》和《流体运动的一般原理》等论文，成为流体力学的创始人. 他不但把数学应用于自然科学，而且还把某一学科所得到的成果应用于另一学科. 比如，他把自己所建立的理想流体运动的基本方程用于人体血液的流动，从而在生物学上添上了他的贡献；又以流体力学、潮汐理论为基础，丰富和发展了船舶设计制造及航海理论，出版了《航海科学》一书，并以一篇《论船舶的左右及前后摇晃》的论文，荣获巴黎科学院奖金. 不仅如此，他还为普鲁士王国解决了大量社会实际问题.

1766年，年已花甲的欧拉应邀回到圣彼得堡. 然而，由于俄罗斯气候严寒以及工作的劳累，欧拉的眼睛失明了，从此欧拉陷入伸手不见五指的黑暗之中. 但欧拉是坚强的，他用口授、别人记录的方法坚持写作. 他先集中精力撰写了《微积分原理》一书，在这部三卷本巨著中，欧拉系统地阐述了微积分发明以来的所有积分学的成就，其中充满了欧拉精辟的见解. 1768年，《积分学原理》第一卷在圣彼得堡出版；1770年第三卷出版. 正当欧拉在黑暗中搏斗时，厄运又一次向他袭来. 1771 年,圣彼得堡一场大火殃及欧拉的住宅,把欧拉包围在大火中,是一位仆人冒着生命危险把欧拉从大火中背了出来.

欧拉虽然幸免于难,可他的藏书及大量的研究成果都化为灰烬. 资料被焚,又双目失明,在这种情况下,他完全凭着坚强的意志和惊人的记忆力,复原所作过的研究. 欧拉的记忆力也确实罕见,他能够完整地背诵出几十年前的笔记内容,数学公式更能倒背如流. 他用这种方法又发表了论文 400 多篇以及多部专著,几乎占他全部著作的半数以上. 1774 年他把自己多年来研究变分问题所取得的成果集中发表在《寻求具有某种极大或极小性质的曲线的技巧》一书中,从而创立了一个新的分支——变分法. 另外,欧拉还解决了牛顿没有解决的月球运动问题,首创月球绕地球运动的精确理论. 为了更好地进行天文观测,他曾研究了光学、天文望远镜和显微镜,研究了光通过各种介质的现象和有关的分色效应,提出了复杂的物镜原理,并发表过有关光学仪器的专著,对望远镜和显微镜的设计计算理论做出过开创性的贡献. 在 1771 年他又发表了总结性著作《屈光学》.

欧拉从 19 岁开始写作,直到逝世,留下了浩如烟海的论文、著作. 就科研成果方面来说,欧拉是数学史上或者说是自然科学史上首屈一指的.

作为这样一位科学巨人,生活中的他却性情温和、开朗,喜欢交际. 欧拉结过两次婚,有 13 个孩子. 他热爱家庭的生活,常常和孩子们一起做科学游戏、讲故事.

欧拉旺盛的精力和钻研精神一直坚持到生命的最后一刻. 1783 年 9 月 18 日下午,欧拉一边和小孙女逗着玩,一边思考着计算天王星的轨迹,突然,他从椅子上滑下来,嘴里轻声说:"我死了."一位科学巨匠就这样停止了生命.

历史上,能跟欧拉相比的人的确不多,也有的历史学家把欧拉和阿基米德、牛顿、高斯列为有史以来贡献最大的四位数学家,依据是他们都有一个共同点,就是在创建纯粹理论的同时,还应用这些数学工具去解决大量天文、物理和力学等方面的实际问题. 他们不断地从实践中吸取丰富的营养,但又不满足于具体问题的解决,而是把宇宙看作是一个有机的整体,力图揭示它的奥秘和内在规律.

由于欧拉出色的工作,后世的著名数学家都极度推崇他. 大数学家拉普拉斯说过:"读读欧拉,这是我们一切人的老师."被誉为数学王子的高斯也曾说过:"对于欧拉工作的研究,将仍旧是对于数学的不同范围的最好的学校,并且没有别的可以替代它."

编摘自 http://www.c-math.org/big5/history/celeb/004.htm

7.5.2　二重积分的直角坐标计算法

在直角坐标系中,常用平行于坐标轴的直线网来分割 D,那么,除了包含边界点的小闭区域外，其余小闭区域都是矩形闭区域. 设矩形小闭区域的边长为 Δx 和 Δy，则其面积为 $\Delta\sigma=\Delta x\Delta y$，如图 7－26 所示，从而面积元素为 $\mathrm{d}\sigma=\mathrm{d}x\mathrm{d}y$，于是二重积分可记作

$$\iint_D f(x,y)\mathrm{d}\sigma=\iint_D f(x,y)\mathrm{d}x\mathrm{d}y$$

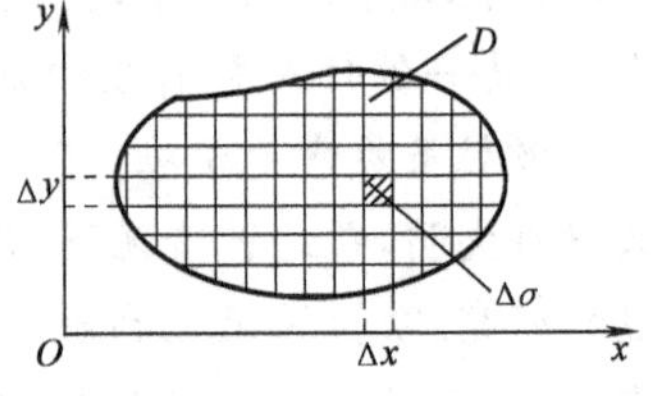

图 7－26

计算二重积分的基本思想是将二重积分转化为二次积分. 根据曲面 $z=f(x,y)$ 在 Oxy 面上投影区域 D 的特点，把问题分成以下几种类型：

(1) 如图 7－27 所示，若积分闭区域 D 是由不等式 $a\leqslant x\leqslant b,y_1(x)\leqslant y\leqslant y_2(x)$来表示的，则称 D 为 **x 型域**.

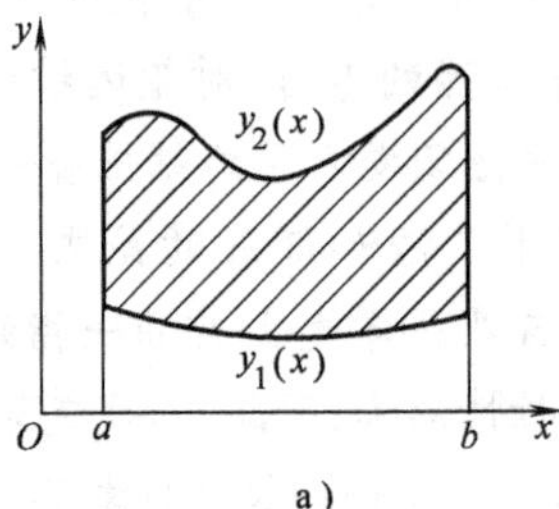

a)

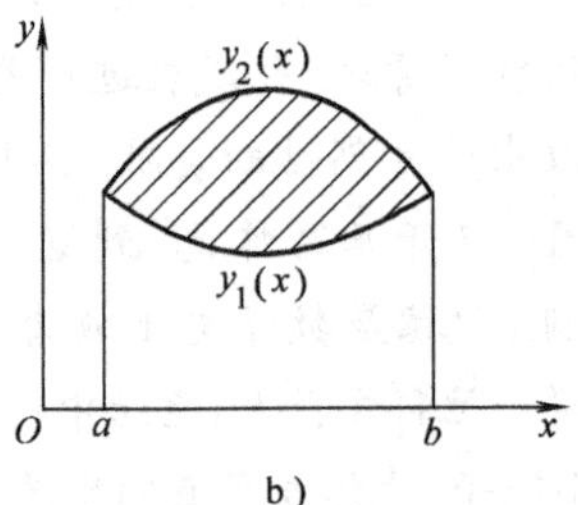

b)

图 7－27

由二重积分的几何意义，二重积分 $\iint\limits_D f(x,y)\mathrm{d}\sigma$ 表示以 D 为底，以曲面 $z=f(x,y)$为顶的曲顶柱体的体积，如图 7－28 所示. 下面先计算这个曲顶柱体的体积.

在 x 轴上任意固定点 x $(a<x<b)$，过该点用垂直于 x 轴的平面去截曲顶柱体，所得截面是以区间$[y_1(x),y_2(x)]$为底，以曲线 $z=f(x,y)$（当 x 取固定值时，$z=f(x,y)$就代表曲线）为曲边的曲边梯形，如图 7－28 中阴影部分所示，其面积为

$$A(x)=\int_{y_1(x)}^{y_2(x)}f(x,y)\mathrm{d}y$$

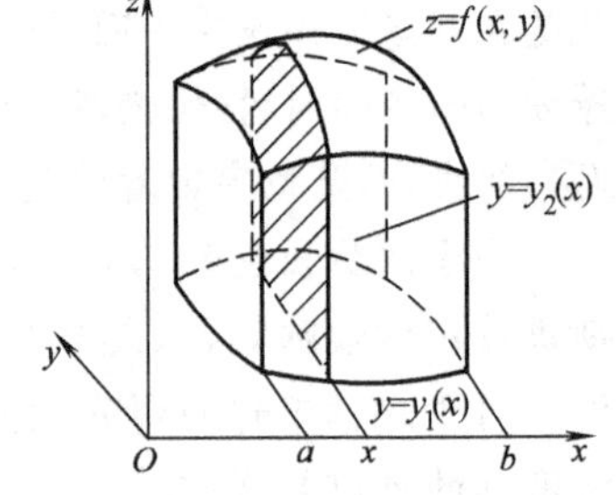

图 7－28

由计算平行截面面积为已知的立体体积的方法，得到曲顶柱体的体积为

$$V=\int_a^b A(x)\mathrm{d}x=\int_a^b\left[\int_{y_1(x)}^{y_2(x)}f(x,y)\mathrm{d}y\right]\mathrm{d}x$$

由于这个体积值就是所求二重积分的值，故二重积分可化为二次积分，即

$$\iint_D f(x,y)\mathrm{d}\sigma = \int_a^b\left[\int_{y_1(x)}^{y_2(x)} f(x,y)\mathrm{d}y\right]\mathrm{d}x = \int_a^b \mathrm{d}x\int_{y_1(x)}^{y_2(x)} f(x,y)\mathrm{d}y \quad (7-11)$$

(2) 如图 7－29 所示，若积分闭区域 D 是由不等式 $c\leqslant y\leqslant d, x_1(y)\leqslant x\leqslant x_2(y)$来表示的，则称 D 为 **y 型域**.

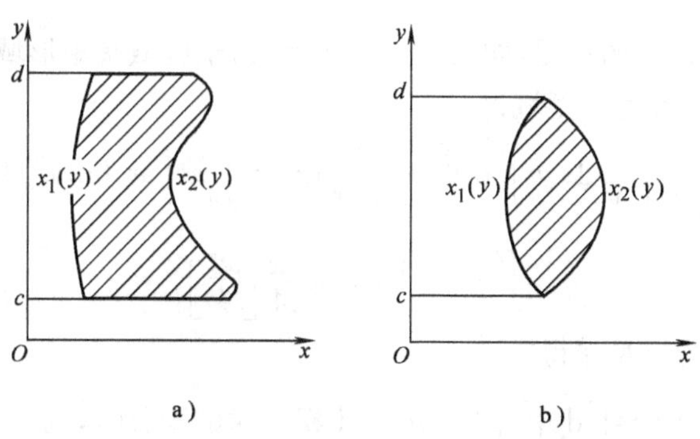

图　7－29

仿照上述方法，用垂直于 y 轴的平面去截曲顶柱体，如图 7－30 所示，类似可得

$$\iint_D f(x,y)\mathrm{d}\sigma = \int_c^d\left[\int_{x_1(y)}^{x_2(y)} f(x,y)\mathrm{d}x\right]\mathrm{d}y = \int_c^d \mathrm{d}y\int_{x_1(y)}^{x_2(y)} f(x,y)\mathrm{d}x \quad (7-12)$$

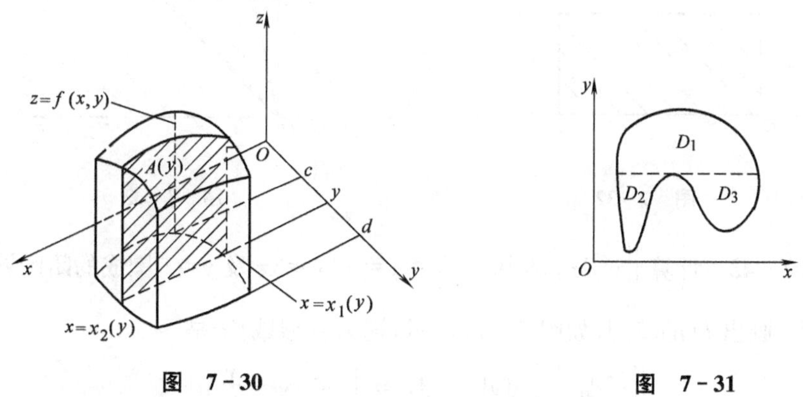

图　7－30　　　　**图　7－31**

(3) 若积分闭区域 D 既不是 x 型域，也不是 y 型域，那么可将 D 分割，使其被分割的各部分为 x 型域或 y 型域，如图 7－31 所示.

利用直角坐标计算二重积分的一般步骤：

(1) 先画出积分区域的草图，求出边界相交曲线的交点；

(2) 根据积分区域的特点确定为 x 型域或 y 型域，利用公式将二重积分化成二次积分；

(3) x 型域先算对 y 的积分,视 x 为常数,然后再将第一次积分的运算结果对 x 积分. y 型域与之相反.

例 7-42 计算 $\iint\limits_D \frac{x^3}{1+y^2}\mathrm{d}x\mathrm{d}y$,其中 D 是由 $0\leqslant x\leqslant 2,0\leqslant y\leqslant 1$ 围成的矩形区域.

解法 1 画出 D 的草图,如图 7-32 所示,由于区域是矩形域,认为是 x 型域或 y 型域都可以. 视为 x 型域得

$$\iint\limits_D \frac{x^3}{1+y^2}\mathrm{d}\sigma = \int_0^2 \mathrm{d}x\int_0^1 \frac{x^3}{1+y^2}\mathrm{d}y = \int_0^2 x^3[\arctan y]_0^1\mathrm{d}x$$

$$= \int_0^2 x^3 \times \frac{\pi}{4}\mathrm{d}x = \frac{\pi}{4}\left[\frac{x^4}{4}\right]_0^2 = \pi$$

解法 2 视为 y 型域得

$$\iint\limits_D \frac{x^3}{1+y^2}\mathrm{d}\sigma = \int_0^1 \mathrm{d}y\int_0^2 \frac{x^3}{1+y^2}\mathrm{d}x \text{(计算 } x \text{ 对的积分时,视 } y \text{ 为常数)}$$

$$= \int_0^1 \frac{1}{1+y^2}\times\left[\frac{1}{4}x^4\right]_0^2\mathrm{d}y = \int_0^1 \frac{1}{1+y^2}\times 4\mathrm{d}y$$

$$= 4[\arctan y]_0^1 = \pi$$

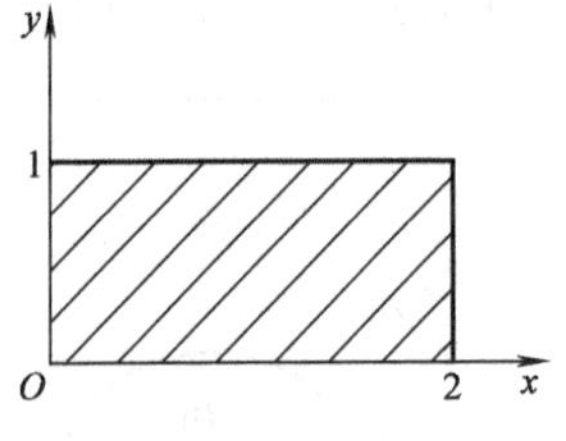

图 7-32

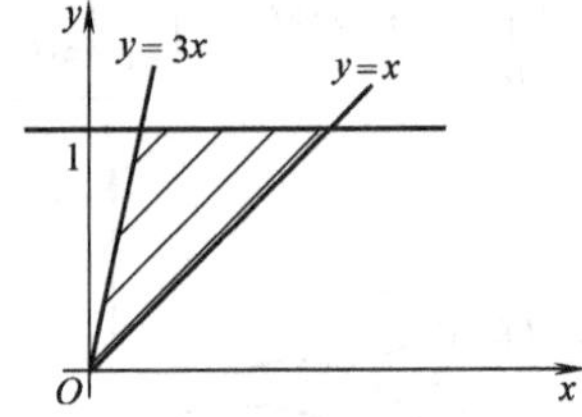

图 7-33

例 7-43 计算 $\iint\limits_D y^3\mathrm{d}\sigma$,其中 D 是由 $y=x,y=3x$ 及 $y=1$ 围成的闭区域.

解 画出 D 的草图,如图 7-33 所示,视为 y 型域,于是

$$\iint\limits_D y^3\mathrm{d}\sigma = \int_0^1 \mathrm{d}y\int_{\frac{y}{3}}^{y} y^3\mathrm{d}x = \int_0^1 y^3\left(y-\frac{y}{3}\right)\mathrm{d}y$$

$$= \int_0^1 \frac{2}{3}y^4\mathrm{d}y = \frac{2}{15}\left[y^5\right]_0^1 = \frac{2}{15}$$

例 7-44 计算 $\iint\limits_D x^2y\mathrm{d}\sigma$,其中 D 是由 $y=x^2$ 及 $y=2-x^2$ 围成的闭区域.

解 画出 D 的草图,如图 7-34 所示,视为 x 型域. 由于区域 D 关于变量 x 对称,而被积函数关于 x 是偶函数,于是

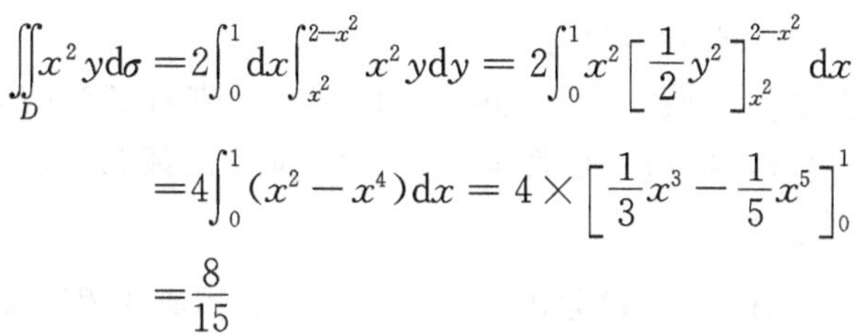

$$\iint\limits_D x^2 y\mathrm{d}\sigma = 2\int_0^1 \mathrm{d}x\int_{x^2}^{2-x^2} x^2 y\mathrm{d}y = 2\int_0^1 x^2\left[\frac{1}{2}y^2\right]_{x^2}^{2-x^2}\mathrm{d}x$$

$$= 4\int_0^1 (x^2 - x^4)\mathrm{d}x = 4\times\left[\frac{1}{3}x^3 - \frac{1}{5}x^5\right]_0^1$$

$$= \frac{8}{15}$$

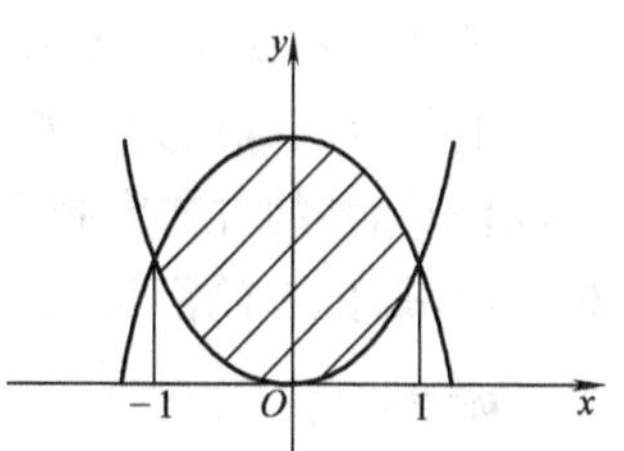

图　7-34

解题时，把积分区域视为 x 型域还是 y 型域要根据题的特点，以简便计算为原则来确定.

以下题为例，通过把积分区域视为 x 型域和视为 y 型域分两种解法求解，就可看出两种求解哪一种较为简便，其中有的解法需将积分区间分成几部分，分别计算后再求和.

例 7-45　计算 $\iint\limits_D x\,\mathrm{d}\sigma$，其中 D 是由 $y=\dfrac{1}{x}$，$y=x$，$x=2$ 围成的闭区域.

解法 1　画出 D 的草图，如图 7-35a 所示，视为 x 型域，于是

$$\iint\limits_D x\,\mathrm{d}\sigma = \int_1^2 \mathrm{d}x\int_{\frac{1}{x}}^{x} x\,\mathrm{d}y = \int_1^2 x\left(x - \frac{1}{x}\right)\mathrm{d}x$$

$$= \int_1^2 (x^2 - 1)\mathrm{d}x = \left[\frac{x^3}{3} - x\right]_1^2 = \frac{4}{3}$$

解法 2　如图 7-35b 所示，若视为 y 型域，此时需将积分区间分成两部分计算，于是

$$\iint\limits_D x\,\mathrm{d}\sigma = \iint\limits_{D_1} x\mathrm{d}\sigma + \iint\limits_{D_2} x\mathrm{d}\sigma = \int_{\frac{1}{2}}^1 \mathrm{d}y\int_{\frac{1}{y}}^2 x\,\mathrm{d}x + \int_1^2 \mathrm{d}y\int_y^2 x\,\mathrm{d}x$$

$$= \frac{1}{2}\int_{\frac{1}{2}}^1\left(4 - \frac{1}{y^2}\right)\mathrm{d}y + \frac{1}{2}\int_1^2 (4 - y^2)\mathrm{d}y$$

$$= \frac{1}{2}\left[4y + \frac{1}{y}\right]_{\frac{1}{2}}^1 + \frac{1}{2}\left[4y - \frac{y^3}{3}\right]_1^2 = \frac{4}{3}$$

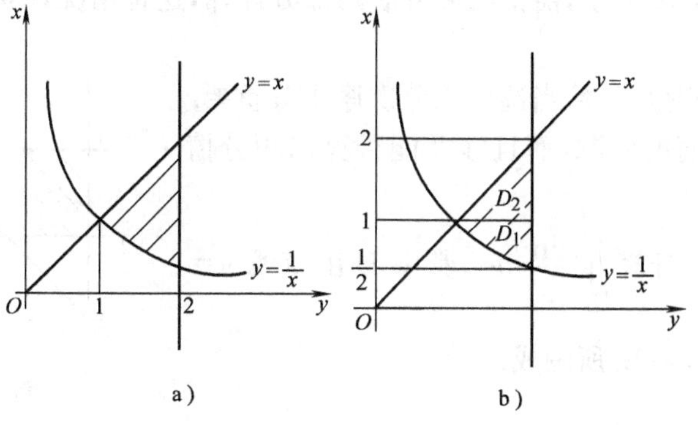

a)　　　b)

图　7-35

显然该题视为 x 型域比视为 y 型域更简便.

把积分区域视为 x 型域还是 y 型域，决定的办法可以用一个带有箭头的直线，沿坐标轴的方向穿越区域，看在该区域上是否具有一致性. 向上的箭头决定的是 x 型域，向右的箭头决定的是 y 型域.

例 7-46 计算 $\iint\limits_D \frac{x}{y^2+y+2}d\sigma$，其中 D 是由 $y^2=x, y=x-2$ 围成的闭区域.

解 画出 D 的草图，如图 7-36a 所示，用水平箭头穿过区域，箭头穿过的两条线为 $x=y^2$ 和 $x=y+2$，所以视为 y 型域，于是

$$\begin{aligned}\iint\limits_D \frac{x}{y^2+y+2}d\sigma &= \int_{-1}^{2}dy\int_{y^2}^{y+2}\frac{x}{y^2+y+2}dx \\ &= \int_{-1}^{2}\frac{1}{2}\left[\frac{x^2}{y^2+y+2}\right]_{y^2}^{y+2}dy = \frac{1}{2}\int_{-1}^{2}\frac{(y+2)^2-y^4}{y^2+y+2}dy \\ &= \frac{1}{2}\int_{-1}^{2}(y+2-y^2)dy = \frac{1}{2}\left[\frac{1}{2}y^2+2y-\frac{1}{3}y^3\right]_{-1}^{2} = \frac{9}{4}\end{aligned}$$

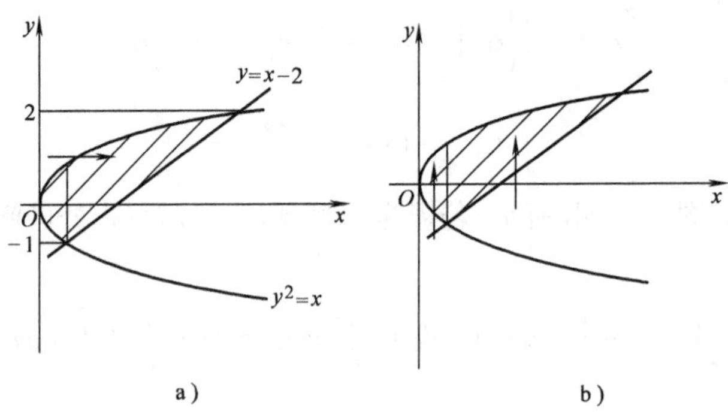

图 7-36

上例积分区域若视为 x 型域，用向上的箭头穿越区域，就可看出其不具有一致性，如图 7-36b 所示，需把区域分成两部分计算，这种情况计算量较大，读者可自己验证.

计算二重积分时，恰当选择积分次序十分重要. 它不仅涉及繁简的问题，而且涉及能否算出积分值的问题.

例 7-47 计算 $\iint\limits_D \frac{\sin y}{y}d\sigma$，其中 D 由直线 $y=x, x=0, y=\frac{\pi}{2}, y=\pi$ 所围成.

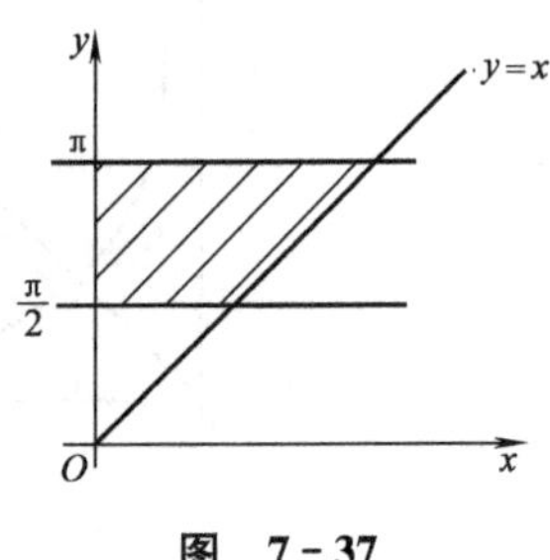

图 7-37

解　如图 7－37 所示，若视为 x 型域，则会遇到“积不出来”的积分 $\int \frac{\sin y}{y}\mathrm{d}y$，所以应视为 y 型域.

$$\iint_D \frac{\sin y}{y}\mathrm{d}\sigma = \int_{\frac{\pi}{2}}^{\pi}\mathrm{d}y\int_0^y \frac{\sin y}{y}\mathrm{d}x = \int_{\frac{\pi}{2}}^{\pi}\frac{\sin y}{y}(y-0)\mathrm{d}y$$

$$= -\cos y\Big|_{\frac{\pi}{2}}^{\pi} = 1$$

> 一种好的记号可以使头脑摆脱不必要的负担和约束，使思想集中于新的问题，这就事实上增加了人脑的能力.
>
> **A. H. Whirehead**

7.5.3　二重积分的极坐标计算法

有些二重积分，如果积分区域与曲边扇形或圆形有关，或被积函数含有 $\sqrt{x^2+y^2}$ 的式子时，用极坐标计算更为方便.

要用极坐标计算二重积分，需要求出极坐标系下的面积元素 $\mathrm{d}\sigma$，并将积分区域 D 和被积函数 $f(x,y)$ 化为极坐标的形式.

下面先讨论极坐标系下的面积元素 $\mathrm{d}\sigma$. 用从极点发出的射线和一族以极点为圆心的同心圆，把 D 分割成许多子域，如图 7－38 所示，这些子域的面积 $\Delta\sigma$ 近似于以 Δr 和 $r\Delta\theta$ 为边长的小矩形面积，即 $\Delta\sigma \approx r\Delta r\Delta\theta$，因而面积元素 $\mathrm{d}\sigma \approx r\mathrm{d}r\mathrm{d}\theta$. 有了面积元素 $\mathrm{d}\sigma$，再将直角坐标系与极坐标系间的互换公式

$$\begin{cases} x = r\cos\theta \\ y = r\sin\theta \end{cases} \quad 或 \quad \begin{cases} r = \sqrt{x^2+y^2} \\ \tan\theta = \dfrac{y}{x} \end{cases}$$

代入区域 D 的边界曲线方程和被积函数，就可得到二重积分的极坐标表达式.

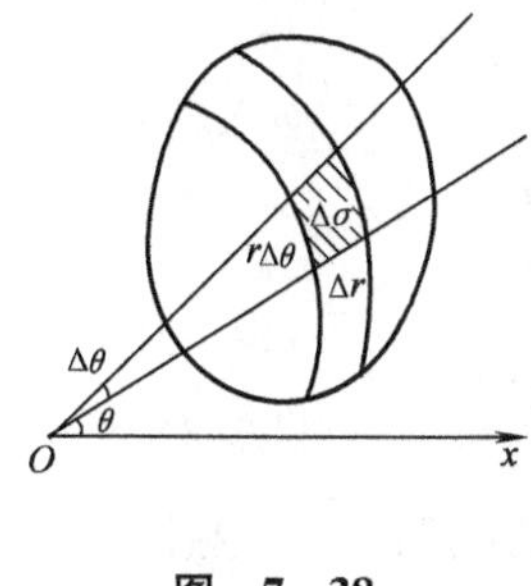

图　7－38

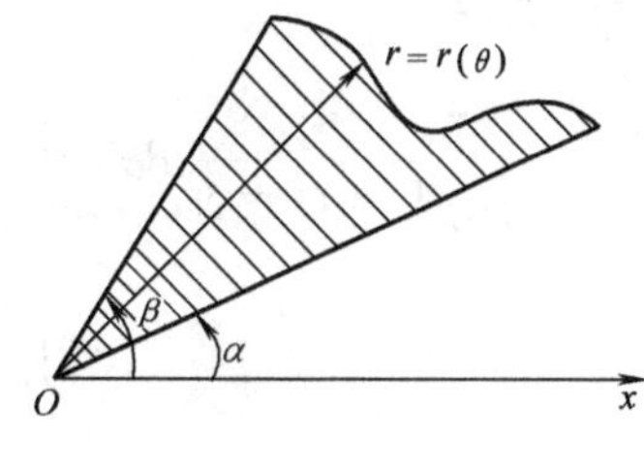

图　7－39

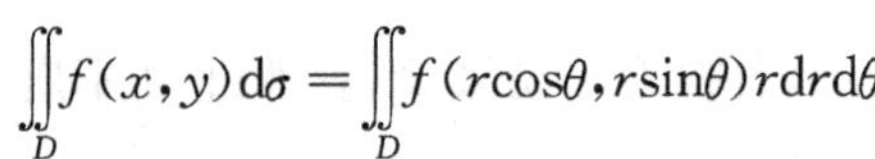

$$\iint_D f(x,y)\mathrm{d}\sigma = \iint_D f(r\cos\theta, r\sin\theta) r\mathrm{d}r\mathrm{d}\theta$$

下面就区域 D 的三种情况，说明如何将极坐标下的二重积分化为二次积分.

(1) 如图 7-39 所示，当区域 D 是由两射线 $\theta=\alpha$，$\theta=\beta$ 及曲线 $r=r(\theta)$ 围成的曲边扇形时，则二重积分的表达式为

$$\boxed{\iint_{D_{xy}} f(x,y)\mathrm{d}\sigma = \int_\alpha^\beta \mathrm{d}\theta \int_0^{r(\theta)} f(r\cos\theta, r\sin\theta) r\mathrm{d}r} \tag{7-13}$$

(2) 如图 7-40 所示，当极点 O 在区域 D 的边界之外，区域 D 是由两射线 $\theta=\alpha$，$\theta=\beta$ 及两曲线 $r=r_1(\theta)$，$r=r_2(\theta)$ 围成时，则二重积分的表达式为

$$\boxed{\iint_{D_{xy}} f(x,y)\mathrm{d}\sigma = \int_\alpha^\beta \mathrm{d}\theta \int_{r_1(\theta)}^{r_2(\theta)} f(r\cos\theta, r\sin\theta) r\mathrm{d}r} \tag{7-14}$$

(3) 如图 7-41 所示，当极点 O 在区域 D 内，区域由一条封闭曲线 $r=r(\theta)$ 围成时，则二重积分的表达式为

$$\boxed{\iint_{D_{xy}} f(x,y)\mathrm{d}\sigma = \int_0^{2\pi} \mathrm{d}\theta \int_0^{r(\theta)} f(r\cos\theta, r\sin\theta) r\mathrm{d}r} \tag{7-15}$$

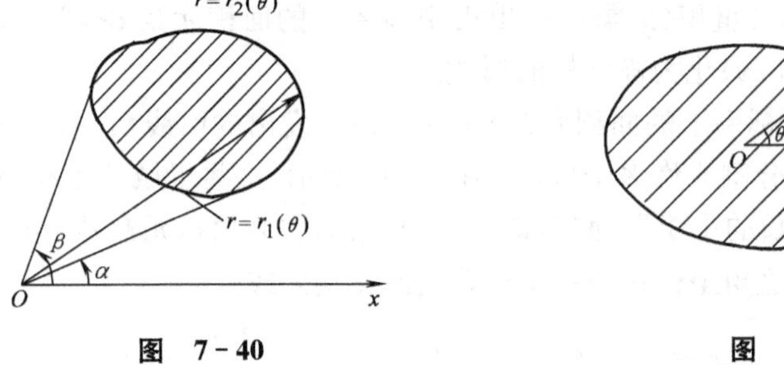

图 7-40　　　　图 7-41

例 7-48 用极坐标法计算 $\iint_D \frac{1}{1-x^2-y^2}\mathrm{d}\sigma$，其中 $D: x^2+y^2\leqslant\frac{3}{4}$.

解 画出 D 的图形，如图 7-42 所示，圆的极角变化为 $0\leqslant\theta\leqslant 2\pi$，极径变化为 $0\leqslant r\leqslant\frac{\sqrt{3}}{2}$，所以

$$\begin{aligned}\iint_D \frac{1}{1-x^2-y^2}\mathrm{d}\sigma &= \int_0^{2\pi}\mathrm{d}\theta\int_0^{\frac{\sqrt{3}}{2}} \frac{1}{1-r^2} r\mathrm{d}r \\ &= \int_0^{2\pi}\mathrm{d}\theta\int_0^{\frac{\sqrt{3}}{2}} \frac{1}{2}\,\frac{1}{1-r^2}\mathrm{d}r^2 \\ &= 2\pi\times\left(-\frac{1}{2}\right)\ln(1-r^2)\Big|_0^{\frac{\sqrt{3}}{2}} = 2\pi\ln 2\end{aligned}$$

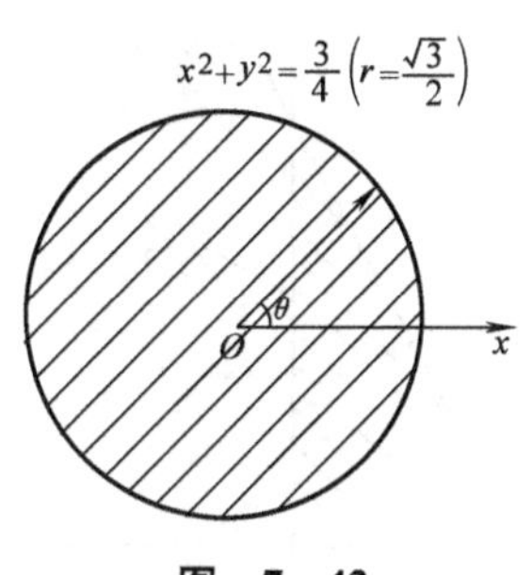

图　7-42

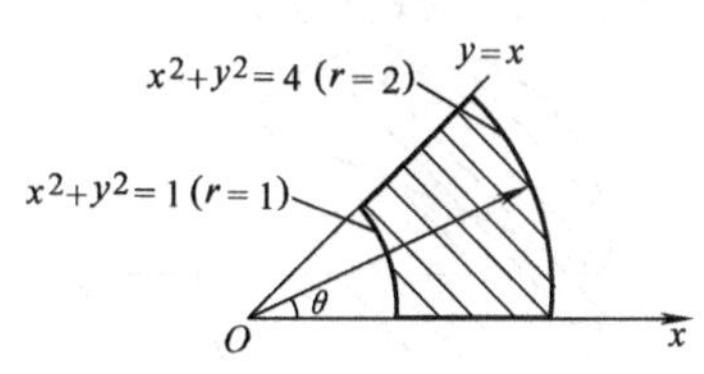

图　7-43

例 7-49　计算$\iint\limits_D \arctan\frac{y}{x}\mathrm{d}\sigma$，其中$D$由$x^2+y^2=4$，$x^2+y^2=1$及直线$y=0$，$y=x$所围成第一象限内的区域.

解　画出D的图形，如图7-43所示. 从图中可以看到，极角变化为$0\leqslant\theta\leqslant\frac{\pi}{4}$，极径变化为$1\leqslant r\leqslant 2$，所以

$$
\begin{aligned}
\iint\limits_D \arctan\frac{y}{x}\mathrm{d}\sigma &= \int_0^{\frac{\pi}{4}}\mathrm{d}\theta\int_1^2 \arctan(\tan\theta)r\mathrm{d}r \\
&= \int_0^{\frac{\pi}{4}}\mathrm{d}\theta\int_1^2 \theta r\,\mathrm{d}r = \int_0^{\frac{\pi}{4}}\theta\frac{r^2}{2}\bigg|_1^2\mathrm{d}\theta \\
&= \frac{3}{2}\int_0^{\frac{\pi}{4}}\theta\mathrm{d}\theta = \frac{3}{2}\,\frac{\theta^2}{2}\bigg|_0^{\frac{\pi}{4}} = \frac{3}{64}\pi^2
\end{aligned}
$$

例 7-50　计算$\iint\limits_D\sqrt{4-x^2-y^2}\mathrm{d}\sigma$，其中$D$：$x^2+y^2\leqslant 2x$.

解　画出D的图形，如图7-44所示. 从图中可以看到，极角变化为$-\frac{\pi}{2}\leqslant\theta\leqslant\frac{\pi}{2}$，将$x^2+y^2=2x$化成极坐标式$r=2\cos\theta$的形式，则极径变化$0\leqslant r\leqslant 2\cos\theta$，所以

$$
\begin{aligned}
\iint\limits_D\sqrt{4-x^2-y^2}\mathrm{d}\sigma &= \int_{-\frac{\pi}{2}}^{\frac{\pi}{2}}\mathrm{d}\theta\int_0^{2\cos\theta}\sqrt{4-r^2}r\mathrm{d}r \\
&= \int_{-\frac{\pi}{2}}^{\frac{\pi}{2}}\mathrm{d}\theta\int_0^{2\cos\theta}\frac{1}{2}\sqrt{4-r^2}\mathrm{d}r^2 \\
&= \int_{-\frac{\pi}{2}}^{\frac{\pi}{2}}-\frac{1}{2}\times\frac{2}{3}(4-r^2)^{\frac{3}{2}}\bigg|_0^{2\cos\theta}\mathrm{d}\theta \\
&= -\frac{2}{3}\int_0^{\frac{\pi}{2}}(8\sin^3\theta-8)\mathrm{d}\theta \\
&= -\frac{2}{3}\times 8\left(\frac{2}{3}-\frac{\pi}{2}\right) = \frac{8}{3}\left(\pi-\frac{4}{3}\right)
\end{aligned}
$$

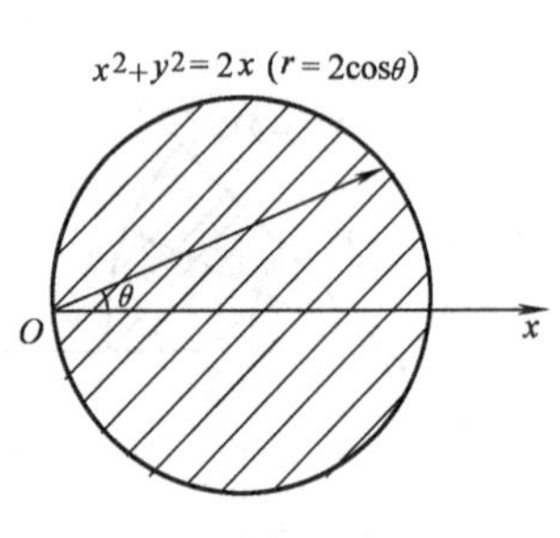

图 7-44

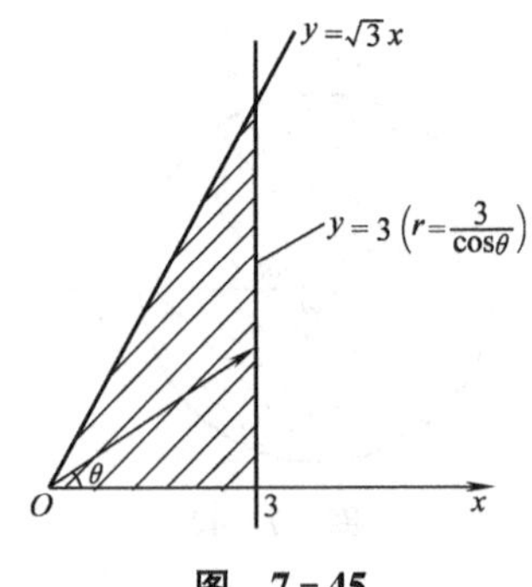

图 7-45

例 7-51 计算$\iint\limits_D \frac{1}{\sqrt{x^2+y^2}}\mathrm{d}\sigma$,其中 D 是由 $y=\sqrt{3}x, y=0, x=3$ 围成的区域.

解 画出 D 的图形,如图 7-45 所示. 因为直线 $y=\sqrt{3}x$ 的倾斜角为$\frac{\pi}{3}$,所以极角变化为 $0\leqslant\theta\leqslant\frac{\pi}{3}$. 将 $x=3$ 化成极坐标式 $r=\frac{3}{\cos\theta}$,则极径变化为 $0\leqslant\theta\leqslant\frac{3}{\cos\theta}$,所以

$$\iint\limits_D \frac{1}{\sqrt{x^2+y^2}}\mathrm{d}\sigma=\int_0^{\frac{\pi}{3}}\mathrm{d}\theta\int_0^{\frac{3}{\cos\theta}}\frac{1}{r}r\,\mathrm{d}r=\int_0^{\frac{\pi}{3}}\frac{3}{\cos\theta}\mathrm{d}\theta$$

$$=3\ln|\sec\theta+\tan\theta|\Big|_0^{\frac{\pi}{3}}$$

$$=3\ln(2+\sqrt{3})$$

数学文摘

求面积的仪器

人类很早就懂得怎么量长度,裁缝桌上的皮尺可以量直线的长也可以量曲线的长. 但是如果有一块不规则的区域,我们是不是有一把量面积的"尺",可以像裁缝量胸围、量腰围这样简单的操作就可以"读出"一个面积呢?

历史上第一台求面积的仪器"求积仪 Planimeter"是在 1814 年由一位巴伐利亚的工程师赫尔曼发明的. 这台求积仪可能在操作上不很实际,到了 1854 年由瑞士数学家阿穆斯勒发明的求积仪由于简单又实用,从那时起一直沿用了一百多年以后才被计算机扫描取代. 图 7-46 所示的这台求积仪是由两根约二十厘米长的杆子组成. 第一根杆子称为极臂,臂的一端称为极座. 操作的时候要将极座先固定在纸上适当的位置. 极臂的另一端是一个活动关节,连接到

称为描迹臂的第二根杆子. 描迹臂的顶端有一根针,针尖朝下. 在靠关节的这端有一个轮面与臂垂直的转轮附在上面.

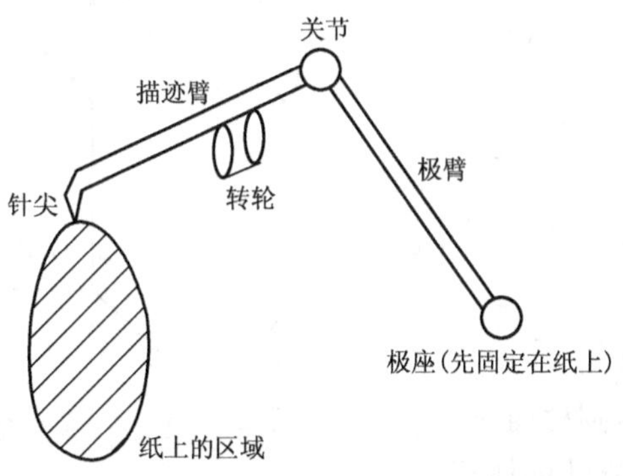

图　7 - 46

操作的时候,(用手)持着针沿纸上一块区域的边缘扫描一圈. 随着针尖的扫描,轮子会前后转动. 针尖扫描一圈后,轮子转出的刻度和描迹臂长度的乘积就是区域的面积. 求积仪的原理利用了二重积分基本概念和方法.

7.5.4　二重积分的几何应用

根据二重积分的几何意义知,曲顶柱体的体积为:$V=\iint\limits_D f(x,y)\mathrm{d}\sigma$　$(f(x,y)\geqslant 0)$.

例 7 - 52　由抛物面 $z=4-x^2-y^2$ 与坐标面 $z=0$ 所围成的区域的体积.

解　如图 7 - 47 所示,这是柱体的变形,曲顶是 $z=4-x^2-y^2$,底面是 Oxy 面的区域 $x^2+y^2\leqslant 4$. 所以

$$V=\iint\limits_D (4-x^2-y^2)\mathrm{d}\sigma$$

$$=\int_0^{2\pi}\mathrm{d}\theta\int_0^2(4-r^2)r\mathrm{d}r$$

$$=2\pi\times\left(2r^2-\frac{r^4}{4}\right)\Big|_0^2=8\pi$$

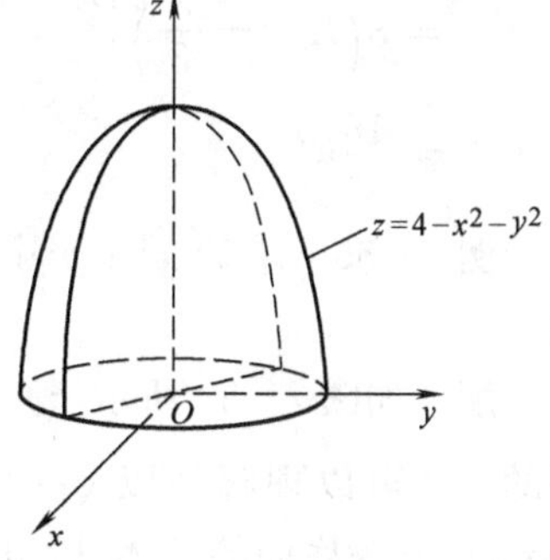

图　7 - 47

例 7 - 53　求柱体 $x^2+y^2=4$ 被平面 $z+y=3$ 及 $z=0$ 所截得的在第一卦限的立体的体积.

解　如图 7 - 48 所示,这是以 $z=3-y$ 为顶面,以 Oxy 面的区域 $x^2+y^2\leqslant 4$, $x\geqslant 0, y\geqslant 0$ 为底面的柱体. 所以

$$V=\iint_D(3-y)\mathrm{d}\sigma$$

$$=\int_0^2\mathrm{d}x\int_0^{\sqrt{4-x^2}}(3-y)\mathrm{d}y$$

$$=\int_0^2\left(3y-\frac{y^2}{2}\right)\Big|_0^{\sqrt{4-x^2}}\mathrm{d}x$$

$$=\int_0^2\left(3\sqrt{4-x^2}-\frac{4-x^2}{2}\right)\mathrm{d}x$$

$$=3\times\frac{4\pi}{4}-\frac{1}{2}\left(4x-\frac{x^3}{3}\right)\Big|_0^2=3\pi-\frac{8}{3}$$

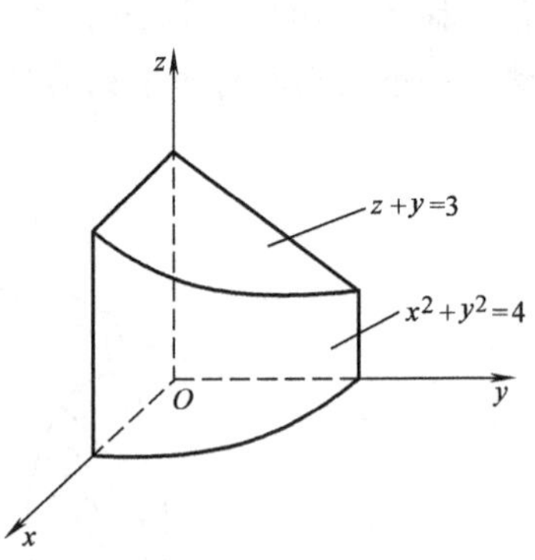

图 7-48

例 7-54 求由圆柱面 $x^2+y^2=R^2$ 与 $x^2+z^2=R^2$ 所围成的立体的体积.

解 如图 7-49 所示,利用对称性,整个立体的体积 V 是在第一卦限的立体体积的 8 倍. 而在第一卦限的立体可以理解为以 $z=\sqrt{R^2-x^2}$ 为曲顶,以 Oxy 面的区域 $x^2+y^2\leqslant R^2,x\geqslant0,y\geqslant0$ 为底面的柱体. 所以

$$V=8\iint_D\sqrt{R^2-x^2}\mathrm{d}\sigma$$

$$=8\int_0^R\mathrm{d}x\int_0^{\sqrt{R^2-x^2}}\sqrt{R^2-x^2}\mathrm{d}y$$

$$=8\int_0^R\sqrt{R^2-x^2}\Big[y\Big]_0^{\sqrt{R^2-x^2}}\mathrm{d}x$$

$$=8\int_0^R(R^2-x^2)\mathrm{d}x$$

$$=8\left(R^2x-\frac{x^3}{3}\right)\Big|_0^R$$

$$=\frac{16}{3}R^3$$

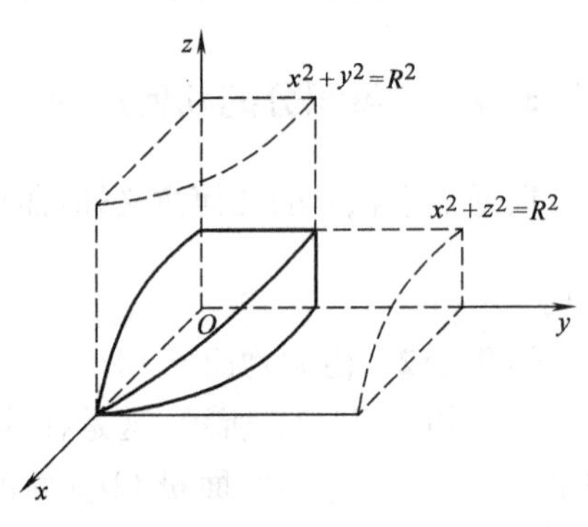

图 7-49

例 7-55 求球 $x^2+y^2+z^2\leqslant4a^2$ 被圆柱面 $x^2+y^2=2ax$ 截下的那部分的体积.

解 如图 7-50 所示,整个体积是在第一卦限的立体体积的 4 倍,而在第一卦限的立体可以理解为以 $z=\sqrt{4a^2-x^2-y^2}$ 为顶面,以 Oxy 面的区域 $x^2+y^2\leqslant 2ax,y\geqslant0$ 为底面的柱体. 所以

$$V=4\iint_D\sqrt{4a^2-x^2-y^2}\mathrm{d}x\mathrm{d}y\text{ (用极坐标方法计算)}$$

$$=4\int_0^{\frac{\pi}{2}}\mathrm{d}\theta\int_0^{2a\cos\theta}\sqrt{4a^2-r^2}r\mathrm{d}r$$

$$=4\int_0^{\frac{\pi}{2}}\mathrm{d}\theta\int_0^{2a\cos\theta}\frac{1}{2}\sqrt{4a^2-r^2}\,\mathrm{d}r^2$$

$$=-2\int_0^{\frac{\pi}{2}}\frac{2}{3}(4a^2-r^2)^{\frac{3}{2}}\Big|_0^{2a\cos\theta}\mathrm{d}\theta$$

$$=-\frac{4}{3}\int_0^{\frac{\pi}{2}}\left[(4a^2-4a^2\cos^2\theta)^{\frac{3}{2}}-(4a^2)^{\frac{3}{2}}\right]\mathrm{d}\theta$$

$$=-\frac{4}{3}\int_0^{\frac{\pi}{2}}(8a^3\sin^3\theta-8a^3)\mathrm{d}\theta$$

$$=-\frac{32}{3}a^3\left[\int_0^{\frac{\pi}{2}}\sin^3\theta\mathrm{d}\theta-\int_0^{\frac{\pi}{2}}1\mathrm{d}\theta\right]$$

$$=-\frac{32}{3}a^3\left(\frac{2}{3}-\frac{\pi}{2}\right)$$

$$=\frac{16}{3}\pi a^3-\frac{64}{9}a^3$$

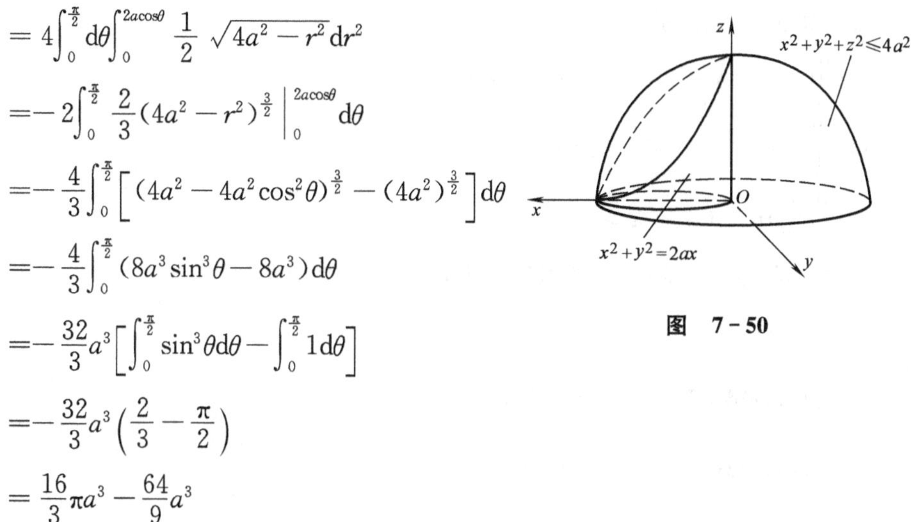

图　7-50

数学之所以能发挥这样大的作用，由于它的抽象性，它的直观性，它的普遍实用性，它的精确性. 而刚才我说的，数学可以把它的知识、把它的工具用到了这么广泛的，可以说是所有的科学、技术、经济和管理方面，这我认为还是第二位的. 第一位的就是，如果说你在数学方面进行了很好的培养和训练的话，你的几何直观能力，你的分析思考的能力，你的逻辑推理的能力，你的计算能力，都能得到提高. 而这些是你做任何事情要做得有创造性、做出高水平必不可少的.

杨乐

习　题　7-5

1. 根据二重积分的几何意义，求二重积分的值：

(1) $\iint\limits_{x^2+y^2\leqslant 4} 3\mathrm{d}\sigma$　　　　(2) $\iint\limits_{x^2+y^2\leqslant 4}(2-\sqrt{x^2+y^2})\mathrm{d}\sigma$

2. 利用区域的对称性将下列二重积分化简：

(1) $\iint\limits_D(x-x^5y^4)\mathrm{d}\sigma$，其中 D 是半圆 $x^2+y^2\leqslant 4, y\geqslant 0$.

(2) $\iint\limits_D\cos x\sin y\mathrm{d}\sigma$，其中 D 是以$(-1,-1)$，$(0,0)$，$(-1,1)$为顶点的三角形区域.

(3) $\iint\limits_D(x^2+y^2)^2\mathrm{d}\sigma$，其中 D 是矩形$-1\leqslant x\leqslant 1$，$-2\leqslant y\leqslant 2$.

3. 计算下列二重积分：

(1) $\iint\limits_D (4-y^2)\mathrm{d}\sigma, D: 0\leqslant x\leqslant 3, 0\leqslant y\leqslant 2$.

(2) $\iint\limits_D y\cos xy\,\mathrm{d}\sigma, D: 0\leqslant x\leqslant \pi, 0\leqslant y\leqslant 1$.

(3) $\iint\limits_D \frac{1}{xy}\mathrm{d}\sigma, D: 1\leqslant x\leqslant 2, 1\leqslant y\leqslant 2$.

4. 把下列二重积分表示成二次积分，其中 D 为所给曲线围成的区域：

(1) $\iint\limits_D f(x,y)\mathrm{d}\sigma$, $D: y=x, y=2x, x=1$.

(2) $\iint\limits_D f(x,y)\mathrm{d}\sigma$, $D: y=x^3, y=8, x=0$.

(3) $\iint\limits_D f(x,y)\mathrm{d}\sigma$, $D: y=\ln x, y=0, y=2, x=0$.

(4) $\iint\limits_D f(x,y)\mathrm{d}\sigma$, $D: \sqrt{2x-x^2}\leqslant y\leqslant \sqrt{2x}, 0\leqslant x\leqslant 2$.

5. 计算下列二重积分，其中 D 为所给曲线围成的区域：

(1) $\iint\limits_D y\,\mathrm{d}\sigma$, $D: y=\sin x, y=0(0\leqslant x\leqslant \pi)$.

(2) $\iint\limits_D \cos(x+2y)\mathrm{d}\sigma$, $D: y=x, y=\pi, x=0$.

(3) $\iint\limits_D (2x+y)\mathrm{d}\sigma$, $D: y=x, y=2x, x=1$.

(4) $\iint\limits_D \mathrm{e}^{\frac{y}{x}}\mathrm{d}\sigma$, $D: y=x^3, y=0, x=1$.

(5) $\iint\limits_D \frac{x^3}{y^2}\mathrm{d}\sigma$, $D: xy=1, y=x, x=2$.

(6) $\iint\limits_D x^4 y\,\mathrm{d}\sigma$, $D: y=x^2, y=\sqrt{2-x^2}$.

(7) $\iint\limits_D \frac{y}{x}\mathrm{d}\sigma$, $D: y=x, y=\frac{x}{2}, y=1, y=2$.

(8) $\iint\limits_D y\mathrm{e}^{xy}\mathrm{d}\sigma$, $D: y=1, y=10, xy=1, x=0$.

(9) $\iint\limits_D y\,\mathrm{d}\sigma$, $D: y^2=2x, y=x-4$.

(10) $\iint\limits_D \frac{x^2}{y^2}\mathrm{d}\sigma$, $D: xy=2, y=1+x^2, x=2$.

(11) $\iint\limits_D xy^2\mathrm{d}\sigma$, $D: x=1-y^2, x=-\sqrt{1-y^2}$.

(12) $\iint\limits_D y\,\mathrm{d}\sigma$, $D: y=\ln x, y=0, y=1, x=0$.

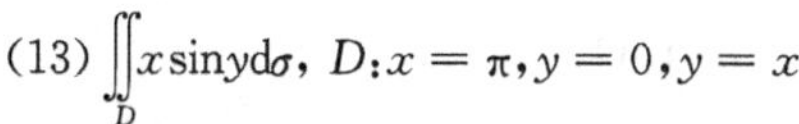

(13) $\iint\limits_D x\sin y\mathrm{d}\sigma$, $D: x=\pi, y=0, y=x$.

(14) $\iint\limits_D \mathrm{e}^{x+y}\mathrm{d}\sigma$, $D: y=\ln x, y=0, x=2$.

6. 用极坐标方法计算下列二重积分：

(1) $\iint\limits_D \dfrac{1}{\sqrt{x^2+y^2}}\mathrm{d}\sigma$, $D: x^2+y^2\leqslant 4$.

(2) $\iint\limits_D \mathrm{e}^{x^2+y^2}\mathrm{d}\sigma$, $D: x^2+y^2\leqslant 4, 0\leqslant y\leqslant x$.

(3) $\iint\limits_D \dfrac{xy}{\sqrt{x^2+y^2}}\mathrm{d}\sigma$, $D: x^2+y^2\leqslant a^2, 0\leqslant y\leqslant\sqrt{3}x$.

(4) $\iint\limits_D x^2\mathrm{d}\sigma$, $D: x^2+y^2\leqslant 2x, y\geqslant 0$.

(5) $\iint\limits_D \sqrt{x^2+y^2}\mathrm{d}\sigma$, $D: x^2+y^2\leqslant 2y$.

(6) $\iint\limits_D (4-x-y)\mathrm{d}\sigma$, $D: x^2+y^2\leqslant 2y$.

(7) $\iint\limits_D \ln(x^2+y^2)\mathrm{d}\sigma$, $D: 1\leqslant x^2+y^2\leqslant 4$.

(8) $\iint\limits_D \sin\sqrt{x^2+y^2}\mathrm{d}\sigma$, $D: x=\sqrt{a^2-y^2}, y\geqslant 0$.

(9) $\iint\limits_D \dfrac{x+y}{x^2+y^2}\mathrm{d}\sigma$, $D: x^2+y^2\leqslant 1, x+y\geqslant 1$.

(10) $\iint\limits_D xy\mathrm{d}x\mathrm{d}y$, $D: y\leqslant\sqrt{1-x^2}, y\geqslant\sqrt{x-x^2}, y\geqslant -x$.

7. 如图 7－51 所示，求曲面 $z=1-x^2-y^2$ 与平面 $z=0$ 所围成的立体的体积.

8. 如图 7－52 所示，求由 $x=0, x=1, y=-1, y=1, z=0, z=y^2$ 所围的立体的体积.

9. 如图 7－53 所示，求由 $x=0, x=3, y=0, z=0, z=4-y^2$ 所围的立体的体积.

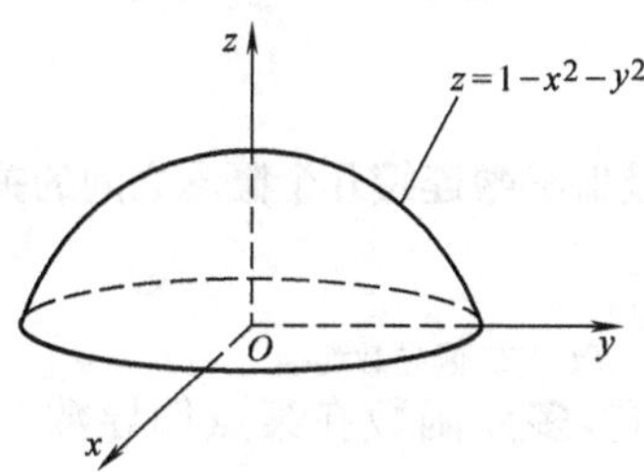

图　7－51

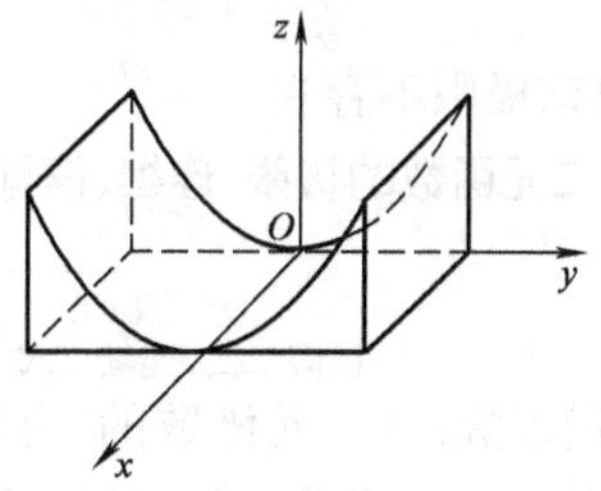

图　7－52

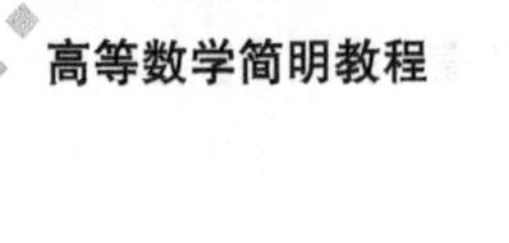

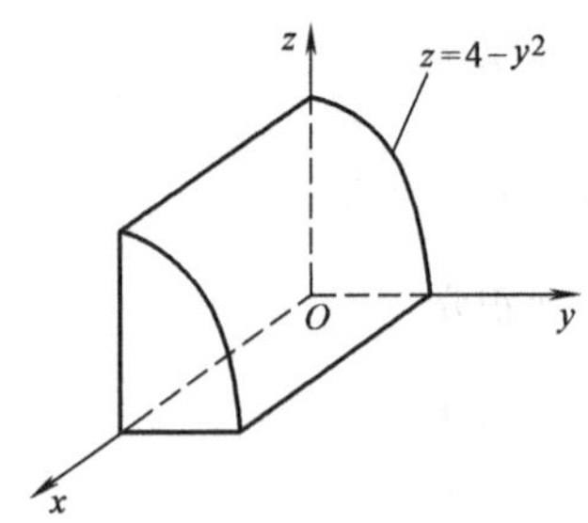

图 7-53

> 数学作为一个创造性的学科，按三个基本步骤运行：**1**)体验一个问题，并从中发现一个模式；**2**)定义一个符号系统来表达这一模式；**3**)把这个符号系统组织为一个系统的语言.
>
> **G. RepOn**

7.6 提示与提高

1. 二元函数的极限

二元函数仅当点 P 沿任何路径趋向点 P_0 时，$f(x,y)$趋于一个常数，才存在极限. 如果沿不同路径时，$f(x,y)$的趋向不同，则极限不存在.

例 7-56 说明极限 $\lim\limits_{\substack{x\to 0\\ y\to 0}}\dfrac{xy}{x^2+y^2}$ 不存在.

解 因为当点(x,y)沿 $y=x$ 趋于$(0,0)$时，$\lim\limits_{\substack{x\to 0\\ y\to 0}}\dfrac{x^2}{2x^2}=\dfrac{1}{2}$；当点$(x,y)$沿 $y=-x$ 趋于$(0,0)$时，$\lim\limits_{\substack{x\to 0\\ y\to 0}}\dfrac{-x^2}{2x^2}=-\dfrac{1}{2}$，由于沿不同路径趋于$(0,0)$时，函数的趋向不同，所以该极限不存在.

2. 二元函数的极限、连续、偏导数存在、可微及偏导数连续几个概念之间的关系是

$$\text{极限}\ \underset{\not\longrightarrow}{\longleftarrow}\ \text{连续}\ \underset{\not\longrightarrow}{\not\longleftarrow}\ \text{偏导数存在}\ \underset{\not\longrightarrow}{\longleftarrow}\ \text{可微}\ \underset{\not\longrightarrow}{\longleftarrow}\ \text{偏导数连续}$$

（图中另有一箭头由“可微”指向“连续”.）

易错提醒：与一元函数的“可导必连续”不同，多元函数在某点偏导数存在与其在该点是否连续没有关系(见下例).

例 7-57 证明函数 $f(x,y)=\begin{cases}\dfrac{xy}{x^2+y^2} & x^2+y^2\neq 0\\ 0 & x^2+y^2=0\end{cases}$ 在点$(0,0)$不连续，但在

该点的两个偏导数都存在.

证　由上例可知,函数在(0,0)点极限不存在,故在该点不连续. 又

$$f'_x(0,0)=\lim_{\Delta x\to 0}\frac{f(0+\Delta x,0)-f(0,0)}{\Delta x}=\lim_{\Delta x\to 0}\frac{0-0}{\Delta x}=\lim_{\Delta x\to 0}0=0$$

类似地有

$$f'_y(0,0)=0$$

故函数在该点的两个偏导数都存在.

3. 多元函数的偏导数

(1) 求多元函数的偏导数,要灵活运用求导的公式和法则.

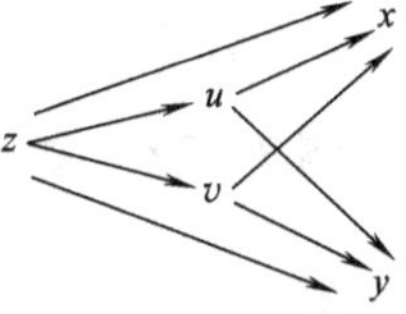

图　7-54

例 7-58　设 $z=x^2yf(x^2+y^2,xy)$,求$\frac{\partial z}{\partial x},\frac{\partial z}{\partial y}$.

解法 1　设 $z=g(x,y,u,v)=x^2yf(u,v)$,$u=x^2+y^2$,$v=xy$,如图 7-54 所示,由链式法则,有

$$\begin{aligned}\frac{\partial z}{\partial x}&=\frac{\partial g}{\partial x}+\frac{\partial g}{\partial u}\frac{\partial u}{\partial x}+\frac{\partial g}{\partial v}\frac{\partial v}{\partial x}\\&=2xyf+x^2yf'_u\times 2x+x^2yf'_v\times y\\&=2xyf+2x^3yf'_u+x^2y^2f'_v\end{aligned}$$

$$\begin{aligned}\frac{\partial z}{\partial y}&=\frac{\partial g}{\partial y}+\frac{\partial g}{\partial u}\frac{\partial u}{\partial y}+\frac{\partial g}{\partial v}\frac{\partial v}{\partial y}\\&=x^2f+x^2yf'_u\times 2y+x^2yf'_v\times x\\&=x^2f+2x^2y^2f'_u+x^3yf'_v\end{aligned}$$

解法 2　本题也可先用乘法求导法则,再对 $f(x^2+y^2,xy)$用链式法则. 设 $u=x^2+y^2$,$v=xy$,则

$$z=x^2yf(u,v)$$

所以

$$\begin{aligned}\frac{\partial z}{\partial x}&=y[(x^2)'f+x^2(f)'_x]\\&=y[2xf+x^2(f'_u2x+f'_vy)]\\&=2xyf+2x^3yf'_u+x^2y^2f'_v\end{aligned}$$

$$\begin{aligned}\frac{\partial z}{\partial y}&=x^2[y'f+y(f)'_y]\\&=x^2[f+y(f'_u2y+f'_vx)]\\&=x^2f+2x^2y^2f'_u+x^3yf'_v\end{aligned}$$

需要说明的是:1)对 $f(x^2+y^2,xy)$求导使用了链式法则

$$(f)'_x=f'_u2x+f'_vy$$

$$(f)'_y=f'_u2y+f'_vx$$

2)上例的两种解法区别不太大,但体现了使用公式的灵活性.

(2) 三个中间变量的链式法则

设 $z=f(u,v,w)$ 在 (u,v,w) 处可导，$u=\phi(x,y)$，$v=\psi(x,y)$，$w=w(x,y)$ 在 (x,y) 可导. 则

$$\boxed{\frac{\partial z}{\partial x}=\frac{\partial z}{\partial u}\frac{\partial u}{\partial x}+\frac{\partial z}{\partial v}\frac{\partial v}{\partial x}+\frac{\partial z}{\partial w}\frac{\partial w}{\partial x}} \qquad \boxed{\frac{\partial z}{\partial y}=\frac{\partial z}{\partial u}\frac{\partial u}{\partial y}+\frac{\partial z}{\partial v}\frac{\partial v}{\partial y}+\frac{\partial z}{\partial w}\frac{\partial w}{\partial y}} \tag{7-16}$$

(3) 含有抽象函数的多元复合函数的高阶偏导数

例 7-59 设 $z=f(u,x,y)$，$u=xe^y$，其中 f 有二阶连续偏导数，求 $\frac{\partial^2 z}{\partial x\partial y}$.

解
$$\frac{\partial z}{\partial x}=f'_u e^y+f'_x\times 1=f'_u e^y+f'_x$$

$$\begin{aligned}\frac{\partial^2 z}{\partial x\partial y}&=[(f'_u)'_y e^y+f'_u(e^y)']+(f'_x)'_y\\&=[(f''_{uu}xe^y+f''_{uy}\times 1)e^y+f'_u e^y]\\&\quad+(f''_{xu}xe^y+f''_{xy}\times 1)\\&=f''_{uu}xe^{2y}+f''_{uy}e^y+f'_u e^y+f''_{xu}xe^y+f''_{xy}\end{aligned}$$

易错提醒：上例在对 f'_u 及 f'_x 再求导时仍需使用链式法则.

(4) 多元隐函数的高阶偏导数举例

例 7-60 设方程 $x^2+y^2-2xyz=0$ 确定了 $z=f(x,y)$，求 $\frac{\partial^2 z}{\partial x^2}$.

解 设 $F=x^2+y^2-2xyz$，则

$$\frac{\partial z}{\partial x}=-\frac{F'_x}{F'_z}=\frac{2x-2yz}{2xy}=\frac{x-yz}{xy}$$

其中 $z=f(x,y)$，两边再对 x 求导得

$$\frac{\partial^2 z}{\partial x^2}=\frac{xy\left(1-y\frac{\partial z}{\partial x}\right)-(x-yz)y}{(xy)^2}\text{（将一阶偏导数的结果代入）}$$

$$=\frac{xy\left(1-y\frac{x-yz}{xy}\right)-(x-yz)y}{(xy)^2}=\frac{2yz-x}{x^2y}$$

需要说明的是：求隐函数的高阶偏导数没有公式，应采用对一阶偏导数两边再求导的方法求解.

4. 由重积分的定义可知，若重积分 $\iint\limits_D f(x,y)\mathrm{d}\sigma$ 存在，则重积分值是一个确定的常数. 这一点常被用来求解方程中含有重积分的问题.

例 7-61 设 $f(x,y)$ 连续，且 $f(x,y)=xy+\iint\limits_D f(x,y)\mathrm{d}x\mathrm{d}y$，其中 D 是由 y

$=x^2,y=0$ 及 $x=1$ 所围区域，求 $f(x,y)$.

解　设 $A=\iint\limits_D f(x,y)\mathrm{d}x\mathrm{d}y$，则

$$f(x,y)=xy+A$$

两边取重积分得

$$\iint\limits_D f(x,y)\mathrm{d}x\mathrm{d}y=\iint\limits_D xy\mathrm{d}x\mathrm{d}y+\iint\limits_D A\mathrm{d}x\mathrm{d}y$$

即
$$A=\int_0^1 x\mathrm{d}x\int_0^{x^2} y\mathrm{d}y+A\int_0^1\mathrm{d}x\int_0^{x^2}\mathrm{d}y=\frac{1}{12}+A\times\frac{1}{3}$$

得 $A=\frac{1}{8}$，则

$$f(x,y)=xy+A=xy+\frac{1}{8}$$

5. 重积分的性质

(1) 利用重积分的估值定理(性质 5) 可以估计其重积分值的范围，也可以利用重积分的比较性质(性质 4)比较不同函数重积分值的大小.

例 7-62　估计二重积分 $\iint\limits_D(x+3y+7)\mathrm{d}\sigma$ 的值，其中 D 是由 $0\leqslant x\leqslant 1,0\leqslant y\leqslant 2$ 围成的区域.

解　因为 $7\leqslant x+3y+7\leqslant 14$，$D$ 的面积为 2，所以

$$m\sigma\leqslant\iint\limits_D(x+3y+7)\mathrm{d}\sigma\leqslant M\sigma$$

$$14\leqslant\iint\limits_D(x+3y+7)\mathrm{d}\sigma\leqslant 28$$

例 7-63　比较二重积分 $\iint\limits_D\ln(x+y)\mathrm{d}\sigma$ 与 $\iint\limits_D[\ln(x+y)]^2\mathrm{d}\sigma$ 的大小，其中 D 是三角形闭区域，三顶点分别为(1,0)，(1,1)，(2,0)，如图 7-55 所示.

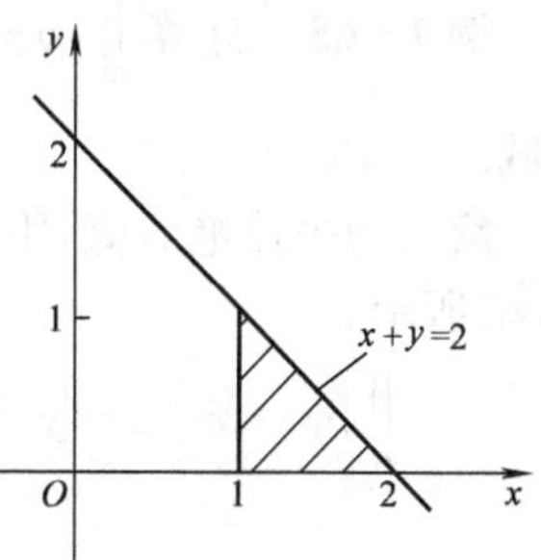

图　7-55

解　由于在给出的区域 D 内所有点均在直线 $x+y=2$ 的下方，于是

$$1\leqslant x+y\leqslant 2$$

$$0\leqslant\ln(x+y)\leqslant\ln 2<1$$

$$\ln(x+y)\geqslant[\ln(x+y)]^2$$

故
$$\iint\limits_D\ln(x+y)\mathrm{d}\sigma\geqslant\iint\limits_D[\ln(x+y)]^2\mathrm{d}\sigma$$

(2)若被积函数是绝对值函数或最大(小)值函数,应按重积分对积分区域的可加性(性质 3)进行运算.

例 7-64 计算$\iint\limits_{D}|x^2+y^2-4|\mathrm{d}\sigma$,其中$D:x^2+y^2\leqslant 9$.

解 由于被积函数带有绝对值,为去掉绝对值,应将区域 D 分成两部分,即$D_1:x^2+y^2\leqslant 4$,$D_2:4\leqslant x^2+y^2\leqslant 9$,如图 7-56 所示.

$$\begin{aligned}\iint\limits_{D}|x^2+y^2-4|\mathrm{d}\sigma&=\iint\limits_{D_1}-(x^2+y^2-4)\mathrm{d}\sigma+\iint\limits_{D_2}(x^2+y^2-4)\mathrm{d}\sigma\\&=\int_0^{2\pi}\mathrm{d}\theta\int_0^2-(r^2-4)r\mathrm{d}r+\int_0^{2\pi}\mathrm{d}\theta\int_2^3(r^2-4)r\mathrm{d}r\\&=-2\pi\left(\frac{r^4}{4}-2r^2\right)\Big|_0^2+2\pi\left(\frac{r^4}{4}-2r^2\right)\Big|_2^3=\frac{41}{2}\pi\end{aligned}$$

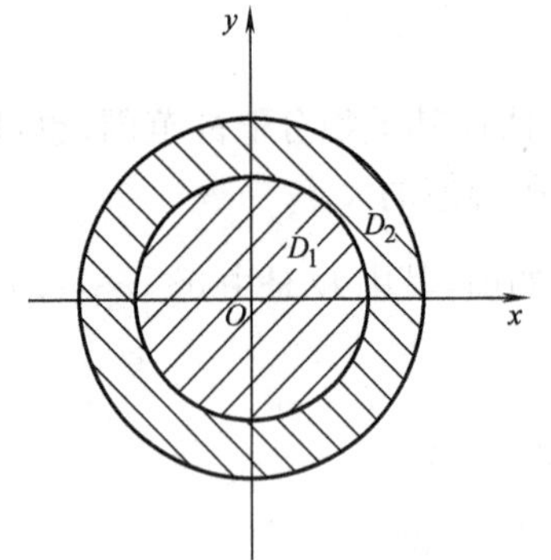

图 7-56

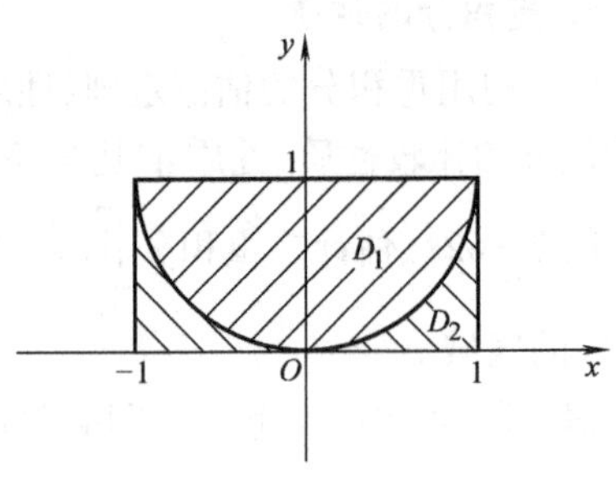

图 7-57

例 7-65 计算$\iint\limits_{D}|y-x^2|\mathrm{d}x\mathrm{d}y$,其中 D 为$-1\leqslant x\leqslant 1,0\leqslant y\leqslant 1$所围矩形区域.

解 为去掉绝对值,用抛物线 $y=x^2$ 应将区域 D 分成两部分 D_1 和 D_2,如图 7-57所示.

$$\begin{aligned}\iint\limits_{D}|y-x^2|\mathrm{d}x\mathrm{d}y&=\iint\limits_{D_1}(y-x^2)\mathrm{d}x\mathrm{d}y+\iint\limits_{D_2}(x^2-y)\mathrm{d}x\mathrm{d}y\\&=\int_{-1}^1\mathrm{d}x\int_{x^2}^1(y-x^2)\mathrm{d}y+\int_{-1}^1\mathrm{d}x\int_0^{x^2}(x^2-y)\mathrm{d}y\\&=\int_{-1}^1\left(\frac{y^2}{2}-x^2y\right)\Big|_{x^2}^1\mathrm{d}x+\int_{-1}^1\left(x^2y-\frac{y^2}{2}\right)\Big|_0^{x^2}\mathrm{d}x\\&=2\int_0^1\left(\frac{1}{2}-x^2+x^4\right)\mathrm{d}x=\frac{11}{15}\end{aligned}$$

技巧提示:若被积函数含有绝对值符号,一般令绝对值之内的式子为零,从而找出积分区域的分界线.

(3)若积分区域是由两个(或多个)区域组合而成,一般按重积分对积分区域的可加性(性质 3)进行运算比较简单.

例 7-66　如图 7-58 所示,求 $\iint\limits_D \sqrt{x^2+y^2}\mathrm{d}\sigma$,其中 D 是由 $x^2+y^2=4$ 及 $x^2+y^2=2x$ 所围成的区域.

解　$$\iint\limits_D \sqrt{x^2+y^2}\mathrm{d}\sigma = \iint\limits_{x^2+y^2\leqslant 4} \sqrt{x^2+y^2}\mathrm{d}\sigma - \iint\limits_{D_1} \sqrt{x^2+y^2}\mathrm{d}\sigma$$

$$= \int_0^{2\pi}\mathrm{d}\theta\int_0^2 r\times r\mathrm{d}r - \int_{-\frac{\pi}{2}}^{\frac{\pi}{2}}\mathrm{d}\theta\int_0^{2\cos\theta} r\times r\mathrm{d}r$$

$$= \frac{16\pi}{3} - \frac{1}{3}\int_{-\frac{\pi}{2}}^{\frac{\pi}{2}}(2\cos\theta)^3\mathrm{d}\theta$$

$$= \frac{16\pi}{3} - \frac{16}{3}\times\frac{2}{3}\times 1 = \frac{16\pi}{3} - \frac{32}{9}$$

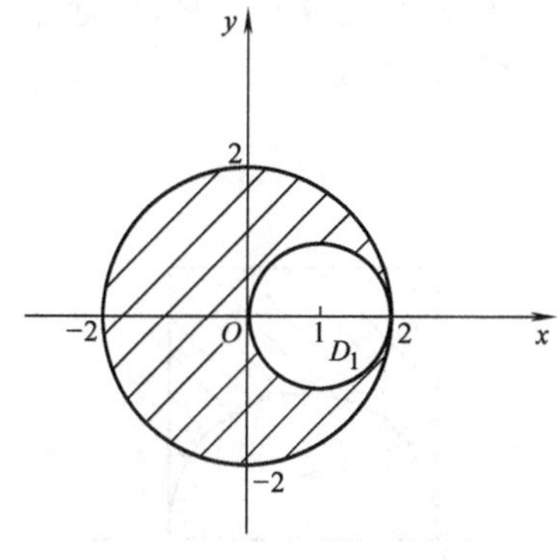

图　7-58

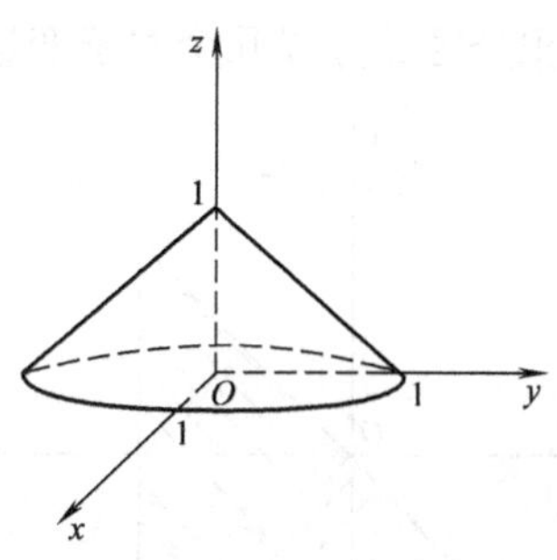

图　7-59

6. 重积分的计算

(1)利用重积分的几何意义求重积分的值

例 7-67　求 $\iint\limits_{x^2+y^2\leqslant 1}(1-\sqrt{x^2+y^2})\mathrm{d}\sigma$.

解　该积分在几何上代表的是圆锥面 $z=1-\sqrt{x^2+y^2}$ 与 Oxy 面构成的圆锥体的体积,如图 7-59 所示. 所以

$$\iint\limits_{x^2+y^2\leqslant 1}(1-\sqrt{x^2+y^2})\mathrm{d}\sigma = \frac{\pi}{3}$$

(2)如果积分区域关于某个变量是对称的,可利用被积函数关于这个变量为奇函数或偶函数的特征简化重积分的计算.

例 7-68 求$\iint\limits_{D}(y+x\sin y)\mathrm{d}x\mathrm{d}y$,其中$D$是由$y=x$,$y=-1$及$x=1$所围成的区域.

解 如图 7-60 所示,将本题中的积分域用$y=-x$划分为两部分D_1和D_2.

$$\iint\limits_{D}(y+x\sin y)\mathrm{d}x\mathrm{d}y=\iint\limits_{D_1}y\mathrm{d}x\mathrm{d}y+\iint\limits_{D_2}y\mathrm{d}x\mathrm{d}y+\iint\limits_{D_1}x\sin y\mathrm{d}x\mathrm{d}y+\iint\limits_{D_2}x\sin y\mathrm{d}x\mathrm{d}y$$

可以看出,D_1关于变量x、D_2关于变量y对称.利用对称性可知

$$\iint\limits_{D_2}y\mathrm{d}x\mathrm{d}y=\iint\limits_{D_1}x\sin y\mathrm{d}x\mathrm{d}y=\iint\limits_{D_2}x\sin y\mathrm{d}x\mathrm{d}y=0$$

所以

$$\iint\limits_{D}(y+x\sin y)\mathrm{d}x\mathrm{d}y=\iint\limits_{D_1}y\mathrm{d}x\mathrm{d}y=2\int_{-1}^{0}y\mathrm{d}y\int_{0}^{-y}\mathrm{d}x$$

$$=-2\int_{-1}^{0}y^2\mathrm{d}y=-\frac{2}{3}$$

技巧提示:上例积分区域既不关于变量x也不关于变量y对称,但通过划分可以把积分区域分成几个关于变量x或变量y对称的区域.

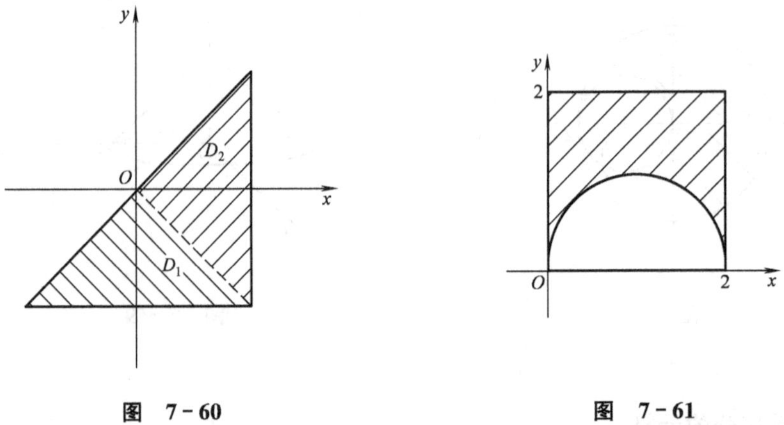

图 7-60 **图 7-61**

(3)用重积分可以计算形心,若形心已经知道,反过来可用来计算某些重积分.

例 7-69 求$\iint\limits_{D}x\mathrm{d}x\mathrm{d}y$,其中$D$是由$y=2$,$x=0$,$x=2$及$y=\sqrt{2x-x^2}$所围成的区域.

解 根据形心公式(7-19):$\overline{x}=\dfrac{\iint\limits_{D}x\mathrm{d}x\mathrm{d}y}{\iint\limits_{D}\mathrm{d}x\mathrm{d}y}$,有

$$\iint_D x\mathrm{d}x\mathrm{d}y=\bar{x}\iint_D \mathrm{d}x\mathrm{d}y=\bar{x}S_D$$

如图 7－61 所示，由积分区域 D 可以看出，

$$\bar{x}=1, S_D=4-\frac{\pi}{2}$$

故

$$\iint_D x\mathrm{d}x\mathrm{d}y=4-\frac{\pi}{2}$$

需要说明的是：形心公式(7－19)在本节的 9 中说明.

(4) 如果二重积分的积分域的边界曲线方程关于 x 和 y 是可轮换的，常利用被积函数的字母轮换性简化计算(即被积函数中的 x 和 y 对调积分值不变).

例 7－70　求 $\iint_D (x^2+4y^2)\mathrm{d}x\mathrm{d}y$，其中 D 是由 $x^2+y^2\leqslant 1$ 所围成的区域.

解　因为积分区域关于 x 和 y 是可轮换的，故

$$\iint_D x^2\mathrm{d}x\mathrm{d}y=\iint_D y^2\mathrm{d}x\mathrm{d}y$$

因此

$$\begin{aligned}\iint_D (x^2+4y^2)\mathrm{d}x\mathrm{d}y&=5\iint_D x^2\mathrm{d}x\mathrm{d}y=\frac{5}{2}\iint_D 2x^2\mathrm{d}x\mathrm{d}y\\&=\frac{5}{2}\iint_D (x^2+y^2)\mathrm{d}x\mathrm{d}y=\frac{5}{2}\int_0^{2\pi}\mathrm{d}\theta\int_0^1 r^2\times r\mathrm{d}r\\&=\frac{5}{2}\times 2\pi\times\frac{1}{4}=\frac{5\pi}{4}\end{aligned}$$

(5) 二重积分坐标平移的积分方法(简单的换元法)

例 7－71　求 $\iint_D (x^2+y^2)\mathrm{d}x\mathrm{d}y$，其中 D 是由 $x^2+\frac{y^2}{4}\leqslant 1$ 所围成的区域.

解　设 $y=2u$，则 $\mathrm{d}x\mathrm{d}y=2\mathrm{d}x\mathrm{d}u$，区域 $x^2+\frac{y^2}{4}\leqslant 1$ 变为 $x^2+u^2\leqslant 1$，所以

$$\iint_D (x^2+y^2)\mathrm{d}x\mathrm{d}y=\iint_{x^2+u^2\leqslant 1}(x^2+4u^2)\times 2\mathrm{d}x\mathrm{d}u$$

由上例结果得

$$\begin{aligned}\iint_D (x^2+y^2)\mathrm{d}x\mathrm{d}y&=2\iint_{x^2+u^2\leqslant 1}(x^2+4u^2)\mathrm{d}x\mathrm{d}u\\&=2\times\frac{5\pi}{4}=\frac{5\pi}{2}\end{aligned}$$

(6)计算二重积分时选择直角坐标计算法还是极坐标计算法，要综合考虑积分区域和被积函数的情况.

例 7－72　计算 $\iint_D xy\mathrm{d}x\mathrm{d}y, D: x^2+y^2\leqslant 1, x+y\geqslant 1$.

解　画出 D 的图形，如图 7－62 所示，于是

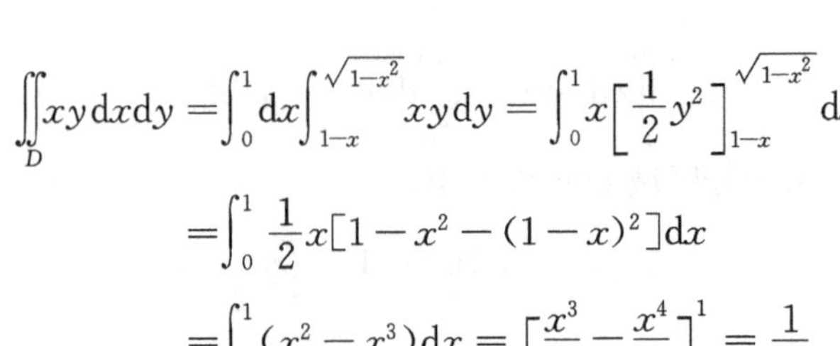

$$\iint_D xy\mathrm{d}x\mathrm{d}y=\int_0^1\mathrm{d}x\int_{1-x}^{\sqrt{1-x^2}}xy\mathrm{d}y=\int_0^1 x\left[\frac{1}{2}y^2\right]_{1-x}^{\sqrt{1-x^2}}\mathrm{d}x$$

$$=\int_0^1\frac{1}{2}x[1-x^2-(1-x)^2]\mathrm{d}x$$

$$=\int_0^1(x^2-x^3)\mathrm{d}x=\left[\frac{x^3}{3}-\frac{x^4}{4}\right]_0^1=\frac{1}{12}$$

该题视为 x 型域或视为 y 型域均可，难度相同.

需要说明的是：上例虽然积分区域与圆有关，但考虑被积函数的情况，还是采用直角坐标计算法比较简便.

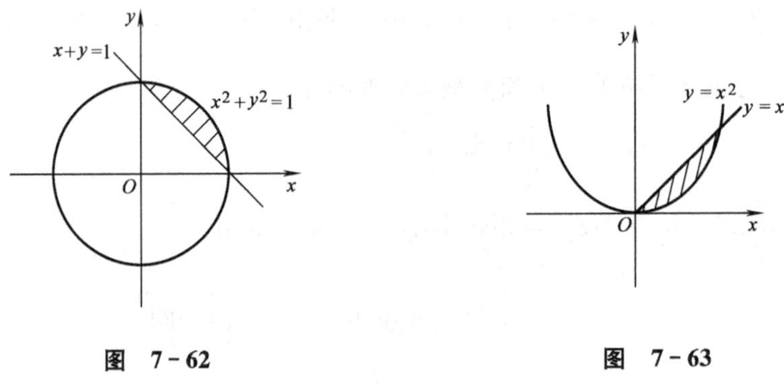

图 7-62　　图 7-63

例 7-73　计算 $\iint_D\frac{1}{\sqrt{x^2+y^2}}\mathrm{d}\sigma$，其中 D 是由 $y=x^2$，$y=x$ 围成的区域.

解　画出 D 的图形，如图 7-63 所示．因为直线 $y=x$ 的倾斜角为 $\frac{\pi}{4}$，所以极角变化为 $0\leqslant\theta\leqslant\frac{\pi}{4}$. 将 $y=x^2$ 化成极坐标式 $r=\frac{\sin\theta}{\cos^2\theta}$，则极径变化为 $0\leqslant r\leqslant\frac{\sin\theta}{\cos^2\theta}$，所以

$$\iint_D\frac{1}{\sqrt{x^2+y^2}}\mathrm{d}\sigma=\int_0^{\frac{\pi}{4}}\mathrm{d}\theta\int_0^{\frac{\sin\theta}{\cos^2\theta}}\frac{1}{r}r\mathrm{d}r=\int_0^{\frac{\pi}{4}}\frac{\sin\theta}{\cos^2\theta}\mathrm{d}\theta$$

$$=\frac{1}{\cos\theta}\Bigg|_0^{\frac{\pi}{4}}=\sqrt{2}-1$$

需要说明的是：上例虽然积分区域与圆无关，但考虑被积函数的情况，还是采用极坐标计算法比较简便.

(7)二重积分的换序积分法

若要改变已知二次积分的积分次序，需要根据二次积分的积分限，反向思维画出积分区域的图形，然后换序.

例 7-74　交换二次积分 $\int_0^1 dx\int_0^x f(x,y)dy+\int_1^2 dx\int_0^{2-x} f(x,y)dy$ 的次序．

解　在 $x=0$ 到 $x=1$ 的区间上，y 的范围是从 $y=0$ 到 $y=x$，于是画出部分区域 D_1；在 $x=1$ 到 $x=2$ 的区间上，y 的范围是从 $y=0$ 到 $y=2-x$，于是画出另一部分区域 D_2. 将两部分区域合在一起，如图 7-64 所示，用 y 型表达得

$$\int_0^1 dx\int_0^x f(x,y)dy+\int_1^2 dx\int_0^{2-x} f(x,y)dy=\int_0^1 dy\int_y^{2-y} f(x,y)dx$$

例 7-75　交换二次积分 $\int_{-1}^0 dy\int_{-y}^1 f(x,y)dx+\int_0^1 dy\int_{\sqrt{y}}^1 f(x,y)dx$ 的次序.

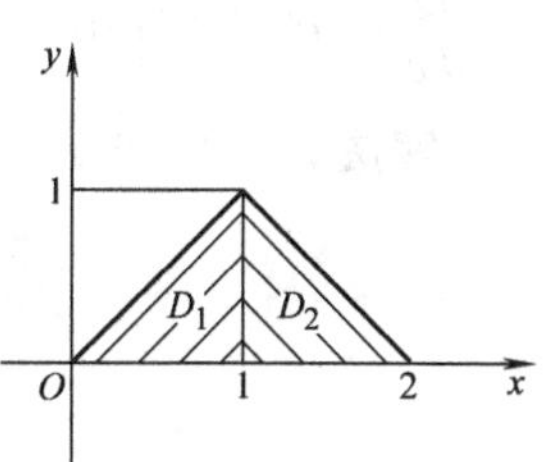

图　7-64

解　在 $y=-1$ 到 $y=0$ 的区间上，x 的范围是从 $x=-y$ 到 $x=1$，于是画出部分区域 D_1；在 $y=0$ 到 $y=1$ 的区间上，x 的范围是从 $x=\sqrt{y}$到 $x=1$，于是画出另一部分区域 D_2. 将两部分区域合在一起，如图 7-65 所示. 用 x 型表达得

$$\int_{-1}^0 dy\int_{-y}^1 f(x,y)dx+\int_0^1 dy\int_{\sqrt{y}}^1 f(x,y)dx=\int_0^1 dx\int_{-x}^{x^2} f(x,y)dy$$

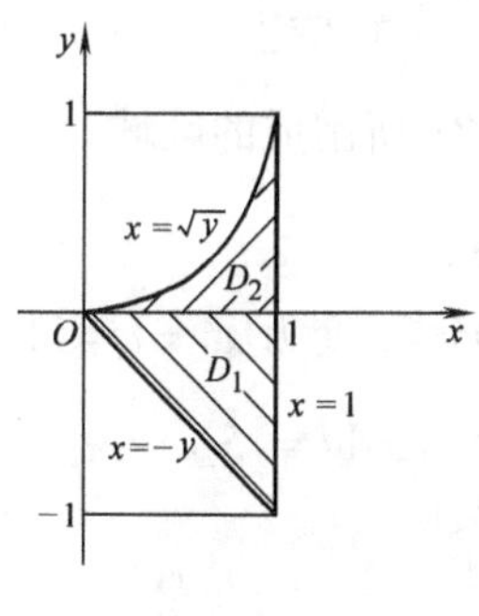

图　7-65

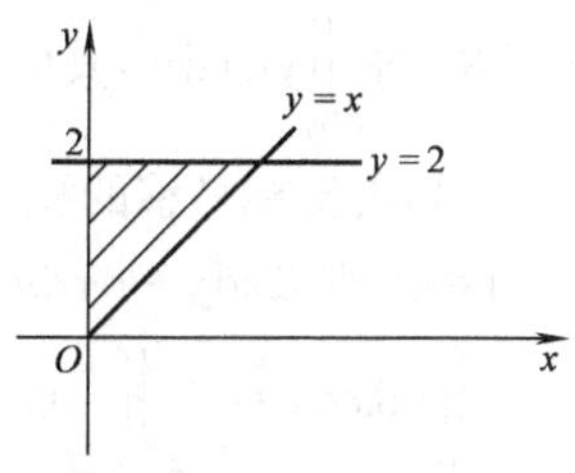

图　7-66

例 7-76　计算 $\int_0^2 dx\int_x^2 e^{-y^2}dy$.

解　在 $x=0$ 到 $x=2$ 的区间上，y 的范围是从 $y=x$ 到 $y=2$，于是画出积分区域，如图 7-66 所示. 注意到 $\int e^{-y^2}dy$ 不能用初等函数表示，所以考虑交换积分次序，将 x 型域变成 y 型域

$$\int_0^2 dx\int_x^2 e^{-y^2}dy=\int_0^2 dy\int_0^y e^{-y^2}dx=\int_0^2\left[xe^{-y^2}\right]_0^y dy$$

$$=\int_0^2 ye^{-y^2}dy=\left[-\frac{1}{2}e^{-y^2}\right]_0^2=-\frac{1}{2}(e^{-4}-1)$$

需要说明的是：当某种次序的二次积分不能算时，可考虑交换积分次序.

7. 一题多解

例 7-77 设 $z=(1+xy)^x$，$\frac{\partial z}{\partial x}$.

解法 1 由于 z 是 x 的幂指函数，无法直接用求导公式，所以可先将 z 变形成

$$z=\mathrm{e}^{\ln(1+xy)^x}=\mathrm{e}^{x\ln(1+xy)}$$

于是

$$\frac{\partial z}{\partial x}=\mathrm{e}^{x\ln(1+xy)}\left[\ln(1+xy)+\frac{xy}{1+xy}\right]=(1+xy)^x\left[\ln(1+xy)+\frac{xy}{1+xy}\right]$$

解法 2 令 $1+xy=u$，$x=v$，则 $z=u^v$. 由链式法则得

$$\frac{\partial z}{\partial x}=vu^{v-1}y+u^v\ln u=u^v\left(\frac{v}{u}y+\ln u\right)$$

$$=(1+xy)^x\left[\ln(1+xy)+\frac{xy}{1+xy}\right]$$

解法 3 取对数 $\ln z=x\ln(1+xy)$，用隐函数求导法，两边对 x 求导得

$$\frac{1}{z}\frac{\partial z}{\partial x}=\ln(1+xy)+x\frac{y}{1+xy}$$

所以

$$\frac{\partial z}{\partial x}=(1+xy)^x\left[\ln(1+xy)+\frac{xy}{1+xy}\right]$$

例 7-78 求 $\iint\limits_D y\mathrm{d}x\mathrm{d}y$，其中 D 是由 $x^2+y^2\leqslant 2y$ 所围成的区域.

解法 1 利用坐标平移的积分方法计算重积分.

设 $y-1=u$，则 $\mathrm{d}x\mathrm{d}y=\mathrm{d}x\mathrm{d}u$，区域 $x^2+(y-1)^2\leqslant 1$ 变为 $x^2+u^2\leqslant 1$

所以

$$\iint\limits_D y\mathrm{d}x\mathrm{d}y=\iint\limits_{x^2+u^2\leqslant 1}(u+1)\mathrm{d}x\mathrm{d}u=\iint\limits_{x^2+u^2\leqslant 1}\mathrm{d}x\mathrm{d}u=S_D=\pi$$

解法 2 利用形心计算重积分.

由于积分区域 D 为圆 $x^2+(y-1)^2\leqslant 1$，如图 7-67所示，所以

$$\bar{y}=1, S_D=\pi$$

故

$$\iint\limits_D y\mathrm{d}x\mathrm{d}y=\bar{y}\iint\limits_D \mathrm{d}x\mathrm{d}y=\bar{y}S_D=\pi$$

需要说明的是：形心公式(7-19)在本节的 9 中说明.

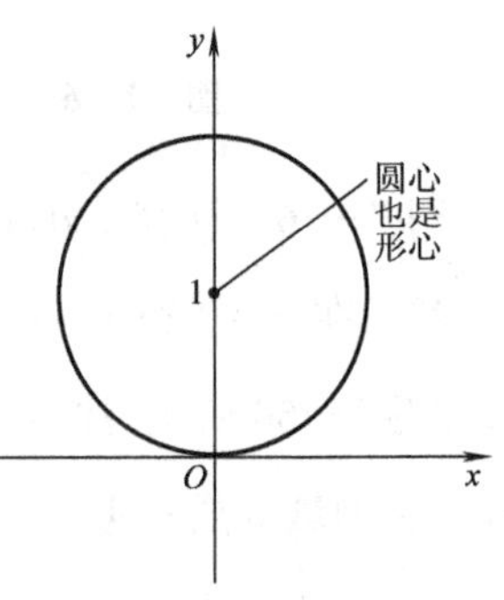

图 7-67

解法 3 利用极坐标计算重积分.

$$\iint\limits_D y\mathrm{d}x\mathrm{d}y=\int_0^{\pi}\mathrm{d}\theta\int_0^{2\sin\theta}r\sin\theta\times r\mathrm{d}r$$

$$=\frac{8}{3}\int_0^{\pi}\sin^4\theta\mathrm{d}\theta=\frac{16}{3}\int_0^{\frac{\pi}{2}}\sin^4\theta\mathrm{d}\theta$$

$$=\frac{16}{3}\times\frac{3}{4}\times\frac{1}{2}\times\frac{\pi}{2}=\pi$$

解法 4　利用直角坐标计算重积分(x 型算法).

$$\iint_D y\mathrm{d}x\mathrm{d}y=\int_{-1}^{1}\mathrm{d}x\int_{1-\sqrt{1-x^2}}^{1+\sqrt{1-x^2}}y\mathrm{d}y=\frac{1}{2}\int_{-1}^{1}4\sqrt{1-x^2}\mathrm{d}x=2\int_{-1}^{1}\sqrt{1-x^2}\mathrm{d}x=\pi$$

需要说明的是:此种解法利用了定积分的几何意义,即 $\int_{-1}^{1}\sqrt{1-x^2}\mathrm{d}x$ 等于半个圆的面积.

解法 5　利用直角坐标计算重积分(y 型算法).

$$\iint_D y\mathrm{d}x\mathrm{d}y=\int_0^2 y\mathrm{d}y\int_{-\sqrt{1-(y-1)^2}}^{\sqrt{1-(y-1)^2}}\mathrm{d}x=2\int_0^2 y\sqrt{1-(y-1)^2}\mathrm{d}y\quad(\text{令 } y-1=u)$$

$$=2\int_{-1}^{1}(u+1)\sqrt{1-u^2}\mathrm{d}u=2\int_{-1}^{1}\sqrt{1-u^2}\mathrm{d}u=\pi$$

需要说明的是:此种解法也利用了定积分的几何意义.

8. 用二重积分来说明定积分的问题

例 7-79　求广义积分 $I=\int_{-\infty}^{\infty}\mathrm{e}^{-x^2}\mathrm{d}x$.

解　$I^2=\int_{-\infty}^{\infty}\mathrm{e}^{-x^2}\mathrm{d}x\int_{-\infty}^{\infty}\mathrm{e}^{-y^2}\mathrm{d}y=\iint_D\mathrm{e}^{-x^2-y^2}\mathrm{d}x\mathrm{d}y$　(D 表示全平面)

I^2 是全平面上的二重广义积分,自然可以用圆域来逼近,即

$$I^2=\lim_{R\to+\infty}\iint_{x^2+y^2\leqslant R^2}\mathrm{e}^{-x^2-y^2}\mathrm{d}x\mathrm{d}y$$

因为

$$\iint_{x^2+y^2\leqslant R^2}\mathrm{e}^{-x^2-y^2}\mathrm{d}x\mathrm{d}y=\int_0^{2\pi}\mathrm{d}\theta\int_0^R\mathrm{e}^{-r^2}r\mathrm{d}r$$

$$=2\pi\left[-\frac{1}{2}\mathrm{e}^{-r^2}\right]_0^R=\pi(1-\mathrm{e}^{-R^2})$$

所以 $I^2=\pi$,即 $I=\sqrt{\pi}$.

9. 二重积分物理应用举例

(1) 质量不均匀分布的平面薄片的质量

设有平面区域 D,其上点 $M(x,y)$的面密度为 $\rho(x,y)$,则质量为

$$\boxed{m=\iint_D\rho(x,y)\mathrm{d}x\mathrm{d}y}\tag{7-17}$$

例 7-80 一薄板被 $x^2+4y^2=12$ 及 $x=4y^2$ 所围，面密度 $\rho(x,y)=5x$，求薄板的质量.

解 画出 D 的图形，如图 7-68 所示，视为 y 型域. 由 $\begin{cases}x^2+4y^2=12\\x=4y^2\end{cases}$，得两交点坐标为 $\left(3,-\frac{\sqrt{3}}{2}\right)$，$\left(3,\frac{\sqrt{3}}{2}\right)$，因此

$$m=\iint\limits_D 5x\mathrm{d}x\mathrm{d}y=\int_{-\frac{\sqrt{3}}{2}}^{\frac{\sqrt{3}}{2}}\mathrm{d}y\int_{4y^2}^{\sqrt{12-4y^2}}5x\mathrm{d}x$$

$$=\int_{-\frac{\sqrt{3}}{2}}^{\frac{\sqrt{3}}{2}}\frac{5}{2}x^2\Big|_{4y^2}^{\sqrt{12-4y^2}}\mathrm{d}y$$

$$=\int_{-\frac{\sqrt{3}}{2}}^{\frac{\sqrt{3}}{2}}\frac{5}{2}(12-4y^2-16y^4)\mathrm{d}y$$

$$=10\left(6y-\frac{2}{3}y^3-\frac{8}{5}y^5\right)\Big|_0^{\frac{\sqrt{3}}{2}}=23\sqrt{3}$$

(2)平面薄片的重心

设一平面薄片 D，其上点 (x,y) 处的面密度为 $\rho(x,y)$，则平面薄片的重心坐标公式为

$$\bar{x}=\frac{\iint\limits_D x\rho(x,y)\mathrm{d}x\mathrm{d}y}{\iint\limits_D \rho(x,y)\mathrm{d}x\mathrm{d}y},\bar{y}=\frac{\iint\limits_D y\rho(x,y)\mathrm{d}x\mathrm{d}y}{\iint\limits_D \rho(x,y)\mathrm{d}x\mathrm{d}y} \tag{7-18}$$

若 $\rho(x,y)=1$，此时重心也是形心，即

$$\bar{x}=\frac{\iint\limits_D x\mathrm{d}x\mathrm{d}y}{\iint\limits_D \mathrm{d}x\mathrm{d}y},\bar{y}=\frac{\iint\limits_D y\mathrm{d}x\mathrm{d}y}{\iint\limits_D \mathrm{d}x\mathrm{d}y} \tag{7-19}$$

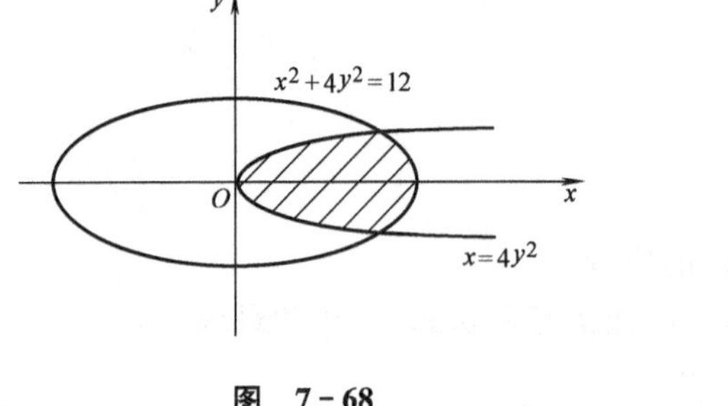

图 7-68

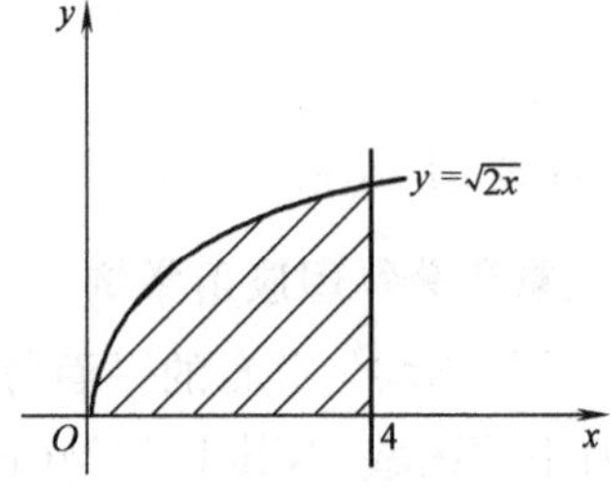

图 7-69

例 7-81 如图 7-69 所示,设平面域 D 由 $y=\sqrt{2x}$,$x=4$,$y=0$ 围成,质量均匀分布($\rho=1$),求该薄片的重心.

解

$$\iint_D \mathrm{d}x\mathrm{d}y=\int_0^4\mathrm{d}x\int_0^{\sqrt{2x}}\mathrm{d}y=\int_0^4[y]_0^{\sqrt{2x}}\mathrm{d}x$$

$$=\int_0^4\sqrt{2x}\mathrm{d}x=\sqrt{2}\times\frac{2}{3}\times x^{\frac{3}{2}}\Big|_0^4=\frac{16}{3}\sqrt{2}$$

$$\iint_D x\mathrm{d}x\mathrm{d}y=\int_0^4\mathrm{d}x\int_0^{\sqrt{2x}}x\mathrm{d}y=\int_0^4 x[y]_0^{\sqrt{2x}}\mathrm{d}x$$

$$=\int_0^4 x\sqrt{2x}\mathrm{d}x=\sqrt{2}\times\frac{2}{5}\times[x^{\frac{5}{2}}]_0^4=\frac{64}{5}\sqrt{2}$$

$$\iint_D y\mathrm{d}x\mathrm{d}y=\int_0^4\mathrm{d}x\int_0^{\sqrt{2x}}y\mathrm{d}y$$

$$=\int_0^4\left[\frac{y^2}{2}\right]_0^{\sqrt{2x}}\mathrm{d}x=\int_0^4 x\mathrm{d}x=8$$

所以

$$\bar{x}=\frac{\iint_D x\mathrm{d}x\mathrm{d}y}{\iint_D\mathrm{d}x\mathrm{d}y}=\frac{\frac{64}{5}\sqrt{2}}{\frac{16}{3}\sqrt{2}}=\frac{12}{5},\bar{y}=\frac{\iint_D y\mathrm{d}x\mathrm{d}y}{\iint_D\mathrm{d}x\mathrm{d}y}=\frac{8}{\frac{16}{3}\sqrt{2}}=\frac{3\sqrt{2}}{4}$$

(3)转动惯量

一平面区域 D 对平面内 x 轴的转动惯量为

$$\boxed{I_x=\iint_D\rho y^2\mathrm{d}x\mathrm{d}y}\tag{7-20}$$

对平面内 y 轴的转动惯量为

$$\boxed{I_y=\iint_D\rho x^2\mathrm{d}x\mathrm{d}y}\tag{7-21}$$

对原点的转动惯量为

$$\boxed{I_O=\iint_D\rho(x^2+y^2)\mathrm{d}x\mathrm{d}y}\tag{7-22}$$

其中 $\rho=\rho(x,y)$ 为面密度.

例 7-82 如图 7-70 所示,求由 $x=0$,$x=1$,$y=0$,$y=\mathrm{e}^x$ 围成的区域对 x 轴的转动惯量(假设 $\rho=1$).

解

$$I_x=\iint_D y^2\mathrm{d}x\mathrm{d}y=\int_0^1\mathrm{d}x\int_0^{\mathrm{e}^x}y^2\mathrm{d}y=\int_0^1\left[\frac{y^3}{3}\right]_0^{\mathrm{e}^x}\mathrm{d}x=\int_0^1\frac{\mathrm{e}^{3x}}{3}\mathrm{d}x$$

$$=\frac{1}{9}[\mathrm{e}^{3x}]_0^1=\frac{1}{9}(\mathrm{e}^3-1)$$

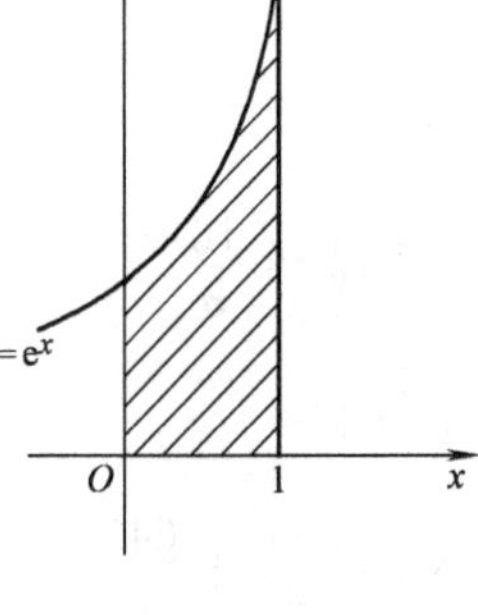

图　7－70

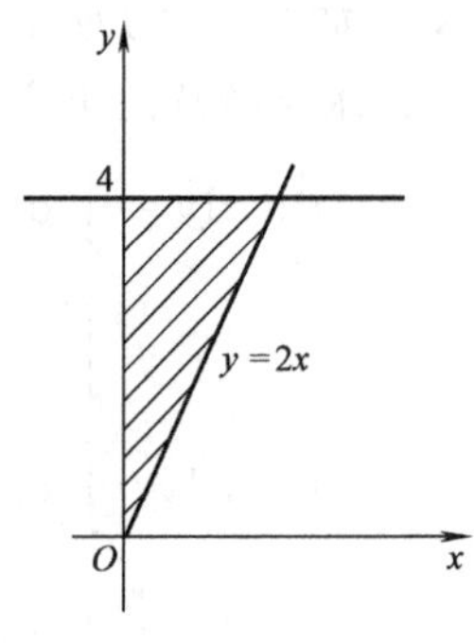

图　7－71

例 7－83　如图 7－71 所示，求由 y 轴，$y=2x$，$y=4$ 围成的区域对原点的转动惯量(假设 $\rho=1$).

解
$$I_O=\iint\limits_D(x^2+y^2)\mathrm{d}x\mathrm{d}y$$
$$=\int_0^4\mathrm{d}y\int_0^{\frac{y}{2}}(x^2+y^2)\mathrm{d}x$$
$$=\int_0^4\left[\frac{x^3}{3}+y^2x\right]_0^{\frac{y}{2}}\mathrm{d}y$$
$$=\int_0^4\frac{13}{24}y^3\mathrm{d}y=\frac{104}{3}$$

背景聚焦

微积分符号史漫谈

一种好的记号可以使头脑摆脱不必要的负担和约束，使思想集中于新的问题；这就事实上增加了人脑的能力.

A. H. Whirehead

1. 函数符号

约翰・伯努利 1694 年首次提出函数概念，并以字母 n 表示变量 z 的一个函数. 1734 年，欧拉以 $f\left(\frac{x}{a+c}\right)$ 表示 $\frac{x}{a}+c$ 的函数，是数学史上首次以“f”表示函数.

1797 年，拉格朗日大力推动以 f，F，φ 及 ψ 表示函数，对后世影响深远. 1820 年，赫谢尔以 $f(x)$ 表示 x 的函数. 1893 年，皮亚诺开始采用符号 $y=f(x)$ 及 $x=f^{-1}(y)$，成为现今通用的符号.

2. 和式号

以“Σ”来表示和式号(Sign of summation)是欧拉于 1755 年首先使用的，

这个符号源于希腊文 $\sigma o\gamma\mu\alpha\rho\omega$（增加）的字头，“$\Sigma$”正是 σ 的大写.

3. 极限符号

第一个以“Lim”来简化极限(Limit)的人是1786年瑞士的吕利埃.

1841年，韦尔斯特拉斯以 lim 代替 Lim，并于1854年采用符号 $\lim\limits_{n=\infty}p_n=\infty$. 在这一时期，维尔斯特拉斯和柯西的工作更合成为极限的著名的“$\varepsilon-\delta$ 定义”. 1905年，里斯引入了表示趋向的符号“$\rightarrow$”，而哈代于1908年采用了 $\lim\limits_{n=\infty}(1/n)=0$，并指出可写作 $\lim\limits_{n=\infty}$，$\lim\limits_{x=a}$. 1898年，普林斯海姆把下面的“=”换作“$\rightarrow$”，一直沿用至今.

4. 微分和导数符号

牛顿是最早以点号来表示导数的，他以 v，x，y 及 z 等表示变量，在其上加一点表示对时间之导数，如以 $\dot{x}$ 表示 x 对时间的导数. 此用法最早见于牛顿1665年的手稿.

1675年，莱布尼茨分别引入 dx 及 dy 以表示 x 和 y 的微分，并把导数记作$\frac{\mathrm{d}x}{\mathrm{d}y}$，当时以 x 表示纵坐标，而以 y 表示横坐标. 除了坐标轴符号的变化外，这一符号一直沿用至今. 莱布尼茨还以 dd$v$ 表示二阶微分. 1694年，约翰·伯努利以 dddd$z$ 表示四阶微分，一度流行于18世纪. 第一个以撇点表示导数的人是拉格朗日，1797年他以 y' 表示 y 对 x 的一阶导数，y'' 及 y''' 分别表示二阶及三阶导数；1823年，柯西同时以 y' 及$\frac{\mathrm{d}y}{\mathrm{d}x}$表示 y 对 x 的一阶导数. 这一用法也为人所接受，且沿用至今.

5. 积分符号

莱布尼茨于1675年以“omn. l”表示 l 的总和，而 omn 为“omnia”（意即所有、全部）之缩写. 其后又改写为“$\int$”，以“$\int l$”表示所有 l 的总和(Sum). $\int$ 为字母 s 的拉长，此符号沿用至今.

傅里叶是最先采用定积分符号的人. 1822年，他在其名著《热的分析理论》中用了$\frac{\pi}{2}\varphi(x)=\frac{1}{2}\int_0^{\pi}\varphi(x)\mathrm{d}x+\text{etc}$，同时 G. 普兰纳采用了符号 $\int_0^1 a^u\mathrm{d}u=\frac{a-1}{\mathrm{Log}a}$，并很快为数学界所接受.

6. 偏微分和偏导数符号

牛顿、莱布尼茨、伯努利等人的著述中早已引入了偏导数概念，但并未有统一的表示符号. 欧拉于1755年以带括号的$\left(\frac{\mathrm{d}p}{\mathrm{d}y}\right)$表示 p 对 y 的偏导数.

1770 年，蒙日分别以$\dfrac{\delta v}{\mathrm{d}x}$及$\dfrac{\delta v}{\mathrm{d}y}$表示对 x 及 y 的偏导数. 拉格朗日于 1786 年以"∂"表示偏导数，以"$\dfrac{\partial v}{\partial x}$"表示 v 对 x 的偏导数，不过这一符号没有立即得到通用. 直至 1841 年雅可比再次强调，并引入"d"表示全微分，"∂"表示偏微分，全微分表示为 $\mathrm{d}f=\dfrac{\partial f}{\partial x}\mathrm{d}x+\dfrac{\partial f}{\partial y}\mathrm{d}y$，从此这一符号得到普遍应用.

7. 向量符号

1806 年瑞士人阿尔冈以$\overline{AB}$表示一个有向线段或向量.

1896 年，沃依洛特区分了"极向量"及"轴向量". 1912 年，兰格文以 $\vec{a}$ 表示极向量，其后于字母上加箭头以表示向量的方法逐渐流行，尤其在手写稿中. 一些作者为了方便印刷，以粗黑体小写字母 $\boldsymbol{a}$，$\boldsymbol{b}$ 等表示向量，这两种符号一直沿用至今.

1853 年，柯西把向径记作 $\bar{r}$，而它在坐标轴上的分量分别记作 $\bar{x}$，$\bar{y}$ 及 $\bar{z}$，且记 $\bar{r}=\bar{x}+\bar{y}+\bar{z}$. 1878 年，格拉斯曼以 $p=v_1e_1+v_2e_2+v_3e_3$ 表示一个具有坐标 x，y 及 z 的点，其中 e_1，e_2 及 e_3 分别为三个坐标轴方向的单位长度. 哈密顿把向量记作 $\rho=iz+jy+kz$，其中 i，j，k 为两两垂直的单位向量. 这种记法后来与上述向量记法相结合：印刷时把 i，j，k 印成小写粗黑体字母，手写时于字母上加箭头，并把系数(坐标)写于前面，即 $\boldsymbol{\rho}=x\boldsymbol{i}+y\boldsymbol{j}+z\boldsymbol{k}$ 或 $\vec{\rho}=x\vec{i}+y\vec{j}+z\vec{k}$，这就是现在的用法.

习　题　7－6

1. 设方程 $F(x,y,z)=0$ 确定了 $z=f(x,y)$，求$\dfrac{\partial^2 z}{\partial x^2}$.

(1) $x^2+y^2+z^2=4z$；　　(2) $x+y-z=\mathrm{e}^z$.

2. 设方程组$\begin{cases}x^2+y^2+z^2=4\\ x+y-z=1\end{cases}$确定了函数 $y=y(x)$，$z=z(x)$，求$\dfrac{\mathrm{d}y}{\mathrm{d}x}$，$\dfrac{\mathrm{d}z}{\mathrm{d}x}$.

3. 设 $u=x^2y^3z^4$，其中 $z=f(x,y)$ 由方程 $x^2+y^2+z^2-3xyz=0$ 确定，求 $u'_x(1,1,1)$.

4. 求 $u=xyz$ 在条件 $x+y+z=40$ 及 $x+y-z=0$ 下的极大值.

5. 当 $x>0$，$y>0$，$z>0$ 时，求函数 $u=\ln x+2\ln y+3\ln z$ 在球面 $x^2+y^2+z^2=6r^2$ 上的最大值，并证明对任意的正数 a，b，c，成立不等式：$ab^2c^3\leqslant 108\left(\dfrac{a+b+c}{6}\right)^6$.

6. 估计下列二重积分的值：

(1) $\iint\limits_D \sin(x+y)\mathrm{d}\sigma$，$D$ 为 $0\leqslant x\leqslant\dfrac{\pi}{4}$，$\dfrac{\pi}{6}\leqslant y\leqslant\dfrac{\pi}{4}$ 围成的区域.

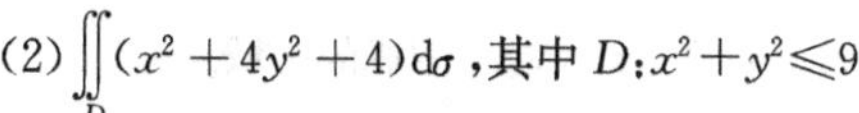

(2) $\iint\limits_D (x^2+4y^2+4)\mathrm{d}\sigma$，其中 $D: x^2+y^2\leqslant 9$.

7. 比较下列二重积分的大小：

(1) $\iint\limits_D (x+y)^3\mathrm{d}\sigma$ 与 $\iint\limits_D (x+y)^4\mathrm{d}\sigma$，$D$ 为由三点 $(0,0),(1,0),(0,1)$ 围成的三角形区域.

(2) $\iint\limits_D \ln^2(x+y)\mathrm{d}\sigma$ 与 $\iint\limits_D \ln^3(x+y)\mathrm{d}\sigma$，其中 D 为 $A(1,0),B(1,1),C(2,0)$ 围成的三角形区域.

8. 改换下列二次积分的次序：

(1) $\int_0^1\mathrm{d}x\int_{-\sqrt{1-x^2}}^{\sqrt{1-x^2}} f(x,y)\mathrm{d}y$；

(2) $\int_0^1\mathrm{d}y\int_{\mathrm{e}^y}^{\mathrm{e}} f(x,y)\mathrm{d}x$；

(3) $\int_0^a\mathrm{d}x\int_x^{\sqrt{2ax-x^2}} f(x,y)\mathrm{d}y$；

(4) $\int_0^a\mathrm{d}x\int_{a-x}^{\sqrt{a^2-x^2}} f(x,y)\mathrm{d}y$；

(5) $\int_0^1\mathrm{d}y\int_0^{2y} f(x,y)\mathrm{d}x+\int_1^3\mathrm{d}y\int_0^{3-y} f(x,y)\mathrm{d}x$.

9. 选择合适的积分次序，计算下列积分：

(1) $\int_1^3\mathrm{d}x\int_{x-1}^2 \sin y^2\mathrm{d}y$；　(2) $\int_0^{\frac{\pi}{2}}\mathrm{d}x\int_x^{\frac{\pi}{2}} \frac{\cos y}{y}\mathrm{d}y$；

(3) $\int_0^1\mathrm{d}y\int_{2y}^2 \cos(x^2)\mathrm{d}x$；　(4) $\int_0^1\mathrm{d}x\int_{x^2}^1 \frac{xy}{\sqrt{1+y^3}}\mathrm{d}y$；

(5) $\int_0^2\mathrm{d}x\int_x^2 y^2\sin xy\mathrm{d}y$；　(6) $\int_0^8\mathrm{d}x\int_{\sqrt[3]{x}}^2 \frac{1}{y^4+1}\mathrm{d}y$；

(7) $\int_0^2\mathrm{d}x\int_0^{4-x^2} \frac{x\mathrm{e}^{2y}}{4-y}\mathrm{d}y$.

10. 用极坐标方法计算下列二次积分：

(1) $\int_0^{2a}\mathrm{d}x\int_0^{\sqrt{2ax-x^2}} \frac{xy^2}{\sqrt{x^2+y^2}}\mathrm{d}y$；　(2) $\int_0^1\mathrm{d}x\int_{x^2}^x \frac{1}{\sqrt{x^2+y^2}}\mathrm{d}y$；

(3) $\int_0^1\mathrm{d}x\int_x^{\sqrt{2x-x^2}} \frac{1}{\sqrt{4-x^2-y^2}}\mathrm{d}y$；(4) $\int_0^a\mathrm{d}x\int_{\sqrt{ax-x^2}}^{\sqrt{a^2-x^2}} (1-\sqrt{x^2+y^2})\mathrm{d}y$.

11. 利用对称区域计算 $\iint\limits_D (x^3y-y^3x^2+x\sqrt{x^2+y^2})\mathrm{d}\sigma$，其中 D 为由 $x^2+y^2=x$ 围成的区域.

12. 求 $\iint\limits_D (x+y)\mathrm{d}\sigma$，其中 D 为由 $x^2+y^2\leqslant x+y$ 围成的区域.

13. 求 $\iint\limits_D |x(y-1)|\mathrm{d}x\mathrm{d}y$，其中 D 为由 $y=-x,y=x,y=2$ 围成的区域.

14. 计算$\iint\limits_D |\cos(x+y)|\,\mathrm{d}\sigma$，其中$D$为由$0\leqslant x\leqslant\frac{\pi}{2}$，$0\leqslant y\leqslant\frac{\pi}{2}$围成的区域.

15. 计算$\iint\limits_D \min(x,y)\,\mathrm{d}\sigma$，其中$D$为由直线$x=0$，$x=3$，$y=0$，$y=1$围成的区域.

16. 用多种解法求解下列问题：

(1) 设$z=(2x+y)^{2x+y}$，用三种方法求$\frac{\partial z}{\partial x}$，$\frac{\partial z}{\partial y}$.

(2) 分别用x型、y型、极坐标三种方法计算二重积分$\iint\limits_D \frac{1}{x}\,\mathrm{d}\sigma$，其中$D$为由$y=x$，$x=1$，$y=0$围成的区域.

17. 一平面薄板被$x=0$，$y=0$，$x+y=1$所围，面密度为$\rho(x,y)=x^2+y^2$，求该薄板的质量($\rho=1$).

18. 求由直线$x=0$，$y=0$，$x+y=3$所围成的均匀平面薄片($\rho=1$)的重心．

19. 求由曲线$y^2+x=0$和直线$y=x+2$所围成的均匀平面薄片($\rho=1$)的重心．

20. 一平面薄板被$x=y^2$，$x=2y-y^2$所围，面密度为$\rho(x,y)=y+1$，求该薄板对于x轴的转动惯量.

21. 一薄板被$x=y-y^2$，$x+y=0$所围，面密度为$\rho(x,y)=x+y$，求该薄板对于y轴的转动惯量.

数学文摘

数学模型——数学方法解决实际问题

一种科学只有在成功地运用数学时，才算达到完善的地步，甚至一个粗糙的数学模型也能帮助我们更好地理解一个实际的情况，因为我们在试图建立数学模型时被迫考虑了各种逻辑可能性，不含混地定义了所有的概念，并且区分了重要的和次要的因素. 一个数学模型即使导出了与事实不符合的结果，它也还可能是有价值的，因为一个模型的失败可以帮助我们去寻找更好的模型.

A. Renyi

数学模型属于应用数学，它涉及纯数学与其他学科的交互作用，已成为应用数学的一大分支，正处于蓬勃发展的时期. 它的本义就是将各种各样的实际问题化为数学问题.

解决实际问题的步骤分为以下五个阶段：

1）科学地识别与剖析实际问题；

2）形成数学模型；

3）求解数学问题；

4）研究算法，并尽量使用计算机；

5）回到实际中去，解释结果.

数学家在第一阶段起不到明显的作用，起作用的通常是研究这类问题的科学家、工程师、医生，甚至是企业家. 正是这些人认识到了问题的重要性和与数学方法的可结合性. 由于近年来数学的应用已引起广泛的注意，所以常常是这样，在提出系统的理论以前，有关数据的收集，经验性的结论已完成. 所欠的是数学家的介入，数学家的介入将会使问题发生质的变化.

第二阶段是整个建模过程中最困难最关键的部分. 它最富有创造性，常由具有数学知识的科学家参加，或由数学家与科学家共同参与. 模型的建立由仔细地理解问题、区分主次和选取合适的数学结构所组成. 模型有两个方面，一是数学结构，一是实际概念与数学结构间的对应. 在建模过程中，必须保留原始问题的本质特征，但要尽可能地简化. 注意，简化是基于科学而不是基于数学. 简化是必须的，以便使得到的数学体系是容易处理的；但又不能过分，以防数学定理不能提供实际情形的有效预测. 决定什么是重要的，什么是不重要的；哪些简化是合理的，哪些简化是不合理的，需要经验与技巧，需要科学家与数学家共同来完成.

基于对同一问题的观察和研究，提出的数学模型可能有几种不同数学结构. 不同数学结构可能反映问题的不同侧面. 例如，光的物理模型有两个，一个是波动说，一个是粒子说，它们都是有用的.

第三个阶段是求解数学问题. 这个阶段的研究在表面上与纯数学的研究没有区别，只是动机不同. 但是，这里的数学问题与实际问题有密切的联系，记住这一点很重要. 一旦所提问题由于数学自身的原因需要修改时，必须仔细分析修改后的问题与实际问题之间的关系.

看起来简单的问题引出来的数学问题未必简单，有可能引出极难的数学问题. 常常是这样，实际问题的研究为数学打开了一个全新的领域，导致创立新的数学分支. 有时某些问题能自然地融合进我们熟悉的数学课题中，这自然很令人愉快.

第四阶段的计算是另一个重要的阶段. 为了获得对原问题的理解，计算的结果是不可少的. 由于实际问题的复杂性，大部分结果是不能借助手工来完成的，所以算法的研究以及使用计算机是必须的.

最后的阶段是依照原问题去解释和评价所得结果. 这时可能出现各种情况，我们需要作仔细分析，这就推动我们去进一步完善模型.

摘编自《数学的源与流》

复习题7

[A]

1. 填空题

(1) 函数 $z=\dfrac{\arcsin(x^2+y^2)}{\sqrt{y^2-2x}}$ 的定义域是____________.

(2) 已知 $f(x,x-y)=x^2-xy$，则函数 $f(x,y)=$____________.

(3) $\lim\limits_{\substack{x\to 0\\ y\to 0}}\dfrac{x+y}{\sqrt{1+x+y}-1}=$____________.

(4) 设 $z=\arctan(xy)$，则$\dfrac{\partial z}{\partial x}=$____________.

(5) 设 $z=\ln(x^2+y^2)$，则 $\mathrm{d}z\big|_{(1,1)}=$____________.

(6) 设 $\mathrm{d}z=y\cos x\mathrm{d}x+\sin x\mathrm{d}y$，则$\dfrac{\partial z}{\partial x}=$____________，$\dfrac{\partial z}{\partial y}=$____________.

(7) 设方程 $2e^z-z+xy=4$ 确定了函数 $z=f(x,y)$，则$\dfrac{\partial z}{\partial x}\bigg|_{(2,1,0)}=$____________.

(8) 利用奇偶性计算 $\iint\limits_{x^2+y^2\leqslant 2}(x^3+\sin y+1)\mathrm{d}x\mathrm{d}y=$____________.

(9) $\iint\limits_{D}xy^2\mathrm{d}x\mathrm{d}y=$____________，其中 $D:-1\leqslant x\leqslant 1,2\leqslant y\leqslant 3$.

(10) $\iint\limits_{D}\dfrac{1}{\sqrt{x^2+y^2}}\mathrm{d}\sigma=$____________，其中 $D:1\leqslant x^2+y^2\leqslant 9$.

2. 选择题

(1) $\lim\limits_{\substack{x\to 0\\ y\to 0}}\dfrac{\sin(x^2+y^2)}{x^2+y^2}=$(　　).

A. 0；　　B. 1；　　C. ∞；　　D. 不存在.

(2) 设 $z=xe^y+y\sin x$，$x=t$，$y=t^2$，则全导数$\dfrac{\mathrm{d}z}{\mathrm{d}t}\bigg|_{t=0}=$(　　).

A. 0；　　B. 1；　　C. 2；　　D. -1.

(3) 设 $z=f(x^3-y^3)$，且 f 具有导数，则$\dfrac{\partial z}{\partial x}+\dfrac{\partial z}{\partial y}=$(　　).

A. $3x^2-3y^2$；　　B. $(3x^2-3y^2)f(x^3-y^3)$；

C. $(3x^2-3y^2)f'(x^3-y^3)$；　　D. $(3x^2+3y^2)f'(x^3-y^3)$.

(4) 设 $z=f(x,y)$为二元可微函数，且$\dfrac{\partial z}{\partial x}=y$，$\dfrac{\partial z}{\partial y}=x$，则 $\mathrm{d}z=$(　　).

A. $y\mathrm{d}x-x\mathrm{d}y$；　　B. $y\mathrm{d}x+x\mathrm{d}y$；　　C. $x\mathrm{d}x+y\mathrm{d}y$；　　D. $x\mathrm{d}x-y\mathrm{d}y$.

(5) 点$(-1,1)$是函数 $z=x^2+xy+y^2+x-y$ 的(　　).

A. 极大值点；　　B. 极小值点；　　C. 非极值点；　　D. 非驻点.

(6) 设积分域 D 为 $x^2+y^2\leqslant 1$，则$\iint\limits_{D}\mathrm{d}\sigma=$(　　).

A. π；　　B. 3π；　　C. 4π；　　D. 2π.

(7) 设 D 是由 $|x|\leqslant 2, |y|\leqslant 1$ 所围成的闭区域，则 $\iint\limits_D x^3y^2\mathrm{d}\sigma=(\quad)$.

A. $\frac{19}{12}$；　　B. $\frac{11}{12}$；　　C. $\frac{1}{12}$；　　D. 0.

(8) 设 D 是由 $y=x, y=x^3\ (x\geqslant 0)$ 所围成的闭区域，则 $\iint\limits_D x\mathrm{d}\sigma=(\quad)$.

A. $-\frac{2}{15}$；　　B. $\frac{2}{15}$；　　C. $\frac{1}{12}$；　　D. $-\frac{1}{12}$.

(9) 设 f 是连续函数，区域 D: $x^2+y^2\leqslant 1$ 且 $y\geqslant 0$，则 $\iint\limits_D f(\sqrt{x^2+y^2})\mathrm{d}x\mathrm{d}y=(\quad)$.

A. $\pi\int_0^1 rf(r)\mathrm{d}r$；　B. $2\pi\int_0^1 rf(r)\mathrm{d}r$；　C. $2\pi\int_0^1 f(r)\mathrm{d}r$；　D. $\pi\int_0^1 f(r)\mathrm{d}r$.

3. 设 $z=\frac{x\cos y}{\mathrm{e}^x(1+2\sin y)}$，求 $\left.\frac{\partial z}{\partial x}\right|_{\substack{x=0\\y=0}}$.

4. 设 $z=x\mathrm{e}^{x+y}+y$，计算 $\frac{\partial^2 z}{\partial x^2}-2\frac{\partial^2 z}{\partial x\partial y}+\frac{\partial^2 z}{\partial y^2}$.

5. 设空间上任一点的温度为 $T=400xyz^2$，求球面 $x^2+y^2+z^2=1\ (x>0, y>0, z>0)$ 上达到最高温度的点及最高温度.

6. 计算下列二重积分：

(1) $\iint\limits_D \frac{x}{y}\mathrm{d}\sigma$，$D$ 为由 $y=2x, y=x, x=4, x=2$ 所围成的区域；

(2) $\iint\limits_D \cos\sqrt{x^2+y^2}\mathrm{d}\sigma$，$D$ 为由 $x^2+y^2\leqslant\pi^2$ 围成的区域.

[B]

1. 填空题

(1) $\lim\limits_{\substack{x\to 0\\y\to 2}}\frac{x+y\sin x}{2xy+3\sin x}=$ ________.

(2) 设 $z=y\mathrm{e}^{x^2y}$，则 $\frac{\partial z}{\partial x}=$ ________，$\frac{\partial^2 z}{\partial x\partial y}=$ ________.

(3) 设 $z=f(u,v), u=xy, v=\frac{x}{y}$，则 $\mathrm{d}z=$ ________.

(4) 设 $u=\varphi(x^2+y^2)$，则 $y\frac{\partial u}{\partial x}-x\frac{\partial u}{\partial y}=$ ________.

(5) 设 $z=\frac{y}{\sqrt{x^2+y^2}}$，则 $\mathrm{d}z|_{(1,1)}=$ ________.

(6) 比较积分的大小：$\iint\limits_D (x+y)\mathrm{d}x\mathrm{d}y$ ________ $\iint\limits_D (x+y)^2\mathrm{d}x\mathrm{d}y$，其中 D: $1\leqslant x+y\leqslant 2\ (x\geqslant 0, y\geqslant 0)$.

(7) 设 D 是由两坐标轴及直线 $x=1, y=1$ 围成的矩形区域，则 $\iint\limits_D x\mathrm{e}^{xy}\mathrm{d}\sigma=$ ________.

(8) $\iint\limits_D[(x+1)^2+2y^2]\mathrm{d}x\mathrm{d}y=$ ______________ ,其中 $D:x^2+y^2\leqslant 1$.

(9) $\iint\limits_D\left(x^2+\dfrac{y^2}{2}\right)\mathrm{d}x\mathrm{d}y=$ ______________ ,其中 $D:x^2+y^2\leqslant 4$.

(10) $\int_0^2\mathrm{d}x\int_0^{\sqrt{2x-x^2}}\sqrt{x^2+y^2}\,\mathrm{d}y=$ ______________.

2. 选择题

(1) 二元函数 $f(x,y)$ 在 (x_0,y_0) 处的两个偏导数 $f'_x(x_0,y_0)$, $f'_y(x_0,y_0)$ 存在,是 $f(x,y)$ 在该点连续的(　　).

A. 充分而非必要条件; B. 必要而非充分条件;

C. 充分且必要条件; D. 既非充分也非必要条件.

(2) 点 $(1,1)$ 是函数 $z=x^3-3xy+y^3+1$ 的(　　).

A. 极小值点; B. 极大值点; C. 非极值点; D. 无法确定.

(3) 设 $z=f\left(x,\dfrac{x}{y}\right)$ 的二阶导数存在,则 $\dfrac{\partial^2 z}{\partial x^2}=$(　　).

A. $f''_{11}+\dfrac{1}{y^2}f''_{22}$; B. $f''_{11}+\dfrac{2}{y}f''_{12}+\dfrac{1}{y^2}f''_{22}$;

C. $f''_{11}+\dfrac{1}{y^2}f''_{22}+\dfrac{1}{y}f''_{21}$; D. $f''_{11}+\dfrac{1}{y}(f''_{12}+f''_{21})+\dfrac{1}{y^2}f''_{22}$.

(4) 设 $I=\iint\limits_D(x^2+4y^2+9)\mathrm{d}\sigma$, D 由圆 $x^2+y^2=4$ 围成,则 I 的估值是(　　).

A. $18\pi\leqslant I\leqslant 50\pi$; B. $9\pi\leqslant I\leqslant 100\pi$;

C. $36\pi\leqslant I\leqslant 50\pi$; D. $36\pi\leqslant I\leqslant 100\pi$.

(5) 设 $f(x,y)$ 是连续函数,则 $\int_0^2\mathrm{d}x\int_0^x f(x,y)\mathrm{d}y=$(　　).

A. $\int_0^2\mathrm{d}y\int_0^y f(x,y)\mathrm{d}x$; B. $\int_0^2\mathrm{d}y\int_y^2 f(x,y)\mathrm{d}x$;

C. $\int_0^2\mathrm{d}y\int_2^y f(x,y)\mathrm{d}x$; D. $\int_0^2\mathrm{d}y\int_0^2 f(x,y)\mathrm{d}x$.

(6) 二次积分 $\int_0^1\mathrm{d}y\int_0^{\sqrt{1-y^2}} f(x,y)\mathrm{d}x$ 化成为极坐标式为(　　).

A. $\int_0^{\frac{\pi}{2}}\mathrm{d}\theta\int_0^1 f(x,y)\mathrm{d}r$; B. $\int_0^{\frac{\pi}{2}}\mathrm{d}\theta\int_0^1 f(r\cos\theta,r\sin\theta)\mathrm{d}r$;

C. $\int_0^{\frac{\pi}{2}}\mathrm{d}\theta\int_0^1 f(r\cos\theta,r\sin\theta)r\mathrm{d}r$; D. $\int_0^{\pi}\mathrm{d}\theta\int_0^1 f(r\cos\theta,r\sin\theta)r\mathrm{d}r$.

(7) 设 $D:1\leqslant x^2+y^2\leqslant 9$, $D_0:1\leqslant x^2+y^2\leqslant 9\ (x\geqslant 0,y\geqslant 0)$,则下列等式正确的是(　　).

A. $\iint\limits_D(x^2+y^2)\mathrm{d}x\mathrm{d}y=2\iint\limits_{D_0}(x^2+y^2)\mathrm{d}x\mathrm{d}y$;

B. $\iint\limits_D(x^2+y^2)\mathrm{d}x\mathrm{d}y=4\iint\limits_{D_0}x^2\mathrm{d}x\mathrm{d}y$;

C. $\iint\limits_D(x^2+y^2)\mathrm{d}x\mathrm{d}y=8\iint\limits_{D_0}(x^2+y^2)\mathrm{d}x\mathrm{d}y$;

D. $\iint\limits_{D}(x^2+y^2)\mathrm{d}x\mathrm{d}y=8\iint\limits_{D_0}x^2\mathrm{d}x\mathrm{d}y$.

(8) 设 D 是由三点$(-1,1)$,$(0,0)$,$(1,1)$围成的三角形区域,则 $\iint\limits_{D}(xy+\sin x\cos y)\mathrm{d}x\mathrm{d}y$ 的值等于(　　).

A. $2\iint\limits_{D}\sin x\cos y\mathrm{d}x\mathrm{d}y$;　　　　B. $2\iint\limits_{D}xy\mathrm{d}x\mathrm{d}y$;

C. $4\iint\limits_{D}(xy+\sin x\cos y)\mathrm{d}x\mathrm{d}y$;　　　　D. 0.

3. 设 $z^3-x^2yz=4$ 确定了 $z=f(x,y)$,求全微分 $\mathrm{d}z$.

4. 周长为 $2l$ 的等腰三角形,绕其底边旋转成旋转体,问此等腰三角形的腰长等于多少时,使得旋转体的体积为最大?

5. 求原点到曲面$(x-y)^2-z^2=1$最短距离.

6. 求 $\iint\limits_{D}\dfrac{1-x^2-y^2}{1+x^2+y^2}\mathrm{d}\sigma$,其中 D 是由 $x^2+y^2=1$,$x=0$,$y=0$ 所围成的区域在第Ⅰ象限部分.

7. 设 $f(u)$是关于 u 的奇函数,D 是由 $x=1$,$y=-x^3$,$y=1$ 所围成的平面区域,求 $\iint\limits_{D}[x^3+f(xy)]\mathrm{d}x\mathrm{d}y$.

8. 交换积分 $\int_{-2}^{-1}\mathrm{d}y\int_{0}^{y+2}f(x,y)\mathrm{d}x+\int_{-1}^{0}\mathrm{d}y\int_{0}^{y^2}f(x,y)\mathrm{d}x$ 的次序.

9. 用适当的方法计算 $\int_{0}^{1}\mathrm{d}y\int_{y}^{1}x^2\mathrm{e}^{xy}\mathrm{d}x$.

10. 计算 $\iint\limits_{D}|1-x^2-y^2|\mathrm{d}x\mathrm{d}y$,其中 D 为 $x^2+y^2\leqslant 4$ 的上半圆.

11. 求由 $x=0$,$x=4$,$y=0$,$y=4$,$z=0$ 及抛物面 $z=x^2+y^2+1$ 所围立体的体积.

12. 一平面薄板被 $y=x$,$y=2-x$ 及 x 轴所围,面密度为 $\rho(x,y)=1+2x+y$,求该薄板的质量.

课外学习 7

1. 在线学习

网上课堂:什么是数学建模(网页链接及二维码见对应配套电子课件)

2. 阅读与写作

(1)阅读本章“数学文摘:数学模型——数学方法解决实际问题”.

(2)学习数模竞赛知识.(网页链接及二维码见对应配套电子课件)

第 8 章　常微分方程

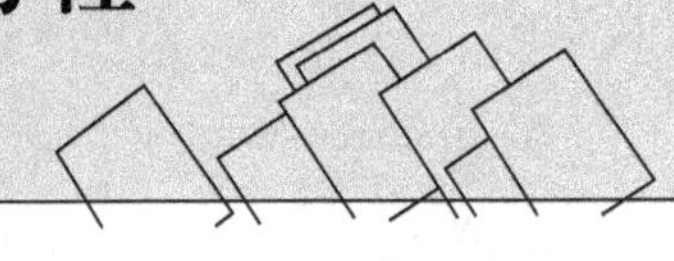

在科学技术和经济管理中，有许多实际问题往往需要通过未知函数的导数(或微分)所满足的等式来求该未知函数，这种等式就是微分方程. 本章将介绍微分方程的基本概念，讨论几种简单的微分方程的解法及其应用.

8.1 微分方程的概念

引例　已知曲线上任意一点切线的斜率等于该点横坐标的二倍，且曲线过点(2,4)，求该曲线的方程.

设所求曲线的方程为 $y=y(x)$，根据已知条件可知

$$y'=2x$$

两边积分

$$\int y'\mathrm{d}x=\int 2x\mathrm{d}x+C$$

得

$$y=x^2+C$$

其中 C 为任意常数，再将曲线过点(2,4)的条件代入，得

$$4=2^2+C, C=0$$

则 $y=x^2$ 即为所求的曲线的方程.

引例中的方程 $y'=2x$ 就是这一章要介绍的微分方程.

定义 1　含有未知函数的导数或微分的方程叫作**微分方程**.

未知函数为一元函数的微分方程叫作**常微分方程**；未知函数为多元函数的微分方程叫作**偏微分方程**. 本章我们只讨论常微分方程.

微分方程中出现的未知函数导数的最高阶数叫作微分方程的阶. 例如 $y'=2x$ 是一阶微分方程，$y''-2y=0$ 是二阶微分方程.

定义 2　使微分方程成为恒等式的函数叫作**微分方程的解**.

解有两种形式，含任意常数的个数等于微分方程的阶数的解叫作微分方程的**通解**，给通解中任意常数以确定值的解叫作微分方程的**特解**. 例如引例中 $y=x^2+C$ 为方程的通解，$y=x^2$ 为方程的特解.

为了得到满足要求的特解，必须根据要求对微分方程附加一定的条件，这些条件叫作**初始条件**. 例如引例中给出的条件：曲线过点(2,4)，即曲线满足$y|_{x=2}=$

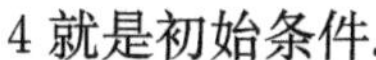

4 就是初始条件.

例 8-1　验证函数 $y=5x^2$ 是一阶微分方程 $xy'=2y$ 的特解.

解

$$y=5x^2,\quad y'=10x$$

把 y 及 y' 代入微分方程，得

$$xy'=x\times 10x=2\times 5x^2=2y$$

所以函数 $y=5x^2$ 是一阶微分方程 $xy'=2y$ 的特解.

例 8-2　验证函数 $y=Ce^{x^2}$ 是一阶微分方程 $y'=2xy$ 的通解.

解

$$y=Ce^{x^2},\quad y'=Ce^{x^2}\times 2x$$

把 y 及 y' 代入微分方程，得

$$y'=Ce^{x^2}\times 2x=2xCe^{x^2}=2xy$$

所以函数 $y=Ce^{x^2}$ 是一阶微分方程 $y'=2xy$ 的解，又因为该解中含有一个任意常数，所以该解为通解.

> 只要一门科学分支能提出大量的问题，它就充满着生命力，而问题缺乏则预示着独立发展的终止或衰亡.
>
> **Hilbert**

习　题　8-1

1. 指出下列各微分方程的阶数：

(1) $(y'')^3-x=0$；　　(2) $xy'-y=x$；

(3) $xyy'''+y''+1=0$；　　(4) $y^{(5)}+y^{(4)}+y'''=0$.

2. 下列各题中的函数是否为所给微分方程的解？

(1) $y=e^x$，$xy'-y\ln y=0$；

(2) $y=xe^{2x}$，$y''-4y'+4y=0$；

(3) $y=x^3+x^2$，$y''=6x+2$；

(4) $y=2\sin x+\cos x$，$y''+y=0$.

8.2　一阶微分方程

本节介绍几种典型的一阶微分方程的求解方法.

8.2.1　$y'=f(x)$ 型的方程

此类题可通过两端积分求得含一个任意常数的通解.

例 8-3 求微分方程 $y'=\sin x+2x-1$ 的通解.

解 对所给的方程两端积分,得

$$y=\int(\sin x+2x-1)\mathrm{d}x=-\cos x+x^2-x+C$$

8.2.2 可分离变量的微分方程和齐次方程

1. 可分离变量的微分方程

形如 $\frac{\mathrm{d}y}{\mathrm{d}x}=f(x)g(y)$ 的微分方程叫作**可分离变量的微分方程**.

求解可分离变量的微分方程的方法为:

(1)将方程分离变量,得

$$\frac{\mathrm{d}y}{g(y)}=f(x)\mathrm{d}x$$

(2)等式两端求积分,得通解

$$\int\frac{\mathrm{d}y}{g(y)}=\int f(x)\mathrm{d}x+C$$

例 8-4 求微分方程 $y'=y$ 的通解.

解 把方程$\frac{\mathrm{d}y}{\mathrm{d}x}=y$ 分离变量,得

$$\frac{\mathrm{d}y}{y}=\mathrm{d}x$$

等式两端求积分得

$$\int\frac{\mathrm{d}y}{y}=\int\mathrm{d}x$$

所以

$$\ln|y|=x+C_1$$

$$y=\pm\mathrm{e}^{x+C_1}=\pm\mathrm{e}^{C_1}\mathrm{e}^x$$

因为$\pm\mathrm{e}^{C_1}$仍是任意常数,因此设 $C=\pm\mathrm{e}^{C_1}$,得方程的通解为

$$y=C\mathrm{e}^x$$

以后为了简便起见,可把 $\ln|y|$写成 $\ln y$,只要记住最后得到的任意常数 C 是可正可负的就行了.

例 8-5 求微分方程 $y\ln x\mathrm{d}x+x\ln y\mathrm{d}y=0$ 的通解.

解 把方程分离变量为

$$\frac{\ln y}{y}\mathrm{d}y=-\frac{\ln x}{x}\mathrm{d}x$$

等式两端求积分得

$$\int\frac{\ln y}{y}\mathrm{d}y=-\int\frac{\ln x}{x}\mathrm{d}x$$

所以
$$\int \ln y \mathrm{d}(\ln y) = -\int \ln x \mathrm{d}(\ln x)$$
$$\frac{1}{2}(\ln y)^2 = -\frac{1}{2}(\ln x)^2 + C_1$$
化简，得方程的通解$(\ln y)^2+(\ln x)^2=C$ （其中 $C=2C_1$）

例 8-6 求微分方程 $\cos x\sin y\mathrm{d}y=\cos y\sin x\mathrm{d}x$ 满足$y|_{x=0}=\frac{\pi}{4}$的特解.

解 把方程分离变量为
$$\frac{\sin y}{\cos y}\mathrm{d}y=\frac{\sin x}{\cos x}\mathrm{d}x$$
等式两端求积分得
$$-\ln\cos y=-\ln\cos x-\ln C$$
$$\ln\cos y=\ln\cos x+\ln C=\ln(C\cos x)$$
$$\cos y=C\cos x$$
将$y|_{x=0}=\frac{\pi}{4}$代入方程得 $C=\frac{\sqrt{2}}{2}$，所以微分方程的特解为
$$\cos y=\frac{\sqrt{2}}{2}\cos x$$

背景聚焦

Volterra 模型

在第一次世界大战以后，人们发现亚德里亚海北部捕获的肉食类鱼(以下简称大鱼)的比例有所上升，而作为肉食鱼的食饵(以下简称小鱼)的比例有所下降. 这是为什么?

人们把这个问题提到数学家丹孔那(D'Ancona)面前. 有一个“明显”的答案是：大战期间，不少渔民应征入伍，打鱼的人少了，小鱼就迅速繁殖，这样大鱼就有了充分的食料因此也迅速生长，这样大战以后，渔民们退伍重操旧业时，就可以捕获更多的大鱼. 相反地，大鱼吃掉了过多的小鱼，所以小鱼在捕获量中所占比例就会减少，由此再往下推理，大鱼就缺少食物，因此也会减少. 大鱼的减少，又会给小鱼以更多的生存繁殖的机会，因此数量又会增加. 于是，大鱼又会获得更多食物，又会迅速繁殖起来，这样又出现另一次大鱼增加、小鱼减少的周期. 这本是生存竞争的一个例子. 当年达尔文的生存竞争理论就有不少类似的例子. 可是丹孔那并未满足于这种定性的推理，而是把它作为一个数学问题向另一位著名的意大利数学家伏尔特拉(V. Volterra)请教. 伏尔特拉对此很感兴趣，经过研究，他给出了一个数学模型.

设 $x(t)$ 表示 t 时刻小鱼的数量，于是在由时刻 t 到时刻 $t+\Delta t$ 中它的变化由以下关系决定：

$$x(t+\Delta t)-x(t)=(\text{小鱼自然增长数})-(\text{被大鱼食去数})$$

大鱼的数量用 $y(t)$ 表示. 小鱼自然增长数是由出生率和死亡率决定的，因此既正比于时间长度 Δt，又正比于当时已有小鱼数量 $x(t)$，所以

$$\text{小鱼自然增长数}=ax\Delta t\ (a\text{ 是比例系数})$$

而被大鱼食去数不但正比于时间长度 Δt 以及当时已有小鱼数量 $x(t)$（小鱼越多，被吃的也越多），还应正比于大鱼的数量 $y(t)$，所以

$$\text{被大鱼食去数}=bxy\Delta t\ (b\text{ 是比例系数})$$

于是

$$x(t+\Delta t)-x(t)=ax\Delta t-bxy\Delta t$$

$$\frac{x(t+\Delta t)-x(t)}{\Delta t}=ax-bxy=x(a-by)$$

令 $\Delta t\to 0$，即得

$$\frac{\mathrm{d}x}{\mathrm{d}t}=x(a-by) \tag{1}$$

类似地有

$$\text{大鱼自然增长数}=cxy\Delta t\ (c\text{ 是比例系数})$$

$$\text{大鱼自然死亡数}=dy\Delta t\ (d\text{ 是比例系数})$$

$$\frac{y(t+\Delta t)-y(t)}{\Delta t}=cxy-dy=y(cx-d)$$

令 $\Delta t\to 0$，即得

$$\frac{\mathrm{d}y}{\mathrm{d}t}=y(cx-d) \tag{2}$$

用式(2)除以式(1)得

$$\frac{\mathrm{d}y}{\mathrm{d}x}=\frac{y(cx-d)}{x(a-by)}$$

分离变量积分后得通解 $-by-cx+a\ln y+d\ln x=\ln C$

整理得

$$\frac{y^a}{\mathrm{e}^{by}}\frac{x^d}{\mathrm{e}^{cx}}=C \tag{3}$$

若初始条件为 $\begin{cases}x(0)=x_0\\ y(0)=y_0\end{cases}$，那么把其代入式(3)就可确定 C 的数值，从而得到一个特解，它是平面上的一条封闭曲线，只要初始条件 x_0，y_0 不为零，这条曲线就永远不通过零点. 这是一个周期解，即在一定时间之后，情况会回到初始状态，因而周而复始，维持着生态平衡.

这种生存竞争的数学理论意义极为巨大，有了这种模型，就可以对问题进行定量计算（计算结果与实际情况吻合），完全避免了只作一般描述性推理的不明确性. 同时，用这种模型还可说明许多类似的生态问题.

2. 齐次方程

形如 $y'=f\left(\frac{y}{x}\right)$ 的一阶微分方程,称为**齐次微分方程**.

此类题可作变量替换 $y=ux$,把原方程化为关于 x 和 u 的可分离变量的微分方程,具体如下:

令 $u(x)=\frac{y}{x}$,则 $y=ux$,

两端求导得
$$y'=u'x+x'u=u'x+u$$
所以原方程变为
$$u'x+u=f(u)$$
$$\frac{\mathrm{d}u}{\mathrm{d}x}x=f(u)-u$$
这是可分离变量的方程,分离变量得
$$\frac{\mathrm{d}u}{f(u)-u}=\frac{\mathrm{d}x}{x}$$
两端积分后,再把 u 换为 $\frac{y}{x}$ 就可得到原方程的通解.

例 8－7　求微分方程 $xy'-x\sec\frac{y}{x}-y=0$ 的通解.

解　把方程变为 $y'=\sec\frac{y}{x}+\frac{y}{x}$. 令 $u=\frac{y}{x}$,则 $y=ux$, $y'=u'x+u$,故
$$u'x+u=\sec u+u,\ u'x=\sec u$$
分离变量为
$$\cos u\mathrm{d}u=\frac{\mathrm{d}x}{x}$$
等式两端积分得
$$\int\cos u\mathrm{d}u=\int\frac{\mathrm{d}x}{x}$$
$$\sin u=\ln x+\ln C=\ln(Cx)$$
把 $u=\frac{y}{x}$ 代入得方程的通解为 $\sin\frac{y}{x}=\ln(Cx)$ 或 $y=x\arcsin(\ln(Cx))$.

例 8－8　求微分方程 $xy'=y(\ln y-\ln x)$ 的通解.

解　把方程变为 $y'=\frac{y}{x}\ln\left(\frac{y}{x}\right)$. 令 $u=\frac{y}{x}$,则 $y=ux$, $y'=u'x+u$,故
$$u'x+u=u\ln u,\quad u'x=u(\ln u-1)$$
分离变量为
$$\frac{\mathrm{d}u}{u(\ln u-1)}=\frac{\mathrm{d}x}{x}$$
等式两端积分得
$$\int\frac{\mathrm{d}(\ln u-1)}{\ln u-1}=\int\frac{\mathrm{d}x}{x}$$
$$\ln(\ln u-1)=\ln x+\ln C=\ln Cx$$
$$\ln u-1=Cx$$

把 $u=\frac{y}{x}$ 代入得方程的通解为 $\ln\frac{y}{x}=1+Cx$，或 $y=xe^{1+Cx}$.

8.2.3 一阶线性微分方程

形如

$$y'+P(x)y=Q(x)$$

的微分方程，称为**一阶线性微分方程**，$Q(x)$称为自由项.

当 $Q(x)\equiv 0$ 时，方程为 $y'+P(x)y=0$，这时方程称为**一阶齐次线性微分方程**.

当 $Q(x)\neq 0$ 时，方程 $y'+P(x)y=Q(x)$ 称为**一阶非齐次线性微分方程**.

一阶线性微分方程的求解方法是常数变易法. 常数变易法分两步求解：

(1)求一阶齐次线性微分方程的通解

因为方程 $y'+P(x)y=0$ 是可分离变量的微分方程，分离变量得

$$\frac{dy}{y}=-P(x)dx$$

两端积分得
$$\ln y=-\int P(x)dx+\ln C$$

所以
$$y=e^{-\int P(x)dx+\ln C}=Ce^{-\int P(x)dx}$$

为一阶齐次线性微分方程的通解，其中 $P(x)$的积分 $\int P(x)dx$ 只取一个原函数.

(2)求一阶非齐次线性微分方程的通解

因齐次线性微分方程是非齐次线性微分方程的特殊情况，所以可以设想把齐次方程的通解中的常数 C 换成函数 $C(x)$，即 $y=C(x)e^{-\int P(x)dx}$ 作为非齐次方程的通解.

下面就假定 $y=C(x)e^{-\int P(x)dx}$ 是非齐次方程的通解，$C(x)$ 是待定函数.

把假定解代入方程得

$$(C(x)e^{-\int P(x)dx})'+P(x)C(x)e^{-\int P(x)dx}=Q(x)$$

$$C'(x)e^{-\int P(x)dx}+C(x)(e^{-\int P(x)dx})'+P(x)C(x)e^{-\int P(x)dx}=Q(x)$$

$$C'(x)e^{-\int P(x)dx}-P(x)C(x)e^{-\int P(x)dx}+P(x)C(x)e^{-\int P(x)dx}=Q(x)$$

$$C'(x)e^{-\int P(x)dx}=Q(x)$$

$$C'(x)=Q(x)e^{\int P(x)dx}$$

积分得
$$C(x)=\int Q(x)\,e^{\int P(x)dx}dx+C$$

把 $C(x)$代入假定解中，即得一阶非齐次线性微分方程的通解

$$\boxed{y=C(x)e^{-\int P(x)dx}=e^{-\int P(x)dx}\left(\int Q(x)e^{\int P(x)dx}dx+C\right)} \tag{8-1}$$

式中，$P(x)$ 的积分 $\int P(x)dx$ 只取一个原函数.

今后解一阶非齐次线性微分方程时，可以把上式作为公式直接使用. 当然也可以按常数变易法的步骤来求解.

例 8-9 求微分方程 $y'+y=e^{-x}$的通解.

解法 1 先求 $y'+y=0$ 的通解.

分离变量得
$$\frac{dy}{y}=-dx$$

两端积分得
$$\ln y=-x+C_1$$
$$y=e^{-x+C_1}=e^{C_1}e^{-x}=Ce^{-x}$$

再设 $y=C(x)e^{-x}$为原方程的通解，代入原方程得
$$(C(x)e^{-x})'+C(x)e^{-x}=e^{-x}$$
$$C'(x)e^{-x}-C(x)e^{-x}+C(x)e^{-x}=e^{-x}$$

即
$$C'(x)=1$$

积分得
$$C(x)=x+C$$

故得所求方程的通解为
$$y=e^{-x}(x+C)$$

解法 2 直接利用公式 $y=e^{-\int P(x)dx}\left(\int Q(x)e^{\int P(x)dx}dx+C\right)$求解.

因为 $P(x)=1,Q(x)=e^{-x}$，所以通解为
$$y=e^{-\int dx}\left(\int e^{-x}e^{\int dx}dx+C\right)=e^{-x}\left(\int e^{-x}e^{x}dx+C\right)$$
$$=e^{-x}(x+C)$$

例 8-10 求微分方程 $y'+\frac{1}{x}y=\frac{\sin x}{x}$的通解.

解 因为 $P(x)=\frac{1}{x}$,$Q(x)=\frac{\sin x}{x}$ ，所以通解为
$$y=e^{-\int\frac{1}{x}dx}\left(\int\frac{\sin x}{x}e^{\int\frac{1}{x}dx}dx+C\right)=e^{-\ln x}\left(\int\frac{\sin x}{x}e^{\ln x}dx+C\right)$$
$$=\frac{1}{x}\left(\int\sin x dx+C\right)=\frac{1}{x}(-\cos x+C)$$

例 8-11 求微分方程 $y'-4xy=x^2e^{2x^2}$的通解.

解 因为$P(x)=-4x,Q(x)=x^2e^{2x^2}$，所以通解为
$$y=e^{\int 4xdx}\left(\int x^2e^{2x^2}e^{-\int 4xdx}dx+C\right)=e^{2x^2}\left(\int x^2e^{2x^2}e^{-2x^2}dx+C\right)$$
$$=e^{2x^2}\left(\int x^2dx+C\right)=e^{2x^2}\left(\frac{x^3}{3}+C\right)$$

例 8-12 求微分方程 $y'-y\tan x=\sec x$ 满足条件 $y\big|_{x=0}=0$ 的特解.

解 因为 $P(x)=-\tan x,Q(x)=\sec x$ ，所以通解为
$$y=e^{\int\tan xdx}\left(\int\sec xe^{-\int\tan xdx}dx+C\right)=e^{-\ln\cos x}\left(\int\sec xe^{\ln\cos x}dx+C\right)$$

$$=\frac{1}{\cos x}\left(\int \sec x\cos x\mathrm{d}x+C\right)=\frac{1}{\cos x}(x+C)$$

把条件 $y\big|_{x=0}=0$ 代入得 $C=0$,所以得方程的特解为

$$y=\frac{x}{\cos x}$$

例 8-13 求一曲线的方程,此曲线通过原点,并且它在点(x,y)处的切线斜率等于 $2x-y$.

解 根据已知可得 $y'=2x-y$,即

$$y'+y=2x$$

此方程为一阶非齐次线性方程,因为 $P(x)=1$, $Q(x)=2x$,所以通解为

$$y=\mathrm{e}^{-\int\mathrm{d}x}\left(\int 2x\mathrm{e}^{\int\mathrm{d}x}\mathrm{d}x+C\right)=\mathrm{e}^{-x}\left(2\int x\mathrm{e}^{x}\mathrm{d}x+C\right)$$

$$=\mathrm{e}^{-x}\left(2\int x\mathrm{d}(\mathrm{e}^{x})+C\right)=\mathrm{e}^{-x}\left(2x\mathrm{e}^{x}-2\int \mathrm{e}^{x}\mathrm{d}x+C\right)$$

$$=\mathrm{e}^{-x}(2x\mathrm{e}^{x}-2\mathrm{e}^{x}+C)=2x-2+C\mathrm{e}^{-x}$$

因曲线通过原点,所以 $y\big|_{x=0}=0$,把此条件代入得 $C=2$,

所以所求曲线为 $$y=2x-2+2\mathrm{e}^{-x}$$

彻底回顾一下,我们每次都对过去有不同的看法;我们每次都从过去看出新的方面,我们每次都把重新走过的道路的全部经验加以补充的理解.充分意识过去,我们就可以认清现在;深深地沉思往事的意义,我们就能发现未来的意义;回顾一下就向前进……

赫尔岑

习 题 8-2

1. 求下列微分方程的通解:

(1)$y'-\frac{2}{x^2}y=0$;　(2)$y'=\frac{x}{y+\sin y}$;　(3)$x\ln x y'-y=0$;

(4) $y'=\mathrm{e}^{x-y}$;　(5)$x^2y'-y=1$;　(6)$y(1-2x)\mathrm{d}x+(x^2-x)\mathrm{d}y=0$.

2. 求下列微分方程满足初始条件的特解:

(1)$y(1+x^2)\mathrm{d}y-x(1+y^2)\mathrm{d}x=0, y|_{x=0}=1$;

(2)$y'\sin x=y\ln y, y|_{x=\frac{\pi}{2}}=\mathrm{e}$;　(3)$2xy\mathrm{d}x-\mathrm{d}y=0, y|_{x=0}=2$.

3. 求下列微分方程的通解:

(1)$x^2y'=xy+x^2+y^2$;　(2)$y'=\mathrm{e}^{\frac{y}{x}}+\frac{y}{x}$;　(3)$(xy'-y)\sin\frac{y}{x}=x$;

(4)$xy'=y+\frac{y}{\ln y-\ln x}$;　(5)$2xyy'=2y^2+\sqrt{x^4+y^4}$.

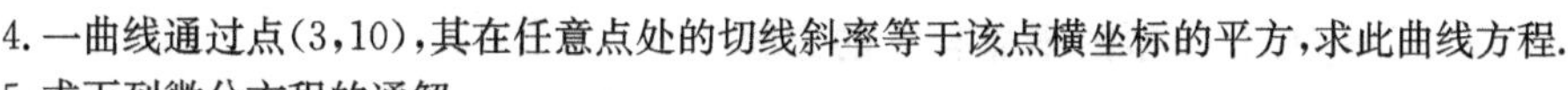

4. 一曲线通过点(3,10),其在任意点处的切线斜率等于该点横坐标的平方,求此曲线方程.

5. 求下列微分方程的通解:

(1) $y'+2y=e^x$;　(2) $y'-5y=2e^{5x}$;　(3) $y'+2xy=xe^{-x^2}$;

(4) $y'+\frac{y}{x}=\frac{1}{x(1+x^2)}$;　(5) $y'+2y=x$;　(6) $y'+y\sin x=e^{\cos x}$;

(7) $y'-y\tan x=x$;　(8) $xy'-y=x^3\ln x$;　(9) $xy'+y=\frac{x}{\sqrt{1-x^2}}$;

(10) $xy'+y=\ln x$.

6. 求下列微分方程满足初始条件的特解:

(1) $y'-\frac{1}{x}y=x\sin x, y|_{x=\frac{\pi}{2}}=1$;　(2) $y'+\frac{2}{x}y=-x$, $y|_{x=2}=0$;

(3) $y'+3y=8, y|_{x=0}=2$;　(4) $y'+y=xe^{-x}, y|_{x=0}=2$.

背景聚焦

马尔萨斯人口方程

英国人口学家马尔萨斯根据百余年的人口统计资料,于1798年提出了人口指数增长模型.他的基本假设是:单位时间内人口的增长量与当时的人口总数成正比.若已知 $t=t_0$ 时的人口总数为 N_0,那么根据马尔萨斯的假设,时间 t 与人口总数 $N(t)$ 之间的函数关系为(近似地认为人口总数是随时间连续可微地变化):

$$\frac{dN}{dt}=kN$$

由分离变量法解得

$$N=Ce^{kt}$$

把 $N(t_0)=N_0$ 的条件代入,解得 $C=N_0e^{-kt_0}$,于是

$$N=N_0e^{-kt_0}e^{kt}=N_0e^{k(t-t_0)}$$

8.3 二阶微分方程

8.3.1 可降阶的二阶微分方程

1. $y''=f(x)$ 型的方程

此类方程的求解方法为:通过接连积分两次求得含两个任意常数的通解.

例 8-14 求微分方程 $y''=e^{2x}$ 的通解.

解 对所给的方程接连积分两次,得

$$y'=\int e^{2x}dx=\frac{1}{2}e^{2x}+C_1$$

$$y=\int\left(\frac{1}{2}e^{2x}+C_1\right)dx=\frac{1}{4}e^{2x}+C_1x+C_2$$

2. $y''=f(x,y')$型的不显含 y 的方程

此类方程的求解方法为：令 $y'=p(x)$，则 $y''=p'(x)$，这样方程变为关于 p 和 x 的一阶微分方程，进而用一阶微分方程的求解方法来求解.

例 8－15 求微分方程 $y''=\sqrt{1-y'^2}$的通解.

解 令 $y'=p(x)$，则 $y''=p'(x)$，代入方程得

$$p'=\sqrt{1-p^2}\text{或}\quad \frac{\mathrm{d}p}{\mathrm{d}x}=\sqrt{1-p^2}$$

分离变量得
$$\frac{\mathrm{d}p}{\sqrt{1-p^2}}=\mathrm{d}x$$

两端积分得
$$\arcsin p=x+C_1$$

所以
$$y'=p=\sin(x+C_1)$$

两端再积分得通解
$$y=-\cos(x+C_1)+C_2$$

例 8－16 求微分方程$(1+x)y''+y'=2x+1$ 的通解.

解 令 $y'=p(x)$，则 $y''=p'(x)$，代入方程得

$$(1+x)p'+p=2x+1$$

整理得
$$p'+\frac{1}{1+x}p=\frac{2x+1}{1+x}$$

这是一阶线性微分方程，由求解公式得

$$\begin{aligned}p&=\mathrm{e}^{-\int\frac{1}{1+x}\mathrm{d}x}\left(\int\frac{2x+1}{1+x}\mathrm{e}^{\int\frac{1}{1+x}\mathrm{d}x}\mathrm{d}x+C_1\right)\\&=\frac{1}{1+x}\left(\int(2x+1)\mathrm{d}x+C_1\right)\\&=\frac{1}{1+x}[(x^2+x)+C_1]=x+\frac{C_1}{1+x}\end{aligned}$$

所以
$$y'=x+\frac{C_1}{1+x}$$

两端积分得方程的通解

$$y=\frac{1}{2}x^2+C_1\ln(1+x)+C_2$$

3. $y''=f(y,y')$ 型的不显含 x 的方程

此类方程的求解方法为：令 $y'=p(y)$，则 $y''=p'(y)y'=p'(y)p(y)$，这样方程变为关于 p 和 y 的一阶微分方程，进而用一阶微分方程的求解方法来求解.

例 8－17 求微分方程 $2yy''=1+y'^2$ 的通解.

解 令 $y'=p(y)$，则 $y''=p'(y)y'=p'(y)p(y)$，代入方程得

$$2yp'p=1+p^2\quad\text{或}\quad 2y\frac{\mathrm{d}p}{\mathrm{d}y}p=1+p^2$$

分离变量得
$$\frac{2p}{1+p^2}\mathrm{d}p=\frac{\mathrm{d}y}{y}$$
两端积分得
$$\ln(1+p^2)=\ln y+\ln C_1=\ln(C_1 y)$$
$$1+p^2=C_1 y$$
所以
$$y'=p=\pm\sqrt{C_1 y-1}$$
再分离变量得
$$\pm\frac{\mathrm{d}y}{\sqrt{C_1 y-1}}=\mathrm{d}x$$
两端再积分得通解
$$\pm\frac{2}{C_1}\sqrt{C_1 y-1}=x+C_2 \quad 或 \quad \frac{4}{C_1^2}(C_1 y-1)=(x+C_2)^2$$

8.3.2　二阶常系数线性微分方程解的性质

形如
$$y''+py'+qy=f(x) \tag{1}$$
称为二阶常系数线性微分方程，与其对应的二阶常系数齐次线性微分方程为
$$y''+py'+qy=0 \tag{2}$$
其中 p,q 为实常数.

若函数 y_1 和 y_2 之比为常数，则称 y_1 和 y_2 是线性相关的；若函数 y_1 和 y_2 之比不为常数，则称 y_1 和 y_2 是线性无关的.

定理1　若函数 y_1 和 y_2 是方程(2)的两个线性无关的解，则
$$y=C_1 y_1+C_2 y_2$$
是方程(2)的通解，其中 C_1,C_2 是任意常数.

定理2　若函数 y^* 是方程(1)的一个特解，函数 $\overline{y}$ 是方程(2)的通解，则
$$y=\overline{y}+y^*$$
是方程(1)的通解.

定理3　若函数 y_1 和 y_2 分别是方程
$$y''+py'+qy=f_1(x)$$
$$y''+py'+qy=f_2(x)$$
的解，则 $y=y_1+y_2$ 是方程
$$y''+py'+qy=f_1(x)+f_2(x)$$
的解.

8.3.3　二阶常系数齐次线性微分方程

由定理1可知，求二阶常系数齐次线性微分方程的通解，只需求出它的两个线性无关的特解即可.

如何找到齐次线性微分方程的两个线性无关的解呢？观察方程

$$y''+py'+qy=0$$

由于 p,q 是常数，所以方程中的 y,y',y'' 应具有相同的形式，而 $y=e^{rx}$ 是具有这一特性的函数. 故设 $y=e^{rx}$ 是方程的解(r 为待定常数)并代入方程得

$$(e^{rx})''+p(e^{rx})'+qe^{rx}=0$$

$$(r^2+pr+q)e^{rx}=0$$

由此可知，当

$$r^2+pr+q=0$$

时，$y=e^{rx}$ 就是方程的解，解微分方程的问题则转化为解代数方程的问题.

方程 $r^2+pr+q=0$ 称为原方程的**特征方程**，其根称为**特征根**. 现在来讨论特征根及微分方程的解. 由于特征方程是二次方程，所以特征根 r_1,r_2 有三种不同情况：

1. 特征根为两个不等的实数：$r_1\neq r_2$

此时微分方程得到两个线性无关的解：$y_1=e^{r_1x}$，$y_2=e^{r_2x}$，因此微分方程的通解为

$$\boxed{y=C_1e^{r_1x}+C_2e^{r_2x}} \tag{8-2}$$

2. 特征根为两个相等的实数：$r=r_1=r_2$

此时只能得到微分方程的一个解 $y_1=e^{rx}$，但通过直接验证可知 $y_2=xe^{rx}$ 是齐次方程的另一个解，且 y_1 和 y_2 线性无关，从而微分方程的通解为

$$\boxed{y=C_1e^{rx}+C_2xe^{rx}=(C_1+C_2x)e^{rx}} \tag{8-3}$$

3. 特征根为两个复数：$r_{1,2}=\alpha\pm i\beta$ $(\beta\neq 0)$

此时微分方程得到两个线性无关的解：$y_1=e^{(\alpha+i\beta)x}$，$y_2=e^{(\alpha-i\beta)x}$，因此微分方程的通解为

$$\begin{aligned}y&=Ae^{(\alpha+i\beta)x}+Be^{(\alpha-i\beta)x}=e^{\alpha x}(Ae^{i\beta x}+Be^{-i\beta x})\\&=e^{\alpha x}((A+B)\cos\beta x+(A-B)i\sin\beta x)\end{aligned}$$

令 $C_1=A+B$，$C_2=(A-B)i$，于是微分方程实数形式的通解为

$$\boxed{y=e^{\alpha x}(C_1\cos\beta x+C_2\sin\beta x)} \tag{8-4}$$

根据上述讨论，求二阶常系数齐次线性微分方程的通解的步骤为：

(1) 写出微分方程的特征方程；

(2) 求出特征根；

(3) 根据特征根的情况写出所给微分方程的通解.

例 8-18 求微分方程 $y''-3y'+2y=0$ 的通解.

解 所给微分方程的特征方程为

$$r^2-3r+2=0$$

其根为 $r_1=1, r_2=2$，故所求通解为

$$y=C_1e^x+C_2e^{2x}$$

例 8-19　求微分方程 $4y''+4y'+y=0$，满足条件 $y|_{x=0}=2, y'|_{x=0}=0$ 的特解.

解　所给微分方程的特征方程为

$$4r^2+4r+1=0$$

其根为 $r_1=r_2=-\frac{1}{2}$，故所求通解为

$$y=(C_1+C_2x)e^{-\frac{1}{2}x}$$

将条件 $y|_{x=0}=2$ 代入通解，得 $C_1=2$

对通解两端求导得

$$y'=C_2e^{-\frac{1}{2}x}-\frac{1}{2}(C_1+C_2x)e^{-\frac{1}{2}x}$$

将条件 $y'|_{x=0}=0$ 及 $C_1=2$ 代入上式得 $C_2=1$，于是所求特解为

$$y=(2+x)e^{-\frac{1}{2}x}$$

例 8-20　求微分方程 $y''-2y'+5y=0$ 的通解.

解　所给微分方程的特征方程为

$$r^2-2r+5=0$$

所以

$$r_{1,2}=\frac{2\pm\sqrt{4-20}}{2}=1\pm2i$$

故所求通解为

$$y=e^x(C_1\cos2x+C_2\sin2x)$$

8.3.4　二阶常系数非齐次线性微分方程

由定理2可知，求二阶非齐次线性微分方程的通解，可先求出其对应的齐次线性微分方程的通解，再设法求出非齐次线性微分方程的一个特解，二者之和就是二阶非齐次线性微分方程的通解. 所以求二阶非齐次线性微分方程的通解可按如下步骤进行：

(1) 求出对应的齐次方程的通解 $\bar{y}$；

(2) 求出非齐次方程的一个特解 y^*；

(3) 所求方程的通解为 $y=\bar{y}+y^*$.

前面已讲解了如何求解二阶齐次线性微分方程的通解，那么剩下的问题就是设法求出非齐次线性微分方程的一个特解. 关于如何求非齐次方程的特解 y^*，在此不作一般讨论，只介绍一种常见的类型，用待定系数法求特解.

这种类型的方程为

$$y''+py'+qy=P(x)e^{\alpha x}$$

其中 $P(x)$是多项式,α 是常数,则方程具有形如

$$y^*=x^kQ(x)e^{\alpha x}$$

的特解,其中 $Q(x)$是与 $P(x)$同次的待定多项式,而 k 的值可通过如下方法加以确定:

(1) 若 α 与两个特征根都不相等,取 $k=0$;

(2) 若 α 与一个特征根相等,取 $k=1$;

(3) 若 α 与两个特征根都相等,取 $k=2$.

例如:

$$y''-2y'+y=xe^x$$

其对应的齐次方程的特征方程为

$$r^2-2r+1=0$$

特征根为 $r_1=r_2=1$.

由于 $\alpha=1$ 与 r_1,r_2 都相等,故取 $k=2$. 又由于 $P(x)=x$ 是一次多项式,故取 $Q(x)=ax+b$. 因此,设原方程的一个特解为

$$y^*=x^kQ(x)e^{\alpha x}=x^2(ax+b)e^x$$

例 8-21 求微分方程 $y''-2y'-3y=x^2+2x+1$ 的通解.

解 其对应的齐次方程的特征方程为

$$r^2-2r-3=0$$

特征根为 $r_1=-1,r_2=3$,所以其对应的齐次方程的通解为

$$\bar{y}=C_1e^{-x}+C_2e^{3x}$$

所求方程为方程 $y''-2y'-3y=(x^2+2x+1)e^{\alpha x}$ 当 $\alpha=0$ 时的情形,由于 $\alpha=0$ 与 r_1,r_2 都不相等,故取 $k=0$. 因此,设原方程的特解为

$$y^*=x^kQ(x)e^{\alpha x}=Q(x)=ax^2+bx+c$$

把 y^* 代入原方程得

$$(ax^2+bx+c)''-2(ax^2+bx+c)'-3(ax^2+bx+c)=x^2+2x+1$$

整理得 $$-3ax^2-(4a+3b)x+(2a-2b-3c)=x^2+2x+1$$

比较上式两端 x 同次幂的系数得

$$\begin{cases}-3a=1\\-4a-3b=2\\2a-2b-3c=1\end{cases}$$

从而求出 $a=-\dfrac{1}{3},b=-\dfrac{2}{9},c=-\dfrac{11}{27}$,于是

$$y^*=-\frac{1}{3}x^2-\frac{2}{9}x-\frac{11}{27}$$

所求方程的通解为

$$y=\bar{y}+y^*=C_1\mathrm{e}^{-x}+C_2\mathrm{e}^{3x}-\frac{1}{3}x^2-\frac{2}{9}x-\frac{11}{27}.$$

例 8-22 求微分方程 $y''-2y'-3y=\mathrm{e}^{3x}$ 的一个特解.

解 由例 8-21 可知,特征根为 $r_1=-1,r_2=3$. 由于 $\alpha=3$ 与一个特征根相等,故取 $k=1$. 因此,设特解为

$$y^*=x^kQ(x)\mathrm{e}^{\alpha x}=xa\mathrm{e}^{3x}=ax\mathrm{e}^{3x}$$

把 y^* 代入原方程得

$$(ax\mathrm{e}^{3x})''-2(ax\mathrm{e}^{3x})'-3(ax\mathrm{e}^{3x})=\mathrm{e}^{3x}$$

从而求出 $a=\frac{1}{4}$,于是

$$y^*=\frac{1}{4}x\mathrm{e}^{3x}$$

例 8-23 求微分方程 $y''-2y'-3y=x^2+2x+1+\mathrm{e}^{3x}$ 的通解.

解 由定理 3 可知,方程 $y''-2y'-3y=x^2+2x+1+\mathrm{e}^{3x}$ 的特解等于方程 $y''-2y'-3y=x^2+2x+1$ 的特解与方程 $y''-2y'-3y=\mathrm{e}^{3x}$ 的特解之和,故由例 8-21、例 8-22 可知,所求方程的通解为

$$y=C_1\mathrm{e}^{-x}+C_2\mathrm{e}^{3x}-\frac{1}{3}x^2-\frac{2}{9}x-\frac{11}{27}+\frac{1}{4}x\mathrm{e}^{3x}$$

习 题 8-3

1. 求下列微分方程的通解:

(1) $y''=\cos x+\sin x$; (2) $y''=\ln x$;

(3) $(1+\mathrm{e}^{-x})y''+y'=0$; (4) $y''-y'=x$;

(5) $xy''+y'=x$; (6) $xy''-y'=x^2\mathrm{e}^x$;

(7) $y''-\frac{2y}{1+y^2}y'^2=0$.

2. 求下列微分方程的通解:

(1) $y''-16y=0$; (2) $y''+2y'+2y=0$;

(3) $y''-y'-30y=0$; (4) $y''+y'+\frac{1}{4}y=0$;

(5) $y''-7y'+10y=0$; (6) $y''-y'-6y=0$;

(7) $y''-6y'+9y=0$; (8) $y''+y'=0$.

3. 求下列微分方程满足初始条件的特解:

(1) $y''-4y'+3y=0,y|_{x=0}=6,y'|_{x=0}=10$;

(2) $y''-3y'-4y=0,y|_{x=0}=0,y'|_{x=0}=-5$;

(3) $y''+4y'+29y=0, y|_{x=0}=0, y'|_{x=0}=15$.

4. 求下列微分方程的通解：

(1) $y''-4y'+4y=(x+3)e^{2x}$；

(2) $y''+y'=x$；

(3) $y''-2y'+y=x^2$；

(4) $y''-y'-2y=e^x$；

(5) $y''-5y'+6y=e^x+e^{2x}$；

(6) $y''-2y'+y=e^x+x$.

数学文摘

微积分学的回顾

曹亮吉

微积分是人类文化史上的一大成就.

近几个世纪以来，科学技术迅速发展，究其原因，数学要居首功. 举凡物理、天文、化学、工程、地质、生物等等，甚至社会科学所产生的许多问题，往往要依靠数学工具来解决，而数学工具之中尤以微积分学最为犀利、最具功效.

微积分是微分和积分的合称. 微分是用来研究变化率，而积分是用来求积的(即算曲线长度、面积、体积). 但就像乘法和除法一样，微分和积分两者之间却有互为反运算的密切关系，所以必须合起来一起研究，因而合称为微积分.

粗略地说，微积分学经过两千多年的酝酿，在牛顿、莱布尼茨手中诞生，在18世纪成长，而在19世纪有了严格的基础后变得成熟了. 牛顿、莱布尼茨虽然把微积分系统化，但它还是不严格的. 可是微积分被成功地用来解决许多问题，却使18世纪的数学家偏向其应用性，而少致力于其严格性. 当时，微积分学的发展幸而掌握在几个非常优越的数学家，如欧拉、拉格朗日、拉普拉斯、达兰伯及伯努利家族等人的手里. 他们有敏锐的直观感，知道什么样的公式是对的；而且研究的问题由自然现象而来，所以能以自然现象的数据来验证微积分的许多推论，使微积分学不因基础不稳而走向歧途.

微积分的应用非常广泛. 我们知道积分原来是要求积的，但逐渐地，大家发现许多问题都可以化成求积的问题，如重心、重量、压力、矩、功等等. 下面来谈谈微积分学发展和应用的几个问题.

变化率与微分方程

我们要研究动态的事物，就要研究各种变量的变化率，这是微分学最重要的课题. 如果两变量之间有某种关系，则其(对某变量而言的)变化率之间也会有关系. 如果知道其中的一个变化率，则另一个也随之而决定了. 反之，若两变化率之间有某种关系，则我们可用积分的方法，求得原来两变量之间的关系. 自然界的许多现象，其变化率和变量间常有某种关系，若用数学式子表示出来就是微分方程了. 研究微分方程当然要用微积分.

逼近

除了研究变化率及解微分方程外，微分学还有一个非常重要的用途，就是逼近. 这要由切线谈起. 切线是条直线，比曲线好研究得多，而且在切点附近，以切线代替曲线(即以微分式 $\mathrm{d}y$ 代替 y 轴方向的变量)，其误差很小. 当然，在有些情况下，用切线代替曲线所得结果不很理想. 但是简单曲线不只是直线，例如二次曲线我们也相当熟悉，也可以用来代替曲线. 例如用圆代替曲线，就比用切线代替曲线要好得多(在切点附近). 作切线要求导数，而作适当逼近的圆(叫作吻切圆)则要求导函数的导数. 后者虽然较精确，但方法较繁，有得必有失，不能两全，取舍之间就要注意到实际的需要. 研究了曲线的切线及吻切圆之后，曲线的性质就知道大半了. 同样地，我们可以用微分的方法研究空间的曲线和曲面，这都属于微分几何学的范围.

近似值

如果把曲线看作量与量之间的函数，则上面的做法就等于求函数的近似值. 当然，近似值就是有误差的意思. 在数学上有误差不是不好吗? 不尽然. 首先，误差并不是错误；其次，就实际应用而言，在把研究对象加以量化时就已经产生误差，纵使我们在用数学工具时要求绝对准确，所得的结果仍然和实际有差别. 所以如果用切线代替曲线的误差，比量化时所产生的误差要小得多，我们何不轻轻松松作切线来代替曲线呢? 如果精密度不够，则可以求导函数的导数或更高阶的导数. 许多数值表，如三角函数表、对数函数表就是这样得到的. 就实用而言，我们不怕误差的存在；就数学而言，我们要研究误差有多少，要把误差控制在许可范围之内.

级数

其实，微积分的发展和函数的研究是相互的. 牛顿求 $y=ax^m$ 的导函数时，就利用到函数 $(x+b)^m$ 的二项展式. 如果 m 是分数或负数，这个展开式是个无穷幂级数. 牛顿先用其他的方法推得这种幂级数，然后用来求 $y=ax^m$ 的导函数. 反之，后人学会用别的方法求 $y=ax^m$ 的导函数，再用来求 $(x+b)^m$ 的幂级数表示法. 一个函数用幂级数来表示，至少有下面种种的好处：

(1)若 $f(x)=a_0+a_1(x-c)+a_2(x-c)^2+\cdots$，则用牛顿的方法可得 $f'(c)$ 为 a_1.

(2)将幂级数的每项分别积分(微分)，然后加起来得到的幂级数就是 $f(x)$ 的积分(导函数).

(3) 如果只取幂级数的前几项，则所得的多项式为原函数的逼近多项式，例如只取两项，则 $y=a_0+a_1(x-c)$ 表示过点 (c, a_0) 的切线，这是所谓的线性逼近. 通常项数越多则越逼近.

用幂级数表示函数固然方便，但有种种的问题产生. 例如，是不是所有的函数都能表示成幂级数？如果不是，则哪些函数能？能表示成幂级数的才叫函数吗？函数是什么？如果某个函数能表示成幂级数，则其表示法如何求得？幂级数是否收敛？用多项式逼近其误差如何决定？……

基础

18 世纪的微积分利用函数的幂级数表示法迅速地成长了. 反之，微积分变成研究函数的有力工具. 而且，函数的范围日渐广泛，其观念也日益成熟. 而级数的收敛问题，也迫使数学家再次面对整个微积分的基础问题：极限.

18 世纪的数学家知道微积分没有严格的基础，有些人也努力想办法补救，但都失败了. 当时的大数学家欧拉和拉格朗日认为微积分虽然没有严格的基础，但其推论往往正确，其原因是在论证过程中，我们犯了一些错误，而这些错误互相抵消了(错错得对)！达兰伯甚至叫学生不要气馁，说持之以恒地用微积分，自然对微积分就会有信心.（就像老学究要学生背古书，不必求甚解，日积月累，终会把文义弄通一样！）

无论是积分或是微分，想要把静态的无穷小法严格化，我们最后只能放弃无穷小观点，而代之以动态的极限观点，但极限的观点很不容易被当时的人接受. 例如，微分中的极限是两个变量的比的极限，由于几何观点根深蒂固，人们总认为两个变量的比的极限也应该是某两个量之比，而不是纯粹的一个数. 所以他们总是在探求这种“最后”比值的几何意义为何？而且自然而然地会认为是两无穷小量之比，或是两个零之比. 此外，遇到复杂一点的函数时，由定义直接求导数很难，这也使人裹足不前. 同时极限的观念还牵涉到实数的观点，在后者没弄清楚以前，前者也很难发展得完美，这一点容稍后再谈.

代数方法

有些人注意到，纯几何的方法没办法使微积分有严格的基础，所以转而求代数的方法，而错以为微积分是一种新的代数学. 同样的看法，使得级数间的运算也被认为是多项式间运算的一种延伸(幂级数就是无穷项多项式！)，而不必探讨这些运算的合法性. 拉格期日为了避免微积分基础问题的苦境，也转用代数观点，他说任意函数都可表示成幂级数，而其一次项系数就是导数. 他的说法曾盛行一时，但也失败了. 用现代的观点来看很清楚：不是任何函数都可表示成幂级数，而即使可以，其各项系数还是得用极限微分的方法求得.

18世纪的积分学则因过分强调微积分基本定理而变成微分学的附庸. 有的人干脆就把积分看作反微分，而不深究其定义. 18世纪微积分学发展的结果，使函数的范围增广，包括了一些不完全连续的函数. 对不完全连续的函数而言，微积分基本定理要做相当的修正，也就是说积分不完全是微分的反运算. 积分被平反了，不再被看成完全是反微分，这件事有其历史上及观念上的意义.

实数

柯西的极限方法并没有把问题完全解决. 有两个大难题：

(1)例如，直观上，若一数列 S_1，S_2，…，S_n，… 递增且有界(即 $|S_n|$ 恒小于某确定数)，则 $\lim\limits_{n\to\infty}S_n$ 应该存在. 但到底是什么样一个数呢？我们会问什么样的数可以是极限值. 举个例子，若 $S_n=\left(1+\frac{1}{n}\right)^n$，则 S_n 是递增且有界的. 但 $\lim\limits_{n\to\infty}S_n$ 是什么？这个问题就是所谓的实数系的问题. 除了我们熟悉的分数、带根号的无理数外，还有那些数是实数？整个实数系统有哪些特性？能够回答这些问题，才能知道在那种情形下会有极限值. 很巧地，在1872年，维尔斯特拉斯等人不约而同地提出各种(实质上相同的)描述实数系的方法. 有了严格定义的实数系做基础，这个问题就迎刃而解了.

(2)如果猜到极限值为某值，如何严格地证明这就是我们要的极限值？例如，$\lim\limits_{n\to\infty}a_n=a$，$\lim\limits_{n\to\infty}b_n=b$，则我们猜到 $\lim\limits_{n\to\infty}(a_n+b_n)=a+b$，但怎么证明呢？为了回答这个问题，维尔斯特拉斯引进了所谓的 $\varepsilon-\delta$ 方法.

如此，微积分经过两世纪之久，才从诞生经成长而迈向成熟的阶段.

编摘自《科学月刊》

8.4 提示与提高

1. 熟悉各种导数组合式

求解某些微分方程的时候，有时用“凑导数”的方法求解更为快捷，当然，“凑”的前提是必须熟悉各种导数组合式. 在此我们只作简单介绍，给出几种最常用的导数组合式(式中的变量 x，y 可互换).

(1) $xy'+y=(xy)'$　　(2) $\frac{xy'-y}{x^2}=\left(\frac{y}{x}\right)'$

(3) $x^ny'+nx^{n-1}y=(x^ny)'$　　(4) $\ln xy'+\frac{1}{x}y=(y\ln x)'$

例 8-24 求微分方程 $xy'+y=\cos x$ 的通解．

解 因为方程左边恰好等于$(xy)'$，故

$$(xy)'=\cos x$$

两边积分得
$$xy=\int\cos x\mathrm{d}x=\sin x+C$$

通解为
$$y=\frac{1}{x}(\sin x+C)$$

例 8-25 求微分方程 $xy'-y=x^3$ 的通解．

解 方程两边同除以 x^2 得

$$\frac{xy'-y'}{x^2}=x$$

即
$$\left(\frac{y}{x}\right)'=x$$

两边积分得
$$\frac{y}{x}=\int x\mathrm{d}x=\frac{1}{2}x^2+C$$

通解为
$$y=x\left(\frac{1}{2}x^2+C\right)$$

例 8-26 求微分方程 $x^3y'+3x^2y=\frac{1}{1+x^2}$的通解．

解 因为方程左边恰好等于$(x^3y)'$，故

$$(x^3y)'=\frac{1}{1+x^2}$$

两边积分得
$$x^3y=\int\frac{1}{1+x^2}\mathrm{d}x=\arctan x+C$$

通解为
$$y=\frac{1}{x^3}(\arctan x+C)$$

方程左边若换成$(x^3-1)y'+3x^2y$，仍可"凑导数"为$((x^3-1)y)'$，可见若想更多地使用"凑导数"的方法，在上述简单介绍的基础上须多加揣摩．

例 8-27 求微分方程$\left(x-\frac{1}{1+y^2}\right)\mathrm{d}y+y\mathrm{d}x=0$ 的通解．

解 方程变形为 $x\mathrm{d}y+y\mathrm{d}x=\frac{1}{1+y^2}\mathrm{d}y$，则

$$\mathrm{d}(xy)=\mathrm{d}(\arctan y)$$

积分得方程的通解
$$xy=\arctan y+C$$

此题用的并不是"凑导数"的方法，而是"凑微分"的方法，其实质是一样的．

2. 一阶线性微分方程"凑"的解法

先把一阶线性微分方程 $y'+P(x)y=Q(x)$变型为

$$e^{\int P(x)dx}y' + e^{\int P(x)dx}P(x)y = e^{\int P(x)dx}Q(x)$$

得

$$(e^{\int P(x)dx}y)' = e^{\int P(x)dx}Q(x)$$

再两边积分、整理，即得方程的通解．其中 $P(x)$ 的积分 $\int P(x)dx$ 只取一个原函数.

例 8-28　求微分方程 $y'+2y=e^{3x}$ 的通解．

解　因为 $P(x)=2$，故 $e^{\int P(x)dx} = e^{2x}$.

方程的两端同乘以 e^{2x} 得　　$e^{2x}y'+2e^{2x}y=e^{2x}e^{3x}=e^{5x}$

故　　$(e^{2x}y)'=e^{5x}$

两边积分得　　$e^{2x}y = \int e^{5x}dx = \frac{1}{5}e^{5x}+C$

通解为　　$y=\frac{1}{5}e^{3x}+Ce^{-2x}$

例 8-29　求微分方程 $y'-y\tan x=2\sin x$ 的通解．

解　因为 $P(x)=-\tan x$，故 $e^{\int P(x)dx} = e^{\ln\cos x} = \cos x$.

方程的两端同乘以 $\cos x$ 得

$$y'\cos x-y\sin x=2\sin x\cos x=\sin 2x$$

故　　$(y\cos x)'=\sin 2x$

两边积分得　　$y\cos x = \int \sin 2x dx = -\frac{1}{2}\cos 2x + C_1 = -\cos^2 x + C$

通解为　　$y=-\cos x+\frac{C}{\cos x}$

3. 非基本类型的微分方程的求解

本章讲解了微分方程的几种基本类型，它们的解法相对固定，求解微分方程时，判断其类型很重要，若出现不属于几种基本类型的情况时，应按以下两种思考方法重新判别：

1）把 x 当作未知函数，把 y 当作自变量，再判别；

2）用适当的变量代换看能不能把方程化为可解方程．

例 8-30　求微分方程 $y'=\frac{1}{y^2-x}$ 的通解．

解　所给方程显然不属于已学过的几种基本类型，把方程变形为

$$x'=y^2-x \quad 即 \quad x'+x=y^2$$

这是关于 x 的一阶线性微分方程，由求解公式得方程的通解

$$x = e^{-\int dy}\left(\int y^2 e^{\int dy}dy+C\right) = e^{-y}\left(\int y^2 e^y dy+C\right)$$

$$= e^{-y}\left(\int y^2 d(e^y)+C\right)=e^{-y}\left(y^2e^y-2\int ye^y dy+C\right)$$

$$= e^{-y}\left(y^2e^y-2\int yd(e^y)+C\right)$$

$$= e^{-y}(y^2e^y-2ye^y+2e^y+C)$$

$$= y^2-2y+2+Ce^{-y}$$

即
$$y^2-2y+2+Ce^{-y}-x=0$$

例 8-31 求微分方程 $y'=\sqrt{1-(x+y)^2}-1$ 的通解.

解 令 $u=x+y$,则 $y'=u'-1$.

所以
$$u'-1=\sqrt{1-u^2}-1$$

分离变量得
$$\frac{du}{\sqrt{1-u^2}}=dx$$

两端积分得
$$\arcsin u=x+C \quad 即 \quad u=\sin(x+C)$$

从而方程的通解为
$$x+y=\sin(x+C)$$

例 8-32 求微分方程 $x^2y'=\tan(xy)-xy$ 的通解.

解 令 $u=xy$,则 $y=\frac{u}{x}$,$y'=\frac{u'x-u}{x^2}$.

则原方程变为
$$x^2\frac{u'x-u}{x^2}=\tan u-u$$

$$\frac{du}{dx}x=\tan u$$

分离变量得
$$\cot u du=\frac{dx}{x}$$

两端积分得
$$\ln\sin u=\ln x+\ln C=\ln(Cx) \quad 即 \quad \sin u=Cx$$

从而方程的通解为
$$\sin(xy)=Cx$$

4. 伯努利方程

形如 $y'+P(x)y=Q(x)y^n$ $(n\neq0,1)$的方程称为伯努利方程,用 y^n 除以方程的两端得

$$y^{-n}y'+P(x)y^{1-n}=Q(x)$$

整理得
$$\frac{1}{1-n}(y^{1-n})'+P(x)y^{1-n}=Q(x)$$

令 $z=y^{1-n}$,则方程化为关于 z 和 x 的线性微分方程

$$z'+(1-n)P(x)z=(1-n)Q(x)$$

例 8-33 求微分方程 $y'+\frac{4x}{1+x^2}y=6\sqrt{y}$的通解.

解 把方程化为

$$\frac{1}{\sqrt{y}}y'+\frac{4x}{1+x^2}\sqrt{y}=6$$

$$2(\sqrt{y})'+\frac{4x}{1+x^2}\sqrt{y}=6$$

令 $z=\sqrt{y}$,则方程化为关于 z 和 x 的线性微分方程

$$z'+\frac{2x}{1+x^2}z=3$$

因为 $P(x)=\frac{2x}{1+x^2}$,故 $e^{\int P(x)dx}=e^{\ln(1+x^2)}=1+x^2$.

方程的两端同乘以 $1+x^2$ 得

$$(1+x^2)z'+2xz=3(1+x^2)$$

$$((1+x^2)z)'=3(1+x^2)$$

方程两端积分得 $$(1+x^2)z=3x+x^3+C$$

所以 $(1+x^2)\sqrt{y}=3x+x^3+C$ 就是所求方程的通解.

5. 型如 $f'(y)y'+P(x)f(y)=Q(x)$ 的微分方程

方程可化为 $$(f(y))'+P(x)f(y)=Q(x)$$

设 $f(y)=z$,则方程化为关于 z 和 x 的线性微分方程

$$z'+P(x)z=Q(x)$$

例 8-34 求微分方程 $\frac{1}{y}y'+\ln y=e^{-x}$ 的通解.

解 方程可化为 $(\ln y)'+\ln y=e^{-x}$,令 $z=\ln y$,则有

$$z'+z=e^{-x}$$

这是把 z 作为变量的一阶线性微分方程,由求解公式得

$$\begin{aligned}z&=e^{-\int P(x)dx}\left(\int Q(x)e^{\int P(x)dx}dx+C\right)\\&=e^{-\int dx}\left(\int e^{-x}e^{\int dx}dx+C\right)\\&=e^{-x}(x+C)\end{aligned}$$

所以 $\ln y=e^{-x}(x+C)$ 就是所求方程的通解.

例 8-35 求微分方程 $y'\cos y+\frac{1}{x}\sin y=1$ 的通解.

解 方程可化为 $(\sin y)'+\frac{1}{x}\sin y=1$,令 $z=\sin y$ 则有

$$z'+\frac{1}{x}z=1 \quad 即 \quad xz'+z=x$$

$$(xz)'=x$$

等式两端积分得 $$xz=\frac{1}{2}x^2+C \quad 即 \quad z=\frac{1}{2}x+\frac{C}{x}$$

从而方程的通解为 $$\sin y=\frac{1}{2}x+\frac{C}{x}$$

6. 一题多解

例 8-36 求微分方程 $y'=\dfrac{y}{y-x}$ 的通解.

解法 1 令 $u=y-x$，则 $y=u+x, y'=u'+1$.

原方程可化为 $$u'+1=\frac{u+x}{u} \quad 即 \quad u'=\frac{x}{u}$$

分离变量为 $$u\mathrm{d}u=x\mathrm{d}x$$

等式两端积分得 $$\frac{1}{2}u^2=\frac{1}{2}x^2+C_1$$

把 $u=y-x$ 代入得方程的通解为 $$2xy-y^2+C=0$$

解法 2 方程可化为

$$x'=\frac{y-x}{y} \quad 即 \quad yx'+x=y$$

则 $$(xy)'=y \quad （此时(xy)'表示对 y 求导）$$

方程两边对 y 积分得 $$xy=\frac{1}{2}y^2+C_1$$

整理得方程的通解为 $$2xy-y^2-C=0$$

解法 3 方程可化为

$$x'=\frac{y-x}{y} \quad 即 \quad x'+\frac{1}{y}x=1$$

这是关于 x 的一阶线性微分方程，由求解公式得

$$\begin{aligned} x &= \mathrm{e}^{-\ln y}\left(\int \mathrm{e}^{\ln y}\mathrm{d}y+C_1\right)=\frac{1}{y}\left(\int y\mathrm{d}y+C_1\right) \\ &= \frac{1}{y}\left(\frac{1}{2}y^2+C_1\right) \end{aligned}$$

整理得方程的通解为 $$2xy-y^2-C=0$$

解法 4 方程可化为

$$x'=\frac{y-x}{y} \quad 即 \quad x'+\frac{1}{y}x=1$$

这是关于 x 的一阶线性微分方程，用常数变易法求解，先求 $x'+\dfrac{1}{y}x=0$ 的通解.

分离变量得 $$\frac{\mathrm{d}x}{x}=-\frac{\mathrm{d}y}{y}$$

两端积分得 $$\ln x=-\ln y+\ln C=\ln\frac{C}{y}$$

$$x=\frac{C}{y}$$

再设 $x=\frac{C(y)}{y}$ 为原方程的通解，代入原方程得

$$\left(\frac{C(y)}{y}\right)'+\frac{1}{y}\frac{C(y)}{y}=1$$

$$C'(y)=y$$

积分得
$$C(y)=\frac{1}{2}y^2+C$$

故所求方程的通解为

$$x=\frac{C(y)}{y}=\frac{1}{2}y+\frac{C}{y}\quad 即\quad 2xy-y^2-C=0$$

解法 5　方程变形为 $y'=\frac{\frac{y}{x}}{\frac{y}{x}-1}$，这是齐次微分方程．令 $u=\frac{y}{x}$，则

$$y=ux$$

$$y'=u'x+u$$

$$u'x+u=\frac{u}{u-1}$$

$$u'x=\frac{2u-u^2}{u-1}$$

分离变量为
$$\frac{u-1}{2u-u^2}\mathrm{d}u=\frac{\mathrm{d}x}{x}$$

等式两端求积分得
$$-\frac{1}{2}\int\frac{\mathrm{d}(2u-u^2)}{2u-u^2}=\int\frac{\mathrm{d}x}{x}$$

$$-\frac{1}{2}\ln(2u-u^2)=\ln x+\ln C_1=\ln(C_1x)$$

$$\frac{1}{\sqrt{2u-u^2}}=C_1x$$

把 $u=\frac{y}{x}$ 代入得方程的通解为　$2xy-y^2+C=0$

易错提醒：解法 3 中的项 $\mathrm{e}^{-\ln y}$ 等于 $\frac{1}{y}$，不要误等于 $-y$.

例 8-37　求微分方程 $(x^2+y^2)\mathrm{d}x+2xy\mathrm{d}y=0$ 的通解．

解法 1　方程变形为

$$y^2\mathrm{d}x+2xy\mathrm{d}y=-x^2\mathrm{d}x$$

用“凑微分”的方法得

$$y^2\mathrm{d}x+x\mathrm{d}(y^2)=-\frac{1}{3}\mathrm{d}(x^3)$$

$$\mathrm{d}(xy^2)=-\frac{1}{3}\mathrm{d}(x^3)$$

积分得方程的通解为 $$xy^2=-\frac{1}{3}x^3+C$$

解法 2 方程变形为

$$y'=-\frac{x^2+y^2}{2xy}=-\frac{x}{2y}-\frac{y}{2x} \quad 即 \quad y'+\frac{1}{2x}y=-\frac{x}{2}y^{-1}$$

这是伯努利方程，把方程化为

$$yy'+\frac{1}{2x}y^2=-\frac{x}{2}$$

$$\frac{1}{2}(y^2)'+\frac{1}{2x}y^2=-\frac{x}{2}$$

令 $z=y^2$，则方程化为关于 z 和 x 的线性微分方程

$$z'+\frac{1}{x}z=-x$$

整理得 $$xz'+z=-x^2 \quad 即 \quad (xz)'=-x^2$$

两边积分得 $$xz=-\int x^2\mathrm{d}x=-\frac{1}{3}x^3+C$$

所以 $xy^2=-\frac{1}{3}x^3+C$ 就是所求方程的通解．

解法 3 方程变形为

$$y'=-\frac{x^2+y^2}{2xy}=-\frac{x}{2y}-\frac{y}{2x}$$

这是齐次方程，令 $u=\frac{y}{x}$，则

$$y=ux$$

$$y'=u'x+u$$

$$u'x+u=-\frac{1}{2u}-\frac{1}{2}u$$

$$u'x=-\frac{1+3u^2}{2u}$$

分离变量为 $$\frac{2u}{1+3u^2}\mathrm{d}u=-\frac{\mathrm{d}x}{x}$$

等式两端求积分得 $$\frac{1}{3}\int\frac{\mathrm{d}(1+3u^2)}{1+3u^2}=-\int\frac{\mathrm{d}x}{x}$$

$$\frac{1}{3}\ln(1+3u^2)=-\ln x-\ln C_1=-\ln(C_1x)$$

$$\sqrt[3]{1+3u^2}=\frac{1}{C_1x}$$

把 $u=\frac{y}{x}$ 代入得方程的通解为 $$xy^2=-\frac{1}{3}x^3+C$$

例 8-38 求微分方程 $y''-y'=1$ 的通解.

解法 1 令 $y'=p(x)$，则 $y''=p'(x)$，代入方程得

$$p'-p=1 \quad \text{即} \quad p'=1+p$$

分离变量为
$$\frac{\mathrm{d}p}{1+p}=\mathrm{d}x$$

两端积分得
$$\ln(1+p)=x+\ln C_1$$

所以
$$y'=p=C_1\mathrm{e}^x-1$$

两端再积分得通解
$$y=C_1\mathrm{e}^x-x+C_2$$

解法 2 按二阶非齐次线性微分方程求通解的步骤来求.

其对应的齐次方程的特征方程为 $r^2-r=0$，特征根为 $r_1=0$，$r_2=1$，所以其对应的齐次方程的通解为

$$\bar{y}=C_1\mathrm{e}^x+C_2$$

设原方程的特解为

$$y^*=ax$$

把 y^* 代入原方程得

$$(ax)''-(ax)'=1$$

求出 $a=-1$，于是

$$y^*=-x$$

因此所求方程的通解为

$$y=\bar{y}+y^*=C_1\mathrm{e}^x-x+C_2$$

7. 有些包含积分上限函数的方程求解函数的问题可化成微分方程求解

例 8-39 设 $\int_0^x \frac{f(t)}{t}\mathrm{d}t=\ln x-f(x)$，且 $f(1)=2$，求 $f(x)$.

解 等式两端求导得

$$\frac{f(x)}{x}=\frac{1}{x}-f'(x)$$

整理得
$$xf'(x)+f(x)=1$$

所以
$$(xf(x))'=1$$

积分得
$$xf(x)=x+C \quad \text{即} \quad f(x)=1+\frac{C}{x}$$

代入初始条件 $f(1)=2$，解得 $C=1$

因此
$$f(x)=1+\frac{1}{x}$$

8. *n* 阶常系数齐次线性微分方程举例

例 8-40 求微分方程 $y'''-6y''+11y'-6y=0$ 的通解.

解 所给微分方程的特征方程为 $r^3-6r^2+11r-6=0$，它可分解为

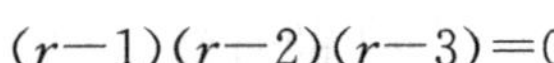

$$(r-1)(r-2)(r-3)=0$$

其根为 $r_1=1, r_2=2, r_3=3$，故所求通解为

$$y=C_1\mathrm{e}^{x}+C_2\mathrm{e}^{2x}+C_3\mathrm{e}^{3x}$$

例 8-41 求微分方程 $y^{(4)}-9y''+20y=0$ 的通解．

解 所给微分方程的特征方程为 $r^4-9r^2+20=0$，它可分解为

$$(r+2)(r-2)(r+\sqrt{5})(r-\sqrt{5})=0$$

其根为 $r_1=-2, r_2=2, r_3=-\sqrt{5}, r_4=\sqrt{5}$，故所求通解为

$$y=C_1\mathrm{e}^{-2x}+C_2\mathrm{e}^{2x}+C_3\mathrm{e}^{-\sqrt{5}x}+C_4\mathrm{e}^{\sqrt{5}x}$$

9. 常数变易法

本章前面求二阶非齐次线性微分方程的通解时，采用了待定系数法求其特解，而待定系数法有其局限性，常数变易法求解可用于所有的线性微分方程，它比待定系数法应用范围更广．下面给出求二阶常系数非齐次线性微分方程的常数变易法．

设方程 $y''+py'+qy=z(x)$ 对应的齐次方程的通解为 $y=C_1y_1+C_2y_2$，把 y 变易为 $y=C_1(x)y_1+C_2(x)y_2$ 代入方程可得

$$C_1'(x)y_1+C_2'(x)y_2=0$$

$$C_1'(x)y_1'+C_2'(x)y_2'=z(x)$$

由上述方程可解出 $C_1(x), C_2(x)$，代回 y 中即可得到方程的通解．

例 8-42 求微分方程 $y''-2y'-3y=\mathrm{e}^{3x}$ 的通解．

解 方程对应的齐次方程的通解为

$$y=C_1\mathrm{e}^{-x}+C_2\mathrm{e}^{3x}$$

把上式变易为 $y=C_1(x)\mathrm{e}^{-x}+C_2(x)\mathrm{e}^{3x}$，得

$$C_1'(x)\mathrm{e}^{-x}+C_2'(x)\mathrm{e}^{3x}=0 \tag{1}$$

$$C_1'(x)(\mathrm{e}^{-x})'+C_2'(x)(\mathrm{e}^{3x})'=\mathrm{e}^{3x} \tag{2}$$

由式(2)得

$$-C_1'(x)\mathrm{e}^{-x}+3C_2'(x)\mathrm{e}^{3x}=\mathrm{e}^{3x} \tag{3}$$

由式(1)、式(3)得

$$C_1'(x)=-\frac{1}{4}\mathrm{e}^{4x},\quad C_2'(x)=\frac{1}{4}$$

积分得

$$C_1(x)=-\frac{1}{16}\mathrm{e}^{4x}+C_1,\quad C_2(x)=\frac{1}{4}x+C_2$$

所以方程的通解

$$y=C_1(x)\mathrm{e}^{-x}+C_2(x)\mathrm{e}^{3x}$$

$$=C_1\mathrm{e}^{-x}+C_2\mathrm{e}^{3x}-\frac{1}{16}\mathrm{e}^{3x}+\frac{1}{4}x\mathrm{e}^{3x}$$

$$=C_1\mathrm{e}^{-x}+C_3\mathrm{e}^{3x}+\frac{1}{4}x\mathrm{e}^{3x}$$

10. 微分方程的应用举例

应用微分方程解决具体问题的步骤是：

(1) 分析问题，建立微分方程，并确定初始条件；

(2) 求出该微分方程的通解；

(3) 根据初始条件确定所求的特解.

例 8-43 一垂直挂着的弹簧下端系一质量为 m 的重物，弹簧被拉伸后处于平衡状态，现用力将重物向下拉，松开手后，弹簧就会上、下振动，若不计空气阻力，求重物的位置随时间变化的函数关系.

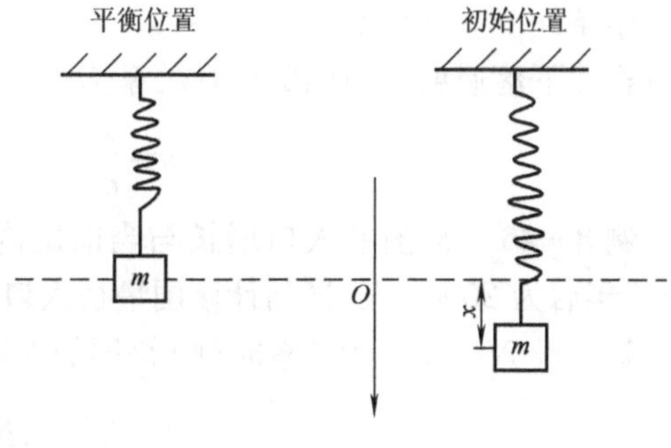

图 8-1

解 如图 8-1 所示，设平衡位置为坐标原点 O，重物在时刻 t 离开平衡位置的位移为 x，重物所受弹簧的恢复力为 F. 由力学定律知，F 与 x 成正比

$$F=-kx \quad (\text{其中 } k>0 \text{ 为比例系数})$$

由牛顿第二运动定律得
$$F=ma=m\frac{\mathrm{d}^2x}{\mathrm{d}t^2}$$

所以
$$m\frac{\mathrm{d}^2x}{\mathrm{d}t^2}=-kx$$

设 $b^2=\dfrac{k}{m}$ $(b>0)$，则方程化为

$$\frac{\mathrm{d}^2x}{\mathrm{d}t^2}+b^2x=0$$

此方程的特征方程为
$$r^2+b^2=0$$

其根为 $r_{1,2}=\pm ib$，故重物的位置随时间变化的函数关系，即方程通解为

$$x=C_1\cos bt+C_2\sin bt$$

例 8-44 已知质量为 1kg 的物体下落时所受阻力与下落速度成正比，且开始下落时速度为零，求物体下落速度与时间的函数关系.

解 设物体下落速度为 $v(t)$，根据已知条件，物体所受阻力为 kv（k 为比例系数），所受外力为

$$F=mg-kv=1\times g-kv=g-kv$$

根据牛顿第二运动定律

$$F=ma=1\times a=a=\frac{\mathrm{d}v}{\mathrm{d}t}$$

所以 $$\frac{\mathrm{d}v}{\mathrm{d}t}=g-kv$$

分离变量为 $$\frac{\mathrm{d}v}{g-kv}=\mathrm{d}t$$

两端积分得 $$-\frac{1}{k}\ln(g-kv)=t+C_1$$

即 $$g-kv=\mathrm{e}^{-kt-kC_1}=C\mathrm{e}^{-kt}$$

将初始条件 $v|_{t=0}=0$ 代入,得 $C=g$.

所以物体下落速度与时间的函数关系为

$$v=\frac{g}{k}(1-\mathrm{e}^{-kt})$$

例 8-45 某国的人口增长与当前国内人口成正比.若两年后,人口增加一倍;三年后为 20000 人,试估计该国最初人口.

解 设 $N=N(t)$为任意时刻 t 该国的人口,N_0 为最初的人口. 由已知条件得

$$\frac{\mathrm{d}N}{\mathrm{d}t}=kN$$

由分离变量法解得 $$N=C\mathrm{e}^{kt}$$

当 $t=0$ 时,$N=N_0$,解得 $C=N_0$,于是

$$N=N_0\mathrm{e}^{kt}$$

当 $t=2$ 时,$N=2N_0$,故 $2N_0=N_0\mathrm{e}^{2k}$,解得

$$k=\frac{1}{2}\ln 2\approx 0.347$$

于是 $$N=N_0\mathrm{e}^{0.347t}$$

当 $t=3$ 时,$N=20000$,代入得 $20000=N_0\mathrm{e}^{0.347\times 3}=N_0\times 2.832$,解得

$$N_0=7062$$

所以该国最初人口为 7062 人.

例 8-46 物体冷却速度与该物体和周围介质的温度差成正比,具有温度为 T_0 的物体放在保持常温为 α 的室内,求温度 T 与时间 t 的关系.

解 由已知得

$$\frac{\mathrm{d}T}{\mathrm{d}t}=-k(T-\alpha)$$

由分离变量法解得 $$T=C\mathrm{e}^{-kt}+\alpha$$

当 $t=0$ 时,$T=T_0$,可得 $$C=T_0-\alpha$$

所以 $$T=T_0\mathrm{e}^{-kt}+\alpha(1-\mathrm{e}^{-kt})$$

自动控制系统中的微分方程

自动控制理论在方法上是把具体的系统抽象为数学模型，并以此模型为研究对象应用控制理论提供的方法去分析系统的性能，研究性能改进的途径.

任何一个复杂控制系统，总可以看成是由一些典型环节组合而成. 反映这些环节的输出量、输入量和内部各变量关系的常常是微分方程.

下表列出了一些典型环节的微分方程及其应用示例：

典型环节	微分方程	应用示例
比例环节	$C(t)=kr(t)$	杠杆机构、齿轮减速器、电子放大器、电位器
积分环节	$C(t)=\frac{1}{T}\int_0^t r(t)\mathrm{d}t$	齿轮齿条系统、水箱系统、电动机、电容电路
微分环节	$C(t)=T\frac{\mathrm{d}r(t)}{\mathrm{d}t}$	积分环节的逆过程，例如不经电阻对电容的充电过程；电流与电压的关系
惯性环节	$T\frac{\mathrm{d}r(t)}{\mathrm{d}t}+C(t)=r(t)$	电阻、电感电路；电阻、电容电路；惯性调节器；弹簧—阻尼系统
振荡环节	$T^2\frac{\mathrm{d}^2C(t)}{\mathrm{d}t^2}+2\xi T\frac{\mathrm{d}C(t)}{\mathrm{d}t}+C(t)=r(t)$ $(0<\xi<1)$	电阻、电感、电容电路；直流电动机

注：表中，$r(t)$—输入量；$C(t)$—输出量；k—比例系数；T—时间常数；ξ—阻尼系数.

11. 二阶线性微分方程 $y''+py'+qy=P(x)e^{\alpha x}$ 中，α 为虚数时的特解求法

若二阶线性微分方程 $y''+py'+qy=P(x)e^{\alpha x}$ 中的 α 是虚数，其特解的求法与 α 是实数的求法一致

例 8-47　求微分方程 $y''+y=3e^{ix}$ 的一特解.

解　方程对应的齐次方程的特征方程为

$$r^2+1=0$$

特征根为
$$r_{1,2}=\pm i$$

由于 $\alpha=i$ 与一个特征根相等，故取 $k=1$. 因此，设特解为

$$y^*=x^kQ(x)e^{\alpha x}=xae^{ix}=axe^{ix}$$

把 y^* 代入原方程得

$$(axe^{ix})''+axe^{ix}=3e^{ix}$$

整理得
$$2iae^{ix}-axe^{ix}+axe^{ix}=3e^{ix}$$

于是
$$2ia=3,\quad a=\frac{3}{2i}=\frac{3i}{2i^2}=-\frac{3}{2}i$$

故

$$y^{*}=-\frac{3}{2}\mathrm{i}x\mathrm{e}^{\mathrm{i}x}=-\frac{3}{2}\mathrm{i}x(\cos x+\mathrm{i}\sin x)=\frac{3}{2}x\sin x-\mathrm{i}\times\frac{3}{2}x\cos x$$

通过此例,可以进一步求方程 $y''+y=3\sin x$ 的一特解.为此给出以下定理.

定理 4 若 $y(x)=y_1(x)+\mathrm{i}y_2(x)$是方程

$$y''+a_1(x)y'+a_2(x)y=f_1(x)+\mathrm{i}f_2(x)$$

的解,则 $y_1(x)$和 $y_2(x)$分别是方程

$$y''+a_1(x)y'+a_2(x)y=f_1(x) \quad 和 \quad y''+a_1(x)y'+a_2(x)y=f_2(x)$$

的解.

例 8-48 求微分方程 $y''+y=3\sin x$ 的一特解.

解 由定理 4 可知,方程

$$y''+y=3\mathrm{e}^{\mathrm{i}x}=3(\cos x+\mathrm{i}\sin x) \tag{1}$$

和方程

$$y''+y=3\sin x \tag{2}$$

的特解的关系是:方程(1)特解的虚部就是方程(2)的特解.

故由上例结果可知,所求特解为

$$y^{*}=-\frac{3}{2}x\cos x$$

类似地,可以说明方程 $y''+y=3\cos x$ 的特解为

$$y^{*}=\frac{3}{2}x\sin x$$

例 8-49 求微分方程 $y''+y=3\sin x$,满足条件 $y|_{x=0}=0,y'|_{x=0}=1$ 的特解.

解 利用例 8-47、例 8-48 的结果,得方程的通解为

$$y=\bar{y}+y^{*}=C_1\cos x+C_2\sin x-\frac{3}{2}x\cos x$$

把条件 $y|_{x=0}=0$ 代入得 $C_1=0$,所以

$$y=C_2\sin x-\frac{3}{2}x\cos x$$

对上式两端求导得

$$y'=C_2\cos x-\frac{3}{2}\cos x+\frac{3}{2}x\sin x$$

将条件 $y'|_{x=0}=1$ 代入上式得 $C_2=\frac{5}{2}$,于是所求特解为

$$y=\frac{5}{2}\sin x-\frac{3}{2}x\cos x$$

易错提醒:从上述两例可以看出,二阶常系数非齐次线性微分方程某一特解的求法与其满足初始条件的特解的求法并不是一回事.

习　题　8－4

1. 求下列微分方程的通解：

(1) $\sec^2 x\tan y\mathrm{d}x+\sec^2 y\tan x\mathrm{d}y=0$；　　(2) $xe^y y'=1+e^y$；

(3) $xy'-y=\dfrac{y}{\ln x}$.

2. 求下列微分方程的通解：

(1) $xy'=y+\sqrt{x^2-y^2}\arcsin\dfrac{y}{x}$；　　(2) $(y+xy^2)\mathrm{d}x+(x-x^2y)\mathrm{d}y=0$.

3. 求下列微分方程的通解：

(1) $(x^5-2)y'+5x^4y-x^2=0$；　　(2) $xy'+y(1-x)=e^{2x}$；

(3) $y'+y=2e^{-x}+2x+1$；　　(4) $y'x\ln x+y=2\ln x$.

4. 求下列微分方程满足初始条件的特解：

(1) $y'-\dfrac{1}{x}y=\ln x, y|_{x=1}=1$；　　(2) $y'+\dfrac{2-3x^2}{x^3}y=1, y|_{x=1}=0$.

5. 求下列微分方程的通解：

(1) $3y'+y=y^4x$；　　(2) $y'+xy=e^{-x^2}\dfrac{1}{y}$；

(3) $y'+y=y^2e^x$；　　(4) $y'-y=\dfrac{x^2}{y}$.

6. 求下列微分方程的通解：

(1) $e^y y'+\dfrac{1}{x}e^y=1$；　　(2) $\sec^2 y\cdot y'+\tan x\cdot\tan y=\tan x$.

7. 求下列微分方程的通解：

(1) $y'=\dfrac{y}{2y\ln y+y-x}$；　　(2) $y'=\dfrac{1}{e^{2y}-2x}$；

(3) $(y^2-6x)y'+2y=0$.

8. 可微函数 $f(x)$满足 $x\int_0^x f(t)\mathrm{d}t=(x+1)\int_0^x tf(t)\mathrm{d}t$，求 $f(x)$.

9. 设函数 $f(t)$在$[0,+\infty)$上连续，且满足方程

$$f(t)=e^{4\pi t^2}+\iint\limits_{x^2+y^2\leqslant 4t^2} f\left(\frac{1}{2}\sqrt{x^2+y^2}\right)\mathrm{d}x\mathrm{d}y$$

求 $f(t)$.

10. 求微分方程 $y''=y'+y'^3$ 的通解.

11. 求微分方程 $y'''-9y''+23y'-15y=0$ 的通解.

12. 求下列微分方程的通解：

(1) $y''+9y'=\cos x+2$；　　(2) $y''-y=2\cos x$；

(3) $y''+4y'+8y=\sin x$.

13. 求下列微分方程满足初始条件的特解：

(1) $y''-3y'+2y=5, y|_{x=0}=1, y'|_{x=0}=2$；

(2) $y''-4y'+4y=\mathrm{e}^{-2x}, y|_{x=0}=1, y'|_{x=0}=1$.

14. 质量为 1g 的质点受外力作用作直线运动，这外力与时间成正比，并与质点运动的速度成反比，在 $t=10$s 时，速度等于 50cm/s，外力为 0.0392N，问从运动开始经过了 1min 后的速度是多少？

15. 温度未知的物体放置在温度恒定为 30℉ $\left(1℉=\frac{5}{9}\mathrm{K}\right)$ 的房间中. 若 10min 后，物体的温度是 0℉；20min 后物体的温度是 15℉，求初始温度.

16. 已知某厂的纯利润 L 对广告费 x 的变化率 $\frac{\mathrm{d}L}{\mathrm{d}x}$ 与常数 A 和纯利润 L 之差成正比. 当 $x=0$ 时，$L=L_0$，试求纯利润 L 与广告费 x 之间的函数关系.

17. 设一机器在任意时刻以常数比率贬值. 若机器全新时价值 10000 元，5 年末价值 6000 元，求其在出厂 20 年末的价值.

数学文摘

对数学未来的思考——我们依然站在不断扩展的地平线的门口

A. Firedman

让我们想象一下：阿基米德，这位有史以来最为卓越的数学家之一的他正在接受提问：对于数学的未来你看到了什么？这位古代数学家刚刚计算了球的表面积与体积，或者一段抛物弓形的面积，伸了伸懒腰，坐在他位于西西里东海岸的家乡叙古拉的沙滩上，凝视着天边. 他感到困惑：在数学上，他或者其他任何人还能再做点别的什么？他的最大雄心之一是计算任意几何体的体积和表面积，然而他还不知道该怎么下手. 他使用的工具是纯粹几何的，基于希腊数学家们的数百年的研究并在他出生的数十年前由欧几里得编写其名著《原本》中的那些知识. 由于数学工具十分缺乏，限制了阿基米德的视野. 他得不出分数相加、相乘的快捷方法. 为此，人们花了上千年时间等待十进制由印度和阿拉伯传到欧洲. 十进制的引进所带来的符号简化及其影响是革命性的.

将阿基米德留在叙拉古的沙滩上，让他去思考数学的未来还有些什么吧，现在我们去造访牛顿爵士. 23 岁时，刚取得剑桥大学学士学位，牛顿便被迫回家度过了 18 个月光阴，因为那时正值大瘟疫，大学关了门. 在这短短的时间里，牛顿有了许多发现，在数学上他发现了二项式定理及微积分的初期形式，在物理上他发现了白光的组成及万有引力定律. 现在我们去会一会年事已高的牛顿并问一问他那个对阿基米德提出的同样问题：什么是数学的未来？他可能会很快地回答说：继续建造微积分. 借助于微积分，牛顿可以把任何几何形状的体积和表面积用积分来表示，并能计算到任意精确度，这是阿基米德所不能想象的．牛顿思考着这样的事实，用万有引力定律和他自己的力学三定律（他会说“我的定律”），以解微分方程的办法来算出运动物体的轨迹．他自问道：“我们能用微分方程去描述其他的自然法则，并以发现解出这些方程的工具的方法来预言自然的进程吗?”但即便是牛顿的视野也不可避免地有所局限．

在最近的50年中，我们亲身经历了数学的许多领域中的巨大进展．在我所从事的偏微分方程这一领域中，现在有了一个巨大的知识主体，使我们能够去理解、预测并计算许多重要的物理和技术过程．例如，我们测量一个固体的表面温度，就可通过解称之为“热传导方程”的偏微方程去推导出物体内部的温度；如果从外部加热一个冰块，它开始融化，我们在微分方程方面的知识使我们可以断定融化了的体积是怎样变化的，以及在融化了的体积中的水温；“梁杆方程”同样能预言当承受压力时一个弹性梁是如何变化的，当加在梁上的压力超过一个临界值时，它就会突然翘曲，形变为许多状态中的一种，这种情形解释了微分方程解的多重性．

不管我们在微分方程方面的知识有多么丰富，仍然有许多东西我们不知道．举例来说，我们不知道气体动力方程是否有一个数学解，这个方程是用来确定飞机周围和发动机内的气流的．我们没有合适的知识来处理预测水的运动方程的解，从而我们对海洋的涡流缺乏了解，这些及其他许多的基本问题仍然期待得到数学的解答，在未来10年中它们仍是深入研究的主题．

数学的其他领域无疑也处在同样的不确定状态．虽然取得巨大进展，依然有许多基本问题没有解决．相对于早先的世纪而言，我们处在一个充满冒险和刺激的年代，已经发展了许多重要的研究领域，有了许多强有力的计算和理论的工具．数学家们在未来许多年里可以继续忙于用现在的工具去寻找新方法，用来解决在数学和非数学（即科学和工程）领域中出现的问题．然而数学史表明，由现在去预言未来是多么徒劳．

因此，我不去预测数学的未来，仅举出在材料科学、生命科学和多媒体技术这三个未来的关键领域中数学所起的非常重要的作用．

材料科学中的数学

材料科学所关注的是材料的性能和使用，目的是合成及制造新材料、了解并预料材料的性能并在一定时间段内控制和改进这些性能．不久以前，材料科学还主要是在冶金、制陶和塑料业中的经验性研讨，今天已成为一个庞大的、基于物理学、工程学及数学的知识体系．所有材料的性能最终取决于它们的原子及其组合成的分子结构．例如，聚合体是由简单分子组合成的物质，而这些分子是一些重复的被称之为单体的结构单元．单个的聚合体分子可以由数百至百万个单体构成并具有线性的、分枝的或者网络的结构．

聚合体材料可以是液态也可以是固态，其性质取决于加工它的方式（例如，先加热，逐渐冷却，再高压）．聚合体的交错缠绕的排列提出了一个困难的建模问题．但是，在一些领域中数学模型已经表现得相当可靠，这些模型非常复杂．聚合体较简单的模型是基于连续介质力学．对材料科学家来说，解的稳定性与奇点是重要的．

复合材料的研究是另一个运用数学研究的领域，如果我们在一种材料颗粒中掺入另一种材料，得到一种复合材料，所显示的性能可能完全不同于组成它的那些材料．例如，汽车公司将铝与硅碳粒子相混合得到重量较轻的、钢的替代物．带有磁性粒子或充电粒子的气流能提高汽车的制动气流和防撞装置的效果．

最近10年数学家们在泛函分析、偏微分方程及数值分析中发展了新的工具，使他们能够估计或计算混合物的有效性质．但是新复合物的数目不断增长，新的材料也不断被开发出来，迄今所取得的数学成就只能看作一个相当不错的开始．甚至对已经研究了很多年的标准材料，数学仍面临着许多挑战．例如，当一个均匀的弹性体在承受高压时会破，那么破裂是从何处、又是怎样开始的？它们是怎样扩展的？何时它们会分裂成许多裂片？这些都有待研究．

生物学中的数学

在生物学和医药科学中也出现了数学模型，炒得很热的基因方案的一些重要方面需要统计、模型识别以及大范围优化法．在生物学其他领域中，比如生理学方面，拿肾脏作个例子吧，肾的功能是保持危险物质（如盐）浓度的理想水平来规范血液的组成．如果一个人摄入了过多的盐，肾就必须排出盐浓度高于血液中所含浓度的尿液．在肾的四周有上百万个小管（肾单位），用来从血液中吸收盐分转入肾中，它们是在与血管接触的一种传输过程中完成的．生物学家已把这个过程涉及的物质与人体组织视为一体了，但过程的精确进程只能勉强弄明白．

肾脏运作过程的一个初级数学模型，虽然简单却已经说明了尿的形成以及肾脏作出的抉择，如是排出一大泡稀释的尿还是一小泡浓缩的尿，不过我们仅仅处在理解这种机理的非常初级的阶段．一个更完全的模型可能会包含偏微分方程、随机方程、流体力学、弹性力学、滤波论及控制论，或许还有一些我们尚不具备的工具．心脏力学、钙（骨）力学、听觉过程、细胞的附着与游离（对生物过程是非常重要的，如发炎与伤口愈合）以及生物流体等生理学的其他一些学科中，现代数学研究已经取得了一些成就，更多的成就也会随后而至．

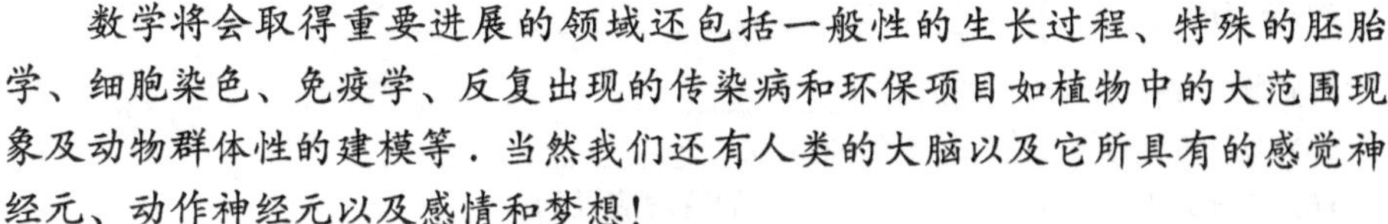

数学将会取得重要进展的领域还包括一般性的生长过程、特殊的胚胎学、细胞染色、免疫学、反复出现的传染病和环保项目如植物中的大范围现象及动物群体性的建模等．当然我们还有人类的大脑以及它所具有的感觉神经元、动作神经元以及感情和梦想！

多媒体中的数学

20世纪40年代世界上第一台计算机诞生，从而开始了一场可与1760年到1840年发生在英国的产业革命相匹比的革命．我们现在亲自证实了这场计算机革命在商业、制造业及工程领域中的冲击．与计算和通信技术的进步相配的是数字信息的萌芽状态，其产品包括了文字图像、电影、录像、音乐、照相、绘画、卡通、数据、游戏及多媒体软件等．

多媒体中的数学涵盖众多研究领域，如计算机可视化、图像处理、语音识别及语言理解、计算机辅助设计和新型网络等，广泛应用于制造业、商业、银行业、医疗诊断、信息及可视化、娱乐业、人造生命和虚拟世界等许多领域．多媒体中的数学工具包括随机过程、marko场、统计模型、决策论、偏微分方程、数值分析、图论、图表算法、图像分析及小波等．

计算机辅助设计已成为许多工业部门的强大工具，完全在计算机上完成设计，然后敲一下键盘，产品便在远处的工厂被生产出来了．因特网已经成为多媒体最强劲的动力，它未来的辉煌仍取决于许多新的数学思想和算法的发展．随着多媒体技术的扩展，对于保护私人数据的通信文本的需要也与日俱增，发展一个更加安全的密码系统就是数学家们的任务了．为此，他们必定要借助于在数论、离散数学、代数几何及动力系统方面的新进展．

在物质的与生命的科学和技术发展中，数学继续起着与日俱增的重要作用．正如阿基米德站在叙拉古的海滩上一样，我们正站在一个新世纪的门槛上．我们只能推测，新的理论最终会解决一切对数学的挑战，无论它来自我们生活的世界还是来自数学本身．过去的几个世纪里我们获得了惊人的知识，但正如阿基米德和牛顿一样，我们依然站在不断扩展的数学地平线的门口．

复习题8

[A]

1. 填空题

(1) $e^y y'=1$ 的通解为____________．

(2) 微分方程 $xy'+y=x$ 的通解为____________．

(3) 微分方程 $y'=\frac{y^2}{x^2}+\frac{y}{x}+1$ 的通解为________.

(4) 微分方程 $y''=\sin x$ 的通解为________.

(5) 微分方程 $y''-2y'+y=0$ 的通解为________.

(6) 微分方程 $y''-5y'+4y=(x+3)e^x$ 的特解应设为________.

2. 选择题

(1) 微分方程 $(y''')^2+(y')^4-x=0$ 的阶数为(　　).

A. 1；　　B. 2；　　C. 3；　　D. 4.

(2) 微分方程 $y''+2y'+5y=0$ 的通解为(　　).

A. $e^x(C_1\cos 2x+C_2\sin 2x)$；　　B. $e^{-x}(C_1\cos 2x+C_2\sin 2x)$；

C. $e^{2x}(C_1\cos x+C_2\sin x)$；　　D. $e^{-2x}(C_1\cos x+C_2\sin x)$.

(3) 函数 $y=2e^{4x}$ 是 $y''-6y'+8y=0$ 的(　　).

A. 通解；　　B. 特解；

C. 不是解；　　D. 是解,但既非通解也非特解.

(4) 微分方程 $y'=y$ 的通解为(　　).

A. e^x；　　B. e^x+C；　　C. Ce^x；　　D. e^{Cx}.

(5) 微分方程 $y'+\frac{1}{x}y=x$ 的通解 $y=$(　　).

A. $x\left(\frac{1}{3}x^3+C\right)$；　　B. $\frac{1}{x}(x+C)$；

C. $x(x+C)$；　　D. $\frac{1}{x}\left(\frac{1}{3}x^3+C\right)$.

3. 求下列微分方程的通解：

(1) $(1+y^2)dx-x(1+x)ydy=0$；　　(2) $(x-y)dy=(x+y)dx$；

(3) $xy'-y=x\ln x$；　　(4) $y''=x\cos x$；

(5) $y''=1+(y')^2$；　　(6) $y''+y'-2y=e^{-x}$.

4. 一曲线通过点(2,3),它在两坐标轴间的任意切线段均被切点所平分,求此曲线方程.

[B]

1. 填空题

(1) 微分方程 $(y''')^3-y'+xy^3+3=0$ 的阶数是________.

(2) 一阶线性微分方程 $y'-2xy=6x$,满足 $y(0)=2$ 特解为________.

(3) 若 $f(x)$ 满足方程 $f(x)+2\int_0^x f(x)dx=x^2$,则 $f(x)=$________.

(4) 微分方程 $\cos y\cdot y'+\cos x\cdot\sin y=e^{-\sin x}$ 的通解为________.

(5) 微分方程 $y'-3xy=xy^2$ 的通解为________.

(6) 设 $y=y(x)$ 满足方程 $y''=x$,且与抛物线 $y=x^2$ 在点(1,1)处相切,则 $y=y(x)=$________.

2. 选择题

(1) 微分方程 $y''-9y=0$ 的通解为(　　).

A. $y=C_1+C_2e^{9x}$；　　B. $y=C_1+C_2e^{-9x}$；

C. $y=C_1e^{3x}+C_2e^{-3x}$； D. $y=C_1\cos3x+C_2\sin3x$.

(2) 微分方程$(1-x^2)y-xy'=0$的通解$y=$(　　).

A. $C\sqrt{1-x^2}$； B. $\frac{C}{\sqrt{1-x^2}}$；

C. $Cxe^{-\frac{1}{2}x^2}$； D. $\frac{1}{x}-\frac{1}{2}x^2+C$.

(3) 微分方程$y'=\frac{x^2y}{x^3+y^3}$是(　　).

A. 齐次方程； B. 可分离变量的方程；

C. 一阶线性微分方程； D. 伯努利方程.

(4) 若用代换$y=z^m$可将微分方程$y'=ax^\alpha+by^\beta$化为一阶齐次方程，则α和β应满足的条件是(　　).

A. $\frac{1}{\beta}-\frac{1}{\alpha}=1$； B. $\frac{1}{\beta}+\frac{1}{\alpha}=1$；

C. $\frac{1}{\alpha}-\frac{1}{\beta}=1$； D. $-\frac{1}{\beta}-\frac{1}{\alpha}=1$.

(5) 若$y=y(x)$是方程$x^2y'+2xy=1$的满足条件$y|_{x=1}=0$的解，则$\int_1^2y(x)\mathrm{d}x=$(　　).

A. $\ln2+\frac{1}{2}$； B. $-\ln2-\frac{1}{2}$；

C. $-\ln2+\frac{1}{2}$； D. $\ln2-\frac{1}{2}$.

3. 求微分方程$y''-\frac{2x}{1+x^2}y'=0$满足条件$y|_{x=0}=1, y'|_{x=0}=3$的解.

4. 求微分方程$xy'+y=xy^3$的通解.

5. 设$\int_0^x f(t)\mathrm{d}t=f(x)-3x$，求$f(x)$.

6. 用多种解法求下列微分方程的通解：

(1) $y'=\frac{1}{x-y}$； (2) $y'=e^{x+y}$；

(3) $y'-y\sin x-\sin x=0$； (4) $y''+y'=e^x$.

课外学习8

1. 在线学习

网上课堂：(1)什么是微分方程(网页链接及二维码见对应配套电子课件)

(2)怎样学习数学建模(网页链接及二维码见对应配套电子课件)

2. 阅读与写作

(1)阅读本章“数学文摘：微积分学的回顾”及“对数学未来的思考——我们依然站在不断扩展的地平线的门口”.

(2)撰写小论文，题目：高等数学在专业理论和实践中的应用(举出1～2个实例).

附　　录

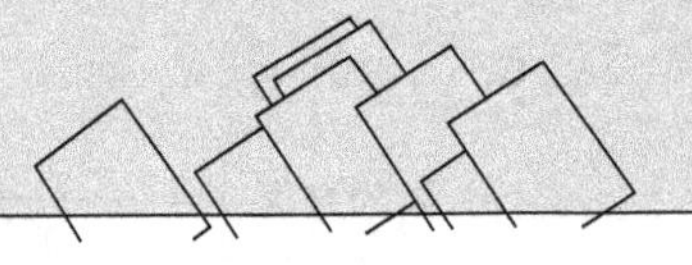

附录A　常用数学公式

一、乘法与因式分解公式

(1) $(a\pm b)^2=a^2\pm 2ab+b^2$

(2) $(a\pm b)^3=a^3\pm 3a^2b+3ab^2\pm b^3$

(3) $a^2-b^2=(a-b)(a+b)$

(4) $a^3\pm b^3=(a\pm b)(a^2\mp ab+b^2)$

(5) $a^n-b^n=(a-b)(a^{n-1}+a^{n-2}b+a^{n-3}b^2+\cdots+ab^{n-2}+b^{n-1})$　(n为正整数)

(6) $a^n+b^n=(a+b)(a^{n-1}-a^{n-2}b+a^{n-3}b^2-\cdots-ab^{n-2}+b^{n-1})$　(n为奇数)

二、三角不等式

(1) $|a+b|\leqslant|a|+|b|$

(2) $|a-b|\leqslant|a|+|b|$

(3) $|a-b|\geqslant|a|-|b|$

(4) $-|a|\leqslant a\leqslant|a|$

(5) $|a|\leqslant b\Leftrightarrow -b\leqslant a\leqslant b$　($b\geqslant 0$)

三、一元二次方程 $ax^2+bx+c=0$ 的解

(1) $x_1=\dfrac{-b+\sqrt{b^2-4ac}}{2a}$，　$x_2=\dfrac{-b-\sqrt{b^2-4ac}}{2a}$

(2) 根与系数的关系(韦达定理)：$x_1+x_2=-\dfrac{b}{a}$，$x_1x_2=\dfrac{c}{a}$

(3) 判别式：$b^2-4ac\begin{cases}>0 & \text{方程有相异的两个实根}\\ =0 & \text{方程有相等的两个实根}\\ <0 & \text{方程有共轭复数根}\end{cases}$

四、某些数列的前 n 项和

(1) $1+2+3+\cdots+n=\dfrac{n(n+1)}{2}$

(2) $1+3+5+\cdots+(2n-1)=n^2$

(3) $2+4+6+\cdots+2n=n(n+1)$

(4) $1^2+2^2+3^2+\cdots+n^2=\frac{n(n+1)(2n+1)}{6}$

(5) $1^2+3^2+5^2+\cdots+(2n-1)^2=\frac{n(4n^2-1)}{3}$

(6) $1^3+2^3+3^3+\cdots+n^3=\frac{n^2(n+1)^2}{4}$

(7) $1^3+3^3+5^3+\cdots+(2n-1)^3=n^2(2n^2-1)$

(8) $1\times2+2\times3+\cdots+n(n+1)=\frac{n(n+1)(n+2)}{3}$

(9) $a+(a+d)+(a+2d)+\cdots+[a+(n-1)d]=n\left(a+\frac{n-1}{2}d\right)$

(10) $a+aq+aq^2+\cdots+aq^{n-1}=\frac{a(1-q^n)}{1-q}$ $(q\neq1)$

五、二项式展开公式

$$(a+b)^n=a^n+na^{n-1}b+\frac{n(n-1)}{2!}a^{n-2}b^2+\frac{n(n-1)(n-2)}{3!}a^{n-3}b^3+\cdots+\frac{n(n-1)\cdots(n-k+1)}{k!}a^{n-k}b^k+\cdots+b^n$$

六、三角函数公式

1. 平方公式

(1) $\sin^2\alpha+\cos^2\alpha=1$

(2) $\sec^2\alpha=\tan^2\alpha+1$

(3) $\csc^2\alpha=\cot^2\alpha+1$

2. 两角和公式

(1) $\sin(\alpha\pm\beta)=\sin\alpha\cos\beta\pm\cos\alpha\sin\beta$

(2) $\cos(\alpha\pm\beta)=\cos\alpha\cos\beta\mp\sin\alpha\sin\beta$

(3) $\tan(\alpha\pm\beta)=\frac{\tan\alpha\pm\tan\beta}{1\mp\tan\alpha\tan\beta}$

(4) $\cot(\alpha\pm\beta)=\frac{\cot\alpha\cot\beta\mp1}{\cot\beta\pm\cot\alpha}$

3. 倍角公式

(1) $\sin2\alpha=2\sin\alpha\cos\alpha$

(2) $\cos2\alpha=\cos^2\alpha-\sin^2\alpha=2\cos^2\alpha-1=1-2\sin^2\alpha$

(3) $\tan2\alpha=\frac{2\tan\alpha}{1-\tan^2\alpha}$

(4) $\cot2\alpha=\frac{\cot^2\alpha-1}{2\cot\alpha}$

4. 半角公式

(1) $\sin\frac{\alpha}{2}=\pm\sqrt{\frac{1-\cos\alpha}{2}}$

(2) $\cos\frac{\alpha}{2}=\pm\sqrt{\frac{1+\cos\alpha}{2}}$

(3) $\tan\frac{\alpha}{2}=\pm\sqrt{\frac{1-\cos\alpha}{1+\cos\alpha}}=\frac{1-\cos\alpha}{\sin\alpha}=\frac{\sin\alpha}{1+\cos\alpha}$

(4) $\cot\frac{\alpha}{2}=\pm\sqrt{\frac{1+\cos\alpha}{1-\cos\alpha}}=\frac{\sin\alpha}{1-\cos\alpha}=\frac{1+\cos\alpha}{\sin\alpha}$

5. 积化和差与和差化积

(1) $2\sin\alpha\cos\beta=\sin(\alpha+\beta)+\sin(\alpha-\beta)$

(2) $2\cos\alpha\sin\beta=\sin(\alpha+\beta)-\sin(\alpha-\beta)$

(3) $2\cos\alpha\cos\beta=\cos(\alpha+\beta)+\cos(\alpha-\beta)$

(4) $-2\sin\alpha\sin\beta=\cos(\alpha+\beta)-\cos(\alpha-\beta)$

(5) $\sin\alpha+\sin\beta=2\sin\frac{\alpha+\beta}{2}\cos\frac{\alpha-\beta}{2}$

(6) $\sin\alpha-\sin\beta=2\cos\frac{\alpha+\beta}{2}\sin\frac{\alpha-\beta}{2}$

(7) $\cos\alpha+\cos\beta=2\cos\frac{\alpha+\beta}{2}\cos\frac{\alpha-\beta}{2}$

(8) $\cos\alpha-\cos\beta=-2\sin\frac{\alpha+\beta}{2}\sin\frac{\alpha-\beta}{2}$

(9) $\tan\alpha\pm\tan\beta=\frac{\sin(\alpha\pm\beta)}{\cos\alpha\cos\beta}$

(10) $\cot\alpha\pm\cot\beta=\pm\frac{\sin(\alpha+\beta)}{\sin\alpha\sin\beta}$

七、导数与微分

1. 求导与微分法则

(1) $(C)'=0$，$\mathrm{d}C=0$

(2) $(Cv)'=Cv'$，$\mathrm{d}(Cv)=C\mathrm{d}v$

(3) $(u\pm v)'=u'\pm v'$，$\mathrm{d}(u\pm v)=\mathrm{d}u\pm\mathrm{d}v$

(4) $(uv)'=u'v+uv'$，$\mathrm{d}(uv)=v\mathrm{d}u+u\mathrm{d}v$

(5) $\left(\frac{u}{v}\right)'=\frac{vu'-uv'}{v^2}$，$\mathrm{d}\left(\frac{u}{v}\right)=\frac{v\mathrm{d}u-u\mathrm{d}v}{v^2}$

2. 导数及微分公式

(1) $(x^n)'=nx^{n-1}$，$\mathrm{d}(x^n)=nx^{n-1}\mathrm{d}x$

特别地，$(\sqrt{x})'=\frac{1}{2\sqrt{x}}$，$\mathrm{d}(\sqrt{x})=\frac{\mathrm{d}x}{2\sqrt{x}}$

(2) $(\ln x)'=\frac{1}{x}$，$\mathrm{d}(\ln x)=\frac{\mathrm{d}x}{x}$

$(\log_a x)'=\frac{1}{x\ln a}$，$\mathrm{d}(\log_a x)=\frac{\mathrm{d}x}{x\ln a}$ $(a>0,a\neq1)$

(3) $(\mathrm{e}^x)'=\mathrm{e}^x$，$\mathrm{d}(\mathrm{e}^x)=\mathrm{e}^x\mathrm{d}x$

$(a^x)'=a^x\ln a$，$\mathrm{d}(a^x)=a^x\ln a\mathrm{d}x$ $(a>0,a\neq1)$

(4) $(\sin x)'=\cos x$，$\mathrm{d}(\sin x)=\cos x\mathrm{d}x$

(5) $(\cos x)'=-\sin x$，$\mathrm{d}(\cos x)=-\sin x\mathrm{d}x$

(6) $(\tan x)'=\sec^2 x$，$\mathrm{d}(\tan x)=\sec^2 x\mathrm{d}x$

(7) $(\cot x)'=-\csc^2 x$，$\mathrm{d}(\cot x)=-\csc^2 x\mathrm{d}x$

(8) $(\sec x)'=\sec x\tan x$，$\mathrm{d}(\sec x)=\sec x\tan x\mathrm{d}x$

(9) $(\csc x)'=-\csc x\cot x$，$\mathrm{d}(\csc x)=-\csc x\cot x\mathrm{d}x$

(10) $(\arcsin x)'=\frac{1}{\sqrt{1-x^2}}$，$\mathrm{d}(\arcsin x)=\frac{\mathrm{d}x}{\sqrt{1-x^2}}$

(11) $(\arccos x)'=-\frac{1}{\sqrt{1-x^2}}$, $d(\arccos x)=-\frac{dx}{\sqrt{1-x^2}}$

(12) $(\arctan x)'=\frac{1}{1+x^2}$, $d(\arctan x)=\frac{dx}{1+x^2}$

(13) $(\text{arccot} x)'=-\frac{1}{1+x^2}$, $d(\text{arccot} x)=-\frac{dx}{1+x^2}$

八、不定积分表(基本积分)

(1) $\int dx = x+C$

(2) $\int x^\alpha dx = \frac{x^{\alpha+1}}{\alpha+1}+C\ (\alpha\neq -1)$

(3) $\int \frac{dx}{x} = \ln|x|+C$

(4) $\int \frac{dx}{a^2+x^2} = \frac{1}{a}\arctan\frac{x}{a}+C$

(5) $\int \frac{dx}{x^2-a^2} = \frac{1}{2a}\ln\left|\frac{x-a}{x+a}\right|+C$

(6) $\int \frac{dx}{(x+a)(x+b)} = \frac{1}{b-a}\ln\left|\frac{x+a}{x+b}\right|+C$

(7) $\int \frac{dx}{\sqrt{a^2-x^2}} = \arcsin\frac{x}{a}+C$

(8) $\int e^x dx = e^x+C$

(9) $\int a^x dx = \frac{a^x}{\ln a}+C$

(10) $\int \sin x dx = -\cos x+C$

(11) $\int \cos x dx = |\sin x|+C$

(12) $\int \tan x dx = -\ln|\cos x|+C$

(13) $\int \cot x dx = \ln|\sin x|+C$

(14) $\int \sec^2 x dx = \int \frac{dx}{\cos^2 x} = \tan x+C$

(15) $\int \csc^2 x dx = \int \frac{dx}{\sin^2 x} = -\cot x+C$

(16) $\int \sec x dx = \int \frac{dx}{\cos x} = \ln|\sec x+\tan x|+C = \frac{1}{2}\ln\left|\frac{1+\sin x}{1-\sin x}\right|+C$

(17) $\int \csc x dx = \int \frac{dx}{\sin x} = \ln|\csc x-\cot x|+C = \ln\left|\tan\frac{x}{2}\right|+C$

(18) $\int \sec x\tan x dx = \sec x+C$

(19) $\int \csc x\cot x dx = -\csc x+C$

(20) $\int \frac{dx}{x\sqrt{x^2-a^2}} = \frac{1}{a}\text{arcsec}\frac{x}{a}+C$

附录 B　数学文化与背景知识索引

第 1 章

附录C　习题参考答案

第1章

习题1-1

1. (1) $(-\infty,-3)\cup(-3,1)\cup(1,2)\cup(2,+\infty)$;
   (2) $[-1,+\infty)$;　(3) $(-\infty,-1)\cup(1,+\infty)$;
   (4) $[-2,-1)\cup(-1,1)\cup(1,2]$;　(5) $(1,e)\cup(e,+\infty)$;
   (6) $[-2,2]$;　(7) $[2,+\infty)$;
   (8) $[-1,2]$;　(9) $(3,4)\cup(6,7)$.
2. $(-1,2)$
3. 图略，$f(5)=2,f(-2)=4$.
4. $f(x)=2x-4x^3$.
5. $f(x)=x^2-2$.
6. (1) $y=\dfrac{1}{\sqrt{x}}$;　(2) $y=\dfrac{1-x}{1+x}$;　(3) $y=\ln(x+\sqrt{x^2+1})$.
7. $f(x)=\begin{cases}x^2+1 & x>0\\ 0 & x=0\\ -(x^2+1) & x<0\end{cases}$,图略.
8. (1)奇;　(2)奇;　(3)奇;　(4)偶;　(5)奇.
9. (1) 4π;　(2) $\dfrac{2}{3}\pi$;　(3) π.
10. $\dfrac{x-1}{x}$.
11. (1) $y=w^3,w=1-x$;
    (2) $y=w^2,w=\sin x$;
    (3) $y=e^w,w=\sqrt{v},v=2+x^2$;
    (4) $y=\ln w,w=\arcsin v,v=\dfrac{1}{1+x}$;
    (5) $y=\arcsin w,w=\sqrt{v},v=\cos x$;
    (6) $y=\ln w,w=\ln x$;
    (7) $y=w^3,w=\tan v,v=e^t,t=3x$;
    (8) $y=\arctan w,w=\sqrt{v},v=\ln t,t=1+x^2$.

习题1-2

1. (1)不存在;　(2)不存在;　(3)不存在;　(4)存在.
2. (1) 1;　(2) $-\dfrac{2}{3}$;　(3) $-\dfrac{\sqrt{3}}{9}$;　(4) $\dfrac{1}{2}$;

(5) $3x^2$； (6) $\frac{3}{2}$； (7) 4； (8) 1；

(9) $\frac{2\sqrt{2}}{3}$； (10) $\frac{\sqrt{2}}{2}$； (11) 3； (12) 0；

(13) 3； (14) $\frac{1}{5}$； (15) 1； (16) $-\frac{1}{2}$；

(17) $\frac{3}{2}$.

3. (1) $\frac{2}{3}$； (2) 1； (3) x； (4) 0；

(5) 8； (6) -6； (7) $\frac{1}{2}$； (8) e；

(9) e^6； (10) $e^{-\frac{5}{2}}$； (11) e^{-6}； (12) e^{-1}；

(13) 1； (14) e； (15) e^{-2}； (16) e^{-6}；

(17) e.

4. (1) 同阶无穷小； (2) 同阶无穷小；

(3) 高阶无穷小； (4) 同阶无穷小；

(5) 等价无穷小.

习题 1－3

1. $a=-1$.

2. (1) 补充 $f(0)=\frac{1}{2}$； (2) 补充 $f(0)=8$.

3. (1) $\frac{3\sqrt{2}}{4}$； (2) $\frac{\pi}{6}$； (3) 2； (4) $-\frac{\pi}{4}$；

(5) $-\sqrt{2}$； (6) 1； (7) e^{12}.

4. 略 5. 略 6. 略

习题 1－4

1. $a=1,b=1$.

2. $a=6,b=0$.

3. 三阶.

4. (1)e； (2)e.

5. 不存在.

6. (1)4； (2)0； (3)存在，1.

7. (1)$\frac{3}{2}$； (2)2； (3)$\frac{1}{2}$； (4)2；

(5)9； (6)$\frac{1}{3}$； (7)1； (8)2；

(9)$\frac{1}{8}$； (10)6； (11)-2； (12)-3；

(13)$\frac{1}{405}$.

8. $a=1$.

9. (1) $x=0$,可去间断点.

(2) $x=0$,可去间断点.

(3) $x=2$,可去间断点;$x=-2$,无穷间断点.

(4) $x=0$,跳跃间断点.

(5) $x=0$,跳跃间断点.

(6) $x=0$,无穷间断点;$x=1$,跳跃间断点.

(7) $x=0$,跳跃间断点.

复习题1[A]

1. (1)$\{x|-4<x<1\}$;　(2)x;　(3)$\frac{1}{4}$;

(4)1;　(5)$\frac{4}{3}$;　(6)2;　(7)同阶;

(8)$\frac{3}{2}$.

2. (1)A;　(2)B;　(3)C;　(4)C;

(5)C.

3. (1)$\frac{8}{3}$;　(2)-2;　(3)3;　(4)$\frac{1}{3}$;

(5)$\frac{1}{3}$;　(6)$\sqrt{2}$;　(7)9;　(8)$\frac{2}{3}$;

(9)$\frac{1}{2}$;　(10)e^{-9}.

4. 略.

复习题1[B]

1. (1)$x^2+6x+15$;　(2)2;　(3)2;　(4)-3;

(5)e^{-2};　(6)e^4;　(7)4;　(8)1;

(9)一,可去.

2. (1)C;　(2)C;　(3)D;　(4)D;

(5)A;　(6)C;　(7)B.

3. (1)e;　(2)3;　(3)$\frac{1}{2}$;　(4)$(\ln2-\ln3)^2$;

(5)$\frac{1}{2}$;　(6)e^3;　(7)6;　(8)$\frac{1}{2}$;

(9)$\frac{1}{2}$;　(10)$\frac{1}{3}$.

4. $a=2,b=\frac{1}{4}$.

5. $f(x)=x^2-2x$.

6. 略.

7. $x=\pm1$,跳跃间断点.

第2章

习题2-1

1. (1) $-f'(x_0)$； (2)$2f'(x_0)$； (3)$5f'(x_0)$.

2. $f'(x)=-\sin x$.

3. $4x+4\sqrt{2}y-4-\pi=0$.

习题2-2

1. (1) $4x^3$； (2) $\frac{5}{7\sqrt[7]{x^2}}$； (3)$-\frac{2}{3x\sqrt[3]{x^2}}$； (4) $\frac{-2}{x^3}$；

   (5) $\frac{22}{9}x\sqrt[9]{x^4}$.

2. (1) $y'=5x^4-\frac{3}{x^4}$； (2) $y'=1-\frac{1}{x^2}$；

   (3) $y'=\frac{28}{3}\sqrt[3]{x}+\frac{55}{6\sqrt[6]{x}}+\frac{4}{3\sqrt[3]{x^2}}$；

   (4) $y'=5x^4+5^x\ln 5$； (5) $y'=\frac{x-1}{2x\sqrt{x}}$；

   (6) $y'=-x\sin x$； (7) $y'=\tan x+x\sec^2 x-2\sec x\tan x$；

   (8) $y'=\cos 2x$； (9) $y'=xe^x$；

   (10) $y'=2x\ln x+5x$； (11) $y'=\frac{-2}{x(1+\ln x)^2}$；

   (12) $y'=\frac{e^x}{(e^x+1)^2}$； (13) $y'=\frac{1-x^2}{(x^2+1)^2}$；

   (14) $y'=\frac{1}{1+\cos x}$； (15) $y'=\frac{-\csc x}{1+\csc x}$ $\left(或\ y'=\frac{-1}{1+\sin x}\right)$；

   (16) $y'=\frac{-2\sec^2 x}{(1+\tan x)^2}$ $\left(或\ y'=\frac{-2}{1+\sin 2x}\right)$.

3. $-\frac{1}{18}$. 4. 0.

5. (1)$-\frac{15}{4}$； (2)$-4\frac{1}{8}$； (3)$\frac{31}{2}$.

6. 切线:$7x-y-4=0$,法线:$x+7y-22=0$.

7. 切线:$x-2y+\sqrt{3}-\frac{\pi}{3}=0$,法线:$x+\frac{1}{2}y-\frac{\sqrt{3}}{4}-\frac{\pi}{3}=0$.

8. $(\pm1,\pm1)$. 9. 9m/s.

习题2-3

1. (1) $y'=20(2x+1)^9$； (2) $y'=\frac{2}{\sqrt{4x+3}}$；

   (3) $y'=\frac{2x}{3\sqrt[3]{(1+x^2)^2}}$； (4)$y'=-\sin x e^{\cos x}$；

   (5) $y'=e^{\sqrt{\sin 2x}}\frac{\cos 2x}{\sqrt{\sin 2x}}$； (6) $y'=\frac{1}{x^2}\sin\frac{1}{x}$；

(7) $y'=\frac{1}{2}\sin x$;　(8) $y'=\frac{1}{x\ln x\ln(\ln x)}$;

(9) $y'=\frac{1}{x\sqrt{\ln(3x^2)}}$;　(10) $y'=4e^{2x}\tan(e^{2x})\sec^2(e^{2x})$;

(11) $y'=\frac{3}{x}\sec^3(\ln x)\tan(\ln x)$;

(12) $y'=-\sec x$;　(13) $y'=\frac{1}{\sin x}$;

(14) $y'=\frac{1}{\sqrt{1-x^2}\arcsin\sqrt{1-x^2}}$ 或 $y'=\frac{-1}{\sqrt{1-x^2}\arcsin\sqrt{1-x^2}}$;

(15) $y'=\frac{2x}{1+x^4}$;　(16) $y'=\frac{\cos x}{2\sqrt{\sin x-\sin^2 x}}$.

2. $\frac{1}{8}$.

3. $\frac{dy}{dx}=\sin 2x$.

4. (1) $y'=-2\cos x\sin 3x$;　(2) $y'=\frac{1}{(1+x^2)^{\frac{3}{2}}}$;　(3) $y'=\sin^2(\ln x)+\sin(2\ln x)$;

(4) $y'=4\cos 4x\cos 5x-5\sin 4x\sin 5x$ $\left(或\ y'=\frac{9}{2}\cos 9x-\frac{1}{2}\cos x\right)$;

(5) $y'=\frac{2(1+\cos^2 x)}{\sin 2x}$;　(6) $y'=\frac{3}{8}\sin 2x\sin 4x$;　(7) $y'=-\sin 4x$;

(8) $y'=\frac{2x^2}{1-x^4}$;　(9) $y'=\frac{3+2x^2}{2\sqrt{1+x^2}}$;　(10) $y'=\arctan x$.

5. (1) $y'=\frac{1+y}{2y-x}$;　(2) $y'=\frac{y}{1-y}$;　(3) $y'=-\frac{e^y}{xe^y+1}$;

(4) $y'=\frac{3x^2-\sin(x+y)}{\sin(x+y)-3y^2}$;　(5) $y'=-\frac{(2x^2+1)y}{(y+1)x}$;　(6) $y'=\frac{y+x}{x-y}$;

(7) $y'=\frac{(y-xy-x\ln y)y}{x(xy+x-y\ln x)}$;　(8) $y'=\frac{\cos y-\cos(x+y)}{\cos(x+y)+x\sin y}$;　(9) $y'=\frac{2y}{2y-1}$;

(10) $y'=-\frac{1-2xy\sin(x^2y)}{x^2\sin(x^2y)}$;　(11) $y'=\frac{2x}{2y-e^y-ye^y}$.

6. 切线：$2x+\sqrt{3}y-4=0$，法线：$2\sqrt{3}x-4y+3\sqrt{3}=0$.

7. (1) $y'=\frac{(2x-1)\sqrt[3]{x^3+1}}{(x+7)^5\sin x}\left(\frac{2}{2x-1}+\frac{x^2}{x^3+1}-\frac{5}{x+7}-\cot x\right)$;

(2) $y'=(\ln x)^x\left[\ln(\ln x)+\frac{1}{\ln x}\right]$;　(3) $y'=\left(\frac{x}{1+x}\right)^x\left[\ln\frac{x}{1+x}+\frac{1}{1+x}\right]$;

(4) $y'=\frac{(x\ln y-y)y}{(y\ln x-x)x}$.

8. (1) $\frac{dy}{dx}=\frac{4t}{1+2t}$;　(2) $\frac{dy}{dx}=\frac{\cos t-t\sin t}{\sin t+t\cos t}$;　(3) $\frac{dy}{dx}=2t$;

(4) $\frac{dy}{dx}=-\tan t$;　(5) $\frac{dy}{dx}=-\sqrt{\frac{1}{t}-1}$;　(6) $\frac{dy}{dx}=\frac{2t+t^2}{1+t}$;

(7) $\frac{dy}{dx}=\frac{1}{2}\sin t$；　(8) $\frac{dy}{dx}=-\frac{1}{4}\csc\frac{t}{2}$.

9. 切线：$x-2y+2=0$，法线：$2x+y-11=0$.

10. (1) $y''=6x+6$；　(2) $y''=2\sec^2 x\tan x$；

(3) $y''=-\sec^2 x$；　(4) $y''=2+\frac{1}{x^2}$；

(5) $y''=6xe^{x^2}+4x^3e^{x^2}$；

(6) $y''=2\sec^2 x\tan x+2x\sec^4 x+4x\sec^2 x\tan^2 x$；

(7) $y''=-2\sin x-x\cos x$；　(8) $y''=-2e^{-x}\cos x$；

(9) $y''=\frac{2-2x^2}{(1+x^2)^2}$；　(10) $y''=\frac{1}{(1+x^2)\sqrt{1+x^2}}$；

(11) $y''=6x\ln x+5x$.

11. (1) $y^{(n)}=3^n e^{3x-2}$；　(2) $y^{(n)}=(n+x)e^x$；

(3) $y^{(n)}=2\times(-1)^{n+1}n!\ (1+x)^{-(n+1)}$；

(4) $y^{(n)}=\begin{cases}(-1)^{n-2}(n-2)!\cdot\frac{1}{x^{n-1}} & n>1\\ \ln x+1 & n=1\end{cases}$.

习题 2-4

1. $\Delta y=0.0302, dy=0.03$.

2. $dy\Big|_{x=1,\Delta x=0.2}=0.05$.

3. (1) $dy=(\sin x+x\cos x)dx$；　(2) $dy=\frac{1}{(1+x)^2}dx$；

(3) $dy=-2x\sin x^2 dx$；　(4) $dy=-\frac{x}{(1+x^2)\sqrt{1+x^2}}dx$.

4. (1) 5.002；　(2) 0.8747；　(3) 0.7869.

5. 3.14cm^2.

6. 3%.

7. 0.4%.

习题 2-5

1. $f'(0)=10!$.

2. $a=2$, $b=1$.

3. $f'(x)=\begin{cases}2x\sin\frac{1}{x}-\cos\frac{1}{x} & x\neq 0\\ 0 & x=0\end{cases}$.

4. 4.

5. $e^{\frac{f'(1)}{f(1)}}$.

6. $f'(x)=\frac{1}{1+\cos x}$ $\left(或\frac{1}{2}\sec^2\frac{x}{2}\right)$.

7. $f'(1)=5\mathrm{e}^3$.

8. $\frac{\mathrm{d}y}{\mathrm{d}x}=1$.

9. $f'(1)=\frac{1}{3}$.

10. 略.

11. $f''(x)=\frac{x}{\sqrt{1-x^2}}$.

12. $y^{(7)}=7!$.

13. (1) $y^{(n)}=-4^{n-1}\sin\left[4x+(n-1)\frac{\pi}{2}\right]$;

(2) $y^{(n)}=\frac{(-1)^n n!}{3}\left[\frac{1}{(x+1)^{n+1}}-\frac{1}{(x-2)^{n+1}}\right]$;

(3) $y^{(n)}=(-1)^{n-1}(n-1)!\left[\frac{1}{(x+1)^n}+\frac{1}{(x+2)^n}\right]$.

复习题 2[A]

1. (1) 1; (2) $x-2y+1=0$; (3) $2^x(\ln 2)^3$; (4) $-\frac{1}{4}$; (5) $\frac{1}{2t}$; (6) $-\frac{2}{x^3}\mathrm{d}x$;

(7) $20!\ \mathrm{e}^{30}$; (8) $\frac{1}{2},\frac{17}{9},\frac{31}{2},-\frac{3}{4},\frac{12}{5}$.

2. (1) C;　(2) D;　(3) D;　(4) D;　(5) C;　(6) B.

3. $f'(1)=\frac{4}{3}$.

4. (1) $y''=\frac{2}{(1+x^2)^2}$;　　(2) $y''=\frac{1}{\sqrt{1+x^2}}$.

5. $900\pi\mathrm{cm}^3$.

复习题 2[B]

1. (1) $\sqrt{3}$; (2) -1; (3) $a=\frac{1}{2}$; (4) $-\frac{1}{4}$; (5) $y''=\frac{4x^3}{\sqrt{1-x^4}}$; (6) $a=1$, $b=0$;

(7) $\frac{-6!}{(x-1)^7}$.

2. (1) B; (2) C; (3) A; (4) C; (5) D; (6) D.

3. $f'(0)=1$.　　4. -1.

5. (1) $y^{(n)}=(-1)^n n!\left[\frac{1}{(x+1)^{n+1}}+\frac{1}{(x-1)^{n+1}}\right]$;

(2) $y^{(n)}=-2^{n-1}\sin\left(2x+\frac{(n-1)\pi}{2}\right)$;

(3) $y^{(n)}=\frac{3}{2}(-1)^n n!\left[\frac{1}{(x-1)^{n+1}}-\frac{1}{(x+1)^{n+1}}\right]$.

第3章

习题3-1

1. 略.

2. (1) $\left(-\infty,\ \frac{1}{2}\right)$单增，$\left(\frac{1}{2},\ +\infty\right)$单减；(2) $(-\infty,-1)\cup(0,1)$单减，$(-1,0)\cup(1,+\infty)$单增；(3) $(-\infty,-2)\cup(0,+\infty)$单增，$(-2,-1)\cup(-1,0)$单减；(4) $\left(0,\ \frac{1}{2}\right)$单减，$\left(\frac{1}{2},+\infty\right)$单增；(5) $(2,3)$单增，$(3,4)$单减；(6) $\left(0,\frac{1}{e}\right)$单减，$\left(\frac{1}{e},+\infty\right)$单增；(7) $(-\infty,-1)\cup(-1,+\infty)$单减；(8) $\left(-\infty,\ \frac{1}{2}\right)$单减，$\left(\frac{1}{2},+\infty\right)$单增.

3. 略.

习题3-2

1. (1) 极小值：$y(-1)=-1$，极大值：$y(1)=1$；(2)极小值：$y(2)=-8$，极大值：$y(0)=0$；(3) 极小值：$y(-1)=-\frac{1}{e}$；　(4) 极大值；$y(1)=\frac{\pi}{4}-\frac{1}{2}\ln 2$；
(5) 极小值：$y(3)=0$，极大值：$y\left(\frac{13}{5}\right)=\frac{108}{3125}$；　(6) 极小值：$y\left(\frac{1}{e^2}\right)=-\frac{2}{e}$；
(7) 极大值：$y(e)=\frac{1}{e}$；　(8)极小值：$y(1)=1-\ln 3$，极大值：$y(0)=0$.

2. (1) 最小值：$y(4)=-15$，最大值：$y(1)=12$；　(2) 最小值：$y(5)=2$，最大值：$y(2)=5$；
(3) 最小值：$y(0)=0$，最大值：$y(1)=\frac{1}{e}$.

3. 两数都为5.

4. $\frac{20\sqrt{3}}{3}$cm.

5. 长为4cm，宽为4cm.

6. 底边为6m，高为4m.

7. $\sqrt[3]{\frac{300}{\pi}}$cm.

8. $\frac{7-\sqrt{13}}{3}$.

9. 在河边距离甲$\left(50-\frac{100}{\sqrt{6}}\right)$km处.

10. 分成的两段长分别为$x=\frac{800}{\pi+4}$，$y=\frac{200\pi}{\pi+4}$.

习题3-3

1. (1)凹区间为：$(1,+\infty)$，凸区间为：$(-\infty,1)$，拐点为$(1,-2)$；
(2) 凹区间为：$(-\infty,0)$，凸区间为：$(0,+\infty)$，拐点为$(0,0)$；
(3) 凹区间为：$\left(-\infty,1-\frac{\sqrt{2}}{2}\right)\cup\left(1+\frac{\sqrt{2}}{2},+\infty\right)$，凸区间为：$\left(1-\frac{\sqrt{2}}{2},1+\frac{\sqrt{2}}{2}\right)$，拐点为

$\left(1\pm\frac{\sqrt{2}}{2},e^{\frac{1}{2}}\right)$；

(4) 凹区间为：$(1,+\infty)$，凸区间为：$(-\infty,1)$，拐点为$(1,e^{-2})$；

(5) 凹区间为：$(-1,0)\cup(1,+\infty)$，凸区间为：$(-\infty,-1)\cup(0,1)$，拐点为$(-1,7)$，$(0,0)$，$(1,-7)$；

(6) 凹区间为：$(-\infty,-1)\cup(1,+\infty)$，凸区间为：$(-1,1)$，拐点为$(\pm1,-5)$；

(7) 凹区间为：$(0,+\infty)$；

(8) 凹区间为：$\left(\frac{1}{2},+\infty\right)$，凸区间为：$\left(0,\frac{1}{2}\right)$，拐点为$\left(\frac{1}{2},\frac{1}{2}-\ln2\right)$.

2. $a=\frac{1}{2}$，$b=\frac{3}{2}$.

3. 略.

习题 3－4

(1) $\sec^2 a$；(2) 0；(3) $\ln a$；(4) 0；(5) $\frac{1}{2}$；(6) $\frac{1}{2}$；(7) $\frac{1}{6}$；(8) 2；(9) $-\frac{1}{3}$；(10) 3.

习题 3－5

1. 有 2 个实根，它们所在的区间为$(-1,0)$，$(0,1)$.

2. 略.

3. 略.

4. (1) $-\frac{1}{2}$；(2) $-\frac{1}{2}$；(3) 0；(4) $\frac{2}{\pi}$；(5) 1；(6) $\frac{1}{e}$.

5. 略.　6. 略.　7. 略.　8. 略.

9. $\left(\frac{\sqrt{2}}{2},\frac{\sqrt{2}}{2}\right)$.　10. 略.

复习题 3[A]

1. (1) $\frac{5}{2}$；(2) $(2,+\infty)$；(3) 0，−8；(4) 等于零，大于零或小于零；

(5) $(-2,+\infty)$；(6) $y=\frac{\pi}{4}$；(7) 1.

2. (1) D；(2) B；(3) B；(4) A；(5) C.

3. (1) $+\infty$；(2) 1.　4. 极大值 $y\left(\frac{3}{4}\right)=\frac{5}{4}$.

5. 距哨站 3km 处.　6. 略.

复习题 3[B]

1. (1) $(-1,1)$；(2) 大，$\frac{27}{e^3}$；(3) <；(4) $y=\pm x$；(5) 0，0.

2. (1) D；(2) B；(3) B；(4) A；(5) C.

3. $\frac{1}{2}$.　4. 略.　5. 略.　6. 略.

7. $-\frac{12}{25}\sqrt[3]{10}$.　8. 8cm.　9. 略.

第 4 章

习题 4-1

(1) $\frac{3}{2}x^{\frac{2}{3}}+C$； (2) $\frac{3}{16}x^{\frac{16}{3}}+C$； (3) $x+\frac{4}{3}x^{\frac{3}{2}}+\frac{1}{2}x^2+C$；

(4) $\frac{2}{3}x^{\frac{3}{2}}-\frac{2}{5}x^{\frac{5}{2}}+C$； (5) $\frac{6}{13}x^{\frac{13}{6}}-\frac{6}{7}x^{\frac{7}{6}}+C$； (6) $\frac{4}{7}x^{\frac{7}{4}}+4x^{-\frac{1}{4}}+C$；

(7) $\frac{6}{7}x^{\frac{7}{6}}-\frac{4}{3}x^{\frac{3}{4}}+C$； (8) $2x^2-4\sqrt{x}+C$； (9) $\frac{2}{5}x^{\frac{5}{2}}+x+C$；

(10) $\frac{1}{4}x^4-10x+5\ln|x|+C$； (11) $\frac{(2\mathrm{e})^x}{\ln 2+1}+C$； (12) $\frac{3^{x+4}}{\ln 3}+C$；

(13) $2x-\frac{5\times 2^x}{3^x(\ln 2-\ln 3)}+C$； (14) $\mathrm{e}^x-2\sqrt{x}+C$； (15) $-\frac{1}{3^x\ln 3}-2\sqrt{x}+C$；

(16) $x-\arctan x+C$； (17) $\ln x+\arctan x+C$； (18) $\frac{1}{3}x^3-x+2\arctan x+C$；

(19) $2\arctan x-x+C$； (20) $\arctan x-\frac{1}{x}-x+C$； (21) $\arctan x-\frac{1}{x}+C$；

(22) $\arcsin x+C$； (23) $-4\cot x+C$； (24) $\tan x-x+C$；

(25) $-\cos x+3\arctan x-\frac{1}{2}\arcsin x+C$； (26) $\frac{1}{2}(\tan x+x)+C$；

(27) $-\cot x-2x+C$； (28) $\sin x+\cos x+C$； (29) $\sin x+\cos x+C$.

习题 4-2

1. (1) $\frac{2}{3}(3x+1)^{\frac{3}{2}}+C$； (2) $\frac{1}{18}(2x+1)^9+C$； (3) $-\frac{1}{5}\cos(5x+8)+C$；

(4) $\frac{3}{4}(x+5)^{\frac{4}{3}}+C$； (5) $x+\ln|x+1|+C$； (6) $\frac{1}{60}(5x^2+11)^6+C$；

(7) $\frac{1}{12}(4+2x^4)^{\frac{3}{2}}+C$； (8) $-\frac{1}{3}(1-x^2)^{\frac{3}{2}}+C$； (9) $\sqrt{1+x^2}+C$；

(10) $\mathrm{e}^{x^2}+C$； (11) $-\frac{1}{2(x^2+1)^2}+C$； (12) $2\mathrm{e}^{\sqrt{x}}+C$；

(13) $2\sin\sqrt{x}+C$； (14) $\frac{1}{4}\sin(2x^2-1)+C$； (15) $\ln\left|\frac{x}{x+1}\right|+C$；

(16) $\cos\frac{1}{x}+C$； (17) $\frac{1}{2}\ln|1+2\ln x|+C$； (18) $\arcsin(\ln x)+C$；

(19) $\ln|\mathrm{e}^x-\mathrm{e}^{-x}|+C$； (20) $\frac{1}{3}(\arctan x)^3+C$； (21) $3\mathrm{e}^{\sqrt[3]{x}+1}+C$；

(22) $\frac{1}{12}\ln\left|\frac{3+\mathrm{e}^{2x}}{3-\mathrm{e}^{2x}}\right|+C$； (23) $\arctan(\mathrm{e}^x)+C$； (24) $\mathrm{e}^{\mathrm{e}^x}+C$；

(25) $-\frac{1}{2(1+\sin x)^2}+C$； (26) $\frac{1}{2}\arcsin(x^2)+C$； (27) $\frac{1}{12}(x+3)^{12}-\frac{3}{11}(x+3)^{11}+C$；

(28) $-\frac{1}{110}(1-5x^2)^{11}+C$； (29) $\frac{1}{4}\sin 2x-\frac{1}{16}\sin 8x+C$； (30) $x+2\arctan(\mathrm{e}^x)+C$；

(31) $\frac{1}{3}\arcsin(x^3)+C$； (32) $-\cot x-\csc x-\sin x+C$；

(33) $\frac{1}{3}\sin^3x-\frac{2}{5}\sin^5x+\frac{1}{7}\sin^7x+C$；　(34) $\frac{1}{4}\cos2x-\frac{1}{8}\cos4x+C$；

(35) $\frac{2}{9}(1+x^3)^{\frac{3}{2}}+C$；　(36) $\ln|\arctan x|+C$.

2. (1) $\sqrt{2x+3}-\ln(2+\sqrt{2x+3})^2+C$；

(2) $\frac{6}{7}x\sqrt[6]{x}-\frac{6}{5}\sqrt[6]{x^5}+2\sqrt{x}-6\sqrt[6]{x}+6\arctan\sqrt[6]{x}+C$；　(3) $2\arctan\sqrt{x+1}+C$；

(4) $\frac{3}{2}\sqrt[3]{(1+x)^2}-3\sqrt[3]{x+1}+3\ln|\sqrt[3]{x+1}+1|+C$；

(5) $2\sqrt{x}-4\sqrt[4]{x}+4\ln(\sqrt[4]{x}+1)+C$；　(6) $2\sqrt{x-2}+\sqrt{2}\arctan\sqrt{\frac{x-2}{2}}+C$；

(7) $\frac{1}{2}\arcsin\frac{2x}{3}+\frac{1}{4}\sqrt{9-4x^2}+C$；　(8) $\sqrt{x^2-9}-3\arccos\frac{3}{x}+C$；

(9) $\frac{1}{2}\arccos\frac{2}{x}+C$；　(10) $\arccos\frac{1}{x}+\frac{\sqrt{x^2-1}}{x}+C$；

(11) $\frac{(x^2-4)\sqrt{x^2-4}}{12x^3}+C$；　(12) $\ln(\sqrt{1+x^2}-1)-\ln x+C$；

(13) $-\frac{\sqrt{1+x^2}}{x}+C$；　(14) $\frac{x}{a^2\sqrt{a^2+x^2}}+C$；

(15) $\frac{\sqrt{x^2-4}}{4x}+C$；　(16) $2\ln(\sqrt{1+e^x}-1)-x+C$；

(17) $-2\sqrt{\frac{1+x}{x}}-2\ln(\sqrt{1+x}-\sqrt{x})+C$.

习题 4-3

(1) $\frac{1}{3}x\sin3x+\frac{1}{9}\cos3x+C$；　(2) $-xe^{-x}-e^{-x}+C$；

(3) $x^2e^x-2xe^x+2e^x+C$；　(4) $x\ln x-x+C$；

(5) $\frac{1}{3}x^3\ln(1+x)-\frac{1}{9}x^3+\frac{1}{6}x^2-\frac{1}{3}x+\frac{1}{3}\ln(1+x)+C$；

(6) $x\ln(1+x^2)-2x+2\arctan x+C$；　(7) $2\sqrt{x}\ln x-4\sqrt{x}+C$；

(8) $\frac{1}{2}(x^2-1)\ln\frac{1+x}{1-x}+x+C$；

(9) $-\frac{1}{x}(\ln x)^2-\frac{2}{x}\ln x-\frac{2}{x}+C$；　(10) $x\tan x+\ln|\cos x|-\frac{x^2}{2}+C$；

(11) $\frac{1}{4}x^2+\frac{1}{4}x\sin2x+\frac{1}{8}\cos2x+C$；　(12) $-2\sqrt{x}\cos\sqrt{x}+2\sin\sqrt{x}+C$；

(13) $x\arctan x-\frac{1}{2}\ln(1+x^2)+C$；

(14) $\frac{1}{3}x^3\arccos x+\frac{1}{9}(1-x^2)^{\frac{3}{2}}-\frac{1}{3}(1-x^2)^{\frac{1}{2}}+C$；

(15) $\frac{1}{3}x^3\arctan x-\frac{1}{6}x^2+\frac{1}{6}\ln(x^2+1)+C$；

(16) $\frac{2}{13}e^{2x}\cos 3x+\frac{3}{13}e^{2x}\sin 3x+C.$

习题 4－4

(1) $2\ln|x-3|-\ln|x+1|+C$;

(2) $-\frac{1}{x}-\arctan x+C$;

(3) $-2\ln|x|+\frac{3}{2}\ln(1+x^2)-4\arctan x+C$;

(4) $\ln|x|-\frac{1}{2}\ln(x^2+4)+C$;

(5) $\ln|x^2-1|-2\ln|x|+C$;

(6) $\ln\left|\frac{x-1}{x+2}\right|+\frac{1}{(x-1)^2}+C$;

(7) $\ln\left|\frac{x}{x-1}\right|-\frac{1}{x-1}+C$;

(8) $x-\ln|x^2+2x+5|-\frac{3}{2}\arctan\frac{x+1}{2}+C$;

(9) $\frac{1}{2}\ln|x^2-1|+\frac{1}{x+1}+C$;

(10) $3\ln|x+1|-\frac{3}{2}\ln(x^2+9)+2\arctan\frac{x}{3}+C$;

(11) $\frac{1}{3}x^3+\frac{1}{2}x^2+x+8\ln|x|-4\ln|x+1|-3\ln|x-1|+C.$

习题 4－5

1. $2x^2\cos 2x-2x\sin 2x+2\sin^2 x+C.$

2. (1) $e^{\sqrt{2x-1}}+C$;

(2) $2\ln|x^2+3x-4|+C$;

(3) $-\frac{1}{x\ln x}+C$;

(4) $\frac{1}{2}\ln|x^2+2\sin x|+C$;

(5) $\ln\left|1+\frac{1}{2}\sin 2x\right|+C$;

(6) $\frac{1}{\sqrt{2}}\arctan\left(\frac{1}{\sqrt{2}}\tan\frac{x}{2}\right)+C$;

(7) $\frac{1}{4}\tan^2\frac{x}{2}+\tan\frac{x}{2}+\frac{1}{2}\ln\left|\tan\frac{x}{2}\right|+C$;

(8) $\frac{1}{4}\left(\ln\frac{1+x}{1-x}\right)^2+C$;

(9) $\frac{2}{3}\left[\ln(x+\sqrt{1+x^2})\right]^{\frac{3}{2}}+C$;

(10) $x\tan\frac{x}{2}+C$;

(11) $\tan x\ln\cos x+\tan x-x+C$;

(12) $-e^{-x}\ln(1+e^x)+x-\ln(1+e^x)+C$;

(13) $\frac{1}{4}x\sec^4 x-\frac{1}{4}\tan x-\frac{1}{12}\tan^3 x+C$;

(14) $\frac{1}{6}x^3+\frac{1}{2}x^2\sin x+x\cos x-\sin x+C$;

(15) $-\frac{1}{x}\arctan x+\ln|x|-\frac{1}{2}\ln(1+x^2)+C$;

(16) $-\cos x\ln\tan x+\ln|\csc x-\cot x|+C$;

(17) $e^{2x}\tan x+C.$

复习题 4[A]

1. (1) $\ln x+C$;

(2) $\frac{1}{\sqrt{1-x^2}}$;

(3) $y=x^2+1$;

(4) $\sin x-\ln|x|+C$;

(5) $-\frac{1}{x+1}+C$;

(6) $\ln(1+e^x)+C$;

(7) $\frac{1}{a}F(ax+b)+C$;

(8) $\sqrt{\cos^2 x}+C$（或$|\cos x|+C$）;

(9) $\frac{1}{2}(1+x^2)^2+C$;

(10) $\frac{x}{1+x^2}-\arctan x+C.$

2. (1) C;　(2) B;　(3) A;　(4) B;　(5) D;　(6) D.

3. (1) $-\frac{1}{20}(5-2x)^{10}+C$;　(2) $\frac{2}{3}(\sin x)^{\frac{3}{2}}-\frac{4}{7}(\sin x)^{\frac{7}{2}}+\frac{2}{11}(\sin x)^{\frac{11}{2}}+C$;

(3) $\frac{2}{3}(\ln x-2)\sqrt{1+\ln x}+C$;　(4) $x-\frac{1}{2}\ln(1+e^{2x})+C$;

(5) $\frac{1}{5}\ln\left|\frac{x-3}{x+2}\right|+C$;　(6) $x-4\sqrt{x+1}+\ln(\sqrt{x+1}+1)^4+C$;

(7) $-\frac{\sqrt{x^2+3}}{3x}+C$;　(8) $-\frac{\ln x}{x}-\frac{1}{x}+C$;

(9) $x^2\sin x+2x\cos x-2\sin x+C$.

复习题 4[B]

1. (1) $\frac{1}{3}x^3+C_1x+C_2$;　(2) $(x+1)e^x$;

(3) $\frac{1}{2}F^2(x)+C$;　(4) $-\frac{1}{2(\sin x-\cos x)^2}+C$;

(5) $2\arctan\sqrt{x}+C$;　(6) $\frac{1}{5}(x-1)^5+\frac{1}{4}(x-1)^4+C$;

(7) $\frac{1}{2}x\sec^2x-\frac{1}{2}\tan x+C$;　(8) $x\sec^2x-\tan x+C$.

2. (1) C;　(2) A;　(3) C;　(4) B;　(5) D;　(6) C.

3. (1) $\frac{1}{2}(\ln\tan x)^2+C$;　(2) $\frac{1}{\sqrt{2}}\arctan\left[\frac{x-\frac{1}{x}}{\sqrt{2}}\right]+C$;

(3) $-\frac{1}{5x^5}+\frac{1}{3x^3}-\frac{1}{x}-\arctan x+C$;　(4) $2(x-2)\sqrt{1+e^x}-2\ln\left(\frac{\sqrt{1+e^x}-1}{\sqrt{1+e^x}+1}\right)+C$;

(5) $-x^2-\ln|1-x|+C$;　(6) $\ln\left|\frac{1}{x}-\frac{\sqrt{1-x^2}}{x}\right|+C$;

(7) $x-(1+e^{-x})\ln(1+e^x)+C$.

第 5 章

习题 5-1

1. (1) $A=\int_{-1}^{1}(1-x^2)\mathrm{d}x$;　(2) $A=\int_{\frac{\pi}{2}}^{\pi}\sin x\mathrm{d}x$;　(3) $A=\int_{1}^{e}\ln x\mathrm{d}x$.

2. (1) 负;　(2) 正.

3. (1) 4;　(2) 4π.

习题 5-2

1. (1) $\ln(1+x^2)$;　(2) $-e^{2x}\sin x$;　(3) $-\sqrt{1+x^3}$.

2. (1) $\frac{1}{3}$;　(2) 2;　(3) e.

3. (1) $e-1$;　(2) 1;　(3) $1+\frac{\pi}{4}$;　(4) $\frac{\pi}{4}-\frac{1}{2}$;　(5) $\frac{1}{2}$;　(6) $\frac{1}{101}$;

(7) $4-2\sqrt{2}$； (8) 1； (9) $2+\ln(1+e^{-2})-\ln2$； (10) $\frac{1}{2}\ln2$； (11) 1；

(12) 4.

4. $\frac{58}{3}$.

习题 5-3

1. (1) 84； (2) 0； (3) 0； (4) 0； (5) $2(e-1)$.

2. (1) $\frac{\pi}{2}-1$； (2) $1-\frac{2}{e}$； (3) $\frac{3}{2}\sqrt{2}$； (4) $\frac{\pi^2}{72}+\frac{\sqrt{3}\pi}{6}-1$； (5) $\frac{\pi}{2}$；

(6) $4-2\arctan2$； (7) $\pi-\frac{4}{3}$； (8) $\frac{4}{3}$； (9) $\frac{5\pi}{9}-\frac{\sqrt{3}}{3}$； (10) $\frac{\pi}{32}$；

(11) $4(2\ln2-1)$； (12) $\frac{\pi}{2}$； (13) $\frac{a^2\pi}{12}$； (14) $-\frac{\pi}{12}$.

习题 5-4

(1) 发散； (2) 1； (3) 1； (4) $\frac{1}{3}$； (5) 1； (6) $\frac{\pi^2}{8}$； (7) 发散； (8) 发散；

(9) 发散； (10) 2；(11) π； (12) $\frac{\pi}{a}$； (13) $\ln\frac{3}{2}$； (14) $\ln2$.

习题 5-5

1. (1) $\frac{9}{2}$； (2) $b-a$； (3) $2e^2+2$； (4)$4-\ln3$； (5) $\frac{5}{12}$； (6) 2； (7) $10\frac{2}{3}$；

(8) $\frac{1}{6}$； (9) $\frac{3}{4}$； (10) $\frac{4}{3}$； (11) $\frac{9}{2}$； (12) $\frac{8}{3}$； (13) 1.

2. (1) $\frac{32}{5}\pi$； (2) $\frac{\pi}{3}$； (3) 8π； (4) $\frac{\pi}{2}(e^2-1)$； (5) $\frac{832}{15}\pi$； (6) 128π； (7) $\frac{3}{5}\pi$；

(8) $\frac{\pi}{6}$； (9) $\frac{2}{5}\pi$； (10) $\frac{\pi}{2}$； (11) $\frac{\pi}{12}$.

3. (1) $\frac{2}{\pi}$； (2) $1-\frac{3}{e^2}$.

习题 5-6

1. (1) $\ln\frac{3}{2}$； (2) $\frac{1}{\alpha+1}$.

2. (1) $\pi\leqslant\int_{\frac{\pi}{4}}^{\frac{5\pi}{4}}(1+\sin^2x)dx\leqslant2\pi$； (2) $\frac{2}{\sqrt[4]{e}}\leqslant\int_0^2e^{x^2-x}dx\leqslant2e^2$；

(3) $\frac{\pi}{9}\leqslant\int_{\frac{1}{\sqrt{3}}}^{\sqrt{3}}x\arctan x dx\leqslant\frac{2}{3}\pi$.

3. (1) $\int_1^2x^2dx<\int_1^2x^3dx$； (2) $\int_0^1xdx>\int_0^1\ln(1+x)dx$.

4. 1. 5. $\frac{1}{4}$.

6. (1) $\frac{\pi}{8}\ln2$； (2) $\frac{\pi}{2\sqrt{2}}$； (3) $\frac{3}{2}e^{\frac{5}{2}}$； (4) $9\arcsin\frac{1}{3}$.

7. $\int_0^2f(x-1)dx=\ln(e+1)$. 8. $2(\sqrt{2}-1)$.

9. (1) 4π； (2) $\frac{22}{3}$. 10. (1) $-\frac{1}{4}$； (2) $\frac{\pi}{2}$. 11. $a=2$. 12. $\frac{16}{3}p^2$.

13. $y=\frac{x}{4}-1+\ln 4$. 14. $a=1$. 15. $\frac{4}{3}g\pi R^4$. 16. 3.46×10^6 J

17. $\gamma gab(h+\frac{1}{2}b\sin\alpha)$. 18. 2.06×10^5 N.

复习题 5[A]

1. (1) 2； (2) $\frac{3}{2}$； (3) $1-\frac{\pi}{4}$； (4) 0； (5) $\frac{1}{3}$； (6) 2； (7) 3； (8) 4； (9) $\frac{1}{\pi}$； (10) 13.

2. (1) D； (2)D； (3) C； (4) A； (5) D； (6) C.

3. (1) $45\frac{1}{6}$； (2) $1+\frac{\pi}{4}$； (3) 5； (4) $2-\frac{\pi}{2}$； (5) $\frac{\pi}{2}$； (6) 1.

4. $\frac{8}{5}\sqrt{3}$. 5. $\frac{32}{3}$. 6. $\frac{64}{3}$； 7. 95π.

复习题 5[B]

1. (1) $\frac{1}{2}(1-\ln 2)$； (2) 0； (3) $\frac{3}{2}$； (4) $\frac{\sin 2x}{1+\sin^2 x}$；

(5) 7； (6) $\frac{3}{2}$； (7) $2\frac{2}{3}$； (8) $\pi-2$.

2. (1) D； (2) A； (3) B； (4) B； (5) C； (6) B.

3. (1)$2-\frac{2}{e}$； (2) $\frac{\pi}{2}$； (3) $\frac{16}{3}-3\sqrt{3}$； (4) $\frac{\pi}{4e^2}$.

4. $\cot x\ln(\sin x)+\tan x\ln(\cos x)$. 5. $\frac{1}{2e}$.

6. 最小值 $f(0)=0$，最大值 $f(1)=\frac{1}{2}\ln\frac{4}{5}+\arctan\frac{1}{2}$. 7. $2f'(0)$.

8. $\frac{\pi}{2}$. 9. $a=0$ 或 $a=-1$. 10. $\frac{\pi}{6}+\frac{4\sqrt{2}}{3}$. 11. 3.36×10^6 J.

第 6 章

习题 6-1

1. 点 A 在第Ⅵ象限，点 B 在 y 轴，点 C 在 Oyz 平面上.

2. 关于 Oxy 面的对称点的坐标为 (4，−2，1)；
关于 Oyz 面的对称点的坐标为 (−4，−2，−1)；
关于 Oxz 面的对称点的坐标为 (4，2，−1)；
关于 x 轴的对称点的坐标为 (4，2，1)；
关于 y 轴的对称点的坐标为 (−4，−2，1)；
关于 z 轴的对称点的坐标为 (−4，2，−1)；
关于原点的对称点的坐标为 (−4，2，1).

3. (0, 0, 2).

4. $|MO|=5$，与 x 轴距离为 $\sqrt{21}$，与 y 轴距离为 3，与 z 轴距离为 $2\sqrt{5}$.

5. 等边三角形.　　6. $M(16, -5, 0)$.

习题 6－2

1. $\{1,-8,-17\}$.　2. $A(-2,1,-1)$.

3. $|3\boldsymbol{a}-2\boldsymbol{b}+2\boldsymbol{c}|=3\sqrt{3}$；$\alpha=\arccos\left(-\frac{\sqrt{3}}{3}\right)$，$\beta=\arccos\left(\frac{\sqrt{3}}{3}\right)$，$\gamma=\arccos\left(\frac{\sqrt{3}}{3}\right)$.

4. $\cos\alpha=\frac{1}{2}$，$\cos\beta=-\frac{1}{2}$，$\cos\gamma=-\frac{\sqrt{2}}{2}$，$\alpha=\frac{\pi}{3}$，$\beta=\frac{2\pi}{3}$，$\gamma=\frac{3\pi}{4}$.

5. $2\boldsymbol{i}-\boldsymbol{j}+2\boldsymbol{k}$ 或 $2\boldsymbol{i}-\boldsymbol{j}-2\boldsymbol{k}$.　6. $\frac{1}{3}(2\boldsymbol{i}-\boldsymbol{j}+2\boldsymbol{k})$，$\sqrt{41}$.

7. $\gamma=\frac{\pi}{4}$ 或 $\frac{3\pi}{4}$.　8. $\alpha=\frac{\pi}{3}$，$\beta=\frac{\pi}{4}$，$\gamma=\frac{\pi}{3}$.　9. $a=15$，$b=-\frac{1}{5}$.

10. $\pm\left\{\frac{6}{11},\frac{7}{11},-\frac{6}{11}\right\}$.

11. (1) -19；(2) 2；(3) -1；(4) -20.

12. (1) $\{-16,-1,11\}$；(2) -18.

13. $\frac{3\pi}{4}$.　14. $\pm\left\{\frac{3}{\sqrt{35}},\frac{1}{\sqrt{35}},\frac{5}{\sqrt{35}}\right\}$.　15. $-\frac{4}{3}$.

16. 15.　17. 16.　18. ±16.　19. $\sqrt{138}$.　20. $\frac{1}{2}\sqrt{378}$.

习题 6－3

1. (1) $14x+9y-z-15=0$；　(2) $7x+y+4z-31=0$；
   (3) $-9y+z+2=0$；　(4) $x+y-3z-4=0$.

2. (1) 过原点；(2) 平行于 Oyz 平面；(3) 平行于 z 轴；
   (4) 平面在 x 轴，y 轴，z 轴上的截距分别为 $\frac{1}{2},-1,-\frac{1}{3}$.

3. 1.　4. 2.　5. $z=x^2+y^2+1$.　6. $\pm\sqrt{x^2+z^2}+y=1$.

7. 表示以 $\left(\frac{3}{2}, -\frac{7}{2}, 0\right)$ 为圆心，半径为 $\frac{7\sqrt{2}}{2}$ 的球面.

8. (1) 球心为 $(0,0,1)$，半径为 1；
   (2) 球心为 $\left(1,-1,-\frac{1}{2}\right)$，半径为 $\frac{3}{2}$.

9. $x^2+y^2+z^2-6x+2y-2z-10=0$.

10. (1) 椭球面；(2) 双叶双曲面.　11. 略.

习题 6－4

1. 椭圆.　2. $\frac{x-5}{3}=\frac{y+4}{-2}=\frac{z-7}{1}$.

3. $(1,4,-7)$.

习题 6－5

1. $\frac{\pi}{2}$.　2. $\frac{\pi}{2}$.　3. $2x-y+z-3=0$.

4. $\begin{cases}\dfrac{x-1}{-2}=\dfrac{z-1}{-2}\\ y=1\end{cases}$

复习题 6[A]

1. (1) $(1,3,-2)$； (2) $10,\{-2,-6,-2\}$；(3) $\dfrac{1}{\sqrt{6}}$；

(4) $15,-\dfrac{1}{5}$； (5) 4； (6) y； (7) $\dfrac{x-1}{1}=\dfrac{y-2}{2}=\dfrac{z-3}{3}$； (8) $x+y+z-2=0$；

(9) $x^2+y^2+z^2-2x-6y+4z+10=0$；

(10) $\dfrac{x^2}{9}-\dfrac{y^2+z^2}{4}=1$； (11) $x^2+y^2=1$.

2. (1) A； (2) A； (3) C； (4) B； (5) A； (6) A.

3. $\{\pm 6,\mp 2,\pm 2\sqrt{15}\}$. 4. $\arccos\dfrac{4}{21}$. 5. $\dfrac{\pi}{4}$.

6. (1) 在平面几何中表示等轴双曲线,在空间解析几何中表示双曲柱面；

(2) 在平面几何中表示抛物线,在空间解析几何中表示抛物柱面.

复习题 6[B]

1. (1) $\dfrac{1}{14}$； (2) $\pm\dfrac{1}{\sqrt{34}}\{5,0,-3\}$； (3) 双曲抛物面；

(4) $2x-2y-2z+9=0$；

(5) $3x^2-2y^2=1$； (6) $-x+y-z=0$.

2. (1) C； (2) A； (3) D； (4) B； (5) C.

3. 0. 4. $\pm\{7,5,1\}$. 5. $y-2z+3=0$.

第 7 章

习题 7-1

1. (1) $\{(x,y)\mid -x^2\leqslant y\leqslant x^2,x\neq 0\}$； (2) $\{(x,y)\mid 1\leqslant x^2+y^2\leqslant 4\}$；

(3) $\{(x,y)\mid y<x^2,x^2+y^2\leqslant 1\}$； (4) $\{(x,y)\mid y^2>2x-1\}$；

(5) $\{(x,y)\mid 4x\geqslant y^2,x^2+y^2<1,x^2+y^2\neq 0\}$；(6) $\{(x,y)\mid y\geqslant 0,y\leqslant x^2,x\geqslant 0\}$.

2. (1) $\dfrac{2xy}{x^2+y^2}$； (2) $\sqrt{1+x^2}$； (3) $\dfrac{1}{4}(2xy+y^2-y)^2$.

3. (1) 1； (2)1； (3) $-\dfrac{1}{2}$； (4) 1； (5) e^{16}； (6) $\dfrac{3}{2}$； (7) $\dfrac{2}{3}$.

习题 7-2

1. (1) $\dfrac{\partial z}{\partial x}=e^{x+y}+xe^{x+y}$, $\dfrac{\partial z}{\partial y}=xe^{x+y}$；

(2) $\dfrac{\partial z}{\partial x}=\sec^2(x+y)-y\sin(xy)$, $\dfrac{\partial z}{\partial y}=\sec^2(x+y)-x\sin(xy)$；

(3) $\dfrac{\partial z}{\partial x}=e^{x^2+y^2}\times 2x\sin\dfrac{y}{x}+e^{x^2+y^2}\cos\dfrac{y}{x}\times\left(-\dfrac{y}{x^2}\right)$, $\dfrac{\partial z}{\partial y}=e^{x^2+y^2}\times 2y\sin\dfrac{y}{x}+e^{x^2+y^2}\cos$

$\dfrac{y}{x}\times\dfrac{1}{x}$；

(4) $\frac{\partial z}{\partial x}=\frac{x-y}{x^2+y^2}$，$\frac{\partial z}{\partial y}=\frac{x+y}{x^2+y^2}$；　(5) $\frac{\partial z}{\partial x}=\frac{|y|}{x^2+y^2}$，$\frac{\partial z}{\partial y}=-\frac{xy}{|y|(x+y^2)}$；

(6) $\frac{\partial u}{\partial x}=\frac{1}{x+y^2+z^3}$，$\frac{\partial u}{\partial y}=\frac{2y}{x+y^2+z^3}$，$\frac{\partial u}{\partial z}=\frac{3z^2}{x+y^2+z^3}$；

(7) $\frac{\partial u}{\partial x}=\frac{y}{x}\left(\frac{x}{z}\right)^y$，$\frac{\partial u}{\partial y}=\ln\frac{x}{z}\times\left(\frac{x}{z}\right)^y$，$\frac{\partial u}{\partial z}=-\frac{y}{z}\left(\frac{x}{z}\right)^y$；

(8) $\frac{\partial u}{\partial x}=\frac{1}{1+(x+y)^{2z}}z(x+y)^{z-1}$，$\frac{\partial u}{\partial y}=\frac{1}{1+(x+y)^{2z}}z(x+y)^{z-1}$，$\frac{\partial u}{\partial z}=\frac{(x+y)^z}{1+(x+y)^{2z}}\ln$ $(x+y)$.

2. (1) $\frac{1}{2}$；(2) -1，0；(3) $2x$.

3. 略.

4. (1) $\frac{\partial^2 u}{\partial x^2}=12x^2-8y^2$，$\frac{\partial^2 u}{\partial y^2}=12y^2-8x^2$，$\frac{\partial^2 u}{\partial x\partial y}=-16xy$；

(2) $\frac{\partial^2 u}{\partial x^2}=2e^y-y^3\sin x$，$\frac{\partial^2 u}{\partial y^2}=x^2e^y+6y\sin x$，$\frac{\partial^2 u}{\partial x\partial y}=2xe^y+3y^2\cos x$；

(3) $\frac{\partial^2 u}{\partial x^2}=2^{x+y}\ln2(2+x\ln2)$，$\frac{\partial^2 u}{\partial y^2}=x\times2^{x+y}(\ln2)^2$，$\frac{\partial^2 u}{\partial x\partial y}=2^{x+y}\ln2(1+x\ln2)$；

(4) $\frac{\partial^2 u}{\partial x^2}=-2\cos(2x+4y)$，$\frac{\partial^2 u}{\partial y^2}=-8\cos(2x+4y)$，$\frac{\partial^2 u}{\partial x\partial y}=-4\cos(2x+4y)$.

5. 略.

6. (1) $\frac{dz}{dt}=\frac{3}{8}\sin4t\sin2t$；(2) $\frac{dz}{dt}=-e^t-e^{-t}$；(3) $\frac{dz}{dt}=e^{-2t^3}(1-6t^3)$；

(4) $\frac{dz}{dx}=\frac{(1+x)e^x}{\sqrt{1-x^2e^{2x}}}$.

7. (1) $\frac{\partial z}{\partial x}=(x^2+y^2)e^{xy}(4x+x^2y+y^3)$，$\frac{\partial z}{\partial y}=(x^2+y^2)e^{xy}(4y+x^3+xy^2)$；

(2) $\frac{\partial z}{\partial x}=\frac{3}{4}x^5\sin^3 2y$，$\frac{\partial z}{\partial y}=\frac{3}{8}x^6\sin4y\sin2y$

(3) $\frac{\partial z}{\partial x}=\frac{\sin\frac{y}{x}}{x^2-y^2}\times\frac{y}{x^2}-\frac{\cos\frac{y}{x}}{(x^2-y^2)^2}\times2x$，$\frac{\partial z}{\partial y}=-\frac{\sin\frac{y}{x}}{x^2-y^2}\times\frac{1}{x}+\frac{\cos\frac{y}{x}}{(x^2-y^2)^2}\times2y$；

(4) $\frac{\partial z}{\partial x}=\frac{y+2xy^2}{1+x^2y^2}$，$\frac{\partial z}{\partial y}=\frac{x+2x^2y}{1+x^2y^2}$.

8. (1) $\frac{\partial z}{\partial x}=f_1'\times2x+f_2'ye^x$，$\frac{\partial z}{\partial y}=f_1'\times1+f_2'e^x$；

(2) $\frac{\partial u}{\partial x}=f'\times1$，$\frac{\partial u}{\partial y}=f'\times2y$，$\frac{\partial u}{\partial z}=f'\times3z^2$；

(3) $\frac{\partial z}{\partial x}=f_1'\times2xy+f_2^1y^2+f_3^1\times2y$，$\frac{\partial z}{\partial y}=f_1'x^2+f_2'\times2xy+f_3'\times2x$.

9. 略.

10. (1) $\frac{-(3x+y)}{x+6y^2}$；(2) $\frac{y^2}{1-xy}$.

11. (1) $\frac{\partial z}{\partial x}=-\frac{y+z}{y+x}$，$\frac{\partial z}{\partial y}=-\frac{x+z}{y+x}$；　(2) $\frac{\partial z}{\partial x}=-\frac{\sin2x}{\sin2z}$，$\frac{\partial z}{\partial y}=-\frac{\sin2y}{\sin2z}$；

(3) $\frac{\partial z}{\partial x}=-\frac{2xy^3+yz}{2z+xy}$，$\frac{\partial z}{\partial y}=-\frac{3x^2y^2+xz}{2z+xy}$；

(4) $\frac{\partial z}{\partial x}=-\frac{e^{x+y}}{\cos(x+z)}-1$，$\frac{\partial z}{\partial y}=-\frac{e^{x+y}}{\cos(x+z)}$.

12. 略.

习题 7-3

1. (1) $dz=2x\cos(x^2+y^2)dx+2y\cos(x^2+y^2)dy$；(2) $dz=[1+\ln(xy)]dx+\frac{x}{y}dy$；

(3) $dz=-y^{\cos x}\ln y\sin x dx+\cos x y^{\cos x-1}dy$；

(4) $dz=\frac{2y}{x^2+4y^2}dx+\left(-\frac{2x}{x^2+4y^2}\right)dy$.

2. $\Delta z=2.11$，$dz=2$. 3. $102+3\ln 10$.

4. 0.985. 5. $1.2\pi\ cm^3$.

习题 7-4

1. (1) 极小值 $z(1,-2)=0$；(2) 极大值 $z(0,0)=0$，极小值 $z(2,2)=-8$；

(3) 极大值 $z(-1,-1)=2$，极大值 $z(1,1)=2$；(4) 极小值 $z(\frac{1}{2},-1)=-\frac{1}{2}e$；

(5) 极小值 $z(\frac{1}{2},2)=2+\ln 2$；(6) 极大值 $z(\frac{1}{3},\frac{1}{3})=\frac{1}{27}$.

2. 极大值 $u(8,8)=64$. 3. 极小值 $u(1,1)=2$. 4. 极大值 $u(1,3)=-1$.

5. 极小值 $u(\frac{1}{3},\frac{1}{3},\frac{1}{3})=\frac{1}{3}$.

6. 两直角边长均为 6. 7. 边长分别为 5 和 10. 8. $\frac{3\sqrt{2}}{8}$. 9. $\frac{\sqrt{6}}{3}$.

10. 边长分别为 $4\sqrt{2}$和 $3\sqrt{2}$. 11. 内接三角形的三个接点为$(0,2)$，$(3,-1)$，$(-3,-1)$.

12. 长$\frac{40}{\sqrt[3]{\pi}}$m，半径$\frac{20}{\sqrt[3]{\pi}}$m. 13. $3\sqrt[3]{4}$m，$3\sqrt[3]{4}$m，$\frac{3}{2}\sqrt[3]{4}$m. 14. 125.

15. 最近点$\left(\frac{6}{\sqrt{11}},\frac{2}{\sqrt{11}},-\frac{2}{\sqrt{11}}\right)$，最远点$\left(-\frac{6}{\sqrt{11}},-\frac{2}{\sqrt{11}},\frac{2}{\sqrt{11}}\right)$.

16. $\frac{8\sqrt{3}}{9}abc$.

17. $x=\frac{\pi l}{\pi+4+3\sqrt{3}}$，$y=\frac{4l}{\pi+4+3\sqrt{3}}$，$z=\frac{3\sqrt{3}l}{\pi+4+3\sqrt{3}}$，最小值：$\frac{l^2}{4(\pi+4+3\sqrt{3})}$.

习题 7-5

1. (1) 12π；(2) $\frac{8\pi}{3}$.

2. (1) 0；(2) 0；(3) $4\iint\limits_{D_0}(x^2+y^2)^2d\sigma$.

3. (1) 16；(2) $\frac{2}{\pi}$；(3) $\ln^2 2$.

4. (1) $\int_0^1 dx\int_x^{2x}f(x,y)dy$；(2) $\int_0^8 dy\int_0^{\sqrt[3]{y}}f(x,y)dx$ 或$\int_0^2 dx\int_{x^3}^8 f(x,y)dy$；

(3) $\int_0^2 dy\int_0^{e^y}f(x,y)dx$ 或$\int_0^1 dx\int_0^2 f(x,y)dy+\int_1^{e^2}dx\int_{\ln x}^2 f(x,y)dy$；

(4) $\int_0^2 dx\int_{\sqrt{2x-x^2}}^{\sqrt{2x}} f(x,y)dy$.

5. (1) $\frac{\pi}{4}$; (2) $\frac{2}{3}$; (3) $\frac{7}{6}$; (4) $\frac{e}{2}-1$; (5) $\frac{58}{15}$; (6) $\frac{46}{315}$; (7) $\frac{3}{2}\ln 2$;

(8) $9(e-1)$; (9) 18; (10) $\frac{7}{8}+\arctan 2-\frac{\pi}{4}$; (11) $-\frac{2}{35}$; (12) 1; (13) $\frac{\pi^2}{2}+2$; (14) e.

6. (1) 4π; (2) $\frac{\pi}{8}(e^4-1)$; (3) $\frac{a^3}{8}$; (4) $\frac{5\pi}{8}$; (5) $\frac{32}{9}$; (6) 3π; (7) $(8\ln 2-3)\pi$;

(8) $\frac{\pi}{2}(\sin a-a\cos a)$; (9) $2-\frac{\pi}{2}$; (10) $\frac{1}{48}$.

7. $\frac{\pi}{2}$. 8. $\frac{2}{3}$. 9. 16.

习题 7-6

1. (1) $\frac{(2-z)^2+x^2}{(2-z)^3}$; (2) $\frac{-e^z}{(e^z+1)^3}$.

2. $\frac{dy}{dx}=-\frac{x+z}{y+z}$, $\frac{dz}{dx}=\frac{y-x}{y+z}$.

3. -2. 4. 2000. 5. $\ln(6\sqrt{3}r^6)$.

6. (1) $\frac{\pi^2}{96}\leqslant\iint\limits_D \sin(x+y)d\sigma\leqslant\frac{\pi^2}{48}$; (2) $36\pi\leqslant\iint\limits_D (x^2+4y^2+4)d\sigma\leqslant 360\pi$.

7. (1) $\iint\limits_D (x+y)^3 d\sigma\geqslant\iint\limits_D (x+y)^4 d\sigma$; (2) $\iint\limits_D \ln^2(x+y)d\sigma\geqslant\iint\limits_D \ln^3(x+y)d\sigma$.

8. (1) $\int_{-1}^1 dy\int_0^{\sqrt{1-y^2}} f(x,y)dx$; (2) $\int_1^e dx\int_0^{\ln x} f(x,y)dy$;

(3) $\int_0^a dy\int_{a-\sqrt{a^2-y^2}}^{y} f(x,y)dx$; (4) $\int_0^a dy\int_{a-y}^{\sqrt{a^2-y^2}} f(x,y)dx$;

(5) $\int_0^2 dx\int_{\frac{1}{2}x}^{3-x} f(x,y)dy$.

9. (1) $\frac{1}{2}(1-\cos 4)$; (2) 1; (3) $\frac{1}{4}\sin 4$; (4) $\frac{\sqrt{2}}{3}-\frac{1}{3}$; (5) $2-\frac{1}{2}\sin 4$;

(6) $\frac{1}{4}\ln 17$; (7) $\frac{1}{4}(e^8-1)$.

10. (1) $\frac{32a^4}{105}$; (2) $\sqrt{2}-1$; (3) $\frac{\pi}{2}-\sqrt{2}$; (4) $\frac{\pi}{8}a^2+\frac{4-3\pi}{18}a^3$.

11. $\frac{4}{15}$. 12. $\frac{\pi}{2}$. 13. $\frac{3}{2}$. 14. $\pi-2$. 15. $\frac{4}{3}$.

16. (1) $\frac{\partial z}{\partial x}=(2x+y)^{2x+y}(2\ln(2x+y)+2)$, $\frac{\partial z}{\partial y}=(2x+y)^{2x+y}(\ln(2x+y)+1)$;

(2) 1.

17. $\frac{1}{6}$. 18. $\bar{x}=1$, $\bar{y}=1$. 19. $\bar{x}=-\frac{8}{5}$, $\bar{y}=-\frac{1}{2}$. 20. $\frac{1}{6}$. 21. $\frac{64}{315}$.

复习题 7[A]

1. (1) $\{(x,y)\mid x^2+y^2\leqslant 1,\ y^2-2x>0\}$；　(2) xy；　(3) 2；

(4) $\dfrac{y}{1+x^2y^2}$；　(5) $\mathrm{d}x+\mathrm{d}y$；　(6) $y\cos x$，$\sin x$；

(7) -1；　(8) 2π；　(9) 0；　(10) 4π.

2. (1) B；(2) B；(3) C；(4) B；(5) B；(6) A；(7) D；(8) B；(9) A.

3. 1.　4. 0.

5. $\left(\dfrac{1}{2},\dfrac{1}{2},\dfrac{\sqrt{2}}{2}\right)$，$T_{最高}=50$.　6. (1) $6\ln 2$；　(2) -4π.

复习题 7[B]

1. (1) $\dfrac{3}{7}$；　(2) $2xy^2\mathrm{e}^{x^2y}$，　$2xy\mathrm{e}^{x^2y}(2+x^2y)$；

(3) $(yf'_u+\dfrac{1}{y}f'_v)\mathrm{d}x+(xf'_u-\dfrac{x}{y^2}f'_v)\mathrm{d}y$；

(4) 0；　(5) $-\dfrac{\sqrt{2}}{4}\mathrm{d}x+\dfrac{\sqrt{2}}{4}\mathrm{d}y$；　(6) $\leqslant$；

(7) $\mathrm{e}-2$；　(8) $\dfrac{7}{4}\pi$；　(9) 6π；　(10) $\dfrac{16}{9}$.

2. (1) D；　(2) A；　(3) D；　(4) D；　(5) B；　(6) C；　(7) D；　(8) D.

3. $\dfrac{1}{3z^2-x^2y}[2xyz\mathrm{d}x+x^2z\mathrm{d}y]$.　4. $\dfrac{3}{4}l$.　5. $\dfrac{\sqrt{2}}{2}$.

6. $\dfrac{\pi}{2}\left(\ln 2-\dfrac{1}{2}\right)$.　7. $\dfrac{2}{7}$.　8. $\int_0^1\mathrm{d}x\int_{x-2}^{-\sqrt{x}}f(x,y)\mathrm{d}y$.　9. $\dfrac{1}{2}\mathrm{e}-1$.

10. $\dfrac{5\pi}{2}$.　11. $\dfrac{560}{3}$.　12. $\dfrac{10}{3}$.

第 8 章

习题 8-1

1. (1) 二阶；(2) 一阶；(3) 三阶；(4) 五阶.

2. (1) 是；　(2) 是；　(3) 是；　(4) 是.

习题 8-2

1. (1) $y=C\mathrm{e}^{-\frac{2}{x}}$；(2) $y^2-2\cos y-x^2=C$；(3) $y=C\ln x$；(4) $y=\ln(\mathrm{e}^x+C)$；

(5) $y=C\mathrm{e}^{-\frac{1}{x}}-1$；(6) $x-x^2=Cy$.

2. (1) $2x^2-y^2+1=0$；　(2) $y=\mathrm{e}^{\tan\frac{x}{2}}$；　(3) $y=2\mathrm{e}^{x^2}$.

3. (1) $y=x\tan(\ln(Cx))$；　(2) $-\mathrm{e}^{-\frac{y}{x}}=\ln(Cx)$；　(3) $-\cos\dfrac{y}{x}=\ln(Cx)$；

(4) $\dfrac{1}{2}(\ln y-\ln x)^2=\ln(Cx)$；(5) $y^2+\sqrt{x^4+y^4}=Cx^3$.

4. $y=\dfrac{1}{3}x^3+1$.

5. (1) $y=\frac{1}{3}e^{x}+Ce^{-2x}$；　(2) $y=e^{5x}(2x+C)$；　(3) $y=e^{-x^2}\left(\frac{1}{2}x^2+C\right)$；

(4) $y=\frac{1}{x}(\arctan x+C)$；　(5) $y=\frac{1}{2}x-\frac{1}{4}+Ce^{-2x}$；　(6) $y=e^{\cos x}(x+C)$；

(7) $y=x\tan x+1+\frac{C}{\cos x}$；　(8) $y=\frac{1}{2}x^3\ln x-\frac{1}{4}x^3+Cx$；

(9) $y=\frac{1}{x}(-\sqrt{1-x^2}+C)$；　(10) $y=\ln x-1+\frac{C}{x}$.

6. (1) $y=x\left(-\cos x+\frac{2}{\pi}\right)$；　(2) $y=-\frac{1}{4}x^2+\frac{4}{x^2}$；　(3) $y=\frac{8}{3}-\frac{2}{3}e^{-3x}$；

(4) $y=\frac{1}{2}x^2e^{-x}+2e^{-x}$.

习题 8-3

1. (1) $y=-\cos x-\sin x+C_1x+C_2$；　(2) $y=\frac{1}{2}x^2\ln x-\frac{3}{4}x^2+C_1x+C_2$；

(3) $y=C_1x-C_1\ln(e^x+1)+C_2$；　(4) $y=-\frac{1}{2}x^2-x+C_1e^x+C_2$；

(5) $y=\frac{1}{4}x^2+C_1\ln x+C_2$；　(6) $y=xe^x-e^x+\frac{C_1}{2}x^2+C_2$；

(7) $y=\tan(C_1x+C_2)$.

2. (1) $y=C_1e^{4x}+C_2e^{-4x}$；　(2) $y=e^{-x}(C_1\cos x+C_2\sin x)$；

(3) $y=C_1e^{6x}+C_2e^{-5x}$；　(4) $y=C_1e^{-\frac{1}{2}x}+C_2xe^{-\frac{1}{2}x}$；

(5) $y=C_1e^{2x}+C_2e^{5x}$；　(6) $y=C_1e^{3x}+C_2e^{-2x}$；

(7) $y=C_1e^{3x}+C_2xe^{3x}$；　(8) $y=C_1+C_2e^{-x}$.

3. (1) $y=2e^{3x}+4e^{x}$；　(2) $y=-e^{4x}+e^{-x}$；

(3) $y=3e^{-2x}\sin 5x$.

4. (1) $y=C_1e^{2x}+C_2xe^{2x}+\left(\frac{1}{6}x^3+\frac{3}{2}x^2\right)e^{2x}$；　(2) $y=C_1+C_2e^{-x}+\left(\frac{1}{2}x^2-x\right)$；

(3) $y=C_1e^x+C_2xe^x+(x^2+4x+6)$；　(4) $y=C_1e^{2x}+C_2e^{-x}-\frac{1}{2}e^x$；

(5) $y=C_1e^{2x}+C_2e^{3x}+\frac{1}{2}e^x-xe^{2x}$；　(6) $y=C_1e^x+C_2xe^x+\frac{1}{2}x^2e^x+(x+2)$.

习题 8-4

1. (1) $\tan x\tan y=C$；　(2) $1+e^y=Cx$；　(3) $y=Cx\ln x$.

2. (1) $y=x\sin(Cx)$；　(2) $\ln\frac{y}{x}+\frac{1}{xy}=C$.

3. (1) $y=\frac{1}{x^5-2}\left(\frac{1}{3}x^3+C\right)$；　(2) $y=\frac{e^x}{x}(e^x+C)$；

(3) $y=2xe^{-x}+2x-1+Ce^{-x}$；　(4) $y=\ln x+\frac{C}{\ln x}$.

4. (1) $y=\frac{1}{2}x(\ln x)^2+x$；　(2) $y=\frac{1}{2}x^3-\frac{1}{2e}x^3e^{x^{-2}}$.

5. (1) $y^{-3}=x+1+Ce^x$；　(2) $y^2=e^{-x^2}(2x+C)$；

(3) $\frac{1}{y}=e^{x}(-x+C)$；　　(4) $y^2=-x^2-x-\frac{1}{2}+Ce^{2x}$.

6. (1) $e^{y}=\frac{1}{2}x+\frac{C}{x}$；　　(2) $\tan y=1+C\cos x$.

7. (1) $xy-y^2\ln y=C$；　(2) $xe^{2y}-\frac{1}{4}e^{4y}=C$；　(3) $x=\frac{1}{2}y^2+Cy^3$.

8. $f(x)=Cx^{-3}e^{-\frac{1}{x}}$.

9. $f(t)=(4\pi t^2+1)e^{4\pi t^2}$.

10. $y=\arcsin(C_2e^{x})-C_1$.

11. $y=C_1e^{x}+C_2e^{3x}+C_3e^{5x}$.

12. (1) $y=C_1+C_2e^{-9x}+\frac{1}{82}(9\sin x-\cos x)+\frac{2}{9}x$；

(2) $y=C_1e^{x}+C_2e^{-x}-\cos x$；

(3) $y=e^{-2x}(C_1\cos 2x+C_2\sin 2x)+\frac{1}{65}(7\sin x-4\cos x)$.

13. (1) $y=-5e^{x}+\frac{7}{2}e^{2x}+\frac{5}{2}$；　(2) $y=\frac{15}{16}e^{2x}-\frac{3}{4}xe^{2x}+\frac{1}{16}e^{-2x}$.

14. 84cm/s　15. -30°F　16. $L=A-(A-L_0)e^{-kt}$.　17. 1296元.

复习题8[A]

1. (1) $e^{y}=x+C$；　(2) $y=\frac{1}{2}x+\frac{C}{x}$；　(3) $\arctan\frac{y}{x}=\ln(Cx)$；

(4) $y=-\sin x+C_1x+C_2$；　(5) $y=C_1e^{x}+C_2xe^{x}$；　(6) $y^*=(ax+b)xe^{x}$.

2. (1) C；　(2) B；　(3) B；　(4) C；　(5) D.

3. (1) $1+y^2=C\left(\frac{x}{1+x}\right)^2$；　(2) $\arctan\frac{y}{x}-\frac{1}{2}\ln(x^2+y^2)=C$；

(3) $y=\frac{1}{2}x(\ln x)^2+Cx$；

(4) $y=-x\cos x+2\sin x+C_1x+C_2$；　(5) $y=-\ln\cos(x+C_1)+C_2$；

(6) $y=C_1e^{-2x}+C_2e^{x}-\frac{1}{2}e^{-x}$.

4. $xy=6$.

复习题8[B]

1. (1) 三阶；　(2) $y=-3+5e^{x^2}$；　(3) $x-\frac{1}{2}+\frac{1}{2}e^{-2x}$；

(4) $\sin y=e^{-\sin x}(x+C)$；　(5) $\frac{1}{y}=-\frac{1}{3}+Ce^{-\frac{3}{2}x^2}$；　(6) $\frac{1}{6}x^3+\frac{3}{2}x-\frac{2}{3}$.

2. (1) C；　(2) C；　(3) A；　(4) A；　(5) D.

3. $y=3x+x^3+1$.

4. $y^2(2x+Cx^2)=1$.

5. $f(x)=3e^{x}-3$.

6. (1) $\ln(x-y-1)-y=C$；　(2) $e^{-y}+e^{x}+C=0$；

(3) $y+1=Ce^{-\cos x}$；　(4) $y=\frac{1}{2}e^{x}-C_1e^{-x}+C_2$.

参考文献

[1] 同济大学数学教研室．高等数学[M].4 版．北京:高等教育出版社,1996.

[2] 四川大学数学学院高等数学教研室．高等数学[M].4 版．北京:高等教育出版社,2009.

[3] 吉林工学院数学教研室．高等数学[M].3 版．武汉:华中科技大学出版社,2001.

[4] 盛祥耀．高等数学[M].4 版．北京:高等教育出版社,2008.

[5] 龚冬保,等．高等数学典型题(解法・技巧・注释)[M].3 版．西安:西安交通大学出版社,2004.

[6] 韩云瑞．高等数学典型题精讲(最新版)[M]. 大连:大连理工大学出版社,2003.

[7] 胡金德,张元德．高等数学复习指导[M].2 版．北京:国家行政学院出版社,2000.

[8] 陈文灯．高等数学复习指导——思路、方法与技巧[M].2 版. 北京:清华大学出版社,2011.

[9] 陆少华．高等数学题典[M]. 上海:上海交通大学出版社,2002.

[10] 刘光旭,等．文科高等数学[M]. 天津:南开大学出版社,1995.

[11] 张耀梓,郑仲三．微积分学[M]. 天津:天津大学出版社,2002.

[12] 辽宁教育学院数学系．解析几何讲义[M]. 北京:高等教育出版社,1988.

[13] 朱鼎勋．空间解析几何[M]. 上海:上海科学技术出版社,1981.

[14] 张楚廷．数学文化[M]. 北京:高等教育出版社,2006.

[15] 周述岐．数学思想和数学哲学[M]. 北京:中国人民大学出版社,1993.

[16] 张绥．数学与哲学[M]. 上海:学林出版社,1988.

[17] 邱宣怀,等．机械设计[M].4 版．北京:高等教育出版社,1997.

[18] 林平勇,高嵩．电工电子技术[M].4 版. 北京:高等教育出版社,2016.

[19] 邵裕森,戴先中．过程控制工程[M].2 版. 北京:机械工业出版社,2011.

[20] 中国科学院数学研究所．英汉数学词典[M]. 北京:科学出版社,1974.

[21] 张顺燕．数学的源与流[M].2 版. 北京:高等教育出版社,2003.

[22] Don E. Mathematica 使用指南[M]. 邓建松,彭冉冉,译．北京:科学出版社,2002.

[23] 孔凡才．自动控制原理与系统[M].3 版．北京:机械工业出版社,2012.